动目标显示与脉冲多普勒雷达
（MATLAB 程式设计）
MTI and Pulsed Doppler Radar With MATLAB

[美] D.Curtis Schleher 著

戴幻尧 申绪涧 赵晶
李金梁 张杨 焦斌 张学成   译

谢虹 孔德培   审校

国防工业出版社

·北京·

著作权合同登记　图字：军-2014-012 号

图书在版编目（CIP）数据

动目标显示与脉冲多普勒雷达：MATLAB 程式设计/(美)施莱赫（Schleher，D.C.）著；戴幻尧等译. —北京：国防工业出版社，2022.4（重印）

（科工精译）

书名原文：MTI and Pulsed Doppler Radar with MATLAB

ISBN 978-7-118-10435-6

Ⅰ. ①动⋯ Ⅱ. ①施⋯ ②戴⋯ Ⅲ. ①动目标显示雷达—Matlab 软件—程序设计 ②多普勒天气雷达—Matlab 软件—程序⋯Ⅳ. ①TN959.71-39 ②TN958-39

中国版本图书馆 CIP 数据核字（2015）第 235151 号

Translation from the English language edition: MTI and Pulsed Doppler Radar with MATLAB by D.Curtis Schleher.

©2012 ARTECH HOUSE 685 Canton street Norwood, MA02062 Allrights reserved.

本书简体中文版由 Artech House, Inc.授权国防工业出版社独家出版发行。版权所有，侵权必究。

动态目标显示与脉冲多普勒雷达 (MATLAB 程式设计)
MTI and Pulsed Doppler Radar with MATLAB

※

*国防工业出版社*出版发行

（北京市海淀区紫竹院南路 23 号　邮政编码 100048）

北京虎彩文化传播有限公司印刷

新华书店经售

*

开本 787×1092　1/16　印张 30　字数 752 千字

2022 年 4 月第 1 版第 2 次印刷　印数 2001—3000 册　定价 128.00 元

（本书如有印装错误，我社负责调换）

国防书店：(010) 88540777　　发行邮购：(010) 88540776
发行传真：(010) 88540755　　发行业务：(010) 88540717

译者序

动目标显示（MTI）是利用杂波抑制滤波器抑制各种杂波，提高雷达信号的信杂比，以利于运动目标检测的技术。杂波对消器是最早出现、也是最常用的 MTI 滤波器之一。由于 MTI 对地物杂波的抑制能力有限，为此在 MTI 后可级联窄带多普勒滤波器组来覆盖整个重复频率的范围。由于杂波和目标的多普勒频移不同，它们将出现在不同的多普勒滤波器的输出端，从而达到在强杂波中检测目标的目的。

基于上述优势，MTI 技术和多普勒处理技术广泛应用于微波雷达中，作为一种主动航天、航空、遥感手段，在气象探测、军事目标探测、环境保护、灾害检测、海洋观测、资源勘察、精细农业、地质测绘等方面有着广泛的应用，目前已成为高分辨对地观测和全球资源管理的最重要手段之一。以其中的典型代表——合成孔径雷达（SAR）技术为例，经过三十余年的发展，我国在系统研制、数据获取、信息处理及遥感应用方面取得了一系列重大的技术突破和丰硕的科研成果。

本书作者 D. Curtis Schleher 是雷达电子战领域的著名专家，长期从事电子战装备的设计工作，曾经撰写过《信息时代的电子战》一书，该书堪称是国内雷达电子对抗专业人员的经典读本，书中提供了很多早期闻所未闻的新技术、新方法。另外，作者 D. Curtis Schleher 具有丰富的教学和培训经验。因此，与目前国内现有的脉冲多普勒雷达导论性著作相比，本书具有密切结合工程实践的特点，深入浅出，从物理概念层面给出了更多的阐述，从实际雷达数据层面给出了翔实可靠的分析结果，融入了作者三十多年来的工作经验和科研成果，提供了大量动目标显示脉冲多普勒雷达设计的新思想、新观点，并给出了严格的数学推导。

为便于读者更深入地理解 MTI 和脉冲多普勒 PD 雷达系统的相关概念与方法，本书详细地介绍了脉冲多普勒雷达的基础概念和技术原理，并辅以严密的数学推导，在国防科学技术领域中，学术水平高，内容有创见性，在学科上居领先地位，在工程技术理论方面有突破和应用潜力。

作者在 MIMIC 固态发射机、相控阵天线、机载有源电扫阵列、干涉 GMTI、空时自适应处理（STAP）、热杂波、横向滤波器、多普勒波束锐化、逆合成孔径雷达、圆极化天线等方面进行了较为详尽的分析，进一步提升了本书的学术水平。本书学术思想新颖，内容具体、实用，对我国国防科技和武器装备发展具有较大推动作用。

本书还给出了 MTI 雷达、PD 雷达系统在实际实现中的许多技术实现细节，包括波形设计、重频选择、最优检测处理等，填补了目前我国在杂波特性、实测数据分析、杂波抑制、MTI 和多普勒处理优化理论方面的空白，具有很高的技术参考价值和军事应用前景。

全书给出了 700 多个方程、300 多幅插图、100 多个 MATLAB 程序和 32 个设计实例，提供了一套完整的 MTI 和 PD 雷达系统分析与设计辅助工具。本书基础概念、技术原理、数学推导、实现细节、设计工具这样一种全面、合理的分析设计方法，使本书成为目前市场上所能看到的最完备的关于 MTI 和 PD 雷达系统分析设计的著作。如此高水平的学术专著在国内业界出版发行有强烈的需求。

本书面向群体广泛，不仅适合作为雷达工程等相关专业硕士、博士研究生的教材，而且还可作为雷达系统工程师和系统高级用户的参考书。每一章都包括深刻理解 MTI 和 PD 雷达原理所需要的原理分析和数学推导，此外每一章还开发了专用的 MATLAB 程序/函数，所有的程序都可以根据使用者的需求，改变输入参数或使用参数的默认设置来进行仿真分析，得到直观、逼真的仿真结果，以进一步提高对理论的理解，并提供确定雷达系统设计要求的原始资料。读者可通过扫描下方二维码下载，原书附带程序。

很荣幸能将这本书的中文版带给国内读者，相信本书会给从事相关工作的读者带来裨益。

本书由戴幻尧博士、申绪涧高级工程师、赵晶博士、李金梁博士后和张杨、焦斌助理研究员共同翻译，由谢虹研究员、孔德培高工完成全书的统稿和审校工作。翻译的工程中，国家自然科学基金委员会、电子信息系统复杂电磁环境效应国家重点实验室、中国洛阳电子装备试验中心总装驻上海地区军代室等多家机构给予了关怀和指导，侯建洲、任翔宇、石川、黄振宇、韩国强、崔建岭、乔会东、刘文钊、王建路、焦斌、狄东宁、周波等同志给予热心帮助，并提出了宝贵建议，在此一一表示感谢。

本书内容丰富、覆盖面广，鉴于译者经验和水平有限，有些问题还在进一步深入研究，书中不当之处在所难免，敬请读者批评指正。

译 者

2015 年 10 月

IOS 系统用户通过微信扫描二维码下载附带程序；Android 系统用户通过企业微信或 QQ 扫描二维码下载附带程序。

前　言

噪声背景中的雷达目标检测性能已得到充分论述。但实际中，大部分雷达还必须应对大量的无关回波（统称为杂波），它们可能来源于地表、海面、降雨、颗粒、箔条、鸟类、昆虫和极光反射等。大多数情况下，杂波幅度比真实目标回波大几个量级。从杂波背景中提取真实目标的唯一实用方法便是使用动目标显示与脉冲多普勒雷达，它们均是利用多普勒频移的差异来区分真实目标与杂波的。MTI 和 PD 雷达动目标检测性能优异，已成为大多数现代雷达的关键功能之一。但多普勒处理引起的损耗同样可能明显超过噪声限制雷达，从而导致探测距离低于预期。

《动目标显示与脉冲多普勒雷达（MATLAB 程式设计）》对 MTI 和 PD 雷达设计与性能分析相关理论与实际问题进行了透彻论述。本书着重分析了雷达杂波特性，以及 MTI 和 PD 雷达从杂波背景中提取真实运动目标的原理。首先建立了杂波中运动目标最优检测的理论基础，这与 MTI 和 PD 雷达的实现密切相关；然后推导了这些雷达系统中的各种理论关系；最后阐明了 MTI 和 PD 雷达的应用实例。

本书叙述了多种现代多普勒雷达系统的特性，包括民用/军用对空监视雷达、空中预警与截击、防空导弹雷达系统、合成孔径雷达（SAR）监视系统、GMTI 和逆合成孔径雷达（ISAR）系统等，并对上述雷达系统的性能进行了评价，其中包括一个用于空中目标监视的 MATLAB 设计工具。同时，本书还讨论了相关科技的主要进展，包括 MIMIC 固态发射机、相控阵天线、机载有源电扫阵列天线、干涉 GMTI、空时自适应处理、热杂波、干涉 SAR、横向滤波器、多普勒波束锐化、ISAR、应用于 MTI 的圆极化天线等。

书中的 MATLAB 程序可帮助读者分析与设计 MTI 和 PD 雷达系统，而不是枯燥地学习书中的 730 个公式。全书包含 100 多个 MATLAB 程序，分布在全书的 32 个设计实例中。

第 1 章涵盖了多普勒处理的基本原理，并概述了 MTI 和 PD 雷达系统的典型特征，分析了多种现代多普勒雷达系统的特征，比较了它们设计准则和性能上的差异。从雷达分辨单元的角度出发，探讨了杂波和接收机热噪声背景下的雷达检测一般问题，并推导了最优 MTI 和 PD 方法。采用环境图分析了多种杂波的特性，导出了多普勒雷达分析中常使用的高斯、非高斯分布杂波模型。最后深入地探讨了不同动目标检测器的结构，这是现代多普勒处理技术在对空监视雷达中最重要的应用之一。动目标检测器（MTD）是一类典型的低重频脉冲多普勒雷达，它几乎可实现对运动目标的最优检测，同时还具有多种虚警率控制机制，比如采用多普勒滤波恒虚警率检测、数字杂波图等。

第 2 章叙述了波形设计和多普勒滤波的基本原理及其在 MTI 和 PD 雷达中的应用。通常，脉冲多普勒雷达采用的波形可分为低重频（测距不模糊）、高重频（测速不模糊）、中重频（距离和多普勒均模糊）。每种波形与杂波的相互作用均不相同，需要采用不同的信号处理方式。实际中，发射波形的选取由雷达的应用场合和性能需求综合决定。多普勒滤波器的需求主要由发射波形决定。多普勒滤波处理中横向滤波器性能最优，但硬件密集、结构复杂。在 MTI 处理中可采用梳状滤波器（比如延迟线对消器），同样也可用在多普勒滤波器组前端以形成杂波凹口滤波器。多普勒滤波器中的相邻滤波器组通常采用 FFT 算法以数字形式来实现。本章最后，详述了现代雷达系统广泛采用的数字信号处理器。

第3章分析了PD雷达和MTI雷达系统的检测性能。采用雷达分析中常用的检测概率、虚警概率准则来分析检测性能，它与MTI改善因子密切相关，而改善因子也成为多普勒雷达性能评价的标准。改善因子与两种不同的程度相关，一是理想多普勒处理器对杂波频谱的作用程度，二是系统不稳定程度，包括发射机、本振噪声等。通常系统不稳定度决定了性能边界，当采用恰当的雷达、多普勒滤波器参数来设计系统时将会达到。

第4章讨论了雷达杂波问题。首先叙述了陆地、海洋、气象和箔条杂波的平均后向散射系数和功率谱，这些数据是通过多个试验方案确定的。利用上述数据，进行了参数估计，并详细地分析了杂波模型，包括高斯分布、瑞利分布、对数正态分布、Weibull分布和K分布。此外，考虑了一些应用于杂波计算机模拟的环境模型。最后分析了采用圆极化天线前端的MTI处理器的性能。

第5章讨论了MTI和PD雷达的理论基础。首先，在高斯分布杂波和接收机热噪声背景假设下，提出了具有随机初始相位及多普勒频移的N个相参脉冲的一般检测问题。理论推导表明，采用复加权的线性横向滤波器并串接包络检波器是最佳检测器形式。MTI方法适用于所有目标速度相同的情形，而PD方法则适用于具有目标多普勒特征先验信息的场景。通过MTI串接相干积累器（如FFT）或非相干积累器，可实现次优检测器。最后，分析对比了最优、次优滤波器的检测性能。

第6章探讨MTI系统设计的各个方面。首先分析了不同类型的相干、非相干MTI处理方式，并定量评估了相应陆基和机载系统的性能。利用接收机失真理论，本章还分析了MTI处理在非线性接收机下的性能局限。然后讨论了递归、非递归MTI滤波器设计理论，并给出了相关设计实例。MTI系统的模糊速度响应导致了在雷达重频下的盲速，可通过脉冲重频参差来加以消除。重频参差修正了MTI的速度响应特性，这种响应是参差方式和对消器阶数的函数。最后给出了设计曲线，它表明当不采用重频参差时将会导致较高的检测增益损耗。

第7章探讨脉冲多普勒系统设计的各个方面。首先分析了PD雷达系统的一般配置和波形设计，着重分析了它们的性能局限。高重频系统设计中的距离解模糊可通过发射多重脉冲、采用频率调制测距波形来实现。然后探讨了现代有源电扫阵列机载截击雷达的设计。最后分析了主瓣杂波、高度线杂波的特性，它们是许多高重频PD雷达设计中的关键参数，因为各距离段杂波折叠至一个距离单元中，导致目标回波需要与强杂波竞争。

第8章探讨了应用多普勒效应的多种实际雷达系统。本章叙述自成体系，提供了技术细节以便读者清晰理解相关原理。所述专题包括多普勒波束锐化、SAR、干涉SAR、空时自适应处理（STAP）、热杂波、ISAR，并设计了一个用于对空监视雷达设计的交互式MATLAB工具。

随书附带的二维码包含了MATLAB程序、彩色插图、MATLAB使用简明教程。

如果合适，作者想向许多人致以谢意，感谢他们在本书原稿准备过程中提供的无私帮助。我的妻子Carol输入了原稿及其修订内容，包括文中的全部公式。David K. Barton认真地审阅了原稿，并提出了许多建设性的修订意见，这些内容已包含在本书中。同时，本书第一版出版后，许多学生在使用中编写了MATLAB代码，并提出了有益的注释。

D. Curtis Schleher
Camano Island, Washington
2010

目 录

第1章 基本原理与综述

1.1 MTI 雷达和 PD 雷达的应用 ·· 1
1.2 多普勒效应 ·· 11
    例1 利用多次多普勒测量信息确定目标运动轨迹 ············· 12
1.3 多普勒处理基础 ··· 13
    1.3.1 分辨率的考虑[32,33] ··· 13
    1.3.2 面杂波环境中的 MTI 多普勒滤波器 ··························· 14
    1.3.3 面杂波和体杂波环境中的 MTI 多普勒滤波器 ·············· 16
    1.3.4 脉冲多普勒雷达的基本原理[2] ································· 18
1.4 环境图[1,35] ·· 22
1.5 杂波模型[1] ·· 25
    1.5.1 杂波的高斯模型或瑞利模型[1,43] ······························ 25
    1.5.2 杂波的 RCS ··· 26
    例2 基于常系数 Gamma 模型求出后向散射系数 σ^0 ········ 28
    1.5.3 杂波谱与自相关函数 ··· 30
    例3 指数形地杂波谱情况下的 MTI 改善因子 ··················· 34
    1.5.4 非高斯杂波模型 ··· 35
1.6 动目标检测器 ·· 41
    1.6.1 杂波图 ·· 49
参考文献 ·· 55

第2章 多普勒雷达波形设计与滤波

    例4 高重频雷达主瓣杂波的放大系数 ······························ 59
2.1 重频类型的定义[3] ·· 63
2.2 信号处理与系统比较 ·· 64
    2.2.1 低重频雷达 ··· 64
    2.2.2 高重频雷达 ··· 69
    2.2.3 中重频雷达[2,7,8] ·· 71
2.3 多普勒滤波 ··· 75
    2.3.1 相参 MTI 与非相参 MTI ······································· 76
    2.3.2 多普勒滤波的频域特性 ·· 80
    例5 赋形 MTI 对消器的设计 ·· 85
    2.3.3 数字式多普勒滤波器 ··· 87
    例6 级联式 MTI-FFT 多普勒滤波器 ······························· 93

参考文献 ········· 102

第3章 多普勒雷达性能度量

3.1 MTI 改善因子 ········· 106
例7 改善因子分析 ········· 110
3.1.1 非相参 MTI 改善因子 ········· 114
3.1.2 对消率 ········· 116

3.2 杂波对多普勒雷达性能的影响 ········· 120
3.2.1 内部运动杂波谱 ········· 122
3.2.2 天线扫描引起的杂波谱 ········· 124
3.2.3 平台运动杂波谱 ········· 126
3.2.4 发射机不稳定带来的谱展宽 ········· 129
3.2.5 杂波限幅频谱展宽 ········· 130
3.2.6 PRF 参差对改善因子的限制 ········· 135
例8 MTI 系统中的速度损耗 ········· 135
3.2.7 运动补偿损耗对改善因子的限制：TACCAR 和 DPCA ········· 139
例9 运动补偿 MTI 的改善因子 ········· 140
例10 运动补偿自适应数字 MTI[28] ········· 145
3.2.8 对改善因子的综合影响 ········· 149

3.3 振荡器对多普勒雷达性能的影响 ········· 151
参考文献 ········· 158

第4章 杂波特性和实测数据分析

4.1 面杂波 ········· 163
4.1.1 地杂波 ········· 168
例11 地杂波后向散射系数模型 ········· 177
4.1.2 海杂波 ········· 186
例12 海杂波后向散射系数模型 ········· 193

4.2 大气杂波 ········· 205
4.2.1 降雨杂波 ········· 207
例13 降雨杂波和箔条杂波中雷达的探测距离 ········· 212
4.2.2 箔条杂波 ········· 216
例14 箔条的基本原理[55] ········· 219
例15 在地杂波和箔条杂波中采用 FFT 处理后的探测距离 ········· 223

4.3 杂波幅度统计的近似计算 ········· 225
4.3.1 平均后向散射系数的近似计算 ········· 226

4.4 杂波的解析表示法 ········· 229
4.4.1 高斯过程表示法 ········· 229
4.4.2 杂波的莱斯表示法 ········· 231
4.4.3 杂波的对数—正态表示法 ········· 232

  4.4.4 杂波的韦布尔表示 ··· 235
  4.4.5 杂波的 K 分布表示 ··· 237
   例 16 雷达杂波分布的仿真[62] ··· 238
4.5 杂波模型环境 ··· 241
  4.5.1 IIT 雷达杂波模型 ·· 241
  4.5.2 搜索雷达模型环境 ··· 244
参考文献 ·· 247

第 5 章 最优多普勒处理理论

5.1 最优雷达多普勒处理器 ··· 252
  5.1.1 横向滤波器 ··· 252
  5.1.2 单点多普勒处理器 ··· 258
  5.1.3 最优 MTI 处理器 ··· 261
   例 17 最优和二项式加权对应的 MTI 改善因子 ································ 266
  5.1.4 等间隔多普勒处理器 ·· 267
5.2 级联 MTI—相参积累器[18,19] ·· 270
5.3 级联 MTI—非相参积累器 ·· 279
   例 18 MTI—非相参积累处理的积累增益 ·· 284
   例 19 横向滤波器和级联 MTI—FFT 的性能比较 ······························· 290
参考文献 ·· 294

第 6 章 动目标显示 (MTI) 系统

6.1 MTI 结构 ·· 296
6.2 动目标性能分析 ··· 302
  6.2.1 地基监视雷达 MTI 特性 ··· 303
  6.2.2 机载监视雷达 MTI 特性 ··· 303
   例 20 DPCA 补偿的 MTI 对消改善因子[3,11,12] ································· 308
  6.2.3 非线性接收机的 MTI 性能 ··· 311
6.3 MTI 雷达滤波器设计 ··· 314
  6.3.1 非递归型 MTI 滤波器 ··· 314
   例 21 传递函数和 MTI 改善因子 ·· 320
  6.3.2 递归型 MTI 滤波器 ··· 321
  6.3.3 多普勒滤波器组——横向滤波器 ·· 332
6.4 PRF 参差 ·· 334
  6.4.1 PRF 参差盲速 ·· 336
   例 22 PRF 参差的传递函数和零点深度 ·· 337
   例 23 MTI 的 PRF 参差速度损耗和改善因子损耗 ································ 339
  6.4.2 一次对消器 MTI 的 PRF 参差 ·· 342
  6.4.3 PRF 参差的双延迟线对消器 MTI ·· 345
   例 24 PRF 参差的 MTI 改善因子 ··· 347

6.4.4　参差MTI对消器的综合 ·············· 349
参考文献 ·············· 350

第7章　脉冲多普勒系统

7.1　脉冲多普勒结构 ·············· 356
7.2　波形考虑[8,11,15-17] ·············· 363
　　7.2.1　波形占空比方面的考虑事项[8,11] ·············· 371
　　7.2.2　天线副瓣要求[11,21,22] ·············· 372
　　　　例25　等值线 ·············· 376
7.3　现代机载拦截雷达 ·············· 378
7.4　解距离模糊 ·············· 385
　　7.4.1　多重高PRF测距[19,36] ·············· 385
　　　　例26　中国余数定理 ·············· 390
　　7.4.2　调频法测距[8,38] ·············· 392
7.5　主瓣杂波 ·············· 398
　　　　例27　高度线回波 ·············· 398
　　　　例28　采用脉冲多普勒雷达进行导弹逼近告警 ·············· 404
参考文献 ·············· 408

第8章　多普勒雷达系统专题

8.1　多普勒波束锐化 ·············· 412
　　　　例29　DBS设计 ·············· 416
8.2　合成孔径雷达 ·············· 419
　　　　例30　SAR设计准则 ·············· 425
8.3　干涉合成孔径雷达 ·············· 427
　　8.3.1　JSTARS[44] ·············· 429
　　8.3.2　干涉GMTI[2,8,9] ·············· 431
8.4　逆合成孔径雷达 ·············· 435
8.5　机载雷达空时自适应处理 ·············· 445
　　8.5.1　STAP[10,28-32,47] ·············· 448
　　8.5.2　杂波内部运动对STAP的影响[24,33] ·············· 451
　　8.5.3　STAP检测 ·············· 451
　　8.5.4　采样矩阵求逆 ·············· 453
　　　　例31　自适应阵列和热杂波[34,48] ·············· 453
8.6　MTI设计工具 ·············· 458
　　8.6.1　程序讨论和注意事项 ·············· 462
　　　　例32　Marcum-Swerling和Albersheim检测因子的比较 ·············· 465
参考文献 ·············· 467

第 1 章 基本原理与综述

在由地物、海面、云雨、箔条等物体反射所形成的干扰背景（杂波）中，如果目标与杂波的径向速度不同，动目标指示（MTI）雷达或脉冲多普勒（PD）雷达就具有对其进行检测的能力。MTI 雷达和 PD 雷达既可部署于地面固定站点，也可安装在舰船、飞机或卫星等运动平台上使用[1-4]。

根据 IEEE 的标准雷达定义，多普勒雷达是指利用多普勒效应，对目标相对于雷达的径向速度分量进行测定，或对具有特定径向速度的目标进行提取的雷达。如果该雷达发射的是脉冲信号，就称为脉冲多普勒雷达。动目标指示则是指提高运动目标检测与显示能力的技术，多普勒处理只是其中的一种实现方法。这些正式定义表明，当存在因地面、海面、云雨、箔条、鸟群、昆虫以及极光等反射所形成的杂波时，MTI 雷达和 PD 雷达的基本思想是利用多普勒效应在杂波环境中提取出较小的运动目标。

MTI 或 PD 雷达的运动目标检测能力为绝大多数现代雷达发挥作用提供了一项关键功能。在诸如空中监视等典型民用领域中，为对空中交通实施管制，必须具备在强地杂波和气象杂波中对未装载应答机的低空小型飞机进行检测的能力；军用领域则更为广泛，既包括对低空飞机和巡航导弹进行检测的陆基（或海基）应用情况，也包括机载告警与控制系统（AWACS）、机载预警系统（AEW）以及机载拦截（AI）雷达等在极强的面杂波环境中下视工作的机载应用情况。

尽管 MTI 与 PD 雷达在本质上是相似的，但两者的理论差异也非常明显。MTI 雷达的理念是用梳状滤波器消除杂波，其阻带置于强杂波所集中的区域，运动目标回波则从未被杂波占据的速度区域通过。而 PD 雷达只是分辨并增强特定频移区间的目标回波，对杂波及所关心频带以外的其他回波则一律抑制。在所感兴趣的频率区间范围内，PD 雷达一般采用一组相邻的多普勒滤波器对目标回波进行匹配检测，也就是说相比于噪声，目标回波在多普勒滤波器组中得到了相参积累，因此 PD 雷达的目标检测能力要比 MTI 雷达更强。

1.1 MTI 雷达和 PD 雷达的应用

多普勒雷达的典型应用就是作为监视雷达，在各种气象条件下检测地表上空飞行的飞机或导弹，此时 MTI 雷达或 PD 雷达的功能就是对地杂波和气象杂波进行抑制，同时保留住目标回波，从而实现目标检测。

当雷达部署于地面时，地物反射形成的地杂波往往要比期望目标回波更强。地杂波会一直延伸到地形特征被地球曲率所遮挡的范围，当地面环境比较平坦时该范围可达 10 ~ 20n mile，如果雷达视野中存在城市或山体的话可能会超过 50n mile，而当存在大气波导效应时则会超过 100n mile。对于机载雷达来说，在其整个作用距离范围内都会存在地杂波。

从低频到毫米波的频段范围内，气象杂波的强度都跟频率的四次方成正比，因此 L 及其以上频段的气象杂波非常明显。与面反射所造成的地杂波或海杂波不同，气象杂波是由体反射引起的。在雷达的整个作用距离范围内，一般都会存在气象杂波。

图 1.1 所示的 ASR-9 雷达是工作在 S 频段（2.7~2.9GHz）的两坐标空中交通管制雷达，对于 RCS 为 5m² 的飞机其作用距离可达 60n mile。其中雷达天线上方的阵列天线是空中交通管制雷达信标系统（ATCRBS）的组成部分，该系统提供的辅助数据可给出目标的身份信息和飞行高度，以确定其是否为合作目标。

图 1.1 ASR-9/ASR-12 空中交通管制雷达[76]

ASR-9 雷达的工作参数列于表 1.1 中，该雷达的重要性在于其中首次采用了数字式动目标检测（MTD）技术，本章的后续部分将会对该技术予以详述。MTD 的首要功能是可以有效降低虚警概率，而这一直曾是该类雷达早期型号的困扰。该雷达所用速调管发射机的 MTI 稳定因子达 50dB，并采取了以下措施以降低虚警概率：

表 1.1 现代多普勒监视雷达的工作参数

	ASR-9	ASR-12	ARSR-4	TPS-59
类型	两坐标	两坐标	三坐标	三坐标
探测目标	飞行器，气象	飞行器，气象	飞行器，气象	飞行器，战术弹道导弹
P_t/kW	1200	22	60	54
P_A/kW	1.575	1.45	1.94	9.7
f/GHz	2.7~2.9	2.7~2.9	1.215~1.4	1.215~1.4
PRF/(p/s)	1200	1200	216/72	277~833
PW/μs	1.05	55,1	150	100~800
G_T/dB	33.5	33.5	35	38.9
G_R/dB	33.5/32.5	33.5/32.5	40	38.3
θ_{az}/(°)	1.3	1.3	1.41	3.4
ϕ_E/(°)	4.8	4.8	两个堆积波束	1.7
极化	线极化或圆极化	线极化或圆极化	线极化或圆极化	线极化
扫描速率/((°)/s)	75	60/72/90	30	36/72
噪声温度/K	627	627	438	540
多普勒带宽/Hz	150	150	同 PRF	同 PRF
信号处理方式	MTD	MTD	8 脉冲 MTI	MTI
脉压后脉宽/μs	未提供	1.4（非线性调频）	1.3（非线性调频）	0.4,1.6

(1) 使用大动态范围的准最优线性多普勒滤波器;

(2) 采用杂波图技术对每一距离—方位分辨单元内的杂波进行线性抑制,以适应后续的多普勒滤波处理要求;

(3) 采用自适应的恒虚警(CFAR)技术抑制每一感兴趣多普勒单元内的气象杂波;

(4) 采用审查技术以消除来自其他雷达的脉冲干扰;

(5) 采用脉组重频参差技术消除盲速问题,并可减轻气象杂波对多普勒单元内混叠目标所造成的抑制[5]。

ASR-9 雷达有一个测量和显示云、雨、雾等反射率的专用处理通道,当雷达部署于某些选定站点时,该雷达还可测出风的多普勒速度,以探测较低角度的风切变。

图1.1中双喇叭馈源产生了高、低2个天线波束,该雷达以低波束发射信号,而2个波束均进行接收,其中低波束用于接收远程目标的回波信号,高波束则用于探测近程目标,其结果就是降低了地杂波和面反射对高波束的影响,从而使信杂比提高了 15~20dB。另外,容易对近程探测产生影响的鸟群、昆虫等低空飞行物体的回波,在高波束中也得到了一定程度的衰减。

作为 ASR-9 雷达的改进型,ASR-12 雷达既采用了 MTD 技术,也采用了基于双极性晶体管的固态发射机[6]。相比于电子管器件来说,固态发射机不但可靠性和可维修性更高,而且还能提高 MTI 稳定因子。由于单个 S 频段双极性晶体管的峰值功率只有大约 100W[7,8],为使发射脉冲的峰值功率达到 22kW,必须组合使用数量庞大的晶体管。

ASR-12 雷达的发射脉冲宽度长达 55μs,其信号能量(1.375J)与 ASR-9 雷达的基本相当[9]。由于发射的是宽脉冲,接收后只能采取脉冲压缩措施才可实现跟 ASR-9 雷达相接近的分辨率(700英尺)。为防止较强气象杂波对相邻距离单元的溢出,必须采用非线性调频的脉压方式以降低距离副瓣。另外,紧随宽脉冲之后还需发射一个载频不同、脉宽 1μs 的短脉冲,以保持对近程目标的探测能力。

对于双波束天线来说,高、低波束之间的切换时机取决于雷达部署场地的杂波情况。其中低波束的指向略高于地平线,采用宽脉冲探测远程目标;高波束则采用宽、窄两种脉冲探测近程目标。

图1.2所示的 ARSR-4 雷达是一种工作在 L 频段(1.215~1.4GHz)的固态、远程(250n mile)、三坐标、堆积多波束监视雷达,该雷达既可用于国土防空,也可用于民航的空中交通管制,其工作参数已在表1.1中给出[10]。当用于空中交通管制时,要求该雷达在山地背景环境中、降雨量为 4mm/h 的气象条件下,对距离 5~180n mile 范围内、RCS 为 $2.2m^2$ 的 Swerling 1 型目标具备探测能力。典型的军用需求包括雷达能在 6500 英尺高度、5 级海况条件下探测到水上飞行的 RCS 为 $0.1m^2$ 的巡航导弹,或是在山地背景环境中对距离 5~92n mile 范围内、RCS 为 $1m^2$ 的空中目标具备探测能力[11]。

为避免对发射波束形成遮挡,图1.2中的相控阵馈源相对于反射面是偏置的。该馈源由 600 个水平极化和垂直极化的辐射源构成,分成 23 行排列在一个柱面上,使得雷达能在 11.25°的方位扇区内根据气象条件选择收发左旋圆极化、右旋圆极化或线性垂直极化信号。ARSR-4 雷达的目标通道采用相同的圆极化进行收发,以排除气象杂波的干扰(这在 L 频段能充分满足要求);另外还设有气象接收通道,其接收状态的圆极化方式跟发射状态是完全相反的[11]。

 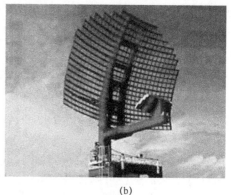

(a) (b)

图 1.2　ARSR-4 远程监视雷达[75,77]

该雷达发射信号时采用宽波束照射，在接收时则把俯仰角覆盖范围划分成宽度为 2°的 9 个堆积式波束。在任一时刻对信号进行接收的，要么是最低的 5 个堆积波束，要么是最高的 5 个，由于两者的交叠使得第 5 个波束成为高、低堆积波束的共用波束。相比于探测近程目标的高堆积波束来说，探测远程目标的低堆积波束中各波束宽度要窄一些，使得该雷达在整个作用距离范围内对目标的探测高度基本保持在 3000 英尺左右。

为克服面杂波对目标检测的影响，ARSR-4 雷达采用了 8 脉冲 MTI 对消器和 9 种参差的重频。当因天线的扫描调制导致较强的山体杂波频谱有所展宽时，8 脉冲对消器可以形成较宽的凹口将其抑制，这是对 ARSR-3 雷达缺陷的改进，因为实践证明 3 脉冲对消器的山体杂波抑制能力明显不足。9 种参差的重频消除了从 20～3000 节速度范围内的盲速问题。若雷达需在海面背景环境中工作，就会对 5.6°×8n mile 区域内的海浪平均速度进行测定，并据此将 MTI 杂波抑制凹口中心的精度修正到 0.5 节。

L 频段发射机的峰值功率为 60kW，由 2 个间隔 83MHz 的工作频率复用。总的脉冲宽度为 150μs（即 90μs+60μs），其中低堆积波束的发射信号重频为 216Hz，而将高堆积波束的重频设为 72Hz，以降低来自山体或市区的二次回波影响。与 ASR-12 雷达相同的是，ARSR-4 雷达也采用了非线性调频脉冲压缩方式，以防止气象杂波的副瓣溢出到相邻距离单元中。

虽然 ARSR-4 雷达和 ASR-9/12 雷达都有在面杂波和气象杂波环境中探测空中目标的需求，但两者在多普勒处理系统的设计方面存在着明显的差异。由于没有天线罩的 ASR-9/12 雷达可以部署于小型机场内使用，为在天线尺寸适中的情况下满足方位角分辨率的要求，就必须工作在 S 频段，但该频段的气象杂波较强，仅靠圆极化方式并不能将其完全消除，还需采取 MTD 措施才行。ARSR-4 雷达工作在 L 频段，不但气象杂波较弱，而且圆极化方式还能进一步将其衰减 21dB；对于山体回波等较强面杂波，则采用基于 8 脉冲设计的 MTI 处理器予以消除。ARSR-4 雷达采用了 9 种参差的重频以克服盲速问题，但这使得 MTI 无法对消来自山体或市区的二次回波，为此采取了双 MTI 对消器以及可提高不模糊距离的低重频等特殊措施，导致系统设计变得更加复杂。为满足军用场合的抗干扰需求，ARSR-4 雷达采用了脉组频率捷变的方式发射信号[11]，但由于进行 MTI 处理需在 8 个脉冲的持续时间内保持信号频率稳定，又导致该雷达容易受到应答式干扰的攻击。

图 1.3 所示的 TPS-59 雷达是用于战术防空的 L 频段（1.125～1.4GHz）、固态、远程、三坐标平面相控阵雷达[12]，该雷达天线的方位向进行机械扫描，俯仰向通过控制相位实现电扫描，使得其笔状波束针对飞行器等目标的俯仰扫描范围为 0～19°，针对战区弹道导弹为

0°~60°。对于 RCS 为 0.1m², 飞行速度达 Ma7 的目标, TPS-59 (V) 3 型雷达的探测距离可达 400n mile。

图 1.3　TPS-59 战术防空雷达[78]

该雷达平面阵列天线的尺寸为 30 英尺×15 英尺, 共有 54 行完全相同的馈电网络, 每行有 24 个偶极子单元。收发组件直接安装在行馈网络之后, 其中包含发射器、预放器、移相器、收发转换开关等; 纵向上由 3 个列馈完成行与行之间的馈电分配。每行的发射器由 20 个硅材料双极性晶体管组成, 每个可提供 55W 的功率, 扣除合成损耗后的单行输出功率约为 1000W。

TPS-59 雷达在 3~100n mile 距离范围内的发射信号采用近程波形, 而在 100n mile 至最大作用距离 (大约 300n mile) 范围内则为远程波形。近程波形包含一个常规脉冲和随后的持续时间 252μs、带宽 2.5MHz 的线性频率调制脉冲, 为满足 MTI 处理需求, 该波形会重复发射 3 次或 6 次: 若波束照射范围内只有地杂波, 则采用三脉冲 MTI 波形, 若同时存在地杂波和气象杂波则采用 6 脉冲 MTI 波形。远程波形包含最多 4 个连续脉冲, 相互之间的频率间隔为 3.75MHz, 且均采用带宽 625kHz 的频率调制, 实际发射的脉冲数量需根据最大作用距离要求和俯仰波束位置确定。

TPS-59 雷达采用 8 个笔状波束进行远程探测 (俯仰角为 0~9°), 11 个笔状波束进行近程探测 (俯仰角为 0~20°)。由于假定地杂波包含在最低的 3 个近程探测波束中, 因此在这些波位内采用三脉冲 MTI 波形。在 100n mile 以内的测高精度为 1000 英尺, 到 300n mile 时线性增至 3000 英尺。TPS-59 雷达对地杂波的抑制能力是 51.4dB, 对气象杂波是 32.8dB。

在 L 频段的固态三坐标监视雷达中, TPS-59 和 ARSR-4 是采用不同技术方案实现目标高度测量的典型实例。两种雷达都通过多脉冲 MTI 措施形成较宽的凹口对地杂波进行抑制; 为消除气象杂波, ARSR-4 雷达采用的是圆极化技术[13], TPS-59 雷达则是在近程波束中采用 6 脉冲 MTI。由于 TPS-59 雷达在俯仰向共有 19 个波位, 在某一方位向对目标进行照射的驻留期间, 所获得的回波脉冲总数有可能不满足 MTI 处理的需求, 因此该雷达的电扫描是有一定缺陷的。比如为使距离不模糊, 远程波束采用的重频为 277Hz, 在每一波位内最多只能对目标照射 2 次, 不能满足 MTI 处理要求, 因而无法抑制 100n mile 以远的气象杂波和箔条干扰；近程波束内将重频增至833Hz，从而最多可以获得6个脉冲用于地杂波对消和气象杂波对消。采用笔状波束进行扫描也有其好处，就是在对俯仰波束进行发射和接收时有效利用了天线的全孔径，不但使信号能量在目标上更加集中，而且也在一定程度上减少了气象杂波的摄入量。

图1.4所示的是S频段（3.1~3.3GHz）固态机载预警雷达"埃利眼"（Erieye），其相控阵天线安装在机身上方的背鳍式天线罩内，采用的是2副"背靠背"式的平面阵列，面阵之间共有192个由收发组件驱动、靠冲压空气冷却的单元。该天线的每个面阵尺寸为8m×0.7m，所产生的波束宽度为$0.8°×9°$，通过移相扫描可覆盖机身两侧各±60°的方位范围；对于机头和机尾方向存在的60°方位覆盖盲区，则可通过让飞机按跑道型航线飞行加以解决。两个面阵既可同时发射信号（功率会有所下降），也可顺序发射信号[14-16]。

图1.4　背鳍式机载预警雷达 – "埃利眼"和"楔尾"[17,79]

由于安装平台飞行在中、高空，机载预警雷达在探测低空目标时就具有视距上的优势，这虽然解决了陆基或海基情况下面临的地形遮挡问题，但也带来了另一个严重问题。比如，机载预警雷达必须以较高掠射角工作于下视模式（观测地面或海面），导致杂波的回波幅度升高，甚至超过正常目标回波。虽然在很多年前机载预警雷达就已经开始利用多普勒处理技术，在海面上空来分辨运动目标，但面临地面上空的工作环境时，机载预警雷达所需的杂波中可见度要达到50~80dB，这一技术直到不久前才刚刚实现。

图1.4中同时给出了"楔尾"机载预警与控制系统，其所使用的L频段多功能电扫天线（MESA）安装在波音737飞机机身上方的背鳍式结构内。为实现360°全方位覆盖，MESA雷达采用了3副天线，即2副"背靠背"式的侧视相控阵天线和1副端射天线阵（又称为"顶帽"），其中后者安装在背鳍顶端以提供前视和后视能力。侧视天线阵的尺寸为18英尺×6英尺，可以覆盖机身两侧各±60°的方位范围；端射天线阵的尺寸为25英尺×6英尺，可在机头、机尾两个方向各覆盖±30°的方位范围。由于工作在L频段，该雷达可将敌我识别（IFF）能力集成进来，但也有可能会对JTIDS数据链和全球定位系统（GPS）等产生潜在干扰。

"楔尾"雷达的探测能力没有公开报道，但由于跟TPS-59雷达频率相近、结构相似，因此可通过对比对其进行估计。首先，MESA采用了288个发射组件，而TPS-59采用的是540个，因此功率降低系数为0.533；其次，侧视天线的孔径降低系数为$(18×6)/(30×15) = 0.24$。在$P_d=0.9$的条件下，TPS-59对于RCS为$1m^2$起伏目标的报道作用距离为200n mile[18]，因此同样情况下MESA的估算距离即为$200×(0.533×0.24)^{1/4}=119.6$n mile。对于端射天线阵来说，若设其方位孔径长度与天线实际长度的平方根成正比[18]，同样可对其探测性能进行估算，此时由于孔径降低系数变为$(\sqrt{25}×5)/(30×15)=0.0556$，那么机身纵向的估算距离就是68.7n mile。另外，前视和后视时的方位角分辨率大约是9°，比侧视情况下的2.5°要低。

第 1 章 基本原理与综述

机载预警系统所采用的多普勒处理技术有三类。第一类是高重频的脉冲多普勒技术，其重频至少为载机与目标临近飞行速度之和所对应多普勒频率的 2 倍，从而能够产生比较干净的无杂波区，只需采用窄带滤波器即可检测出运动目标。不过这种情况下距离是高度模糊的，通常需要采用计算机等特殊手段解模糊。相对于低、中重频模式来说，高重频模式的优点在于可在峰值功率不变的情况下增加所辐射的能量。

利用距离—速度矩阵可将 PD 雷达的信号处理过程可视化，矩阵的每一单元格都包含距离维和速度维（或称为多普勒频率维）信息，前者对应雷达的距离分辨单元（通常与发射脉冲的宽度相当），后者则跟波束照射在目标上的驻留时间成反比。信号检测过程如下：测定每一单元格内的信号能量，将其与基于周围单元格情形设置的阈值进行比较，即可判断是否存在目标。由于这一处理过程对于操作手来说过于复杂，因此一般都是采用自动检测技术进行的。完成信号检测和解模糊后，就会生成供操作手观察的综合画面。

美国和北约的 AN/APY-1 与 AN/APY-2 是采用脉冲多普勒技术的机载雷达典型代表，其装载平台为 E-3A/B/C/D/E/F 等机载预警与控制系统（见第 7 章）。由于工作在 S 频段，当采用超低副瓣天线时即可在方位向和俯仰向获得良好的角度分辨率[19]，但考虑到杂波强度跟频率的四次方成正比，还必须处理好气象杂波的干扰问题。该雷达的旋转天线罩直径达 30 英尺，里面放置着尺寸为 $7.3m \times 1.5m$ 的波导缝隙天线阵，其突出特点就是低至 -50dB 的超低副瓣。两种雷达都采用了可确定目标高度的俯仰扫描方式、标准 IFF 二次雷达（1.03~1.09GHz）以及精心设计的通信技术（其中包含用于执行指挥、控制与通信功能的数据链）[20]。

机载预警系统所采用的第二类多普勒处理技术称作机载动目标指示（AMTI）技术，这类技术通过天线设计和信号处理消除了载机的运动效应（将在第 6 章予以详述）。一旦消除这种影响，就可采用跟陆基或海基 MTI 雷达同样的信号处理方式了。由于希望距离是不模糊的，因此这种机载预警雷达经常采用大约 300P/s（脉冲/秒）的低重频工作（对应距离为 270n mile），而对于低重频模式所导致的目标"盲速"问题，可采用重频参差加以解决。如若使用的参差比为 4:5，那么 300P/s 所对应的盲速就是 6000Hz，如果机载预警雷达工作在 UHF 频段（420~450MHz），就意味着载机与目标之间的相对临近飞行速度处于 1855~4161 节。考虑到上述因素，就必须对低频段（UHF）雷达的工作频点加以选择，但由于载机机身结构的激励作用，在 UHF 频段很难实现较低的天线副瓣，而作为比较合理的折衷，一般倾向于在 L 频段中选定工作频点[21]。

装载于 E-2C 预警机上的 APS-145 雷达，是采用 AMTI 技术的典型机载预警雷达，虽然该雷达的杂波中可见度这一性能比 PD 雷达稍差一些，但对于地面上空的应用来说仍是足够的。这类雷达的主要不足就是因工作频率较低所导致的较宽主瓣和较高副瓣：当存在主瓣干扰时，宽主瓣会使雷达的综合作用距离降低；而高副瓣则使雷达容易遭受副瓣干扰、信号易被敌方截获、受到反辐射导弹（ARM）攻击的危险增加[5]以及降低雷达在杂波中的工作性能。

第三类机载预警雷达采用的是中重频模式，此时距离和速度都是模糊的。高于低重频的主要原因是提高对抗主瓣杂波和地面运动目标的能力；而低于高重频则是使雷达具备检测副瓣杂波中速度较低（甚至为负值）的临近飞行目标的能力。"埃利眼"雷达是中重频雷达的典型实例，虽然该雷达所采用的重频值没有公开报道，但由于其宣称的改善因子为 80dB，那么可做如下估算：假设飞行速度为 600 节，天线尺寸为 8m，根据式（3.21）可得主瓣杂波的

标准差 σ_{pm} 为 20Hz，又假定所采用的是双对消器 MTI，根据图 3.5 可知 $\sigma_{pm}/\text{PRF} = 0.002$，于是其重频估计值即为 10kHz。

相比于 AWACS 和 E-2C 要用 30 英尺的旋转天线罩以容纳天线来说，"埃利眼"的主要优点在于可以装载到小型的通勤车式喷气式飞机或涡轮螺旋桨飞机上，从而大大节约经费开支。据估算，"埃利眼"的使用成本为 \$500/h，而 E-2C 和 AWACS 则分别为 \$2700/h 和 \$8380/h。

由于各制造商均未公布相应的重要技术参数，因此难于将这三类机载预警系统的探测距离进行对比，不过还是可以做出一些有根据的推测，结果如表 1.2 所列。以广为所知的 ASR-9 雷达参数作为参考，该雷达对 RCS 为 5m² 的 Swerling 1 型战斗机目标的探测距离为 53n mile，根据前述三类雷达与 ASR-9 的功率孔径积，利用关系式 $R = k(P_{ave}A_R t_s)^{1/4}$ 即可估算出各自的探测距离，其中 A_R 是接收天线的有效孔径，t_s 是完成空间搜索的时间（此处对于每一种雷达均将其视为相同值）[5]。

表 1.2 对战斗机类目标的估算探测距离

系统	工作频段	脉冲重频	平均功率/kW	接收孔径/m²	扫描时间/s	探测距离[a]/n mile
ASR-9	S 频段	低重频	1.575	2.044	4.8	53
埃利眼	S 频段	中重频	1.440[b]	3.147	10	69
E-2C	UHF	低重频	18.75[b]	7.03	10	161
E-3D	S 频段	高重频	42[b]	3.505	10	169

(a) 针对的是 RCS 为 5m² 的 Swerling 1 型目标；
(b) 估计值

研究表明"埃利眼"雷达收发组件有可能采用了单个双极性硅材料晶体管[23]，其峰值功率为 50W，在占空比为 15% 的情况下，192 个收发组件所提供的总平均功率是 1440W[8]。需要注意的是，"埃利眼"的探测范围由阵列侧向角度确定，如果天线扫描偏离正侧向，其探测距离将按 $[\cos(\theta_s)]^{1/4}$ 的因子减小。为使有源孔径阵列的输出功率最大化，"埃利眼"雷达在发射时采用的是均匀馈电，而在接收状态则采用了 50dB 的切比雪夫锥削加权，如果再考虑损耗的影响，那么平均接收副瓣为 43dB。另外，该系统还采取了自适应副瓣对消措施以对付副瓣干扰[24]。对于 E-2C"鹰眼"预警机载 APS-145 雷达来说，其相关参数的估计结果可在文献 [25] 中查找到。AWACS 系统的雷达发射机采用了跟 ASR-9 类似的速调管放大器，但其峰值功率据估计可达 1.2MW；由于其重频必须足够高以确保频域不模糊，据此可利用关系式 $\text{PRF} = 2(v_{\text{AWACS}} + v_{\text{TAR}})/\lambda$ 求出具体值：AWACS 的作战飞行速度约为 300 节，而诸如 Fulcrum 或 Flanker 飞机等典型目标的最大速度约为 1300 节，因此其重频估算结果即为 35kHz 左右。考虑到发射机跟 ASR-9 是类似的，即可将其脉冲宽度估计为 1μs，于是可得出平均功率为 42kW。

通过对表 1.2 中的数据进行比较，可以发现 AWACS 和 E-2C 跟"埃利眼"不是同一类型，但要算经济账的话，因为有更多低成本的可选载机用于提供军事监视，"埃利眼"显得更实惠一些。需要说明的是，表 1.2 中对探测距离的比较仅仅是最初步的，这是因为高重频雷达需在不同的扫描期间采用 2 种或 3 种重频以解距离模糊，中重频雷达一般需要 7 种或 8 种重频解距离模糊，而低重频雷达则采用重频参差以克服盲速问题，所有这些情况对于探测能力所造成的影响，都要进行具体分析才能确定。

图 1.5 所示为 SA-15 GAUNTLET 中低空导弹系统，其作战对象既包括飞机和直升机，

也包括无人机（UAV）、精确制导武器以及各类导弹等。SA-15将监视、指控、发射、制导等功能均集成在一部载车上，成为一种全自主式的导弹防御系统，该系统有2个发射架，每个内装4枚随时待命的导弹。SA-15可全天候、全时段同时跟踪和攻击2个目标，对飞行速度在36～2500km/h范围内的空中目标均具有攻击能力，同时还可攻击空中悬停直升机或旋翼已经启动的地面直升机[26-28]。

图1.5　SA-15 GAUNTLET近程导弹[29]

SA-15系统安装在图1.5所示的履带式底盘上，基于MTI技术的C频段频率扫描式目标截获雷达及其附属IFF天线位于车辆尾部，Ku频段的有限扫描相控阵雷达位于前部，该雷达两侧的是光电型电视跟踪器和小型的信标跟踪型单脉冲雷达，主要用于导弹发射后的初始捕获[29]。

该系统的目标截获雷达（TAR）和交战雷达（TER）均独具特色：在三坐标多波束TAR的每一波束内都采用了相参的正交MTI处理（即包括同相分量I和正交分量Q），并且其MTI过程既可人工调整，也可利用杂波图自动调整，从而保证了处于强地杂波中的低波束以及箔条与气象杂波环境中的高波束均具有目标截获能力；TER既可用于目标跟踪，也可在向导弹提供制导指令的同时跟踪导弹内部的信标，该雷达所使用的FFT多普勒处理措施既能增强飞机和直升机等目标的回波信号，还能抑制地杂波和箔条干扰。这两种雷达所采用的脉冲压缩措施在既增强了系统分辨能力的同时，还提高了杂波和噪声干扰环境中的雷达性能。

TAR是平均功率为1.5kW的C频段三坐标频率扫描式目标截获雷达，特点是综合了脉冲压缩和相参MTI处理。该雷达的天线在方位向进行机械扫描，旋转速度为60r/min；在俯仰向以频率步进的方式形成8个各4°的波位以覆盖32°的俯仰范围，天线旋转的每一圈里都可在任意3个波位发射信号，这样只有旋转多圈才能完成所有波位的扫描。为提供更好的低空探测性能，在最低波位的信号发射次数是其他波位的 2 倍，这在对直升机或低飞的巡航导弹实施攻击时是很有好处的。

常规情况下，TAR 发射的是一个长脉冲，其中包含多个频率各不相同的子脉冲，且均采用了线性脉冲压缩技术。由于天线是频率扫描体制的，因此每个子脉冲均根据其频率与某个特定的波位相对应。每次扫描都是按预定的模式改变所发射的波束集，而每个扫描周期则重复这些模式。如果情况发生变化，TAR 也会采取其他扫描模式，比如单波束模式，就是发射一个单频点的长脉冲，同时将扫描周期延长，使得能量可更多地聚焦在目标上，当存在有意干扰时这种模式是非常有用的。

TAR 的发射机是采用了速调管式末级放大器的相参系统，其平均功率约为 1.5kW，带宽为 6%。通常情况下该雷达的信号是重频参差的，一旦 TER 跟踪上目标后，TAR 就会改用固定重频以跟 TER 的重复频率保持同步。

TAR 的天线为抛物柱面形，采用蛇形线阵作为馈源对反射器进行辐照，极化方式为线性水平极化。采用频率步进的方式可使波位在俯仰向上改变，通过电扫描可使所有波位覆盖约 30°的俯仰范围，还可利用机械方式将天线倾斜 30°以覆盖其他俯仰范围。TAR 天线采用线性水平极化方式，由于蛇形馈源的遮挡，该天线的副瓣较高，从而使雷达易受支援式噪声干扰的影响，SA-15 的改进型为修正该缺陷而采用了面阵天线。

SA-15 采用了数字式自适应 MTI 技术，通过在频域进行调整可以产生自适应的凹口对付箔条干扰和气象杂波。基于多次扫描结果以及距离单元的情况，可以产生一个杂波图并据此控制每一波束所对应的凹口位置。静态杂波通常多处于低波束中，对于高波束来说副瓣即可将其抑制。SA-15 的 MTI 技术采用了多种周期的参差重频，既能克服盲速问题，也能减轻邻近同类装备之间的互扰。对于 TAR 来说，由于其天线转速极高，所面临的杂波也非常严重。相比固定重频 MTI 处理来说，采用重频参差导致的滤波器响应畸变将使改善因子下降 5~10dB，并在第一盲速附近产生速度方向图（不同速度对应的增益）。SA-15 的目标检测工作均在 MTI 单元内完成，其性能对系统的作用发挥至关重要。

TER 可以同时跟踪最多 2 个交战目标以及导弹的信标信号，还可向导弹发送制导指令将其导向交战目标。TER 的视场（FOV）是一个方位 3°、俯仰 7°的狭窄立体角，通常目标和导弹均应处于该视场内，不过在相控阵天线进行初始捕获时，也可通过散焦的方式将视场放大以捕捉导弹信标。TER 的有限扫描相控阵天线安装在塔台上，既可以 360°全方位旋转，也可以在俯仰上倾斜。很明显，TER 配备的是单脉冲接收机和基于快速傅里叶变换（FFT）的低重频多普勒处理器。

TER 的主要特色体现在安装于塔台前方的有限扫描相控阵天线上，该天线阵列孔径的直径约为 5 英尺，为控制栅瓣的产生，阵元间距设为 3 倍波长。当 TAR 给出了目标的位置以后，就对该选定区域进行光栅扫描以完成目标的捕获。该天线有可能采用的是同类设计中最为通用的铁氧体移相器，为降低多径效应的影响以及减少来自 TAR 的水平极化信号的交叉耦合，这种天线的设计常采用垂直极化。

TER 的发射机可在 Ku 频段的多个频点上工作，其平均功率约为 600W。该雷达可发射多种不同波形，分别用于执行目标跟踪、接收导弹信标以及向导弹提供制导指令等任务。操作员可利用光电/电视监视器对目标跟踪情况进行观察，必要时也可切换到光学自动跟踪状态。

TER 的探测性能取决于 FFT 的处理能力，其作用在于既能抑制地杂波、气象杂波和箔条干扰，还能完成目标回波的相参积累。FFT 的自适应调谐补偿功能是实现杂波抑制的关键，这不但使目标回波谱处于整数倍 PRF 线的中间，还可采用加窗措施以降低强杂波聚集区域的副瓣电平。

在发射阶段，TER 的相控阵天线跟踪的是目标，垂直发射的导弹处于其视场之外。在 TER 天线右上方的半球形罩内（见图 1.5），安装了由小型辅助跟踪天线组成的导弹捕获系统，其作用是在导弹发射之后立即以无源方式对导弹的信标信号进行跟踪。

SA-15 还配备有集成的 IFF 系统，并将其作为目标捕获雷达的一部分，作用是判定 TAR 所发现的疑似目标是否来自友方。执行该任务的 IFF 系统天线，是包含 2 套馈源系统的纵向栅栏式反射面天线，该天线以稍向后倾斜的方式安装于 TAR 天线的上方，并随同 TAR 天线一起旋转，以保证在发现疑似目标时能立即进行询问。

由于作战对象既有高性能战机和直升机，也有精确制导武器（比如巡航导弹、反辐射导弹、联合直接攻击弹药等），SA-15 可以说是现代多普勒雷达集成进防空武器系统以满足作战需求的范例。在包含强地杂波、气象杂波以及箔条干扰等的任何环境中，无论是对于贴地飞行的还是 RCS 较小的威胁目标，TAR 所采用的 MTI 技术及相应的抑制凹口设计，使得系统都能在几秒的时间内即可投入作战。TER 的相控阵天线及相应的 FFT 处理措施，则保证了系统在跟踪导弹信标信号并传输制导指令的同时，还能对 2 个目标实施攻击。

1.2 多普勒效应

监视雷达能够探测到飞行器的机理是基于一种特殊的效应，即雷达视场内的反射回波会产生频率偏移，偏移量与散射体和雷达的相对径向速度成正比。由于两者之间存在相对运动，因此信号波形就会被压缩或展宽，这就是所谓的多普勒效应。多普勒频移的幅度可根据回波信号的相位进行计算，在雷达接收端的相位为

$$\theta = \frac{4\pi r}{\lambda} \tag{1.1}$$

式中：r 为散射体到雷达之间的距离；λ 为雷达的视在波长。

那么相对于雷达做径向运动的散射体回波的瞬时频率即为

$$f_d = \frac{1}{2\pi} \frac{\mathrm{d}\theta}{\mathrm{d}t} = \frac{2v_r}{\lambda} \tag{1.2}$$

式中：v_r 为散射体的相对速度，若散射体做临近飞行，则 v_r 是正值，做远离飞行，则是负值。

临近飞行目标回波的视在波长为

$$\lambda = \frac{c + v_r}{f_t + f_d} \tag{1.3}$$

式中：f_t 为雷达发射信号的频率。

将式（1.3）带入式（1.2）可得

$$f_d = f_t \frac{2v_r}{c} \left[1 + \frac{v_r}{c} + \cdots\right] \tag{1.4}$$

式（1.4）同式（1.2）相比的误差项为 v_r/c。比如对于一个径向速度为 3000m/s 的目标来说，误差仅为 10^{-5}，可以忽略不计。飞行器的多普勒特征通常跟地杂波、海杂波以及气象杂波的不同。因此，只要采用适当的多普勒滤波措施，即可实现目标的检测。

例1　利用多次多普勒测量信息确定目标运动轨迹

例如警用雷达、射速测量雷达等连续波雷达利用多普勒效应，可以确定出目标的运动轨迹（或弹道）。最基本的多普勒公式为

$$f_d = \frac{2v_{\max}\cos\alpha}{\lambda}$$

式中：α 为目标速度矢量与雷达视线之间的夹角。

假设目标做匀速直线运动，那么目标与雷达之间的空间几何关系如图 EX-1.1 所示[30]。

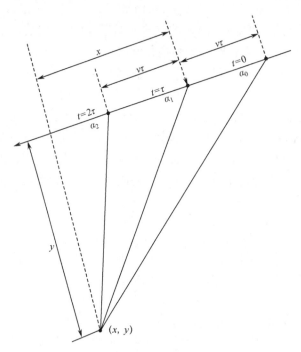

图 EX-1.1　目标与位于点 (x, y) 处传感器之间的相对运动关系

基于 MATHCAD 的位置测量（Dopplerpos. mcd）

已知多普勒频率测量结果：

$f_0 := -17320.50807\text{Hz}$；$f_1 := -19702.4210\text{Hz}$；$f_2 := -19895.24645\text{Hz}$

系统参数设置：

$$\tau := 0.1\text{s}；\lambda := 0.02\text{m}$$

初始估测：

$$v := -300\text{ m/s}；x := 50\text{m}；y := 50\text{m}$$

确定位置与速度：

给定

$$f_0 = \frac{v}{\lambda} \cdot \frac{2}{\sqrt{1 + \left(\frac{y}{x + v \cdot \tau}\right)^2}}；f_1 = \frac{v}{\lambda} \cdot \frac{2}{\sqrt{1 + \left(\frac{y}{x}\right)^2}}；f_2 = \frac{v}{\lambda} \cdot \frac{2}{\sqrt{1 + \left(\frac{y}{x - v \cdot \tau}\right)^2}}$$

结果为

$$(v,x,y) = \begin{pmatrix} -200 \\ 28.6603 \\ -5 \end{pmatrix}; \quad v: = -200 \ m/s; \quad x: = 28.6603 \mathrm{m}; \quad y: = 5 \mathrm{m}$$

1.3 多普勒处理基础

图 1.6 显示的是 MTI 雷达的实际效果，常规画面显示 40n mile 的距离范围内都存在地杂波，启用 MTI 后杂波消除而飞机目标保留下来。由于目标是在天线旋转 3 圈后记录下来的，因此画面中每个目标对应 3 个光点[31]。

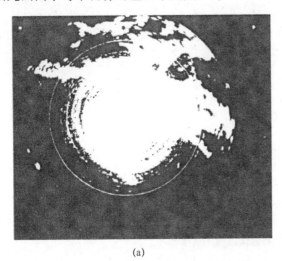
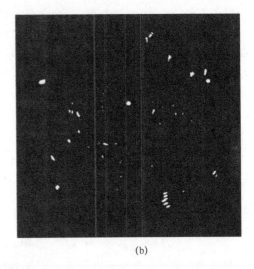

图 1.6　MTI 雷达的实际效果[31]
(a) 常规画面；(b) MTI 处理后画面。

大多数雷达的功能是提供所感兴趣目标的定位数据，在 MTI 雷达和 PD 雷达中，这一过程分为两个阶段：首先是雷达通过多普勒滤波方法，从各种地杂波、气象杂波及其他无关物体反射回波所构成的环境中分离出目标信号；然后是对所提取出的目标进行检测和位置测量。虽说 MTI 雷达和 PD 雷达通常更为关注的是多普勒滤波过程，但对于雷达综合性能来说还需要综合考虑检测与定位等各个方面。

1.3.1　分辨率的考虑[32,33]

MTI 雷达和 PD 雷达的性能与其分辨率密切相关。分辨率指的是在描述目标的向量中，雷达至少在某一维状态变量上对 2 个紧邻目标的区分能力。跟雷达目标相关的状态变量构成了一个四维空间，其分量有方位角、俯仰角、距离和径向速度（即多普勒频移）。由于角度变量与距离—速度变量之间没有耦合关系，因此雷达的分辨能力又可以用 2 个二维向量来表示：一是角度维（方位角、俯仰角）；二是时间—频率维（又称距离—多普勒维）。

雷达的波形设计与距离—多普勒维的分辨率相关。模糊函数所展示的是同雷达发射波形相匹配的接收机对于点目标回波响应的复包络图，在雷达波形分辨性能的可视化方面非常有用。在三维空间中，该图的一维表示的是时延（或距离），与其正交的另一维表示的是多普勒频率（或频移），而与前两维都正交的第三维表示的则是接收机的幅度响应。图 1.7 为类噪声波形产生的理想图钉形状，从中可以看出模糊函数的特性。

根据散射体之间的距离—多普勒间距将 2 个模糊函数重叠放置，即可直观表示出雷达在距离—多普勒域的分辨率。如图 1.7 所示的理想模糊图（其特点在于中央部位的孤立尖峰）表明：增大信号带宽（B）可以提高距离分辨率，原因在于带宽增大对应着距离宽度的压缩；增加脉冲宽度（T）可以提高多普勒分辨率，原因在于脉冲宽度增加意味着多普勒域的压缩。但由于模糊函数图所覆盖的体积是固定值，因此，必须在距离分辨率和多普勒分辨率之间进行权衡（此即雷达波形的不确定性原理）。

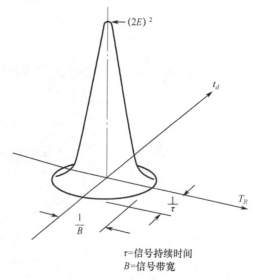

τ=信号持续时间
B=信号带宽

图 1.7 "图钉形"的雷达模糊函数图[5]

MTI 雷达和 PD 雷达分别代表基于多普勒滤波原理进行目标检测的两种波形备选方案，其差别并不在于是否使用了低、中或高重频，而在于 MTI 雷达利用的是滤波器的通带—阻带特性，PD 雷达使用的则是相参积累滤波器组。因此，既存在中重频 MTI 系统，也存在低重频 PD 雷达（比如动目标检测，MTD），第 2 章中将会对这些差异给出说明。

1.3.2 面杂波环境中的 MTI 多普勒滤波器

低重频 MTI 雷达往往在距离维不模糊，但在多普勒维高度模糊。对于面杂波（即海杂波或地杂波）来说，这意味着仅当其处于方位波束宽度中，且在有效脉冲宽度内时才会对目标检测造成影响。如果能使方位波束宽度和有效脉冲宽度尽可能缩减到与目标尺寸接近的话，实际收到的杂波总功率将会降低。减小波束宽度往往较难实现（例如，在 L 频段，需要高达 45 英尺的天线孔径才能将波束宽度压窄到 1°），但在距离维采用脉冲压缩技术则可在分辨率与信号能量之间取得平衡。由于低重频雷达的分辨单元往往远大于目标尺寸，从而导致相当可观的地杂波或海杂波能量进入雷达接收机。

图 1.8 表示的是陆基（或海基）低重频雷达的分辨单元，其所处环境中布满了各向随机分布的静态点源散射体。

当被雷达照射到时，位于分辨单元内的散射体就会产生面杂波。如果散射体的数量极多，且其中没有任何一个占据主导地位，那么就可认为该面杂波是一个服从高斯分布的随机过程，其功率谱密度取决于散射体内部之间的相对径向运动（源于风对植被的吹拂）以及天线的扫描，这些因素都会导致回波频谱展宽[1]。

一个简单目标可以看作是跟那些非人工散射体之间具有相对运动的点状反射体,该目标的径向运动导致其回波频率偏离杂波频率,其中杂波频率是集中在雷达发射信号载频的附近。由于天线扫描的调制效应,目标的频谱宽度(或者说功率谱密度)会有所展宽。

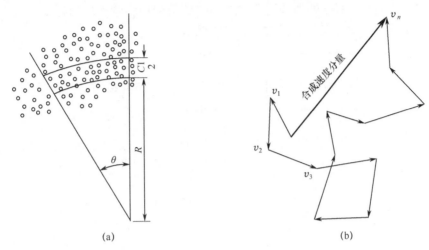

图 1.8 面杂波中的雷达分辨单元[34]

图 1.9 给出的是目标回波与杂波的频谱,其中既有原始数据(相当于连续波状态),也有采样后的数据。基于前述较为理想的目标回波和杂波模型,就可利用统计检测理论给出最佳 MTI 检测器的综合设计(参见第 5 章)。

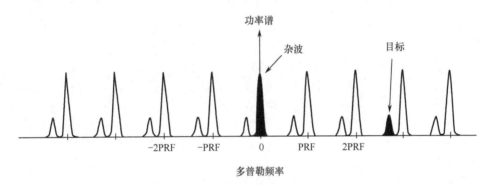

图 1.9 目标回波与杂波的功率谱[35]

最优 MTI 滤波理论

在混有杂波和接收机噪声的高斯分布干扰背景中,检测出 n 个具有多普勒频移的相参目标回波,是需要解决的最基本的多普勒滤波问题。由于来自目标的相参脉冲串的初始射频(RF)相位是不确定的,因此相对于发射信号来说,这些相位是随机分布的。

第 5 章将会给出以上问题的详细解决方法,但这里可以先描述一下该方法的一些基本特点。首先,最优多普勒处理器的常见结构包含一个复数加权(幅度和相位)的线性横向滤波器,并后接一个包络检波器(见 5.1 节)。之所以采用线性结构,是基于干扰服从高斯统计分布的假设;而由于相参脉冲串的初始相位是随机的,就只能使用包络检波器[36]。干扰(含杂波和接收机噪声)的协方差矩阵,以及对回波信号多普勒频率所服从的复分布的假设,决定了横向滤波器权重的取值。

最优多普勒处理器的 MTI 方案是在没有目标回波多普勒频移的先验信息情况下得出的,

换言之就是对所有可能的多普勒频移均平等对待。如图1.10所示，所得的MTI处理器包含两个完全相同的正交通道，一个处理同相分量（I），另一个处理正交分量（Q），其中横向滤波器的权重均为实数。需对两个通道的信号进行包络检测、平方、求和，从而得到MTI处理器的输出。需要注意的是，MTI处理并不会对噪声中的信号检测带来任何好处，反而是给输出引入了交叉相关项，降低了实际的积累收益（见例18）。

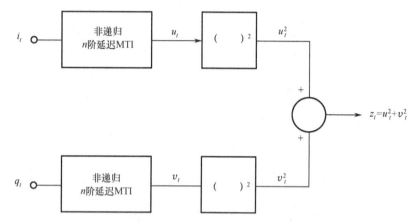

图1.10　正交通道MTI处理框图[37]

设计所得MTI多普勒滤波器的响应是梳状的，在杂波集聚区域有较大的衰减（阻带），而在杂波较少或无杂波区的衰减则较小（通带）。图1.11给出的是典型单通道MTI滤波器的响应，其中既包含目标回波频谱，也包含杂波频谱。

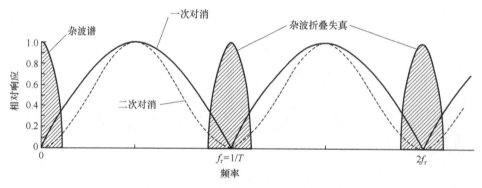

图1.11　MTI滤波器响应与杂波频谱[34]

低重频MTI的特点是距离不模糊，而多普勒频率模糊，从而当目标径向速度响应所产生的多普勒频移同雷达PRF的整数倍相一致时，就会出现所谓的盲速现象。为解决盲速问题，MTI雷达需采用重频参差或重频抖动措施，以"填满"感兴趣范围内的所有速度区间。

1.3.3　面杂波和体杂波环境中的MTI多普勒滤波器

当面临气象杂波或箔条干扰（天杂波或体杂波）时，分辨单元可用方位波束宽度、俯仰波束宽度以及有效脉冲宽度加以表示，图1.12显示的是一个三维分辨单元，该单元是由方位波束宽度和俯仰波束宽度所限制的弧长以及雷达有效脉冲宽度所对应的距离共同围成的立体区域。

气象杂波或箔条干扰来自于三维分辨单元内包含的所有气象扰动（雨、雪、雾、云等）

和箔条单元的反射,因此,天杂波的强度会受到天线的方位、俯仰方向图的调制。除这点差异之外,天杂波还有一些有别于地杂波的鲜明特征,其中最值得关注的就是跟风速成正比的可变平均速度(或多普勒频率),以及风切变和湍流造成的频谱显著展宽。

在天杂波背景下,设计动目标检测的最优 MTI 滤波器所遵循的基本原则跟地杂波环境下是一样的,但由于天杂波(气象杂波或箔条干扰)频谱的易变性,需要对 MTI 的频率响应加以适当的自适应控制。通过实时监测杂波情况,并据此调整 MTI 滤波器的复权值,即可将杂波输出最小化,为达成这一目标,有时会采用最大熵算法对杂波谱的特性进行估计[38]。

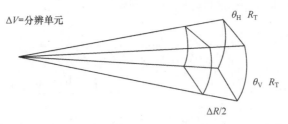

图 1.12　气象杂波或箔条干扰环境中的体分辨单元[36]

如果同时存在天杂波和地杂波,MTI 的设计就会变得比较困难。图 1.13 给出的是采用双偏置式 MTI 滤波器同时处理两种杂波的方法,此时需要对滤波器的权值进行自适应控制,方可达到所需的满意性能。

MTI系统类型		滤波器所需的脉冲数量	杂波抑制		结论
			地杂波	气象杂波	
零参考对消器 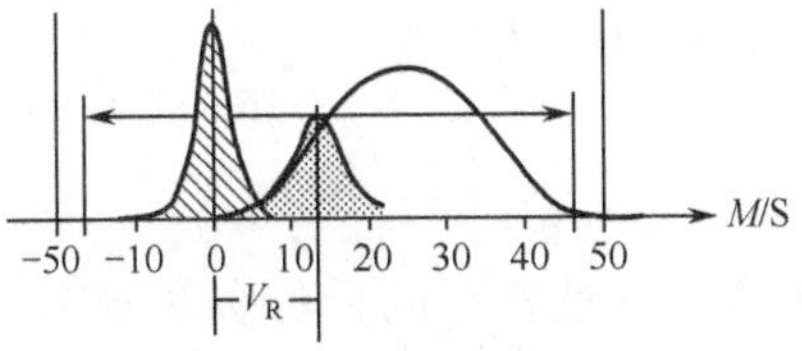			非常好	差	适用于只有地杂波的情形
偏置对消器 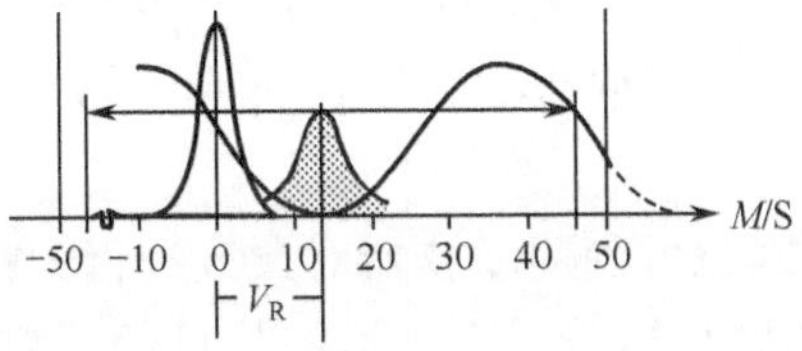			差	一般	适用于只有温和气象杂波的情形
双偏置对消器 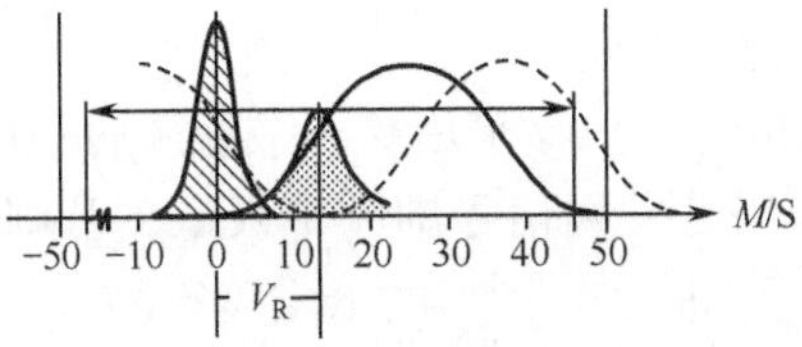			非常好	一般	适用于地杂波温和气象杂波

图 1.13　存在地杂波时对气象杂波或箔条干扰的 MTI 处理示意图[36]

在进行 MTI 滤波时,天杂波的平均多普勒频率往往会超过雷达的重复频率,使得杂波的多普勒谱折返到零速与第一 PRF 线之间的区域,从而引起混叠效应(即频谱折叠)。对于目标来说也会产生同样的混叠效应,此时,即便目标与杂波的真实多普勒频移并不相同,但也会使混叠后的目标谱和杂波谱在 MTI 滤波器中有部分重叠。解决这一问题的常用方法是变更雷达重频，从而使第一 PRF 区域内的混叠频谱间的相对位置产生变动。

动目标检测器中采用了这种方法[1]，早期的 MTD 先用 MTI 抑制地杂波，后接 FFT 滤波器组抑制天杂波，并可同时进行相参积累。图 1.14 所示的 FFT 滤波器组将 MTI 通带划分为 8 个相邻的滤波器，当感知到某一个滤波器内存在强杂波时，即采用单元平均 CFAR 技术对检测门限进行调整，从而抑制该滤波器中的杂波，然后再换用另一个 PRF 将混叠目标转移到其他滤波器中，以完成目标检测。在以后的设计中，采用了更加有效的 8 脉冲横向滤波器取代 MTI – FFT 滤波器组的组合方式，但功能还是一样的。

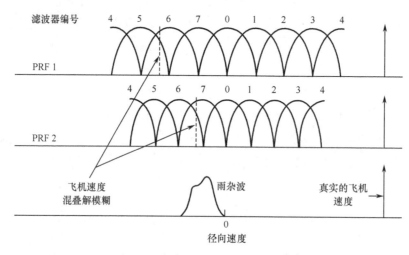

图 1.14　气象杂波中的 MTD 处理[39]

1.3.4　脉冲多普勒雷达的基本原理[2]

PD 雷达与 MTI 雷达的基本工作原理是一样的，只是各自的目的和实现方式不太相同。其中一个基本差别就是高重频 PD 雷达的脉冲重复频率必须保证目标回波的多普勒频移不模糊，这就要求重频值至少应是目标相对于雷达的最大接近速度所产生多普勒频移的 2 倍。高重频 PD 雷达往往在距离维是高度模糊的，中重频雷达则在距离维和多普勒频移维都是模糊的。

由于高重频 PD 雷达在频移维是不模糊的，因此可利用滤波器对杂波进行大幅度的抑制。但距离维的模糊会导致多个分辨单元的杂波折叠到目标单元中，增加了目标回波所需对抗的杂波幅度。另外，因距离模糊导致的目标距离多值性也并非小事，通常需要发射多组重频，并进行相应的计算机处理才能判定目标的准确距离[3,40]。

机载应用场合（比如 AWACS 以及机载截击雷达等）需采用高、中重频的 PD 雷达，原因在于平台运动会造成回波频谱的展宽效应，除非雷达发射信号的频率极低，否则采用低重频 MTI 是不可行的。陆基应用场合也可使用高、中重频 PD 雷达对付低空飞行的入侵目标，但要求其有适度的作用距离。高重频 PD 雷达在对付箔条干扰和气象杂波方面特别有效。

1. 脉冲多普勒波形与杂波的考虑因素[2, 4, 40]

图 1.15 给出的是简单 PD 雷达的组成框图及其发射波形，由于雷达波形是相参射频脉冲串（即各相邻脉冲间的相位差为波长的整数倍），所以其频谱就由一根根的谱线构成，相邻谱线的间隔则为 PRF（f_r）。

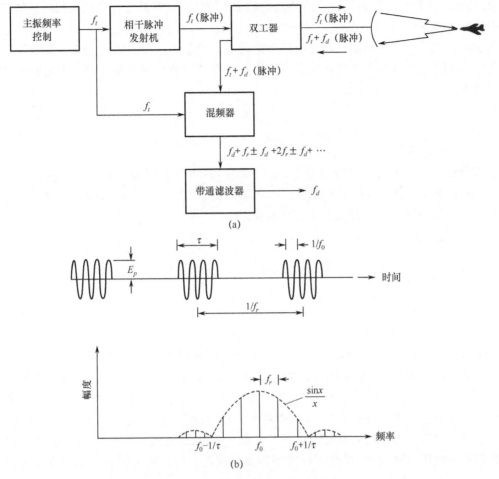

图 1.15 简单脉冲多普勒系统[2]

图 1.16 给出的是运动平台采用单谱线发射（a Single – spectral – line Transmission）时的目标谱和杂波谱。由于存在副瓣，固定地物杂波的多普勒频移会在发射频率的上下 $2v_r/\lambda$ 范围内变动，而进入主瓣的杂波则形成一个尖峰。对于作临近飞行运动的目标（$v_t > v_r$），其回波频移为 $2v_r/\lambda$，从频谱上可以看出该目标处于无杂波区。

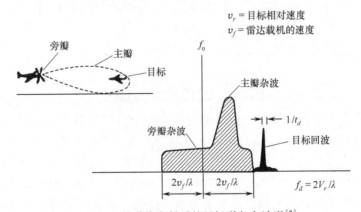

图 1.16 单谱线发射时的目标谱与杂波谱[2]

正如图 1.15 所示，若将回波与阶梯式的相参本振信号进行混频，所得视频信号的频谱将在 PRF 的一半处产生折叠。采用一组相邻的多普勒滤波器对其进行处理，就会在某一个滤波器中得到回波信号的输出结果，而这结果正是对应于发射信号中心谱线的多普勒频移。实际设计中会采用某种形式的单边带检测系统取代图 1.15 所示的简单混频系统，此时重频的最低值由下式决定：

$$f_r \geqslant 2\frac{v_f + v_r}{\lambda} \tag{1.5}$$

式中：$v_r = v_f + v_t$ 为临近飞行目标的最大相对速度。

通常情况下，多普勒滤波器的带宽 B_D 决定着 PD 雷达的频域分辨能力。在扫描式雷达中，带宽的选择必须保证在对目标照射驻留期间所接收到的全部回波都能集中到同一个多普勒滤波器中，这种情况下一般适用如下的关系式：

$$B_D = \frac{1}{T_d} \tag{1.6}$$

式中：T_d 为雷达波束主瓣在目标上的驻留时间。

那么在滤波器中进行相参积累的回波脉冲数即为

$$n = \frac{f_r}{B_D} \tag{1.7}$$

于是 PD 雷达就成为噪声环境中进行最优检测的近似匹配滤波器。

脉冲多普勒波形的另一种样式是均匀脉冲群（见图 1.17），由脉冲间隔时间为 T 的 n 个有限脉冲串构成，此种情况下一般满足 $nT \leqslant T_d$，其中 nT 为相参处理间隔（CPI），驻留时间 T_d 内往往包含多个 CPI。当 PD 雷达的发射频率或重复频率成组变化时（如按 CPI 改变），混合使用检波前积累（相参的）和检波后积累（与 T_d 相匹配的），可以得到最佳的综合检测性能。发射频率成组变化在 PD 雷达进行频率捷变时极其有用，而重复频率成组变化可用于解距离模糊。

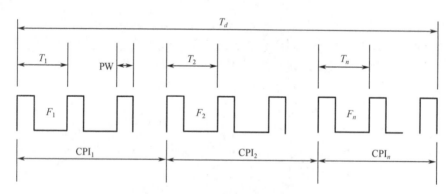

图 1.17　均匀脉冲群波形图[36]

由于存在多重距离模糊，以及平台运动所带来的杂波频谱展宽，机载 PD 雷达地杂波谱的计算变得极为复杂。通过图 1.18 可深入了解地杂波谱，该图既绘有双曲线，也绘有同心圆环，其中前者表示水平运动平台接收到的恒定多普勒频移，又称为多普勒频移等值线（Isodop）；后者则表示某一个特定距离波门内的地杂波。多普勒频移等值线是地面与雷达速度矢量所形成的椎体表面的交线，由于该矢量与椎体表面任何一点之间的夹角是相同的，因此，图中双曲线上每一点的回波都具有相同的多普勒频移值。

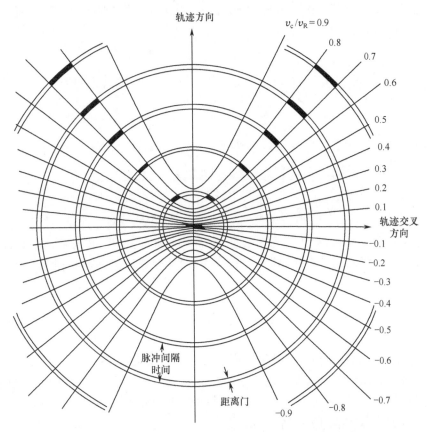

图 1.18　机载脉冲多普勒雷达的地杂波多普勒频移等值线[31]

如要得出某一特定多普勒频移范围内的地杂波谱，将不同频率递增间隔所对应的两条等值线与同心圆环之间的交叉阴影区的功率相加即可。对于某一个特定的频移范围来说，其地杂波功率谱密度（PSD）的计算方法如下：

（1）计算出每一阴影区域所表示的表面积；

（2）将每一处表面积与相应地形及掠射角下的后向散射系数（σ^0，量纲为 m^2/m^2）相乘，以得到等效的雷达散射截面（RCS）；

（3）根据天线的收发方向图和对应的斜距对 RCS 进行适当加权，并将其代入雷达方程，以得出每一个区域所对应的回波功率增量；

（4）对所有距离模糊区域内的功率进行求和，得出总的 PSD；

（5）对 $f_d(\max) = \pm 2v_f/\lambda$ 区间内的所有频移重复上述过程，以得出最终的杂波谱。

最终得到的机载 PD 雷达地杂波功率谱的形状大致如图 1.19 所示，需要注意的是，如果 PD 雷达的平台是静止不动的，其杂波谱将会集中在每一根谱线附近，这跟 MTI 雷达是非常相似的（见图 1.9），只是 PD 雷达所对应的是所有距离模糊单元的功率之和。平台静止情况下杂波谱的展宽，是由于地物内部存在相对运动以及天线扫描的调制效应。

2. 最优脉冲多普勒滤波理论[36, 41]

最优 PD 滤波器的常用结构是复数加权的线性横向滤波器后接包络检波器，这跟前面论述过的最优 MTI 滤波器基本相同，差别在于 PD 滤波器是在假定目标多普勒频移精确已知的基础上对权值进行了点优化设计。于是，一系列经过适当的点优化、复加权的横向多普勒滤波器就覆盖了目标的所有可能多普勒频移范围，其中各滤波器间的频率间隔一般为 PRF/n，而 n 则是单个 CPI 内的回波脉冲数。

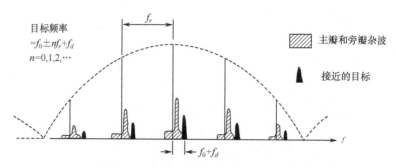

图 1.19　机载脉冲多普勒雷达的功率谱密度[2]

在某些应用中会使用级联式 MTI 相参积累器构成准最优 PD 滤波器，该积累过程是由 FFT 算法来实现的。跟最优横向滤波器相比，这种处理器的检测性能要稍差一些，但会大大降低硬件需求。

1.4　环境图[1,35]

PD 雷达或 MTI 雷达在杂波中区分目标回波的主要手段是多普勒处理，因此，杂波在所有可能频移范围内的分布情况（即杂波的多普勒谱）及其与期望目标的多普勒谱之间的关系就对雷达设计形成了至关重要的影响。由于环境图可给出杂波模型的图形化描述，因而成为研究杂波和目标的频域分布情况的一种手段。

图 1.20 给出的是 L 频段（1.3GHz）低重频空中交通管制（ATC）雷达的环境图[1]，其中纵坐标表示各种杂波的径向速度限制范围，横坐标表示杂波的距离延伸范围。图中地杂波在横向从坐标原点延伸到 20n mile 处（即该雷达部署于某特定位置时的通视距离），其纵向则是在风速 30 节的条件下，来自未开垦林地的地杂波速度谱的标准差。该图使用了实体条带对地杂波进行描述，以表明它是所有杂波中强度最大的。

图 1.20 中的海杂波是四级海况的情形（风速的平均值为 3.4m/s，标准差为 1m/s），其中平均风速指的是雷达正视来风或海浪方向的情况，图中表示海杂波的双线阴影区在靠近雷达处的浓度要高一些，说明此处海面的反射率更高；而越是靠近通视距离处，由于掠射角逐渐变小，海面反射率也会逐渐降低。跟地杂波相同，海杂波也一直延伸到雷达的通视距离处。

雨杂波是降雨的初始平均速度为 28m/s 的情形，这个条件对处于中等高度的雨滴被风吹得直接朝向雷达的情况是合适的。如果吹动降雨的是侧向风，雨杂波的平均速度将降为零，这一点跟海杂波的情况相同。假定风速随高度按线性梯度变化（称为风切变）[42]，那么随着作用距离的延伸，雷达波束所探测到的降雨高度也会增加，从而导致雨杂波的平均速度逐渐提高（在线性模型的假设下）。当距离越远时，雷达波束所覆盖的纵向延展范围也越大，因此风切变效应还会引起雨杂波标准差的增加。雨杂波一直延伸到雷达的最大作用距离处，其杂波谱的标准差介于 1m/s 到最大作用距离处的 5m/s 之间。

图 1.10 中高空箔条走廊的情况跟雨杂波类似，只是假设其强度比雨杂波大，但纵向延展范围要小一些。箔条杂波谱的标准差介于 1m/s 到最大作用距离处的 2m/s 之间。

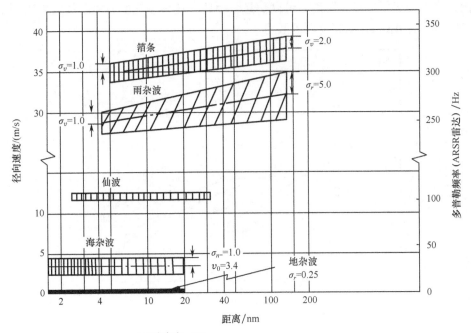

天线高度：20m
地杂波：空旷陆地——30节风速
海杂波：粗糙海况

图 1.20　空中交通管制雷达的环境图[1]

仙波往往是由迁徙中的鸟群引起的，由于较大的鸟体会在 L 频段产生谐振，因此仙波主要来自鸟体的反射[36]。由于鸟群内部不同鸟体的相对径向速度有所差异，从而导致仙波频谱略有展宽，但一般假设其程度相对较小。图中将鸟群的平均速度取为 15m/s，并假设鸟群大致朝向雷达做径向飞行。图 1.20 中的仙波一直延伸到 30n mile 的雷达通视距离处，这相当于对架高为 20m 的天线来说，目标的飞行高度为 300 英尺。

环境图中径向速度参数的单位为 m/s，将其乘以系数 $2/\lambda$ 即可得到多普勒频率（见图 1.20），其中 λ 是以 m 为单位的雷达信号波长，图中双线阴影区表示的是单位频率上的归一化反射率，而不是所接收到的功率谱密度 PSD，因此，图 1.20 中位于风切变区域内的雨杂波或箔条的阴影浓度较低，这说明在给定反射率的情况下，这些杂波的 PSD 比带宽较窄信号的要低，例如地杂波。当 PD 雷达的多普勒带宽小于杂波频谱的标准差时，这种现象将尤为明显。

对于环境图中的不同杂波，图 1.21 给出了以距离为函数的接收功率典型情况[1]，同时还给出了雷达的双波束天线所接收到的飞行高度分别为 10000 英尺和 30000 英尺的典型空中目标的回波信号强度。需要注意的是，如果不采取某种形式的多普勒处理措施，这些目标回波可能会因各种杂波的遮盖而无法检测到。

图 1.21 中的地杂波是最强的，比接收机噪底高 100dB 以上，比目标回波高 20～50dB。雨杂波与目标回波基本相当，但若雷达的工作频率超过 L 频段，其强度将按频率的四次方增加。海杂波往往也会高于目标回波，但在进行目标检测时并不需要像对地杂波那样的大幅度抑制。近程的仙波也与目标回波相当，且一般会超过接收机噪底。

图 1.22 给出了环境图的另一种形式[35]，在这种三维视图中，纵坐标表示的是回波功率，

与其正交的水平面表示的则是距离-速度信息,因此,这种形式的环境图其实是将图 1.15 和图 1.16 所表达的信息综合到同一幅画面里。

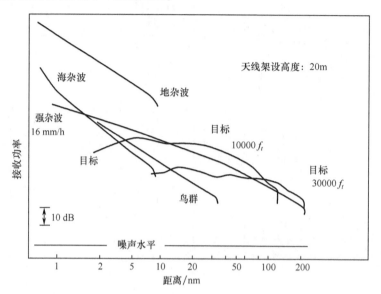

图 1.21　包含有杂波和目标回波的接收功率典型情况[1]

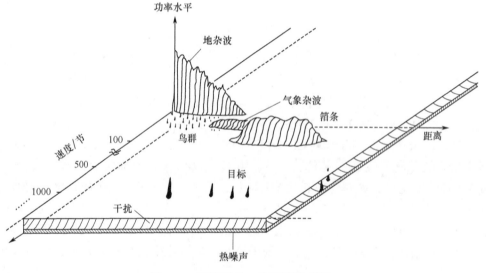

图 1.22　环境图的三维视图形式[35]

两种形式的环境图以及雷达模糊函数图(见图 1.7)所使用的坐标系是一样的,若以相同的尺度绘制这两类图形,就会对不同波形设计情况下的杂波响应得到更为深入的认识。如果可能的话,将模糊函数绘制成透明图,那么其原点就可叠放到环境图中不同杂波反射体的位置上[42]。采用这种方法就会发现,如果雷达波形的副瓣较高,那么即使雨杂波较弱也会造成一定的影响;而当碰到强地杂波时,这种影响会更加严重。

环境图揭示了杂波在距离维、速度维以及幅度维的大范围变化情况,其中一个特点就是杂波的动态范围非常大,如果要对其进行线性处理,就会给前述章节讨论的最优多普勒滤波器设计带来很大的困难。为解决这一问题,研究人员提出了一系列的杂波处理方法以辅助进行多普勒滤波,这些方法的大致目标如下:

(1) 减少雷达的杂波摄入量（比如采用脉冲压缩、双波束接收天线、圆极化等）；
(2) 对杂波进行归一化处理（比如采用时间灵敏度控制、瞬时自动增益控制等）；
(3) 抑制或删除特定距离单元内的强杂波（比如采用杂波图、单元平均 CFAR 等）。

如果采用上述最后一种方法，就等于承认无法设计出能够抑制所有杂波的实用多普勒处理器。为对付这种杂波"冒尖"（Poke‑through）问题，就需要降低雷达在相应距离单元的灵敏度，以避免大量虚警的出现。

1.5 杂波模型[1]

在设计和分析 MTI 雷达或 PD 雷达时，一般需对杂波模型进行假定，其作用在于如果能够以某种方式表述出随机的杂波过程，就可以确定系统的工作性能。理想情况下，该模型能以可实现的方式准确反映杂波的特性，但事实上由于杂波数据不够充分，这一目标往往难以达成。因此，如需对杂波进行建模，就应在表达准确性与分析方便性之间进行权衡。

1.5.1 杂波的高斯模型或瑞利模型[1,43]

高斯模型是最简单的杂波模型，该模型用一个多维的高斯随机过程对杂波进行表述。高斯模型差不多可说是分析 MTI 雷达或 PD 雷达的专用模型，其诱人之处在于仅需知道均值和协方差函数，即可完全确定出杂波的特性。基于高斯模型的假定就能设计出线性最优多普勒处理器。

如果空间连续分布的散射体中没有任何一个占据主导地位，那么这些散射体的杂波就服从高斯分布（其包络服从瑞利分布）。低分辨率雷达（脉宽 > 0.5μs）或掠射角较高（ψ > 5°）时的高分辨雷达所观测到的气象杂波、箔条和海杂波，以及掠射角较高（ψ > 5°）时未开垦地域所形成的地杂波，都可以采用这种模型进行描述。

当采用高斯模型时，可用如下随机过程对雷达接收机进行检波以前的杂波进行描述：

$$c_t = x_t \cos \omega_c t - y_t \sin \omega_c t \tag{1.8}$$

术语随机过程一词意味着 c_t 的取值并不像因果过程那样跟独立变量 t 之间存在着完全明确的关系。杂波特性完全由 x_t 和 y_t 这两个独立、正交、低通、零均值、频谱完全相同且服从联合正态分布的随机过程所决定。c_t 的一个重要特性在于对其进行任何线性处理（比如多普勒滤波）都不会影响所服从的高斯分布性质，所改变的仅是其协方差矩阵。为了提取出其中的缓变（时间与雷达的处理带宽相对应）低通正交过程 x_t 和 y_t，往往先要采用正交检测方式，然后再对它们进行联合处理。如果对正交过程 x_t 和 y_t 的多普勒滤波是在 MTI 雷达或 PD 雷达中进行的，一般又会称为相参（检波前）处理。

c_t 的电压包络由如下随机过程给出：

$$v_t = \sqrt{x_t^2 + y_t^2} \tag{1.9}$$

这是线性包络检波之后的结果。v_t 的一阶概率密度函数（pdf）描述了它在任一指定时刻位于区间 $(v, v+dv)$ 之内的概率，该 pdf 服从如下的瑞利分布：

$$p(v) = \frac{v}{\sigma^2} \exp\left(-\frac{v^2}{2\sigma^2}\right) \tag{1.10}$$

式中：σ 与杂波功率之间存在如下关系：

$$P_c = 2\sigma^2 \tag{1.11}$$

基于以上的原因，该杂波模型又常称为瑞利杂波模型。需要指出的是，这类杂波的等效雷达散射截面（RCS）并不服从瑞利分布，而是后文将要给出的指数分布。

1.5.2 杂波的 RCS

假设某物体是各向同性散射的，如果雷达从该物体与从某一表面接收到的回波功率相同，则该表面就称为物体的 RCS[44]。例如，对于一个半径为 a 的电大尺寸（$a > \lambda$）球体，当各向同性散射时，其平均 RCS 为

$$\overline{\sigma} = \pi a^2 \tag{1.12}$$

根据标准雷达方程，从距离 R 处的目标所接收到的回波功率为

$$P_R = \frac{P_t G_t^2 \lambda^2 \overline{\sigma}}{(4\pi)^3 R^4} \tag{1.13}$$

式中：P_t——雷达发射功率；
　　　G_t——雷达天线增益；
　　　λ——雷达工作波长。

式（1.13）表明，雷达接收到的回波平均功率跟平均 RCS（$\overline{\sigma}$）成正比。

对于扩展目标来说，RCS 一般是其朝向以及雷达工作波长的敏感函数，因此会有一系列的值。这种情况下，比较恰当的方式就是利用概率密度函数 $p(\sigma)$ 来描述目标的 RCS，其平均值则用 $\overline{\sigma}$ 表示。通过对标准雷达方程的分析可知，雷达所接收到的扩展目标回波功率的概率分布跟该目标的 RCS 概率分布完全相同，因此

$$p(P_R) = p(\sigma) \tag{1.14}$$

由于功率跟电压的平方成正比，于是可建立如下关系式：

$$p(v^2) = p(\sigma) \tag{1.15}$$

因此，将变换关系 $\sigma = v^2$ 代入杂波幅度所服从的瑞利分布，即可得出高斯模型下杂波 RCS 的一阶概率分布为如下的指数分布：

$$p(\sigma) = \frac{1}{\overline{\sigma}} \exp\left(\frac{\sigma}{\overline{\sigma}}\right), \quad \sigma \geq 0 \tag{1.16}$$

式中：$\overline{\sigma}$ 为杂波的平均 RCS。

注意该指数分布可由其均值 $\overline{\sigma}$ 完全确定，另外，杂波 RCS（即 σ）是一个动态范围很大的统计量。

归一化的杂波后向散射系数

面杂波或体杂波是由雷达分辨单元（见 1.3.2 节和 1.3.3 节）内的所有散射体共同反射所形成的，如果用单个等效的散射体取代分辨单元内数量众多的单独散射体，并且两者的回波功率和统计特性均相同，这就是通常使用的等效 RCS 的概念。

可利用归一化参数对等效散射体的 RCS 进行计算，针对面杂波该参数就是单位面积的后向散射系数 σ^0（m^2/m^2），针对体杂波则是单位体积的后向散射系数 η（m^2/m^3）。只需用雷达分辨单元内的表面积或体积乘以适当的后向散射系数，即可得到杂波的等效 RCS。面杂波的等效 RCS 为

$$\sigma_{cx} = \sigma^0 A_c \tag{1.17}$$

式中：A_c 为分辨单元内的表面积。

注意杂波的 RCS（σ_{cx}）跟 σ^0 成正比，因此这些变量的统计特性相同。一般来说，确定后向散射系数的常规方法是借助于其均值 σ^0，而后者可通过查表获得。在掠射角较低（$\psi <$

10°）且雷达方位波束较窄的情况下，为求出雷达接收到的杂波平均功率，只需将标准雷达方程中的 RCS 替换成下式

$$\sigma_{cx} = \sigma^0 R \theta_{az} \left(\frac{c\tau_e}{2}\right) \sec(\psi) \tag{1.18}$$

式中：σ^0——单位面积的杂波平均反射系数（可查表获得）；

R——雷达与杂波之间的斜距离；

θ_{az}——天线的单程 3dB 方位波束宽度，rad；

τ_e——雷达的有效脉冲宽度；

c——光速。

此处使用单程 3dB 方位波束宽度是为了跟 Goldstein 定义 σ^0 的原始公式保持一致[43]。这一问题的重要性在于：通过实验方法测得杂波反射功率的实际值后，必须利用 Goldstein 公式对其进行修正才能获得 σ^0，而式（1.18）所使用的恰恰是天线的单程方位波束。因此，任何波束形状损耗或天线方向图传播因子都已包含在 σ^0 中，如果再对式（1.18）加以损耗修正就会变得重复[44]。支持采用单程方位波束宽度的其他观点可参考文献[36]，这些文献认为实验方法所确定的 σ^0 变化幅度极大（见图 4.48），是否包含仅 1.5dB 左右的波束形状因子根本无关紧要。还有一些专家主张使用双程方位波束宽度[18,42]，他们认为这要比使用单程波束的结果更精确。如果 σ^0 是依据双程波束宽度获得的，这些专家的说法就是正确的，但这一根据比较罕见，而且雷达的使用说明书也从未给出过雷达的双程方位波束宽度。

图 1.23 给出了面杂波在垂直于雷达视线的平面上的投影情况，投影后的入射面积 A_i 决定着照射表面 A_L 所能截获的入射能量值，相应关系式为[45]

$$A_i = \frac{c\tau_e}{2}\tan(\psi) R \theta_{az} \tag{1.19}$$

注意此处 A_i 跟雷达目标通常使用的截获面积这一概念是大致符合的，只需乘以一个比例系数 γ，即可将其变换为杂波的有效 RCS，结果为[45]

$$\sigma_{cx} = \gamma \frac{c\tau_e}{2}\tan(\psi) R \theta_{az} \tag{1.20}$$

将该式与 σ_{cx} 的另一表达形式（式（1.18））进行比较，可得如下关系：

$$\sigma^0 = \gamma \sin(\psi) \tag{1.21}$$

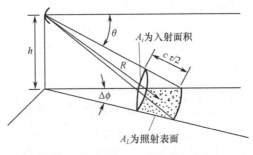

图 1.23　面杂波的空间几何关系[46]

若散射体是地物，这一表达形式有时也被称作常系数 Gamma 模型[47]，相比 σ^0 的表达式来说，式（1.21）的优点在于参数与掠射角无关。表 1.3 给出了面杂波的典型后向散射系数（包括 σ^0 和 γ）取值，这些数据是 X 频段雷达在 10°掠射角的情况下获得的[22]。

表 1.3　面杂波的典型后向散射系数

地物	σ^0/dB	γ/dB	注
平静的水面	-53	-45.4	
沙漠	-20	-12.4	$\psi = 10°$
林木茂盛地带	-15	-7.4	$f = 10\text{GHz}$
城市	-7	0.6	

例 2　**基于常系数 Gamma 模型求出后向散射系数 σ^0**

表 EX-2.1 给出了海杂波常系数 Gamma 模型的相关参数，地杂波的参数见表 EX-2.2 所列[48]。需要注意的是，海杂波模型是频率的函数，而地杂波模型与频率无关。

表 EX-2.1　海杂波模型的参数

海况	$\lambda\gamma$ 的乘积/dB	海况	$\lambda\gamma$ 的乘积/dB
0	-58	5	-28
1	-52	6	-22
2	-46	7	-16
3	-40	8	-10
4	-34	9	-4

表 EX-2.2　地杂波模型的参数

地物类型	γ/dB	地物类型	γ/dB
大型山脉	-5	耕地、沙漠	-15
市区	-5	平原	-20
植被茂密的小山	-10	光滑表面公路	-25
波状丘陵地带	-12		

常系数 Gamma 模型与后向散射系数 σ^0 之间的关系如下：

$$\sigma^0 = \gamma\sin(\psi)$$

式中：ψ 为掠射角。

γ 常表示为 dB 的形式，由表 EX-2.1 可得：

$$\gamma_{\text{dB}} = \text{product} - 10\log(\lambda)$$

将 σ^0 看作是掠射角 ψ 的函数，利用 MATLAB 程序 land_clt_bartongl.m 即可计算出以 dB 形式表示的地杂波后向散射系数。图 EX-2.1 给出了利用 MATLAB 函数 semilogx 绘制的不同掠射角情况下多种地物的 σ^0（dB 形式）。

另一个 MATLAB 程序 sea_clt_bartongl.m 用于计算以 dB 形式表示的海杂波后向散射系数 σ^0，同样将其看作是掠射角 ψ 的函数。图 EX-2.2 给出了是利用 MATLAB 函数 semilogx 绘制的不同掠射角情况下多种海况的 σ^0（dB 形式），绘制该图时所使用的 $f = 3$。

将雷达的体分辨单元（见图 1.12）与体散射系数 η（m²/m³）相乘即可获得气象杂波或箔条的有效 RCS。在微波频段，气象杂波的体散射系数（单位为 m²/m³）可由下式近似估算[18]：

$$\eta = 7f^4 r^{1.6} 10^{-12} \tag{1.22}$$

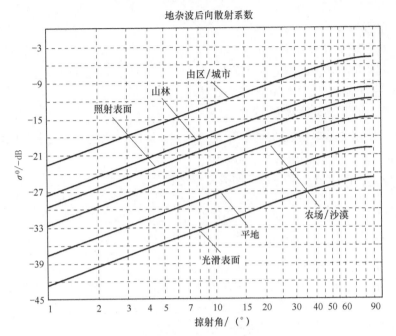

图 EX-2.1 地杂波后向散射系数

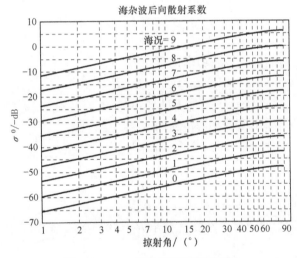

图 EX-2.2 海杂波后向散射系数

式中：f——雷达的工作频率，GHz；

r——降雨速率，mm/h。

由于气象杂波的强度跟雷达工作频率的四次方成正比，因此，UHF 频段以上绝大多数雷达的气象杂波都很强。将某一特定距离处天线波束方向图的一周圈（若是扇形波束，则该圈可能是椭圆形的）所包围的面积与雷达有效脉冲宽度所对应的距离相乘，即可得到雷达的体分辨单元。气象杂波的有效 RCS 如下[18]：

$$\sigma_{cx} = \frac{\pi \eta \theta_{az} \phi_{el} R^2 \left(\dfrac{c\tau_e}{2} \right)}{4} \tag{1.23}$$

式中：η——后向散射系数，m^2/m^3；

θ_{az}——单程方位波束宽度，rad；

ϕ_{el}——单程俯仰波束宽度，rad；

R——雷达与分辨单元之间的距离，m；

c——光速，m/s；

τ_e——雷达的有效脉冲宽度，s。

式（1.23）使用的是单程波束宽度[40]，这就假设 η 中已经包含了波束形状因子（综合考虑方位和俯仰波束后的损耗因子 $L_p = 2.468\mathrm{dB}$）。

同一分辨单元内的杂波功率与目标回波功率之比为

$$\frac{P_C}{P_t} = \frac{\sigma_{cx}}{\sigma_t} \tag{1.24}$$

式中：σ_{cx}——杂波有效 RCS 的均值；

σ_t——目标 RCS 的均值。

该式假定目标回波和气象杂波的波束形状因子相同[42]。一般情况下杂波功率要比目标回波功率高，这就需要进行 MTI 处理或 PD 处理后才能检测到目标。可用改善因子 I 对多普勒滤波之后信号杂波功率比的平均提升程度进行描述，其定义如下[1]：

$$I = \frac{\left(\dfrac{P_s}{P_c}\right)_O}{\left(\dfrac{P_s}{P_c}\right)_{IN}} \tag{1.25}$$

于是多普勒滤波之后的信号杂波功率比变为

$$\left(\frac{P_S}{P_c}\right)_O = \frac{\sigma_t I}{\sigma_{cx}} \tag{1.26}$$

根据式（1.26）即可得出多普勒滤波器的改善因子，即

$$I = \frac{\left(\dfrac{P_s}{P_c}\right)_O}{\dfrac{\sigma_t}{\sigma_{cx}}} \tag{1.27}$$

MTI 雷达或 PD 雷达的期望检测性能（要求 $P_d = 0.9$，$P_{fa} = 10^{-6}$）决定着所需的信号杂波功率比（比如 $P_S/P_C = 13.2\mathrm{dB}$）。

1.5.3 杂波谱与自相关函数

杂波不同于接收机噪声的一个主要特点就是相邻脉冲间的杂波高度相关，而接收机噪声则是脉间相互独立的，这一性质可用杂波的功率谱密度（或与其等效的自相关函数）加以描述。

一阶概率密度函数（见1.3.1节）反映的是杂波的动态范围或幅度起伏的分布情况，二阶概率密度函数 $p(v_1, v_2; \tau)$ 描述的是杂波起伏的速率，或者说是 v_t 的测量结果在 t_1 时刻位于区间 $(v_1, v_1 + \mathrm{d}v_1)$ 内且在 t_2 时刻位于区间 $(v_2, v_2 + \mathrm{d}v_2)$ 内的差分概率。基于平稳随机过程（统计特性不随时间变化）的假设，只需考虑时间差 $\tau = t_1 - t_2$ 即可。当 $\tau \to 0$ 时，v_1 和 v_2 的取值将趋于接近；而当 $\tau \to \infty$ 时，两者会变得相互独立，仅需各自的一阶概率密度函数即可确

定。上述过程可用称作相关系数 ρ 的参数进行描述：当 $\tau=0$ 时 $\rho=1$，表明两者完全相关；当 $\tau\to\infty$ 时 $\rho=0$，说明两者完全不相关。

将杂波随机过程 v_t 在 $(t,t+\tau)$ 两个时刻点上的取值相乘，并对乘积结果求期望值或是取均值，即可得到自相关函数 $R(\tau)$：

$$R(\tau)=E(v_t v_{t+\tau}) \tag{1.28}$$

当 $\tau=0$ 时，该二阶矩函数取最大值，即过程 v_t 的均方值（功率型）。对于平稳随机过程来说，相关系数与自相关函数的关系如下：

$$\rho=\frac{R(\tau)-m^2}{\sigma^2} \tag{1.29}$$

式中：m——均值；

σ^2——方差。

如下函数

$$M(\tau)=R(\tau)-m^2 \tag{1.30}$$

就是统计学者经常用于描述随机过程的协方差函数。对于脉冲雷达来说，协方差函数仅在信号存在的时刻对上（比如 $t_1,t_2;t_1,t_3$）有定义，因此其取值可用协方差矩阵的形式给出：

$$M_x=\sigma_x^2\begin{bmatrix}1 & \rho_{12} & \rho_{13} & \cdots & \rho_{1n}\\ \rho_{21} & 1 & \rho_{23} & \cdots & \rho_{2n}\\ \rho_{31} & \rho_{32} & 1 & \cdots & \rho_{3n}\\ \vdots & \vdots & \vdots & & \vdots\\ \rho_{n1} & \rho_{n2} & \rho_{n3} & \cdots & 1\end{bmatrix} \tag{1.31}$$

在进行 MTI 分析时会经常用到协方差矩阵，以确定多普勒滤波对于杂波的处理效果。

对于随机过程来说，另一个非常有用的想法是把信号功率分解到基本频率分量上，这种分解可用功率谱密度（PSD）函数加以描述。频率的含义是信号变化的速率，如果信号中包含高频分量，其在时域的快速变化情况就会在自相关函数中有所体现。由于自相关函数是时域信号，对其进行傅里叶变换即可得到频域信号，而根据 Wiener-Khintchine 定理，一个随机过程自相关函数的傅里叶变换就是该过程的功率谱密度函数。利用实测方法已经获得了多种杂波的 PSD，这些已成为分析 MTI 雷达和 PD 雷达所需的基础参数。

地杂波 RCS（此处不考虑分立的散射体）中随机起伏分量的 PSD 通常具有高斯型的频谱，即

$$S_p(f)=\frac{P_c}{\sqrt{2\pi\sigma_f^2}}\exp\left(-\frac{f^2}{2\sigma_f^2}\right) \tag{1.32}$$

式中：P_c——杂波功率；

σ_f——杂波谱的标准差。σ_f 与杂波展开速度的均方根 σ_v 之间存在如下关系[1]：

$$\sigma_f=\frac{2\sigma_v}{\lambda} \tag{1.33}$$

通过对功率谱密度进行傅里叶反变换，可得自相关函数为

$$R(\tau)=P_c\exp\left(-\frac{\tau^2}{2\sigma_\tau^2}\right) \tag{1.34}$$

其中

$$\sigma_\tau = \frac{1}{2\pi\sigma_f} \tag{1.35}$$

于是归一化的自相关系数即为

$$\rho_p = \frac{R_p(\tau)}{P_c} = \exp\left(-\frac{\tau^2}{2\sigma_\tau^2}\right) \tag{1.36}$$

图 1.24 给出了不同类型杂波在 1GHz 时的典型功率谱密度（见表 1.4）。

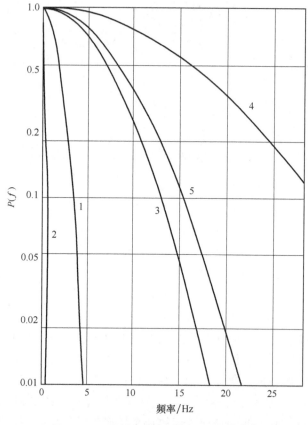

图 1.24 不同类型杂波的功率谱密度[44]

表 1.4 杂波类型及其 $P(f) = \exp[-a(f/f_0)^2]$ 的系数

杂波类型	a	图 1.24 中对应曲线号
植被茂密的丘陵（风速 20m/h）	2.3×10^{17}	1
植被稀疏的丘陵（风平浪静）	3.9×10^{19}	2
海面（有风）	1.4×10^{16}	3
雨云	2.8×10^{15}	4
箔条	1.0×10^{16}	5

在相参 MTI 处理中，最关心的还是两个彼此正交的随机过程 x_t 和 y_t 的功率谱密度与自相关函数。可以证明，杂波功率包络（与杂波的 RCS 成正比）同杂波过程 x_t、y_t 三者之间的归一化自相关函数存在如下关系[43]：

$$\rho_p = \rho_x^2 = \rho_y^2 \tag{1.37}$$

于是杂波功率包络的 PSD 可由相参正交分量的卷积获得

$$S_p(f) = S_x(f) * S_y(f) \tag{1.38}$$

因此，如果某随机过程的谱是高斯型的，那么其所有的功率谱密度和自相关函数也都是高斯型的，并且功率包络的标准差可利用其相参正交分量求得

$$\sigma_p^2 = \sigma_x^2 = \sigma_y^2 \tag{1.39}$$

在引用实测数据或他人公开发表的数据时，一定要注意弄清所提到的标准差指的到底是相参分量的（σ_x）还是非相参量的（σ_p）。

环境图（见图1.20）可使人对不同类型杂波的频谱展宽和平均频率有所认识。当应用场合存在海杂波、气象杂波、箔条以及仙波时，就需对那些相对于雷达具有径向速度的杂波进行建模，也就是需根据多普勒频移的均值f_d对高斯型的地杂波功率谱进行修正：

$$S_p(f) = P_c \exp\left[-\frac{(f-f_d)^2}{2\sigma_f^2}\right] \tag{1.40}$$

测量数据表明实际杂波谱可能会比高斯型谱具有长得多的拖尾[44,49]，有些学者根据X频段雷达的测量结果，针对地杂波提出了幂律式频谱密度形状的假定模型[1,49]：

$$S(f) = \frac{k}{\left(1 + \left|\dfrac{f}{f_c}\right|^n\right)} \tag{1.41}$$

根据雷达的工作频率和风速情况，式中n的取值范围为2.2～3.3之间，f_c的取值范围为0.8～1.9[18]。这种幂律式谱在高频部分的幅度比高斯型谱高很多。

近期利用大动态范围接收机开展了许多测量工作，测量结果表明指数形谱跟被风吹动的树丛的杂波谱非常接近，而且可精确到-60dB的量级[50,51]。图1.25给出了无风和有风条件下测得的典型频谱，这些结果意味着以往测量数据可能因接收机的非线性而产生了失真，从而导致功率较低部分的频谱展宽（见3.2.5节和图3.20）。

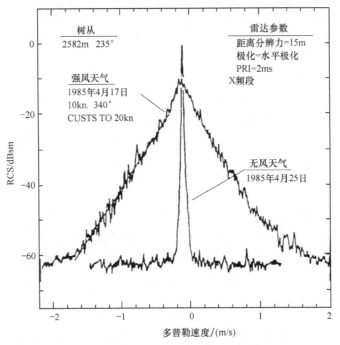

图1.25 被风吹动的树丛的杂波功率谱（X频段雷达）[50]

从 UHF 频段到 X 频段，如下双边指数形 PSD 均可适用：

$$S(f) = \frac{r}{r+1}\delta(f) + \frac{1}{r+1}\frac{\beta\lambda}{4}\exp\left(-\frac{\beta\lambda}{2}|f|\right) \tag{1.42}$$

式中：β——形状参量，其典型取值参见表 1.5 所列；

r——静态分量与起伏分量之比，其中前者来自固定不动物体的散射，后者由被风吹动的物体产生。

表 1.5 不同风速情况下的指数形谱形状参量

风级	风速/节	$\beta/$ (s/m)	
		典型取值	最差情况
一级风	1~6	12	—
微风	6~12	8	—
大风	12~25	5.7	5.2
八级大风	25~45	4.3	3.8

例 3　指数形地杂波谱情况下的 MTI 改善因子

从 UHF 频段到 X 频段，被风吹动的树丛或其他植被的杂波功率谱是指数形的。本例中将开发一个 MTALAB 程序以计算二项式对消器的 MTI 改善因子，其阶数设定为从 1~7。

对功率谱密度的表达式（见式 1.42）进行傅里叶反变换，即可得到杂波的协方差函数：

$$R(\tau) = \frac{r}{r+1} + \frac{1}{r+1}\frac{(\beta\lambda)^2}{(\beta\lambda)^2 + (4\pi\tau)^2}$$

其中 r、β 分别由下面两个经验公式给出[51]：

$$r = \frac{394}{w^{1.55}f_{\text{GHz}}^{1.21}};\ \beta = \frac{1}{0.105[\lg(w) + 0.476]}$$

式中：w——风速，节；

f_{GHz}——工作频率，GHz。

MTI 的二项式权重系数为

$$w_k = (-1)^k \frac{n!}{k!(n-k)!}$$

式中：n——MTI 的延迟单元数量；

k——权重序号，$k = 0,1,2,\cdots,n$。

于是 MTI 改善因子即为

$$I = \frac{\boldsymbol{w}^{\text{T}}\boldsymbol{M}_S\boldsymbol{w}^*}{\boldsymbol{w}^{\text{T}}\boldsymbol{R}_N\boldsymbol{w}^*};\ \boldsymbol{w}^{\text{T}} = [w_0, w_1, \cdots, w_n]$$

$$\boldsymbol{M}_S = \begin{pmatrix} 1 & 0 & 0 \\ 0 & 1 & 0 \\ 0 & 0 & 1 \end{pmatrix};\ \boldsymbol{R}_N = \begin{pmatrix} 1 & \rho_1 & \rho_2 \\ \rho_1 & 1 & \rho_1 \\ \rho_2 & \rho_1 & 1 \end{pmatrix}$$

$$\rho(iT) = R(\tau = iT)$$

式中：$\boldsymbol{w}^{\text{T}}$——权重向量的转置；

$\boldsymbol{M}_S$——信号的协方差矩阵；

R_N——杂波的协方差矩阵。

MATLAB 程序 impfac_expgl.m 给出了在 $f=10\text{GHz}$，$\text{PRF}=1000\text{Hz}$ 条件下的计算结果，具体情况如图 EX-3.1 所示。

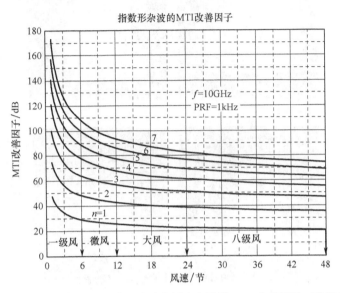

图 EX-3.1 二项式对消器对被风吹动的树丛杂波的 MTI 改善因子（阶数为 1~7）

1.5.4 非高斯杂波模型

实验结果表明，当采用高分辨雷达（脉宽小于 $0.5\mu\text{s}$）或在低掠射角（$\psi<5°$）下进行观测时，地杂波或海杂波的动态范围要比高斯模型（即瑞利包络）的预测结果大得多。图 1.26 给出的是利用中等分辨率（$\theta_{az}=1.3°$，$\tau=2\mu\text{s}$）的地面监视雷达对连绵起伏山峦进行观测的结果照片，杂波的动态范围已经超过 70dB。拍摄这些照片时，在接收通道内插入了一个可调式衰减器，以降低杂波相对于接收机噪声的幅度。

大动态范围的杂波会给 MTI 雷达或 PD 雷达造成一系列的问题。首先，为压缩动态范围而在接收机内插入的任何非线性处理器件，都会导致杂波频谱展宽，根据 1.3.4 节给出的最优多普勒滤波理论，这将极大降低线性多普勒滤波器的检测性能；其次，基于高斯杂波模型推导出线性处理器的最优多普勒滤波理论此时也不再适用。为解决这些问题，就需要采用非高斯杂波模型，从而预测大动态范围杂波背景下的 MTI 雷达或 PD 雷达检测性能。对比高斯模型下所能达到的性能来说，不管采用何种特定模型，大动态范围杂波背景下的 MTI 雷达或 PD 雷达的固有检测性能都将明显下降。

非高斯型模型的确定是一个非常困难的问题，也是当前研究的一个主题。从纯理论的角度来说，需要确定如下的多维概率密度分布函数：

$$p(x_1,x_2,\cdots,x_n;t_1+\tau,t_2+\tau,\cdots,t_n+\tau) \tag{1.43}$$

以完整、准确地表示一个平稳随机过程。对于平稳的高斯过程来说，相关信息已包含在均值（幅度）和协方差函数（或其等效的功率谱密度）中，这也是开展实际测量的前提。对于非高斯过程的确定需要有更高阶的矩（仅有二阶的协方差函数是不够的），而这往往难以靠实际测量获得。针对这种情况，本书提出了一系列非高斯杂波模型的确定方法，并形成了比较有用的非高斯杂波过程规范，不过目前该规范还不太完备。

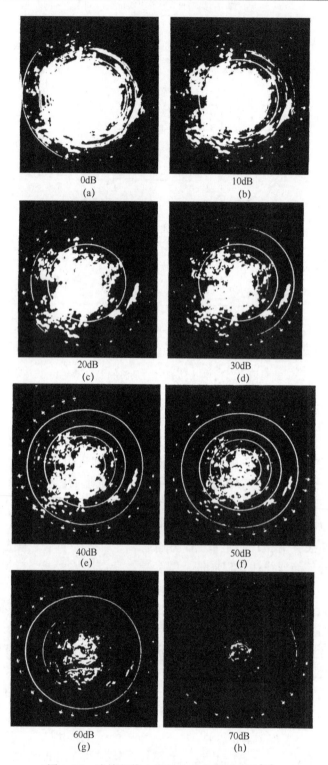

图 1.26 连绵起伏山峦的大动态范围杂波[31]

非高斯杂波建模的第一种方法需要确定一阶概率分布函数 $p(\sigma^0)$，该函数描述的是单位面积杂波后向散射系数 σ^0（m^2/m^2）的变化情况。因为 σ^0 跟杂波的有效 RCS 成正比（$A = \sigma^0 A_c$），杂波单元的反射功率又满足 $P_c = k\sigma_{cx}$，所以这些变量的统计特性是一样的。

如果认为对统计特性有贡献的地物在每一个分辨单元内都是相同的，就可基于杂波是各向同性的理解，以空间划分的方式对每个单元内 σ^0 的变化情况进行测量。若又假设杂波是各态历经过程（即整体统计特性与时间统计特性相同），那么按整体特性建立起来的 σ^0 概率分布，就可用作单个单元内独立采样的概率分布[52]。

图 1.27 给出的是利用 S 频段雷达测得的洛基山脉地杂波的一阶概率密度函数[31,45]，该雷达的分辨单元为：脉冲宽度 2μs，波束宽度 1.5°。由于绘制后向散射系数 σ^0 的幅度概率分布时使用的是对数—瑞利坐标，因此图中的 Weibull 分布就绘作一条直线。该直线与图 1.27 中的数据点高度吻合，说明 Weibull 分布既能很好地匹配实测数据，也能作为此类杂波的最佳模型。

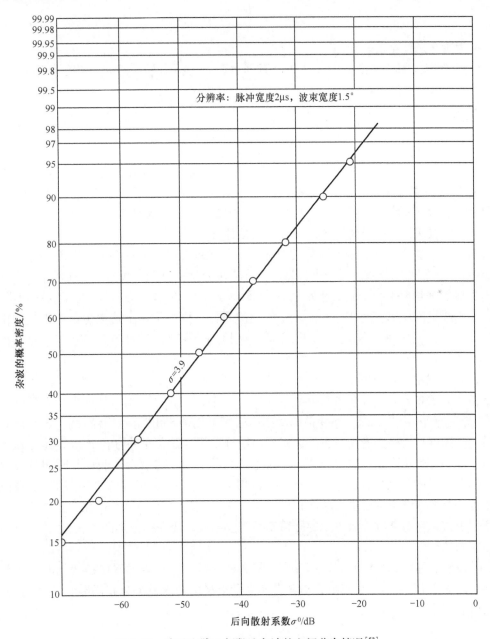

图 1.27　洛基山脉 S 频段地杂波的空间分布情况[53]

需要注意的是,图1.27中的数据只延伸到概率点0.99处,而计算检测概率和虚警概率所需的实际数值比这个数值要高,这也说明了杂波测量过程中非常典型的一个问题,就是很难获得足够的独立数据以确定概率分布尾部区域的形状。

设想对如下的杂波分布估计其尾部概率:

$$Q(y) = 1 - F(y) \tag{1.44}$$

式中:$F(y)$为杂波的累积概率分布函数。

常用方法是清点出超过某预设阈值Y的观测数据点数,并对这些观测数据建立直方图,那么针对阈值Y可估算出累积的尾部概率密度函数为

$$\hat{Q}(y) = \frac{1}{N}\sum_{i=1}^{N}D_Y(y_i) \tag{1.45}$$

式中:N为所有采样点数。

若某个数据值超过Y则$D_Y(y) = 1$,否则为0。于是可得$Q(y)$的期望值如下:

$$E[\hat{Q}(y)] = Q(y) \tag{1.46}$$

标准差则为

$$SD[\hat{Q}(y)] = \left[\frac{Q(y)}{N}\right]^{1/2} \tag{1.47}$$

式(1.46)说明$\hat{Q}(y)$是$Q(y)$的无偏估计,式(1.47)给出的是为获得$Q(y)$的高精度估计结果所需的数据点数。只有标准差远小于均值,估计结果才会比较精确,这就要求$NQ(y) \gg 0$[54],因此若要精确估计Q为10^{-4}的杂波分布的尾部概率,所需要的独立采样点数会达到10^5的量级,这充分说明了杂波分布的估计难度。

也有人将一些概率分布跟实测杂波数据进行了经验拟合,其中最常用的是对数—正态分布、Weibull分布和K分布。对于来自每一个分辨单元的实测杂波数据,上述概率分布所描述的都是这些数据长期平均结果的有效RCS分布(σ^0的一阶概率分布)。对于快速扫描雷达,由于单次扫描期间能够获得多个相互独立的杂波采样,可以采用上述模型计算雷达的检测概率[55-59];但对于常规搜索雷达,由于非高斯模型的非平稳性,在单次扫描中采用这些模型就需要非常注意。

下面给出应用非高斯模型计算常规雷达检测概率的一种方法。基于物理推理可知,一般情况下雷达分辨单元内必须包含足够数量(至少5个以上)的散射体才能形成高斯分布杂波(包络为瑞利分布)。与高斯分布相关的功率谱密度可以确定出二阶统计特性,这在计算多普勒滤波的检测概率时极为有用。另外,对于高斯分布假定存在变量均值$\overline{\sigma^0}$,而这是从利用实测杂波数据确定的非高斯一阶空间概率分布中选取的一个随机变量。假设与时间有关的情况可通过两个相关函数进行表示:一个是短时自相关函数(10ms的量级),适用于在高斯型功率谱密度的杂波背景下雷达进行单次扫描情况;另一个是跟变量均值$\overline{\sigma^0}$相关联的长时相关函数,适用于雷达在对杂波分辨单元的驻留期间完全相关、而在扫描期间(一般为5~10s)基本不相关的情况。

利用该模型即可算出检测概率:首先,将高斯模型的检测概率看作是变化的后向散射系数的函数计算出$P_d(s|\sigma^0)$;然后,对其在非高斯模型的一阶概率分布函数$p(\sigma^0)$上取均值,于是结果为[37]

$$\overline{P_d}(s) = \int_0^\infty P_d(s|\sigma^0)p(\sigma^0)\mathrm{d}\sigma^0 \tag{1.48}$$

需要注意的是，除了在式（1.48）中 s 表示的是信号干扰①功率比以及 σ^0 表示的是杂波的 RCS 概率密度而非实际目标的以外，以上过程跟针对 Swerling 目标的检测概率计算是一样的[5,60,61]。如果希望将上述过程推广应用到 Swerling 起伏目标的情况，只需对 $\overline{P_d}(s)$ 在期望目标分布（如 Swerling 1、2 型的瑞利分布）上取均值即可[60]。

表 1.6 给出了瑞利分布、Weibull 分布、对数—正态分布以及 K 分布杂波模型所对应的杂波有效 RCS 的累积概率分布函数。注意其中 Weibull 分布和对数—正态分布的 RCS（σ）已根据其中值 σ_m 进行了归一化处理，而瑞利分布和 K 分布的则是根据相应的均值 $\overline{\sigma}$ 进行的归一化。另外，瑞利分布是 Weibull 分布族的一员，若令 $\beta = 1$，Weibull 分布就会退化为瑞利分布。

表 1.6 杂波有效 RCS（σ）的概率分布[36]

杂波模型	概率密度 $p(\sigma)$	杂波 RCS 的概率 $P(\sigma)$
瑞利分布	$\dfrac{\exp\left(-\dfrac{\sigma}{\overline{\sigma}}\right)}{\overline{\sigma}}$	$1 - \exp\left(-\dfrac{\sigma}{\overline{\sigma}}\right)$
Weibull 分布	$\dfrac{\beta \ln 2}{\sigma_m}\left(\dfrac{\sigma}{\sigma_m}\right)^{\beta-1} \exp\left[-\ln 2\left(\dfrac{\sigma}{\sigma_m}\right)^{\beta}\right]$	$1 - \exp\left[-\ln 2\left(\dfrac{\sigma}{\sigma_m}\right)^{\beta}\right]$
对数—正态分布	$\dfrac{\exp\left[-\ln^2(\sigma/\sigma_m)/2\sigma_p^2\right]}{\sqrt{2\pi}\sigma_p \sigma}$	$\dfrac{1}{2}\left[1 + \mathrm{erf}\left(\dfrac{\ln(\sigma/\sigma_m)}{\sqrt{2}\sigma_p}\right)\right]$
K 分布	$\dfrac{2v\left(\dfrac{v\sigma}{\overline{\sigma}}\right)^{v-1/2} K_{v-1}\left[2\left(\dfrac{v\sigma}{\overline{\sigma}}\right)^{1/2}\right]}{\Gamma(v)}$	$1 - \dfrac{2\left(\dfrac{v\sigma}{\overline{\sigma}}\right)^{v} K_v\left[2\left(\dfrac{v\sigma}{\overline{\sigma}}\right)^{1/2}\right]}{\Gamma(v)}$

注：$\overline{\sigma}$ 为 RCS 的均值；σ_m 为 RCS 的中值

如果将表 1.6 中的杂波有效 RCS 的概率分布绘制在专用的概率坐标纸上，若以 dB 为标尺，这些分布就绘作直线，从而给使用人员带来方便。Weibull 分布的表达式为

$$\sigma_{\mathrm{dB}} = \sigma_{m\mathrm{dB}} + \frac{1.592}{\beta} + \frac{10}{\beta}\lg\left[\ln\left(\frac{1}{1-P(\sigma)}\right)\right] \tag{1.49}$$

在对数—瑞利概率坐标纸上，该分布就是一条直线。将 $\sigma_{\mathrm{dB}} = \sigma_{m\mathrm{dB}}$ 对应的 0.5 概率点与式（1.50）对应的 0.9999 概率点相连接，即可确定该直线。

$$\sigma_{\mathrm{dB}} = \sigma_{m\mathrm{dB}} + \frac{11.235}{\beta} \tag{1.50}$$

Weibull 分布中参数 β 的取值范围可从山体杂波的 $\beta = 0.25$ 直到低分辨、高掠射角情况下地杂波和海杂波的 $\beta = 1$（此时即为瑞利杂波）[1]。

对于对数—正态杂波模型，其 RCS 分布若以分贝为标尺绘制在正态概率坐标纸上，也会是一条直线。将 $\sigma_{\mathrm{dB}} = \sigma_{m\mathrm{dB}}$ 对应的 0.5 概率点与式（1.51）对应的 0.9999 概率点相连接，即可确定该直线。

$$\sigma_{\mathrm{dB}} = \sigma_{m\mathrm{dB}} + 16.153\sigma_p \tag{1.51}$$

对数—正态分布中参数 σ_p 的取值范围从雨杂波的 $\sigma_p = 0.7$ 直到某些类型特定地杂波的 $\sigma_p = 2$[1]。

可用均值中值比这个参数描述非高斯模型的特性，该值越大，相应概率分布的拖尾越长。

---

① 此处的干扰指的是接收机噪声与多普勒滤波之后的杂波残留之和。

Weibull 分布的均值中值比为

$$\rho = \frac{\overline{\sigma}}{\sigma_m} = \frac{\Gamma(1+1/\beta)}{(\ln 2)^{1/\beta}} \quad (1.52)$$

对数—正态分布的为

$$\rho = \exp\left(\frac{\sigma_p^2}{2}\right) \quad (1.53)$$

但对于 K 分布来说，ρ 没有简单形式的解析表达式。图 1.28 分别给出了 Weibull 分布、对数—正态分布和 K 分布的均值中值比。需要注意的是，对于瑞利分布（$\beta=1$）来说，该比值为

$$\frac{\overline{\sigma}}{\sigma_m} = \frac{1}{\ln 2} = 1.442 \quad (1.54)$$

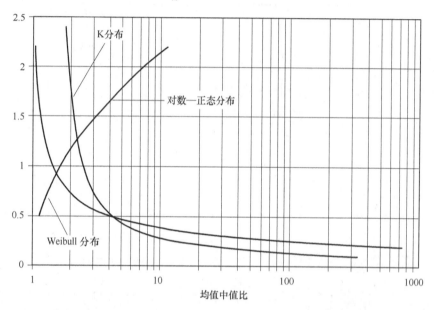

图 1.28　Weibull 分布、对数—正态分布和 K 分布的均值中值比[36]

图 1.29 给出的是在均值中值比 $\rho=4.163$ 的条件下，把瑞利分布、Weibull 分布（$\beta=0.5$）、对数—正态分布（$\sigma_p=1.689$）以及 K 分布（$v=0.5$）分别绘制在对数—瑞利概率坐标纸上的情况，其中所有结果均已根据相应中值进行了归一化处理。图 1.29 中瑞利分布和 Weibull 分布均绘作直线，K 分布的尾部与 Weibull 分布极其相似，而对数—正态分布的尾部取值则较大。

K 分布主要用作海杂波的非高斯模型，该模型包含了杂波的空间相关及时间相关特性[62]。从海杂波 K 分布模型的构成形式可以看出其中包含两种起伏分量：一种是由浪涌导致的跟空间平均变化程度（即均值）有关的慢变分量，该分量具有较长的相关时间（秒的量级），并且不受频率捷变的影响；另一种是称为斑点效应的快变分量，该分量来自雷达分辨单元内包含的多个散射体的反射，具有高斯杂波模型（瑞利包络）的一般特性，其相关时间较短（大约在 10ms 的量级），而且采取频率捷变措施后可以去相关。

根据文献 [63]，慢变分量服从 χ 分布（该分布是基于实测海杂波数据进行经验拟合得出的），而快变分量服从关于慢变分量的条件密度分布（即瑞利分布），基于以上假设即可推

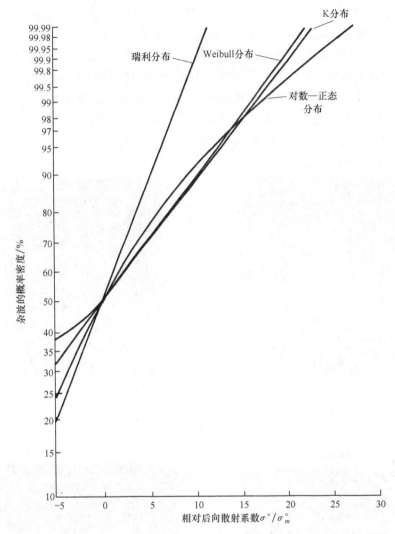

图 1.29 瑞利分布、Weibull 分布、对数—正态分布以及 K 分布的图形[36]

导出 K 分布①。因此跟 Weibull 模型和对数—正态模型类似，K 分布模型也是基于实测数据进行经验拟合而获得的，其优点在于更加符合实际情况。不过，目前尚未像针对 Weibull 分布或对数—正态分布那样把 K 分布的解析特性研究清楚。

1.6 动目标检测器

动目标检测器（MTD）是一种经过特殊设计的数字式信号处理器，使得低重频两坐标空中监视雷达能在多重杂波环境中正常工作。该类处理器的设计目标是在存在地杂波、气象杂波以及仙波（参照图 1.20 中的环境图）的情况下，对低飞的小型目标提供高可靠的检测性能。

早期的 MTD-I 处理器是为 ASR-9 雷达研发的，该雷达是一种中程（60n mile）两坐标空中监视雷达，部署于很多大型机场。ASR-9 雷达工作在 S 频段（2.7~2.9GHz），脉冲宽

---

① 设慢变分量的 $p(y)$ 为 χ 分布，快变分量的 $p(x|y)$ 为瑞利分布，那么海杂波的 $p(x) = \int_y p(x|y)p(y)\mathrm{d}y$ 即为 K 分布。——译者注

度为 1.05μs，方位波束宽度为 1.3°，天线转速为 12.5r/m，重频为 1200Hz，峰值功率为 1200kW。图 1.30 给出的是该雷达在地杂波背景下的典型工作情况，其中图（a）是常规屏幕显示，图（b）是在中等强度杂波背景下进行 MTD 处理后的飞机航迹；图 1.31 则是该雷达在较强气象杂波背景下的类似工作情况。两幅经 MTD 处理后的图中目标都是小型的单引擎专用航空器（RCS 约为 $1m^2$），从图 1.31 中的航迹可以看出并没有因存在杂波而导致漏检，而且虚警概率也可忽略不计。更重要的是，即使在飞机沿着雷达视线作切向飞行时，航迹依然能够保持，这充分说明了 MTD 具备了超杂波可见度的能力。

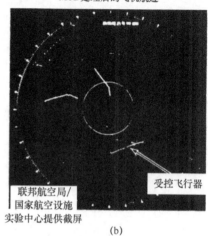

图 1.30 地杂波背景下的 MTD 性能[39]

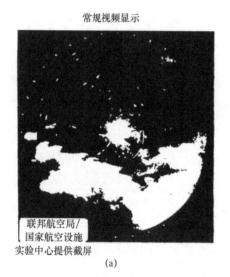
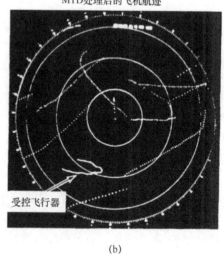

图 1.31 气象杂波背景下的 MTD 性能[39]

MTD 处理器早期版本（MTD-Ⅰ）的框图如图 1.32 所示[64]。
该处理器的基本组成如下：
（1）用于抑制地杂波的相参 MTI 滤波器；
（2）用于抑制气象杂波和箔条干扰，并进行相参积累的 FFT 滤波器组；
（3）用于在地杂波中检测切向飞行目标，同时降低强地杂波引起的虚警概率的数字式杂波图；

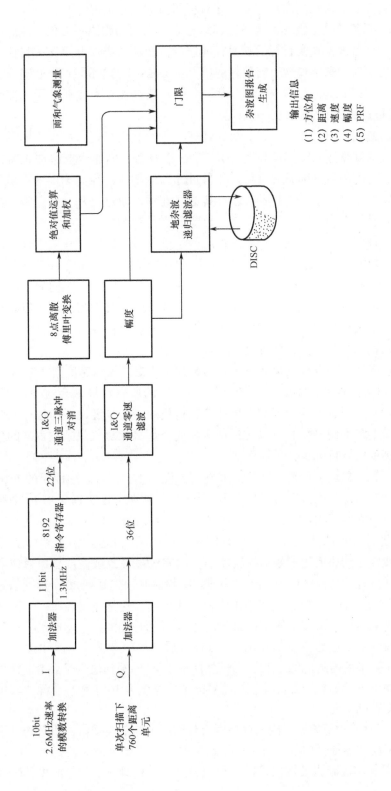

图1.32 MTD框图[64]

(4) 降低虚警概率的恒虚警处理；

(5) 用于消除盲速、二次反射杂波以及固定目标回波的成组重频参差。

MTD 处理的基本思想就是把雷达的覆盖范围划分为一系列的距离—方位—速度（或多普勒频率）基本单元，然后根据真实目标的瞬时径向速度、运动状态以及跟无关目标（包括杂波）相对尺寸大小的比较，选定包含飞行目标的单元。ASR-9 雷达的 MTD 处理器有 365000 个距离—方位单元（1/16n mile × 3/4（°）），而每个单元又包含 8 个速度单元（多普勒带宽为 150Hz），因此该雷达一共有 2920000 个单元。

根据目标的径向速度，图 1.32 所示的 MTD 处理器将回波信号送入两个不同的通道。其中上通道包含地杂波抑制度达 45~50dB 的 MTI 处理，以及对径向速度能够进入 MTI 通带的目标和气象杂波进行处理的多普勒滤波器组。如果目标和地杂波的径向速度落在最低端多普勒滤波器的通带之内（±75Hz），则由下通道对其进行处理。通过对每一个距离—方位单元连续 8 次的扫描结果进行平均，即可利用下通道的输出生成杂波图。

上通道的作用是抑制地杂波和气象杂波，并让运动目标回波通过（落入下通道的低速目标回波除外）。地杂波由 MTI 进行抑制，而气象杂波往往会落入前三个多普勒滤波器中，就需要利用单元平均 CFAR 处理进行抑制。单元平均 CFAR 指的是根据感兴趣单元左右各 8 个、共计 16 个距离单元（它们的多普勒频移均相同）内的回波均值对检测门限进行调整。由于气象杂波的距离延伸范围往往超过 1 英里，那么以上单元中都会存在气象杂波，于是就可生成较高的门限以抑制相应距离—多普勒单元内的回波。

这种低重频的速度模糊式设计也会造成一些困难扰。首先，径向速度落入第一 PRF 线整数倍区域（1200Hz 对应的速度为 125 节、250 节、……）的所有目标都会被 MTI 处理抑制，这就是 MTI 的盲速效应。其次，由于低重频雷达存在折叠效应，或者说任何目标的多普勒回波都将折叠到零多普勒频率到第一 PRF 线之间的区域内，那么相对气象杂波占据的多普勒单元存在径向速度模糊的所有目标也会受到抑制。

为缓解盲速问题和气象杂波对目标回波的抑制（见图 1.14），可采用成组的 PRF 参差方式，对于图 1.32 中的 MTD 来说，每组需包含 10 个连续的脉冲。之所以要求 10 个脉冲期间内 PRF 保持不变（发射频率也不变），是因为在将 3 脉冲对消器的输出送入 8 点 FFT 多普勒滤波器组之前，必须保持对消器内还存在回波信号。ASR-9 雷达重频参差的变化率约为 20%，从而可将回波转送到邻近的多普勒滤波器中，以完成被气象杂波或盲速效应所遮盖信号的检测任务，这样处理所造成的影响在于为完成目标检测必须先处理 20 个脉冲信号。

MTD 有别于早期设计的一个特性在于对虚警概率的控制，这是通过在每一个距离—多普勒单元内采用自适应 CFAR 门限实现的。在 MTD 中会生成两种类型的平均电平：一种是采用存储衰落式递归滤波器对零速滤波器[①]的输出进行处理后获得的杂波图，其中递归滤波器的带宽跟雷达进行 8 次扫描所需的时间（32s）大致对应；另一种平均电平是靠滑动窗口检测器对非零速滤波器的输出进行处理得到的，该检测器的窗口宽度为 16 个距离单元，其中心位于感兴趣目标所在的多普勒单元。

图 1.32 中上、下通道的各滤波器内都存在因折叠而产生的杂波残留，而平均电平杂波图既可给下通道的零速滤波器提供门限，也可给上通道的 8 个多普勒滤波器提供门限。结果就是使雷达对落入杂波中 RCS 较大的切向目标（径向速度为零）具备了超杂波可见度，否则该

---

① 即中心频率为零的多普勒滤波器。——译者注

目标就会因处于 MTI 的盲速区而漏检。第 2~7 个多普勒滤波器的滑动窗口检测器的输出则用于提供各自的相应门限,针对平均径向速度上限达 60 节、频谱展宽为 25~30 节的气象杂波,这些门限使得虚警概率保持恒定。另外,在跟零速滤波器毗邻的滤波器内,为了对付地杂波的溢出,还需组合使用两种平均电平以获得相应的门限。

除 MTI、多普勒滤波以及恒虚警处理以外,在 MTD 中还有其他一系列的处理措施。CFAR 采用的单元平均方法并不能消除来自其他雷达的脉冲式干扰,为避免这种问题的发生,需将每个回波的幅度跟相参处理间隔(8~10 个脉冲)内的回波均值进行比较,如果某个回波超出均值 5 倍以上,就应丢弃该距离—方位单元内的全部信息。另外,如果有任一回波致使模数转换器件饱和,整个相参处理间隔内的所有信息也都应作废。

由于 MTD 处理器的距离—多普勒—方位单元数量众多,对于 RCS 较大的目标,其回波在多个单元中同时出现的可能性将大大增加。若能判断出相邻单元的目标报告均来自某单个目标,就可将其凝聚以减轻后续数据处理子系统进行航迹起始的负担。另外,根据目标回波的幅度和速度信息,还可将 RCS 较小、速度较低的仙波(由鸟或昆虫引起)消除,以免进入雷达的跟踪系统。

在 PD 雷达的设计中,MTD 处理所关心的典型问题就是对地杂波和气象杂波中的运动目标回波进行检测(见 1.3.3 节)。MTD-I 采用相参式双 MTI 对消器后接 8 点 FFT 滤波器组对付地杂波,其中滤波器组的副瓣还可进一步抑制对消器输出的杂波残留。这种情况下可认为该处理方式的性能已非常接近线性最优横向滤波器,但若从实现相同改善因子的角度来说,由于横向滤波器所需的阶数更低,因此这种处理方式的效率并不高(最优横向滤波器需要 8 个脉冲,而 MTD-I 需要 10 个脉冲)[65]。

为实现多普勒处理器的准最佳性能,必须采取线性处理以缓解杂波限幅导致频谱展宽所带来的不良影响,但这会使得改善因子降低(见 3.2.5 节和图 3.23)。MTD-I 采用的是 10 位 A/D 转换器,因此其线性动态范围近似为 50~60dB,如果杂波回波超过该限值(主要由大型独立地物引起),为保证相应单元能进行线性处理,一种可能的选择就是使用杂波图控制的线性衰减器。

MTD-I 抑制气象杂波的方法是针对每个距离—方位单元生成一个多普勒滤波器组,从而把 PRF 线之间的频谱划分到 n 个多普勒单元,每个单元的带宽 $f_B = f_r/n$(其中 n 为构建该滤波器组所需的脉冲数,比如可以是 8 个;f_r 为雷达的 PRF)。将以上情形示于图 1.33 中,从中可以看出 MTD 分辨单元在雷达的距离维、方位维以及多普勒频率维上是如何分布的。当存在气象杂波(或箔条干扰)时,在其距离—方位单元的多普勒滤波器组内,杂波往往仅出现在一个或两个相邻的多普勒单元内。利用跟待检单元同方位角的前后距离单元(±1n mile 之内)内相同多普勒频移单元的回波设定归一化的 CFAR 阈值,即可对含有杂波的各多普勒单元进行衰减。这种方法可使那些未受气象杂波影响的多普勒单元依然能够检测运动目标,从而实现气象杂波下的可见度。另外,对于那些存在气象杂波的多普勒单元,如果目标回波的幅度足够高,在其中也可以实现超杂波可见度。

尽管一般情况下气象杂波的速度并不模糊(也就是说其 $|f_d| \leqslant 55$ 节),但对飞行器而言却并非如此。一旦运动目标回波被折叠到受气象杂波影响的多普勒单元,就会导致目标漏检(见 1.3.3 节和图 1.19)。MTD 对此问题的处理办法是采用两种相参处理间隔(CPI)的成组重频参差方式,其重频差异约为 20%,这样一旦目标回波在某种重频模式下被抑制,那么在另一种重频模式下就会折叠到未受影响的多普勒单元,从而进行检测处理。MTD 的成组重频参差方式也能克服盲速问题。对于低重频雷达,若其部署地域内的电波传播条件不规则,或

是存在连绵起伏的山峦及城区时，那么实际距离比单个脉冲周期对应的距离更远的地物回波也能被雷达接收到，从而出现多重轮流杂波的情况。

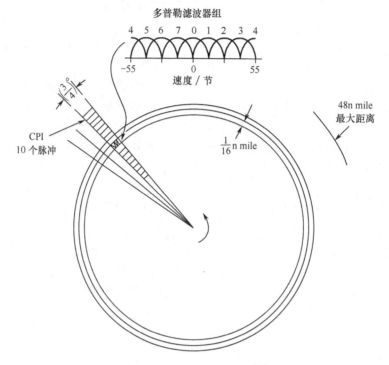

图1.33　MTD的分辨单元[64]

对于采用多普勒滤波器组抑制气象杂波的MTD处理器来说，还有一个非常重要的事项就是要考虑多普勒滤波器的副瓣问题。如果副瓣过高，由于滤波器之后接有CFAR处理，那么任一特定多普勒滤波器通带之外的较强气象杂波都会对该通道的目标形成抑制。MTD-I处理器是由3个独立的滤波器级联而成的：抑制地杂波的3脉冲对消器，抑制气象杂波的8点FFT，以及FFT之后用于降低滤波器副瓣电平的频域加权。另外，双延迟对消器的信号信息与系数精度都用10位表示（以实现对地杂波和独立地物回波大约60dB抑制度），而FFT的位数要少得多（约3位或4位），其原因在于这些位数已足以构建相应的滤波器了。图1.34给出了滤波器组中两个的响应曲线，可以看出最靠近地杂波响应的那个滤波器的副瓣性能较差，仅比主峰电平低大约5dB，这一方面是由于FFT之前的双延迟对消器降低了主峰响应，另一方面较少的FFT位数也进一步限制了所能达到的副瓣电平。

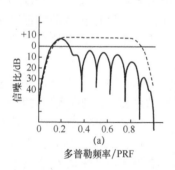
(a)

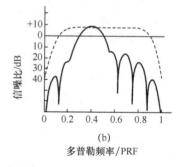
(b)

图1.34　MTD-I处理器的多普勒滤波器响应[66]

图 1.35 所示的 MTD-II 处理器中多普勒滤波器的效率更高一些,其副瓣电平也降低了大约 10dB[67]。该处理器是由单延迟对消器与 8 个 7 脉冲复加权横向滤波器级联而成的,其中单延迟对消器既用于抑制零速地杂波,也可为信号信息提供足够的动态范围(10 位);而经过点优化设计的横向滤波器在 PRF 范围内是等间隔划分的,其重叠程度足以将滤波器的跨越损耗降至最小,构建这些滤波器所需的加权系数均用 5 位表示。MTD-II 的副瓣电平改善情况如图 1.36 所示。

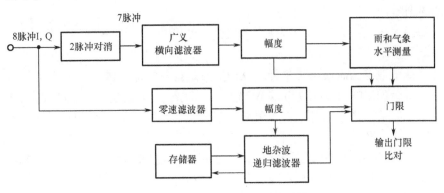

图 1.35 MTD-II 处理器框图[67]

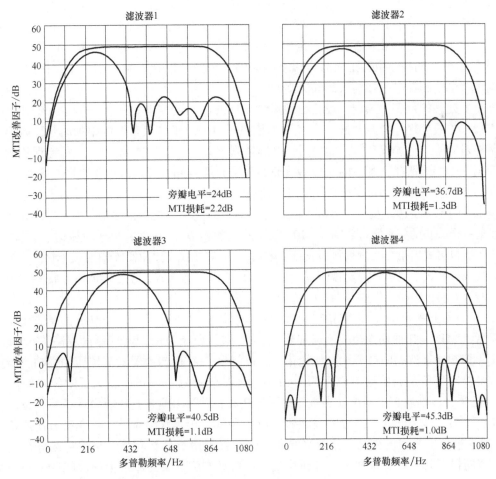

图 1.36 MTD-II 处理器的 MTI 改善因子[67]

需要注意的是，MTD-II中MTD处理器的多普勒滤波效率得到了提升，只需8脉冲横向滤波器即可实现MTD-I中10脉冲滤波器的效果，这就将进行MTD处理所需的脉冲数量由20个减少到16个（即两个CPI脉冲群）。这一改善的原因在于，尽管进入MTI的头两个脉冲对地杂波抑制是有用的，但在构建多普勒滤波器组时则是完全多余的。

MTD-II的其他改进措施有以下几点[67]。

（1）零速滤波器的横向滤波器采用Chebyshev准则进行设计，从而在提供均匀响应的同时保持较低的副瓣；

（2）对每一个距离—方位单元都建立单独的杂波图单元，而不是每一个距离—相参处理间隔对应一个杂波图单元；

（3）非零速滤波器的副瓣电平更低，从而更好地抑制气象杂波；

（4）成组参差的CPI分别为900μs和1100μs，即各自对应的重频为1111Hz和909Hz；

（5）针对飞行器、汽车以及鸟群等可能出现的目标分裂问题，采用相关算法和内插算法以提供优化的单目标报告；

（6）采用区域CFAR处理去除单次CPI内由仙波、干扰以及气象杂波的残留引起的虚警概率；

（7）采用扫描—扫描相关技术去除跟飞行器运动特性不符的回波信号。

MTD处理器系数所需的位数尚无定论。如果采用纯粹的横向滤波器结构（即不使用MTI），就要求滤波器组（由8个滤波器构成）内的每一个都设计成具备零速杂波（即地杂波以及大型独立地物回波）抑制能力，那么加权系数所需的精度就要到12位[66]。如果使用了前置MTI滤波器，那么横向滤波器只需要8位或9位的系数精度，即可实现-40dB左右的低副瓣[34]。另外，同相通道和正交通道幅度响应的不平衡度也会影响副瓣电平，例如，4%的不平衡度就会使副瓣电平抬高大约6dB[68]。

如果所处理的是多次杂波，还会出现影响横向滤波器副瓣电平的另一因素。例如，当以低副瓣加权方式处理一个脉冲群（含有n个脉冲）时，由于二次杂波的附加时延，就会使第一个脉冲对应第二个加权环节，而最后一个脉冲则被丢弃。图1.37给出了这种错误加权结果对副瓣电平的影响情况，其中的8脉冲滤波器采用的是Dolph-Chebyshev加权方式。

MTD处理器的主要不足在于必须发射数量相对较多的脉冲才能实现所需的性能，这就限制了该技术在两坐标雷达以及堆积多波束三坐标雷达中的应用。更重要的是，由于要求以稳定的PRF发射一个较长的相参脉冲群（8~10个脉冲），使得MTD在面临电子攻击时变得脆弱[5]。转发式干扰机可测出第一个发射脉冲的工作频率，从而对后续脉冲实施瞄准式干扰。另外，由于欺骗式或伪装式干扰机都需要预测雷达的工作频率以实施干扰，于是脉间频率捷变就成为一种非常有效的对抗手段，但由于MTD对重频稳定的要求，使得雷达无法采用这种抗干扰措施。

ASR-9雷达所用的MTD-III在MTD-II的基础上又进行了一系列改进：横向滤波器的加权系数从MTD-II的用5位表示增加到12位，对气象杂波的副瓣抑制度提高了6~17dB，同时使得抑制地杂波的凹口形状更加优化，有效消除了A/D转换器直流偏压的影响，所构建的滤波器针对气象杂波的副瓣电平为-40dB，对地杂波为-44dB；加入了时间灵敏度控制（STC）措施，以削弱超出系统动态范围的强地杂波；针对山地杂波环境设计了一种备选滤波器方案，可将山体杂波的衰减程度提高到52dB，但其代价是气象杂波的抑制度有所降低；对CFAR算法进行了改进，在提高分辨率的同时还具备了聚类分析功能，从而可区分开两个空间极为靠近的目标；另外增加了一种新算法，从而对方位上极为靠近但回波幅度不同的两个目标具有了分辨能力[68,71,72]。

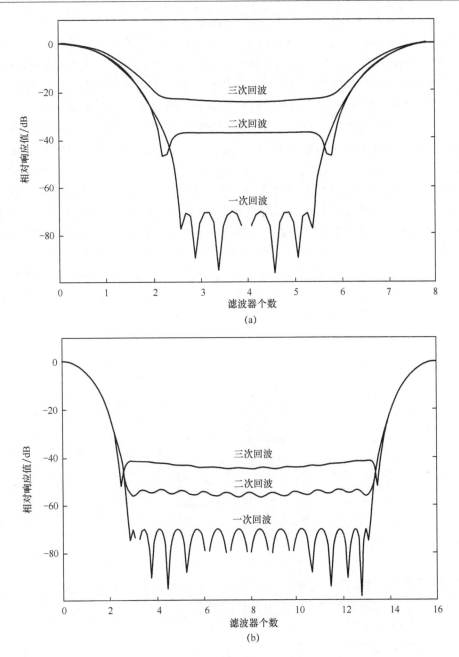

图 1.37 采用 Dolph-chebyshev 加权方式的横向滤波器对距离模糊杂波的响应情况[70]
(a) 8 脉冲滤波器的响应;(b) 16 脉冲滤波器的响应。

1.6.1 杂波图

杂波图的使用使得空间非平稳变化杂波背景下的虚警概率得到有效控制(见 1.5.4 节),是 MTD 处理器的一大革新。如果将其跟常规的单元平均 CFAR 技术进行比较的话,后者在空间平稳杂波背景下的性能还算不错,但若目标单元周围其他单元内的统计特性不均匀,性能就会变得较差[73]。当存在非平稳干扰时,可采用波门分裂技术或非参量检测技术对常规单元平均 CFAR 进行修正以改善其性能,但如果条件适合于采用杂波图 CFAR 技术,效果会比常规单元平均 CFAR 及其衍生技术更好（CFAR 损耗要小得多）。

常规单元平均 CFAR 与杂波图 CFAR 的基本差别在于用以估算背景干扰电平的样本值获取方式以及估算所得背景中的目标提取方法。常规 CFAR 在雷达的单次扫描期间内完成背景估计，所利用的是跟待检单元邻近且统计独立的距离单元（也有可能会用到多普勒单元）内的样本值，但待检单元的样本并不参与估算。在杂波图方法中，需根据雷达的多次扫描结果对待检单元的情况进行分析，并采用多普勒鉴别方法（即 MTD 利用零速滤波器估算杂波平均电平）或目标检测验证方法来消除杂波[74]。杂波图 CFAR 的隐含前提是多次扫描期间可以获得相互独立的杂波采样，对于大多数常规监视雷达来说这一点是很自然的，原因在于它们的天线扫描周期一般都在 5～10s，而由于天线扫描调制所导致的杂波相关时间却是 100～500ms。

杂波图 CFAR 通常采用如图 1.38 所示的一阶递归滤波器对杂波平均电平进行估计，这种滤波器对于每个杂波图分辨单元只需要一个存储单元。由于杂波图分辨单元的数量可能会非常多（ASR－9 雷达的 MTD 就有 65000 个距离—方位分辨单元），因此对于采用滑动窗口平均法的常规 CFAR 来说（比如采用 16 个采样点），所需的存储量将极为巨大。如果采用递归滤波器，将当前采样值的 α 倍（α 为分数，在 MTD 中 $\alpha = 1/8$）与前一次估计值的 $(1-\alpha)$ 倍相加，即可得出当前估计结果。由于每一采样值在估计过程中的作用均按指数率衰减，因此这是一种指数型平滑算法。

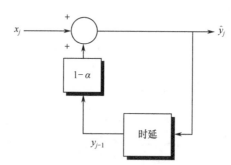

图 1.38　杂波图递归滤波器[36]

杂波图 CFAR 所使用的一阶递归滤波器状态方程如下：

$$\hat{y}_j = (1-\alpha)\hat{y}_{j-1} + \alpha x_j \tag{1.55}$$

式中：$\hat{y}_j$——第 j 次估计的输出结果；

　　　x_j——干扰（含杂波与噪声）的第 j 次采样值；

　　　α——滤波器增益系数。

那么估计结果的期望值为

$$E(\hat{y}_j) = P_c[1-(1-\alpha)^j] \tag{1.56}$$

当 j 较大时，式（1.56）逐渐接近 $E(y) = P_c$。需要注意的是每一个单元内的杂波功率都跟相应的后向散射系数 σ^0 成正比，而在 1.5.4 节给出的空间非平稳杂波模型中 σ^0 是一个随机变量，因而杂波图 CFAR 应基于多个分辨单元对后向散射系数进行估计，从而适用于各向同性的杂波空间分布和各向异性的杂波空间分布。

利用递归滤波器对杂波功率进行估计的方差为

$$\mathrm{var}(\hat{y}_j) = \alpha^2 \sigma_x^2 \frac{[1-(1-\alpha)^{2j}]}{[1-(1-\alpha)^2]} \tag{1.57}$$

式中：σ_x^2 为杂波功率这一随机变量的方差。

当 j 较大时式（1.57）接近于：

$$\text{var}(\hat{y}) = \frac{\alpha \sigma_x^2}{2-\alpha} \tag{1.58}$$

这说明了滤波器的平滑效果，其原因在于方差将按如下因子得到缩减：

$$n' = \frac{2-\alpha}{\alpha} \tag{1.59}$$

式中：n' 为采用单元平均 CFAR 达到同样效果所需的单元数[73]。

当杂波单元内的目标回波幅度远远高于杂波时，利用杂波图 CFAR 可以实现超杂波可见度，从而使 MTD 处理器能够在较弱地杂波或切向气象杂波中检测出较强的切向飞行目标（其径向速度较低），这对于后续数据处理过程中的地面航迹①建立和保持都非常有利。

假设待检测目标为 Swerling I 型起伏目标，背景为未知的瑞利分布杂波，且杂波在雷达单次扫描期间内完全相关，根据以上条件可对图 1.35 所示杂波图 CFAR 的损耗作简单分析[73]。此时，在固定阈值 y_b 下平方律检波器的检测概率为

$$P_{di} = \exp\left[\frac{-y_b}{1+(P_s/P_c)}\right] \tag{1.60}$$

式中：P_s/P_c 为信号杂波功率比。

根据杂波图所得的阈值估计结果为

$$y_b = \frac{C\hat{y}_j}{P_c} \tag{1.61}$$

式中：C——固定阈值的偏移量；

$\hat{y}_j$——递归滤波器给出的杂波功率估计值；

P_c——杂波功率。

于是检测概率可重写为

$$P_{di} = \exp\left[\frac{-C\hat{y}_j}{P_c(1+P_s/P_c)}\right] \tag{1.62}$$

由于式（1.62）为是杂波功率估计结果 y_j 的函数，将其在 y_j 上求数学期望，就可以将所得结果：

$$\bar{P}_{di} = \int_0^\infty \exp\left[\frac{-C\hat{y}_j}{P_c(1+P_s/P_c)}\right] P(\hat{y}) d\hat{y} \tag{1.63}$$

看作是随机变量 $\hat{y}$ 的特征函数

$$M\left(S = \frac{C}{P_c+P_s}\right) \tag{1.64}$$

在其指数项 $S = \dfrac{C}{P_c+P_s}$ 时的函数值。若令 $P_s/P_c = 0$，根据以上关系式可得虚警概率如下：

$$P_{fa} = M\left(S = \frac{C}{P_c}\right) \tag{1.65}$$

根据当前及以往的采样值，图 1.35 的递归滤波器可给出杂波估计结果如下：

$$\hat{y}_j = \alpha \sum_{l=0}^\infty (1-\alpha)^l y_{j-l} \tag{1.66}$$

由于每一个 y 所对应的杂波采样的概率密度为

---

①即飞行器的空中航迹在地面的投影。——译者注

$$p(y) = \frac{\exp(-y/P_c)}{P_c} \tag{1.67}$$

因此，$\hat{y}$ 的特征函数就为

$$M(S) = \prod_{l=0}^{\infty} \frac{1}{\alpha(1+\alpha)^l P_c S} \tag{1.68}$$

将式（1.68）代入检测概率关系式，得

$$\bar{P}_{di} = \prod_{l=0}^{\infty} \left[1 + \frac{C\alpha(1-\alpha)^l}{1+P_s/P_c}\right]^{-1} \tag{1.69}$$

在式（1.69）中令 $P_s/P_c = 0$，于是虚警概率为

$$P_{fa} = \prod_{l=0}^{\infty} \frac{1}{1+C\alpha(1-\alpha)^l} \tag{1.70}$$

首先根据 P_{fa} 的关系式解算出 C，然后将其连同一个适当的 P_s/P_c 值代入 P_d 的关系式求出详细的检测概率，然后就可估算出 CFAR 的损耗值。当不采用 CFAR 时，功率值 γ_k 可由下式获得：

$$\gamma_k = \frac{\ln P_{fa}}{\ln \bar{P}_{di}} - 1 \tag{1.71}$$

于是以分贝形式表示的 CFAR 损耗为

$$L = 10\lg\left(\frac{P_s}{P_c} - \gamma_k\right) \tag{1.72}$$

图 1.39 给出了作为递归滤波器增益系数 α 的函数的 CFAR 损耗曲线，其中的参数设置为 $P_d = 0.9$，$P_{fa} = 10^{-6}$。

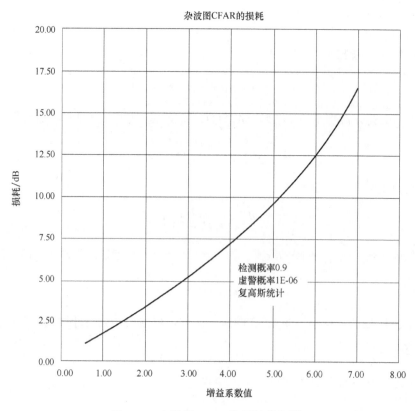

图 1.39 杂波图 CFAR 的损耗曲线[74]

从图 1.39 可以看出，滤波器增益系数 α 较小时的 CFAR 损耗也较小，其原因在于增加 α 就相当于估算杂波功率需要更长的数据窗口；或者反过来说，如图 1.40 所示，增加 α 可以缩短杂波图的稳定时间[73]。因此，需要在降低 CFAR 损耗和杂波图稳定时间两者之间做出权衡，MTD 所用的滤波器增益系数 $\alpha = 0.125$，就是进行权衡之后的折衷。

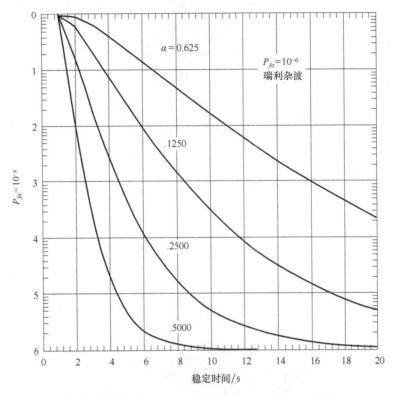

图 1.40 作为滤波器增益函数的杂波图稳定时间[73]

如果面临的是正在变化或正在运动中的瞬变杂波，稳定时间就变得非常重要。对于 MTD 处理器来说，如果雷达覆盖范围内存在快速移动的气象锋面，就会产生较强的零速回波，杂波图必须根据新的情况调整门限值以对这种变化的杂波做出反应。不过在杂波图达到稳定之前还是会有虚警产生，在 MTD 处理器中利用数据处理手段来解决该问题，也就是对零速回波不进行航迹起始操作。

图 1.41 给出的是 MTD 处理器所生成的数字杂波图[39]，其中 MTD 使用了 10 位的存储字以保存动态范围较大的杂波，图中右下角的那片杂波是用来对 MTD 的杂波中可见度进行测试的，如果杂波强度处于接收机的线性动态范围中（A/D 转换器处的测量结果约为 45dB），那么 MTD 的杂波中可见度（在多普勒滤波器通道内）的期望值约为 41dB。为了适应那些超出动态范围的杂波，MTD 会根据杂波强度的测量结果，直接按比例抬高多普勒滤波器通道内的检测门限，这往往会导致那些杂波强度超过多普勒滤波器的杂波中可见度能力的单元被丢弃。图 1.42 给出的就是在不规则的地杂波环境中，那些杂波强度极高的单元被丢弃的情况，此时雷达数据处理器的失跟概率往往较低，这正是随着雷达分辨率的提高，其杂波间可见度也会有所改善的示例。

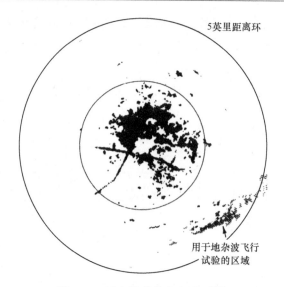

图 1.41 地杂波的数字杂波图[64]

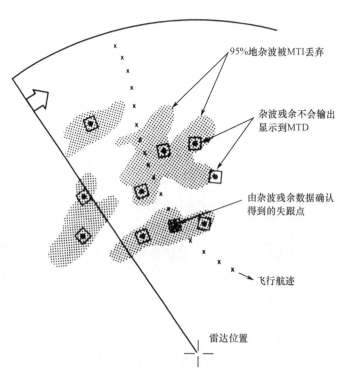

图 1.42 利用 MTD 技术对飞行器进行跟踪[36]

杂波图所用杂波单元的最小维度就是雷达的面分辨单元（即有效脉冲宽度对应的雷达距离与方位波束宽度之积），如果该单元中存在固定目标，由于其回波出现在杂波估算结果之中，因此将被 CFAR 措施抑制。对于慢飞目标来说，如果其回波的多次采样结果都出现在同一杂波单元中，也将部分受到抑制。最小杂波图无关速度就是对这种情况的度量，其定义为杂波图 CFAR 措施产生抑制时所对应的目标最小飞行速度。从距离维来说，该速度为

$$v_{mfr} = \frac{c\tau_e/2}{T_s} \tag{1.73}$$

式中：τ_e——雷达的有效脉冲宽度；

T_s——天线扫描周期。

对于 ASR - 9 雷达（$\tau_e = 1.05\mu s$，$\theta_{az} = 1.3°$，$T_s = 4.8s$）来说，在距离维的最小杂波图无关速度即为 65 节（径向）。

在方位维的相应关系式为

$$v_{mfr} = \frac{\theta R}{T_s} \tag{1.74}$$

式中：θ——方位波束宽度；

R——杂波单元到雷达的距离；

T_s——天线扫描周期。

对于 ASR - 9 雷达来说，在距离 10n mile 处其切向的最小杂波图无关速度为 170 节。

参 考 文 献

[1] Schleher, D. C., (ed.), MTI Radar, Dedham, MA: Artech House, 1978.
[2] Povejsil, D., R. Raven, and P. Waterman, Airborne Radar, New York: D. Van Nostrand, 1961.
[3] Barton, D. K., (ed.), CW and Doppler Radar, Vol. 7 of Radars, Dedham, MA: Artech House, 1978.
[4] Stimson, G., Introduction to Airborne Radar, Hughes Aircraft Company, El Segundo, CA, 1983.
[5] Schleher, D. C., Introduction to Electronic Warfare, Dedham, MA: Artech House, 1986.
[6] Cole, E., et al., "ASR - 12: A Next Generation Solid State Air Traffic Control Radar," Proc. 1998 IEEE Radar Conference, Dallas, TX, May 11 - 14, 1998, pp. 9 - 14.
[7] Olsen, F., "Microwave Solid State Power Amplifier Performance: Present and Future," Microwave Journal, February 1995, pp. 24 - 46.
[8] Brookner, E., Aspects of Modern Radar, Norwood, MA: Artech House, 1988.
[9] Martineau, M., and E. Cole, "Weather Detection Design Issues for a Solid State ASR," Proc. IEEE Int. Radar Conference, Washington, D. C., May 1995, pp. 536 - 541.
[10] Weber, M., "FAA Surveillance Radar Data as a Complement to the WSR - 880 Network," Proc. National Astronomy and Ionosphere Center 9th Conference on Aviation, Range and Aerospace Meteorology, Orlando, FL, September 2000, Paper J1. 10, American Meteorological Society.
[11] Lay, R., "Mission Determines Equality Between Radars," Proc. IEEE Int. Radar Conference, Washington, D. C., May 1995, pp. 5 - 8.
[12] Lain, G., and E. Gersten, "AN/TPS - 59 Overview," Proc. IEEE Int. Radar Conference, Washington, D. C., May 1975, pp. 527 - 532.
[13] Barton, D., "Radar Today," Microwave Journal, Vol. 49, No. 1, January 2005, pp. 24 - 36.
[14] Van Nederveen, G., "EMB - 145SA and RS: Brazil's New Eye in the Sky," Aerospace Power Journal, Winter 2000, pp. 87 - 89.
[15] Nordwell, B., "Sweden Develops New Radar Computer for Gripen and Airborne Early Warning," Aviation Week, July 2, 1990.
[16] Kronhamn, T., "AEW Performance Improvements with the Erieye Phased Array Radar," Proc. IEEE National Radar Conference, Boston, MA, May 1993, pp. 34 - 39.
[17] Hendrix, R., Aerospace System Improvements Enabled by Modern Phased Array Radar, Northrop Grumman, October 2002, pp. 1 - 17.
[18] Skolnik, M., Introduction to Radar Systems, 3rd ed., New York: McGraw - Hill, 2001.
[19] Schrank, H., "Low Sidelobe Phased Array Antennas," IEEE Antenna and Propagation Society Newsletter, April 1983, pp. 5 - 9.
[20] E - 3 Sentry AWACS, http://globalsecurity.org/military/systems/aircraft/e - 3. htm.
[21] ap Rhys, T., and G. Andrews, "AEW Radar Antennas," AGARD Conference Preprint No. 139, Antennas for Avionics, 1974; also in D. C. Schleher, (ed.), MTI Radar, Dedham, MA: Artech House, 1978.
[22] Stimson, G., Introduction to Airborne Radar, 2nd ed., Mendham, NJ: SciTech, 1998.

[23] Dernery, A., "ERIEYE: An Airborne Active Phased Array Antenna," Cost 260 Management Committee and Working Group Meeting, Gothenburg, Sweden, May 2–5, 2001.

[24] Heed, M., "The Erieye Phased Array Antenna—From a Systems Viewpoint," Proc. 2000 Conference on Phased Array Systems and Technology, Dana Point, CA, May 2000, pp. 391–395.

[25] Lt. Col. Chiou, "Vulnerability of E-2C to Standoff Jamming," Master's Thesis, Naval Postgraduate School, Monterey, CA, September 1995.

[26] Fiszer, M., and J. Gruszczynski, "Russia's Roving SAMs," Journal of Electronic Defense, July 2002, pp. 47–56.

[27] http://enemyforces.com/missiles/tor.htm.

[28] http://globalsecurity.org/military/worlds/russia/sa-15.htm.

[29] http://greekmilitary.net/airdefence.htm.

[30] Webster, R., "An Exact Trajectory Solution from Doppler Shift Measurements," IEEE Trans. on Aerospace and Electronic Systems, Vol. AES-14, No. 5, March 1982, pp. 249–252.

[31] Skolnik, M., (ed.), "MTI Radar" and "Airborne MTI," Chapters 17 and 18 in Radar Handbook, 1st ed., New York: McGraw-Hill, 1970.

[32] Rihaczek, A., Principles of High Resolution Radar, Norwood, MA: Artech House, 1996.

[33] Barton, D. K., (ed.), Radar Resolution and Multipath Effects, Vol. 4 in Radars, Dedham, MA: Artech House, 1975.

[34] Skolnik, M. I., Introduction to Radar Systems, 1st ed., New York: McGraw-Hill, 1962.

[35] Hansen, V. G., "Signal Processing Applications to Radar," Electronic Progress, Vol. 28, No. 1, 1987.

[36] Schleher, D. C., MTI and Pulsed Doppler Radar, Norwood, MA: Artech House, 1991.

[37] Schleher, D. C., "MTI Detection Performance in Rayleigh and Log-Normal Clutter," Proc. IEEE Int. Radar Conference, Washington, D.C., April 1980, pp. 299–304.

[38] Haykin, S., "Radar Signal Processing," IEEE ASSP Magazine, April 1985.

[39] Cartledge, L., and R. O'Donnell, Description and Performance Evaluation of the Moving Target Detector, Report FAA-RD-76-191, MIT Lincoln Laboratory, Lexington, MA, April 1977.

[40] Skolnik, M., (ed.), "Pulsed Doppler Radar," Chapter 19 in Radar Handbook, 2nd ed., New York: McGraw-Hill, 1990.

[41] Andrews, G., Optimal Radar Doppler Processors, Report 7727, Naval Research Laboratory, May 1974.

[42] Nathanson, F., Radar Design Principles, 2nd ed., Mendham, NJ: SciTech, 1999.

[43] Kerr, D., Propagation of Short Radio Waves, New York: McGraw-Hill, 1951.

[44] Long, M. W., Radar Reflectivity of Land and Sea, Dedham, MA: Artech House, 1983.

[45] D. K. Barton, (ed.), Radar Clutter, Vol. 5 of Radars, Dedham, MA: Artech House, 1975.

[46] Cosgriff, R., W. Peake, and R. Taylor, Terrain Scattering Properties for Sensor Design, Terrain Handbook, Ohio State University, 1960; also in D. Barton, (ed.), Radars, Vol. 5, Radar Clutter, Dedham, MA: Artech House, 1977.

[47] Barton, D. K., "Land Clutter Models for Radar Design and Analysis," Proc. IEEE, Vol. 73, No. 2, February 1985, pp. 198–204.

[48] Barton, D., and W. Barton, Modern Radar System Analysis Software, Version 2.0, Norwood, MA: Artech House, 1993.

[49] Fishbein, W., S. Graveline, and O. Rittenback, Clutter Attenuation Analysis, Technical Report ECOM 2808, U.S. Army Electronics Command, Ft. Monmouth, NJ, March 1967; also in D. C. Schleher, (ed.), MTI Radar, Dedham, MA: Artech House, 1978.

[50] Billingsley, J., and J. Larrabee, Measured Spectral Extent of L- and X-Band Radar Reflections from Wind-Blown Trees, Report CMT-57, MIT Lincoln Laboratory, Lexington, MA, February 1987.

[51] Billingsley, J., Exponential Decay in Wind Blown Radar Ground Clutter Spectra: Multifunction Measurements and Model, Technical Report 997, MIT Lincoln Laboratory, Lexington, MA, July 29, 1996.

[52] Papoulis, A., Probabilities, Random Variables and Stochastic Processes, New York: McGraw-Hill, 1965.

[53] Boothe, R., The Weibull Distribution Applied to the Backscatter Coefficient, Report RE-TR-69-15, U.S. Army Missile Command, Redstone Arsenal, AL, June 1969; also in D. C. Schleher, (ed.), Automatic Detection and Radar Data Processing, Dedham, MA: Artech House, 1980.

[54] Mitchell, R., "Importance Sampling Applied to Simulation of False Alarm Statistics," IEEE Trans. on Aerospace and Electronic

Systems, Vol. AES-17, No. 1, January 1981, pp. 13-24.

[55] Schleher, D. C., (ed.), Automatic Detection and Radar Data Processing, Dedham, MA: Artech House, 1980.

[56] Trunk, G., Non-Rayleigh Sea Clutter: Properties and Detection of Targets, Rep. 7986, Naval Research Laboratory, June 1976.

[57] Schleher, D. C., "Radar Detection in Log-Normal Clutter," Proc. IEEE Int. Radar Conference, Washington, D. C., April 1975, pp. 262-264; also in D. C. Schleher, (ed.), Automatic Detection and Radar Data Processing, Dedham, MA: Artech House, Dedham, MA, 1980.

[58] Schleher, D. C., "Radar Detection in Weibull Clutter," IEEE Trans. on Aerospace and Electronic Systems, Vol. AES-12, No. 6, November 1976, pp. 736-743; also in D. C. Schleher, (ed.), Automatic Detection and Radar Data Processing, Dedham, MA: Artech House, 1980.

[59] Schleher, D. C., "Harbor Surveillance Radar Detection Performance," IEEE J. of Oceanic Engineering, Vol. OE-2, No. 4, October 1977, pp. 318-321; also in D. C. Schleher, (ed.), Automatic Detection and Radar Data Processing, Dedham, MA: Artech House, 1980.

[60] Swerling, P., "Probability of Detection for Fluctuating Targets," IRE Trans. on Information Theory, Vol. IT-6, April 1960, pp. 269-308.

[61] DiFranco, J., and W. Rubin, Radar Detection, Dedham, MA: Artech House, 1980.

[62] Ward, K., and S. Watts, "Radar Sea Clutter," Microwave J., Vol. 28, No. 6, June 1985, pp. 109-121.

[63] Watts, S., "Radar Detection Prediction in Sea Clutter using the Compound K-Distribution Model," Proc. IEE, Vol. 132, Part F, No. 7, December 1985, pp. 613-620.

[64] Cartledge, L., and R. O'Donnell, Description and Performance Evaluation of the Moving Target Detector, Report FAA-RD-76-190, MIT Lincoln Laboratory, Lexington, MA, March 1977.

[65] Schleher, D. C., "Performance Comparison of MTI and Coherent Doppler Processors," Proc. IEE Int. Radar Conference, London, November, 1982, pp. 154-158.

[66] Taylor, J., "Sacrifices in Radar Clutter Suppression Due to Compromises in Implementation of Digital Doppler Filters," Proc. IEE Int. Radar Conference, London, October 1982, pp. 46-50.

[67] O'Donnell, R., and C. Muehe, "Automated Tracking for Aircraft Surveillance Radar Systems," IEEE Trans. on Aerospace and Electronic Systems, Vol. AES-15, No. 4, July 1979, pp. 508-517.

[68] Taylor, J., E. D'Addio, and G. Galati, "Effects of Finite Word Length on FIR Filters for MTD Processing," Proc. IEE, Vol. 130, Part F, No. 6, October 1983.

[69] Barton, D. K., Radar System Analysis, Norwood, MA: Artech House, 1988.

[70] Ward, H., "The Effect of Bandpass Limiting on Noise with a Gaussian Spectrum," Proc. IEEE, Vol. 57, No. 11, November 1969, pp. 2089-2090c.

[71] Taylor, J., and G. Druning, "Design of New Airport Surveillance Radar (ASR-9)," Proc. IEEE, Vol. 73, February 1985, pp. 284-289.

[72] Cole, E., et al., "Novel Accuracy Algorithms for the Third Generation MTD," Proc. IEEERadar Conference, 1986, pp. 44-47.

[73] Khoury, E., and J. Hoyle, "Clutter Maps Design and Performance," Proc. National Radar Conference, Atlanta, March 1984, pp. 1-7.

[74] Nitzberg, R., "Clutter Map CFAR Analysis," IEEE Trans. on Aerospace and Electronic Systems, Vol. AES-22, No. 4, July 1986, pp. 419-421.

[75] Blake, B., ed., "Janes Radar and Electronic Warfare 1989-1990," Janes Information Group, Surrey, U. K., p. 65.

[76] http://www.radartutorial.eu/19karteil/pic/img2031.jpg.

[77] http://www.radomes.org.

[78] http://www.defenseindustrydaily.com/images/ELEC.AN-TPS-59_Mobile_TRAD_Radar_USMC_jg.jpg.

[79] http://www.ausairpower.net.

第 2 章 多普勒雷达波形设计与滤波

第 1 章论述的是最佳多普勒滤波器设计理论，以检测具有多普勒频移的相参脉冲串。当没有目标回波多普勒频移的任何先验知识时，采用 MTI 是合适的，但若假设目标回波的多普勒频移精确已知，采用脉冲多普勒方式则是最佳选择，而实际 PD 雷达的设计，正是通过恰当数量的点优化、复加权、线性的横向滤波器对目标回波可能出现的所有多普勒频移区间进行覆盖而实现的。尽管多普勒滤波器的结构必须根据期望目标的速度（或多普勒频移）特性进行设计，但其详细参数却取决于杂波的功率谱密度特性，并由此取决于雷达的波形设计。

进行多普勒雷达波形设计的首要考虑因素，就是所选择波形的距离模糊和多普勒模糊情况，采用雷达模糊函数是将该情况进行可视化的方法之一。对于一个包含大量脉冲的相参脉冲串，图 2.1 给出了其理想模糊函数的图形。注意图中距离模糊发生在脉冲重复间隔 $T = 1/f_r$ 的整数倍处（其中 f_r 为雷达 PRF）；多普勒（或速度）模糊发生在 $v_1 = \lambda f_r/2$ 处（其中 λ 为雷达的工作波长），也跟 PRF 有关。由于雷达的脉冲重复频率决定着距离模糊和多普勒模糊的情况，因此，f_r 就成为多普勒雷达波形设计的一个关键参数。

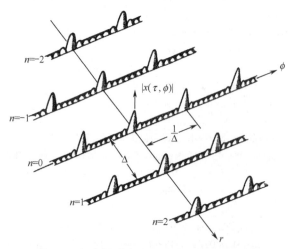

图 2.1 相参脉冲串的理想模糊函数图形[1]

将不模糊距离和不模糊速度的要求相结合，即可得出

$$R_u v_u = \frac{2.3565 \times 10^4}{f_{\text{GHz}}} \tag{2.1}$$

式中：R_u——以 n mile 为量纲的不模糊距离；

v_u——以节为量纲的不模糊速度，而雷达工作频率的量纲是 GHz。

式（2.1）说明，如果要求距离与速度均不模糊，雷达的工作频率就应该比较低。

雷达模糊函数给出的是点散射体的回波通过匹配滤波器后的响应情况，其距离分布和多普勒分布均以该目标为中心。首先考虑固定部署雷达的情况，此时地杂波会在其作用距离范围内随机出现，而且都集中在零多普勒线附近。把雷达模糊函数与目标和杂波叠放在一起，就会发现整个距离维上都存在杂波,若目标与杂波的速度不同,可以通过适当的滤波措施从多普勒维中将目标分离出来。如果要求目标的距离测量结果不模糊,那么模糊函数距离维响应的重复间隔就应该大于雷达的最大作用距离,因此,采用低重频波形对于工作在地杂波背景下的固定部署 MTI 雷达是合适的。需要注意的是,若目标的多普勒频移比雷达的重频高,虽然一般也可以通过多普勒滤波提取出目标的速度,但这个速度却是模糊的。当目标的多普勒频移恰好是 PRF 的整数倍时,多普勒滤波就无法提取出目标了,这就是低重频雷达中所谓的盲速问题,此时只有采用重频抖动或重频参差等措施才能检测到目标。

接下来考虑工作在地杂波背景下的机载雷达情况。飞行器的运动导致杂波回波具有了多普勒频移(其具体值取决于飞行器与特定散射体之间的相对接近速度),杂波强度则由雷达天线在散射体方向的双程方向图所决定,因此,事实上杂波频谱将展宽到飞行器速度所对应的整个多普勒频率范围之内 ($f_d = \pm 2v_r/\lambda$)。如果雷达采用的是多普勒频率模糊的低重频工作模式,那么副瓣杂波往往会跟目标回波出现在同一多普勒频率区域内。由此可知,相对于雷达天线主瓣的峰值响应,机载低重频雷达的改善因子一般不会超过天线副瓣双程方向图的幅度。

为克服这一难题,可将 PRF 增大到比 $f_d = 2v_{ac}/\lambda$ 与目标最大多普勒频移之和还高,即

$$\text{PRF} > \frac{2(v_{ac} + v_{tar})}{\lambda} \tag{2.2}$$

于是目标的多普勒响应不再模糊,从而通过适当的多普勒滤波措施可将作接近飞行的目标从杂波中分离出来,这种波形设计的结果就是适用于机载 PD 雷达的高重频工作模式。需要注意的是,这种雷达在距离维是高度模糊的,若要解模糊必须对 PRF 进行编码。

然而,高重频雷达和低重频雷达的另一个重大差异还会影响到杂波强度。对于低重频雷达来说,只有跟目标处于同一个距离分辨单元内的杂波才会影响目标检测;但对于高重频雷达来说,来自较近模糊距离的杂波也会对距离分辨单元内的目标检测产生影响。由于这些杂波的强度远高于目标回波,所以高重频雷达为获得跟低重频雷达同等的检测性能,必须具有高得多的改善因子。这一效应带来的另一后果就是高重频雷达对于尾随式飞行目标的检测性能受限,原因在于这类目标的回波会受到距离模糊的副瓣杂波的影响。

例 4 高重频雷达主瓣杂波的放大系数

由于雷达附近存在距离模糊的杂波,因此,高重频雷达主瓣杂波的幅度要比低重频雷达的高,图 EX-4.1 给出的就是这种情况。

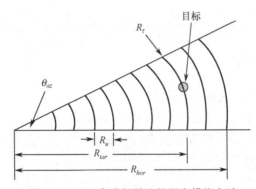

图 EX-4.1 高重频雷达的距离模糊杂波

低重频雷达杂波的 RCS 为

$$\sigma_{LPRF} = \sigma^0 \theta_{az} R_{tar} R_\tau \sec \Psi$$

式中

σ^0 ——杂波的后向散射系数；

θ_{az} ——方位波束宽度，rad；

R_{tar} ——目标到雷达的距离；

R_τ ——有效脉冲宽度所对应的距离；

Ψ ——相对于目标的掠射角。

雷达对于杂波的视线距离（单位为 m）为

$$R_{hor} = 4124\sqrt{h_{ant}}$$

式中：h_{ant} 为以 m 为单位的天线高度。

那么在雷达视距范围内的杂波模糊单元数（正整数）为

$$n = \text{floor}\left(\frac{R_{hor}}{R_u}\right)$$

其中，$R_u = \dfrac{c \cdot \text{PRF}}{2}$，即模糊距离。

另外，目标与雷达间的杂波模糊单元数（正整数）为

$$n_x = \text{floor}\left(\frac{R_{tar} - h_{ant}}{R_u}\right)$$

对等于或小于目标距离的距离模糊杂波单元的相对强度按因子 $[R_{tar}/(R_{tar} - iR_u)]^4$ 进行修正（其中 $i = 0,1,2,\cdots,n_x$），而对目标及雷达视距之间的距离模糊杂波单元的相对强度则按因子 $[R_{tar}/(R_{tar} + iR_u)]^4$ 进行调整（其中，$i = 1,2,\cdots,n - n_x$），于是可得高重频雷达杂波的 RCS 为

$$\sigma_{HPRF} = \sigma_{LPRF}\left[\left(\frac{R_{tar}}{R_{tar} + (n - n_x)R_u}\right)^3 + \cdots + 1 + \left(\frac{R_{tar}}{R_{tar} - R_u}\right)^3 + \cdots + \left(\frac{R_{tar}}{R_{tar} - n_xR_u}\right)^3\right]$$

一般情况下可将上式做如下近似：

$$\sigma_{HPRF} = \sigma_{LPRF}\left[\left(\frac{R_{tar}}{R_{tar} - n_xR_u}\right)^3\right]$$

该式中位于方括号之内的就是表达高重频雷达与低重频雷达之间杂波 RCS 相互关系的放大系数。

可用高斯型的天线俯仰方向图来展示一下不同距离模糊杂波单元的情况，其双程功率增益如下：

$$F(\phi) = \exp\left[-5.55\left(\frac{\phi_{el} - \phi_{clut}}{\phi_{elbw}}\right)^2\right]$$

式中：ϕ_{el} ——目标的俯仰角；

ϕ_{clut} ——杂波的俯仰角；

ϕ_{elbw} ——俯仰方向图的单程 3dB 波束宽度。

利用 MATLAB 程序 high_prf_clutc.m 来分别计算是否考虑俯仰方向图情况下杂波 RCS 的放大系数（前者对应 CMag_dB，后者对应 BMag_dB）。另外，该程序还以目标处于不模糊距离区段 R_u 内的位置为变量绘制出高重频雷达的杂波放大系数，中重频雷达可利用这一效应发射多种重频模式来寻找无杂波区，从而在无杂波区中进行目标检测。该程序还可分别给出以 m^2 和 dBsm 为单位的杂波等效 RCS。

针对某假想高重频雷达的 MATLAB 程序参数输入对话框如图 EX - 4.2 所示，只需改写框内参数的数值即可计算和绘制不同情况下的结果。图 EX - 4.3 给出的是目标位于不模糊距离区段 R_u 内不同位置时放大系数的变化情况。程序的输出结果如下：

BMag_dB = 48.1506
CMag_dB = 41.0334
RCS_clut_sm = 1.7271e + 006
RCS_clut_dBsm = 62.3731

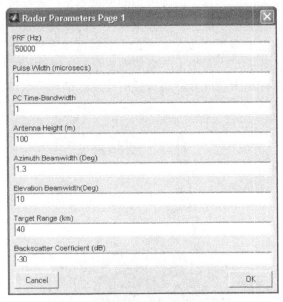

图 EX-4.2 高重频雷达的参数输入对话框

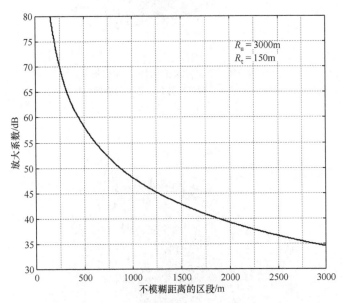

图 EX-4.3 不模糊距离区段内的杂波放大系数

需要注意的是,对于高重频雷达来说,杂波放大系数越大,所需的改善因子也就越大,从而对雷达发射机和稳定本振(STALO)的稳定度提出了更高的要求。

机载雷达的折衷选择是距离与速度均模糊的中重频波形,其对迎头目标的探测性能稍弱于高重频雷达,而对尾随目标的探测性能稍弱于低重频雷达。因此,如果要求雷达具备全向探测能力,且高重频状态下的后向探测能力和低重频状态下的前向探测能力都不满足要求时,中重频就成为最佳选择。正如在第 7 章中将会介绍到的脉冲多普勒系统，这就提出了大多数现代机载截击雷达常用的多工作模式设计需求。

中重频模式非常适用于机载雷达在强地杂波背景中下视搜索后向目标的场合。如图 2.2 所示，高重频模式下这些目标回波出现在距离—多普勒曲面中的副瓣杂波区域，相比于对径向速度较大的临近飞行目标具有较高灵敏度的噪限区域来说，在该区域内的任一多普勒滤波器所接收到的既有目标回波也有杂波，由于高重频模式的距离高度模糊特性，导致近程杂波相互叠加，从而使本已较强的副瓣杂波在图 2.2 中变得更加明显。图 2.2 中还给出了中重频模式下的距离—多普勒曲面，可以看出由于模糊距离变大，使得副瓣杂波的幅度也有所降低，不过此时目标回波往往要跟出现在所有距离和径向速度上的副瓣杂波进行抗争，于是又提出了低副瓣天线的设计需求。

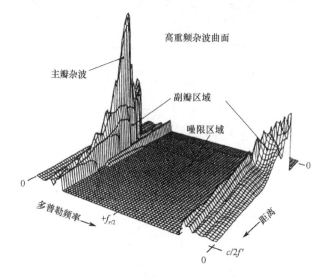

高重频雷达信号对于高速接近的目标具有较高的灵敏度。
这张距离–多普勒图中说明了噪声受限的特性，地面回波不与该目标抗争。

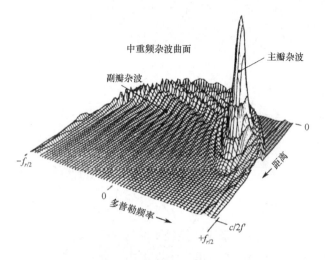

中重频雷达信号在所有范围都受限于副瓣杂波，但是通过对天线认真的设计可以将这种现实减小至让人满意的程度。中重频是高重频和低重频信号很好的折衷。

图 2.2　高、中重频机载雷达的距离—多普勒杂波曲面[2]

对于探测低飞目标的陆基或海基雷达来说,由于其面临的地杂波极强,而且还要对抗气象杂波和箔条干扰,因而中重频或高重频模式极为有用。但若采用低重频模式的话,由于气象杂波或箔条回波往往会折叠到第一多普勒谱线之内的区域,从而会遮盖原始目标回波以及折叠过来的目标回波。

2.1 重频类型的定义[3]

前文提到了根据脉冲重复频率对多普勒雷达的工作模式进行分类的需要,而将其分为低重频、中重频以及高重频三种模式已广为业界所接受,尤其在机载雷达领域更是如此,目前广泛接受的定义如下[3]。

(1) 在低重频模式下,所设计的雷达最大作用距离不超过一次距离区,若以 n mile 为单位的话,该距离区大约是 $R_u = 80/f_r$(其中,f_r 为脉冲重频,单位为 kHz)。如果超过该区域后没有目标回波,则距离是不模糊的。

(2) 在高重频模式下,所有重要目标的多普勒频率观测结果均是不模糊的,但距离往往高度模糊。

(3) 在中重频模式下,距离和多普勒频率都是模糊的。

当目标回波的多普勒频率同脉冲重复频率成整数倍关系时($f_{d\,blind} = nf_r$, $n = 1,2,\cdots$),就会产生盲速:

$$v_{d\,blind} = \frac{n\lambda f_r}{2} \tag{2.3}$$

而不模糊距离为

$$R_u = \frac{c}{2f_r} \tag{2.4}$$

根据这些公式,即可绘制出不模糊速度(或第一盲速)跟不模糊距离和脉冲重频的对应曲线,如图 2.3 所示。

考虑如下示例:设某固定部署 S 频段(3GHz)空中监视雷达的作用距离为 50n mile,可探测目标的径向速度范围为 ±300 节。根据图 2.3 可知:若将该雷达的第一盲速设置为 330 节,那么重频就应是 3100Hz 左右,所对应的最大不模糊距离约为 26n mile;若把重频改为 1600Hz,那么不模糊距离就会达到 50n mile,但第一盲速将会降低至 155 节。因此对于本例给定的工作频率,是不可能同时达到所要求的不模糊距离和不模糊速度的。不过若是将雷达发射频率降到 L 频段(1GHz),就有可能同时满足距离和速度均不模糊的要求了。

在上述监视雷达的例子中,对于 S 频段的雷达来说,1600Hz 是低重频,3100Hz 就是中重频;但对于 L 频段的雷达来说,虽然 1600Hz 的重频就可实现速度不模糊,但往往还是将其归类到低重频模式。一般情况下,对雷达重频模式的分类并不是严格依照其具体数值,而更强调的是雷达工作频率、雷达对目标与杂波的最大期望作用距离以及目标与杂波跟雷达之间的相对速度等因素。

对于搭载在高性能飞行器上的雷达,往往要求其具备多种重频模式以实现不同的功能。比如某 X 频段的多功能雷达,其低重频模式为 250~4000Hz,中重频模式为 10~20kHz,而高重频模式则为 100~300kHz[3],在雷达对其覆盖空域进行扫描期间,将会交错使用这三种重频模式。

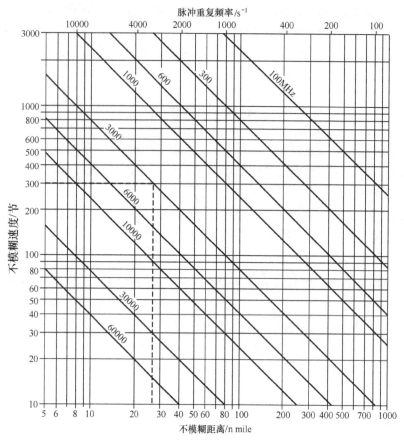

图 2.3　载频 100～60000MHz 的情况下，不模糊速度与不模糊距离的对应曲线[4]

2.2　信号处理与系统比较

由于相关因素众多且复杂，因此选择任何一种重频模式都有其优势和不足。所选波形的距离与速度模糊程度往往决定着雷达对目标回波与杂波的响应情况，而这又会对雷达的信号处理设计造成影响，从而最终影响到雷达的综合性能。

2.2.1　低重频雷达

考虑一部机载低重频雷达，当其天线指向沿着地面航迹时，地杂波的多普勒功率谱密度如图 2.4 所示[5]。由于该模式下速度往往是模糊的，因此，目标回波和杂波都会折叠到参考多普勒频率①与第一盲速之间的区域。采用多普勒梳状滤波器的目的就是在消除所有杂波的同时尽可能保留该区域内目标回波的完整信息。

如果混叠到该区域的杂波和目标回波数量增多，则它们可能会相互叠加，从而导致问题变得更加难以解决。需要注意的是，由于飞行器自身的运动，可能会把副瓣杂波转换到滤波器的通带之内，导致无法利用多普勒滤波措施将其消除。当天线主瓣沿地面航迹照射杂波散射体时，由于天线扫描产生的调制效应，将使主瓣内的杂波频谱有所展宽。

---

① 参考多普勒频率指的是天线方向图主瓣峰值的空间指向所对应的地物回波的多普勒频率。

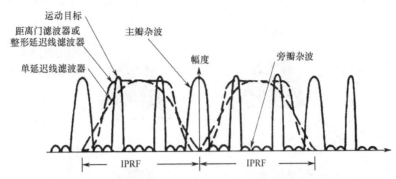

图 2.4　天线指向沿着地面航迹时的 MTI 滤波器响应与杂波谱[5]

当天线指向偏离地面航迹时,地杂波的多普勒功率谱密度如图 2.5 所示,由于不同的杂波散射体相对于目标的径向速度存在差异,由此产生了不同的多普勒频率响应,从而决定了主瓣内杂波频谱的宽度,特别是当给定飞行器的地面航迹速度 v_{ac}(单位为 m/s),天线相对于地面航迹的指向角 θ,以及天线的方位维孔径宽度 D_{az}(单位为 m)之后,主瓣的有效宽度即为 $\sigma_p = kv_{ac}\sin(\theta/D_{az})$[5]。需要注意的是,对于高性能飞行器来说,可用于进行目标探测的多普勒区域是严格受限的。

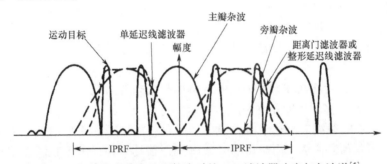

图 2.5　天线指向偏离地面航迹时的 MTI 滤波器响应与杂波谱[5]

低重频模式下的多普勒频率可能是重频的很多倍,于是在不超过重频值的频率范围内,目标就有可能会出现在任何一点处,因此目标在任意时刻点落入盲速区的概率,就大致等于抑制凹口宽度与重频的比值。

图 2.6 是机载低重频雷达的两种应用情况,其多普勒清晰区与盲区的比值相等。第一种是典型的机载预警雷达(比如 E-2C)的情况,载机的飞行速度不高,且机身上方的旋转天线罩内可安装一部较大的雷达。对于如图 2.6 所示的情况(即 v_{ac} = 300 节,θ = 90°,D_{az} = 20 英尺)①,尽管 PRF 已经低至 200Hz,其多普勒清晰区至少跟盲速区一样宽。机载低重频预警雷达的典型工作频率为 UHF 频段(420~450MHz)或 L 频段(1215~1400MHz),当重频为 200Hz 时,前者的第一盲速为 135 节,后者则为 45 节。

图 2.6 中的第二种情况是机载截击雷达,其天线尺寸有限,且载机速度可能会很高。此时若想采用低重频模式,就必须对雷达的方位视角加以限制(图中示例为 ±30°),或是采用尽可能高的重频。这种雷达的典型工作频率为 X 频段(8.5~10.7GHz)或 Ku 频段(15.7~17.7GHz),当重频为 4000Hz 时,前者的第一盲速为 117 节,后者则为 71 节。

机载低重频雷达的距离不模糊特性,使其具备了以下优点:

---

① 由于此时雷达处于侧视状态,可认为是最为不利的情况。——译者注

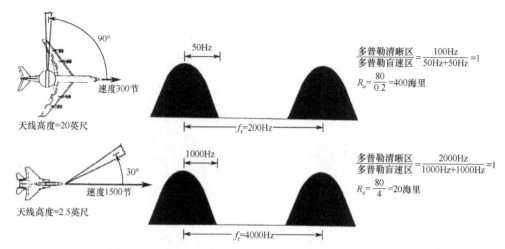

图 2.6 机载低重频雷达在两种应用情况中的地杂波谱[3]

(1) 能够对目标距离进行直接测量；

(2) 可根据距离信息进行灵敏度时间控制（STC）以均衡回波幅度，从而降低接收机的整体动态范围；

(3) 可将距离波门调整到只存在目标的距离分辨单元中，从而使杂波的摄入量降至最低。

机载低重频雷达的不足则有：

(1) 下视情况下的较强目标回波可能会跟主瓣杂波一起受到抑制，因此该类雷达的下视性能较差；

(2) 多普勒模糊程度往往非常严重，并且解决起来非常困难；

(3) 难以区分地面移动目标和空中运动目标。

这些不足往往在机载截击雷达中体现得更加严重，从而不得不采用其他工作模式。低重频模式最适用于机载预警雷达，而对陆基（或海基）雷达来说，由于它们不像机载截击雷达那样面临严重的下视杂波，因此也非常适合。

图 2.7 给出的是典型的相参低重频雷达的数字信号处理框图。接收机的输出被馈送到同步检波器，从而生成同相和正交的视频信号，其中提供给检波器的基准信号频率可将主瓣杂波的中心谱线移至零频处。模数变换器以跟发射脉冲宽度相匹配的时间间隔对视频信号进行采样，所得到的输出就是代表来自相继距离单元中回波的同相和正交分量的数据流，这些数据按距离增量依次保存在不同的距离单元中。

在同相通道和正交通道中各用一个梳状的杂波对消器以抑制主瓣杂波，其输出往往还要送入多普勒滤波器组中进行积累，以进一步消除对消器的主瓣杂波残留，同时也降低噪声以及同时进入的副瓣杂波的影响，从而有利于目标检测。在每个滤波器完成积累之后，对其输出的幅度进行检测。如果积累时间小于雷达波束照射在目标上的时间，可能还需要进行检波后积累（PDI）。根据预设值建立一个门限检测器，该值应比感兴趣单元两边几个单元内相应滤波器输出结果的平均值要高一些，从而既能对虚警概率有所控制，又能对目标检测提供足够的灵敏度。由于雷达天线的视角一直处于变化之中，为跟上地杂波谱中心谱线的变动，必须用一个频率偏移量对同步检波器的参考频率进行调整，该工作通常根据天线的已知视角以及相关的导航数据即可粗略完成，但如果需要精确跟踪，就需要采用杂波谱跟踪伺服系统对参考频率进行调整，以保证主瓣杂波集中在对消器的抑制凹口内。

图 2.8 所示的单通道低重频信号处理器可用于老式雷达或不太复杂的现代雷达中，这种

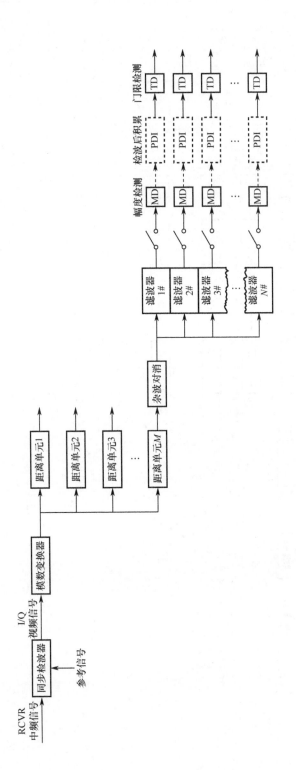

图2.7 采用多普勒滤波措施的低重频雷达信号处理器框图[3]

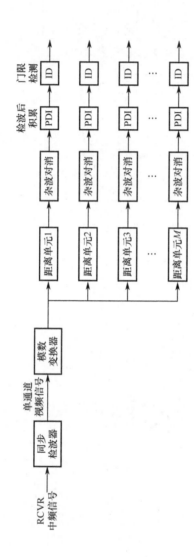

图2.8 单通道低重频雷达信号处理器[3]

处理器只利用了同步检波器中的同相通道信息,导致信号能量平均损失3dB,并且还会产生盲相问题(即多普勒相位导致输出为零的情况)。由于该处理器去掉了正交通道的多普勒滤波器和幅度检波器,使得硬件设计大大简化。

2.2.2 高重频雷达

图2.9给出的是机载高重频雷达的典型功率谱密度。所有来自主瓣及副瓣的地杂波多普勒回波均位于如下的区域内:

$$f_d = \pm \frac{2v_r}{\lambda} \quad (2.5)$$

式中:v_r为雷达载机的飞行速度。

副瓣杂波的中心谱线频带与该频带的第一次重复范围之间不存在杂波,这一区域就称为无杂波区,出现在该区域内朝向机载雷达飞行的迎头目标速度要高于雷达的地面速率[①],于是就可采用匹配滤波器对噪声背景中的信号进行检测。从战术应用的角度来说,对这些接近飞行的目标总是希望能够有较远的探测距离。

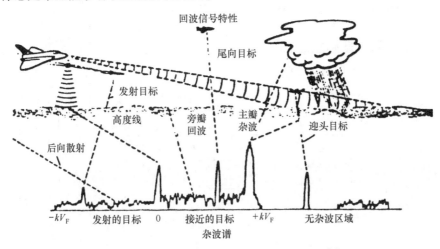

图2.9 高重频雷达的杂波谱和目标回波谱[6]

PRF的增加使得高重频雷达能够最大限度地利用发射机的平均发射功率,这进一步增强了对接近飞行目标的检测能力。X频段机载雷达的典型重频为100~300kHz,其占空比可达50%。对于低重频雷达来说,由于受发射机峰值功率的限制,要想达到同样的平均功率,就必须增加脉冲宽度,并且为满足所需的距离精度要求,还应采用较大的脉冲压缩比。

高重频雷达的主要不足之处在于,副瓣杂波和背瓣杂波会影响雷达对来自尾向且速度较低的(接近或远离飞行)目标的探测性能,从图2.9可以看出,目标回波必须同这些在频域与之相互重叠的杂波相抗争。对于现代高性能机载雷达常用的高重频值来说,由于距离的高度模糊性,使得所有距离上的副瓣杂波都折叠到雷达连续发射信号的周期之间所对应的距离间隔内,因此只能在频域考虑如何抑制副瓣杂波。由于跟目标回波一起进入同一频率分辨单元的大部分副瓣杂波都来自近程,导致杂波强度极高,所以除非目标距雷达非常近或是其RCS极大,否则就会淹没在杂波之中。

高重频雷达的另一个不足之处在于必须对距离解模糊才能获得目标的准确距离信息,这

---
① 即雷达的载机相对于地面的水平飞行速度。——译者注

可通过改变雷达重频或是采用频率调制波形来实现,但无论是哪种情况,都会因解模糊所带来的损耗而导致雷达的综合探测距离比根据功率孔径积计算的结果要小。由于对距离的测量影响了雷达的探测距离,在有最大作用距离要求的场合,可能就要采用不进行距离测量的某种特殊的速度搜索工作模式。

由于雷达发射信号期间接收机无法接收回波信号,如果高重频雷达的占空比很高,就会造成严重的遮蔽损耗。采用改变重频或是多重距离波门等措施或许可以缓解这一问题,但重频的改变又会导致无杂波区探测距离的降低。

图 2.10 是典型机载雷达的模拟信号处理器框图。接收机的输出首先被送入一个带通滤波器,由于只有中心频带的信号才能通过,因此其输出被变换为连续信号,后续处理过程就跟连续波雷达是一样的了。这些输出再送入一个滤波器以滤除包含发射机泄漏及高度线杂波①等零多普勒频率信号,与此同时,那些接近速度为零的任何目标回波也不可避免地被抑制了。

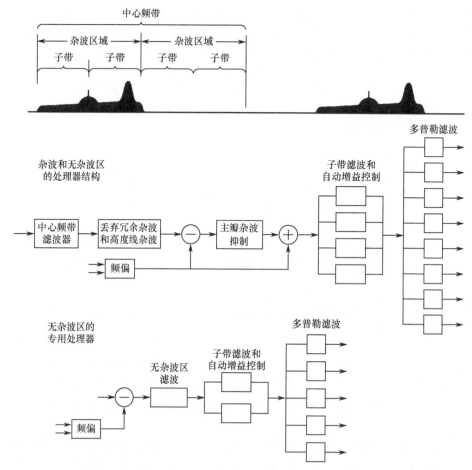

图 2.10 交替使用高、中重频以及仅使用高重频的信号处理器[3]

随后对整个多普勒回波谱进行变频,以使主瓣杂波进入到主瓣杂波滤波器的抑制凹口中。将主瓣杂波滤波器的输出分送到两个子带,其中第一个子带横跨无杂波区,第二个子带覆盖副瓣杂波与背瓣杂波区。通过在每个子带各自采用自动增益控制措施,即可防止任一子带会因其他子带中存在较强的回波信号而导致灵敏度的降低。

---

① 高度线杂波是由飞行器正下方的地物直接反射所形成的。

信号电平达到均衡以后，将各子带信号重新组合到一起送入多普勒滤波器组中，由各滤波器的输出跟其门限进行比较以完成检测。由于多普勒滤波器的输出是按时间 $T_i = 1/B_D$ 逐步增强的（其中 B_D 为滤波器带宽），于是检波器的输出首先会在检波后积累器中进行合成，然后才跟各自的门限进行比较。

2.2.3 中重频雷达[2,7,8]

当存在主瓣杂波和较强的副瓣杂波时，中重频雷达被认为是检测尾向目标的解决方案，从而能够提供全向的良好覆盖。当对作用距离的要求适中时，重频可设置的足够高，从而在不致引起非常严重的距离模糊的情况下，对主瓣杂波的周期性重复提供足够的间隔。通过多普勒滤波将主瓣杂波抑制后，就可组合利用多普勒滤波措施和距离分辨鉴别措施从副瓣杂波中将单个目标提取出来。由于地面运动目标回波的特性跟主瓣杂波相类似，在中重频模式下也将被抑制掉。

机载中重频雷达的主要特性在于对副瓣杂波中尾向目标的探测能力。由于重复频率比低重频模式下要高，于是在按重频的整数倍重复的主瓣杂波之间就出现了无杂波区（见图2.6），这就使得设计一个实际的多普勒滤波器，用于抑制主瓣杂波并提取目标的频率响应变得更容易，同时还能够有效抑制目标多普勒分辨单元以外的副瓣杂波（例如 $B_D = 1/T_D$，其中 T_D 是目标照射时间）。

但在 PRF 增加的过程中会出现距离模糊，导致近程的主瓣杂波和副瓣杂波都进入到包含目标回波的距离分辨单元中。跟低重频模式相类似的是，可通过梳状滤波器（比如 MTI 对消器）对主瓣杂波进行抑制，只是由于杂波模糊的影响必须提高滤波器的抑制能力。副瓣杂波则必须通过提高多普勒分辨率（比如采用带通滤波措施）加以抑制，从而既可衰减目标所在多普勒分辨单元以外的杂波，又可降低多普勒滤波器对目标所在单元内无法避免的那些杂波的摄入量。中重频雷达设计的首要考虑因素的就是要降低主瓣杂波的摄入量，因为这将最终影响到雷达的性能。

通过按距离和多普勒频率进行分类的方式，可以控制机载中重频雷达对于杂波的摄入量。对来自固定距离上环状条带的回波信号通过距离波门进行分离即可完成按距离分类，但由于存在距离模糊，来自多个环状条带的杂波有可能会通过同一波门，图 2.11 中的同心圆所表示的就是模糊距离在地面的对应投影，而这些杂波都将进入同一个距离波门。

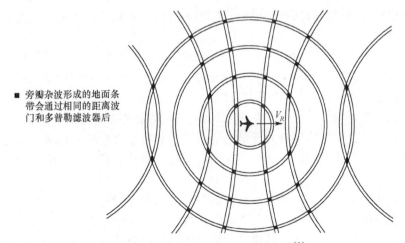

图 2.11 机载中重频雷达的副瓣杂波[3]

将每一距离波门的输出送入多普勒滤波器组,就可对副瓣杂波完成按多普勒频率的分类。多普勒滤波器组会把跟雷达速度相关的位于恒定角度线(又称为多普勒频移等值线)之间的狭长条带所接收到的回波分离出来。由于存在多普勒模糊,通过任一滤波器的杂波都可能来自多个狭长条带,图2.11中双曲线之间的狭窄长条所表示的就是这些地面条带,其杂波将会进入同一个多普勒滤波器。

图2.11中的阴影区域表示的是对单个距离波门—多普勒滤波器的输出有所贡献的那些地面区块。需要注意的是,对于已经通过某距离波门的副瓣杂波来说,多普勒滤波器也只能接收到其中的一部分。如果将距离分辨率和多普勒分辨率提高,就会使图2.11中的阴影区域变小,从而减少了在多普勒滤波器中跟目标回波进行竞争的杂波摄入量。

图2.12给出的是某X频段雷达分别工作在低、中、高重频模式下多普勒滤波器中的副瓣杂波情况[8]。由于中重频模式下大多数副瓣杂波来自于相对较近的距离,导致多普勒滤波器通带内目标检测所需对抗的杂波往往比背景噪声更高,那么制约检测性能的就不再是信噪比,而是目标回波与副瓣杂波之比。如果目标的距离逐渐变远,雷达终将在某点处丢失目标,但在到达该点之前还会出现一种交替区域,在这些区域中目标回波有时会超过杂波幅度,有时又被杂波遮蔽,这就是所谓的距离盲区(类似于低重频模式下的盲速)。距离盲区的具体位置会随着重频的改变而移动,幸运的是用于克服盲速的重频变化对于解决距离盲区问题也是有效的,就如同低重频模式下解决盲速的措施一样,在中重频模式下采用多种重频,也能提高距离盲区内的目标检测性能。

通过上述讨论可以看出,机载中重频雷达的设计关键就是减少副瓣杂波。从这一点来说,可以采取的最基本措施就是降低天线的副瓣电平,随着该领域技术的进展,目前已经研制出了超低副瓣天线(其单程波束的副瓣电平比主瓣低40dB以上),但考虑到系统结构及天线罩等因素,在典型高性能飞行器上安装超低副瓣天线还是非常困难的。

减少副瓣杂波的另一个措施就是将雷达的有效脉冲宽度及其相应的距离波门变窄,从而提高雷达的距离分辨率,此时副瓣杂波的降低程度跟脉冲变窄的程度是成正比的。这种情况下应提供更多的波门才能实现距离的全程覆盖,同时由于每个距离波门都需要有一个单独的多普勒滤波器组,于是所需构建的多普勒滤波器也就更多了。

在不降低平均发射功率的前提下缩减有效脉冲宽度的一种方法就是脉冲压缩,最常用的方式是在不因遮蔽而引起不可接受的损耗的前提下,尽可能地提高平均发射功率,然后再采取足够的脉冲压缩措施以实现期望的距离分辨能力,另一种减少遮蔽的方法是发射峰值功率更高的极窄脉冲。

缩减多普勒滤波器的通带宽度,可以进一步减少目标回波所要抗争的副瓣杂波,但为保留目标回波的所有功率,通带宽度必须保证目标回波谱能够通过。回波频谱的宽度一般跟雷达对目标的照射时间(T_d)成反比,另外,目标的内部运动以及加速度效应等也会使频谱有所展宽。

在市区或山区等环境中,普遍存在着散射截面较大的地物(比如建筑物、水塔等),对于机载中重频雷达来说,这些地物回波是副瓣杂波的一种重要形式。该类杂波还包含地面运动的交通工具等多余物体的回波,由于存在距离模糊和多普勒模糊,它们也会对空中目标的检测造成影响。

尽管机载低重频雷达也会受以上杂波的影响,但跟中重频模式相比程度要轻,原因就在于后者的距离模糊情况更为严重。在雷达的主天线上安装一个小型喇叭天线,将其接收到的信号送入一个单独的接收机,就可以建立一个保护通道以降低这些多余物体回波的影响。喇叭天线的主瓣宽度应能覆盖雷达天线主要副瓣所照射到的区域,而其增益则必须高于主天线的任一副瓣增益。对于能够进入主天线副瓣的可探测目标来说，其回波在保护通道中的幅度要高于主接收通道，而进入主天线主瓣的目标在主接收通道内的回波幅度要高于保护通道，只要把两个通道的输出进行比较，如果保护通道的回波幅度更强的话则抑制该目标，从而就能消除掉进入主天线副瓣的多余目标。

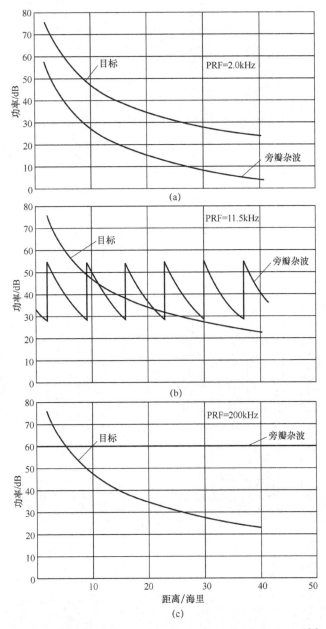

图 2.12 机载低、中、高重频雷达的副瓣杂波与目标回波[8]

中重频模式下的信号处理方式跟低重频模式极为类似，但也有三点不同之处：首先，由于存在距离模糊，导致无法采用灵敏度时间控制，那么就需要其他的自动增益控制以防止 A/D 转换器饱和；其次，必须把多普勒滤波器的通带设计得非常窄，以滤除因多普勒模糊导致的过量副瓣杂波；再次，需要有解决距离模糊和多普勒模糊的额外措施。

图 2.13 给出的是典型机载中重频雷达的数字信号处理框图[3]，对于接收机输出信号的第

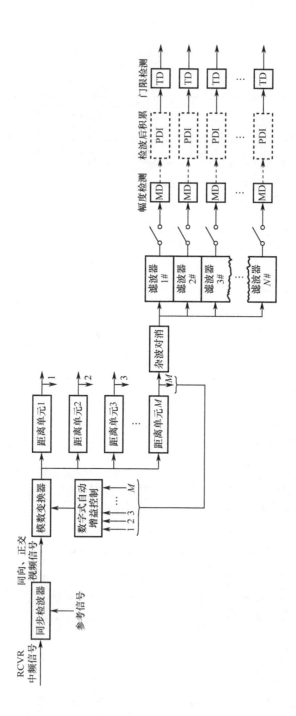

图2.13 中重频雷达的信号处理器框图[3]

一个处理步骤就是将多普勒频谱变换到同相通道和正交通道的基带,以供下一步的数字采样。为适应载机速度和天线视角的变化,还需对多普勒频移进行动态控制。以跟发射脉冲宽度接近的时间间隔对同相通道和正交通道的信号进行采样,然后对其进行量化。

需在变换之前采取自动增益控制措施,以降低对 A/D 转换器动态范围的要求。为完成这一过程,就要对变换器的输出进行监测,并在脉冲间歇周期的时间段内把不断更新的输出曲线存储下来,根据该曲线可生成增益控制信号,然后将其加到 A/D 转换器之前的放大器上。当接收到主瓣杂波和较强的近程副瓣杂波时,控制信号使得放大器的增益变低,以避免变换器的饱和;而当接收到的回波较弱时,则可维持变换器的输入信号高于本地噪底。由于控制信号是基于数字化之后的回波得到的,因此这种方式称为数字式自动增益控制(DAGC)。跟采用 STC 措施相类似,在中重频模式下使用 DAGC,也会对那些视在距离处于强杂波区的目标信号形成抑制。

A/D 转换器的输出存储在距离单元中,然后利用杂波对消器将主瓣杂波尽量消除。此处的杂波对消器有两个作用:一是消除主瓣杂波,二是降低进入多普勒滤波器组的信号动态范围。经杂波对消之后的回波存储在距离单元之中,下一步即可将其馈入如图 2.14 所示的多普勒滤波器组。需要注意的是,为消除地面运动目标的回波,还应丢弃掉多普勒滤波器最初和最终的少量输出。

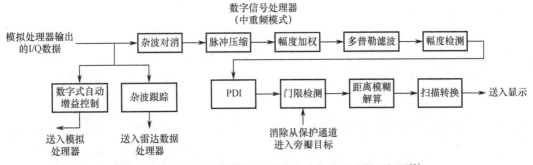

图 2.14　中重频雷达的杂波对消器和多普勒滤波器组框图[9]

在每一个积累周期的结束时刻,要对每一个多普勒滤波器的输出(包括 I 通道和 Q 通道)进行幅度检测,其中积累周期 T_i 跟多普勒滤波器的带宽成反比(即 $T_i = 1/B_D$)。如果 T_i 小于雷达对目标的照射时间 T_d,那么经过幅度检测后的多普勒滤波器输出还需在检波后积累器中进行积累。积累后的输出送到门限检测器,该门限是自适应设置的,以使杂波所导致的虚警概率保持在可接受的较低水平上,而对于门限的自适应调整一般是通过对待检测单元两边的距离单元和多普勒单元内的数据进行平均而完成的。

通过观测哪些距离—多普勒单元有输出,可以确定目标的视在距离和视在多普勒频率。由于此时距离和多普勒频率都是模糊的,那么还需要改变重频以解模糊。

2.3　多普勒滤波

任何 MTI 雷达或 PD 雷达的核心都是多普勒滤波器,以在杂波干扰背景中提取出具有多普勒频移的感兴趣目标。MTI 雷达采用的简单滤波器的功能是滤除跟杂波相关的多普勒频谱,同时让其他区域的频谱通过。由于跟地杂波相关的频谱都集中在 PRF 的整数倍线附近(见图 2.4),那么 MTI 滤波器周期性重复的响应形状就像一把梳子一样,因此称为梳状滤波器。

另一方面,脉冲多普勒滤波器的响应一般需跟目标的多普勒频谱相匹配。在雷达载机最大速度 v_r 和目标速度 v_t 之和 (即 $v_m = \pm |v_r + v_t|$) 所限定的多普勒频率范围内,由于目标的多普勒谱可能会出现在其中任何一点,为填满目标所有的频谱范围,必须采用可覆盖期望目标任一个可能频移的多普勒滤波器组。由此可知,PD 滤波器所含滤波器组的响应形状应如图 2.15 所示,即填满重频的整数倍频谱线之间区域的绝大部分。

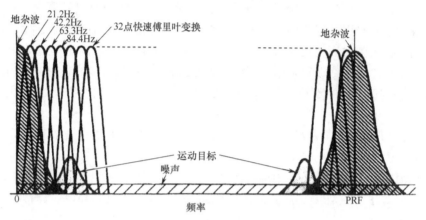

图 2.15　脉冲多普勒滤波器的响应[10]

MTI 滤波器和 PD 滤波器并不是互斥的,很多系统将两者级联使用,此时往往先由 MTI 消除大部分杂波,然后再进入带通式多普勒滤波器,从而放松了很多多普勒滤波器的边缘选择性要求,否则它们不但要消除杂波,还必须对目标的响应进行匹配。对于数字式设计中经常采用的 FFT 算法来说,这种方法可使本应对全动态范围的杂波 (10~12 位) 执行的运算简化为仅需对小动态范围的目标回波 (3~4 位) 执行即可。

2.3.1　相参 MTI 与非相参 MTI

1.3.2 节对陆基或海基低重频雷达所面临的地杂波进行了描述,并给出了如图 1.8 所示的结果。这种杂波是由许多独立散射体的反射回波进行矢量叠加形成的,其载频就是雷达的工作频率,但由于散射体内部之间的相互运动,以及天线的扫描调制等因素,导致杂波幅度会有缓慢的起伏变化。利用图 2.16 给出的矢量图,可以得到这种杂波的形象化认识。

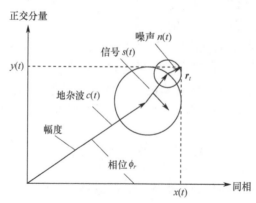

图 2.16　在地杂波和接收机噪声背景中,具有多普勒频移的目标回波信号矢量图[11]

图 2.16 显示的是地杂波、目标回波及接收机噪声等分量在信号 r_t 中的瞬时构成情况。信

号 r_t 中各分量可看作是同相基准信号 I_t（即矢量图的 x 轴）和正交基准信号 Q_t（即矢量图的 y 轴）的合成，这两个基准信号都跟雷达的工作频率 ω_c 同步，但相位相差 $90°$。图中，杂波 c_t 的相位 ϕ_c 和幅度都在缓慢起伏，速率跟杂波谱的展宽程度相对应；目标回波矢量则围绕着杂波矢量旋转，速率跟其相对于杂波的多普勒频移 ω_d 一致；而噪声分量的幅度和相位都围绕相应的均值在快速变化，因此在每次对矢量图进行采样时，噪声的出现位置都是随机的。

矢量图中 r_t 的幅度代表回波信号的包络，采用非相参 MTI（见图 2.17）对该包络进行处理，可检测出具有多普勒频移的目标。如果不存在目标，该包络既可能会因杂波的内部运动、天线的扫描调制以及载机的运动等原因缓慢起伏，也可能会因接收机的噪声而快速起伏；但当存在目标时，该包络的变化速率就会跟目标的多普勒频移一致。可用杂波对消器进行目标检测，图 2.18 给出是形式最为简单的单延迟线对消器，其作用就是将当前信号和前一周期信号的回波包络进行相减。单延迟线对消器的输出其实就是连续两个回波之间的包络变化情况，存在具有多普勒频移的目标时起伏会变强，不存在目标时起伏就会变弱。如果目标的多普勒频移恰好是雷达重频的一半（即 $f_d = f_r/2$），那么相邻回波之间的相位差（$\Delta\phi = 2\pi v_d T$）就是 π，这种情况下起伏将达到最大值，有时会把这样的目标称为最佳航速目标（Optimum Speed Target）。

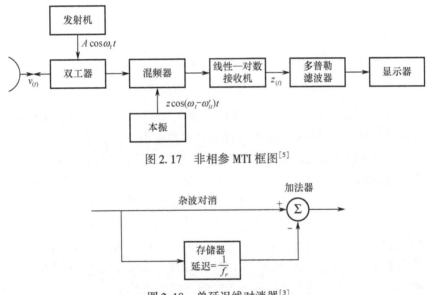

图 2.17　非相参 MTI 框图[5]

图 2.18　单延迟线对消器[3]

需要注意的是，在图 2.16 所示的矢量图中，如果目标回波矢量与杂波矢量相互平行，那么最佳航速目标在通过 MTI 后没有任何输出，这是单通道 MTI 设计中固有的盲相问题。还应注意的一点是，如果对目标所有可能速度情况下的 MTI 滤波器功率增益取平均，就会发现 MTI 滤波器对信号分量和噪声分量的功率增益是同样的，不会带来信噪比的改善。

上述讨论的非相参 MTI 也称为杂波参考式 MTI，原因在于只有存在杂波时这种 MTI 才会起作用。为了克服这一问题，可将非相参 MTI 的输出在 MTI 通道和常规视频通道间进行切换，并且仅在杂波强度足以激活时才选择 MTI 通道。若跟采用稳定的内部基准信号的相参 MTI 进行比较的话，由于使用的是不太纯净的参考信号（即杂波自身），这种非相参 MTI 的性能并不算太高。

相参 MTI 利用了图 2.16 所示的相位信息 ϕ_r，如果只有杂波，矢量 r_t 相对于同相基准信

号 I_t 的相位主要因接收机噪声的影响而变化;当存在目标之后,该相位的变化速率就主要取决于目标的多普勒频移。在相参的同相基准信号 I_t 的背景下,对回波信号进行相位检测即可获得双极性的视频信号,图 2.19 既给出了单个处理周期的结果,也给出了同一扫描过程中多个处理周期的结果叠加情况。如果有目标存在,就会形成蝴蝶型的图案,否则除了接收机的噪声会略有输出以外,显示器的扫迹将是比较稳定的。

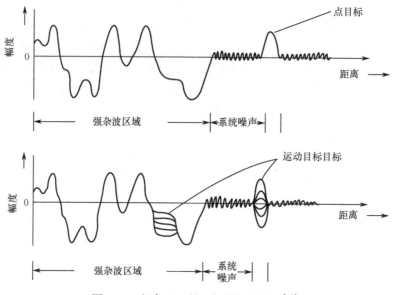

图 2.19 相参 MTI 的双极性视频信号[12]

通过对图 2.19 进行研究可以发现,在对相参 MTI 的经相位检测后的双极性视频信号进行处理时,采用非相参 MTI 使用的同类型延迟线对消器也是有效的。这种情况下延迟线对消器有两个基本作用:一是对相邻周期间由杂波所引起的相对稳定的相位检测后信号进行抑制;二是对相邻周期间起伏变化的目标回波信号予以突出显示。无论所处理的是包络检波后的幅度信息,还是相位检波后的双极性视频信号,这种作用都是同等有效的。

需要注意的是,相参 MTI 并不需要存在杂波才能起作用,这是相较于非相参 MTI 的独特优势。但如果仅使用一个参考通道的话,盲相问题依然存在,解决办法就是增加一个使用参考矢量 Q_t 的正交通道,其中 Q_t 同 I_t 相比存在 90°的相移。从图 2.16 可以看出,如果目标在某个通道内出现盲相问题,在与其正交的通道内的输出则达到最大值。

相比于既使用同相通道又使用正交通道的全相参 MTI 来说,图 2.8 所示的单通道相参 MTI 存在着灵敏度损失①。如果不采取检波后积累措施,检测概率要求较高时针对非起伏目标的灵敏度损失程度最为严重,举例来说,$P_d = 0.9$、$P_{fa} = 10^{-6}$ 时,损失为 13.2dB,而 $P_d = 0.5$、$P_{fa} = 10^{-6}$ 时,损失为 2.75dB,总的来说这种损失对虚警概率的变化一般并不敏感。相比于非起伏目标的情况,检测概率要求较高时针对 Swerling I 型起伏目标的灵敏度损失要小一些(比如 $P_d = 0.9$,$P_{fa} = 10^{-6}$ 时,$L = 10.66$dB);如果检测概率要求适中,这种损失也会降低(比如 $P_d = 0.5$,$P_{fa} = 10^{-6}$ 时,$L = 4.35$dB)[13]。

单通道相参 MTI 存在灵敏度损失的原因在于改变了检测统计信息,采用检波后积累措施

---

①根据文献 [13],灵敏度损失指的是:在同样的检测概率和虚警概率要求下,单通道 MTI 检测比平方率检测所需信噪比的增加量。——译者注

可以降低噪声背景中的损失程度[14,15]。如果进行检波后积累的话，所带来的累积信噪比损失①为1.5~2.5dB，可将其看作是由于参与积累的有效脉冲数减少了一半所造成的[14]。当然这一分析显然没有考虑杂波残留的影响，而它也会影响检波后积累的性能[16]。

由于单通道相参MTI比较简单，因此在模拟式处理器中得到了广泛应用；而大多数现代MTI使用的是数字处理方式，从而可以采用如图2.7所示的全相参MTI处理。

1. 相参性

一般情况下提到相参性，就意味着从一个脉冲到下一个脉冲信号载频的相位之间存在着连续性（或一致性）。要进行相参MTI处理，就要求进入MTI相位检波器的基准信号在相位上必须跟雷达发射信号保持一致性。在相参式MTI雷达或PD雷达中，实现相参性的常见方式就是采用图2.20所示框图中的方案。

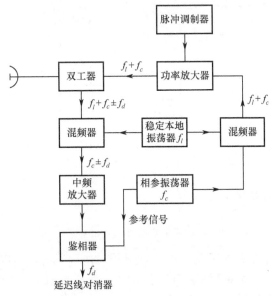

图2.20　采用主振式功率放大器的MTI雷达框图[17]

图2.20所示的系统称为主振式功率放大器（Master Oscillator Power Amplifier，MOPA）方案，原因在于该雷达所使用的相参基准信号是一个连续波信号，该信号在经速调管、行波管或固态放大器等脉冲功率放大器进行放大以后，通过雷达天线辐射出去。

MOPA系统一般采用两个稳定振荡器以产生雷达接收机和发射机所需的相参信号：一个稳定的相参振荡器（Coherent Oscillator，COHO）按照雷达的中频值（比如60MHz）产生一路信号，作为MTI相位检波器的相参基准信号；另外一个稳定本地振荡器（Stable Local Oscillator，STALO）所产生的信号作为接收机的本振，对接收到的射频信号进行外差处理，将其下变频到较低的中频之后，再送入MTI相位检波器与COHO进行比较。

发射信号是由COHO（f_c）和STALO（f_s）混频而来的，其载频$f_t = f_s + f_c$。将含有多普勒频移的回波信号（$f_r = f_t \pm f_d$）与STALO进行混频，所得信号载频为$f_c \pm f_d$，然后将其送入相位检波器跟COHO进行比较。以上过程的实际效果就是在信号通道内对STALO先加后减，如果在进行MTI处理的时间段内STALO没有发生变化，那么其相位（或频率）的绝对值就被抵消了。

---

①此处是指与全相参MTI处理的检波后积累所得收益相比较而言的。——译者注

MOPA 方案可以看作是从连续波信号上切出一段脉冲流以获得相参性,另外还有一种称作接收相参的方案,其原理如图 2.21 所示。如果采用功率振荡器(比如磁控管)而非功率放大器作为雷达的发射机,这种方案是非常有用的。在脉冲功率振荡器中,前后脉冲之间的载频相位是不相参的,但如果能把 COHO 的相位锁定到每个发射脉冲上,就可以在接下来的一个脉冲周期内实现准相参。需要注意的是,相比于 MOPA 而言,此种情况下距离模糊的多次杂波和目标回波均不再具有相参性,从而导致这种 MTI 系统无法对消较强的距离模糊杂波(比如山体、城市等)。

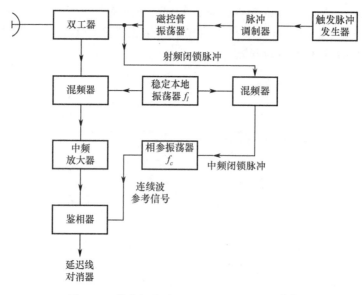

图 2.21 接收相参式 MTI 雷达的原理框图[18]

在图 2.21 所示的接收相参原理框图中,发射信号的一部分与 STALO 信号进行混频,以获得跟发射信号相位相参的中频采样脉冲,将该信号送入 COHO 就可将其相位锁定到发射脉冲上,于是该系统的功能就与图 2.20 所示的 MOPA 方案等效了。由于锁定的 COHO 往往难以达到很高的相参性,以及前述的多次杂波无法对消问题,这种方案的性能一般要比 MOPA 方案低一些。

2.3.2 多普勒滤波的频域特性

图 2.18 所示的单延迟线对消器可以看作是多普勒滤波器的简单示例,在时域中可以直观地看出其作用产生的机理。将图 2.16 所示的目标回波矢量送入单延迟线对消器,该矢量就会以目标的多普勒频移为速率进行旋转,若以雷达的重频值为速率对其进行采样,在第 $2n\pi$ 圈(其中 $n = 0,1,2,3,\cdots$)的输出将不会有任何变化,在单延迟线对消器中这些无变化的连续采样所产生的结果就是零,这种零输出所对应的就称为 MTI 滤波器的盲速。通过对单延迟线对消器的特性进行分析,就会发现盲速发生在目标的多普勒频移为零或雷达重频的整数倍处(即 $f_d = nf_r$,$n = 0,1,2,3,\cdots$)。如果把最佳航速目标的回波信号(即 $f_d = nf_r/2$,$n = 1,3,5,\cdots$)送入单延迟线对消器,输出将会达到最大值(或者说输出是输入矢量的两倍)。若将具有不同频移的目标回波矢量送入单延迟线对消器做进一步的分析,就可得出如图 2.22 所示的众所周知的正弦型电压幅度特性(即 $v_c = |2\sin(\pi f_d/f_r)|$)。

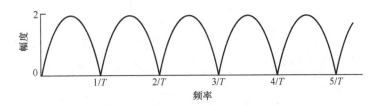

图 2.22 单延迟线对消器的频域响应[18]

由上可知,单延迟线对消器的幅频特性是以雷达重频为周期的梳状滤波器形式,并且是目标回波相对于雷达的多普勒频移的函数。如果将其看作是多普勒滤波器,其抑制凹口都集中在多普勒频移为雷达重频整数倍的地方(即 $f_d = nf_r$, $n = 0,1,2,3,\cdots$),而其通带则处于凹口之间,且对最佳航速目标(即 $f_d = nf_r/2$, $n = 1,3,5,\cdots$)具有最大响应。

单延迟线对消器是一个线性系统,可利用经典傅里叶变换理论对其进行分析[19]。单延迟线对消器的冲激响应如下:

$$h(t) = \delta(t) - \delta(t - T) \tag{2.6}$$

对其冲激响应进行傅里叶变换,可得频域响应为

$$H(\omega) = 1 - \exp(-j\omega T) = 2j\exp\left(-\frac{j\omega T}{2}\right)\sin\left(\frac{\omega T}{2}\right) \tag{2.7}$$

于是频域响应的幅度特性为

$$|H(\omega)| = \left|2\sin\left(\frac{\omega T}{2}\right)\right| \tag{2.8}$$

由于单延迟线对消器的抑制凹口不够宽,从而不能充分对消杂波。将两个单延迟线对消器级联使用可将抑制凹口展宽,这就是所谓的双延迟线对消器,其频域响应为两个单延迟线对消器响应的乘积,即

$$|H(\omega)| = \left|4\sin^2\left(\frac{\omega T}{2}\right)\right| \tag{2.9}$$

展宽后的凹口如图 2.23 所示,图中同时给出了单、双延迟线对消器的频域响应和冲激响应。

确定双延迟线对消器特性的另外一个方法是分析其冲激响应,即

$$h(t) = \delta(t) - 2\delta(t - T) + \delta(t - 2T) \tag{2.10}$$

从式(2.10)的形式可以看出,双延迟线对消器是利用多个抽头的延迟线(即在时刻 nT 处进行抽头处理,其中,$n = 0,1,2$)对 3 个脉冲进行处理,其中各抽头的权重如下:

$$w = (1, -2, 1) \tag{2.11}$$

图 2.24 给出了这种滤波器的通用形式,并称为横向多普勒滤波器或非递归多普勒滤波器,虽然在其更为通用的形式中(参见第 5 章)采用的是复数加权(即包含相位和幅度),但最基本的 MTI 对消器还是仅使用实数权重。在 MTI 应用中,分别在同相通道和正交通道的横向滤波器中使用实数权重,也可以达到复数加权的效果。另外饶有趣味的是,模拟式 MTI 应用场合往往倾向于级联使用两个单延迟线对消器,而不太使用横向滤波器,其原因在于如果第一个对消器的幅度特性不太均衡,可在第二个中对其进行补偿,但由于绝大多数现代 MTI 已经广泛使用了数字技术,这一点也不再成为问题了。

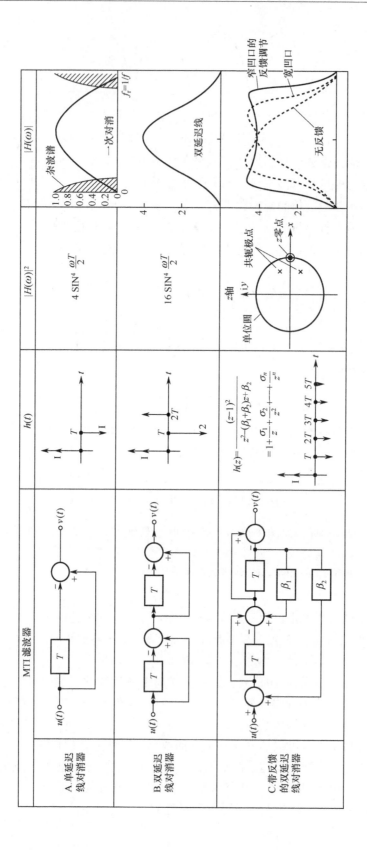

图2.23 延迟线对消器的频域响应和冲激响应[11]

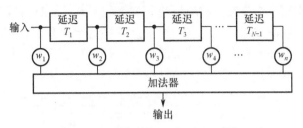

图 2.24 通用横向滤波器结构[17]

多个单延迟线对消器级联之后的幅频响应为

$$|H(\omega)| = \left|2\sin\left(\frac{\omega T}{2}\right)\right|^n \tag{2.12}$$

式中：n 为级联的单延迟线对消器个数。

为了得到级联之后的冲激响应，可按如下二项式系数给出的权重将单个对消器的冲激响应卷积 n 次[5]：

$$w_k = (-1)^k \binom{n}{k} = \frac{(-1)^k n!}{k!(n-k)!} \tag{2.13}$$

式中：w_k 为第 k 个抽头的权重；n 为延迟环节的个数。

给定对消器个数后的 MTI 归一化功率传递函数 $|H(\omega)|^2$ 如图 2.25 所示，采用二项式系数的 MTI 处理器可以获得接近最佳的 MTI 改善因子。需要注意的是，随着对消器个数的增多，MTI 的通带会逐渐变窄，过窄的通带虽然会明显提高杂波改善因子（不过系统的不稳定性会制约改善因子的提高），但也会导致能够检测到的目标数量减少，所以实际使用的级联个数一般不会超过 3 个。

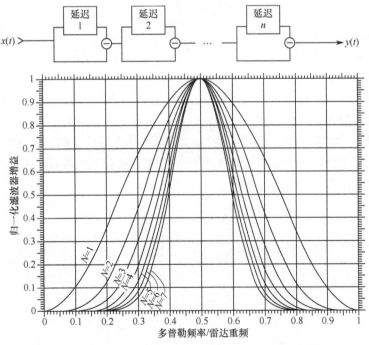

图 2.25 采用二项式系数权重的 MTI 归一化功率传递函数[20]

可使用递归式 MTI 滤波器作为横向滤波器的替代方案，其典型结构如图 2.26 所示，这种滤波器既有前馈支路也有反馈支路,有时还将其称为赋形延迟线对消器[5],图2.23 中也给出了其幅频响应曲线。这种滤波器的优点在于可灵活调整通带的形状,但较差的瞬态响应则是其最明显的不足,原因就在于存在着反馈支路,使得那些产生干扰的脉冲在经过多个周期之后还能回流进滤波器中(见图2.23)。

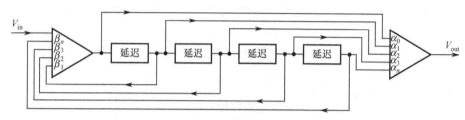

图2.26 递归式MTI滤波器的典型结构[5]

利用z变换,可根据经典滤波器设计理论进行综合以生成递归式滤波器[21]。z变换的形式如下:

$$z = \exp(pT) \tag{2.14}$$

式中:$p = j\omega$;T为雷达的脉冲重复间隔。

单位脉冲延迟的z变换为

$$\delta(t - nT) \Leftrightarrow z^{-n} \tag{2.15}$$

那么就可得出单延迟线对消器冲激响应的z变换为

$$H(z) = 1 - \frac{1}{z} = \frac{z-1}{z} \tag{2.16}$$

需要注意的是,非递归滤波器冲激响应的z变换为

$$H(z) = \sum_{k=0}^{n} w_k z^{-k} \tag{2.17}$$

式中:k——抽头序号;

n——延迟环节个数;

w_k——抽头权重。

可以利用极点—零点图(极零图)确定MTI滤波器的幅频响应特性。在常规的滤波器设计中,极零图是绘制在p平面上的,其中$p = j\omega$为描述滤波器冲激响应的拉普拉斯变换时所使用的变量。通过z变换(即$z = e^{pT}$),将p平面的左半部分映射到z平面的单位圆之内,结果如图2.27所示。这种变换的效果非常好,因为只要在单位圆上绕行一周,即可对一个周期内滤波器的传输特性变化情况进行分析。

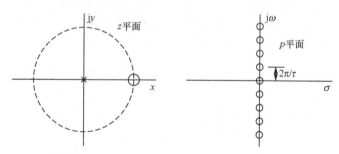

图2.27 单延迟线对消器在p平面和z平面内的极点—零点图[5]

从图2.27中可以看出,单延迟线对消器的零点为$z = 1$,极点为$z = 0$。对于角度位置为

Ω 弧度的单位圆上某点来说,其多普勒频移为

$$f_d = \frac{\Omega f_r}{2\pi} \tag{2.18}$$

那么根据以下步骤即可求出该点的幅度响应[11]:首先建立由单位圆上这一点指向所有零点和极点的矢量;然后,用指向零点的所有矢量长度的乘积除以指向极点的所有矢量长度的乘积,所得结果即为幅度响应函数。对于如图 2.27 所示的单延迟线对消器的极零图来说,其幅度响应就是从单位圆上该点指向零点的矢量长度。通过简单的几何计算可得:

$$H(\omega) = \sqrt{2(1 - \cos \omega T)} = 2\sin\left(\frac{\omega T}{2}\right) \tag{2.19}$$

z 变换的优点在于提供了一种简便的手段,将 p 平面内的极点和零点(这些点是根据经典的系统分析理论得到的)变换到 z 平面内[21],于是标准的 Butterworth、Chebyshev、Bessel 或椭圆滤波器的特性就可以轻易地转换到赋形延迟线滤波器的设计中去。当需要将一个标准的低通滤波器转换为高通的 MTI 对消器时,为把低通滤波器 p 平面内的极点和零点变换到 MTI 滤波器的 z 平面之内,适用的双线性变换公式为

$$z = \frac{p + \Omega}{p - \Omega} \tag{2.20}$$

其中 Ω 为尺度校正因子,该因子跟滤波器通带宽度的关系如下[11]:

$$\Omega = \omega_{co} \tan\left(\frac{\omega_{co} T}{2}\right) \tag{2.21}$$

图 2.23 给出了一个双赋形对消器的示例,其在 z 平面内的传递函数为

$$H(z) = \frac{(z-1)^2}{z^2 - (\beta_1 + \beta_2)z + \beta_2} \tag{2.22}$$

图 2.23 同时也给出了其幅度响应曲线。在雷达使用不同的天线扫描速率或者机载雷达偏离其地面航迹进行扫描等场合的应用中,针对杂波谱的展宽情况,这种设计可以生成不同形状的滤波器响应。

例 5 赋形 MTI 对消器的设计

对于采用二项式系数加权的 MTI 对消器的陆基搜索雷达来说,其 MTI 改善因子往往受到天线扫描所造成的地杂波谱展宽的制约。假设地杂波的功率谱是高斯型的,其标准差为

$$\sigma_S = \frac{\text{PRF}}{3.77 n_B}$$

式中:n_B 为每 3dB 波束宽度内照射到目标的脉冲数。

将上式带入 MTI 改善因子的关系式,即可得

$$I_n = \frac{n_B^{2n}}{n!(1.388)^n}$$

式中:n 为对消器的阶数(或者说是延迟环节的个数)。

利用表 1.1 给出的 ASR-9 雷达的有关参数,可以得出 $n_B = 20.8$,且一阶、二阶和三阶 MTI 对消器的改善因子分别为 24.9dB、46.9dB 和 67dB。由于 ASR-9 雷达的技术指标要求 MTI 改善因子达到 50dB,似乎说明应该采用三阶的对消器。但不幸的是,考虑到系统稳定性等因素,MTI 改善因子一般就限制在 50dB 的程度上,并不能充分发挥出三阶对消器的技术性能。另外,随着阶数的增加,对消器的通带也逐步变窄(见图 2.25),比如三阶对消器对目标多普勒频谱造成的损失就高达 60%。解决这一问题的途径就是采用赋形 MTI 对消器,从而

在较高的改善因子和较宽的通带两个要求之间得到平衡。

利用 z 变换进行赋形对消器的设计是最好的方法，幸运的是如果借助于 MATLAB 的信号处理工具箱[34]的话，就无须深入了解其中那些错综复杂的细节。MATLAB 提供了将 Butterworth、Chebyshev 等低通的原型滤波器转换为等效的数字式高通滤波器的方法，其传递函数的 z 变换表达形式为

$$H(z) = \frac{b(1) + b(2)z^{-1} + \cdots + b(n+1)z^{-n}}{1 + a(2)z^{-1} + \cdots + a(n+1)z^{-n}}$$

执行如下命令即可得到 Butterworth 型 MTI 滤波器[34]：

$$[\boldsymbol{b},\boldsymbol{a}] = \text{butter}(n, w_n, \text{'high'})$$

式中：矢量 $\boldsymbol{a}$ 和 $\boldsymbol{b}$ 是 $H(z)$ 的系数；n 为阶数；$w_n = f_{co}/(\text{PRF}/2)$；$f_{co}$ 为当归一化传递函数的幅度为 0.707 时所对应的频率点。

执行如下命令即可得到 Chebyshev 型 MTI 滤波器[34]：

$$[\boldsymbol{b},\boldsymbol{a}] = \text{cheby1}(n, R_p, w_n, \text{'high'})$$

式中：R_p 为以 dB 表示的通带波纹。

执行如下命令即可获得频率响应[34]：

$$[\boldsymbol{h},\boldsymbol{w}] = \text{freqz}(\boldsymbol{b},\boldsymbol{a},n)$$

式中：$\boldsymbol{h}$ 为以复数形式表示的频率响应结果；$\boldsymbol{w}$ 为包含各频率点的矢量。

本书中的 MATLAB 程序 shaped_design.m 用于完成赋形 MTI 对消器的设计，图 EX – 5.1 给出了 $f_{co}/\text{PRF} = 0.1$，$\text{PRF} = 1200\text{Hz}$，$R_p = 1\text{dB}$ 以及 $n = 3$ 情况下的 Butterworth 滤波器和 Chebyshev 滤波器设计结果，为便于参照图中也给出了三阶对消器的响应曲线，其中所有赋形对消器的通带都比三阶对消器的要宽。图 EX – 5.2 给出的是 f_{co}/PRF 取不同值时 Butterworth 对消器的响应曲线。

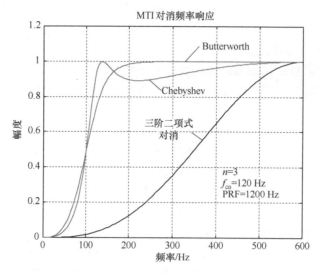

图 EX – 5.1　赋形 MTI 对消器的幅频响应

MATLAB 程序 shaped_impac1.m 用于计算 Butterworth 型和 Chebyshev 型 MTI 对消器的改善因子，基于 ASR – 9 雷达参数的计算结果示于图 EX – 5.3。仔细观察该图可以发现，当 $f_{co}/\text{PRF} = 0.15$ 时改善因子就已超过 50dB，如果选用这一设计方案的话，其对目标多普勒频

谱造成的损失约为32%，相当于三阶对消器的一半。

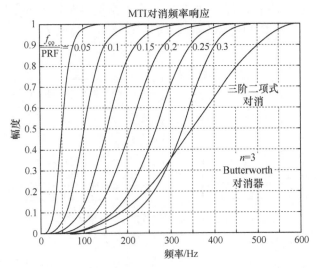

图 EX-5.2　不同截止频率的赋形 Butterworth 型 MTI 对消器

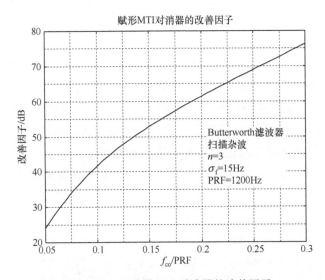

图 EX-5.3　赋形 MTI 对消器的改善因子

赋形对消器的截止频率是可调的，从而能在保持 MTI 改善因子不变的情况下，与不同的天线扫描速率组合使用。这在需要降低天线扫描速率，以使能量更多地集中到目标上，从而提高检测概率的场合是非常有用的。

2.3.3　数字式多普勒滤波器

现代雷达的信号处理都是以数字方式完成的，这反映了现代数字器件既性能先进又经济实惠的特点，前述各节讨论过的多普勒滤波功能都可以使用数字器件实现。尽管从理论上说，采用模拟方式或数字方式对信号进行处理是等效的，但它们的实现细节则截然不同，其中最根本的差别就在于，数字信号处理的所有输入信号都要首先变换成一系列的数字，然后再依照一套算法进行操作以完成所期望的目标检测功能。

图 2.28 给出的是将输入的模拟信号转换为数字信号的原理框图。模/数转换的第一步是

把输入的雷达信号变换为同相和正交的视频信号,这一变换是利用同步检波器(即相位检波器)完成的,方法是用跟雷达发射信号相参的正交基准信号与输入的射频信号相乘,其目的是将信号变频到基带,从而能在降低采样速率的同时还可保持输入信号所携带的信息。

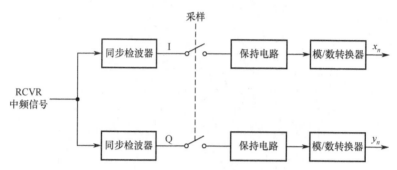

图 2.28　数字信号处理过程的模/数转换框图[3]

模/数转换的下一步是对同相和正交的视频信号进行采样。在雷达的作用距离范围内,以距离分辨单元(即有效脉冲宽度所对应的距离值)作为区间进行连续采样,那么采样速率就等于重频值乘以距离波门数。采样所得的样本表示的是给定距离增量范围内的单个回波,如果雷达是距离模糊的,则该样本表示的是由模糊距离 R_u 所隔开的多个距离增量范围内的回波信号。

采样之后一般还要有保持电路,并且应给同相通道和正交通道相位检波器的输出提供各自单独的保持电路。整个采样—保持电路会在精确的时间点上自动检测出信号的瞬时值,并将其保持足够长的时间以保证数字量转换的完成,然后丢弃当前结果并重复开始下一次采样。

模/数转换器是将采样—保持电路的电压信号转换为数字量的器件,其一般工作方式是将采样结果跟一系列已知精确数值且逐步递增的电压进行比较,如果在其中发现最接近的已知量的话,转换器就会生成与其相等的二进制数字量。同相通道和正交通道都需要有各自单独的模/数转换器。

对一个脉冲进行模/数转换后的输出就成为信号空间 $s = (x_1, x_2, \cdots, x_m; y_1, y_2, \cdots, y_m)$ 内的一个数字集,其中 m 是距离波门数,而数对 (x_n, y_n) 表示的是特定距离波门内的采样结果 ($n = 1, 2, \cdots, m$)。信号处理器的作用就是接收不断进入的回波信号 $(s_1, s_2, \cdots, s_t)$ 所给出的数字集,并对其进行处理以获得期望的目标检测结果。其一般步骤就是建立一个决策函数 $D(z)$,其中 $z = f(s_1, s_2, \cdots, s_t)$,然后与某种准则(比如门限值)进行比较,以判断是否存在目标。

进行多普勒滤波是信号处理器的重要功能,这一般是通过分析某个特定距离波门内的一批回波而完成的,其目的在于保证进入多普勒滤波器的数字集是由 $s = (x_{n1}, x_{n2}, \cdots, x_{nl}; y_{n1}, y_{n2}, \cdots, y_{nl})$ 给出的,其中 n 是距离波门序号,l 是所处理的脉冲数。针对特定距离波门的多普勒滤波器组应给每一距离波门都生成 l 个复滤波器(即包含 I 分量和 Q 分量),那么整体算来就应生成 nl 个复滤波器。如果是进行 MTI 处理的话,针对每一波门仅需生成 1 个复滤波器,那么共需建立 n 个滤波器。

某一特定距离波门的多普勒滤波器往往可通过对回波信号 $(x_{n1}, x_{n2}, \cdots, x_{nl}; y_{n1}, y_{n2}, \cdots, y_{nl})$ 进行加权求和生成。如果处理器比较简单,加权和可以保存在如图 2.29 所示的移位寄存器中,该寄存器会给每一个有待处理的距离单元分配一个存储位置。一旦产生输入样本与适当权值的乘积结果,所有被存储的和值都会向右移动一个位置,在图 2.29 所示的情况中,将新的乘积跟刚移出的已保存和值相加,就会生成矢量输出 $\sum_{i=1}^{l} w_i x_{nl}$。当处理完所有的回波脉冲之后,即可利用移位寄存器输出的加权和求出 I 通道和 Q 通道内矢量的幅度值。

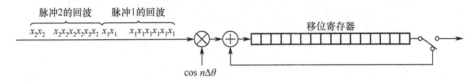

图 2.29 利用移位寄存器构建数字滤波器[3]

单延迟线对消器的框图如图 2.30 所示,其中移位寄存器输出矢量所用的权值为 (1,-1),相当于 $(I,Q) = (x_{n1} - x_{n2}, y_{n1} - y_{n2})$。需要注意的是,同相通道和正交通道的权值是相同的,而且两个通道之间不存在交叉耦合问题(即权值都是实数)。根据 I、Q 矢量的幅度即可得到对消器的输出结果 $z = \sqrt{|I|^2 + |Q|^2}$,但由于这一求解过程用数字方法实现起来比较困难,因此经常会采用一些近似算法。

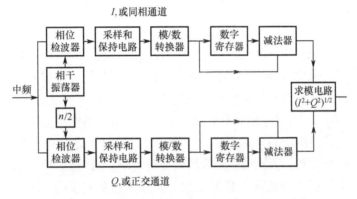

图 2.30 数字式单延迟线对消器 MTI 原理框图[17]

文献 [3,22] 给出了一种求解同相分量和正交分量矢量和幅度的算法:首先比较矢量 I 和 Q 的幅度,看哪个较小,比如假定 $|Q|$ 较小,那么就将其除以 2(这在二进制运算中就是简单地把整个数字向右移动一个数位);然后把上面的结果跟较大者相加可得 $z = |I| + |Q|/2$。从达到某特定检测概率所需的信噪比角度来说,这种近似算法的误差会随着该矢量跟同相分量之间的夹角度数而变化,但总的来说误差要小于几分之一 dB[22]。

1. 数字式多普勒滤波器组

图 2.31 给出了横向结构的数字式多普勒滤波器最常见的形式,此处采用了实通道和虚通道两个通道,并且每一通道都带有移位寄存器。对于来自同一距离单元的目标回波,滤波器接收到的有同相分量 x_n 和正交分量 y_n,这些分量都要跟实数权值 w^R 和虚数权值 w^I 相乘。

如果把横向滤波器的相关量用复数形式进行表示,可使分析过程更加简便。根据这种表示方法,来自某一距离单元的目标回波可用同相分量 x_n 和正交分量 y_n 记作 $s_n = x_n + \mathrm{j}y_n$,若对其采用的横向滤波器权值为

$$w_n = w_n^R + \mathrm{j}w_n^I \tag{2.23}$$

那么横向滤波器的输出则为

$$c_n = r_n + ji_n = (w_n^R + jw_n^I)(x_n + jy_n) \tag{2.24}$$

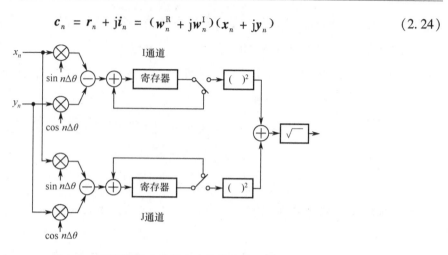

图 2.31 通用的数字式横向多普勒滤波器[3]

于是输出的实数部分为

$$r_n = w_n^R x_n - w_n^I y_n \tag{2.25}$$

虚数部分为

$$i_n = w_n^I x_n + w_n^R y_n \tag{2.26}$$

图 2.32 给出的矢量图可以帮助理解多普勒滤波器的功能,该图显示的目标回波信号是在两个夹角为 θ_n 的相互叠加的坐标系内旋转的,其旋转速率就是多普勒频移 f_d。图 2.32 中第一个坐标系表示的同相和正交的基准信号(见图 2.16),目标回波在这个坐标系内分解为同相分量 x_n 和正交分量 y_n。将目标回波分量投影到第二个坐标系即可构建出滤波器,该坐标系表示的是滤波器的增量输出。如果滤波器恰好调谐到目标的多普勒频率上,那么第二个坐标系就会跟回波矢量同步旋转,否则两者的旋转速率就不同。滤波器的综合输出就是所处理的 l 个回波信号在第二个坐标系内的所有投影之和,如果旋转是同步的,输出将会达到最大值,其实际效果就是对目标回波进行了相参积累(有时也称为多普勒回波的相参积累)。

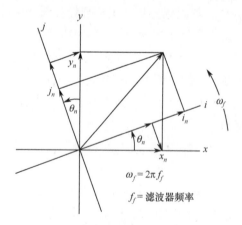

图 2.32 数字式多普勒滤波器实现相参积累的矢量图[3]

从图 2.32 也可推导出构建多普勒滤波器组所需的算法。目标回波样本的同相分量 x_n 和正交分量 y_n 在旋转坐标系内(即图中的 i 轴和 j 轴)的投影分别为

$$r_n = x_n\cos\theta_n + y_n\sin\theta_n, \quad i_n = y_n\cos\theta_n - x_n\sin\theta_n \tag{2.27}$$

把投影结果跟复数形式表示的横向滤波器进行对比,可以认为实数权值为

$$w_n^R = \cos\theta_n \tag{2.28}$$

而虚数权值为

$$w_n^I = -\sin\theta_n \tag{2.29}$$

或者说复数形式的权值可以记为

$$w_n = \exp[-j\theta] \tag{2.30}$$

这表明多普勒滤波器组的特性仅是旋转角度这一参数 θ_n 的函数。

如果脉冲数为 l,且当滤波器调谐到多普勒频率 f_f 时的坐标系旋转增量为 $\Delta\theta_n$,那么通过设定 $\theta_n = (p-1)\Delta\theta_n$(其中,$p$ 为脉冲序号,且 $p = 1,2,\cdots,l$)即可确定出滤波器坐标系的初始位置和旋转速率。如果令 $n=1$ 时两个坐标系是重合的,那么就可将滤波器的权值归一化,即 $w_{n1} = 1$(或者说 $w_{n1}^R = 1$,$w_{n1}^I = 0$)。

处理 8 个脉冲的多普勒滤波器组如图 2.33 所示,该滤波器组是通过求出滤波器坐标系内实部投影及虚部投影加权和的幅度构建的。需要注意的是,该滤波器组的特性以雷达重频为周期而重复,这就要求滤波器坐标系在处理 l 个脉冲的时间内必须旋转 2π 弧度(图中 $l=8$)。另外,对于滤波器的调谐还要求:

$$\Delta\theta_n = \frac{2\pi f_f}{\mathrm{PRF}} \tag{2.31}$$

式中:f_f 为对滤波器进行调谐所应参照的多普勒频率。

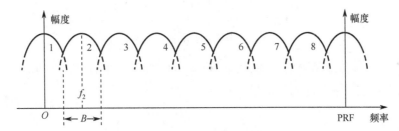

图 2.33 相参多普勒滤波器组[23]

滤波器坐标系的旋转角度增量可表示为 $\Delta\theta_n = 2\pi(k-1)/l$(其中,$k$ 为滤波器序号,且 $k = 1,2,\cdots,l$),那么

$$\theta_n = \frac{2\pi(p-1)(k-1)}{l} \tag{2.32}$$

将式(2.32)代入权值关系式,即可得到

$$w_s = \exp\left[-\frac{j2\pi(p-1)(k-1)}{l}\right] \tag{2.33}$$

这就是构建多普勒滤波器组中的第 k 个滤波器时对第 p 个样本所应使用的复数形式的权值因子。

举例来说,如果所需处理的回波样本为 2 个(即 $l=2$),那么第一个滤波器(即 $k=1$)的权值就是 (1,1),这意味着对固定目标回波的相参积累;而第二个滤波器(即 $k=2$)的权值为 (1,-1),可对最佳航速目标进行相参积累。当回波样本变为 4 个时,相应 4 个滤波器的权重就分别是 (1,1,1,1)、(1,-j,-1,j)、(1,-1,1,-1) 和 (1,j,-1,-j)。应该

注意的是，一旦有待处理的回波样本数量超过2个，为满足对具有多普勒频移的目标回波进行相参积累的需要，权值一般都会具有复数形式。

2. 离散傅里叶变换

在前面的章节中，多普勒滤波被表述为如下运算过程：把目标回波信号(x_n, y_n)投影到旋转坐标系(i, j)上，然后对投影求和。滤波器坐标系相对于x轴和y轴的旋转速率就是滤波器所需调谐到的频率。

另外，还可以从频谱分析的角度观察多普勒滤波，这就需要对信号进行离散傅里叶变换（DFT）。这两种运算方式在本质上是一样的，傅里叶变换法的优点在于已经开发出很多进行傅里叶分析计算的快速算法，其中最为著名的是快速傅里叶变换（FFT）。FFT算法大大减少了计算量，否则为完成DFT就需要数量极多的滤波器组。

离散傅里叶变换的形式如下：

$$F(p, k) = \sum_{p=1}^{l} s_n(p) w^{(p-1)(k-1)} \tag{2.34}$$

式中：$s_n(p) = x_n + jy_n$——样本p的复信号（$p = 1, 2, \cdots, l$，l是回波信号样本的个数）；

k——变换输出结果的序号（$k = 1, 2, \cdots, l$）；

$w = \exp(-j2\pi/l)$——复数形式的权值核（即滤波器坐标系的旋转角度增量）。

DFT的等效归一化传递函数为[5]

$$|H(\omega)| = \left| \frac{\sin\left[\pi\left(\frac{lf}{f_r} - k + 1\right)\right]}{l\sin\left[\frac{\pi}{l}\left(\frac{lf}{f_r} - k + 1\right)\right]} \right| \tag{2.35}$$

图2.34给出了该传递函数的曲线，其中既有矩形加窗（即对输入是均匀加权）的结果，也有为降低副瓣而进行幅度锥削的结果。

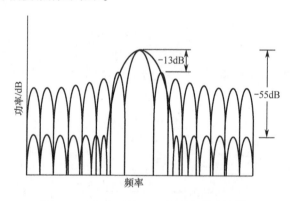

图2.34 加窗后的DFT传递函数曲线[3]

图2.35给出了一种降低滤波器副瓣的幅度加权方法，该过程需在将数字化的视频信号（即已经完成了模/数转换）送入多普勒滤波器之前实施。每次信号发射以后，对来自每一个距离单元的同相分量和正交分量(x_n, y_n)都乘以相应的加权系数，这些系数按预设的模式（比如Chebyshev、Hamming、Hanning等）逐个脉冲改变，在完成所需积累的脉冲序列之后重复该过程。对于幅度锥削的选择可使副瓣降得非常低（可达 -35 ~ -60dB），但同时也会显著展宽滤波器的主瓣响应（比如Hamming加权后的副瓣为 -43dB，但主瓣则会有1.303dB的

展宽)。作为备选方案,在 DFT 之后再进行加权可以降低滤波器的副瓣。

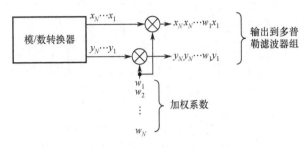

图 2.35 通过幅度加权降低多普勒滤波器副瓣[3]

例 6 级联式 MTI – FFT 多普勒滤波器

对于工作环境包含地杂波和气象杂波的陆基搜索雷达来说,级联式 MTI – FFT 多普勒滤波器是非常有用的。由于气象杂波的强度跟频率的四次方成正比,这种处理器非常适合用于工作频率在 L 频段以上的雷达。大致说起来,MTI 用于消除地杂波,而 FFT 则用来处理气象杂波或箔条干扰。第 1 章所述 ASR – 9 雷达的初始型 MTD 处理器采用的就是这种技术。

为分析相关情况,先把 FFT 看作是一个采用如下权值的横向滤波器进行建模:

$$w_{FFT} = \exp\left[-\frac{j2\pi(p-1)(K-1)}{N}\right]$$

式中:$p = 1, 2, \cdots, N$;

K——滤波器序号;

N——FFT 点数。

那么功率传递函数可以写为

$$|H(\omega)|^2 = w_{FFT}^T M_S w_{FFT}^*$$

其中,信号的厄米特协方差矩阵如下:

$$M_S = \begin{pmatrix} 1 & \cdots & e^{-jN\omega_d T} \\ \vdots & \ddots & \vdots \\ e^{+jN\omega_d T} & \cdots & 1 \end{pmatrix}$$

当重频为 1200Hz 时,均匀加权的 8 点 FFT 的功率传递函数可用 MATLAB 程序 fft_impfac.m 计算出来,结果示于图 EX – 6.1。注意所得到的 8 个滤波器将位于两条 PRF 线之间的区域进行了 8 等分,其中每一个的 3dB 带宽为 134Hz,功率增益为 $N^2 = 64$,而副瓣电平为 – 13.2dB。丢弃跨越 PRF 线的滤波器输出即可消除地杂波,但由于副瓣电平是 – 13.2dB,因此地杂波也可能会泄漏到邻近的滤波器中。解决办法是采用窗函数以降低滤波器的副瓣电平,但问题是窗函数既会展宽 3dB 带宽,也会降低主瓣增益:比如 Hamming 窗可使副瓣降至 – 43dB,但同时 3dB 带宽变为 195Hz,主瓣增益则降至 35;Chebyshev 窗函数要更灵活一些,可在满足特定副瓣电平要求的情况下,使得 3dB 带宽最窄。图 EX – 6.2 是利用 – 25dB 的 Chebyshev 窗函数设计的 8 点 FFT 的传递函数曲线,其副瓣已经难以察觉,再仔细观察就会发现,其 3dB 带宽变为 166Hz,而主瓣增益减少了 3dB。

在重频为 1200Hz、$\sigma_s = 15.3$Hz 的条件下(参见例 5 中的 ASR – 9 雷达参数),图 EX – 6.3 给出了 – 25dB 的 Chebyshev 加权 FFT 对地杂波的改善因子结果,35dB 的性能可以说是介于单延迟线对消器的 24.9dB 和双延迟线对消器的 46.9dB 之间,但当消除跨越 PRF 线的滤波器输出以后,FFT 还可在 200Hz 到 1000Hz 的区间范围内实现大约 35dB 的改善因子。

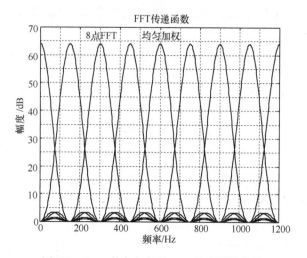

图 EX-6.1 均匀加权的 FFT 传递函数曲线

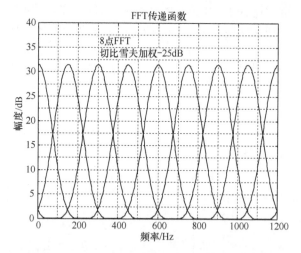

图 EX-6.2 Chebyshev 加权的 FFT 传递函数曲线

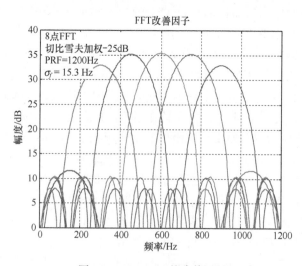

图 EX-6.3 FFT 的改善因子

MTD 处理器所采用的一般方案是将 MTI 和 FFT 级联后组合使用。为分析这种情况，可对该组合滤波器导出一个长度为 $N+m-1$ 的等效权值，其中 m 是 MTI 所处理的脉冲数。举例来说，假设一个单延迟线对消器的权值为 $(1,-1)$，那么其冲激响应为

$$h(t) = \delta(t) - \delta(t-T)$$

式中：$\delta(t)$——单位冲激函数；

T——雷达的脉冲重复周期。

将以上结果输入 FFT 可得

$$w_{\text{MTI-FFT}} = [w_{\text{FFT}}, 0] - [0, w_{\text{FFT}}]$$

如果是在双延迟线对消器之后接着进行 FFT 处理，那么

$$w_{\text{MTI-FFT}} = [w_{\text{FFT}}, 0, 0] - 2[0, w_{\text{FFT}}, 0] + [0, 0, w_{\text{FFT}}]$$

以 $k=2$ 的单延迟线对消器后接 4 点 FFT 的情况为例，其组合权值为

$$w_{\text{MTI-FFT}} = [1, -1-j, -1+j, 1+j, -j]$$

利用这些权值就可根据如下公式计算改善因子：

$$I = \frac{w^{\text{T}} M_S w^*}{w^{\text{T}} R_N w^*}$$

式中：杂波协方差的 Toeplitz 矩阵为

$$R_N = \begin{pmatrix} 1 & \cdots & \rho(N+m-1) \\ \vdots & \ddots & \vdots \\ \rho(N+m-1) & \cdots & 1 \end{pmatrix}$$

对于 MTD 处理器所使用的这种组合 FFT – MTI（即双延迟线对消器后接 8 点 FFT），利用 MATLAB 程序 fft_impfac_9.m 可以求得其传递函数，结果如图 EX – 6.4 所示。图中跨越 PRF 线的 FFT 滤波器输出将被 MTI 对消器所抑制，不过 FFT 的响应一般也会受到 MTI 传递函数的影响。

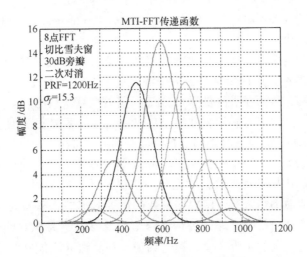

图 EX – 6.4　MTI – FFT 的传递函数

这种组合的改善因子如图 EX – 6.5 所示，中间 5 个滤波器改善因子的最大值已经超过了 67dB，完全可以抑制地杂波，对于气象杂波的抑制则是在这 5 个滤波器中分别采用 AGC 完成的。唯一的问题就是因气象杂波存在着副瓣交叉耦合现象，导致其抑制度只能达到 30dB，不

过由于 S 频段气象杂波的幅度还不算太高（参见第 3 章的例 7），因此也是完全够用的。

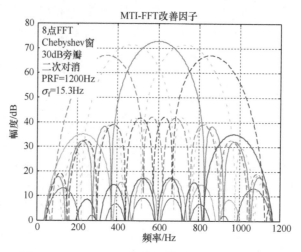

图 EX-6.5　MTI-FFT 的改善因子（针对地杂波）

3. 快速傅里叶变换

如果要对使用 DFT 构建多普勒滤波器组所需的计算量有个印象，可以参考研究图 2.31 给出的横向滤波器框图。每一个样本的同相分量和正交分量都要跟实权值相乘，然后再相加，因此每一个回波脉冲的单次 DFT 处理需要 8 次数学运算；为构建 l 个滤波器，每个复数样本需要进行 $8l$ 次运算；而每一个滤波器都要处理 l 个回波脉冲，因此每一个距离单元就需要进行 $8l^2$ 次运算。由于所需构建的滤波器组个数 N_B 必须等于距离单元数（即每一个距离单元对应一个多普勒滤波器组），并且对目标回波信号的采样速率等于雷达的重频值，那么所需的每秒总计算量则为

$$R_c = 8lN_B * \text{PRF}$$

以机载雷达为例，假设其距离单元为 200 个，重频为 8kHz，那么构建 16 点的 DFT 滤波器组所需的计算量大约为 205MOPS（Million Operations Per Second），即便是最新的数字式阵列信号处理器件也难以满足这一要求[7]。

上述例子表明，为构建数字式多普勒滤波器组，就必须大幅度减少计算量，快速傅里叶变换能以极高的计算效率得出 DFT 结果，恰好满足这一要求。大致来说，FFT 是利用了 DFT 权值系数的周期性结构，从而显著降低进行 DFT 所需的运算次数的。

为构建计算效率较高的多普勒滤波器组，首先要求其频率覆盖范围应等于采样速率（即雷达的重频），其次要求每组内滤波器的个数应提升到某个幂次上，其中最常用的是基 2 的幂次（即 $l = 2, 4, 8, \cdots, 2^m$），这两个步骤使得滤波器的系数关于 x 轴和 y 轴高度对称（见图 2.32），从而能将算法中的乘法次数减至最少。提高效率的最后一步也是最关键的一步，就是应在进行乘法之前而不是之后，就根据系数的情况对那些含有特定系数的输入进行相加或相减的操作，为实现这一目标，那些为构建整个滤波器组所需积累的所有样本 (x_n, y_n) 都必须在进行乘法运算前就全部接收完毕。换句话说，该算法并不能在线实时运行，而必须是在所有 l 个回波信号的样本都接收到之后才能开始成组处理。FFT 算法把进行 DFT 所需的计算量①从 l^2 的量级降至 $\frac{l}{2}\log_2 l$ 的量级，图 2.36 给出的是相对于直接进行 DFT 来说，利用 FFT

---

①此处特指乘法的计算量，原因在于乘法的计算效率最低。——译者注

所能达到的计算量显著减少的情况。

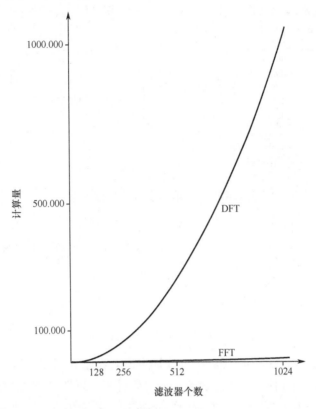

图 2.36　构建大型滤波器组时 DFT 与 FFT 的计算量对比[9]

为方便起见,可将 DFT 改写如下矩阵形式:

$$[F(k)] = [w^{(p-1)(k-1)}][s_{n(p)}] \tag{2.37}$$

式中:$w = \exp(-j2\pi/l)$;

k——变换后的输出序号($k = 1,2,\cdots,l$);

p——输入的样本序号($p = 1,2,\cdots,l$)。

$w^{(p-1)(k-1)}$ 在这种表示方式中是一个 $l \times l$ 阶的矩阵,利用 Cooley–Tukey 算法,该矩阵可以分解为 $m = \log_2 l$ 个 $l \times l$ 阶的矩阵[24],矩阵分解后所具有的特性使得可用某种重复操作的级联完成 FFT 的构建,这种操作就是所谓的蝶形运算。图 2.37 给出了计算量为 l^2 的常规 DFT 流程图以及计算量为 $\frac{l}{2}\log_2 l$ 的基 2 型蝶形运算流程图。

基 2 型 FFT 的蝶形运算在第 m 个阶段对样本对进行操作,可以得到第 $m+1$ 阶段相应的样本对。对于 $R_m = 2^m$ 的 l 点 FFT 来说,蝶形运算对可写成如下的对偶形式,即

$$u_i(m+1) = u_i(m) + w^r v_{i+l/Rm}(m) \tag{2.38}$$

和

$$v_{i+l/Rm}(m+1) = u_i(m) - w^r v_{i+l/Rm}(m) \tag{2.39}$$

式中:u_i 和 $v_{i+l/Rm}$——第 m 个阶段中第 i 个 FFT 数据对的复数形式;

r——整数,并且它还是指数 I 和阶段 m 的函数[26]。

由于蝶形运算输入和输出的索引值相同，那么只要让输出直接占据输入的存储位置就能完成计算过程，这样从理论上说，除了为进行蝶形运算所需的辅助寄存器以外，FFT 仅仅需要 l 个复数存储单元就可以了。

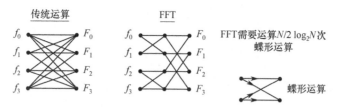

图 2.37　利用蝶形运算进行 FFT 的流程图[25]

在蝶形运算中，可以通过位序翻转的方法确定出复权值 w^r [24]。把 $I-1$ 写成 t 位的二进制量，然后将其向右移 $t-m$ 位，并对左边空出的位置补零，再把整个二进制量的位序进行翻转即可获得 r 值。举例来说，对于图 2.37 中的 4 点 FFT，考虑其第 2 阶段的第 3 个数据点（即 $m=2$，$t=2$），那么序号的二进制量为 $(10)_2$，如果将其向右移 $t-m=0$ 位，结果仍是 $(10)_2$，将其位序进行翻转，结果就是 $(01)_2$，于是 $r=1$（或者说是 w^1）。同样可得 4 点 FFT 的其他权值为 w^0（$i=1$，$m=1$ 和 $i=1$，$m=2$ 时）以及 w^1（$i=3$，$m=2$ 时），这样就可完成整个的变换了。注意在图 2.37 中，权值的确定利用的是树形结构而不是蝶形结构，但由于存在着 $w^2=-w^0$ 和 $w^3=-w^1$ 这种对称性，因此这两种方法在本质上是一样的[24]。

进行蝶形运算时确定权值的位序翻转方法的硬件实现比较简单，只需采用一个计数器倒序计数即可[26]。比如对于 8 点 FFT，常规的 3 位计数器产生出 0 到 7 的连续数值，将其位序翻转则变为 0、4、2、6、1、5、3、7，这就是序号的自然计数序号和位序翻转后序号之间的一一对应关系。

通过分析可以发现，每个蝶形运算需要 4 次实数乘法和 6 次实数加法（即共需 10 次运算）。蝶形运算可以说是 FFT 算法的根本核心，进行 FFT 的信号处理器的复杂度可以通过等效的蝶形运算次数进行衡量（比如就是 $\frac{l}{2}\log_2 l$），并且单次蝶形运算的执行时间已经成为评价雷达信号处理器性能的基本品质因数了[3]。

在通用大型计算机或微型计算机上已用高级语言开发出了进行 DFT 的多种算法，这些算法往往强调的都是缩减计算的执行时间，从而降低 DFT 的成本。所使用的方案都是减少运算单元操作执行的总次数，并且特别关注乘法次数的减少，原因在于这往往是处理速度的主要限制因素，因此很多 FFT 算法就仅仅关心如何减少 DFT 所需乘法的总次数，但这会导致加法次数、内存存取时间以及控制复杂度的增加。如果 FFT 是用软件实现的，复杂度的增加并不会造成什么损失，因为在高级计算机上执行这些操作并不会产生额外的开销，但如果需要用硬件实现的话，情况就不再一样了。

硬件设计人员必须考虑复杂度问题，且必须尽可能优化处理器的运算单元，原因在于控制部分往往占据了硬件系统的主要成本。因此，当用通用计算机进行 DFT 时，会使用较大的数据块组，只需将 DFT 分解成为数量较多的嵌套式小基数变换，就可降低算法的复杂度。而当用硬件实现 DFT 时，则尽量将数据块组分割变小，以简化控制部分及其微代码的编写[27]。

对于雷达多普勒滤波所采用的 FFT 硬件来说，重点在于吞吐率（即接收数据的速率）而不是处理时间，于是就导致了流水线式处理结构的产生，从而能在给定时间内处理大量的数据。流水线式结构类似于水泵通过一条很长的管道抽水，这样水就可以无须等待而能连续不断地进入水管，这种结构在高速接收数据与处理时延之间做到了有效的平衡。

举例来说，考虑图 2.38 所示的 8 点基 2 式 FFT 的数据流程和处理过程。基 2 方法将 FFT 分解为 $\frac{l}{2}\log_2 l = 12$ 个嵌套的蝶形运算，并划分为 3 个阶段，每个阶段完成 4 个蝶形运算。从输入数据的缓冲存储器中将间距为 $l/2 = 4$ 的数据对取出，经过蝶形运算后再将其送回原来的存储位置。以上过程共重复 $l/2 = 4$ 遍，直到所有的 l 个数据点都处理完毕为止。第一遍是对间距为 $l/2$ 的数据对的 $l/2$ 个蝶形运算；第二遍时数据对的间距变为 $l/4$；以后每次的数据对间距逐次减半，直至数据对来自相邻数据为止。此时所需的频谱已经计算完毕并且保存在内存之中了。

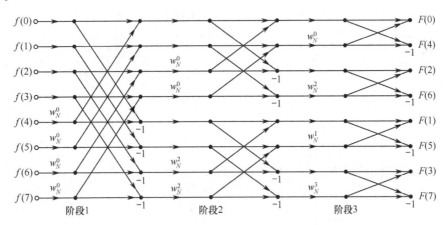

图 2.38　8 点基 2 式 FFT 中的数据流程[28]

根据图 2.38 所示的结构，只需在计算单元之间插入存储单元即可实现流水线式的 FFT 处理器。这种结构使得只要第一次变换的结果已经转入下一处理环节，那么第二次变换就可以立即开始。这似乎需要使用两套缓冲存储器，一套用于保存进入计算单元的新数据，另一套用于保持正在处理中的数据。但事实上通过采用一种特殊的"混洗"存储器（Shuffle Memory）[29]，流水线式 FFT 可以只用一套缓冲存储器就能完成数据处理，其存储需求就等于有待处理的数据块组长度（比如进行 8 点 FFT 仅需 8 个字节的存储器即可）。还需注意的是，作为旋转矢量的权值 w 是数据的顺序偏移量的函数，因此从一个阶段到下一阶段时其具体取值是可以预先确定的。

对于FFT算法来说,其$\log_2 l = M$个阶段的计算过程都可用最基本的计算模块来实现,图2.39给出了该计算模块的通用形式。按照图2.40所示的组合方式,就可将M个计算模块组装成流水线式的FFT处理器,其中每一模块都包含着进行如下蝶形运算的单元:

$$[u(m+1) = u(m) + w^r v(m); \quad v(m+1) = u(m) - w^r v(m)] \tag{2.40}$$

和存储容量为2^{M-m}的移位寄存器(即延迟线),其中M是总的处理阶段个数,m是当前阶段的序号。比如8点FFT($M=3$)第一个处理阶段($m=1$)所需的存储量为$2^{3-1}=4$个字节,第二阶段为2个字节,第三阶段则为1个字节。

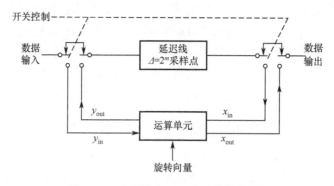

图2.39 流水线式FFT的计算模块[29]

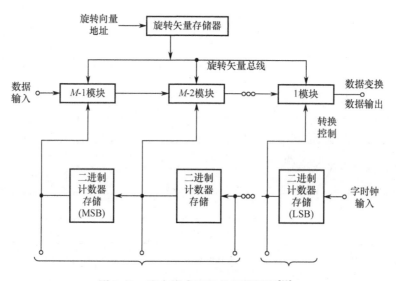

图2.40 流水线式FFT处理器框图[29]

每个计算模块将数据块组交替送入移位寄存器和运算单元[30]。开始时有$l/2$个数据送入第一阶段FFT模块的寄存器中,然后该阶段的运算单元从只读存储器中取出作为旋转矢量的权值,并执行相应的运算。剩余$l/2$个数据连同存储在延迟线中的第一数据块组一起送入第一个FFT模块,并接连产生两组复数型的蝶形运算输出,其中一组被立即传送到下一处理阶段,另一组则送到移位寄存器中。于是,在存储器被新近输入的数据填满之前的过渡时间里,里面所保存的上一块组的处理结果已经传送到下一处理阶段了。

在图2.40所示的流水线式FFT中,旋转矢量型权值的存储器中保存的就是单位根(即正弦值和余弦值),所有M个模块都要调用这些值。一般来说,为完成l个数据所构成的一个块组的处理，需要读取 $l/2$ 个不同的权值。如果这些权值是按照早前阶段所需的顺序生成的，那么只需根据恰当的时序对存储器进行选通获取即可。因此，只要提供一个寄存器，每一运算单元都可以在公共总线的驱动下读取到这些权值。需要注意的是，为完成图 2.40 所示的流水线式 FFT，需要 M 个运算单元和 $l-1$ 个复数型数据存储单元。另外，在接收到第 l 个块组的最后一个数据之后，立刻就可以获得第一次变换的输出。

流水线式 FFT 的控制方式是利用与数据流同步驱动的二进制计数器实现的，该计数器产生一个用于划分处理间隔和切换每一阶段的信号（见图 2.39）。一般来说，当计数器的信息用于提供第 $k+1$ 个阶段的输出时，按正常码位取出计数器中较低的 k 位，即可得到当前正在产生数据的通道序号，若将较高 $M-k$ 位的位序翻转，就能知道当前正在处理的频点。另外，该计数器还可给出当前第 $k+1$ 个阶段所需的复权值的地址。因此这种控制方式包含了进行频谱分析以及对输出结果进行解码所需的全部信息，不过在很多应用场合，由于输出频点的准确顺序是已知的，就不一定再需要进行解码了[29]。

前述的流水线式 FFT 处理器只是用于进行 FFT 的几种硬件结构之一，其形式从硬件最少但吞吐率低到硬件复杂但吞吐率高等都有，各种不同形式的名称分别为：序贯式、级联式（即流水线式）、并行递归式以及阵列处理器等[31]。

序贯式 FFT 以串行的方式对 $\frac{1}{2}\log_2 l$ 个数据对进行单次的蝶形运算，输入数据、中间结果及最终的傅里叶系数都可以存储在同一个存储器中。由于对数据是按分组进行处理的，因此在有实时性要求的场合，就需要在数据存储器之前或是在其中加入相应的缓冲存储。该类处理器的特点有：单个运算单元；序贯式执行 $\frac{1}{2}\log_2 l$ 次蝶形运算；执行时间为 $\frac{Bl}{2}\log_2 l$，其中 B 是完成单次蝶形运算的时间。

级联式 FFT 通过在每一阶段采用一个单独的运算单元而引入了并行操作方式，从而比序贯式的吞吐率提高了 $\log_2 l$ 倍。在图 2.38 的流程图中，跟每一阶段相关的运算单元处理的是 $l/2 = 4$ 个数据对，处理连续数据流所需的缓冲存储器就以延迟线（即移位寄存器）的形式直接纳入到处理器的结构之中。该类处理器的特点为：共有 $M = \log_2 l$ 个运算单元，并且迭代运算是并行开展的；有 $l/2$ 个序贯进行的处理阶段；执行时间为 $Bl/2$；以延迟线的形式将缓冲存储器组装到处理器内部。

并行递归式 FFT 通过在每一阶段引入并行操作提高了吞吐率。该类处理器每一阶段的 $l/2$ 个蝶形运算是并行开展的，同时序贯进行 $\log_2 l$ 次的迭代运算。该类处理器的特点为：有 $l/2$ 个单元并行开展运算；序贯进行 $M = \log_2 l$ 次迭代运算；执行时间为 $B\log_2 l$。实际应用中由于成本的限制，这种处理器往往要跟序贯式 FFT 组合使用，只有在确实需要提高吞吐率的地方才使用并行工作方式。

阵列处理器的结构使得所有 $\frac{l}{2}\log_2 l$ 个蝶形运算均是并行开展的，其实现方式是将 $\log_2 l$ 个数据集以流水线方式输入处理器，其整体执行时间就跟进行单次蝶形运算的时间差不多。该类处理器的特点为：同时有 $\frac{l}{2}\log_2 l$ 个运算单元开展并行运算；执行时间为 B。

举例来说，如果要进行 64 点 FFT，假设单次蝶形运算的时间为 $0.5\mu s$（即 $l=64$，$n=6$，$B=0.5\mu s$），表 2.1 列出了不同结构的处理器的有关结果，可以看出随着并行处理程度的提高,数据吞吐率也在增加。

表 2.1 $B = 0.5\mu s$ 时,不同硬件结构进行 64 点 FFT 时的数据率对比

结构类型	蝶形单元数	执行时间/μs	数据率/MHz
序贯式	1	96	0.67
级联式	6	16	4
并行递归式	32	3	21.3
阵列式	192	0.5	128

当前 FFT 硬件的关注重点是如何合理使用标准的数字式集成电路芯片研制出蝶形运算模块,将其跟适当的数字控制电路组合使用即可构建出完整的 FFT 处理器。目前有一种可进行 4 点、16 点直至 384 点 FFT 的混合式单元,采用的是基 4 蝶形运算模块,其单次蝶形运算的时间为 100ns[28]。

FFT 硬件能力的最新进展则是采用超大规模集成电路(VLSI)在单个芯片上实现大量的蝶形运算单元,对硬件情况的调查显示,在单个面积为 50mm^2 的芯片上已经能够集成 16 个蝶形运算单元[33]。这种方案的问题是蝶形运算单元之间的互联所产生的长线效应,这些长线不仅会占用大量的面积,还需要较高功率的半导体器件进行驱动才能保证可用的传输速率。因此这种 VLSI 设计方案还不能满足常规 FFT 蝶形算法的应用需求。

参 考 文 献

[1] Skolnik, M., (ed.), Waveform Design, Chap. 3 in Radar Handbook, 1st ed., New York: McGraw – Hill, 1970.

[2] Roulston, J., "Design Decisions Guide Airborne Radar," Microwaves and RF, March 1985.

[3] Stimson, G., Introduction to Airborne Radar, 2nd ed., Mendham, NJ: SciTech, 1998.

[4] Nathanson, F., Radar Design Principles, 2nd ed., New York: McGraw – Hill, 1991.

[5] Schleher, D. C., (ed.), MTI Radar, Dedham, MA: Artech House, 1978.

[6] Schleher, D. C., Introduction to Electronic Warfare, Dedham, MA: Artech House, 1986.

[7] Williams, F., and M. Radant, "Airborne Radar and the Three PRFs," Microwave J., July 1983; also in M. Skolnik, (ed.), Radar Applications, New York: IEEE Press, 1989, pp. 272 – 276.

[8] Aronoff, E., and N. Greenblatt, "Medium PRF Radar Design and Performance," 20th Tri – Service Radar Symposium, 1974; also in D. Barton, (ed.), CW and Doppler Radars, Vol. 7 of Radars, Dedham, MA: Artech House, 1978, pp. 261 – 275.

[9] Stimson, G., Introduction to Airborne Radar, 1st ed., Mendham, NJ: SciTech, 1983.

[10] Kennedy, P., "FFT Signal Processing for Non – Coherent Airborne Radars," Proc. IEEE National Radar Conference, 1984, pp. 79 – 83.

[11] Schleher, D. C., MTI and Pulsed Doppler Radar, Norwood, MA: Artech House, 1991.

[12] Shrader, W., and V. Gregers – Hansen, "MTI Radar," Chap. 15 in Radar Handbook, 2nd ed., M. Skolnik, (ed.), New York: McGraw – Hill, 1990.

[13] Nathanson, F., and P. Luke, "Loss from Approximations to Square – Law Detectors in Quadrature Systems with Postdetection Integration," IEEE Trans. on Aerospace and Electronic Systems, Vol. AES – 8, No. 1, January 1972, pp. 75 – 77.

[14] Vannicola, V., "Fluctuation Loss and Diversity Gain for In – Phase Systems with Post – Detection Integration," IEEE Trans., Vol. AES – 9, No. 2, March 1973, pp. 290 – 295; also in D. Barton, (ed.), The Radar Equation, Vol. 2 of Radars, Dedham, MA: Artech House, 1974, pp. 137 – 142.

[15] Weiss, M., and I. Gertner, "Loss in Single – Channel MTI with Post – Detection Integration," IEEE Trans. on Aerospace and Electronic Systems, Vol. AES – 18, No. 2, March 1982, pp. 205 – 208.

[16] Schleher, D. C., "Performance Comparison of MTI and Coherent Doppler Processors," Proc. IEEE Int. Radar Conference,

London, November 1982, pp. 154-158.
[17] Skolnik, M., Introduction to Radar Systems, 3rd ed., New York: McGraw-Hill, 2001.
[18] Skolnik, M., Introduction to Radar Systems, 2nd ed., New York: McGraw-Hill, 1980.
[19] Papoulis, A., The Fourier Integral and Its Applications, New York: McGraw-Hill, 1962.
[20] Andrews, G., Optimal Radar Doppler Processors, Report 7727, Naval Research Laboratory, Washington, D. C., May 1974.
[21] White, W., and A. Ruvin, Recent Advances in the Synthesis of Comb Filters, IRE National Convention Record, 1957, pp. 186-200; also in D. C. Schleher, (ed.), MTI Radar, Artech House, Dedham, MA, 1978.
[22] Filip, A., "A Baker's Dozen Magnitude Approximations and Their Detection Statistics," IEEE Trans. on Aerospace and Electronic Systems, Vol. AES-12, No. 1, January 1976, pp. 86-89.
[23] Andrews, G., Performance of Cascaded MTI and Coherent Integration Filters in a Clutter Environment, Report 7533, Naval Research Laboratory, Washington, D. C., March 1973.
[24] Brigham, E., and R. Morrow, "The Fast Fourier Transform," IEEE Spectrum, December 1967.
[25] Raytheon, Electronic Progress, Vol. XXVIII, No. 1, 1987, p. 15.
[26] Nussbaumer, H., Fast Fourier Transform and Convolution Algorithms, New York: Springer-Verlag, 1981.
[27] Curtis, T., and J. Wickenden, "Hardware-Based Fourier Transforms: Algorithms and Architectures," IEE Proc., Vol. 130, Pt. F, No. 5, August 1983.
[28] Swartzlander, E., "Spectrum Analysis and the Unconventional Butterfly," Defense Science and Engineering, October 1985.
[29] Groginsky, H., and G. Works, "A Pipeline Fast Fourier Transform," IEEE Eascon-69, Washington, D. C., October 27-29, 1969, pp. 22-29; also in IEEE Trans. on Computers, Vol. C-19, November 1970.
[30] Brookner, E., (ed.), Radar Technology, Dedham, MA: Artech House, 1977.
[31] Bergland, G., "Fast Fourier Transform Hardware Implementations—An Overview," IEEE Trans. on Audio and Electroacoustics, Vol. 15, June 1969.
[32] Mavor, J., and P. Grant, "Operating Principles and Recent Developments in Analogue and Digital Signal Processing Hardware," IEE Proc., Vol. 134, Pt. F, No. 4, July 1987.
[33] Ward, J., J. McCanny, and J. McWhurter, "Bit-Level Systolic Array Implementation of the Winograd Fourier Transform Algorithm," IEE Proc., Vol. 132, Pt. F., No. 6, October 1985.
[34] MATLAB Signal Processing Toolbox Users Guide, Version 4, The Math Works, Natick, MA, 1988.

第3章 多普勒雷达性能度量

对雷达而言，最重要的一点是其作用距离。当然，作用距离取决于雷达的工作参数（例如，发射功率、天线增益等）和目标的反射特性（如雷达截面积）。雷达必然是在干扰背景下检测目标的存在与否，这个干扰背景至少包含了接收机内部热噪声。而接收机噪声是一个随机过程，必须用统计特性对噪声进行表征，因此，雷达检测问题是一个统计问题，特定情况下，雷达的作用距离也必须要用统计的方式来表述才有意义。

马克西姆[1]和斯威林[2]（Marcum and Swerling）等人最早开始研究噪声背景下雷达检测问题的一致性统计理论。当声明雷达的作用距离值为多少时，要用两个统计参数来限定：发现概率（例如，$P_d = 0.9$）和虚警概率（如$P_{fa} = 10^{-6}$）。马克西姆和斯威林（M-S）理论给出了计算机生成的大量曲线和表格（参见例子32），这些曲线和表格给出了对特定的积累脉冲数目和目标Swerling类型（例如，起伏和不起伏），为了达到指定的P_d和P_{fa}所需的信噪比（SNR）[3]。

基于M-S理论，通过引入检测损耗可以计算噪声背景下某实际雷达的检测性能。实际雷达的工作条件与理想曲线推导过程中假定的理想条件不同，所以，相比于M-S曲线，达到指定的性能水平需要额外的信噪比，而这额外的信噪比就是检测损耗。现在已经得到了很多类型的检测损耗，当考虑了这些损耗后，可以得到雷达性能的准确预测，这些预测与实际的测试结果非常一致[4]。

多普勒类型雷达工作的干扰背景既包含了杂波也包括了接收机噪声，所以马克西姆和Swerling给出的接收机噪声背景下检测性能的分析方法不能直接应用于多普勒类型的雷达。接收机噪声在脉冲间是不相关的，所以可以基于经典的不相关统计量累加的统计方法来进行分析。但对于多普勒雷达，情况有所不同，因为多普勒雷达工作于杂波背景下，而杂波在脉间一般是高度相关的（固定杂波的对消技术正是基于这一点）。即便杂波的相关度并不是那么强，杂波的不相关也会降低多普勒滤波器中脉冲积累的效果。因此，相比于M-S理论，多普勒雷达的相应分析要更加复杂，其发展也不如M-S理论成熟。

接下来介绍杂波和噪声背景下多普勒雷达检测性能分析的现状。首先，图3.1给出了最佳多普勒处理器（也就是横向滤波器）的框图，对采用最佳多普勒处理器的多普勒雷达，存在检测概率计算的一般性理论，将在第5章（参见5.1节）对其进行讨论[5]。由于该理论给出了多普勒雷达检测概率的上限，所以该理论很有用。对于采用非最佳多普勒处理器的多普勒雷达，利用该理论也可以得到雷达的检测概率。非最佳处理器的结构一般是相干线性多普勒滤波器级联一个包络检波器（参见第5.1节）。比如说，对相参MTI后面加包络检波器，以及如图3.2所示的MTI级联相参积累器（FFT相干滤波器组）后面再加包络检波器的结构，利用该理论通过分析可以确定它们的检测概率。

对如图3.3所示的相参MTI（或者MTI级联相参积累器）级联后检波非相参积累器的结构，难以计算它的检测概率，除非通过使用正交变换进行分解，对相参MTI的输出进行去相关，从而确定检测门限（参见 5.3 节）[6]。为了确定检测概率，必须把信号加干扰的概率密度展开为 Gram – Charlier 级数[5]。由于该理论特别冗长，因此它更适用于特定情况下的计算，而不是像 M – S 理论一样用于生成普适性的结论。

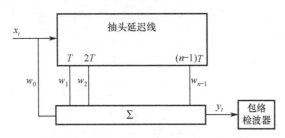

图 3.1　最佳横向多普勒滤波器处理器[5]

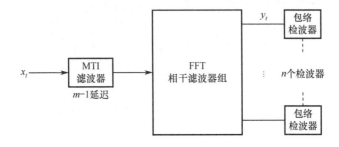

图 3.2　MTI 级联相参积累器[5]

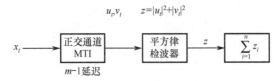

图 3.3　MTI 级联非相参积累器[5]

上述理论已成功应用于两种特定情况：

（1）接收机噪声背景下的目标回波先通过 MTI 滤波器然后进行非相参积累（参见 5.3 节）[7]；

（2）接收机噪声和杂波背景下的目标回波先通过 MTI 滤波器然后进行非相参积累[5]。使用该理论可以得到上述两种情况下的目标检测损耗。需要注意的是，第一种情况是第二种情况的一个子集，此外，杂波加噪声情况下的检测损耗与 MTI 抑制杂波的能力有关。对一次对消相参 MTI 后接视频积累器，检测损耗的典型曲线如图 3.4 所示。

当包含非相参 MTI 时，多普勒雷达检测概率分析将更加复杂。其中，非相参 MTI 指的是在包络检波后进行 MTI 滤波。对于使用平方律检波器的非相参 MTI，虽然解析方法能够计算出检测概率[8]。但是这种计算过于复杂，通常只用它来分析二阶矩（功率），而不是计算检测概率[9,10]。

实际上，大多数情况下，对不同多普勒处理技术的比较主要是衡量这些技术对信杂比（即目标回波信号能量与干扰杂波背景能量之比）改善的大小。为了便于比较，IEEE 标准和其他参考文献中定义了几个性能指标。广泛采用的性能指标是改善因子，改善因子通常包含了其他的标准。改善因子主要是由 Emerson 提出（称改善因子为参考增益），它考虑了多普勒滤波器带来的杂波衰减和目标增强[10]。由于改善因子标准最初是随 MTI 系统的应用提出和发展的，它假定目标在所有可能的速度范围内均匀分布，并且忽略了接收机噪声对系统性能的影响。经过一定修正，该标准可就用于同时包含接收机噪声和杂波的情况，特定情况下还可用于检测概率分析。

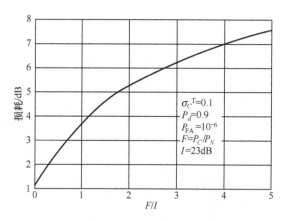

图 3.4　一次对消器后接视频积累器的检测损耗[5]

3.1　MTI 改善因子

MTI 改善因子定义为 MTI 系统输出的信杂比与系统输入的信杂比的比值。这个比值指的是目标所有可能速度上的平均值，它可以定义为

$$I_c = \frac{\overline{(S/C)_o}}{(S/C)_i} \tag{3.1}$$

改善因子公式也可以表示为乘积的形式

$$I_c = (\overline{S_o/S_i})\frac{C_i}{C_o} \tag{3.2}$$

式中：第一项

$$\overline{G} = (\overline{S_o/S_i}) \tag{3.3}$$

称为 MTI 因子（目标的平均 MTI 响应），第二项

$$CA = \left(\frac{C_i}{C_o}\right) \tag{3.4}$$

称为杂波衰减。从式（3.2）可以看出，改善因子的定义中既包括了杂波衰减效应也包括了目标增强效应。从定义中可知，改善因子与目标的速度无关，只取决于 MTI 的权值、杂波的功率谱以及处理的脉冲数目。

此外，杂波下的可见度（SCV）也是评价 MTI 性能的一个标准。杂波下的可见度定义为以指定检测概率和虚警概率在杂波中检测到目标时，杂波能量与目标回波能量的最大比值。目标和杂波能量是一次脉冲回波下的测量结果，并且假设目标径向速度服从均匀分布。SCV 度量了 MTI 系统检测到杂波信号中运动目标信号的能力。

若杂波下的可见度为 40dB，则意味着，即使杂波的回波能量是目标回波的 10000 倍，依然可以在杂波中检测到目标。即便两部雷达的 SCV 相同，二者在杂波下检测到同一目标的能力也有可能不同。这是因为如果一部雷达的杂波分辨单元比另一部雷达大，该雷达将接收到更多的杂波能量。因此，如果一部雷达 A 的脉冲宽度为 $10\mu s$，波束宽度为 $10°$，另一部雷达 B 脉冲宽度为 $1\mu s$，波束宽度为 $1°$，那么通常情况下，要在指定的杂波环境下检测到同一目标，雷达 A 比雷达 B 所需的可见度要高 20dB。

同一部雷达，杂波下的可见度一般小于雷达的改善因子。例如，在无杂波环境中，对于 RCS 为 $1m^2$ 的目标，检测性能为 $P_{fa} = 10^{-6}$，$P_d = 0.9$。假定杂波的等效 RCS 为 $100m^2$，要在该杂波中检测到同一目标，雷达需要 20dB 的可见度。雷达多普勒处理器的改善因子为 20dB 意味着其输出端的 SCR 为 1，但是，这还不足以得到指定的 P_d。如果雷达采用检测后积累，那么这将更加复杂，因为由于杂波是高度相干的，对于噪声的积累增益比杂波高很多。

对于多普勒处理器后接包络检波器的情况，杂波下的可见度与处理器改善因子之间的关系比较简单。多普勒处理器的检测概率（参见第 5.1.1 节）如下式所示：

$$P_d = Q\left\{\left[\frac{2P_s I_f}{P_n(1+F)}\right]^{1/2}, \left[2\ln\left(\frac{1}{P_{fa}}\right)\right]^{1/2}\right\} \tag{3.5}$$

式中：F——杂波和噪声的功率比，$F = P_c/P_n$；

P_s——信号功率；

P_n——噪声功率；

I_f——干扰改善因子；

P_{fa}——虚警概率；

$Q(\cdot,\cdot)$——马克西姆 Q 函数[1]。

改善因子的表达式为

$$I_f = \frac{\boldsymbol{w}^T \boldsymbol{M}_s \boldsymbol{w}^*}{\boldsymbol{w}^T \boldsymbol{M}_x \boldsymbol{w}^*} \tag{3.6}$$

式中：$\boldsymbol{M}_s$——信号协方差矩阵；

$\boldsymbol{M}_x$——干扰协方差矩阵；

$\boldsymbol{w}^T$——复加权向量的转置；

$\boldsymbol{w}^*$——复加权向量的复共轭。

值得一提的是，多普器处理器不仅改善了 SCR，也改善了 SNR。这也就是式中使用 I_f（干扰改善因子），而不是 I_c（MTI 改善因子）的原因，I_c（MTI 改善因子）对应的是只包含杂波的情况。

干扰改善因子（I_f）可以表示成杂波改善因子（I_c）的函数，如下所示：

$$I_f = \frac{1+F}{F} \cdot \left(\frac{I_c}{1+\frac{I_c}{F}}\right) \tag{3.7}$$

因此，当 F（杂波和噪声功率比）变大，I_f 趋于 I_c。此外，如果 I_c 很大，那么最大的干扰改善因子趋于 $F+1$，也意味着最大改善程度与杂波和噪声功率比有关。

取 $\boldsymbol{M}_s = \boldsymbol{I}$（目标速度服从均匀分布）且 $\boldsymbol{M}_x = \boldsymbol{M}_c$，其中，$\boldsymbol{I}$ 为单位矩阵，$\boldsymbol{M}_c$ 为杂波的协方差矩阵，那么此特定条件下广义的改善因子（I_f）就等于杂波改善因子 I_c。将式（3.7）代入式（3.5），检测概率的表达式变为

$$P_d = Q\left\{\left[\frac{2P_s}{P_n\left(1+\frac{F}{I_c}\right)}\right]^{1/2}, \left[2\ln\left(\frac{1}{P_{fa}}\right)\right]^{1/2}\right\} \tag{3.8}$$

从式（3.8）可以看出，当 MTI 改善因子很大时，检测器的性能趋于噪声限制情况（也就是，MTI 对 SNR 没有改善）。

对于相参 MTI，MTI 改善因子可以表示为

$$I_c = \frac{\sum_{j=0}^{n-1} w_j^2}{\sum_{j=0}^{n-1}\sum_{k=0}^{n-1} w_j w_k \rho_c(j-k)} \tag{3.9}$$

式中

$$\bar{G} = \sum_{j=0}^{n-1} w_j^2 \tag{3.10}$$

$\bar{G}$ ——MTI 增益；
w_j ——MTI 的加权系数；
$\rho_c(\cdot)$ ——杂波的相关系数；
n ——MTI 处理的脉冲数目。

对于功率谱为高斯型的情况，相关系数为

$$\rho_c(i-j) = \exp\left[\frac{-(i-j)^2 \Omega^2}{2}\right] = \rho_c(1)^{(i-j)^2} \tag{3.11}$$

式中：$\Omega = \sigma_c T$，σ_c 为杂波功率谱的标准均方根，单位为 rad/s，T 为雷达的脉冲重复周期。

要精确估计 MTI 改善因子需要 MTI 中权值的列表。通过使用 Emerson's 过程（参见 5.1.2 节）可以确定最佳权值[10]。但实际上，通常采用的是二项式权值（变符号的二项式系数），因为二项式权值的性能趋近于最佳权值（当脉冲数 $n = 2$ 时，二项式权值就是最佳的）。对于杂波的功率谱宽度较窄时（也就是 $\sigma_c T \to 0$），最佳权值和二项式权值的取值几乎相等。

表 3.1 给出了 $n = 2$ 到 8 时，MTI 的增益和二项式权值。二项式权值 N 个延迟段（$N = n - 1$）对应的改善因子为[9]

$$I_c = \frac{1}{1 - 2\dfrac{N}{N+1}\rho_c(1) + 2\dfrac{N}{N+1}\dfrac{N-1}{N+2}\rho_c(2) + \cdots} \tag{3.12}$$

式（3.12）可以近似表示为

$$I_c = \frac{2^{n-1}}{(n-1)!(\sigma_c T)^{2(n-1)}}, \sigma_c T \ll 1 \tag{3.13}$$

表 3.1 MTI 功率增益和二项式权值

n	$\bar{G} = \sum_{j=0}^{n-1} w_j^2$	二项式权值
2	2	1, -1
3	6	1, -2, 1
4	20	1, -3, 3, -1
5	70	1, -4, 6, -4, 1
6	252	1, -5, 10, -10, 5, -1
7	923	1, -6, 15, -20, 15, -6, 1
8	3432	1, -7, 21, -35, 35, -21, 7, -1

二项式权值对应的 MTI 改善因子如图 3.5 所示，图 3.6 给出了最佳权值和二项式权值的改善因子的对比。在以下情况下最佳权值比二项式权值提供了更多的好处：

(1) 处理的脉冲数大于 2；
(2) 杂波谱宽比较窄；
(3) 滤波器权值比较精确（当 $\sigma_c T$ 比较小时，最佳权值和二项式权值之间的微小差别将带来改善因子的巨大差别）。

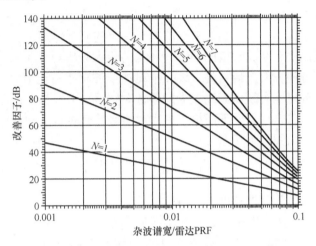

图 3.5 二项式权值（$n = 2 \sim 8$）对应的 MTI 改善因子[11]

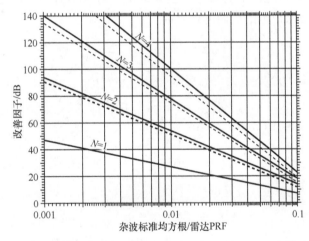

图 3.6 最佳权值和二项式权值（$n = 1 \sim 4$）对应的 MTI 改善因子[11]

还有一种方法，在频域计算 MTI 改善因子：

$$I_c = \frac{|\overline{H(\omega)}|^2 \int_0^{2\pi f_r} S_i(\omega) d\omega}{\int_0^{2\pi f_r} |H(\omega)|^2 S_i(\omega) d\omega} \tag{3.14}$$

式中：$S_i(\omega)$——归一化的杂波功率谱密度，即

$$S_i(\omega) = \frac{\exp(-\omega^2/2\sigma_c^2)}{\sqrt{2\pi\sigma_c^2}} \tag{3.15}$$

f_r——雷达的 PRF；

$|H(\omega)|^2$——二项式权值 MTI 滤波器的功率转移函数，即

$$|H(\omega)|^2 = \left[2\sin\left(\frac{\omega T}{2}\right)\right]^{2(n-1)} \tag{3.16}$$

通过将 $S_i(\omega)$ 定义为杂波加噪声的功率谱密度，在感兴趣的频点上估算 $|H(\omega)|^2$（估算 MTI 级联相参积累器的 $|H(\omega)|^2$，可以参见第 5.2 节），可以对式（3.14）[①]进行扩展，从而计算干扰（杂波加噪声）改善因子（I_f）。

对传统的地基搜索雷达，天线扫描对杂波具有一定的调制作用，从而使得 MTI 改善因子受限。天线扫描的调制引起杂波频谱的展宽，展宽的最大频率对应于天线孔径边缘速度带来的多普勒频移。为了方便分析，通常将天线扫描时的杂波功率谱近似为高斯型，尽管这可能意味着杂波的频率成分可能会超出天线边缘的多普勒频移。天线扫描调制下的 MTI 改善因子最好通过频谱分析的方法来计算。下面给出一次对消器类型的 MTI 的计算过程。

假设天线的单程方向图如下所示

$$G(\theta) = G_0 \exp\left(\frac{-2.773\theta^2}{\theta_B^2}\right) \tag{3.17}$$

式中：θ_B 为天线的单程 3dB 波束宽度。

对每个杂波散射体，天线的扫描会对其回波电压引入一个高斯型的调制，这种调制可以表示为 $v(t) = v_0 \exp(-2.773 t^2/t_o^2)$，其中，$t_o$ 为在目标上驻留的时间 $t_o = n_B T$，n_B 为每 3dB 波束宽度内朝目标发射的脉冲数，T 为雷达的重复间隔。对调制后的电压进行 FFT 得到电压频谱，取平方后得到杂波的功率谱，如下式所示

$$S(\omega) = P_o \exp\left[\frac{-(\omega t_o)^2}{2 \cdot 2.773}\right] \tag{3.18}$$

对一次对消器，其 $|H(\omega)|^2$ 为

$$|H(\omega)|^2 = \left[2\sin\left(\frac{\omega T}{2}\right)\right]^2 \tag{3.19}$$

将其代入 MTI 改善因子的计算公式。由于杂波的功率谱为高斯型，其标准均方根 $\sigma_c = 1.665/t_o$。将 $t_o = n_B T$ 代入可得 $\sigma_c T = 1.665/n_B$，基于此可以得到天线扫描对 MTI 改善因子的限制为

$$I_c = \frac{2}{(\sigma_c T)^2} = \frac{n_B^2}{1.386} \tag{3.20}$$

类似地，可以得到天线扫描限制下二次对消器和三次对消器的 MTI 改善因子分别为 $I_c = n_B^4/3.844$ 和 $I_c = n_B^6/15.985$。这些数值绘制于图 3.7 中。

例 7 改善因子分析

MTI 改善因子定义为

$$I_c = \frac{\left(\dfrac{S}{C}\right)_{\text{out}}}{\left(\dfrac{S}{C}\right)_{\text{in}}}$$

式中：S——信号功率；

---

① 原文中为（3.9）。——译者注

C——杂波功率。

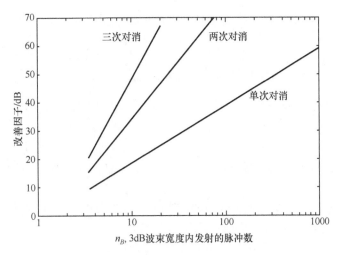

图3.7 天线扫描对 MTI 改善因子的限制[12]

该公式是在感兴趣的目标径向速度范围内取平均。该因子在确定 MTI 雷达的检测距离范围中发挥了至关重要的作用。

雷达方程中提到,信号的回波功率正比于目标的雷达截面积(σ_t)。第1.3.2节中提到,分布式杂波的回波功率也可类似地使用其等效雷达散射截面来描述(σ_{cx})。这点在逻辑上也是成立的,因为杂波也是很多目标散射体的组合。因此,

$$\left(\frac{S}{C}\right)_{\text{in}} = \frac{\sigma_t}{\sigma_{cx}}$$

此外,杂波等效雷达散射截面积的幅度概率分布呈现出和接收机噪声类似的统计特征(参见第1.3.2节),但一个样本和下一个样本之间杂波是高度相关的,这点与噪声有很大区别。因此,尽管积累可以显著可以信噪比,但却无法显著改善信杂比(在例子18中有完整分析)。

图 EX -7.1 给出了 MTI 检测的框图。需要注意的是,为了使用经典的 M-S 理论来计算检测统计性能(P_d, P_{fa} 和 Swerling 目标模型),用同样数值的单脉冲信噪比来取代 MTI 输出的信杂比。这种代入的结果为

$$\left(\frac{S}{C}\right)_{\text{out}} = \left[\frac{S}{N}\right]_1$$

式中:$[S/N]_1$ 为对 Swerling 0, 1 或 3 型目标单个脉冲的信噪比。

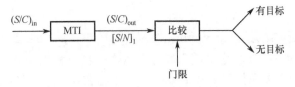

图 EX -7.1 MTI 检测示意框图

对 MTI 雷达,适合采用 Swerling 0 型(固定目标),1 型和 3 型目标模型,因为在 MTI 处理器处理的脉冲数对应的持续时间内发射机的频率是固定不变的。

对一个稳定目标,n 个脉冲进行积累时,为了达到特定的 P_d 和 P_{fa},所需的 SNR 可以用

Albersheim 的关系式来近似给出。对单个脉冲,该关系式为

$$\left(\frac{S}{N}\right)_1 = A + 0.12AB + 1.7B$$

其中

$$A = \ln\left(\frac{0.62}{P_{fa}}\right), \quad B = \ln\left(\frac{P_d}{1 - P_d}\right)$$

对 n 个独立脉冲,所需的信噪比(用分贝表示)可以用下式来近似

$$\left[\left(\frac{S}{N}\right)_n\right]_{dB} = -5\lg(n) + \left(6.2 + \frac{4.54}{\sqrt{n + 0.44}}\right)\lg\left(\frac{S}{N}\right)_1$$

在 P_d 取值为 $0.1 \sim 0.9$,P_{fa} 取值 $10^{-3} \sim 10^{-6}$,n 取值 $1 \sim 8096$ 时,该近似的误差小于 0.6dB。

可以采用 Barton 方法近似得到 Swerling I 到 IV 型(起伏目标)检测所需的信噪比。第一步是首先得到单个脉冲($n=1$)对 Swerling I 型目标所需的信噪比,

$$\left[\left(\frac{S}{N}\right)_1\right]_{dB}\bigg|_{one} = 10\lg\left(\frac{\ln(P_{fa})}{\ln(P_d)} - 1\right)$$

起伏损耗定义为

$$FL = \left(\frac{S}{N}\right)_{dB}\bigg|_{one} - 10\lg\left(\frac{S}{N}\right)_1$$

对各种 Swerling 类型的目标,所需的信噪比可以通过下式得到

$$\left[\left(\frac{S}{N}\right)_n\right]_{dB}\bigg|_{one} = \left[\left(\frac{S}{N}\right)_n\right]_{dB} + FL$$

$$\left[\left(\frac{S}{N}\right)_n\right]_{dB}\bigg|_{two} = \left[\left(\frac{S}{N}\right)_n\right]_{dB} + \frac{FL}{n}$$

$$\left[\left(\frac{S}{N}\right)_n\right]_{dB}\bigg|_{three} = \left[\left(\frac{S}{N}\right)_n\right]_{dB} + \frac{FL}{2}$$

$$\left[\left(\frac{S}{N}\right)_n\right]_{dB}\bigg|_{four} = \left[\left(\frac{S}{N}\right)_n\right]_{dB} + \frac{FL}{2n}$$

Matlab 程序 det_factor.m 利用 det_factors(P_d, P_fa,脉冲数)来计算稳定和 Swerling 类型的目标检测所需的 SNR。输入参数为所需的 P_d,P_{fa} 和积累的独立脉冲的数目。以矩阵形式输出对每一种目标类型所需的信噪比(det_facts(i,:),i=1,2,3,4,5)。

所需的 MTI 改善因子可以写为

$$I_c = \frac{\left[\frac{S}{N}\right]_1}{\left(\frac{S}{C}\right)_{in}}$$

式中:$[S/N]_1$ 为对指定的 P_d、P_{fa} 和 Swerling 类型目标的单个脉冲的信噪比[1]。积累效应在例 18 中已有论述,对于地海杂波积累增益一般可以忽略,除非系统具有非常大的改善因子以至于可以将残留杂波减少至明显低于噪声。此外,MTI 滤波会对信号产生衰减,导致目标功率的损耗。当考虑该损耗后(L_{MTI}),所需的 MTI 改善因子可以表示为

$$I_c = \frac{\left[\frac{S}{N}\right]_1 L_{MTI}}{\left(\frac{S}{C}\right)_{in}}$$

可以使用该公式来综合得到达到指定 P_d 和 P_{fa} 所需的改善因子。如果用分贝来表示该公式则变为如下形式：

$$I_{dB} = \left[\frac{S}{N}\right]_1 \Big|_{dB} + L_{MTI}\big|_{dB} - \left(\frac{\sigma_t}{\sigma_{cx}}\right)\Big|_{dB}$$

下一步是得到杂波的等效雷达散射截面积。对于面杂波，使用脉冲限制类型（见第 4.1 节），可以适用于低和中掠射角（ψ），杂波的等效雷达截面积为

$$\sigma_{cx} = \sigma^0 R \theta_{az} \left(\frac{c\tau_e}{2}\right) \sec(\psi)$$

式中：σ^0——杂波散射系数，代表了每单位面积表面的雷达截面；
$(c\tau_e/2)$——脉冲宽度对应的径向距离；
τ_e——雷达脉冲宽度；
θ_{az} 为方位波束宽度，用弧度表示；
ψ——掠地角；
R——雷达到包含目标的面杂波分辨单元的距离。

体杂波的等效雷达截面为

$$\sigma_{cx} = \eta R_\tau \theta_{az} \phi_{el} R^2$$

式中：η——体杂波散射率（m^2/m^3）；
ϕ_{el}——俯仰向波束宽度，单位为弧度，其他参数的含义与面杂波相同。

需要说明的是，对于脉冲压缩雷达，计算 R_τ 时要使用脉压后的脉冲宽度。

下面调用 Matlab 程序 mti_impfac.m，得到 ASR-9 雷达所需的改善因子。ASR-9 雷达的相关参数如表 EX-7.1 所列。用 Albersheim 近似得到指定 P_d 和 P_{fa} 所需的 SNR。同时考虑了面杂波和体杂波的影响，由于雷达水平线制约了杂波的延展范围，所以对其进行了计算。

表 EX-7.1 ASR-9 雷达参数

参数	取值	参数	取值
脉冲宽度	1μs	方位向波束宽度	4.8°
检测概率	0.9	目标 RCS	1m²
虚警概率	10^{-6}	降雨率	4mm/h
天线高度	20m	频率	3GHz
俯仰向波束宽度	1.3°		

程序所需的用户输入为：
- 目标的 Swerling 类型（0，1，3）；
- 距离（km）；
- 降雨大小（mm/h）。

用户的输出为：
- 所需的改善因子（面杂波时）；
- 所需的改善因子（体杂波时）。

MATLAB 的输出示例：

swerling_type (0, 1, 3)

R_hor (km) = 18.4524

Range (km) = 18.4524
sigma_0 (dB) = -30
impfac_sur (dB) = 39.1233
rain rate (mm/hr) = 4
impfac_vol (dB) = 16.1426

3.1.1 非相参 MTI 改善因子

对非相参 MTI（见图 2.17），MTI 改善因子可以通过和相参 MTI 类似的计算步骤得到。二者之间最基本的差别大于：相参 MTI 在 MTI 滤波之前采用同步（相位）检波，非相参 MTI 使用包络检波。相参 MTI 中采用的同步检波器是一种线性外差运算，这种运算保留了各种目标、杂波和噪声的射频频谱形状。但是，非相参 MTI 中采用的包络检波展宽了目标和杂波的视频频谱，从而导致非相参 MTI 的性能不如相参 MTI。

不考虑噪声时，相参 MTI 和非相参 MTI 的视频频谱如图 3.8 所示，其中，非相参 MTI 采用了平方律包络检波器。平方律包络检波会导致相参 MTI 频谱和其自身进行卷积。如果频谱形状为高斯型，则非相参 MTI 杂波频谱（$C \times C$）的方差 $\sigma_{nc}^2 = 2\sigma_c^2$，目标频谱（$C \times T$）的方差为 $\sigma_{tnc}^2 = \sigma_t^2 + \sigma_c^2$，其中，$\sigma_c^2$ 为相干杂波谱的方差，σ_t^2 为相干目标谱的方差。需要注意的是，卷积会导致非相参 MTI 具有额外的杂波边带，这点是相参 MTI 没有的。

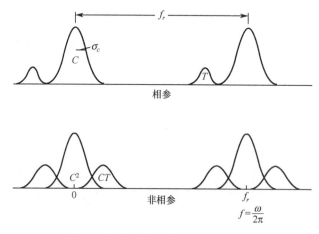

图 3.8 相参和非相参 MTI 的视频频谱

采用二项式权值的非相参 MTI 的改善因子可以由相参 MTI 的改善因子推导得到，将非相参 MTI 频谱方差（$\sigma_{nc}^2 = 2\sigma_c^2$）代入相参 MTI 改善因子的表达式，并乘以 2（由于额外的边带），从而得到对 $\sigma_c T \ll 1$ 时，非相参 MTI 的改善因子为

$$I_{nc} = \frac{2 \cdot 2^{n-1}}{(\sqrt{2}\sigma_c T)^{2(n-1)}(n-1)!} = \frac{2}{(\sigma_c T)^{2(n-1)}(n-1)!} \quad (3.21)$$

得到的采用二项式权值的相干和非相参 MTI 的改善因子如表 3.2 所列，其中，σ_c^2 为杂波频谱方差，T 为雷达的脉冲重复周期。导致的扫描限制（n_B = 每 3dB 波束宽度内的脉冲数）列于表 3.3 中。从中可以看出，对于一次 MTI 对消器（$n=2$），其改善因子和扫描限制是相等的，但当 MTI 的阶数（采取的延迟线数目）增加时，相参 MTI 的性能提高得更快。此外，非相参 MTI 改善因子的一般表达式也可以写成以下形式：

$$I_{nc} = \frac{2\sum_{j=0}^{n-1} w_j^2}{\sum_{j=0}^{n-1}\sum_{k=0}^{n-1} w_j w_k \rho_c^2(j-k)} \tag{3.22}$$

式中：w ——MTI 的权值；

$\rho_c(\cdot)$ ——杂波的相关系数（ρ_c^2 项来自于频域的频谱卷积，对应于时域的乘积）[10]。

表 3.2　采用二项式权值的相参和非相参 MTI 的改善因子（$\sigma_c T \ll 1$）

n	相干	非相干
2	$2/(\sigma_c T)^2$	$2/(\sigma_c T)^2$
3	$2/(\sigma_c T)^4$	$1/(\sigma_c T)^4$
4	$4/3(\sigma_c T)^6$	$1/3(\sigma_c T)^6$

表 3.3　采用二项式权值的相参和非相参 MTI 的改善因子扫描限制（$\sigma_c T \ll 1$）

n	相干	非相干
2	$n_B^2/1.386$	$n_B^2/1.386$
3	$n_B^4/3.844$	$n_B^4/7.688$
4	$n_B^6/15.985$	$n_B^6/63.940$

对一次对消器（$n = 2$），相参和非相参 MTI 的改善因子相等，这好像意味着两种类型 MTI 的检测性能也相等。但是实际情况是，相参 MTI 的检测性能是最佳的（参见第 5.1.2 节），次优的非相参 MTI 的检测性能应该比相参 MTI 的低。这种不一致的现象是因为改善因子准则是基于二阶矩来比较信杂比，没有考虑有无目标两种假设下不同的概率密度形状的差异。因此，对非相参 MTI 和相参 MTI，从 MTI 改善因子到检测概率的传递关系是不同的，所以无法基于改善因子的关系来直接比较检测性能。此外，遗憾的是，非相参 MTI 的概率分布不是高斯分布，因此无法用改善因子来解析地表达检测概率。

非相参 MTI 改善因子的统计结果主要适用于采用平方律检波（包络的平方）的情况。分析表明，采用线性包络检波器的非相参 MTI 的改善因子可以由采用平方律包络检波器的一些结果推导得到[14]。对于一次对消器，采用线性包络检波器的非相参 MTI，杂波的剩余功率为

$$C_o = 4\sigma^2[1 - F(\rho)] \tag{3.23}$$

式中：$2\sigma^2$ ——包络检波前输入的杂波功率；

$$F(\rho) = \left(\frac{\pi}{4}\right){}_2F_1\left(-\frac{1}{2}, -\frac{1}{2}, 1, \rho^2\right) \tag{3.24}$$

其中：${}_2F_1(\cdot,\cdot,\cdot,\cdot)$ ——高斯超几何函数；

ρ ——杂波相关系数[14]。对高阶 MTI，杂波的剩余功率表示为 $C_o = \boldsymbol{w}^T \boldsymbol{M}_c' \boldsymbol{w}^*$，其中，$\boldsymbol{M}_c'$ 为相参 MTI 的协方差矩阵（$\boldsymbol{M}_c$）用 $F(\rho)$ 代替 ρ 后的结果。使用以上关系式，并采用蒙特卡罗仿真来确定 MTI 的目标响应，得到如图 3.9 所示的采用平方律检波和线性检波器的非相参 MTI 改善因子曲线[14]。

图 3.9 中的曲线说明，采用线性包络检波器的非相参 MTI 的改善因子比采用平方律检波器的要低。降低的程度取决于杂波频谱展宽程度和 MTI 滤波器的阶数（延迟线的数目）。这点对于非相参 MTI 非常重要，因为实际的检波器一般是小信号工作于平方律区域，大信号工

作于线性区。由于杂波信号通常远大于接收机噪声，大多数非相参 MTI 中采用的实际检波器都可能工作于线性区。

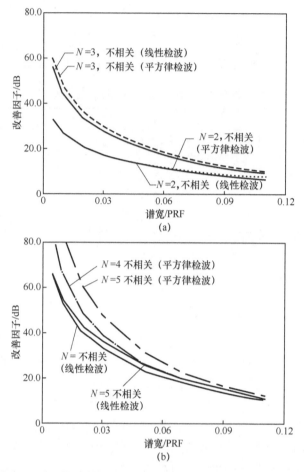

图3.9 采用线性和平方律包络检波器的非相参 MTI 改善因子

3.1.2 对消率

对消率（CR）是一种常用的衡量标准来评价多普勒雷达内部的非稳定噪声及其对系统整体性能的影响。对消率定义为：将潜在的放大系数（例如 MTI 增益）或损耗进行归一化后，多普勒处理器对真实固定目标回波的衰减程度。CR 表示一部特定多普勒雷达设计所能达到的改善因子的一个上限。

将一个完全相关信号输入到多普勒处理器，通过测量输出端的剩余功率可以得到 CR。将剩余功率除以输入功率，考虑潜在的增益或损耗后，这个比值就是对消率。根据测量值得到了多普勒处理器的对消率，但该值没有考虑发射机或接收机引入的噪声。更完整的测量还包括雷达搜索到一个真实的固定目标，并保持照射，但是这种类型的目标难以找到，更主要的精力应该放在如何完成试验以获得有意义的试验结论。很多情况下，通过将直接测量和非直接测量巧妙地进行结合，可以得到合适精度的 CR。

有很多潜在的因素会导致发射机和接收机系统不稳定。这些不稳定可能是因为在设备安装或操作过程中不可避免地存在一些非理想因素，这些非理想因素带来了系统的非稳定噪声。

第 3 章 多普勒雷达性能度量

系统非稳定噪声的最主要来源包括以下几种：
- 脉冲时间抖动；
- 脉冲宽度抖动；
- 脉冲幅度抖动；
- 脉冲失真；
- 接收机相位和增益变动；
- 发射机脉冲的频率调制；
- 发射机，本振或相干振荡器的频率漂移；
- 相干振荡器锁相非稳定；
- 门噪声；
- 数字系统中的量化噪声。

需要说明的是，如果多普勒雷达采用数字处理器，则系统时钟是从检测发射信号的射频包络开始的，因此一般该型雷达内部不会出现脉冲时间抖动。同样的，脉内的频率调制和相干振荡器锁相非稳定性一般只适用于接收相参的 MTI 系统（见图 2.21）而非主振功率放大器系统（见图 2.20）。在脉冲振荡器系统中，发射机经常会进行脉冲频率调制（也就是对相位进行调制），相干振荡器锁定的频率与发射脉冲前沿的频率不同。通常情况下，系统的非稳定性与多普勒处理器中任何引起固定目标回波的脉冲间起伏变化（也就是，相对于雷达的脉冲重复周期）机理有关。

各种脉间不稳定峰值对 CR 的限制列于表 3.4 中[15]。在脉冲压缩系统中，压缩后的脉冲宽度（$\tau_e = 1/B$）为压缩前脉冲宽度（τ）的 $1/\beta$，$\beta = B \cdot \tau$，其中，B 为线性调频的带宽。在脉压系统中，脉冲时间和脉冲宽度抖动带来的剩余功率也会放大 β 倍，导致 CR 降低，降低的倍数为时宽带度积。对于简单脉冲系统，时宽带度积等于 1（$B\tau = 1$），对于该类型的系统，只需将其代入对消率的表达式即可。对于相位编码脉冲压缩系统（例如，巴克码），有效脉冲宽度等于压缩前的脉冲宽度除以码元数目（例如，13 位巴克码，$\tau_e = \tau/13$），因此对该类型的系统，将 $B\tau$ 值替换为码元数目即可（也就是 $B\tau = 13$）。

表 3.4 系统非稳定性对对消率的限制

脉间非稳定性	对消率	脉间非稳定性	对消率
发射机频率	$(\pi \Delta f \tau)^{-2}$	脉冲时间	$\dfrac{\tau^2}{[(\Delta t)^2 2B\tau]}$
本振或相干振荡源频率	$(2\pi \Delta f T_R)^{-2}$	脉冲宽度	$\dfrac{\tau^2}{[(\Delta t)^2 2B\tau]}$
发射机相位漂移	$(\Delta \phi)^{-2}$	脉冲幅度	$\left(\dfrac{A}{\Delta A}\right)^2$
相干振荡器锁定	$(\Delta \phi)^{-2}$	量化噪声	$\dfrac{3}{4}(2^n - 1)^2$

表 3.4 中用到的其他参数分别为

Δf——脉间频率变化量；T_r——雷达到目标和从目标回到雷达的电波传播时间；$\Delta \phi$——脉间相位变化，n——A/D 转换器的量化位数。

对于随机起伏的情况,表 3.4 中的峰值可以替换为其均方根值来计算平均的 CR 限制(例如,$\sigma_\phi = \sqrt{2}\Delta\phi$,$\sigma_\tau = \sqrt{2}\Delta\tau$,等)[10]。

采用数字信号处理器的多普勒雷达容易受到系统 A/D 转换器中量化误差的影响[36]。A/D 转换器将每个采样的电压值与一系列精确已知数值的递增的电压值进行比较,将其转化为一个二进制数。当找到这一系列值中与采样电压最接近的一个值时,转换器会输出该已知数值的二进制序列。图 3.10 给出一个线性变化的电压值通过 A/D 转换器的情况,输出为两个信号之和:一个为原有模拟信号的量化结果,一个为三角形的误差信号,误差信号的最大值大于最小量化位(LSD)或量化步长的一半。对于图 3.10 所示的衰减服从均匀分布的情况,量化误差的均方根值为 LSD/$\sqrt{12}$。

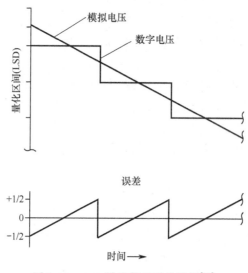

图 3.10　A/D 转换器的量化误差[16]

对于相参 MTI,A/D 转换器对 MTI 同步检波器(见图 2.28)的二相基带输出进行采样。对于 n 位 A/D 转换器,LSD 等于 $2v_p/(2^n - 1)$,其中,v_p 为 MTI 同步检波器可能的最大信号水平。进而得到量化噪声的均方根值

$$\sigma_q = \frac{2v_p}{\sqrt{12}(2^n - 1)} \tag{3.25}$$

如果假定量化噪声与热噪声类似,那么脉间的功率变化为 $E(n_1 - n_2)^2 = 2\sigma_q^2$,意味着脉间变化的均方根为 $\sqrt{2}\sigma_q$。对固定目标二相相位检波器(同步检波器)的输出信号可以表示为 $v_p\cos\phi$,其中 ϕ 为目标回波信号与 MTI 相干参考源的相位差,服从均匀分布。同步检波器输出的平均功率为 $E(v_p\cos\phi)^2 = v_p^2/2$,均方根为 $v_p/\sqrt{2}$。把固定信号的功率除以残留的量化噪声功率,可以推导得到相应条件下的对消率[15],如下所示

$$CR = \frac{\left(\dfrac{v_p}{\sqrt{2}}\right)^2}{\left[\dfrac{2\sqrt{2}v_p}{(2^n - 1)\sqrt{12}}\right]^2} = 0.75(2^n - 1)^2 \tag{3.26}$$

将 A/D 转换器不同位数对应的量化噪声 CR 限制绘制成表,如表 3.5 所列。

表 3.5　量化噪声对对消率的限制

位　　数	对消率限制/dB	位　　数	对消率限制/dB
4	22.3	9	52.9
5	28.6	10	59.0
6	34.7	11	65.0
7	40.8	12	71.0
8	46.9		

从便于分析的角度来看，将固定目标回波分解为两个独立部分会比较好：不受系统非稳定性影响的部分（s_t）和系统非稳定性引起的扰动部分（n_t）。得到的对消率为

$$\text{CR} = \frac{\int S_s(\omega)\mathrm{d}\omega}{\int \sum_{n=1}^{N} S_n(\omega)\mathrm{d}\omega} \tag{3.27}$$

式中：$S_s(\omega)$——非扰动部分的频谱；

$S_n(\omega)$——每一个类似噪声的加性独立扰动成分的频谱；

N——扰动源的数目。

各变量之间的积累和累加结果为

$$\text{CR} = \frac{1}{\dfrac{1}{CR_1} + \dfrac{1}{CR_2} + \cdots + \dfrac{1}{CR_n}} \tag{3.28}$$

式中：CR_n 为每个单独效应的对消率。

基于式（3.28）可以从每个单独效应的 CR 值得到整体的 CR。

CR 对整体改善因子的影响可以通过假定系统非稳定性（n_t）调制回波信号来进行推导。由于非稳定性与杂波无关，接收回波的自相关函数（ACF）可以写成乘积 $R_{s+n}(\tau)\rho_c(\tau)$，其中，$R_{s+n}(\tau)$ 是扰动和非扰动分量和的 ACF，$\rho_c(\tau)$ 是杂波的归一化 ACF（参见第 3.1 节）。实际改善因子为

$$(I_{\text{actual}})^{-1} = \frac{\sum_{j=0}^{n-1}\sum_{k=0}^{n-1} w_j w_k \rho_c(j-k) R_{s+n}(j-k)}{R_{s+n}(0)\sum_{j=0}^{n-1} w_j^2} \tag{3.29}$$

将 $R_{s+n}(j-k) = R_s(j-k) + R_n(j-k)$ 代入，考虑到 $R_s(j-k)$ 具有一个恒定的值 $R_s(0)$，$R_n(j-k)$ 为一个冲激函数，只有一个非零值 $R_n(0)$，得到

$$(I_{\text{actual}})^{-1} = \frac{R_s(0)}{R_s(0)+R_n(0)}\left[I_{\text{ideal}}^{-1} + \frac{R_N(0)}{R_x(0)}\right] \tag{3.30}$$

进一步考虑到 $CR = R_s(0)/R_n(0)$，得到

$$(I_{\text{actual}})^{-1} = \frac{CR}{1+CR}\left[I_{\text{ideal}}^{-1} + CR^{-1}\right] \tag{3.31}$$

当 CR 足够大（15dB 以上）时，式（3.31）可以简化为

$$I_{\text{actual}}^{-1} = I_{\text{ideal}}^{-1} + CR^{-1} \tag{3.32}$$

式（3.32）绘制于图 3.11 中，给出了 CR 对理想改善因子（I_{ideal}）的影响，I_{ideal} 是在非

稳定性对杂波不会产生影响（也就是 CR → ∞ ）的假定下计算得到的[9]。

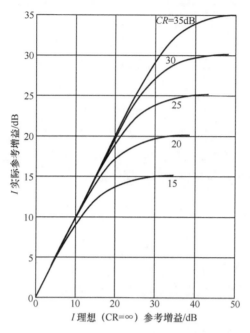

图 3.11　系统非稳定噪声带来的改善因子下降

举例说明，考虑一个 3GHz 的雷达，其作用距离为 100 海里，发射脉冲的宽度为 2μs。在每个非稳定成分上面叠加一个 50dB（电压比 316:1）的 CR 限制[15]。如果采用的是脉冲振荡器，则脉间的频率变化峰值则需低于 $\Delta f = 1/316\pi\tau = 504$Hz，也就是稳定性为 $2/10^7$，相参锁定必须在 $\Delta\phi = 1/316 = 3/16 \times 10^{-3} = 0.18°$。为了达到 100 海里的作用距离（$T_r = 12.4 \times 100 \times 10^{-6}$s），稳定本振或相参振荡源的脉间频率变化必须小于 $\Delta f = 1/632\pi T_r = 0.4$Hz。也就是对于稳定本振，其短期稳定度为 $1/10^{10}$，对于相参频率为 30MHz 的相参振荡器，短期稳定度为 $1/10^8$。脉冲时间抖动必须低于 $\Delta t = \tau/316\sqrt{2} = 4.5 \times 10^{-9}$s，脉冲宽度抖动低于 $\Delta\tau = \tau/316 = 6 \times 10^{-9}$s，脉间幅度抖动低于 $\Delta A/A = 1/316$ 或者 0.3%，对于数字处理器，A/D 转换器的位数需大于 9 位。

3.2　杂波对多普勒雷达性能的影响

在上一节，对多普勒雷达性能指标以及它们对系统性能的影响进行了讨论。改善因子是评估多普勒雷达最主要的性能指标。对于后接包络检测器的全相参系统，检测概率与改善因子直接相关，另一方面，改善因子可用来作为比较不同手段的标准。改善因子由两部分构成：一部分是由于系统的非稳定性，定义为对消率，另一部分是多普勒滤波对杂波信号的影响，称为理想改善因子（I_{ideal}），理想改善因子主要与杂波谱的展宽有关，雷达扫描以及杂波的内在变化都会引起杂波谱的展宽。

每一小块杂波特有的起伏来自于几种独立因素的综合影响。首先是组成杂波的各散射体之间存在着相对运动，内部运动的强烈程度取决于风速、海况、湍流和散射体个体的流动性等各种不同因素，这种内部运动造成了回波的随机性。

除了内部运动引起的起伏，天线扫描带来天线和独立杂波散射体之间的相对运动，从而引起回波强度的变化。扫描噪声的强度取决于扫描速率与天线波束宽度的比值，这个比值决定了天线照射某散射体的时间。随着驻留时间的减小，扫描噪声变得越来越严重。天线扫描对杂波谱的调制作用最大不超过机械扫描天线的最大边缘速度对应的多普勒频率。对于低重频的地基监视雷达，地杂波的频谱宽度主要取决于扫描调制分量。如果采用步进扫描天线，那么在多普勒处理器的处理时间内天线保持不动（举例来说，一般使用电扫描），扫描调制分量将会得到明显降低。

影响杂波统计特性的第三个因素称为平台运动噪声。这主要适用于机载和舰载装备，雷达平台相对于杂波体有直线运动。天线波束内不同杂波散射体的径向速度差异（参考沿天线瞄准线的径向速度）引起运动噪声，带来杂波功率谱的展宽，展宽的程度正比于天线的平面运动速度，反比于天线的大小。因此，当平台速度很大且天线很小时，天线的指向偏离其地面航迹，运动噪声将会非常严重，成为影响高速机载雷达中 MTI 性能的最重要的因素。与扫描调制噪声类似，平台运动噪声也可以通过固定天线的方式来降低（例如，天线相位中心偏置），这种方式可以使天线在空间仿佛不动一般。

此外，可能会带来杂波谱展宽的因素还包括发射机频率非稳定性。当不同脉冲之间发射机的频率改变时，产生的第一种效应是杂波的部分去相关，这点和采用跳频时类似。这引起 MTI 相位检波器输出位置处多普勒滤波器未对消掉的杂波信号存在脉间变化。第二种效应来自于每个实际发射机中的噪声边带（称为相位或频率噪声）。这些边带位于发射机载频附近，每个杂波散射体都对其进行反射。总的效果会带来受其他展宽效应（如，内部运动，扫描，平台运动）影响后的杂波与一个有噪声的载频相卷积得到总的杂波谱，而不是单一的谱线。这种效应在高重频脉冲多普勒雷达中最为显著，因为多个距离模糊杂波单元叠加在一起，要从中发现目标需要更大的多普勒处理器改善因子。

多普勒雷达处理器设计的总目标是在杂波的整个动态范围内保持线性响应，处理器的改善因子要足够大以便将残留的杂波降低到接收机噪声的水平。大多数情况下，杂波的动态范围巨大（例如，图 1.26 中杂波的动态范围超过 60dB），需要很大的改善因子。在老式的 MTI 中对该问题采用的解决方案是在接收机的中频部分采用一个限幅器，限幅器的非线性通常会展宽杂波的频谱。

当杂波达到限幅器的限制门限后，杂波的包络会出现明显的不连续，从而带来额外的杂波频谱分量，如图 3.12 所示，图中给出了扫描雷达激励的单个散射点源的电压响应，包括有限幅和无限幅两种情况。无限幅时的响应为一个相对平滑的信号，这个信号在 MTI 处理器中可以成功对消掉（图中给出了一次、二次、三次对消器的），因此，可以提供较高的改善因子。如果信号的峰值超过限幅门限 20dB，当该信号输入到 MTI 对消器中，对消器中的残留比不限幅时高很多，导致改善因子有很大下降。实际上，该情况下，超过一次对消器的额外对消能提供的改善因子也很有限。

在低重频 MTI 雷达设计中，多普勒雷达的频率响应一般是高度模糊的（见图 2.3），导致当多普勒频率为雷达脉冲重复频率的整数倍时会出现盲速。解决盲速问题的方法之一是雷达的 PRF 进行参差。举例说明，如果参差后雷达波形的重复周期具有以下关系 $n_1/T_1 = n_2/T_2 = \cdots n_N/T_N$，其中，$n_1, n_2, \cdots, n_N$ 为整数。如果 v_B 为非参差波形的第一盲速，非参差波形具有恒定的重复周期 $T_{av} = (T_1 + T_2 + \cdots + T_N)$，第一盲速为 $v_1 = v_B(n_1 + n_2 + \cdots + n_N)/N$。但是，当采用参差重频时，扫描雷达的改善因子也会受限，改善因子与每波束宽度内脉冲数的平方成正比，扫描限制可以表示为

$$I = \left[\frac{2.4n_B}{(\gamma-1)}\right]^2 \tag{3.33}$$

式中：γ 为 PRI 参差率[15]。

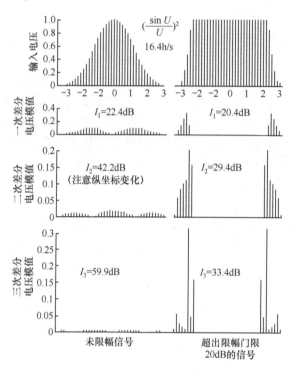

图 3.12 限幅器带来的改善因子限制

3.2.1 内部运动杂波谱

通常假定内部运动带来的杂波谱为高斯型：

$$S(f) = P_c \frac{\exp(-f^2/2\sigma_f^2)}{\sqrt{2\pi}\sigma_f} \tag{3.34}$$

式中：σ_f ——杂波谱的标准偏差，单位为 Hz；

P_c ——杂波的回波功率。

相应的自相关函数为

$$\rho(\tau) = P_c \exp\left(\frac{-\tau^2}{2\sigma_\tau^2}\right) \tag{3.35}$$

式中：$\sigma_\tau = 1/2\pi\sigma_f$。

σ_f 可以通过 $\sigma_f = 2\sigma_v/\lambda$ 与风速关联起来，其中，σ_v 为杂波中各部分的速度关于杂波质心平均速度的标准差。对二次对消器，改善因子为

$$I_c = \frac{(\lambda f_r/\pi\sigma_v)^{2(n-1)}}{2^{3(n-1)} \cdot (n-1)!} \tag{3.36}$$

式中：λ ——波长（m）①；

f_r ——脉冲重复频率（Hz）；

---

①原文中为 m/s，——译者注。

σ_v——速度展宽的均方根（m/s）；

n——处理的脉冲数目。

表3.6给出了不同杂波源测量得到的典型值[9]，二次对消器得到的改善因子绘于图3.13中。

表 3.6　内部运动带来的杂波速度展宽的均方根

杂波描述	σ_v/（m/s）	杂波描述	σ_v/（m/s）
植被稀少的秃山，无风时	0.005	箔条	1
植被较多的山，风速20节	0.3	云雨杂波	2
海杂波，有风情况下	0.9		

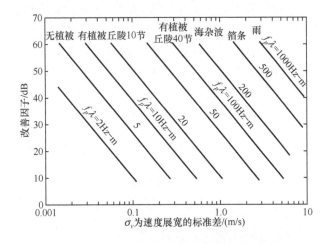

图 3.13　内部运动对改善因子的限制作用

根据实验数据的拟合后，海杂波的相干频谱宽度经验公式为 $\sigma_v = 0.051 v_w$，其中，v_w 为风速，单位为节，σ_v 为速度展宽的均方根（m/s）[17]。以上关系式乘以 $\sqrt{2}$ 就可以得到非相关频谱宽度的表达式（包络检波后）。对于植被地表类型的地杂波也可以给出类似的经验公式 $\sigma_v = 0.0033 v_w^{1.26}$，其中，$v_w$ 为风速，单位为节，σ_v 为速度展宽的均方根（m/s）[9,17,37]。

对于搜索地面慢速动目标的MTI系统（如战场监视雷达），一般采用慢速扫描或凝视天线。对于这种类型的系统，杂波的内部运动对杂波谱的整体形状起决定作用。实验已经证实，这种类型的雷达测量得到的频谱形状，相比于高斯型的频谱，具有一个长的拖尾。

实验证实杂波频谱的拖尾要比高斯型频谱长的多。基于某X频段雷达的测量结果得到的杂波模型[19]认为地杂波频谱密度的形状为幂律形状

$$S(f) = \frac{k}{1 + \left|\dfrac{f}{f_c}\right|^n} \tag{3.37}$$

式中：n 的取值范围为 3.3～2.2；f_c 取值范围为 0.8～1.9，具体取值取决于雷达的工作频率和风速。相比于高斯型频谱，指数形状意味着在高频部分其幅度会相对大很多。

近来，利用某大动态范围接收机进行了测量，测量表明对于被风吹过的树林，其杂波频谱形状在低至 -60dB 的范围内都可以用指数形式来较好的近似[20]。无风和有风情况下频谱测量的典型结果示于图1.25中。这些测量结果暗示着早期的频谱测量数据可能扭曲了，因为接收机的非线性会引起低功率水平上更宽的频谱展宽。

指数型功率谱密度，适用于 UHF 到 X 频段，可以由下面的双边指数公式给出：

$$S(f) = \frac{r}{r+1}\delta(f) + \frac{1}{r+1}\frac{\beta\lambda}{4}\exp\left(-\frac{\beta\lambda}{2}|f|\right) \qquad (3.38)$$

式中：β——形状参数，其典型值示于表 1.5 中；

r——杂波中固定分量（来自于非运动物体的反射）与风引起的起伏分量的比值。

相应的协方差矩阵为

$$R(\tau) = \frac{r}{r+1} + \frac{1}{r+1}\frac{(\beta\tau)^2}{(\beta\tau)^2 + (4\pi r)^2} \qquad (3.39)$$

服从幂律的内部运动杂波频谱在高频部分的幅度比通常假定的高斯型频谱要高很多。当杂波中该效应占主要地位时，MTI 改善因子会比使用高斯型频谱的预估结果降低很多。举例来说，某距离—加窗滤波战场监视 MTI，在 20 节的风中，3 次方频谱得到的 MTI 改善因子相比于高斯型频谱降低了 7.5dB（比如，从 28.5dB 降到 21dB）[9,18]。

前面讨论了风带来的散射体之间的相对运动引起回波去相关效应，主要分析了散射体相对于杂波质心的相对运动。对地杂波而言，不管风速为多少，杂波的质心是不动的。但是对于机载杂波，比如云雨杂波和箔条，其质心随风速（v_w）漂移。如果漂移速度保持不变，这种漂移会使得整个杂波的频谱偏离地杂波的中心频率，偏离量为 $f_w = 2v_w/\lambda$。偏移后高斯型杂波的频谱如下所示

$$S(f) = P_c \frac{\exp[-(f-f_w)^2/2\sigma_f^2]}{\sqrt{2\pi\sigma_f^2}} \qquad (3.40)$$

雨和箔条，还有海杂波的这种平均速度，在设计 MTI 处理器时必须加以考虑。

3.2.2 天线扫描引起的杂波谱

当雷达天线扫过某点目标，会对目标回波产生幅度调制，幅度调制的形状为天线的双程方向图，如图 3.14 所示。如果天线方向图为高斯型，标准差为 σ_θ，目标回波电压的频谱也为高斯型，标准差为 $\sigma_w = \alpha/\sigma_\theta$，其中 α 为角度扫描速率。假定杂波区域由多个单独的点散射体组成，那么其回波的频谱为多个单独散射体回波频谱之和，其形状与点目标相同。

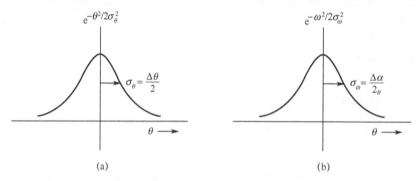

图 3.14 高斯型天线方向图和导致的电压频谱[13]

高斯型单程天线功率方向图如下式所示

$$G(\theta) = G_o \exp\left(\frac{-2.773\theta^2}{\theta_B^2}\right) \qquad (3.41)$$

式中：θ_B 为天线波束宽度（单位为（°））。

天线方向图的标准差为 $\sigma_\theta = \theta_B/2.356$,转化到功率谱的标准差为 $\sigma_\omega = 2.356\alpha/\theta_B$。功率谱为电压谱的平方,所以电压谱的标准差为功率谱标准差除以因子 $\sqrt{2}$,得到 $\sigma_c = 1.665/t_o$,其中 t_o 为在目标上波束驻留的时间,α ((°)/s) 为扫描速率。目标上波束驻留时间还可以表示为 $t_o = n_B T$ ($\sigma_c T = 1.665/n_B$),其中,n_B 为每 3 dB 波束宽度内发射的脉冲数,T 为雷达的脉冲重复间隔。总的效果表现为,高斯型扫描调制杂波谱为

$$S(f) = P_c \frac{\exp(-f^2/2\sigma_f^2)}{\sqrt{2\pi}\sigma_f} \tag{3.42}$$

式中:P_c ——杂波功率;

σ_f ——功率谱的标准差,即

$$\sigma_f = \frac{1.665\alpha}{2\pi\theta_B} = \frac{0.833\alpha}{\pi\theta_B} \tag{3.43}$$

对于二项对消器,改善因子为

$$I_c = \frac{2^{n-1}\left(\dfrac{f_r\theta_B}{1.665\alpha}\right)^{2(n-1)}}{(n-1)!} \tag{3.44}$$

或者也可表示为

$$I_c = \frac{2^{n-1}\left(\dfrac{n_B}{1.665}\right)^{2(n-1)}}{(n-1)!} = \frac{n_B^{2(n-1)}}{(n-1)!(1.386)^{n-1}} \tag{3.45}$$

式中:f_r ——脉冲重复频率;

θ_B ——天线波束宽度;

α ——天线扫描速率;

n_B ——3dB 波束宽度内发射的脉冲数;

n ——MTI 对消器处理的脉冲数目。

对 1 阶、2 阶和 3 阶二项对消器,扫描噪声带来的改善因子限制分别为 $I_1 = n_B^2/1.386$,$I_2 = n_B^4/3.844$ 和 $I_3 = n_B^6/15.983$。

如果假定天线的方向图为高斯型,得到的功率谱密度的高频分量比实际天线方向图得到的要高。这点在分析高性能 MTI 时至关重要,这是因为其性能受到扫描调制的限制。为了说明这种效应,假定天线口面均匀照射,天线的扫描速率恒定,那么它对目标带来的幅度调制为

$$v_t = V_m \frac{\sin^2(a_t/2)}{(a_t/2)^2} \tag{3.46}$$

式中:α ——扫描速率 (rad/s),$a = 5.6\alpha/\theta_B$;

θ_B ——天线波束宽度[9]。

对式 (3.46) 进行傅里叶变换,并求平方,得到扫描调制功率谱为,当 $\omega \leq a$ 时

$$S(\omega) = V_m^2 \left(1 - \frac{\omega}{\alpha}\right)^2 \tag{3.47}$$

当 $\omega > a$ 时为零。因此,该频谱在频率为 $f = 0.88\alpha/\theta_B$ 处被削顶。矩形孔径天线的 3dB 波束宽度为 $\theta_B = 0.88\lambda/D$,其中 D 为天线的孔径宽度[16],因此得到 $f = aD/\lambda$,这个频率正好就是天线孔径边缘速度对应的多普勒频率。

用天线的照射函数替代天线的波束方向,可以简化分析[9]。通过照射函数卷积与取平方,并对频率进行调整可以得到其功率谱密度(PSD)。在天线边缘速度处会发生削顶,对应的频率 $f = \alpha D/\lambda$。通过采用几种标准照射函数可以得到扫描杂波谱的电压谱,如图 3.15 所示。

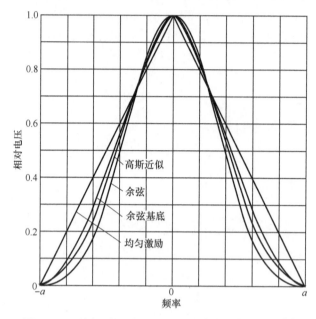

图 3.15　不同照射函数下,天线扫描带来的电压谱[9]

3.2.3　平台运动杂波谱

如果雷达平台处在运动中,比如将雷达安装在飞机或海军舰船上,雷达的运动会使得位于其视场范围内不同杂波散射体具有不同的速度。对低重频 MTI 的情况,杂波几何关系的一般情况如图 3.16 所示。地杂波块的中心对应平均杂波频移,平均杂波频移于飞机飞行速度对应的多普勒频率 $f_{ac} = 2v_{ac}/\lambda$ 在波束径向上的投影分量为

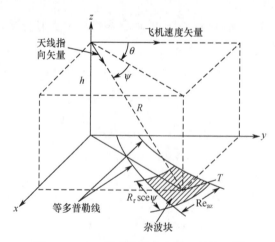

图 3.16　MTI 雷达的机载杂波几何关系[9]

$$f_c = f_{ac} \cos \phi_0 \cos \theta_0 \qquad (3.48)$$

式中:v_{ac}——平台速度;

λ ——雷达波长；

θ_0 ——天线的方位角；

ϕ_0 ——天线的俯角。

这个频率（f_c）代表了地杂波频谱的平均或中心频率，由于平台的运动，该频率一般不为零。通常，MTI会将阻带的凹口对准该平均频率。实现这种自动调整的方法之一是TAC-CAR杂波锁定系统（Time – Average Clutter Coherent Airborne Radar，时间平均杂波相参机载雷达），该系统通过在锁相环回路（Phase – Locked Loop，PLL）使用压控振荡器（Voltage – Controlled Oscillator），以自动调整MTI系统的MTI频率零点到平均杂波频率上。但是，由于该调整频率与方位角和到杂波块的距离有关，难以做到精确补偿，这点在分析该类型的MTI（参见3.2.7节）时必须予以考虑。需要补充的一点就是，对于非相参MTI，包络检波器会去除信号的平均分量，这点对于运动平台上的该类型MTI系统是一大优势。

从图3.16中可以看出，平台运动频谱具有一定的频谱宽度，该宽度主要取决于方位角和俯角的变化范围。对于小俯角的情况，主波束均方根宽度通常取决于雷达的方位角波束宽度（θ_B），也就是说，正比于天线的孔径宽度（$\theta_B = 0.88\lambda/D$）。计算方位波束两个半功率点处的径向多普勒频率分量，并将二者相减，得到由天线方位角波束宽度带来的频谱宽度，即

$$\Delta f_0 = f_{ac}\cos\phi_0\left[\cos\left(\theta_0 + \frac{\theta_B}{2}\right) - \cos\left(\theta_0 - \frac{\theta_B}{2}\right)\right] \quad (3.49)$$

对方位波束宽度较小的情况，式（3.49）得到

$$\Delta f_0 = f_{ac}\theta_B\cos\phi_0\sin\theta_0 \quad (3.50)$$

式中：f_{ac} ——平台的多普勒频移；

θ_B ——天线的方位波束宽度（rad）；

ϕ_0 ——俯角（假定俯角较小）；

θ_0 ——方位角。

举例说明，某X频段机载雷达（$f=10$GHz），运动速度为300节，其方位角波束宽度为3°，平台运动造成频谱展宽，在方位角为90°时频谱宽度为500Hz，方位角为30°时频谱宽度为250Hz。

对有限的方位角波束宽度，在方位角为零$\theta_0 = 0$时，根据多普勒频谱宽度计算方法给出的预估值为频谱宽度为零，而这显然是不成立的。对于方位角波束宽度比较小，$\theta_0 = 0$的情况，可以认为频谱展宽等于平均多普勒频率与方位波束边缘（$\theta_B/2$）多普勒频率的差值，即

$$\Delta f_\theta = f_{ac}\cos\phi_0\left[1 - \cos\left(\frac{\theta_B}{2}\right)\right] = f_{ac}\frac{\cos\phi_0\theta_B^2}{8} \quad (3.51)$$

对于前面所述的例子（$v = 300$节，$\theta_B = 3°$，$f = 10$GHz），$\theta_0 = 0$时得到的频谱宽度为3Hz，该宽度可以忽略不计。

杂波区域内俯角的变化带来的展宽比方位角更大。利用和方位角类似的推导方法，可以推导得到俯角带来的展度的大小为

$$\Delta f_\phi = f_{ac}\Delta\phi\cos\theta_0\sin\phi_0 \quad (3.52)$$

式中：$\Delta\phi$为杂波区域内的俯角波束变化范围，俯角变化主要是因为雷达脉冲宽度是有限的（见图3.15）。$\Delta\phi$的取值为$\Delta\phi = x/R$，其中，$x = R_\tau\tan\phi_0$，$h = R\sin\phi_0$，从而得到$\Delta\phi = R_\tau\sin^3\phi_0/h\cos\phi_0$（rad），其中，$R_\tau$为雷达脉冲宽度等效的距离（也就是，1μs对应为500英

尺），ϕ_0 为俯角，h 为平台高度。俯角变化带来的多普勒频谱宽度为

$$\Delta f_\theta = \frac{f_{ac}\cos\theta_0 R_\tau \sin^3\phi_0}{h\cos\phi_0} \tag{3.53}$$

前述例子（v = 300 节，f = 10 GHz），当 θ_0 = 0 时，如果脉冲宽度为 1μs，飞行高度为 10000 英尺，当俯角为 30° 时，多普勒频谱展宽为 72 Hz，当俯角为 10° 时，频谱展宽为 2.6 Hz。

将方位角和俯角带来的展宽效应进行综合，得到总的频谱宽度（对应于天线的半功率点）关系式如下：

$$\Delta f = f_{ac}\left\{\theta_B\cos\phi_0\sin\theta_0 + \left[\frac{\theta_B^2\cos\phi_0\cos\theta_0}{8}\right] + \left[\frac{R_\tau\sin^3\phi_0\cos\theta_0}{h\cos\phi_0}\right]\right\} \tag{3.54}$$

式中：θ_B——方位波束宽度；
ϕ_0——俯角；
R_τ——雷达脉冲宽度等效的距离；
h——平台高度。

对于俯角较小的情况，上述关系式变为

$$\Delta f = f_{ac}\theta_B\sin\theta_0 = \frac{1.76v_{ac}\sin\theta_0}{D} \tag{3.55}$$

这个公式更为恰当，它说明了频谱展宽与雷达的工作频率无关，飞机的飞行速度和天线的孔径大小决定了飞机运动可能带来的最大杂波频谱展宽。

另外一种看待平台运动噪声的方式是，飞机运动对于杂波散射体来说相当于引入了某种形式的扫描运动。如图 3.17 所示，对飞机上的运动观测者来产，杂波质心貌似绕点 o 进行转动，转动的角速率为 $\omega = v_{ac}\sin\theta_0/R$。相应的，当波束宽度较小时，位于 p 处的杂波散射体貌似具有一个相对径向速度，该速度等于 $v_p = \omega R = v_{ac}\theta\sin\theta$。

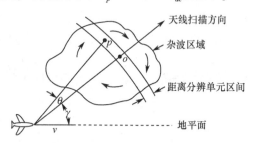

图 3.17 由平台噪声带来的杂波块的转动

根据雷达的距离分辨单元可以定义杂波块。杂波块中的每个杂波散射体都将被单程天线电压方向图所激励。回波电压被天线的双程电压方向图或单程功率方向图 $G(\theta)$ 所加权。平台运动带来的多普勒频谱分布形式是偏离天线视线方向的角度偏置量的函数（比如，$f = 2v\theta\sin\theta_0/\lambda$），相应的功率谱密度为 $G^2(\theta = \lambda f/2v\sin\theta_0)$，密度分布的形状与双程功率方向图对应。这个公系式说明了双程功率天线旁瓣的重要性，因为旁瓣对出现在 MTI 通带内的频率分量进行了加权（见图 2.5），这一点限制了机载 MTI 性能的上限。

若天线的单程功率方向图为高斯型，假设其表达式为

$$G(\theta) = G_0\exp\left(\frac{-2.773\theta^2}{\theta_B^2}\right) \tag{3.56}$$

功率谱密度由下式给出

$$S(f) = P_0 \exp\left[\frac{-5.546f^2}{(f_{ac}\theta_B \sin\theta_0 \cos\phi_0)^2}\right] \quad (3.57)$$

平台运动带来的功率谱密度为

$$S(f) = P_c \frac{\exp(-f^2/2\sigma_{pm}^2)}{\sqrt{2\pi}\sigma_{pm}} \quad (3.58)$$

式中

$$\sigma_{pm} = 0.3 f_{ac}\theta_B \sin\theta_0 \cos\phi_0 = \frac{0.528 v_{ac} \sin\theta_0 \cos\phi_0}{D} \quad (3.59)$$

对于 n 脉冲相参 MTI 二项式对消器，平台运动对改善因子的限制为

$$I_c = \frac{2^{n-1}}{1.885(f_{ac}T\theta_B \sin\theta_0 \cos\phi_0)^{2(n-1)}(n-1)!} \quad (3.60)$$

对于一次对消器，改善因子等于

$$I_c = \frac{1}{1.777(f_{ac}T\theta_B \sin\theta_0 \cos\phi_0)^2} \quad (3.61)$$

对于二次对消器，改善因子等于

$$I_c = \frac{1}{6.313(f_{ac}T\theta_B \sin\theta_0 \cos\phi_0)^4} \quad (3.62)$$

对于前文所述的情况（$f = 10\ \text{GHz}$，$v_{ac} = 300$ 节，$\theta_B = 3°$，$\theta_0 = 30°$，$\phi_0 = 0$），若 PRF 为 5000Hz，则对一次对消器和二次对消器，最大的改善因子分别为 23.5dB 和 44dB。

由于天线的旁瓣在 360° 范围内全面覆盖，所以旁瓣接收回波的多普勒的变化范围为 $-2v_r/\lambda$ 至 v_r/λ，其中，v_r 为平台速度。对低重频机载雷达，旁瓣回波会发生频率混叠，混叠分布于整个 MTI 不模糊频带范围内。因此，旁瓣杂波无法得到对消，MTI 改善因子受限于主瓣和旁瓣积分之比。这个比值指通过主瓣进行系统的能量与通过旁瓣进入系统的能量之比，其中方向图指的是双程天线方向图。因此，主瓣和旁瓣积分之比是该用途天线的一个品质因子[9]。

经常根据天线旁瓣辐射的能量与主瓣辐射的能量之比来对天线进行分类（也就是，-10dB 表示 10% 的能量通过旁瓣辐射出去）。普通天线旁瓣的均方根为 0～-5dBi，低旁瓣天线的均方根为 -5～-20dBi，超低旁瓣天线的旁瓣均方根低于 -20dBi。举例说明，在低重频机载 MTI 中，低旁瓣天线可以达到的改善因子范围为 10～40dB。超低旁瓣天线所需的改善因子限制为 60dB 的量级，高性能 AEW 应用对这方面的要求较高，通常会采用超低旁瓣天线。

3.2.4 发射机不稳定带来的谱展宽

在低重频相参 MTI 系统中，发射机脉冲间的频率不稳定主要会引起两类效应：第一种效应，即使对于固定目标，MTI 同步检波器的输出信号也会有起伏，所以 MTI 处理器不能实现完全对消。MTI 系统对消率的计算（表 3.4）中已包括了该限制。需要说明的是，对于非相参 MTI，该效应并不是影响因子之一。第二种效应指的是，脉冲间的频率变化会带来杂波的去相关，从而造成杂波频谱的频谱展宽，这点于跳频雷达之于分布式目标的影响类似。

为了检验该效应，在图 3.18 中，杂波块在距离上被划分为薄片，薄片的间隔为雷达波长

（对于脉冲宽度为 1 μs，工作频率为 10GHz 的情况，包括了 10000 万薄片）。当同一切片内的杂波散射体被照射时，其回波为同相信号。如果雷达发射机的频率发生变化，则一个脉冲内包括的波长数会发生变化，如果该变化值超过 1，那么这些切片的回波将包括所有可能的相位。因此，这两个频率上的信号回波将会完全不相关。

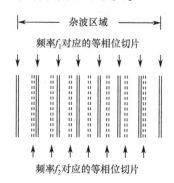

图 3.18 频率 f_1 和 f_2 时，杂波切片的回波相位

自相关函数描述了对同样的一些散射体，频率为 f 的回波功率 P_1 和频率为 $f + \Delta f$ 的回波功率 P_2 之间的相关性。对矩形脉冲，杂波功率的归一化自相关函数为

$$\rho = \left(\frac{\sin \pi \tau \Delta f}{\pi \tau \Delta f}\right)^2 \tag{3.63}$$

式中：τ——雷达脉冲宽度；

Δf——脉间频率变化[9]。

基于式（3.63），得到回波功率的功率谱为

$$S(f) = P_0 \left(1 - \frac{f}{\Delta f}\right), |f| \leqslant \Delta f \tag{3.64}$$

同样半功率点的高斯型频率为

$$S(f) = P_c \frac{\exp(f^2/2\sigma_i^2)}{\sqrt{2\pi}\sigma_i} \tag{3.65}$$

式中：$\sigma_i = 0.424\Delta f$。

3.2.5 杂波限幅频谱展宽

现代雷达通常会要求足够大的动态范围，以便当杂波峰值通过时不会出现饱和。当无法获得足够大的动态范围时（比如，在数字 MTI 处理器中，受到模数转换器范围的限制），为了使杂波的动态范围小于 MTI 接收机处理器的动态范围，可能会在中频增加一个限幅器。采用中频限幅器后（在老式 MTI 雷达中非常普遍），限幅器的非线性特性会展宽杂波的频谱，从而引起 MTI 改善因子的下降。需要说明的是，最佳线性 MTI 处理器都是针对高斯统计特性的杂波，但限幅器会造成杂波统计特性的改变，从而线性 MTI 处理器不再是最佳的。理论上来说，对限幅后的杂波，非线性处理器可以比通常采用的线性 MTI 处理器获得更好的性能改善。

杂波限幅带来频谱展宽效应，对此比较方便的分析方法是采用软限幅器（具有误差函数特性），可以得到限幅器自相关函数（以及功率谱密度）的解析表达式[9,21]。中频限幅器构成的框图如图 3.19 所示。其中，带通滤波器的作用是为了消除限幅器非线性带来的中频谐波分量。

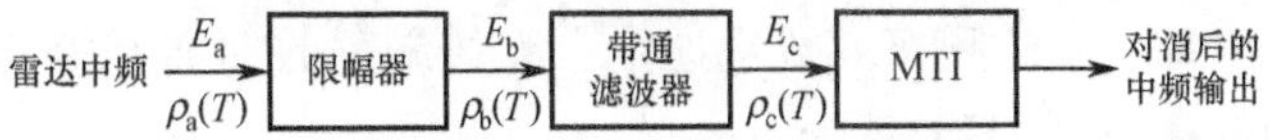

```
雷达中频 →[E_a, ρ_a(T)]→ 限幅器 →[E_b, ρ_b(T)]→ 带通滤波器 →[E_c, ρ_c(T)]→ MTI → 对消后的中频输出
```

图 3.19 限幅器和相参 MTI 的框图[21]

限幅器的归一化自相关函数可以表示为

$$\rho_l(\tau) = \frac{\arcsin\left[\dfrac{\rho(\tau)}{(1+\alpha)}\right]}{\arcsin\left[\dfrac{1}{(1+\alpha)}\right]} \tag{3.66}$$

式中：$\alpha = 0.637L/C$；

L——杂波功率的饱和点；

C——杂波功率；

$\rho(\tau)$——杂波的归一化自相关函数[9,21,22]。对于硬限幅器，$\alpha = 0$，杂波的自相关函数可简写为

$$\rho_l(\tau) = \frac{2}{\pi}\arcsin[\rho(\tau)] \tag{3.67}$$

如果杂波的频谱为高斯型，则中频自相关函数可以表示为

$$\rho_l(\tau) = \exp\left[\frac{-(\sigma_c\tau)^2}{2}\right]\cos\omega_0\tau \tag{3.68}$$

式中：σ_c——杂波展宽的标准差，rad/s；

τ——采样点之间的时间间隔；

ω_0——中频频率。

将反正弦函数展开成幂级数形式为

$$\arcsin(x) = \sum_{p=0}^{\infty} a_p x^{2p+1} \tag{3.69}$$

$$\rho_l(\tau) = k\sum_{p=0}^{\infty} C_p \exp\left[\frac{-(2p+1)(\sigma_c\tau)^2}{2}\right] \tag{3.70}$$

式中

$$C_p = \frac{a_p b_p}{(1+\alpha)^{2p+1}}, \quad k = \frac{1}{\sum_{p=0}^{\infty} C_p} \tag{3.71}$$

其中

$$a_p = \frac{1\cdot 3\cdots(2p-1)}{2\cdot 4\cdots(2p)(2p+1)} \tag{3.72}$$

$$b_p = \frac{\binom{2p+1}{p}}{2^{2p}} \tag{3.73}$$

因子 b_p 是因为展开成 $\cos^n\omega_0\tau$ 的形式，通过带通滤波器后所保留的 $\cos\omega_0\tau$ 这一项。比如 $\cos^3 x = (\cos 3x + 3\cos x)/4 \to 3\cos x/4$。相应的频率为一系列高斯型频率密度之和，表达式为

$$S(\omega) = P_0 \sum C_p \exp\left[\frac{-\omega^2}{(2p+1)2\sigma_c^2}\right] \tag{3.74}$$

式中：随着 p 的增加，每一项的频率展宽也递增，频谱展宽的标准差为 $\sqrt{2p+1}\sigma_c$，但其幅度要乘以幂级数序列的系数（C_p）。

高斯型杂波限幅后的频谱如图 3.20 所示，图中给出了不同杂波功率与限幅功率之比（C/L）的情况。这些曲线给出了杂波频谱的 3dB 视频带宽，其表达式为

$$B_3 = \sqrt{\left(\frac{2\ln 2}{\pi^2}\right)}\sigma_c \quad (3.75)$$

从图 3.20 中看出，随着杂波功率与限幅门限比值的增大，杂波频谱越来越宽，直至达到硬限幅。杂波频谱展宽将导致 MTI 通带内出现更多的杂波分量，引起 MTI 改善因子的下降。

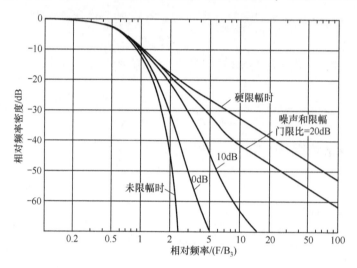

图 3.20 高斯型杂波限幅后的功率谱密度

将限幅后的归一化自相关函数代入第 3.1 节中二项对消器改善因子的表达式，可以得到高斯型杂波限幅后的改善因子，表达式为

$$I_1 = \frac{1}{1 - \rho_l(T)} \quad (3.76)$$

$$I_2 = \frac{3}{3 - 4\rho_l(T) + \rho_l(2T)} \quad (3.77)$$

$$I_3 = \frac{10}{10 - 15\rho_l(T) + 6\rho_l(2T) - \rho_l(3T)} \quad (3.78)$$

举例说明，一次对消器的改善因子为

$$I_1 = \frac{\sum_{p=0}^{\infty} C_p}{\sum_{p=0}^{\infty} C_p \left\{1 - \exp\left[\frac{-(2p+1)(\sigma_c T)^2}{2}\right]\right\}} \quad (3.79)$$

二次对消器的改善因子为

$$I_2 = \frac{\sum_{p=0}^{\infty} 3C_p}{\sum_{p=0}^{\infty} C_p \left\{3 - 4\exp\left[\frac{-(2p+1)(\sigma_c T)^2}{2}\right] + \exp[-2(2p+1)(\sigma_c T)^2]\right\}} \quad (3.80)$$

对硬限幅器，一次对消器的改善因子为

$$I_1 = \frac{\sum_{p=0}^{\infty} a_p b_p}{\left\{1 - \exp\left[\frac{-(2p+1)(\sigma_c T)^2}{2}\right]\right\}} \quad (3.81)$$

当 $\sigma_c T$ 充分小时，式（3.81）可写为

$$I_1 = \frac{2}{(\sigma_c T)^2}\left[\frac{\sum_{p=0}^{\infty} a_p b_p}{\sum_{p=0}^{\infty} a_p b_p (2p+1)}\right] \quad (3.82)$$

第一项就是无限幅时的改善因子，第二项可以看作为硬限幅器带来的渐近损耗。此情况下，$\sum_{p=0}^{\infty} a_p b_p = 1.273$，$\sum_{p=0}^{\infty} a_p b_p (2p+1) = 6.722$，意味着损耗为7.2dB。对 $n = 100$ 个脉冲的情况，无限幅时的改善因子为 $I_1 = 10\lg(100^2/1.388) = 38.6$dB，硬限幅后，改善因子减去限幅器损耗（7.2dB），得到硬限幅后的改善因子为31.4dB。

图3.21给出了一次、二次、三次对消器在不同限幅水平下得到的改善因子[21]。实际上，限幅器的限幅电平应使得杂波的残留减小到接收机热噪声的水平。典型的情况如图3.22所示，其中给出了杂波比限幅水平高20dB（这种情况对大多数杂波区域比较常见）和硬限幅两种情况，图中比较了一次、二次、三次对消器的改善因子，从图中可以看出，当使用硬限幅器时，使用高阶的对消器（三次及更高）所获得的改善因子增加非常小。此情况下，对于典型MTI搜索雷达，若扫描驻留时间内发射脉冲数为10~20，采用硬限幅器并使用二次对消器可以获得20~25dB的改善因子。结果表明，在包括强杂波的那些分辨单元，由于需要很大的限幅，目标信号也受到了抑制。在其他杂波能量弱一些的（比限幅电平低20dB以上）分辨单元内，通常可以检测到目标。这种特性称为杂波间的可见度，指的是在雷达中采用较小的空间分辨单元，以利用地杂波的斑点特性来检测。这种操作模式使得带有限幅器的MTI雷达在很多实际情况下的工作性能满足需要。

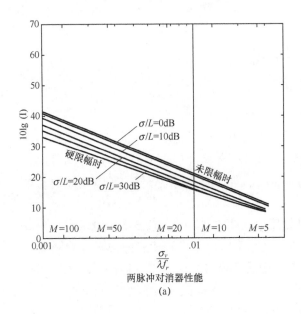

两脉冲对消器性能
(a)

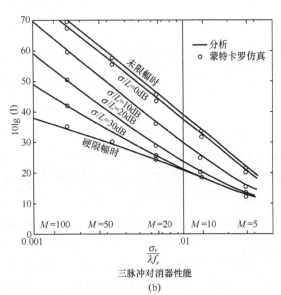

三脉冲对消器性能
(b)

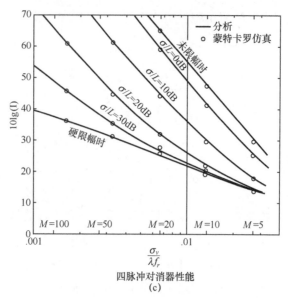

图 3.21 不同杂波功率和限幅电平之比情况下，
一次（a）、二次（b）和三次（c）对消器的 MTI 改善因子[24]

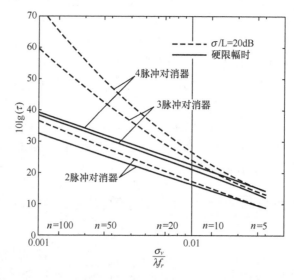

图 3.22 杂波限幅后一次、二次和三次对消器性能比较

图 3.23 对一次和两次对消器有无限幅器时的改善因子进行了比较[9,25]，其中数据来自于 ASR-7 雷达。在中度严重地杂波中，为了检测一个以 15 节速度运动的面积为 $1m^2$ 的目标，需要达到的改善因子为 46dB，从图中可以看出，显然，当 MTI 采用限幅器来控制杂波的动态范围后，是无法达到该要求的。

ASR-9 雷达对该问题所采用的解决方案是使用地杂波的杂波图，杂波图中测量了每个雷达分辨单元内的平均杂波强度。基于测量得到的杂波强度，可以设置相应的门限来控制虚警率满足特定要求，这种方式下 MTI 处理器可以工作于线性模式。这为雷达提供了最大的 MTI 能力，此外，如果分辨单元内目标强于杂波背景，这种方式还提供了超杂波的可见度。

杂波图作为 CFAR 处理的形式之一，使得雷达可以在地杂波背景下（不仅是热噪声）正常工作,并且不受杂波斑的影响,杂波斑指的是该分辨单元的杂波强度比邻近的分辨单元高很多的情况。即使地杂波某些分辨单元的动态范围超出 MTI 雷达改善因子的变化范围,但如果雷达使用杂波图的方法,依然可以对这些杂波单元进行处理。但杂波图方法对于运动杂波(例如气象杂波或箔条)无法适用,当雷达位于运动平台时(例如机载雷达)时,杂波图方法无法适用。

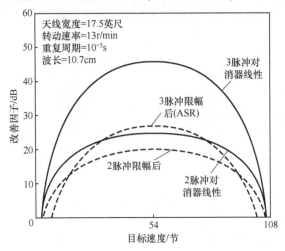

图 3.23 机场监视雷达限幅和线性工作时的改善因子[25]

3.2.6 PRF 参差对改善因子的限制

对于 MTI 雷达,当目标的多普勒频率($f_d = 2v/\lambda$)落入 MTI 滤波器的阻带内时(见图 2.4 和图 2.5),称为盲速,此时可以采用 PRF 参差来检测目标。MTI 梳状滤波器的周期特性决定了当 f_d 等于 PRF 或 PRF 的整数倍时,会出现盲速。对脉冲重复间隔进行参差,可以改变 MTI 滤波器通带的形状,消除一定速度范围内的盲速现象。

例 8 MTI 系统中的速度损耗

对于在设计时未采用参差重频的 MTI 雷达来说,速度损耗有可能非常严重。对 Swerling I 型目标,当采用平方律包络检波器时,单个采样对应的检测概率为[1,2]

$$P_d(s) = \exp\left(-\frac{y_b}{1+\bar{s}}\right)$$

式中:y_b ——检测门限;
$\bar{s}$ ——平均信噪比。

检测门限为

$$y_b = \ln\left(\frac{1}{P_{fa}}\right)$$

式中:P_{fa} 为虚警概率。

如果 MTI 滤波器采用二相权重,MTI 滤波器输出端的信噪比为目标速度的函数,表示为

$$\bar{s}(\omega) = \frac{\bar{x}}{G}\left(2\sin\left(\frac{\omega T}{2}\right)\right)^{2n}$$

式中:T ——MTI 的周期;
ω ——频率;
n ——一次 MTI 二相对消器级联的阶数;

$\bar{x}$ ——进入 MTI 滤波器的平均信噪比;

G ——平均功率增益,该增益指的是 MTI 输出端相比于输入端噪声功率的放大倍数(参见第 3.1 节)。

当目标的多普勒频率位于 0 频和第一盲速 $\omega_r = 2\pi/T$ 以外时,该频率会被折叠到梳状滤波器的第一旁瓣内。假定目标的速度在 0 频和第一盲速之间内服从均匀分布,对该区域内目标的检测概率取平均,可得到

$$P_d = \frac{1}{\omega_r}\int_0^{\omega_r} \exp\left(-\frac{y_b}{1 + \frac{\bar{x}}{G}\left(2\sin\left(\frac{\omega T}{2}\right)\right)^{2n}}\right) d\omega$$

令 $\theta = \omega T/2$,得到如下的简化形式

$$P_d = \frac{1}{\pi}\int_0^{\pi} \exp\left(-\frac{y_b}{1 + \frac{\bar{x}}{G}(2\sin\theta)^{2n}}\right) d\theta$$

可以用 MATLAB 或 MATHCAD 求解检测概率所需的 $\bar{x}$。

MTI 程序 mti_velstagg.m 利用函数 fzero('mti',x,options,yb,Pd,n),对一次和二次对消器,可利用该函数求解该方程得到所需的 $\bar{x}$,其中,对于一次对消器 $\bar{G} = 2$,对于二次对消器 $\bar{G} = 6$,函数 mti 如下所示:

function y = mti(x,yb,Pd,n)
N = 1024;
w = 0:pi/N:pi;
z = exp(- yb./(1 + x * (2 * sin(w)).^(2 * n)));
y = (trapz(w,z)./pi) - Pd;

对于一次和二次对消器,图 EX - 8.1 给出了检测概率为 0.5 ~ 0.9 范围内的检测损耗($\bar{s} - \bar{x}$),同时,图中也给出了一个 5:4 参差器级联一次或二次对消器时所对应的损耗。该图说明了为了降低 MTI 的速度损耗,脉冲重频参差的必要性。

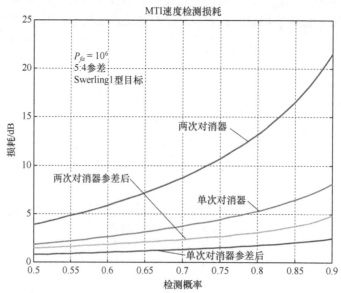

图 EX - 8.1 一次和二次对消器检测的 MTI 速度损耗

图 3.24 给出了一种重频参差的常用方法：对同一信号路径的脉冲采用一个开关交替地将一段短（相对于脉冲重复周期）延迟线接入或不接入。发射机的触发器在脉冲间也交替地通过该延迟线，从而发射机以参差的速率发射脉冲。参差比为 $\gamma = (T_c + T_s)/(T_c - T_s)$，其中，$T_c$ 为平均脉冲重复间隔，T_s 为短的差别周期。去参差后的信号的重复频率恒定，因此无须对对消器作修改，可以直接将上述信号输入到传统对消器中（如一次、二次或三次对消器）。

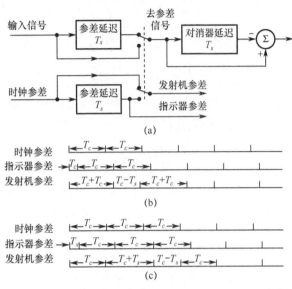

图 3.24　二周期和三周期参差 PRF 的框图和波形[24]

PRF 参差改变了 MTI 滤波器的通带形状（相比于非参差时的通带形状），同时会造成 MTI 改善因子的下降。为了便于分析，将两个脉冲重复周期（见图 3.24）表示为 $T_1 = (1+e)T$ 和 $T_2 = (1-e)T$。将其代入到二次对消器中，得到其冲激响应为

$$h(t) = \delta[t + T(1-e)] - 2\delta(t) + \delta[t - T(1+e)] \tag{3.83}$$

对式（3.83）进行傅里叶变换，得到 MTI 的电压传递函数为

$$H(\omega) = \exp[j\omega T(1-e)] - 2 + \exp[-j\omega T(1+e)] \tag{3.84}$$

参差后的功率传递函数为

$$|H(\omega)|^2 = 4[1 - 2\cos(\omega Te)\cos(\omega T) + \cos^2(\omega T)] \tag{3.85}$$

式中：当 $e = 0$ 时，式（3.85）简化为标准的二次对消器响应

$$|H(\omega)|^2 = 16\sin^4\left(\frac{\omega T}{2}\right) \tag{3.86}$$

上述为周期函数，周期为 $\omega = 2\pi/T$。

参差后的功率传递函数是周期性的，其周期 ω 满足的条件是使得 $\cos(\omega T)$ 和 $\cos(\omega Te)$ 为 +1 和 -1。当 $e \ll 1$ 时，第一零点相对于峰值点的近似深度为

$$\frac{\left|H\left(\frac{2\pi}{T}\right)\right|^2}{|H_{max}|^2} = \left|\frac{1 - \cos(2\pi e)}{2}\right| = (\pi e)^2 \tag{3.87}$$

或者，等效的，$[\pi(\gamma - 1)]^2/4$，其中 γ 为参差比。

参差后的二次对消器改善因子的推导过程为：首先，当 $e \ll 1$ 时，可以做如下近似 $\cos(\omega \tau e) = 1 - (\omega \tau e)^2/2$，将其代入二次对消器的功率传递函数，得到

$$|H(\omega)|^2 = \frac{16\sin^4\left(\frac{\omega T}{2}\right)}{2} + 4(\omega Te)^2 \tag{3.88}$$

然后，MTI 滤波后的残留杂波功率可以通过 $\int_{-\infty}^{\infty}|H(\omega)|^2 S(\omega)\mathrm{d}\omega$ 计算，结果为 $4(\sigma_c Te)^2$。其中，$S(\omega)$ 为高斯型杂波的分布函数。进而得到改善因子的表达式为（见第 3.1 节）

$$I = \frac{|H(\omega)|^2 \int_{-\infty}^{\infty} S(\omega)\mathrm{d}\omega}{\int_{-\infty}^{\infty} |H(\omega)|^2 S(\omega)\mathrm{d}\omega} \tag{3.89}$$

式（3.89）的结果为 $I_s = I_2/[1 + I_2(\sigma_c Te)^2/4]$，当 $I_2 \gg 1$ 时，得到 $I_s = (\sigma_c Te)^2/4$。将 $e = (\gamma - 1)/2$ 和 $n_B = 1.666/\sigma_c T$ 代入得到

$$I_s = \left(\frac{2.4 n_B}{\gamma - 1}\right)^2 \tag{3.90}$$

这就是扫描杂波下 PRF 参差对 MTI 改善因子的限制，其中，n_B 为每 3dB 波束宽度发射的脉冲数，γ 为参差比，该关系式如图 3.25 所示，对内部运动杂波，$\sigma_c T = 4\pi\sigma_v/\lambda$（参见第 3.2.1 节），PRF 参差限制的表达式变为

$$I_s = \left(\frac{0.32}{\gamma - 1}\right)^2 \left(\frac{\lambda f_r}{\sigma_v}\right)^2 \tag{3.91}$$

式中：f_r ——脉冲重复频率；

σ_v ——杂波速度展度的均方根（见第 3.2.1 节）。

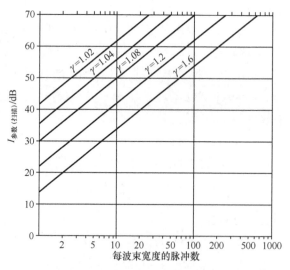

图 3.25　PRF 参差和扫描对 MTI 改善因子的限制[24]

这种关系式如图 3.26 所示。上述 PRF 参差对 MTI 改善因子的限制公式看上去与参差网络中使用的对消器类型无关。

某远距离航空管制雷达，采用四周期参差，参差比为 25:30:27:31，该雷达中 MTI 的频率响应如图 3.27 所示[15]。相比于采用恒定 PRF 波形时（PRF 为参差周期的平均值），第一盲速增大了 (25 + 30 + 27 + 31)/4 = 28.25 倍。参差重频的缺点在于，它无法消除二次

路径及多次路径回波的杂波。这种类型的杂波在脉冲间并不出现于同一距离，所以无法对消。

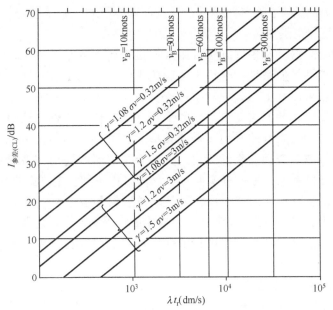

图3.26 PRF参差和杂波内部运动对MTI改善因子的限制[24]

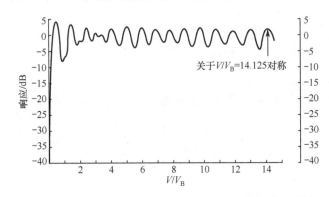

图3.27 四周期PRF参差（25∶30∶27∶31）的频率响应[24]

PRF参差后无法对消多次路径回波的问题，可以通过使用相参变PRF的MTI来避免，其中在接收到最远距离杂波对应的回波并经相参MTI处理器处理之前，脉冲重复周期（PRI）保持不变，这之后，在不同脉冲群之间使用不同的PRI。接下来，同一PRF的脉冲群被MTI进行批处理，直到下一脉冲群的最远距离回波的第一个脉冲通过对消器之后，才进行上一脉冲群输出结果的显示。通常情况下，对每一脉冲群进行了相干处理，然后进行包络检波，然后完成非相参积累。

3.2.7 运动补偿损耗对改善因子的限制：TACCAR 和 DPCA

当相参 MTI 或 PD 雷达工作于运动平台之上时（如机载或舰载雷达），雷达的运动会对杂波引入一个额外的多普勒频率。机载雷达的大致情况如图3.16所示，其中，地杂波区域的中心引入的多普勒频移为 $f_c = f_{ac} \cos \phi_0 \cos \theta_0$，其中，$f_{ac} = 2v_{ac}/\lambda$ 为平台运动速度带来的多普勒，ϕ_0 为天线的俯角，θ_0 为天线的方位角。一般来说，对于每一个杂波单元，平均多普勒频移是彼此不同的（因为 θ_0 或 ϕ_0 彼此不同）。因此，对机载或舰载雷达来说，对消器抑制杂波的凹口不能是固定不变的，而应是根据杂波的多普勒而进行变化。在机载雷达上实现这一点比在舰载雷达实现起来更加困难，因为机载雷达的运动速度更高，俯角的变化范围更大，这也就意味着杂波频谱的变化范围更大。

对相参多普勒处理器，有多种方法可用来补偿平台运动带来的平均多普勒频移。第一种方法是使用平台惯性导航系统，这种方法比较适用于高 PRF 雷达地杂波的情况，结合天线指向的信息后，就可以在雷达处理器中设置合适的多普勒参考信息（见图 2.10）。但是，大多数多普勒处理器采用的方法是自适应的平台运动补偿，这种方法可以将多普勒处理器频率响应的凹口对准杂波频谱的平均多普勒频率。这种方法的实现方式之一是调整相干振荡器的频率以补偿杂波多普勒频率的变化。将相干振荡器的输出与调谐压控振荡器的输出信号进行混频，就可以补偿杂波多普勒频移[9,26]。另种一种实现方式是，在 IF 矢量 MTI 对消器的一路（I 或 Q 通道）插入移相器，调整该通道的相位来移动频率响应的零点（支路的相移对应的频移为 $2\pi f_d = \theta/T$，其中 T 为脉冲重复周期）[12]。但是，无法采用哪种运动补偿方法，在多普勒处理器零点调整过程中都不可避免地存在误差，这将限制系统的改善因子。

例 9 运动补偿 MTI 的改善因子

运动补偿可以将进入 MTI 系统的杂波的平均频率移至零频。但是，这不可能做到绝对，因此会带来改善因子的下降，下降的程度取决于杂波频率偏置量的大小。为了对其进行分析，可以将改善因子表示为

$$I = G \cdot CA$$

式中：G——MTI 的功率增益；

CA——杂波衰减。

对高斯型杂波，输入的杂波功率可以表示为

$$P_c = \frac{1}{\sqrt{2\pi\sigma_f^2}} \int_0^{f_r} \left\{ \exp\left[-\frac{(f-fe_i)^2}{2\sigma_f^2}\right] + \exp\left[-\frac{(f-f_r-fe_i)^2}{2\sigma_f^2}\right] \right\} df$$

式中：$f_r = PRF$；

fe_i——频偏；

σ_f——杂波频率的标准差。

MTI 对消器的输出功率可以表示为

$$P_{co} = \frac{1}{\sqrt{2\pi\sigma_f^2}} \int_0^{f_r} 2\sin^{2n}\left(\frac{\pi f}{f_r}\right) \left\{ \exp\left[-\frac{(f-fe_i)^2}{2\sigma_f^2}\right] + \exp\left[-\frac{(f-f_r-fe_i)^2}{2\sigma_f^2}\right] \right\} df$$

式中：n 为对消器的阶数，功率增益可以表示为

$$G = \frac{\int_0^{f_r} 2\sin^{2n}\left(\frac{\pi f}{f_r}\right) df}{f_r}$$

MATLAB 程序 motcoma.m 可以用来绘制二次对消器的改善因子（单位 dB）随速度偏置量（单位节）的变化关系，PRF = 919Hz，σ_f = 33.75Hz，f = 9375MHz。得到的结果如图 EX9.1 所示。在图 EX9.2 中，给出了杂波频谱（平均偏置为 200Hz）以及 MTI 功率转移函数。

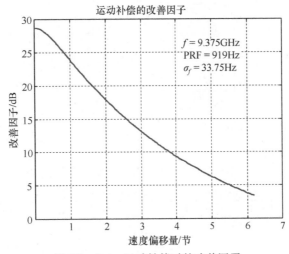

图 EX-9.1 运动补偿时的改善因子

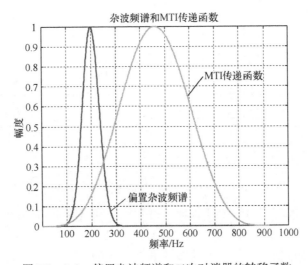

图 EX-9.2 偏置杂波频谱和二次对消器的转移函数

图 3.28 给出了当多普勒滤波器的零点未被调整至杂波频谱均值的情况。图 3.29 给出了这种情况下一次和二次对消器的改善因子,改善因子是频率误差与 PRF 的比值的函数,图中杂波的频谱为高斯型,并给出了杂波频谱的标准差(σ_c)在不同取值下的情况。杂波频谱进入滤波器通带内的越多,改善因子下降越严重。杂波频谱进入滤波器通带内的越多,指的是频率偏置量(f_e)占 PRF 的比重越大(也就是f_e/f_r越大)同时杂波频谱宽度占 PRF 的比重越大(也就是σ_c/f_r越大)。对机载雷达,当雷达天线指向沿着飞机的飞行方向时,平台运动引起的杂波谱展宽越小(参见第 3.2.3 节),但此条件下,偏置误差(f_e)通常取最大值,最终是一个相互矛盾并折衷的结果。

时间平均杂波相参机载雷达(Time Average Clutter Coherent Airborne Radar,TACCAR)是一种在机载和舰载雷达中广泛应用的运动补偿技术。图 3.30 给出了这种技术的一种实现框图[26],处理过程中,从雷达天线照射的所有物体的回波中,在一定的距离采样间隔内估计出平均多普勒频移。通过改变发射机和本振之间的频率差来消除该平均多普勒频率。

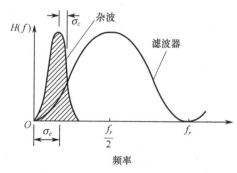

图 3.28 多普勒偏置误差对 MTI 杂波滤波器的影响[24]

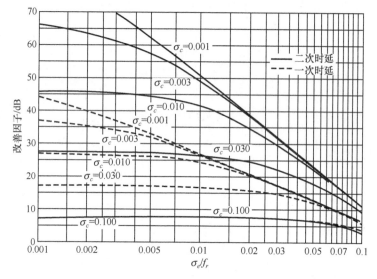

图 3.29 不同杂波频谱宽度下，不同归一化多普勒偏差下的改善因子

TACCAR 中最基本的装置是选通锁相环，主要用来在选定的时间间隔内修正平均多普勒频移，如图 3.30 所示。对于 TACCAR，在选定的距离间隔对应的时间间隔，通过锁相环进行选通，利用选通后的杂波信号作为参考来估计平均多普勒频移。积累器和采样保持电路可以得到选定距离范围内回波平均多普勒的估计值，在每个 PRI 之内重复以上估计过程。TAC-CAR 锁相环的时间常数需要远大于脉冲重复间隔，以得到多普勒处理所需的脉间相参性。

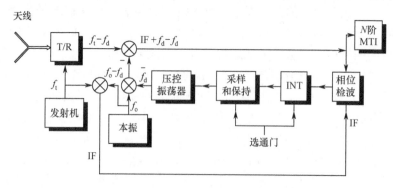

图 3.30 TACCAR 框图[26]

当 TACCAR 对特定距离间隔内的杂波进行采样后，多普勒处理器可以补偿该间隔内的平

均多普勒频率。但是在采样间隔内俯角通常会发生变化,因此对于每一个杂波块而言,平均多普勒频率估计值通常存在一定的误差。TACCAR 的性能评估需要考虑该估计值频率误差(f_e)随距离的变化。

在常用 TACCAR 回路的设计过程中,当选定单个采样距离间隔时,可以得到该间隔内的平均多普勒频率(f_d)。该估计值无法在全部距离范围内提供最佳的频率修正,所以问题就在于如何选择合适的距离间隔,以尽量减小该间隔内的峰值误差。假定选定的距离范围的最小和最大距离分别为 $R_{\min}$ 和 $R_{\max}$,对应的俯角分别为 $\phi_{\min}$ 和 $\phi_{\max}$,杂波多普勒频率估计值可以表示为

$$\hat{f}_d = f_{ac} \frac{\cos \theta_a (\cos \phi_{\max} + \cos \phi_{\min})}{2} \tag{3.92}$$

式中:f_{ac}——雷达的多普勒频率;

θ_a——天线指向的方位角。

TACCAR 距离误差为 $f_e = \hat{f}_d - \hat{f}_d$,表示为

$$f_e = f_{ac} \cos \theta_a \left[\frac{\cos \phi_R - (\cos \phi_{\min})}{2} \right] \tag{3.93}$$

式中:ϕ_R 为每个特定杂波分辨单元内俯角。

峰值误差出现在 $\phi_R = \phi_{\max}$ 时(见图 3.31),得到的归一化峰值误差为

$$\hat{e}_n = \frac{f_e}{f_{ac} \cos \theta_a} = \frac{(\cos \phi_{\max} - \cos \phi_{\max})}{2} \tag{3.94}$$

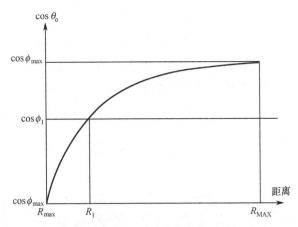

图 3.31 TACCAR 距离间隔估计值[26]

归一化的 TACCAR 距离误差如图 3.32 所示,该误差是归一化距离的函数,距离归一化是指归一到水平距离($R_{\max}$)。在图 3.32 中,$R_{\max} = \sqrt{h^2 + 2hr}$,$R_{\min} = R_{\max}/10$,其中,$h$ 为飞机的飞行高度,r 为地球半径的 4/3,近似等于 4600 海里。

推导得到的 TACCAR 损耗为

$$L_n = \left(\frac{f_e}{\sigma_c}\right)^{2N} + \sum_{k=1}^{N} \binom{2N}{2k} \left(\frac{f_e}{\sigma_c}\right)^{2(N-k)} \frac{1 \cdot 3 \cdots 2k-1}{1 \cdot 3 \cdots 2N-1} \tag{3.95}$$

式中:N——延迟段的数目;

f_e——频率偏置;

σ_c——杂波的均方根宽度[26]。

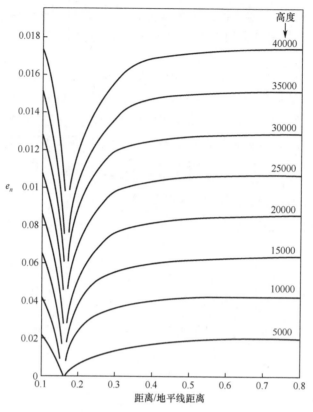

图 3.32　归一化 TACCAR 误差[26]

图 3.33 给出了一次、二次和三次对消器对应的函数关系。改善因子可以表示为 $I_N = I/L_N$，其中，I 为假定理想运动补偿时得到的改善因子。

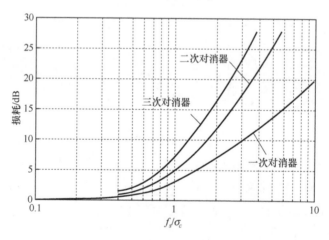

图 3.33　一次、二次和三次 MTI 对消器的 TACCAR 损耗[26]

为了说明 TACCAR 损耗对改善因子的影响，考虑一个机载早期预警雷达，其工作参数如下：f = 425 MHz，α = 12 rad/min，D = 25 英尺，f_r = 300 脉冲/s，v_{ac} = 300 节[9,27]。AEW 雷达的飞行高度为 25000 英尺，地表的风速为 25 节。AEW 雷达采用的 MTI 的类型为相参二次对消型，并带有单回路的 TACCAR 运动补偿。

假定雷达天线指向沿着飞机的地面航迹（$\theta_a = 0$）。杂波内部运动引起的速度展宽的均

方根为 $\sigma_w = 0.0033v_w^{1.261} = 0.2$ m/s，意味着杂波频率展宽的均方根为 $\sigma_i = 0.57$ Hz。扫描对杂波谱带来的展宽为 $\sigma_s = 0.833\alpha/\pi\theta_B = 4.12$ Hz（$\alpha = 72°/\text{s}$，$\theta_B = 4.63°$）。综合以上两点，杂波展宽的均方根为 $\sigma_f = \sqrt{\sigma_c^2 + \sigma_s^2} = 4.16$ Hz。在此基础上，得到理想的 TACCAR 速度补偿时的改善因子为 $I_2 = 2/(\sigma_c T)^4$，等于 45.4dB。需要说明的是，由于天线指向沿着飞机地面航迹方向，所以忽略了平台运动带来的频率展宽（$\sigma_{pm} \to 0$）。

从图 3.32 可知，在绝大部分雷达的作用范围内，归一化的 TACCAR 距离误差（e_n）都在 0.01 的量级上。这意味着当雷达的天线指向沿着飞机地面航迹时，频率偏置误差为 $f_e = e_n f_{ac} \cos\theta_a = 0.01 \cdot 438 = 4.38$ Hz，比值 $f_e/\sigma_c = 4.38/4.15 = 1.05$。从图 3.33 可以看出，二次对消器（$N=2$）的 TACCAR 改善因子损耗为 $L_2 = 3$ dB。因此总的改善因子为 $I_N = 45.4 - 3 = 42.4$dB[①]。

当天线指向偏离飞机地面航迹时，平台运动带来的频率展宽（参见第 3.2.3 节）将趋于主要地位，在 $\theta_a = 90°$ 时达到最大值。举例说明，$\theta_a = 90°$ 时，平台运动带来的频谱展宽为 $\sigma_{pm} = 0.528v_{ac}\sin\theta_a/D = 10.7$ Hz，当 $\theta_a = 30°$，展宽等于 $\sigma_{pm} = 5.35$ Hz。和其他展宽因素综合后，$\theta_a = 90°$ 时，总的展宽（$\sigma_f = \sqrt{\sigma_c^2 + \sigma_s^2 + \sigma_{mp}^2}$）变成 $\sigma_f = 11.5$ Hz，得到的改善因子为 $I_2 = 37$ dB，TACCAR 距离误差为 $f_e = 3.8$ Hz，TACCAR 损耗为 $L_2 = 1$ dB，总的改善因子为 $I_N = 37 - 1 = 36$ dB。

上述例子说明，对于传统的 AEW 雷达，能获得的改善因子非常有限。更先进的系统需要达到 60dB 量级的改善因子，为了达到这个要求，有必要对雷达进行如下改进：

- 积累后双程天线主瓣和旁瓣功率比达到 60dB；
- 系统稳定系数达到 10^{-9}；
- 用三次对消器代替二次对消器；
- 使用 MTI - 相参积累器的组合（16 - 脉冲）；
- 在三个距离点上进行 TACCAR 修正；
- 使用相位中心偏置天线（DPCA）改进平台运动对消能力。

平台运动对天线孔径的影响可以分解为一个法向分量（$v_n = v_{ac}\cos\theta_0\cos\phi_0$）和一个切向或转动分量（$v_t = v_{ac}\sin\theta_0\cos\phi_0$）。法向分量带来杂波频谱平均频率的平移，这点可以通过前面所讲的 TACCAR 环在特定距离间隔内进行修正。转动分量带来杂波频谱的展宽，特别是上例中当天线指向偏离飞机的地面航迹方向形成的展宽，会限制 MTI 改善因子。这种效应也可以进行修正，方法是采用一个天线阵列，天线的相位中心通过电控进行偏置，偏置量与平台运动带来的天线物理偏置量大小相等但符号相反。对机载 MTI，DPCA 技术加 TACCAR 可以得到完全的运动补偿。

例 10　运动补偿自适应数字 MTI[28]

经常会遇到这种情况，地基雷达工作于海边或者海军雷达工作于岸边，此时，地杂波和海杂波都会出现在雷达的视场内。地杂波的速度为零，而海杂波的平均速度是时变的，最大可能达到 5m/s（见图 1.20）[29]。对地基雷达，为了抵制强地杂波，MTI 对消器的凹口一般设置到零速。此时，如果在海杂波中检测到目标，那么改善因子将会下降。对于海军雷达，采用了某种形式的 TACCAR 将 MTI 对消器调谐到海杂波的平均速度上，此时，对地杂波的情况，改善因子同样会下降。图 EX - 10.1 给出了一种运动补偿自适应数字 MTI 的示意图，这

---

① 原文等于 41.4dB，已改正。

种技术可以在海杂波和地杂波同时存在的情况下在杂波中检测到目标。它通过估计每个分辨单元内的杂波多普勒频率，以便调整该分辨单元内 MTI 的杂波凹口。

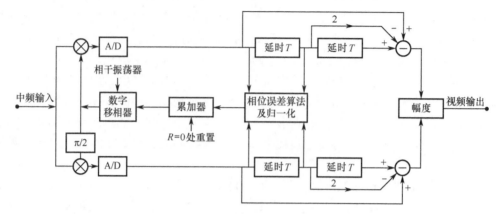

图 EX-10.1　运动补偿自适应数字 MTI[28]

杂波多普勒频率带来的相位变化满足以下关系式

$$d\phi = 2\pi f_d T$$

以上相位变化被存储于某个累加器内，计算达到 2π 弧度相位变化所需的时间（T_d），然后就可以得到多普勒频率估计值

$$f_d = \frac{1}{T_d}$$

将该多普勒频率输出给 COHO（相干振荡器），通过数字移相器去除脉冲间的多普勒频移。以下工作过程如图 EX-10.2 所示。对 I 和 Q 两路信号，要对每个距离分辨单元的相位测量值分别计算相位变化，然后求平均，以避免相位表示中 2π 模糊的影响。在数字移相器中要提供 5 比特的分辨率，保证边带上的毛刺会比主响应低 30dB 以上[30]。

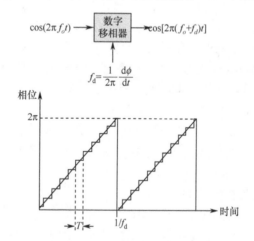

图 EX-10.2　数字移相器的锯齿效应

从图 EX-10.2 中可以看出，这种形式的运动补偿适用于杂波的速度小于雷达 PRF 对应速度的情况，此情况下可以较好地补偿杂波的平均多普勒。否则，相位变化将会发生模糊，无法进行后续的补偿。

此外，当杂波在同一距离单元内具有不同的速度时，也无法进行补偿。这意味着，对陆海边界，天线的方位波束内包括了多种不同类型的杂波，此时无法使用这种补偿方法。该情况下可能会有效的一种方法是采用多脉冲对消器,这种对消器的凹口可以自适应地调至杂波的每个平均速度[28]。

需要说明的是,当分辨单元中包含目标时,必须通过图例 10.1 所示相位测量估计装置来进行检测。如果某个分辨单元的脉冲间相位变化比临近的分辨单元明显偏大,那往往意味着该分辨单元内存在目标。

平台运动带来的转动多普勒为 $f_d = 2v_{ac}\theta\sin\theta_0\cos\phi_0/\lambda$(见第 3.2.3 节和图 3.17)。该分量带来的单个脉冲重复间隔内的相位变化量为

$$\eta = \int_0^T 2\pi f_d \mathrm{d}t \approx 2\pi f_d T \tag{3.96}$$

或者

$$\eta = \frac{4\pi v_{ac}T\theta\sin\theta_0\cos\phi_0}{\lambda}$$

式中:v_{ac}——飞机速度;

T——雷达的脉冲重复周期,$T = 1/f_r$;

θ_0——天线的方位角;

ϕ_0——天线的俯角;

λ——雷达的波长;

θ——偏离视线的方位角偏移量。

图 3.34(a)所示的矢量图,给出了平台运动转动多普勒分量带来的杂波矢量的相位转动。图 3.34(b)给出了利用两个正交矢量求和来实现相位变化补偿(e_1 和 e_2)的办法。两个正交的矢量分别为

$$\begin{aligned} e_1 &= \mathrm{j}x_1\tan\left(\frac{\eta}{2}\right) \\ e_2 &= -\mathrm{j}x_2\tan\left(\frac{\eta}{2}\right) \end{aligned} \tag{3.97}$$

式中:x_1、x_2——连续发射脉冲所获得的杂波;

η——相位转动量。

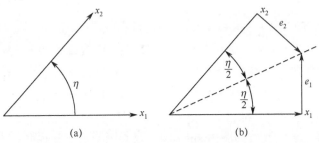

图 3.34 DPCA 平台运动补偿的矢量化表示[31]

如果天线的单程功率方向图为 $G(\theta)$,那么 x_1 和 x_2 将受到双程方向图 $G^2(\theta)$ 的调制,结果为

$$\begin{aligned} e_1 &= \mathrm{j}G^2(\theta)\tan\left(\frac{\eta}{2}\right) \\ e_2 &= \mathrm{j}G^2(\theta)\tan\left(\frac{\eta}{2}\right) = \Delta\theta \end{aligned} \tag{3.98}$$

可以将这些矢量理解为发射方向图 $G(\theta)$ 和接收方向图 $G(\theta)$ 加一个额外的方向图 $\Delta\theta$。

将 DPCA 补偿方法应用于多阶 MTI 对消器的第一阶，图 3.35 给出了该方法的示意图[24,31]。由 $\Delta\theta$ 方向图接收的回波减去由 $G(\theta)$ 方向图接收的第一个脉冲的回波，然后加上第二个脉冲的回波。$\Delta\theta$ 方向图近似等于传统比幅单脉冲天线的差方向图。由于 $\Delta\theta$ 所定义的天线方向图只能近似得到，那么近似带来的误差会导致 DPCA 修正并不理想，从而降低了 MTI 的性能。同样，DPCA 只修正了多阶 MTI 中的一个对消器，其性能比二次和更高次对消器的完全修正要差一些。

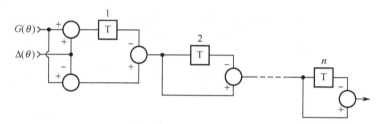

图 3.35 将 DPCA 修正应用于 N 阶 MTI 对消器的第一阶[31]

带有 DPCA 修正的对消器如图 3.35 所示，其功率传递函数为

$$|H_\eta(f)|^2 = \left(1 + \tan^2 \frac{\eta}{2}\right)[2\sin \pi(f - f_d)T]^2 [2\sin \pi f T]^{2N-2} \tag{3.99}$$

式中：η——脉冲间相位增加量；

f_d——平台运动多普勒频移的转动分量；

T——脉冲重复间隔；

N——MTI 对消器的阶数[31]，$N = n - 1$。

式 (3.99) 说明，第一个对消器的零点被平移至平台运动多普勒的转动分量处，其他的对消器不受 DPCA 修正的影响。假定杂波的频谱为高斯型，可以推导得到 DPCA 修正的改善因子如下：

$$I_N = 2^N (1 \cdot 3 \cdots 2N - 1)\sqrt{2\pi}\sigma_c \int_{-\theta_0}^{\theta_0} \frac{G^4(\theta)\mathrm{d}\theta}{n!} \int_{-\theta_0}^{\theta_0} G^4(\theta)(1 + \tan^2 \pi f_c T) H_n(\theta)\mathrm{d}\theta \tag{3.100}$$

式中：积分是在天线方向图的主波束（θ_0）内进行积分[31]。

如果天线方向图为 $\sin x/x$，从式（3.100）推导得到的二次和三次对消器的改善因子分别如图 3.36 和图 3.37 所示，改善因子是每个脉冲重复间隔内天线孔径偏移量的函数（$x = v_p T \cos \phi_0 \sin \theta_a / D$）。其中，点画线表示平台运动经过 DPCA 补偿后，MTI 的改善因子，实线表示平台运动限制。

对于一次对消器，若天线方向图为 $\sin x/x$，改善因子的比较说明，如果每个脉冲重复间隔内天线孔径偏移的比例小于 $x = 1/10$，那么 MTI 改善因子几乎可以完全补偿平台运动的转动分量[31]。因此，此时面杂波情况下的改善因子主要由天线扫描和杂波内部运动限制所决定（见第 3.2.1 节和第 3.2.2 节）。天线扫描对杂波的调制可以用一种和 DPCA 类似的实现方式来补偿[24]。扫描运动补偿是将天线双程功率方向图（$\Delta^2 G(\theta)$）扫描带来的脉间幅度变化量的一半加至某脉冲，然后将它从下一脉冲减掉，这种实现方式和图 3.35 所示的 DPCA 的实现方法相同。

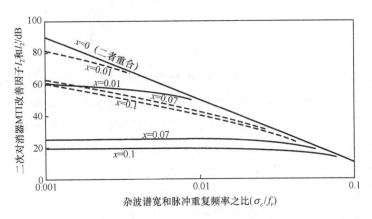

图 3.36　二次对消器有无 DPCA 修正的 MTI 改善因子对比[31]

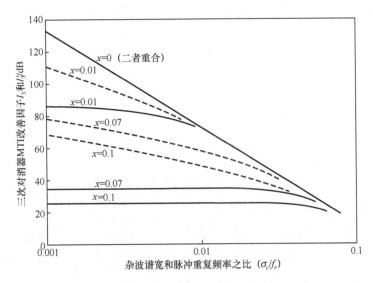

图 3.37　三次对消器有无 DPCA 修正的 MTI 改善因子对比[31]

图 3.36 和图 3.37 说明，二次和三次对消器的 DPCA 修正并不完美，但改进的效果还是非常明显的，特别是对于地杂波，固有频谱宽度很小，改进量较大。这两幅图也说明了如果采用更完整的补偿方法，还可以进一步增大改善因子。标注为 $x = 0$ 的曲线代表了运动被完美补偿的情况，将该曲线与点画线进行比较可以看出，理想的运动补偿还可以提供更好的改善效果。

3.2.8　对改善因子的综合影响

前面的章节分析了单个因素对改善因子的限制，在分析时假定不存在其他的影响因素。实际上，很多影响因素是同时存在的，因此合成的改善因子必须考虑综合效应的互相作用。

在对这些单独的效应进行综合时，最基本的假设是所有影响都是统计独立的，每一项都可以表示成对相干载频的单独调制。如果此假设成立，那么接收到的杂波电压可以表示为 $v_t = a_t b_t c_t d_t \cdots \cos \omega t$，带来自相关函数的下降，表示为 $\rho_c(\tau) = \rho_a(\tau) \rho_b(\tau) \rho_c(\tau) \cdots$ 对自相关函数进行傅里叶变换得到功率谱密度为

$$S_c(\omega) = S_a(\omega) * S_b(\omega) * S_c(\omega) \cdots \qquad (3.101)$$

式中：* 为卷积。

$$S_1(\omega) * S_2(\omega) = \int_{-\infty}^{\infty} \frac{S_1(\omega)S_2(\omega-y)\mathrm{d}y}{2\pi}$$

如果这些单独的效应可以用高斯型功率密度函数来表示 $S(\omega) = P_c \exp(-\omega^2/2\sigma_c^2)/\sqrt{2\pi}\sigma_c$，那么以上卷积的计算将尤为方便。其中，$\sigma_c$ 为杂波频谱的标准差，对应于 3dB 带宽的话（ω_3/(rad/s)）$\sigma_3 = \omega_3/\sqrt{\ln 4} = 0.849\omega_3$。需要说明的是，当包含同步检波时，3dB 视频带宽（B_3）可以表示为 $B_3 = \sqrt{\ln 4}\sigma_c/\pi = (\sigma_c/2)/1.334$。

对多个高斯型功率密度函数求卷积，得到的杂波功率谱密度同样也是高斯型的，其方差 σ_c^2 为每个单独效应对的方差之和：

$$\sigma_c^2 = \sigma_1^2 + \sigma_2^2 + \cdots + \sigma_n^2 \tag{3.102}$$

例如，若影响杂波展宽的因素主要包括杂波内部运动（σ_i），扫描调制（σ_s），平台运动（σ_{pm}）和发射机非稳定性（σ_x），高斯型杂波频谱的方差可以表示为

$$\sigma_c^2 = \sigma_i^2 + \sigma_s^2 + \sigma_{pm}^2 + \sigma_x^2 \tag{3.103}$$

如果使用的是带有平方律检波的非相参 MTI，那么尽管杂波频谱仍是高斯型，但协方差等于 $\sigma_{nc}^2 = 2\sigma_c^2$。对于相参 MTI，和杂波频谱一样，目标的频谱同样受天线扫描调制的影响受被展宽，通常情况下假定目标的功率谱密度为高斯型。

对非相参 MTI，预估得到目标频谱，目标频谱与杂波频谱相卷积从而得到视频目标频谱（如，$\sigma_i^2 = 2\sigma_s^2 + \sigma_i^2 + \sigma_{pm}^2 + \sigma_x^2$）。表 3.7 给出了目标和杂波的视频频谱，其中包括相参和非相参 MTI 的情况，同时给出了固定和机载雷达两种不同条件下的结果。

表 3.7 固定和机载雷达的视频目标和杂波频谱方差

相参 MTI	非相参 MTI	相参 MTI	非相参 MTI
固定：		机载	
目标 σ_s^2	$2\sigma_s^2 + \sigma_x^2 + \sigma_i^2$	目标 σ_s^2	$2\sigma_s^2 + \sigma_x^2 + \sigma_i^2 + \sigma_{pm}^2$
杂波 $\sigma_s^2 + \sigma_x^2 + \sigma_i^2$ 方差	$2\sigma_s^2 + 2\sigma_x^2 + 2\sigma_i^2$	杂波 $\sigma_s^2 + \sigma_x^2 + \sigma_i^2 + \sigma_{pm}^2$	$2\sigma_s^2 + 2\sigma_x^2 + 2\sigma_i^2 + 2\sigma_{pm}^2$
σ_i^2 = 内部运动	σ_s^2 = 扫描调制	σ_x^2 = 发射机不稳定	σ_{pm}^2 = 平台运动

根据合成后杂波频谱的方差进行分析可以得到系统的改善因子。或者换种方法，首先对每一种类似加性噪声的因素，单独计算其改善因子，然后按下式进行综合

$$I^{-1} = I_1^{-1} + I_2^{-1} + \cdots + I_N^{-1} \tag{3.104}$$

考虑到 $I = \overline{G}CA$，以上关系还可以进一步推导，其中，$\overline{G}$ 为 MTI 增益，CA 为杂波的衰减。杂波的衰减可由下式给出

$$CA = \frac{\int_0^{\infty} \sum_{n=1}^{N} S_n(\omega)\mathrm{d}\omega}{\int_0^{\infty} \sum_{n=1}^{N} S_n(\omega)|H(\omega)|^2\mathrm{d}\omega} \text{①} \tag{3.105}$$

---

① 原式为 $CA = \dfrac{\int_0^{\infty} \sum_{L=1}^{N} S_n(\omega)\mathrm{d}\omega}{\int_0^{\infty} \sum_{L=1}^{N} S_N(\omega)|H(\omega)|^2\mathrm{d}\omega}$。——译者注

式中：$S_n(\omega)$——只考虑单个影响因素时的杂波频谱密度；

$H(\omega)$——MTI 滤波器响应。

如果交换求和和积分的先后顺序，并且注意到分子始终等于杂波的功率，可以得到综合杂波衰减与单个因素下杂波衰减（CA_N）的关系式 $(CA)^{-1} = (CA_1)^{-1} + (CA_2)^{-1} + \cdots + (CA_N)^{-1}$。将杂波衰减乘以 MTI 增益后，得到改善因子的关系式如下

$$(G \cdot CA)^{-1} = (G \cdot CA_1)^{-1} + (G \cdot CA_2)^{-1} + \cdots + (G \cdot CA_N)^{-1} \qquad (3.106)$$

当类似于加性噪声的干扰（如系统不稳定）与乘性因素（如杂波谱展宽）相综合时，在得到总体的改善因子前应该首先单独对这些因素进行分析。比如，考虑如下因素带来的非稳定影响：发射机频率变化，STALO（稳定本机振荡器）频率变化，COHO 频率变化，脉冲时间跳变，脉冲宽度变化以及脉冲幅度变化。假定这些非稳定因素单独每一项对改善因子的限制都是 50dB，那么这些不稳定因素带来的总的改善因子等于 $I_s = I_{IND}/6$，等于 42.2dB。

假定杂波频谱展宽对改善因子的限制主要是由天线扫描和杂波运动因素引起的，使用二次对消器时单独每一项的改善因子限制为 43dB。对二次二项对消器，如果采用高斯型杂波模型，那么得到的改善因子为 $I_c = 2/(\sigma_{c1}T)^4$，对应于本例，$\sigma_{c1}T = 0.1$ 弧度。当同时考虑两种因素时，得到的改善因子为 $I_c = 2/(\sigma_{c1}^2 + \sigma_{c2}^2)^2 T^4$，结果为 $I_c = 1/2(\sigma_{c1}T)^4$ 等于 37dB。对于本例，整体的改善因子为 $I = (I_c^{-1} + I_s^{-1})^{-1}$，等于 35.9dB。

3.3 振荡器对多普勒雷达性能的影响

相参多普勒雷达系统的性能经常受到 STALO 或主振荡器中产生的相位噪声的制约。在主振荡器功率放大系统（见图 1.15 和图 2.20），同一个 STALO 在接收端作为参考振荡器，在接收端，经过中频偏置后作为发射信号。当 STALO 中产生相位噪声后，会导致发射信号频率中包含噪声边带，噪声边带的频率会一至延伸，对于目标多普勒频移占据的频率区域也不例外[38]。如包含相位噪声的发射信号被杂波散射体反射后，将会在接收信号中引入一个噪声背景，有时将其称为"发射杂波（Transmitted Clutter）"。这种噪声不仅取决于杂波散射体回波的强度，还取决于边带相位噪声相对于载频的幅度比值。如果雷达接收机中是将回波信号与含有噪声的 STALO 相混频以产生中频信号，并采用偏置振荡器进行后续的正交检波的话，那么情况还会更加复杂。发射端和接收端 STALO 中的相位噪声需要一定的相关性，相关程度取决于散射体相对于雷达的距离。在散射体位置最不利的情况，对于近距离杂波散射体这种相关性会导致回波的相互抵消（这种问题最难处理），同时噪声的功率增大至原来的 4 倍。

STALO 相位噪声尽管对于低重频 MTI 也很重要，但是对高重频 PD 雷达将成为关键的性能影响因素。这是因为对高重频 PD 雷达，其距离响应是高度模糊的，从而导致对远距离的目标受到多重的影响。对于高重频 PD 雷达，所需的杂波衰减高达 80~100dB 的量级，而对于低重频多普勒系统，该值约为 50~60dB。

图 3.38 给出了典型多普勒雷达发射机—接收机系统的框图。假定微波相参振荡器（STALO）的相位噪声用 ϕ_t 表示，那么发射信号（T_0）可以表示为 $v_t = \cos(\omega_t t + \phi_t)$。本振信号为 $v = \cos(\omega t + \phi_t)$，其中，由于中频偏置振荡器和微波 STALO 之间巨大的频率差异，所以相比于微波 STALO 将来自于中频偏置器的相位噪声忽略不计。对于距离为 R 的杂波散射体，其回波可以表示为 $v_c = \cos[\omega_t(t - t_d) + \phi_t - \phi_d]$。其中，$t_d = 2R/c$ 为散射体双程回波时延。

接收机的输出为杂波信号与本振信号的混频 $v_r = \cos(\omega_{IF}t - \omega_t t_d + \phi_c)$，其中，$\phi_c = \phi_{t-t_d} - \phi_t$。假定相位噪声可以表示为 $\phi_t = \Delta\phi\sin\omega_m t$，其中，$\omega_m$ 为噪声的角频率，那么相参多普勒雷达正交相位检波的输出可以表示为 $v_p = \Delta\phi[\sin\omega_m(t - t_d) - \sin\omega_m t]$，也可以表示为 $v_p = \Delta\phi 2\sin(\omega_m t_d/2)\cos(\omega_m t + \phi_0)$，也就是电压相关系数 $2\sin(\omega_m t_d/2)$ 直接乘以相位噪声电压功率谱密度 $S_\phi(\omega)$。因此，相位噪声带来的多普勒处理器输出的 PSD 可以表示为 $S_p(\omega) = 4\sin^2(\omega_m t_d/2)S_\phi(\omega)$，其中，$S_\phi(\omega)$ 为主振荡器（STALO）相位噪声的 PSD，t_d 为时延，取决于杂波散射体的距离。当 $t_d = 25\mu s$ 时的相关系数如图 3.39 所示，其中峰值点（+6dB）位于 $f_m = 1/2t_d$（图 3.39 的 20kHz 处），零点位于 $f_m = 1/t_d$（图 3.39 的 40kHz 处）。

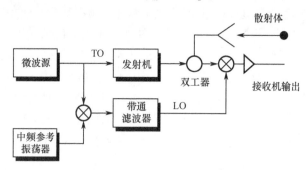

图 3.38 典型多普勒雷达发射机—接收机中振荡器的组成框图[33]

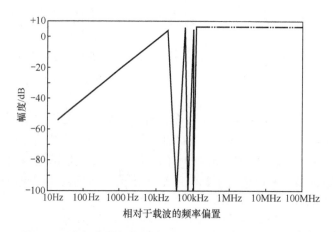

图 3.39 主振荡器相位噪声的相关因子（$t_d = 25\mu s$）[33]

对低重频相参 MTI，如果采用的是二项对消器，则杂波衰减可以表示为

$$CA = 2\int_0^\infty \sin^2(\pi f t_d)\sin^{2N}(\pi f T)S_\phi(f)df \tag{3.107}$$

式中：N——对消器的阶数（处理的脉冲数为 $n = N + 1$）；

t_d——双程距离延迟；

T——雷达的脉冲重复间隔；

$S_\phi(f)$——主振荡器相位噪声相对于载波功率的归一化功率谱。

对一次对消器 MTI，在雷达脉冲重复频率为 1000P/s（$T = 1000\mu s$）时，为了在 20n mile 的距离上（$t_d = 250\mu s$）提供所需的杂波衰减，所能允许的主振荡器相位噪声的功率谱（$S_\phi(f)$）如图 3.40 所示。主振荡器相位噪声功率谱由三个不同分量组成[34]：闪烁噪声，主

要出现在 f_m 较小时，其相位噪声谱正比于 $1/f^3$；外部加性振荡器噪声，其相位谱为白的或者不随频率变化；内部振荡器，其相位谱正比于 $1/f^2$。

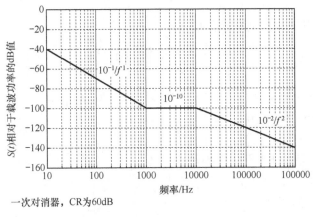

图3.40　主振荡器相位噪声谱容限（$t_d = 250\mu s$）[32]

图3.41中给出了测量得到的几组主振荡器相位噪声的频谱，图中也给出相位噪声谱的容限。通常情况下，腔体稳定振荡器（如绝缘谐振振荡器，静电聚焦速调管，腔体稳定速调管）比晶体放大振荡器（如变容二极管放大，步进恢复）的相位噪声要小。晶体振荡放大器的基频一般较低，低于100MHz。此外，低基频主振荡器的相位噪声比高基频振荡器的要低，意味着低频MTI雷达的工作性能潜力一般比高频MTI雷达要大。

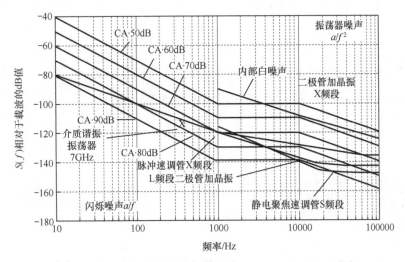

图3.41　主振荡器相位噪声谱密度容限（$t_d = 250\mu s$）[32]

为了理解高重频多普勒雷达的情况，必须首先分析雷达所需的杂波衰减。对于陆基PD雷达和机载PD雷达，由于几何关系和平台运动的不同，它们对杂波衰减的要求也有很大差别。对陆基高重频雷达，其杂波与连续波雷达的杂波回波类似，唯一的区别在于连续波杂波要乘以雷达占空比（$D_u = \tau/T$，其中 τ = 脉冲宽度，T = 脉冲重复间隔）。这将带来大量的主波束邻近杂波，这些回波取决于雷达的俯仰向天线方向图与雷达附近杂波散射体之间的相对关系。

对于机载高重频雷达，杂波还取决于平台的飞行高度和速度以及天线的辐射方向图。发射机的相位噪声会进入多普勒滤波器组的频率覆盖范围，这将会对主波束内的杂波产生调制作用。机载雷达的主波束杂波比地面雷达的要少,这是因为地杂波的最小距离总是会大于飞机的飞行高度。但随着主波束覆盖的杂波区域的掠地角增大,地面雷达获得地杂波反射率将会增高。

对地面连续波雷达,杂波的功率可以表示为

$$C = \left(\frac{P_t G^2 \lambda^2 \theta_a}{(4\pi)^3 L}\right) \cdot \int_0^\infty \left(\frac{\sigma^0 F^4}{r^3}\right) \mathrm{d}r \qquad (3.108)$$

式中:P_t ——发射机功率;

θ_a ——方位角波束宽度(弧度);

σ^0 ——杂波的后向散射系数;

F^4 ——双程功率天线方向图传播因子;

L ——发射和波束形成损耗;

r ——杂波散射波的距离[35]。

假定天线方向图为高斯型,$F^4 = \exp(-5.54\phi^2/\phi_e^2)$,其中,$\phi_e$ 为3dB俯仰波束宽度。进一步,利用小角度近似 $\phi = h/r$,其中,h 为天线相位中心相对于地面的高度,假定 σ^0 与掠射角无关,得到

$$\int_0^\infty \left(\frac{\sigma^0 \exp\left(\frac{-5.54h^2}{\phi_e r^2}\right)}{r^3}\right) \mathrm{d}r = \frac{\sigma^0 \phi_e}{(3.33h)^2} \qquad (3.109)$$

连续波雷达杂波功率可以表示为

$$C = \frac{P_T G^2 \lambda^2 \theta_a \phi_e^2 \sigma^0}{(4\pi)^3 (3.33h)^2 L} \qquad (3.110)$$

将 $G = 4\pi/(\theta_a \theta_e) L_n$ 和 $\theta_a = 1.5\lambda/D_a$ 代入还可以做进一步的简化,其中,D_a 为天线方位向的口径长度,$L_n = 1.2$ 为采用孔径加权来形成低旁瓣天线时带来的天线方向图损耗。得到的连续波雷达杂波功率为

$$C = \frac{P_t \sigma^0 \lambda D_a}{400h^2} \qquad (3.111)$$

式中:P_t ——发射机功率;

σ^0 ——杂波后向散射系数;

λ ——雷达波长;

D_a ——天线的方位向宽度;

h ——天线相位中心相对于地面的高度,计算时假定波束形成损耗为 $L_B = 1.33$。

高重频 PD 雷达的杂波平均功率可以由下式计算得到

$$C = \frac{P_t d_u \sigma^0 \lambda D_a}{400h^2} \qquad (3.112)$$

式中:d_u 为 PD 雷达占空比。

如果需要计算发射机载频(频谱的中心谱线)的杂波功率,那么 $C = P_t d_u^2 \sigma^0 \lambda D_a/400h^2$。

基于恒定反射率(γ)模型可以对 PD 雷达杂波公式进行重新定义。该模型假定杂波的后向散射系数可以表示为 $\sigma^0 = \gamma/\sin\phi$(见第1.3.2.1节)。如果采用近似 $\sin\phi = h/r$,那么杂波功率中的积分项可以表示为

$$\int_0^\infty \left(\frac{\sigma^0 F^4}{r^3}\right) dr = \int_0^\infty \left(\frac{\gamma h \exp\left(\frac{-5.54 h^2}{\phi_e r^2}\right)}{r^4}\right) dr \tag{3.113}$$

式（3.113）等于 $\gamma \phi_e^3 / 29.4 h^2$，代入得到连续波杂波功率公式

$$C = \frac{P_t G^2 \lambda^2 \theta_a \phi_e^3 \gamma}{29.4(4\pi)^3 L h^2} \tag{3.114}$$

式（3.114）还可以进一步化简（$\phi_e = 1.5\lambda/D_e$，其中，D_e 为天线的俯仰向孔径长度），化简结果为

$$C = \frac{P_t d_u \lambda^2 \gamma D_a}{533 D_e h^2} \tag{3.115}$$

式中各变量的定义在前面已有给出。

举例说明，假定某 X 频段雷达，天线为圆形孔径（$D_a = D_e$），雷达工作高度距离地面的高度 $h = 3\,\text{m}$，地面的 $\gamma = 0.1$。若雷达的发射功率为 10kW，占空比为 $d_u = 0.1$（$P_{av} = 1\text{kW}$），平均的杂波功率为 $C = 1.9 \times 10^{-5}\,\text{W}$，中心谱线的杂波功率为 $1.9 \times 10^{-6}\,\text{W}$[23]。如果多普勒滤波器组中滤波器多普勒带宽为 1kHz（$B_D = 1\text{kHz}$，$t_0 = 10^{-3}\,\text{s}$），总的杂波能量在滤波器中得到聚集，那么将等于 $1.9 \times 10^{-8}\,\text{W}$。假定噪声温度为 $T_s = 3000\,\text{K}$，对应的噪声能量水平约为 $4 \cdot 10^{-20}\,\text{W/Hz}$。进而得到杂波和噪声的比值为 $C/N = 4.75 \times 10^{11} = 117\,\text{dB}$。因此，本例所需的杂波衰减（将杂波的均方根减至和噪声相当）为约 120dB 的量级，因此对主振荡器相位噪声稳定度和多普勒滤波器的旁瓣能力具有极严格的要求。此外，需要注意的是计算主振荡器的相位噪声谱容限时还将相关因子考虑在内。

对机载的情况，高重频 PD 雷达的地杂波将会散布在 $\pm 2v_{ac}/\lambda$ 的速度范围内，如图 3.42 所示（参见第 1.1.4 节）。杂波具有以下几个突出特点：

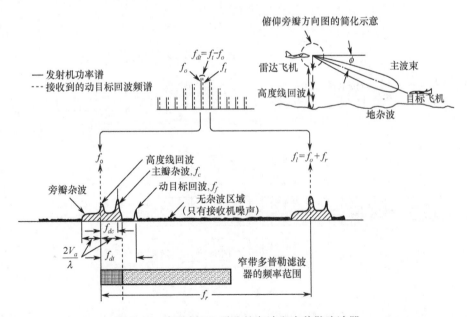

图 3.42 高重频 PD 雷达的杂波和多普勒滤波器

(1) 主瓣杂波，在雷达下视模式时最为严重，主瓣杂波的平均频率等于 $f_{\mathrm{ML}} = 2v_{ac}\cos\theta_a\cos\phi_e/\lambda$；

(2) 高度线杂波，来自于飞机正下方散射体的镜面反射，它通过雷达的旁瓣进行，平均频率为 $f = 0$；

(3) 旁瓣和后瓣杂波，分布范围位于 $f_d = 2v_{ac}/\lambda$（正前旁瓣）和 $f_d = -2v_{ac}/\lambda$ 之间（正后方的后瓣）。

在图 3.42 中同时给出了多普勒滤波器组的频率布置：在无杂波区域检测相向飞行的飞机或导弹目标；在前向杂波旁瓣区域检测尾追目标或者对地面回波采取多普勒波束锐化技术。

图 3.43 同样给出了发射机相位噪声的影响示意图，相位噪声使杂波频谱得到展宽，杂波频谱延伸至多普勒滤波器组所占据的频率区间。如果将发射频谱看作一系列单个频率谱线之和（由相位噪声引起的），而不是单个谱线，可以更直观地分析其影响。当以上频谱与每个单独杂波散射体相卷积时（得到总的杂波），后果就是对纯杂波频谱（无相位噪声）的每个频率分量都用相位噪声频谱进行调制。由于相位噪声频谱占据的范围很大，会将主瓣杂波的一些分量从凹口抑制滤波器搬移至多普勒滤波器组内。我们的目标就是使得相位噪声频谱相对于载频要保持足够低的水平，这样搬移至每个多普勒滤波器内的杂波频谱的均方根值才能低于接收机的噪声水平。如果以上目标无法达到（通常指最靠近主瓣杂波频率的多普勒滤波器中），那么需要自适应 CFAR 来降低这些杂波峰值对多普勒滤波器的影响。

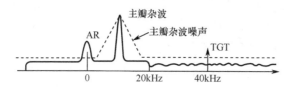

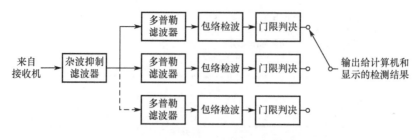

图 3.43 高重频 PD 搜索处理过程

为了对主瓣杂波峰值的影响进行分析，需要计算得到主瓣杂波的幅度大小。假定机载雷达的波束为笔状波束，杂波的等效雷达截面积近似可以表示为 $\sigma_c = \sigma^0\pi(\theta R)^2/4$，其中 θ 为

天线双程功率波束宽度（$\theta = \theta_{3dB}/\sqrt{2}$）。将其代入至雷达方程，得到

$$C_{ML} = \frac{P_t d_u G^2 \theta_3^2 \sigma^0 \lambda^2}{(\sqrt{2}16\pi)^2 R^2 L} \tag{3.116}$$

式中：d_u——雷达的占空比；

　　　θ_3——天线的单程3dB波束宽度；

　　　R——主瓣杂波块到雷达的距离；

　　　L——系统损耗项。

将 $G = \pi^2/\theta_3^2 = (\pi D/\lambda)^2$，其中，$D$ 为圆形天线孔径尺寸，从而得到 $C_{ML} = P_t d_u \sigma^0 D^2 / 50 R^2 L$ [23]。

假定机载雷达和地面PD雷达具有同样的工作参数（也就是，$P_t = 10\text{kW}$，$d_u = 0.1$，$\sigma^0 = 0.1$），此外，$D = 0.7\text{m}$，$L = 1$，$R = 10\text{km}$，得到主瓣杂波的平均功率等于 $C_{LM} = 10^{-8}$ W，杂波的中心谱线为 10^{-9} W。在1kHz的多普勒滤波器中聚集的杂波能量为 10^{-11} W，接收机噪声的能量（$T_s = 3000$ K）为 $N = 4 \times 10^{-20}$ W/Hz,，得到 $C/N = 2.5 \times 10^8 = +84$ dB，所需的杂波衰减为80dB的量级。机载雷达对振荡器相位噪声的要求不如地面雷达那么严格。典型主振荡器相位噪声谱如图3.44所示。

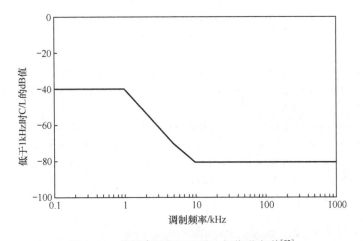

图3.44　典型高重频PD雷达相位噪声谱[32]

再举一个例子，某X频段机载拦截高重频PD雷达，相应的参数为 $P_t = 2.5$ kW，$d_u = 0.5$，$\theta_3 = 2.2°$，$NF = 5$ dB，$B_d = 200$ Hz，$G = 37$ dB，$L = 3.9$ dB，$\sigma^0 = 0.15$。距离位于100海里的主瓣杂波的中心谱线强度等于 $C_{ML} = -78$ dBm（中心谱线平均功率为 $d_u^2 P_t$）。200Hz多普勒带宽中的噪声功率等于 $P_N = (-174 - 3 + 23) = -149$ dBm，其中进入多普勒滤波器的噪声功率将缩减为原来的占空比位（$d_u = -3$ dB），这是因为接收机只有一半的时间处于选通状态。在100海里处得到的 C/N 为 $+71$dB，这意味着在多普勒滤波器组频率覆盖范围内，主振荡器相位噪声频率需要比载频功率电平低大约80dB。在100海里处，来自于 5m^2 回波的中心谱线功率约为 -149dBm，所以该雷达的最大作用距离 $R_0 = 100$ 海里（R_0 为信噪比 $S/N = 1$ 对应的雷达距离）。本例对应的主瓣杂波和目标的功率水平如图3.45所示。

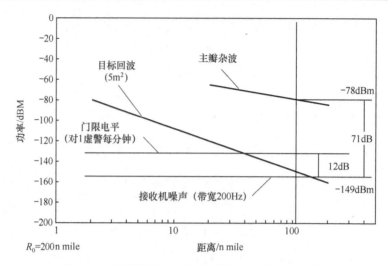

图 3.45 机载拦截 PD 雷达主瓣杂波和噪声水平[32]

参 考 文 献

［1］Marcum, J., "A Statistical Theory of Target Detection by Pulsed Radar," IRE Trans., Vol. IT-6, No. 2, April 1960, pp. 209-211; also in S. Haykin, (ed.), Detection and Estimation, Halstead Press, 1976

［2］Swerling, P., "Probability of Detection for Fluctuating Targets," IRE Trans., Vol. IT-6, No. 2, April 1960, pp. 269-308; also in S. Haykin, (ed.), Detection and Estimation, Halstead Press, 1976

［3］Schleher, D. C., Introduction to Electronic Warfare, Norwood, MA: Artech House, 1986

［4］Barton, D. K., (ed.), The Radar Equation, Vol. 2 of Radar, Dedham, MA: Artech House, 1974

［5］Schleher, D. C., "Performance Comparison of MTI and Coherent Doppler Processors," Proc. IEEE Int. Radar Conference, London, November 1982, pp. 154-158

［6］Kanter, I., "A Generalization of the Detection Theory of Swerling.", Proc IEEE EASCON Conf., Washington, D. C., September 1974, pp. 198-205; also in S. Hayking, (ed.), Detection and Estimation, Halstead Press, 1976

［7］Dillard, G., and J. Richard, "Performance of an MTI Followed by an Incoherent Integrator for Nonfluctuating Signals," Proc. IEEE Int. Radar Conference, Washington, D. C., April 1980, pp. 194-199

［8］Emerson, R. "First Probability Density for Receivers with Square Law Detectors," J. Applied Physics, Vol. 24, No. 9, September 1953, pp. 1168-1176

［9］Schleher, D. C., (ed.), MTI Radar, Dedham, MA: Artech House, 1978

［10］Emerson, R., Some Pulsed Doppler MTI and AMTI Techniques, R-274, Rand Corporation, March 1954; also in Schleher, D. C., (ed.), MTI Radar, Dedham, MA: Artech House, 1978, pp. 77-142

［11］Andrews, G., Optimal Doppler Radar Processing, Report 7727, Naval Research Laboratory, Washington, D. C., May 21, 1974

［12］Skolnik, M. I., Introduction to Radar Systems, 2nd ed., New York: McGraw-Hill, 1980.

［13］Berkowitz, R., Modern Radar, New York: Wiley, 1965.

［14］Kretschmer, F., F. Lin, and B. Lewis, "A Comparison of Noncoherent and Coherent MTI Improvement Factors," IEEE Trans. on Aerospace and Electronic Systems, Vol. AES-19, No. 3, May 1983, pp. 398-404

［15］Skolnik, M. I., (ed.), "MTI Radar," Chapter 17 in Radar Handbook, 1st ed., New York: McGraw-Hill, 1970

［16］Stimson, G., Introduction to Airborne Radar, Hughes Aircraft Company, El Segundo, CA, 1983

［17］Nathanson, F., Radar Design Principles, New York: McGraw-Hill, 1969

［18］Fishbein, W., S. Graveline, and O. Ritterback, Clutter Attenuation Analysis, ECOM-2808, U. S. Army Electronics Command, Fort Monmouth, NJ, March 1967; also in Schleher, D. C., (ed.), MTI Radar, Dedham, MA: Artech House, 1978

［19］Skolnik, M. I., Introduction to Radar Systems, 3rd ed., New York: McGraw-Hill, 2001

［20］Billingsley, J., and J. Larrabee, Measured Spectral Extent of L- and X-Band Radar Reflections from Wind-Blown Trees,

Report CMT-57, MIT Lincoln Laboratory Lexington, MA, February 1987

[21] Ward, H., and W. Shrader, "MTI Performance Degradation Caused by Limiting," IEEE EASCON Record, Washington D. C., September 1968, pp. 168-174

[22] Ward, H., "The Effect of Bandpass Limiting on Noise with a Gaussian Spectrum," Proc. IEEE, Vol. 57, No. 11, November 1969, pp. 2089-2090c.

[23] Barton, D. K., Modern Radar System Analysis, Norwood, MA: Artech House, 1988

[24] Skolnik, M. I., (ed.), "Airborne MTI," Chapter 18 in Radar Handbook, 1st ed., New York: McGraw-Hill, 1970

[25] Muehe, C., et al., "New Techniques Applied to Air-Traffic Control Radars," Proc. IEEE, Vol. 62, No. 6, June 1974, pp. 716-723

[26] Andrews, G., Airborne Radar Motion Compensation Techniques, Evaluation of TACCAR, Report NRL-7407, Naval Research Laboratory, Washington, D. C., April 1972.

[27] Ap Rhys, T., and G. Andrews, AEW Radar Antennas, AGARD Conference Preprint No. 139, Antennas for Avionics, 1974; also in Schleher, D. C., (ed.), MTI Radar, Dedham, MA: Artech House, 1978.

[28] Skolnik, M. I., (ed.), "MTI Radar," Chapter 15 in Radar Handbook, 2nd ed., New York: McGraw-Hill, 1990

[29] Pidgeon, W., "The Doppler Dependence of Radar Sea Return," J. of Geophysical Research, February 1968, pp. 1333-1341

[30] Schleher, D. C., Electronic Warfare in the Information Age, Norwood, MA: Artech House, 1999

[31] Andrews, G., Airborne Radar Motion Compensation Techniques, Evaluation of DPCA, Report 7426, Naval Research Laboratory, Washington, D. C, July 1972

[32] Schleher, D. C., MTI and Pulsed Doppler, Norwood, MA: Artech House, 1991.

[33] Goldman, S., "Oscillator Phase-Noise Proves Important to Pulse Doppler Radar Systems," Microwave Systems News, Vol. 14, No. 2, February 1984, pp. 92

[34] Raven, R., "Requirements on Master Oscillators for Coherent Radar," Proc. IEEE, Vol. 54, No. 2, February 1966, pp. 237-243

[35] Barton, D. K., (ed.), CW and Doppler Radar, Vol. 7 of Radars, Dedham, MA: Artech House, 1974

[36] Brennan, L., and I. Reed, "Quantization Noise in Digital Moving Target Indication Systems," IEEE Trans. AES, AES-2, November 1966, pp. 655-658

[37] Nathanson, F., Radar Design Principles, 2nd ed., New York: McGraw-Hill, 1999.

[38] Everett, C. L., "Phase Noise Contamination in Doppler Spectra," Microwave Journal, September 1996, pp. 105-122

第4章　杂波特性和实测数据分析

雷达杂波通常是指非期望的无关回波信号，典型的杂波包括地面、海面、雨或者其他降水、箔条、鸟群、昆虫和极光反射等。多普勒雷达的设计者最感兴趣的就是能够鉴别这些非期望回波信号。因此，我们首先要了解雷达杂波特性，从而提供有效的设计方案。

分布式杂波是指由空间连续分布的散射体反射的雷达回波信号，在这些散射体中没有哪一部分散射体占支配地位，这类杂波往往是由海洋、降水、未经人工开发的陆地（山岭地形除外）等构成的回波。当雷达的工作波长与雷达的空间分辨能力相比很小时，对分布式杂波来说将其视作大量微小散射体回波叠加，是一个有效地建模方式，这些散射体回波的相位相互独立。这样一来，杂波就可以表示成具有统计特性、类似于高斯噪声的随机过程。因此，每个分辨单元（平面区域或立体区域）的平均杂波功率主要取决于分辨单元的物理范围和某个比例常数，这个比例常数可能是 σ^0，它表示单位面积内杂波的雷达散射截面积，也可能是 η，它表示单位体积内杂波的雷达截面积。重要的是，如果杂波表面的每个点的 σ^0（或 η）都是确定的，那么完全可以确定进入雷达的杂波的时间、频率和统计特性。因此，只要该技术能够合理地确定指定杂波平面内 σ^0（或 η）参数，都适合对分布式杂波进行建模[1]。

分布式面杂波的后向散射系数 σ^0 取决于一系列因素，包括雷达的波长、发射极化和接收极化、擦地角以及地形类型。擦地角是无法准确获知的，因此必须根据地表的平均情况来取值。对于给定的擦地角，在不同的坡度下，散射系数 σ^0 的取值会在一定范围内变化。类似地，要对所有地形环境都分别进行建模是不现实的，最好就是宏观的进行分类（例如沙漠，农田、海况级数）。每一种环境的宏观分类中还可能存在一些二级分类，在这些二级分类中 σ^0 的取值也会有所不同。通过讨论可以发现，对于每种面杂波的分类，σ^0 的取值不是一个确定量，但是可以看作是具有一定概率分布的随机变量。在 1.5.1 节中，对高斯和瑞利杂波模型进行了论述，通常这些模型可以表征分布式杂波的 σ^0 的统计特性。利用这个模型，一旦给定 σ^0 的均值 $\overline{\sigma^0}$，就能确定 σ^0 的全部一阶统计特性。

目前，关于各类面杂波 $\overline{\sigma^0}$ 已获得了大量的实际测量数据。但不利的是，测量数据之间差别很大，这一方面是因为地表本身就千变万化，非常复杂，另一方面是因为对应的测量条件有所不同，且很难精确已知。因此，通常将和假定条件类似情况下获得的多组数据进行综合，用求均值得到的 $\overline{\sigma^0}$ 来近似表示各类面杂波的特性，但其实各组数据之间存在着较大的差异[2]。

根据分布式杂波的一致性原理，可以通过杂波的物理模型推导出解析模型（例如高斯随机过程），并用来设计和分析多普勒雷达的性能。利用解析模型，就可以确定杂波的幅度概率分布函数、随时间的相关性和谱密度、随时间和位置的起伏变化规律（参考第 1.5 节）。并且，杂波随机过程的表达式和雷达参数（例如脉冲宽度和天线方向图）无关，并且在整个杂波区域是均匀分布的。由于这些显著的优势，分布式杂波模型可以描述大多数杂波，并且大部分实验程序就是来测量该模型中的典型参数（例如 $\overline{\sigma^0}$，幅度的概率密度分布函数，相关函数）。

然而在自然界中，很少存在分布式杂波。一般情况下，杂波是非平稳的，在时间和空间都会发生变化。杂波也敏感观测它的雷达参数，不能用一个平稳随机过程来对其进行表征。无论是杂波短期的、长期的时间特性，还是杂波的空间分布，都具有很大的差异和矛盾。

为了证明这些观点，这里以脉冲多普勒雷达（见图1.20和图1.21）面临的一个恶劣环境为例，考虑陆地杂波的情形。图4.1给出了某陆基搜索雷达在多种方位波束宽度（1.3°和6°）和多种脉冲宽度（2μs和10μs）条件下观测到的地杂波情况。杂波的空间分布差异非常明显，并且敏感于雷达参数。除此之外，地杂波动态范围比用瑞利分布杂波的估计出的动态范围要大得多（例如，对瑞利杂波，从5%概率点到99%概率点，动态范围为20dB）[4]。正因为如此，很多研究人员也会用对数正态分布和韦布尔分布来描述地杂波和海杂波，来获得更大的动态范围（见第1.5.4节）。

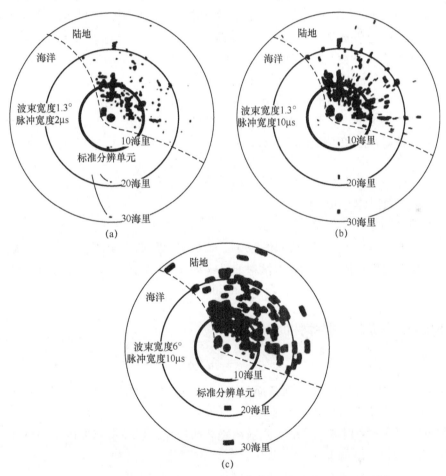

图4.1 不同方位波束宽度和脉冲宽度条件下观测到的地杂波[3]

由于人工开发过的地面存在很多离散的散射体，因此将地杂波表征为分布式杂波会带来模型失真的问题。离散杂波，有时候也称为镜面杂波或者点杂波，是地面上很多独立并且占优的反射体的散射回波。杂波中包含了从人工开发区域反射回的雷达信号（例如城市和郊区，离散的散射体就存在于杂波中）以及空间上独立的建筑结构（例如水塔和（导弹）发射井)反射的雷达信号。从山脉地形反射的雷达回波信号也可以看作一种离散杂波的形式,占优的散射体是山脉的背斜区。

与分布式杂波明显不同,离散杂波信号[1,5]具有很大幅度(例如一个独立的散射体的RCS的范围达到$10^2 \sim 10^6 m^2$),起伏速度较为缓慢,并且不能用高斯统计过程进行描述。实验证据表明,陆地上离散的散射体占据了足够多数量的分辨单元,从而对雷达的工作性能产生明显影响。一般的,陆地杂波可以视为分布式杂波和离散杂波的组合。陆地散射体离散区域的不确定性机理使它具有宽动态范围和广阔的空间多变性。需要注意的是,对于陆地上开发过的区域,大多数杂波测量实验数据都是离散杂波和分布式杂波的合成,不能线性分解为若干个组成部分,因此参数测量的统计特性例如$\overline{\sigma^0}$和$\overline{\sigma^0}$的概率分布表示了数据的综合统计特性。

当地面雷达以很低的掠射角观测地杂波的时候,我们会发现离散杂波和分布式杂波另一个不同之处。相对于平坦的地面,低擦地角观测时的杂波反射系数可以看作是两个因子的乘积$\sigma^0 F_C^4$ [6]。第一项是离散杂波的后向散射系数σ^0,第二项表示由雷达、杂波和路径几何关系确定的双程传播因子。对于低擦地角低于临界角的情况,传播因子F_C^4会产生较大影响,因此应该通过评估来决定杂波散射系数。对于高擦地角,F_C^4基本接近取值为1。在低擦地角观测地杂波和海杂波获得的大动态范围,是由传播系数的四次方和杂波源高度来决定的。1m或2m的高度差异会带来观测反射率十几个dB的变化[6]。

杂波的后向散射可以是相干的或非相干的[4]。如果电磁波的相位是恒定的或者按照固定的方式变化,就称为相干。如果电磁波的相位是随机的,并且在2π区间均匀分布的,就称为非相干。杂波的散射截面积可以表示如下

$$\sigma = \Big| \sum_{i=1}^{n} \sqrt{\sigma_i} e^{j\phi_i} \Big|^2 \tag{4.1}$$

式中:σ_i——独立散射体的RCS;

ϕ_i——各独立散射体的相位。

相位因子$e^{j\phi_i}$包含了反射造成的相位变化,以及雷达距离导致的相位延迟。举一个简单的例子,如果所有的散射体具有同样的散射能量(即$\sigma_i = \sigma$),对非相干散射,得到

$$\overline{\sigma_c} = \sum_{i=1}^{n} \sigma = n\sigma \tag{4.2}$$

对相干散射,当所有散射体同相时

$$\overline{\sigma} = \Big| \sum_{i=1}^{n} \sqrt{\sigma} \Big|^2 = | n \sqrt{\sigma} |^2 = n^2 \sigma \tag{4.3}$$

因此,如果杂波区域有10个散射截面积为$\sigma = 1m^2$的散射体,根据杂波的散射类型,最终杂波区的RCS会在$10 \sim 100 m^2$区间变化。

总的来说,杂波的散射特性取决于入射电磁波的极化,以及散射体的表面特性。杂波的极化散射矩阵用RCS表示如下

$$S_c = \begin{pmatrix} (\sigma_{HH})^{1/2} e^{j\phi_{HH}} & (\sigma_{HV})^{1/2} e^{j\phi_{HV}} \\ (\sigma_{VH})^{1/2} e^{j\phi_{VH}} & (\sigma_{VV})^{1/2} e^{j\phi_{VV}} \end{pmatrix} \tag{4.4}$$

式中:下角标表示水平和垂直极化的发射和接收,单基地雷达满足收发互易性,$(\sigma_{HV})^{1/2} = (\sigma_{VH})^{1/2}$,$\phi_{HV} = \phi_{VH}$,因此该矩阵是一个对称矩阵。通常,散射表面对入射电磁波起到一定的去极化作用,例如落叶林和松树林的极化比测量值$\overline{\sigma}_{HH}/\overline{\sigma}_{HV}$和$\overline{\sigma}_{VV}/\overline{\sigma}_{VH}$位于$3 \sim 10dB$的范围内。

4.1 面杂波

地杂波和海杂波是由雷达的分辨单元中存在很多体散射或者面散射所引起的,散射体可以用归一化的参数 σ^0 来描述,它表示了单位面区域中的平均散射截面积,因此 RCS 可以表示为

$$\sigma_{cx} = \sigma^0 A_c \tag{4.5}$$

式中: $\sigma^0(\mathrm{m}^2/\mathrm{m}^2)$ ——单位面积内标准化的杂波散射系数;

$A_c(\mathrm{m}^2)$ ——位于雷达距离分辨单元内的照射区域。

如果杂波区的 RCS 为 σ_{cx} ,则杂波回波功率可以表示为

$$P_c = \frac{P_t G_t^2 \lambda^2 F_c^4 \sigma_{cx}}{(4\pi)^3 R_c^4 L_c} \tag{4.6}$$

式中: P_t ——发射机功率;

G_t ——天线增益;

λ ——雷达工作波长;

L_c ——杂波距离损耗以及波束形状损耗;

F_c^4 ——由杂波和路径几何关系确定的双程传播因子;

R_c ——雷达到杂波区域的距离。

对于距离模糊的雷达而言,杂波的 RCS 需对多个杂波区域进行距离和方向图传播因子的加权,可以得到

$$P_c = \frac{P_t G_t^2 \lambda^2}{(4\pi)^3 L_c} \sum_{i=1}^{n} \frac{\sigma_{cxi} F_{ci}^4}{R_{ci}^4} \tag{4.7}$$

式中: σ_{ci} 、F_{ci}^4 和 R_{ci}^4 是和每个模糊杂波单元有关的独立取值。

需要注意的是,对于距离模糊的雷达(例如脉冲多普勒雷达),距离雷达最近的杂波单元对杂波功率贡献最大。同样的,在低擦地角时方向图传播因子是最重要的影响因素,可以表示为双程天线功率方向图的形式,对第3.3节给出的高斯型波束,其方向图传播因子为

$$F_c^4 = \exp\left(\frac{-5.54\phi^2}{\phi_{el}^2}\right) \tag{4.8}$$

图 4.2[7] 描述了雷达照射的面杂波区域(A_c)的两种情况。第一种情况(波束宽度有限)是在大擦地角条件下,即脉冲宽度决定的作用距离($R_t = c\tau/2$)与波束在径向上的投影长度相比足够大。更普遍的是第二种情况(脉冲长度有限),即低、中擦地角条件下,脉冲长度决定的作用距离小于波束在径向上的投影长度。对于小的双程功率、方位波束宽度 θ_{az} 和俯仰波束宽度 ϕ_{el} 小于10度,即波束宽度限制情况下,杂波区域面积为

$$A_c = \frac{\pi R^2}{4} \theta_{az} \phi_{el} \csc \psi \qquad (\tan \psi > \frac{\phi_{el} R}{R_\tau}) \tag{4.9}$$

对于脉冲宽度限制情况下,杂波区域面积为

$$A_c = R \theta_{az} \frac{c\tau}{2} \sec \psi \qquad (\tan \psi < \frac{\phi_{el} R}{R_\tau}) \tag{4.10}$$

式(4.10)一般应用于地面雷达,其中杂波区域是指雷达波束的投影区域,该区域由杂波距离处的雷达波束的方位向长度($R\theta_{az}$)和雷达脉冲宽度对应距离长度的投影($c\tau\sec$

$\psi/2$)所形成。同样的,经常用单程功率波束宽度 θ_{az} 和 ϕ_{el} 来代替更精确的双程天线功率波束宽度。这导致了利用式(4.5)和式(4.6)计算出的结果相差约小于1.5dB,该误差与用于计算有效 RCS 的杂波数据中的不确定性相比是可以忽略不计的。

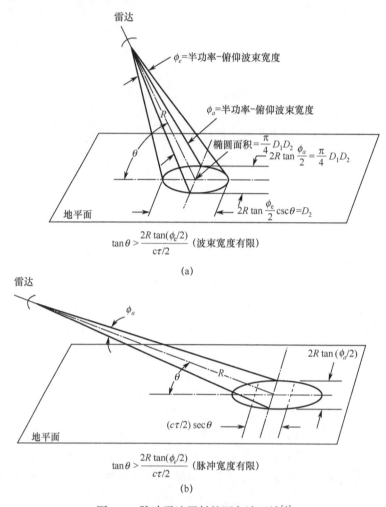

图 4.2 脉冲雷达照射的面杂波区域[4]

例如,假设某 S 频段的地面雷达(例如 ASR-9 型雷达,脉冲宽度 $\tau=1.05\mu s$,方位波束宽度 $\theta_{az}=1.3°$),以擦地角 $\psi=1°$ 观测 10 海里距离的地杂波,通过式(4.10)计算出的脉宽有限的杂波区域为 $A_c=6.6\times 10^4 m^2$,如果杂波是由森林地形组成,则后向散射系数大约为 $\sigma^0=-30dB$,因此杂波的散射截面积 RCS($\sigma_c=\sigma^0 A_c$)为 $\sigma_c=66m^2$。对于沙漠地形,$\sigma^0=-45dB$,因此杂波的散射截面积 RCS 为 $\sigma_c=2m^2$。对于海杂波(例如海况 III),后向散射系数在擦地角为 1°时进一步减少为 $\sigma^0=-50dB$。这样的参数条件下,海杂波的 RCS 为 $\sigma_c=0.66m^2$。

再举一个例子,假设 X 频段的低重频机载雷达,飞行高度为 20000 英尺,下视一个低飞目标斜距为 10 海里。其他相关参数如脉冲宽度为 $0.5\mu s$,方位波束宽度为 3°。首先,到地杂波区域的擦地角可以通过下式计算

$$\psi = \arcsin\left[\frac{h}{R}(1+\frac{h}{2r_e})-\frac{R}{2r_e}\right] \approx \arcsin\left(\frac{h}{R}\right) \quad (4.11)$$

式中：h——天线高度；

R——斜距；

$r_e = 4587$ 海里，相当于地球半径的 4/3。计算后得到擦地角为 19°，$\sigma^0 = -20\text{dB}$。杂波散射截面积 RCS 为 $\sigma_c = 770\text{m}^2$。

在后面的例子中，如果假设目标和杂波在天线波束驻留期间是完全相关的，并且杂波功率比接收机噪声功率要大得多，此时信号和杂波的功率比（信杂比）可以表示为

$$\frac{S}{C} = \frac{P_s}{P_c} = \frac{\sigma_t}{\sigma^0 R \theta_{az} (\frac{c\tau}{2}) \sec \psi} \quad (4.12)$$

受杂波限制的最大距离可以通过下式给出

$$R_{\max} = \frac{\sigma_t}{\left(\frac{S}{C}\right)_{\min} \sigma^0 \theta_{az} (\frac{c\tau}{2}) \sec \psi} \quad (4.13)$$

可以看出，受杂波限制的距离通常与发射功率无关。同样的，如果将 $(S/C)_{\min}$ 定义为对相应相关情况所需的最小信杂比，那么式 (4.13) 就可以用于部分相关的目标和杂波信号。可以看出，当角度取值大于临界角时，将常数 γ 增长模型代入式 (4.13)，所得到的杂波关于距离是个不变的常量，而和雷达天线高度有关。

再举一个例子，假设雷达以近似垂直的角度观测面杂波，则 σ^0 取决于该平面的反射率，以及从随机倾斜表面元的类镜面反射。对于一个波束宽度为 10° 的天线，可以预测出 σ^0 的取值将接近 17dB[8]。用 3.8GHz 频率采集的实验数据表明，水面上 σ^0 的取值将接近 20dB，同样情况下根据地形的不同，地面的 σ^0 的取值在 0~10dB 之间变化[4]。把式 (4.5) 给出的杂波区域代入式 (4.3)，并且 $G = \pi^2/\theta_{az}\phi_{el}$，就可以计算出杂波功率为

$$P_c = \frac{\pi P_t A_e \sigma^0}{64 R^2 \sin \psi} \quad (4.14)$$

式中

$$A_e = \frac{G_t \lambda^2}{4\pi} \quad (4.15)$$

A_e——天线口径面积；

R——到该表面的距离；

ψ——近距离垂直入射的擦地角。

因此，杂波功率的变化反比于到表面距离的平方。

机载雷达中，近距离垂直入射造成的强反射导致了"高度线"杂波（见图 2.9 和例 27），它的多普勒频率谱通常位于零频附近。杂波功率可以通过式 (4.14) 计算出来，如果是从天线副瓣（$P_{al} = P_c/G_{SL}^2$，其中 G_{SL} 是天线峰值增益与副瓣增益在杂波方向上的比值）进入的杂波，需要对该式进行修正。该式经常用于波束宽度有限的情况，这样的天线高度和波束宽度使得脉冲信号后沿到达地面之前，脉冲前沿已经跑出了天线波束范围。否则，如果要用在脉宽有限的情况，则杂波强度反比于距离的立方，导致杂波功率很弱。

从雷达散射的角度来看，可能的擦地角范围分为三个显著区域：近擦地入射区域、平稳区域以及近似垂直入射的擦地角区域，如图 4.3 所示[4]。从图中每段区域可以看出，杂波后向散射系数 σ^0 在一定程度上依赖于擦地角和波长。然而，这三个区域的边界随波长，地面情

况和入射波极化三个因素发生变化。

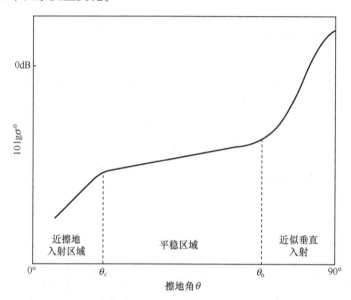

图 4.3 雷达地杂波后向散射系数 σ^0 对擦地角的依赖关系[4]

在近擦地入射区域，σ^0 关于擦地角呈现快变规律，即随擦地角的减小和波长的增大，σ^0 快速减小。与光滑表面相比，当地面是散射意义上的粗糙表面时，各种擦地角和频率下的 σ^0 一直很大。一般的，粗糙程度可以做如下定义（例如瑞利准则）

$$\sigma_h \sin \psi \geqslant \frac{\lambda}{8} \tag{4.16}$$

式中：σ_h ——地面高度起伏的均方根；

ψ ——擦地角；

λ ——雷达波长。

因此，散射意义上的粗糙程度取决于表面的起伏程度、频率以及入射电磁波的擦地角。例如，在 1°的擦地角，雷达频率为 2GHz（波长 $\lambda = 0.15$m）的时候，地面的起伏程度为 $\Delta_h \geqslant 1.07$m，表明地表是粗糙的。通常，粗糙的地表比光滑的地表对入射电磁波的后向散射能力更强。在极限的情况下，一个完全光滑的表面，除了入射电磁波与表面近似垂直时的情况，将入射波散射到前面，从而使 σ^0 为 0。

在低擦地角区域，常常用干涉的概念来解释地表杂波的某些特性[9]。这种解释的前提是假设从每个散射体反射的回波可以建模为回波的合成，主要是由散射体的直接反射和杂波表面的间接反射两部分共同组成的。后向散射杂波可以通过方向图传播因子 F_c^4 进行修正，包括多径现象、相消干涉和相长干涉形成的波瓣图效应[4]。可以用临界角 ψ_{cl}（rad）来定义杂波区域，临界角近似等于波瓣图的第一极大值，表示如下

$$\psi_{cl} = \arcsin\left(\frac{\lambda}{4\pi\sigma_h}\right) \tag{4.17}$$

式中：σ_h 为地面与地面平均海拔之间的均方根误差。

式（4.17）通常适用于水平极化照射的海杂波（如反射系数为 $\Gamma = -1$）。然而，该式的一般形式为

$$\psi_{cl} = \arcsin\left(\frac{\lambda}{k\sigma_h}\right) \tag{4.18}$$

式中：k 为一个关于极化和表面类型的常数。

式（4.18）可以用于其他情形[10]，当擦地角小于临界角时，后向散射系数为

$$\sigma^0 = F_c^4 \sigma_p^0 \tag{4.19}$$

式中：F_c^4——位于第一干扰波瓣区域最大值下方的方向图传播因子，即

$$F_c^4 = 16\sin^4\left(\frac{2\pi\sigma_h\sin\psi}{\lambda}\right) \tag{4.20}$$

σ_p^0——σ^0 在临界角上的取值。

式（4.13）指出了地杂波的后向散射系数 σ^0 在小于临界角 ψ_c 的时候，是关于 ψ^4 和 λ^{-4} 成比例变化的。有些实验结果已经证明了干涉行为的存在[4]。

同样的，基于干涉理论也可以解释分别在水平极化和垂直极化电磁波激励下，海杂波的 σ^0 的差异性。对于水平极化，完全导电面的散射系数（如海杂波）的幅度为1，相移为180°（如 $\Gamma = -1$）。当擦地角小于式（4.17）定义的临界角（ψ_{cl}）时，这就导致了相消干涉。而垂直极化的情况就有很大不同，散射系数的幅度和相位都随擦地角和频率发生变化。当散射系数的相位为 $\pi/2$，幅度达到极小值，此时擦地角称为"布儒斯特角"。大于布儒斯特角时，散射系数的相位会变小（如 $\phi \to 0$）。因此，相消干涉仅能发生在擦地角小于布儒斯特角时。垂直极化激励下的临界角主要取决于擦地角等于多少时，也会出现敏感于频率的布儒斯特角，此临界角可能和地表的粗糙程度无关。

水平极化和垂直极化激励下，UHF 频段的后向散射系数曲线（σ^0）形状如图 4.4 所示。在这个频率范围，布儒斯特角应大概在3°~4°的量级上，而水平极化激励的平静海面（σ_h = 4英尺）的临界角大概在 ψ_c = 9°左右。因此，在低频段，垂直极化的后向散射系数（σ^0）要比水平极化情形下的取值要大。随着雷达频率的上升，布儒斯特角变大，临界角减小，在 1GHz 频率时二者近似相等（$\psi_c = 5°$）。随着频率的进一步升高，布儒斯特角进一步增大，当比临界角大很多时，垂直极化和水平极化两种情况下的近擦地角入射的后向散射系数（σ^0）曲线合并为一根曲线。例如，在 10GHz 的时候，布儒斯特角是8°，临界角通常小于 1°[4]。

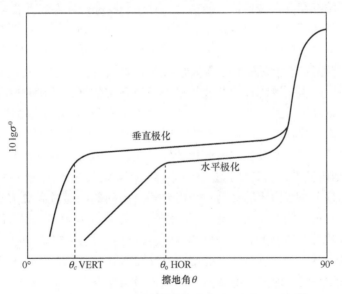

图 4.4 UHF 频段的后向散射系数曲线（σ^0）形状[4]

一般地，垂直极化的地表杂波要比水平极化的地表杂波大。垂直极化激励下的反射回波要更强，主要是因为散射系数的相位滞后，使得地表的散射点集中了更多能量。随着波长 λ 减小，或地表上的散射体高度高于表面造成不均匀（即粗糙地表），干涉图就趋于平均化，接近表面的各点上的取值就趋于平均。对于非常小的 λ 以及非常粗糙表面，散射系数的相位就不那么重要了，σ^0 仅取决于平均场强（例如散射系数的幅度）。最后，在很低的擦地角情况下，只有那些非常高的散射点才会被照射到，从而导致了类似镜面反射[9]。对于海杂波而言，垂直极化照射会导致尖峰状的回波，可以用非高斯概率分布表示（见1.3.4节）。

在平稳区域，σ^0 随擦地角的变化是缓慢的，并且可以通过下式的常数 gamma 模型来近似[4]，

$$\sigma^0 = \gamma \sin \psi \tag{4.21}$$

式中：γ——常数；

ψ——擦地角。

在这样的区域，大部分地表从散射角度来看都是粗糙的（见式（4.11）），并且是非相干的散射。后向散射系数（σ^0）随波长发生缓慢变化（例如在微波区域 σ^0 正比于 λ^{-1}），然而它的幅度随地表粗糙程度而上升。从平稳到近似垂直入射区域转换的角度大概是60°左右，但是这个角度随地表粗糙程度还会发生变化，这个变化不是突变的而是比较缓慢的。通常来说，平稳区的地表杂波的幅度概率分布可以用瑞利统计分布来描述。

当近似垂直入射时，光滑表面的后向散射比粗糙表面的后向散射要大。这和平稳区的散射是恰好相反的。在这样的区域，机载雷达会面临来自载机下方比较强烈的杂波，它通过天线副瓣进入雷达，并且具有零多普勒频率。近似垂直入射时，光滑水面和陆地（例如沥青地面或混凝土路面）的杂波回波最强，粗糙地形的（如高海况下的海杂波、丛林、耕地）杂波回波最弱[4]。

4.1.1 地杂波

地杂波是杂波中最难描述的一种形式，主要是因为它缺乏同类均匀结构。自然界的巨大变化和在大部分地域都存有人造目标，使得难以对地杂波进行分类或者获取一致的实验数据。在看似同样的实验条件下，通过机载雷达获得的实验数据和地面雷达获得的实验数据结果截然不同。一种解释是机载测量易于把地杂波中的大尺度的空间变化进行平滑（从而生成一个空间平均结果），然而固定的地面雷达测量容易受到遮挡效应和空间几何不规则的影响，通过时间进行平均然后产生平滑统计的杂波数据[7]。地杂波数据的不确定性导致绝大部分地杂波的特性都来源于高度平滑过的数据，这一点在设计多普勒雷达中需要加以注意。

通常来说，地杂波的特性可以通过平均散射系数（$\overline{\sigma^0}$）、幅度概率分布、功率谱密度等参数进行描述。然而，地杂波具备空间演化特性，我们还需要确定它的空间分布。其中一个办法是将 σ^0 当作随机变量，由各个独立空间分辨单元可以获得 σ^0 的概率分布[11]。要说明独立的空间分辨单元是由如何构成的又是一个需要解决的问题。通过高分辨率雷达数据可以研究这种机理，认为三角相关性是关于地形的函数[1]，是由小尺度相关距离（如超过50英尺不相关）和大尺度相关距离（超过1000~2000英尺不相关）共同构成的[1]。

地杂波的一般特性可以通过面杂波的特性等效推算出来，光滑地域（见图4.16）如公路面，沙漠，或者非常平坦的地面，都遵循着图4.3给出的面杂波的特性，它描述了三种区域地形的 σ^0 随擦地角的变化情况。σ^0 随频率近似于线性上升。在干涉区域，地形的散射系数受表面介电性质的影响而幅度衰减（如 $\rho < 1$），逐渐趋缓。由于这个因素决定了散射电磁波相

消干涉的程度，可以看出地杂波的 σ^0 关于擦地角 (ψ) 缓慢变化，而且与完全反射平面相比，对极化方式的敏感程度更低（例如水平极化、垂直极化）。

随着地表粗糙程度逐渐增加，各种地区逐渐趋于归为一种地形区域。在这种地形区域，应用漫射定律发现：后向散射系数（σ^0）会依赖于擦地角的变化，可以通过常数 γ 关系（$\sigma^0 = \gamma\sin\psi$）给出。然而，当擦地角接近为 0 的时候，$\sigma^0$ 不是趋为 0，而是趋于某个有限值，该值取决于频率和地形[12]。后向散射系数随极化呈现一定的变化，但还没有得到系统的影响效应[7]。在大多数的情况下，σ^0 是随着频率的变化线性增加的[13]，但是根据实验数据来确定散射系数变化范围时方差很大，很难认定引起这种现象到底是频率的变化，或者是否真的存在什么差别[1]。在城市地区，当某些建筑物表面起伏远小于雷达辐射波的波长时，这些建筑物表面可能是更有效的平板反射器，那么频率的减少可能会导致 σ^0 的增加[10]。

山峰地区，大城市和具有大量人造结构的市区等形是典型的粗糙地形。当然，还有一些地形，当地形的起伏相比于和入射电磁波的波长（即 $\sigma_h\sin\psi \geq \lambda/8$）时足够大时，那么也可以认为是粗糙地形（从散射的意义）。例如，在 X 频段和擦地角 30° 的情况下，如果一种地表满足条件 $\sigma_h \geq \lambda/4 = 0.75\text{cm}$，可以视为是表面粗糙的。在这个频率下，大部分陆地表面会显得粗糙崎岖，则粗糙地形的模型特性将适用这种情况。

对于面基雷达，陆地杂波通常是那些会从散射体以小于擦地角 1° 反射回的信号。只有少数有限的实验数据能够用来确定它的幅度和起伏程度。针对这种地域已经建立了一个解析模型（称为视距和超视距区域），用来确定在 X 频段平坦和丘陵地形杂波的幅度[6]。该模型的实质是将后向散射系数表示为双向模式传播因子（F_c^4）和常数 γ 后向散射系数的乘积 $\sigma^0 = \gamma\sin\psi$。平坦地形在 X 频段的杂波散射系数如图 4.5 所示，从图中可以看出，由于衍射的作用，位于地平线以外的区域也有较低的杂波回波。在用于检测小 RCS 目标的高功率或高灵敏度雷达，这些杂波将会对雷达性能产生重要的影响。图 4.6 给出了起伏地形或丘陵地形的杂波反射率的类似曲线。可以看到，杂波扩展到更大的范围，并逐渐下降，在超越几何地平线的地方下降的程度也不太陡。图 4.7 描述了在低擦地角、水平地形和丘陵地形的条件下，频率对杂波反射的作用效果。在 UHF 频段的效果是最显著的，当散射体高度逐渐增加（从 1~10m），杂波强度可以提高 60dB。在这种低掠角的情况下，频率会敏感于地形高度的不规则，从而导致杂波反射率的变化很大，杂波幅度概率分布一般服从非高斯分布。

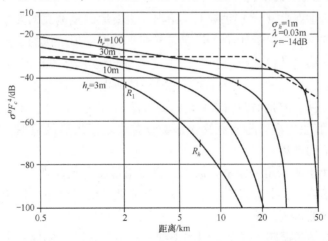

图 4.5 平坦地表上 X 频段雷达在低擦地角情形下的地杂波后向散射系数[8]

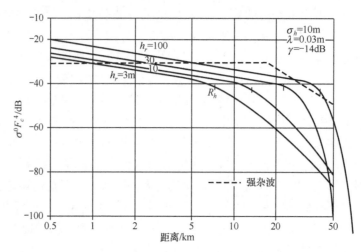

图 4.6 起伏或丘陵地表上 X 频段雷达在低擦地角情形下的地杂波后向散射系数[8]

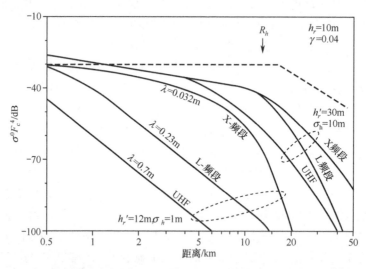

图 4.7 在低擦地角情形下的地杂波后向散射系数随频率的变化[8]

4.1.1.1 各种地形下的平均

地杂波的后向散射系数（σ^0）很难一一给出，主要原因是地面的类型繁多和不同方向的后向散射系数也相差很大。尽管如此，σ^0 仍是描述扩展性地形区域的重要参数，因为通过雷达照射区域的面积将雷达散射截面积进行了归一化。同时实验数据广泛多样，用 σ^0 的平均值 $\overline{\sigma^0}$ 作为描述参数是非常合适的。对于机载雷达的测量数据，$\overline{\sigma^0}$ 自然是对空间求平均。对于地面雷达的高分辨率数据，$\overline{\sigma^0}$ 是对时间求平均，对于地面雷达的低分辨率数据，$\overline{\sigma^0}$ 是复合求平均（时间和空间）。除此之外，还有很多杂波数据是高度平均后的数据，实验处理程序先后采用了归一化和求平均处理。

一般的，$\overline{\sigma^0}$ 依赖于擦地角，频率，极化，表面粗糙度和地面类型；极化效应并不显著。一般情况，风不会影响 $\overline{\sigma^0}$，但会影响某些类型的陆地杂波的谱分布。地杂波的反射系数值普遍高于其他任何形式的雷达杂波。

可以把不同的地形类型归为一个通用的类型，并将数据系统化成一个可用的格式。由前述可知，每种地形的反射特性差别很大，一般可以分为如下几类。

- ◆ 相对平坦的土地，沙漠；
- ◆ 农村连绵起伏的乡村，农田；
- ◆ 森林，茂密的树林，丛林；
- ◆ 山区；
- ◆ 具有高密度的人工结构的城市地区[7]。

多年来，研究人员通过各种努力收集数据，并尝试建立一个可靠的地杂波后向散射系数模型。最近，林肯实验室将地面测量雷达架设在一个可调节的塔上30～100英尺，在1～50km的距离范围内以低擦地角进行了杂波测量[14,15]。测量频率覆盖了包括VHF，UHF，L频段S频段和X频段。从42个不同的位置，对各种各样的地形，用80dB动态范围和精度高于2dB的接收机进行了测量，采集了大量地面实况数据。VHF和UHF频段的距离分辨率是36m或150m，其他频率的分辨率分别是50m或150m。

这项研究提供了所测量杂波对应的详细地形信息，给出了平均后向散射系数和中值后向散射系数。表4.1[2]给出了中值的列表。可以看出，森林杂波在VHF频段的散射比比微波频段强10～15dB。而耕地杂波在VHF频段的散射比微波频段低20～30dB。研究者发现，通常情况下，在俯视角大于6°～8°时，杂波的空间分布可以表示为瑞利分布，低于该角度时可以表示为韦布尔分布。水平极化和垂直极化之间的差异通常为1dB或2dB。

表4.1 通过地形分类的地杂波散射中值

地形	VHF	UHF	L频段	S频段	X频段
城市	-20.9	-16	-12.6	-10.1	10.8
山区	-7.6	-10.6	-17.5	-21.4	-21.6
森林/高地貌					
俯角 >1°	-10.5	-16.1	-18.2	-23.6	-19.9
俯角 <0.2°	-19.3	-16.8	-22.6	-24.6	-25
森林/低洼					
俯角 >1°	-14.2	-15.7	-20.8	-29.3	-26.5
俯角 0.4°–1°	-26.2	-29.2	-28.6	-32.1	-29.7
俯角 <0.3°	-43.6	-44.1	-41.4	-38.9	-35.4
农地/低地貌					
地形坡度 >2°	-32.4	-27.3	-26.9	-34.8	-28.8
农地/低地貌					
1° < 地形坡度 >2°	-27.5	-30.9	-28.1	-32.5	-28.4
地形坡度 >1°	-56	-41.1	-31.6	-30.9	-31.5
沙漠					
俯角 >1°	-38.2	-39.5	-39.6	-37.9	-25.6
俯角 <0.3°	-66.8	-74	-68.6	-54.4	-42

然而，这种测量方案的主要贡献是研究了低擦地角地杂波的时间特性。地杂波基本上可以分为随风移动的散射体和那些保持固定的散射体，如树干、岩石、裸露的地面和其他静止的物体[73]。结果发现，散射体中的运动谱分量可以表示为一个双侧指数分布的形式[72]。这

是 MTI（见第 1 章例 3）和 STAP[16]信号处理的基础。

式（1.42）给出了双侧指数分布地杂波模型，描述了从 UHF 频段到 X 频段频率范围内的被风吹动的树木和其他植物的功率谱密度。dc 或零多普勒项和起伏或 ac 项之间的比率可近似为

$$r = 394w^{-1.55}f_{GHz}^{-1.21} \tag{4.22}$$

式中：w ——风速（海里）；
f_{GHz} ——吉赫的频率。

dc 项的协方差函数为

$$R(0) = \frac{r}{r+1} \tag{4.23}$$

ac 项由下式给出

$$R(\tau) = \frac{r}{r+1} \frac{(\beta\lambda)^2}{(\beta\lambda)^2 + (4\pi\tau)^2} \tag{4.24}$$

形状参数 β 可以通过下式近似得到

$$\beta = \frac{1}{0.105(\lg + 0.476)} \tag{4.25}$$

另外，测量值 β 可以通过表 1.5 查询得到。

相关时间对数据收集和处理是重要的。可以发现，被风吹动的树木的相关时间是频率的函数，即波长越长，相关时间就越长。典型的被风吹动的树木的相关时间如表 4.2 所示[16-18,72]。

表 4.2 风引起的相关时间的典型值

频率	VHF	UHF	L 频段	S 频段	X 频段
典型相关时间/s	5.04	0.94	0.95	0.081	0.049

上述测量的意义在于明确了被风吹动的树木的地杂波频谱的形状主要取决于风速，但从甚高频到 X 频段，速度单位应该是不变的。由双侧指数分布描述的功率谱分布（PSD）拓展了较低的频谱分量，并在相同的情况下，高于传统方法中用高斯型频谱得到的估计结果。这将导致 MTI 改善因子比前面的预测值要低（见例 3）。此外，在高频下该模型预测的谱的 dc 分量将会比在 X 频段大很多[2]。

为一个为低空目标探测雷达建立的杂波模型，可以为机载雷达提供合适测量数据。需要注意的是，大多数数据的概要中都提到了一个类似的数据库，但为了填补数据之间的空白，对数据的解释或外推方面是不同的。在低擦地角下，通过机载测量雷达一般很难获得准确地数据。空中和地面设备的区别就在于雷达的视距范围。地面设备可能具有 10～20km 的测量范围，而空中机载设备的测量范围是 100～200km。测量范围的不同导致了二者动态范围上的差异，对精确机载测量设备，如当接近地平线的散射体和其他近散射体回波强度变化的动态范围达到 40dB 时，而则要求接收机的动态范围达到 80dB 或更高。

图 4.8 描绘了 5 种地形的分布式地杂波平均后向散射系数（$\overline{\sigma^0}$）曲线。对所列出的每种类型的地形，进行了 24 个不同试验方案的测量，对所测量的 σ^0 进行平均从而得到图 4.8 中的曲线。这些数据对应的测量频率覆盖了 UHF 到 X 频段，包括水平和垂直两种极化，擦地角变化范围为从 1/4°～70°[1,19,20]。除了与沙漠地形有关的数据以外，其他数据均代表了与某特定地形相关联的各种频率和极化的后向散射系数的平均值。之所以进行平均是因为后向散

射系数关于频率或极化并没有显著的变化趋势，只是围绕某均值上下浮动。

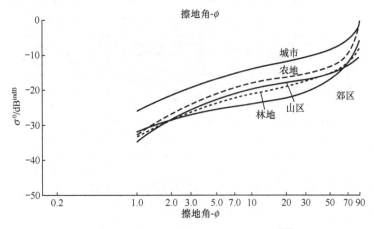

图4.8　5种地形条件下的平均后向散射系数 $\overline{\sigma^0}$/dB[20]

图4.8给出了后向散射系数数据，擦地角分布范围低至1°、高到90°。然而，用常数 γ 反射率模型（即 $\sigma^0 = \gamma\sin\psi$）来描述后向散射系数时，只有在10°～90°区间的数据才具备很高的统计置信度。这个区域以外的数据点（例如1°～10°），虽然稀疏，仍然可以证实理论方法的正确性，基于这种理论方法可以高角度范围的数据扩展到这个区间[1]。

图4.8中的后向散射系数曲线给出了许多数据点的平均结果。这些曲线代表了空间独立分辨单元内 $\overline{\sigma^0}$ 的统计平均，表4.4列出了图中涉及的各种地形。此外，假定每个独立杂波面元的杂波服从对数正态分布。每个独立杂波面元对应的随机变量 σ_{dB}^0（σ^0 以 dB 为单位绘制）则服从正态分布。相应地，对雷达的面杂波单元（由一定的杂波面元组成）也服从正态分布。对于农田杂波，图4.9和图4.10分别给出了农田杂波和林地杂波每个杂波面元后向散射系数 σ_{dB}^0 的标准差（其他地形参见图4.52）。

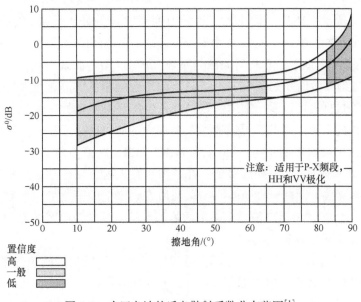

图4.9　农田杂波的后向散射系数分布范围[1]

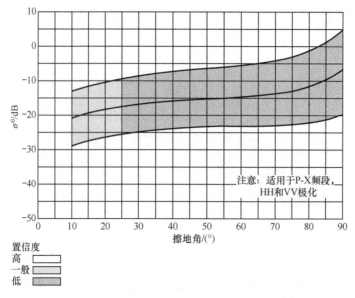

图 4.10 林地杂波的后向散射系数分布范围[1]

在一般情况下,面杂波的分辨单元要比表 4.3 中给出的分辨面元大,这会导致许多的独立杂波面元分布于整个面杂波分辨单元中。因此,幅度 σ_{dB}^0 的空间分布为正态分布,其标准差如下

$$s_2 = \Delta\sigma_{dB}^0 = \frac{\sum_{i=1}^{n}(\Delta\sigma_{dBi}^0)}{n} \tag{4.26}$$

例如,如果林地面杂波分辨单元中存在 ($\sigma_{dB}^0 = -20\mathrm{dB}$, 10 度方向上 $s_2 = 7.5\mathrm{dB}$) 9 个独立的面元 ($A_c = 10^6 \mathrm{ft}^2$),那么杂波覆盖区域的标准偏差将达到 2.5dB。因此(见图 4.10),在第 84 个百分位(单倍 σ 点),σ_{dB}^0 的取值将小于 $-17.5\mathrm{dB}$,同时在第 99 个百分位(两倍 σ 点),σ_{dB}^0 的取值将低于 $-15\mathrm{dB}$。请注意,这种时变特性(例如,具有 σ_{dB}^0 均值的瑞利分布)会使其空间幅度分布相互叠加,这在设计多普勒雷达动态范围的时候是很重要的。

图 4.11 描绘了沙漠地形的平均后向散射系数 (σ^0)。图中曲线表明,$\overline{\sigma^0}$ 随着频率上升而增加。X 频段的散射系数曲线是基于 10°~70°擦地角区间测量的高精度数据推导得到的。结合其他频率的实验数据,可以看出散射系数具有一定的频率依赖性,但这些数据还不足以精确得到 $\overline{\sigma^0}$ 随擦地角的关系。因此,可以通过对 X 频段的曲线进行修改来获得 S 频段和 UHF 的曲线,即将 X 频段的曲线下调 $40 - 10\lg[f(\mathrm{MHz})]\mathrm{dB}$。对擦地角低于 10°的区域,可以基于常数 γ 模型 ($\sigma^0 = \gamma\sin\psi$) 来外推得到。在近似垂直入射区域,数据分析结果表明平均后向散射系数与频率无关,因此,在 70°~90°区间所有频率上的平均后向散射系数曲线,都是通过相应频率上 70°和 90°的后向散射系数值插值得到的,而这些频率上 70°和 90°的后向散射系数值都是通过 X 频段数据得到的[1]。

在 X 频段,对沙漠地形,图 4.12 给出了其置信区间,该置信区间包含了 90%的数据点。对其他频段,可以对 X 频段数据以因子 $40 - 10\lg f_0(\mathrm{MHz})$ 进行缩放,从而获得相应的置信区间。数据分析表明沙漠地形对电磁波极化没有依赖性,因此,该曲线对水平极化和垂直极化都适用。

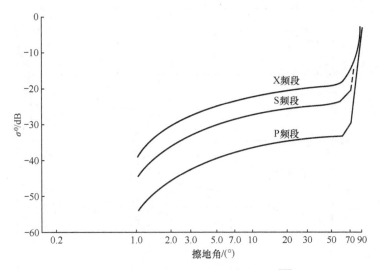

图 4.11 沙漠地形的平均后向散射系数 $\overline{\sigma^0}$ [19]

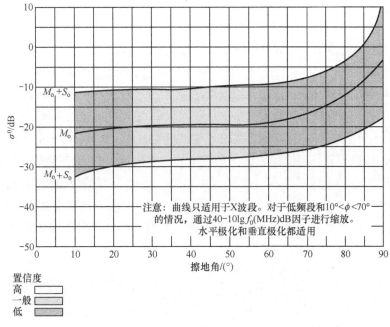

图 4.12 X 频段数据中沙漠地形的后向散射系数范围[1]

在图 4.13 中,给出了另一组数据,该数据描述了 S 频段($\lambda = 0.1$ m)平均后向散射系数($\overline{\sigma^0}$)[13],包括山地区域和光滑路面的曲线,而这些在低空目标探测雷达程序数据中是没有给出的。在漫反射区域中,平均后向散射系数 $\overline{\sigma^0}$(dB)曲线实质上是一条直线,根据下面的关系式,可以将该数据外推到其他的微波频率。

$$\sigma^0 = \sigma^0[3\text{GHz}] \cdot \frac{f(\text{GHz})}{3} \tag{4.27}$$

另外,临界角(ψ_c)也可以通过如下关系式外推到其他微波频率:

$$\psi_c = \psi_c[3\text{GHz}] \cdot \frac{3}{f(\text{GHz})} \tag{4.28}$$

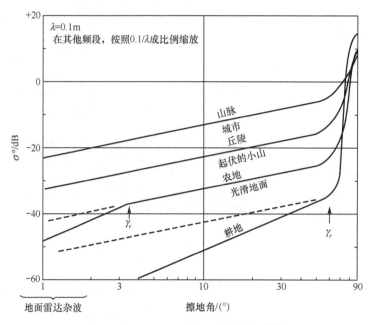

图 4.13　S 频段地杂波反射率数据[13]

图 4.13 中给出的数据表明，城市和农田地形数据的 $\overline{\sigma^0}$ 普遍小于低空目标探测雷达数据。曲线给出了 3 种擦地角区域的面杂波特性。在高擦地角内，准镜面区域的反射率非常高，并且光滑的反射率比粗糙的地形高。在中擦地角内的漫散射区域，擦地角的依赖性可以通过一个常数的 γ 模型（$\sigma^0 = \gamma \sin \psi$）给出。在极低擦地角内有一个干涉区域，它对擦地角的依赖远远比漫散射区域要多。在近似垂直入射擦地角内的准镜面区域，$\overline{\sigma^0}$ 曲线陡然上升，基本和频率变化无关。

通常认为，如果和波长相比地表情况是粗糙的，那么图 4.13 中模型假设地杂波对频率的线性依赖关系适用于整个微波频段［见图（4.11）］。但是，对整个毫米频段（MMW）施加相同的处理，$\overline{\sigma^0}$ 的取值预计将非常大。图 4.14 ~ 图 4.16 中的森林地貌的后向散射数据[21]表明，关于频率的线性变化不太适用于更高的频率。然而，数据表明平均后向散射系数（$\overline{\sigma^0}$）

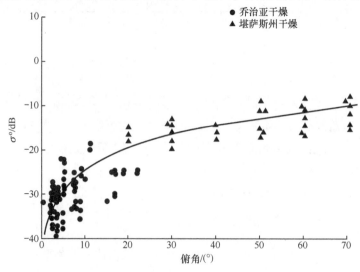

图 4.14　X 频段森林地貌后向散射系数[21]

通常在毫米频段比较大,但在低擦地角下具有明显异常,在低擦地角下的频率变化和前面提到的频率依赖关系刚好相反。

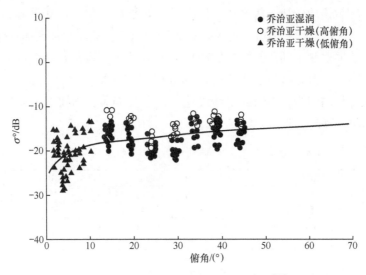

图 4.15　35GHz 森林地貌后向散射系数[21]

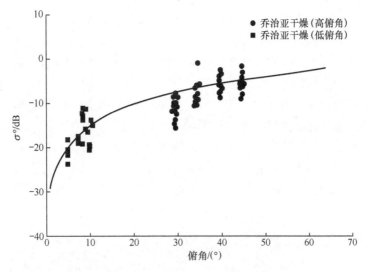

图 4.16　95GHz 森林地貌后向散射系数[21]

例 11　地杂波后向散射系数模型

雷达分辨单元内包含了地表上的各种散射体,这些散射体后向散射带来的反射波就称为地杂波。如果地表是光滑的,则反向散射小,相反,粗糙的地表可能会产生大量的回波信号。一般来说,粗糙度可用瑞利标准来定义,如下面的不等式:

$$\sigma_h \sin\psi \geq \frac{\lambda}{8}$$

式中:σ_h——表面不规则的均方根高度的标准差;

ψ——擦地角;

λ——雷达的波长。

因此,一般的后向散射可以表示为表面结构、擦地角和雷达频率的函数。

低擦地角时，由于耕作物有更大的反射率，使得地面的后向散射一般会大于海面的后向散射。这使得地面雷达和舰载雷达很难检测到复杂的小型低空飞行导弹和飞行器[72]。然而，一个很有利的特征就是地杂波的频谱通常比较窄，如果目标相对地面具有显著相对运动，那么采用 MTI 和 PD 雷达进行处理可以提供很高的改善因子，从而改善运动目标检测性能。

雷达波束可能照射到不同种类的自然环境和人造目标，因此要完全搞清楚地杂波的特性相对比较困难。通常，可以将不同类型的地形进行大致分类，表 EX – 11.1 给出了几类地表的粗糙度和对应的伽玛值[6]。例如，对沙漠地形，在 X 频段，当擦地角大于 0.2°可认为其是粗糙表面，在 UHF 频段，当擦地角大于 4.8°可认为其是粗糙表面。

表 EX – 11.1 一般地表的粗糙程度和 γ 值[22]

地形	γ/dB	σ_h/m	地形	γ/dB	σ_h/m
山地	-5	100	农场	-15	3
城市	-5	10	沙漠	-20	1
山林	-10	10	光滑地表	-25	0.3
Rolling 山	-12	10			

大部分地形的自然环境和人造目标的结构变化较大，使地杂波难以准确归纳为某种特定类型，结构的变化也使得难以获取一致的实验数据。Nathanson 给出一种方法[7,23]：对约 50 组实验数据取平均，并将相似地形得到的平均后向散射系数 σ^0 进行统计。这些数据的擦地角范围是 1°~60°，频率覆盖 1~35GHz，地形包括沙漠、农田、山丘和城市。许多数据点都标注着测量误差小于 5dB。由于一些数值是经过外插和内插得到的，所以在数据中有明显的中断和前后不一致。

将 Nathanson 的地杂波数据整理成矩阵形式，保存在 MATLAB 文件 nathlanda.m 中。其中，数据中的每一列对应不同频率，每一行对应不同的擦地角。程序提供了四阶多项式的最小均方拟合方法，通过该方法对数据进行平滑，此外，还提供了插值算法，基于该算法可以计算各数据点之间频率对应的数据。平滑后的数据表明，这些曲线在 5dB 容差范围内更加一致。这些内容包含在 MATLAB 程序 nathlanda.m 中，对于沙漠地形，程序输出的结果如图 EX – 11.1 所示。这些数据是基于 4 阶多项式的最小均方拟合方法得到的。

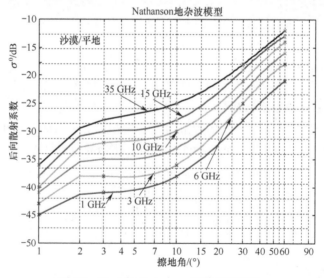

图 EX – 11.1 的 Nathanson 沙漠杂波数据

佐治亚理工学院（GIT）得到了一种经验模型，基于该模型可以预测70°以下擦地角范围内的平均地杂波后向散射。模型的方程由下式给出[21,24]

$$\sigma^0 = A(\theta + C)^B \exp\left(\frac{-D}{1 + \frac{0.1\sigma_h}{\lambda}}\right)$$

式中：θ——俯仰角（rad）；

参数 A、B、C、D——根据经验得到的常数；

λ——雷达波长（m）；

σ_h——表面粗糙度的标准偏差（m）。

MATLAB 程序 git_landclt.m 给出了参数 A、B、C、D 取值列表，包括土壤、草、高大的禾本科作物、树木、城市、湿雪、雨雪等类型，频率覆盖了 3~95 GHz。除了沙漠或道路等平坦地形外，对于其他地形，常数 D 一般是零。此外，并不是所有频率上都具有这些参数。图 EX-11.2 绘制了根据 X 频段的城市地形模型计算的例图。为了便于比较，MATLAB 程序还提供了用常数伽玛模型估计得到的后向散射的图形，伽玛模型的参数为表 EX-11.1 给出的常数并通过 Nathanson[7] 给出的频率调整方法进行了修正。

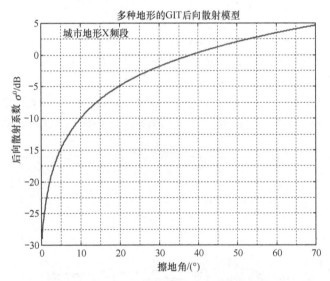

图 EX-11.2 城市地形的 GIT 后向散射模型

由 Morchin 提出的机载雷达地杂波模型（文献 [25] 第 150 页 25 行）可以扩展 Barton 数据[6]，并且该模型同样适用于地面雷达。这个模型假定了 3 个区域，第一个是低擦地角或干涉区域，将应用于沙漠地形或其他平坦地面。该区域中的上限值被定义为临界角（以弧度为单位）

$$\theta_e = \arcsin\left(\frac{\lambda}{4\pi h_e}\right)$$

式中：λ——波长；

h_e——表面的粗糙程度，单位为（m）。

$$h_e = 9.3\beta_0^{2.2}$$

模型的参数包括 β_0 参见表 EX-11.2。临界角因子（dB）可以表示为（该因子仅适用于沙漠地形）

$$\sigma_c^0 = -10\lg\left(\frac{\theta_c}{\theta_g}\right)$$

式中：θ_g 为擦地角且满足 $\theta_g < \theta_c$。

吸收因子（dB）u 为

$$u = -10\lg\left(\frac{4.7}{\sqrt{f_{\text{GHz}}}}\right)$$

表 EX-11.2 机载雷达地杂波模型参数

地形	A	B	β_0
沙漠	-29	$\pi/2$	0.14
农田	-24	$\pi/2$	0.2
树木繁茂的小山	-19	$\pi/2$	0.4
山区	-14	1.24	0.5

对低擦地角区域和过渡区，平均后向散射系数为

$$\sigma_s^0 = 10\log\left\{\cot^2\beta_0 \exp\left[\frac{-\tan^2(B-\theta_t)}{\tan^2\beta_0}\right]\right\}$$

式中：对山区地形 B 的取值为 1.24，其他各类地形 $B = \pi/2$。

当 $\sigma_s^0 > 0$ 时，可以将 B 代入到低擦地角区和过渡区建立复合模型。

MATLAB 程序 landclt_morchina.m 中包括了模型所用到的数据，并且该程序适用于从 UHF 到 X 频段的任意频率。图 EX-11.3 给出了各种地形下 S 频段地杂波后向散射系数，还包含了一部分 Nathanson 沙漠地形数据，两者比较吻合，表明了模型的合理性。

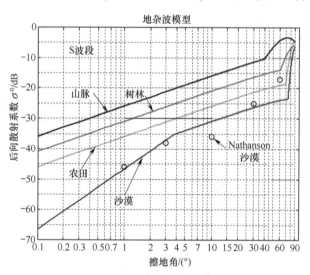

图 EX-11.3 各种地形的机载雷达地杂波模型

4.1.1.2 幅度概率分布函数

在描述地杂波时，有两种幅度统计模型是非常有用的，即时间幅度分布和空间幅度分布。时间幅度统计是杂波回波的幅度随时间的起伏，这种起伏主要由独立散射体之间的相对运动造成。雷达平台的运动或天线扫描都会造成散射体和雷达之间视线角的变化，造成散射点运动的假象，从而加剧散射的相对运动。时间起伏可以用幅度概率分布函数来描述，其中杂波

的起伏率决定了杂波的频谱。时间幅度统计提供了回波位于给定取值范围内的时间所占的百分比，频谱则提供了关于取值变化快慢的信息。

如果地面雷达照射一个指定的杂波区域，在风的影响下，散射体不可避免地随时间起伏，进而引起观测到的杂波幅度随时间起伏。现在，如果雷达天线指向另外一个杂波区域，其包含的散射体和第一个杂波区域不相关，那么就会观察到一个不同的时间幅度分布。这种效果在地杂波中比较普遍，主要是因为杂波区域中点与点之间具有显著物理变化。杂波中的不均匀性导致了这种变化，这个变化可以用空间概率分布来描述，空间的概率分布给出杂波区域中每个点的相关的统计特性。

当地杂波由大量随机分布且大小近似相等的散射体组成时，杂波的振幅变化可以表示为瑞利概率密度函数

$$p(v_c) = \frac{v_c \exp\left[-v_c^2/2\sigma^0\right]}{\sigma^0}; v_c \geq 0 \tag{4.29}$$

式中：平均杂波功率为 $P_c = 2\sigma_{cx}^2$，瞬时杂波功率可以通过 $P = v^2 = k\sigma^0$ 计算得到。

杂波的后向散射系数 (σ^0) 可以表示为指数型概率密度函数（参考第1.5.1节）

$$p(\sigma^0) = \frac{\exp\left[-\sigma^0/\overline{\sigma^0}\right]}{\overline{\sigma^0}} \tag{4.30}$$

式中：$\overline{\sigma^0}$ 为平均杂波后向散射系数。

一般认为，瑞利分布适用于中等或低分辨雷达（脉宽 $>0.5\mu s$），在高擦地角（$\psi > 5°$）下观测得到的分布式地杂波[19]。除了分布式瑞利杂波外，还存在离散杂波（例如，建筑物或其他人造结构）时，杂波服从莱斯分布，莱斯分布的概率密度函数可以表示为[19]

$$p(P) = \frac{(1+m^2)\exp\left[\frac{-m^2 - P(1+m^2)}{\overline{P_c}}\right]I_0\left(2m\sqrt{\frac{(1+m^2)P}{\overline{P_c}}}\right)}{\overline{P_c}} \tag{4.31}$$

式中：$m^2 = S^2/P_0$——离散杂波（S^2）和分布式杂波（P_0）功率之比；

$I_0(\cdot)$——改进的贝塞尔函数。

此情况下，总的杂波功率 $\overline{P_c} = S^2 + P_0$ 正比于杂波平均后向散射系数 $\overline{\sigma^0}$。

关于空间变化的地杂波数据相对较少。在某报道中，综合利用了S频段山脉地区、L频段的林地、X频段的林地和耕地地形等测量数据，得到的结论是韦布尔概率分布[74]可以用来表征地杂波的空间统计分布[11]。图4.17表示的是X频段耕地的情况，随着掠射角的减小动态范围增大。用韦布尔概率分布函数（见1.5.4节）对这些数据进行拟合，韦布尔概率分布函数可以表示为

$$P(\sigma^0) = 1 - \exp\left[-\ln2\left(\frac{\sigma^0}{\sigma_m^0}\right)^\beta\right] \tag{4.32}$$

式中：$\beta = \alpha/2$——韦布尔参数；

σ_m^0——杂波后向散射系数的中值，它和平均后向散射系数（$\overline{\sigma^0}$）的关系如下

$$\overline{\sigma^0} = \frac{\sigma_m^0 \Gamma\left(1 + \frac{1}{\beta}\right)}{(\ln2)^{1/\beta}} \tag{4.33}$$

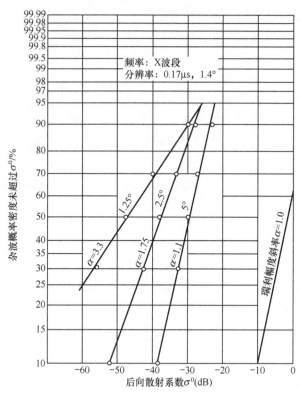

图 4.17 X 频段耕地的地杂波空间分布[11]

表 4.3 中列出了适用于几种不同地形的 β 和 σ_m^0 的取值[11]。需要注意的是，当 $\beta=1$ 时，韦布尔分布退化为指数型概率分布（瑞利振幅）。

表 4.3 地杂波分布的 Weibull 参数[11]

地形	频段	擦地角/(°)	分辨率/μs·(°)	σ_m^0/dB	β
落基山脉	S	—	2.0×1.5	−46.3	0.256
森林（春季）	X	0.7	0.17×1.4	−42.5	0.253
森林（冬季）	X	0.7	0.17×1.4	−36.4	0.266
耕地（春季）	X	1.25	0.17×1.4	−47.8	0.303
耕地（春季）	X	2.5	0.17×1.4	−38	0.571
耕地（春季）	X	5.0	0.17×1.4	−29.8	0.909
耕地（夏季）	X	1.25	0.17×1.4	−46.5	0.352
耕地（夏季）	X	2.5	0.17×1.4	−37.8	0.429
耕地（夏季）	X	5.0	0.17×1.4	−25.3	1.0

另一种用来表示地杂波空间分布的模型是对数正态分布（参见 1.3.4 节）[1]。杂波后向散射系数（σ^0）的对数正态概率分布函数如下

$$P(\sigma^0) = 1 + \frac{1}{2}\mathrm{erf}\left[\frac{\ln\left(\frac{\sigma^0}{\sigma_m^0}\right)}{\sqrt{2}\,\sigma_p}\right] \tag{4.34}$$

式中：σ_p ——正态分布的标准差；

σ_m^0——后向散射系数的中值。

平均后向散射系数由下式给出

$$\overline{\sigma^0} = \rho \sigma_m^0 \qquad (4.35)$$

式中:ρ为均值和中值之比,可以表示为

$$\rho = \exp(\frac{\sigma_p^2}{2}) \qquad (4.36)$$

表4.4列出了一些地杂波对数正态分布的参数取值[19]。

表4.4 地杂波分布的对数正态分布参数

地形	频段	擦地角/(°)	σ_p
离散式	S	低	3.916
分布式	S	低	1.380
多样式	UHF-Ka	10~70	0.728~1.584

研究[27]对某部署在阿拉斯加很少参与值班任务的L频段对空搜索雷达遇到的最坏的杂波幅度统计进行了测量,发现分布函数在受污染的正态分布到对数正态分布的范围内变化[28]。测量的俯仰角度范围从-0.8(°)~1.2(°),脉宽包含0.5、1、3和6μs。假设山地,丘陵和山谷都是对数正态分布,表4.5给出了最坏的情况下它们的杂波统计结果。ARSR-4航路监视雷达的指标设计时[29]用到了这些值。

表4.5 在低擦地角时最坏情况下地杂波模型:阿拉斯加地区

地形	植被	高度/英尺	σ^0 中值	第84个百分点的σ^0取值
山脉	裸露的	4000	-20dB	-14dB
山林	小树,草	1000~4000	-19dB	-12dB
山谷,泥岩沼泽	树木繁茂	1000	-20dB	-13dB
地形(15~100海里)		—	-23.5dB	-17.5dB

对于扫描雷达而言,它通常要对地面多个位置的回波信号进行处理之后,才能判决目标检测结果,因此目标的空间分布往往备受关注。在考虑能否将相邻杂波视为不相关之前,首先要分析每个杂波单元的相关纵深。侧视机载雷达(SLAR)数据的自相关分析结果如图4.18所示,从中可以得到不同地形去相关所需的距离[20]。

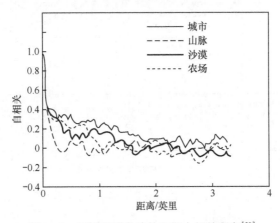

图4.18 不同地形杂波的空间去相关距离[30]

图 4.18 中的去相关函数可以近似表示为两个去相关距离的函数。第一个去相关距离（d_1）给出了快速去相关水平为 0.4，第二个去相关距离（d_2）要长得多，表示长期相关性。对于所有类型的地形，快速的去相关距离大概为 50 英尺的量级，长去相关距离的取值如表 4.6 所示，从中可以看出，对比较均匀的地形如农场和林地等，其长去相关距离比郊区或山区的明显要大，这些郊区或山区地形往往有尖锐的地形结构。

表 4.6 去相关土地杂波距离

地形类型	长期的去相关距离/英尺
林地	500~1000
沙漠	1000~2000
农田	1000
山区，丘陵	500
市区，郊区	500

在一般情况下，当在低擦地角情况下用高分辨率雷达观测时，地杂波表现为一个非高斯的幅度统计特性（即具有宽的杂波动态范围）。低擦地效应对于地面雷达影响很大，这要归咎于很大一部分杂波对于雷达是不可见的，而能否可见主要取决于其相对于雷达的视线角。当改变观测方向时，雷达会收到不同部分杂波所形成的强烈反射回波，导致较大的幅度起伏。这种类型的效应通常发生在山区或城市，此外，对于高擦地角和低分辨率雷达，会有同样的效应。对高分辨率雷达，非高斯幅度统计通常是由雷达可以将各个独立杂波散射体分辨开，而这些散射体的回波幅度的变化范围非常广。图 4.19 描述了地面雷达在低擦地角获得的一些非高斯地杂波分布，从中可以看出这种类型的杂波具有较大的动态范围。

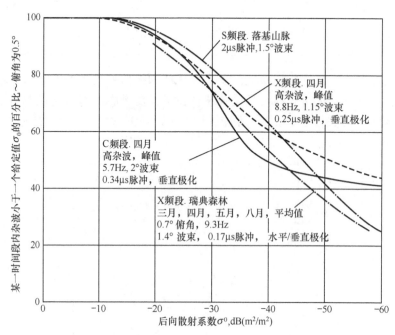

图 4.19 地面雷达在低擦地角获得的地杂波分布[23]

4.1.1.3 地杂波谱

地杂波的固有频谱来自于由风造成的散射体（例如，树枝，树叶，植被）的相对运动。

当风力增大时，相对运动加剧且频谱有所展宽。通常，固有频谱宽度几乎和整个微波区域的发射频率成正比。可以看到，更多的杂波频谱展宽是由于天线扫描、平台运动、发射机不稳定、杂波限幅效应所造成的。这些影响在第3.2.2节~3.2.5节已经进行了讨论。

林地杂波的固有频谱宽度是关于风速的函数，如图4.20所示（参见表3.8），在图中，以速度单位（m/s）给出了频谱的标准差（σ_v），这个标准差将在后面高斯型频谱的表达式中用到。高斯型的频谱由下式给出

$$S(f) = \frac{P_c \exp(f^2/2\sigma_f^2)}{\sqrt{2\pi}\sigma_f} \tag{4.37}$$

式中：σ_f——频谱的标准差，$\sigma_f = 2\sigma_v/\lambda$；

P_c——杂波功率。同时还给出了固定离散杂波分量和起伏分布式杂波分量的比值 [例如，$m^2 = S^2/P_0$]。式（4.37）适用于起伏杂波分量的频谱，而离散杂波成分表示为一个零频率冲击函数。

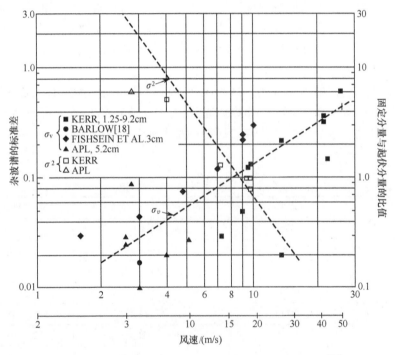

图4.20 林地杂波的固有频谱宽度是关于风速的函数[23]

实验数据表明，式（4.37）给出的高斯型频谱可能会低估地杂波频谱中的较高频率分量。采用双边指数比高斯型频谱更加适合对X频段实验数据进行拟合[14,72]。在其他频点上的数据表明，杂波频谱和频率之间满足下列关系

$$S(f) = \frac{k}{\left[1 + \left(\frac{f}{f_c}\right)^n\right]} \tag{4.38}$$

式中：f_c——角频率正比于风速；

n——幂指数，随雷达的发射频率[27,69]发生变化。

在风速范围是6~15（海里/h）下，幂指数和雷达发射频率的对应关系见表4.7所列。

表 4.7 多种频率下地杂波功率谱函数参数

参数	频率			
	9.5GHz	16 GHz	35 GHz	95 GHz
n	3	3	2.5	2
f_c/Hz	9	16	21	35

4.1.2 海杂波

海杂波取决于雷达参数，如频率、极化、擦地角、脉宽和方位波束宽度。除了近似垂直入射以外，如果不是风产生的海浪和表面张力波（叠加在主要波浪上的小波浪，主要由风的波动造成），海杂波反射率可以忽略不计。因此，海杂波特性就和海面的情况相关，最突出的特点是海浪。海况一般用海况来描述，海况和海浪高度有关。

海况取决于两个独立扰动的相互作用。远处的风引起涌波，即近似正弦波动的规则海面。局部风会在海面以随机的方式形成尖锐且不规则的波动。持续很长时间的局部风会使海面充分起伏，海面随着逆风、侧风和顺风的波动达到准稳态。以往主要用风速和假设的情况来描述海况。在一般情况下，海面的后向散射取决于海况（即浪高和风速）和海浪方向与雷达波束方向的相对关系。

海的反射特性与海况的等级有关，这和地杂波反射率和地形类别有关是一样的。表 4.8 中列出了基于道格拉斯海况标度划分得到的海况等级，表中给出了海况等级相应的海浪高度[4]。浪高是建立海杂波后向散射特性的基础，因此道格拉斯海况标度是一种比较合适的量度标准。

表 4.8 道格拉斯海况水平

海况	说明	海浪高度（$h_{1/3}$/英尺）	近似风速/节
1	光滑	0~1	0~6
2	轻微	1~3	6~12
3	中度	3~5	12~15
4	粗糙	5~8	15~20（白浪）
5	非常粗糙	8~12	20~25
6	高	12~20	25~30（8级风）
7	非常高	20~40	30~50

在道格拉斯海况标度中用到的统计高度海浪参数 $h_{1/3}$ 代表的是对所有海浪中最高的那 1/3 海浪，波峰到波谷高度的平均值。如果假设海浪高度服从标准偏为 σ_h 的高斯幅度分布，则可以推断出，$h_{1/3} = 4\sigma_h$，并且 $h_{av} = 2.6\sigma_h$[10]。

海杂波理论认为，短时间持续的局部风引起的表面张力波（波纹）会引起部分反射。所谓表面张力波，其波长的尺寸是英寸量级，叠加在更大的海波结构上，由于其尺寸小，所以当雷达频率增加时会表面张力波会产生的影响更大。在这个理论中，假设表面张力波的作用近似等于不同的大小和方向的多个平板反射体。这种表面张力波结构在低擦地角时会产生干涉作用，导致 σ^0 敏感于雷达的频率和极化。实际上，表面张力波就等效为高于平均海面的散射体，会形成一个直接反射波和间接反射波（离开海面），在低掠角下会产生严重的相消干涉[4]。

海杂波一般是用后向散射系数（σ^0）、幅度概率分布和功率谱密度来描述。海杂波与地杂波的不同之处在于其结构通常是均匀的，且平均流速正比于风速，这个平均流速会影响杂波频谱的中心频率。与地杂波不同，海水的介电性质会影响散射系数的幅度和相位。海杂波中的非零多普勒频移要求 MTI 雷达系统必须采用运动补偿技术才能抑制海杂波的影响。

海杂波的平均后向散射系数（$\overline{\sigma^0}$）随擦地角（ψ）的变化，满足前文图 4.3 中常规面杂波的三个散射区域的规律。对于微波频段，海杂波的平均后向散射系数（$\overline{\sigma^0}$）对频率的依赖性和干涉效应有关，干涉效应决定了临界角（ψ_c）的位置，当低于临界角 ψ_c 时，σ^0 深受 λ 的影响。对于一个给定的海况，ψ_c 正比于波长（即 $\psi_c = \arcsin\lambda/4\pi\sigma_h$）。对于水平极化而言，在低频段 σ^0 曲线随 ψ 的变化曲线和微频段是相似的，二者的区别主要在于低频段时临界角更大。当频率低至 UHF、VHF 和 HF 频段时，可以预见，随着频率的降低，在低擦地角区域（即依赖 ψ^4，见式（4.20））的范围越来越大，而过渡区的范围缩小，这种变化如图 4.21 所示[4]。

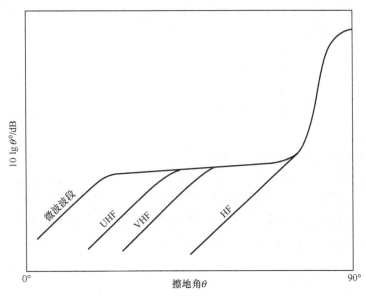

图 4.21 水平极化条件下在多个频段后向散射系数 σ^0 随擦地角的变化[4]

对于垂直极化，在低擦地角区域 σ^0 不会随 ψ^4 发生变化。因为反射系数的幅度一般是小于 1 的，并且相位角不是 180°。垂直极化曲线将水平极化形状类似，二者的区别在于以下几个重要方面：首先，对于大多数擦地角情况下，σ^0_{VV} 一般会大于 σ^0_{HH}。其次，临界角 ψ_c 并不与波长成正比。第三，在低擦角区域，σ^0 函数对 ψ_c 的依赖和 ψ^4 不成正比。

对于垂直极化，相消干涉只会出现在擦地角小于布儒斯特角的时候，此时反射系数接近 $\Gamma = -1$。在更高的频率（例如，X 频段），临界角通常会发生在擦地角小于布儒斯特角的时候。例如，在 X 频段频率的临界角可能是 1°，而布儒斯特大概是 8°[4]。因此，在微波频段频率较高时，随着擦地角的减小，无论是水平极化还是垂直极化，相消干涉将发生在大约相同的角度。这种情况将会一直持续到 1GHz 频率，此时低级别海况和中级别海况下的临界角和布儒斯特角近似相等。随着频率的进一步下降，布儒斯特角将小于临界角，同时垂直极化条件下 σ^0 曲线的形状将和水平极化下的显著不同。

在前文的图 4.4 中，给出了在垂直极化和低频下（UHF）的情况。对于低频，随着擦地角的减小，在擦地角变得非常小之前不会出现相消干涉（例如30MHz，擦地角为1°）。因此，σ_{VV}^0曲线过渡区的下边界角度要小于σ_{HH}^0曲线，除此之外，低频和垂直极化的临界角通常与表面起伏程度无关，主要取决于布儒斯特角效应，而布儒斯特角则依赖于频率。随着擦地角趋于零，σ_{VV}^0会趋于σ_{HH}^0，这时因为垂直极化的反射系数趋于幅度为1，相移为180°[4]。

来自于海面的后向散射，依赖于风向和雷达天线波束方向的相对方向。当雷达天线波束逆风照射时，收到的后向散射比顺风或者侧风时的后向散射要高。当天线在方位面做360°圆周扫描时，后向散射会有5～10dB的变化。后向散射中所增加的部分，显然是由于海浪的不对称性，在逆风的一侧海浪往往是陡峭的。

大部分用于观测水面（或海面）上的目标的雷达都是水平极化的，这主要是因为水平极化的后向散射系数σ^0小。然而，当水平极化的短脉冲雷达（脉宽$\tau \leq 0.5\mu s$）工作在低擦地角时（典型的如陆基雷达），杂波的后向散射回波表现出空间非均匀的现象。杂波包含了尖峰的镜面反射回波，这样的反射偶尔会持续几秒钟。在X频段，一个独立随机的尖峰回波具有大约$1m^2$的散射截面积。为了分辨这些独立的尖峰，雷达的脉冲宽度需要达到几十纳秒，海尖峰显然与破碎波形成的白浪有关。用垂直极化的短脉冲雷达也会观测到海杂波的尖峰，但这种效应远远不水平极化明显。

因此，随着雷达分辨单元尺寸的减小，海杂波的性质发生了变化。海尖峰对雷达性能带来很大影响，造成了大量的虚警。如果为了减小虚警概率提高检测门限，则会降低对期望目标探测的灵敏度。因此，为了获得海杂波背景下最佳的检测性能，在设计雷达时分辨率是一个很关键的设计参数。

4.1.2.1 各类海况下的平均散射系数σ^0

由于海杂波是波动的量，σ^0的实验数据必须进行统计评估。通常的统计方法，是用时间平均来对σ^0量化，指定为$\overline{\sigma^0}$。在一些情况下[4]，用中值（当概率密度函数达到50%时σ^0的取值）来定义杂波的后向散射系数（σ^0）的平均值。如果波动起伏的概率密度分布是已知的，就可以将中值和平均值联系起来。例如，对于一个瑞利分布，均值和中值的比率通过下式给出

$10\log(\sigma^0/\sigma_m^0) = 1.6dB$（参考第1.5.4节）

此时应该注意，雷达方程中的散射因子σ^0指的是杂波的平均值，如果海杂波的幅度遵循瑞利概率分布函数，则可以利用标准检测曲线（针对热噪声的曲线）得到检测所需的信号杂波比[10]。

绝大多数$\overline{\sigma^0}$数据变化范围很大，这主要是由于难以精确得到海况，海杂波的测量实验面临着重重困难，并且影响海杂波的因素众多。一种方法[7]是将现有的实验数据对很多变量求平均，这样可以提供一个指示性的趋势用以完成初始系统设计。通过对大量实验获得的$\overline{\sigma^0}$数据取平均和扩展处理，得到了在擦地角0.1°～30°条件下的统计值如表4.9～表4.14所列[7,32]。这些数据表示了：

（1）对超过几十毫秒时间范围取平均值；
（2）逆风、侧风、顺风的平均值；
（3）雷达脉冲宽度位于0.5～10μs范围，此情况下可以适用瑞利统计模型，雷达分辨率不足以分辨单独的海浪结构。

需要注意的是，对表中所列小擦地角（即$\psi = 0.1°$和$0.3°$），由于地球的曲率的影响，雷达天线波束的俯角可能与擦地角是不同的［见式（4.11）］。

表 4.9~表 4.14 中列举的数据,给出了不同擦地角下 0~5 级海况的平均后向散射系数 $\overline{\sigma^0}$。图 4.22 和图 4.23 画出了水平极化和垂直极化的数据。通过对各个数据点进行平滑处理后,得到的这些曲线是连续的曲线,选择三级海况的数据作为典型或平均海况的代表[10]。

表 4.9 标准化的海杂波后向散射系数 σ^0 —擦地角 0.1°[7,32]

		不同频率(GHz)时散射系数低于 $1m^2/m^2$ 的 dB 值						
		UHF	L	S	C	X	Ku	Ka
海况	极化	0.5	1.25	3.0	5.6	9.3	17	35
0	V	94	87	80	75	67	61	55
	H	103	96	89	84	76	70	64
1	V	89	82	75	70	62	56	50
	H	96	89	82	77	69	63	57
2	V	92	83	74	65	56	47	37
	H	96	87	78	69	59	50	51
3	V	86	76	67	57	47	38	28
	H	90	80	71	61	51	42	32
4	V	71	65	59	53	47	41	35
	H	72	66	60	54	48	42	36
5	V	71	63	56	48	41	34	26
	H	71	63	56	48	41	34	26

表 4.10 标准化的海杂波后向散射系数 σ^0 —擦地角 0.3°[7,32]

		不同频率(GHz)时散射系数低于 $1m^2/m^2$ 的 dB 值						
		UHF	L	S	C	X	Ku	Ka
海况	极化	0.5	1.25	3.0	5.6	9.3	17	35
0	V	84	78	73	67	61	55	49
	H	94	89	83	78	72	67	61
1	V	76	71	66	61	56	51	46
	H	89	83	76	70	63	57	50
2	V	77	70	64	57	50	44	37
	H	84	76	69	61	53	46	38
3	V	70	64	57	50	44	37	30
	H	76	69	61	53	45	38	30
4	V	62	57	53	48	43	38	33
	H	62	57	52	47	42	37	31
5	V	58	53	48	43	38	34	29
	H	62	56	49	42	36	29	23

表4.11 标准化的海杂波后向散射系数 σ^0 ——擦地角 $1°^{[7,32]}$

海况	极化	不同频率（GHz）时散射系数低于 $1m^2/m^2$ 的 dB 值						
		UHF	L	S	C	X	Ku	Ka
		0.5	1.25	3.0	5.6	9.3	17	35
0	V	75	69	64	59	53	48	
	H	85	80	75	70	65	60	
1	V	68	64	59	55	50	45	
	H	81	74	66	59	52	45	
2	V	62	58	53	49	45	41	
	H	74	67	60	54	47	40	
3	V	57	53	49	45	41	37	
	H	67	61	55	49	42	36	
4	V	51	47	44	40	37	34	
	H	53	49	45	41	36	32	
5	V	43	41	39	36	34	32	
	H	49	52	46	39	33	26	

表4.12 标准化的海杂波后向散射系数 σ^0 ——擦地角 $3°^{[7,32]}$

海况	极化	不同频率（GHz）时散射系数低于 $1m^2/m^2$ 的 dB 值						
		UHF	L	S	C	X	Ku	Ka
		0.5	1.25	3.0	5.6	9.3	17	35
0	V	64	61	59	57	54	52	50
	H	76	72	67	63	59	54	50
1	V	58	55	52	49	46	43	40
	H	68	63	59	54	50	45	41
2	V	55	52	49	46	42	39	36
	H	63	59	54	50	45	41	36
3	V	45	43	41	40	38	36	35
	H	58	54	50	45	41	37	33
4	V	39	38	37	36	34	33	32
	H	51	47	44	41	37	34	31
5	V	38	37	35	34	32	31	29
	H	50	45	41	36	32	27	23

表4.13 标准化的海杂波后向散射系数 σ^0 ——擦地角 $10°^{[7,32]}$

海况	极化	不同频率（GHz）时散射系数低于 $1m^2/m^2$ 的 dB 值						
		UHF	L	S	C	X	Ku	Ka
		0.5	1.25	3.0	5.6	9.3	17	35
0	V	48	47	46	46	45	45	44
	H	62	59	57	54	52	49	47
1	V	46	45	44	43	42	41	39
	H	58	56	53	50	48	45	42
2	V	38	38	37	36	36	35	34
	H	55	52	49	46	44	41	38
3	V	34	34	33	33	32	32	32
	H	51	48	44	41	37	34	30
4	V	31	31	30	30	30	30	30
	H	47	44	41	37	34	31	28
5	V	27	27	27	27	27	26	26
	H	44	41	38	35	31	28	25

表4.14 标准化的海杂波后向散射系数 σ^0 ——擦地角 $30°$[7,32]

海况	极化	不同频率（GHz）时散射系数低于 $1m^2/m^2$ 的 dB 值						
		UHF	L	S	C	X	Ku	Ka
		0.5	1.25	3.0	5.6	9.3	17	35
0	V	43	43	42	42	41	41	40
	H	47	48	48	49	50	50	51
1	V	39	38	38	38	38	37	37
	H	45	45	45	45	45	45	45
2	V	34	33	33	32	32	31	31
	H	42	41	41	40	40	39	39
3	V	29	29	28	28	28	27	27
	H	40	39	38	36	35	33	32
4	V	29	28	27	26	24	23	22
	H	39	38	36	35	33	32	31
5	V	21	21	20	20	20	20	19
	H	39	35	32	29	26	23	20

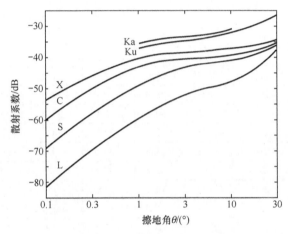

图 4.22 水平极化条件下不同频率的平均后向散射系数 σ^0 随擦地角的函数变化（海况 3）[10]

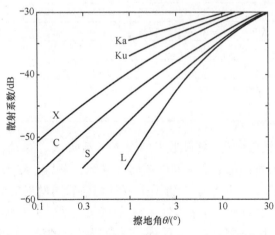

图 4.23 垂直极化条件下不同频率的平均后向散射系数 σ^0 随擦地角的函数变化（海况 3）[10]

海军研究实验室（NRL）开发了一个具有四个频点的机载雷达系统，能够在 UHF 频段 (428MHz) 到 X 频段 (8910MHz) 的频率区间完成面杂波的测量[33]。相干脉冲雷达能够交替发射水平和垂直两种极化的脉冲序列，每个极化下具有四个频点（8910，4455，1228，428MHz）。这个测量系统的好处就是能够消除海面变化情况的影响，从而得到测量值随频率和极化敏感性的研究结果。

表 4.15 和表 4.16 给出了大浪条件下的海杂波后向散射数据（例如浪高 = 16.4 英尺，约为 6 级海况），在一个很宽的频率范围内，比较了不同极化、不同风向的海杂波数据。需要注意的是，海杂波数据的校准精度是 ±2dB，给出的后向散射数据是中值而不是均值（例如要得到均值需要在中值的基础上增加 1.6dB）。

表 4.15 X、C、L、P 频段下直接极化信号的标准化雷达截面积 σ^0 中间值[34]

俯角/(°)	风向[b]	σ^0/dB[a]							
		X_{VV}	X_{HH}	C_{VV}	C_{HH}	L_{VV}	L_{HH}	P_{VV}	P_{HH}
5	U	-35.5	-37.5	-34.5	-39.5	-40.5	-45.0	-41.0	-47.0
	D	-38.5	-43.0	-40.0	-44.0	-43.0	—	-43.0	—
	C	-37.0	-40.5	-39.5	-41.5	-44.0	-48.5	-42.5	—
10	U	-31.5	-35.0	-28.5	-38.5	-36.0	-48.0	-36.0	-46.5
	D	-33.5	-42.5	-31.5	-43.5	-34.5	-51.0	-36.0	-49.0
	C	-34.5	-39.5	-33.5	-41.5	-35.5	-48.5	-36.0	-49.0
20	U	-27.0	-33.5	-25.0	-35.0	-31.0	-41.5	-30.0	-47.5
	D	-29.5	-38.5	-28.0	-40.0	-29.0	-42.5	-28.5	-46.5
	C	-30.0	-38.5	-30.0	-40.0	-35.0	-43.5	-30.5	-45.5
30	U	-25.5	-30.5	-22.0	-32.5	-28.0	-37.5	-28.5	-37.0
	D	-27.0	-35.5	-23.5	-36.5	-26.0	-36.5	-28.0	-36.5
	C	-29.0	-35.5	-25.5	-35.5	-26.5	-33.0	-28.0	-37.5
45	U	-20.5	-24.0	-19.0	-27.0	-27.0	-32.0	-25.5	-31.0
	D	-23.5	-28.5	-21.5	-31.0	-25.0	-32.0	-24.5	-30.5
	C	-25.5	-29.0	-23.5	-30.0	-27.0	-34.5	-25.5	-32.5
60	U	-17.5	-18.5	-14.5	-19.0	-20.5	-22.0	-23.0	-25.5
	D	-18.5	-20.0	-16.0	-21.0	-19.0	-21.5	-22.0	-24.5
	C	-19.5	-20.5	-17.5	-21.0	-22.0	-24.0	-21.0	-24.0
75	—	-9.5	-10.0	-7.0	-9.0	—	—	-13.0	-15.0
	—	-1.0	-1.0	+2.0	+1.0	—	—	+0.5	-2.0

a：1969.2.20；风速，29 节；波高，16.4 英尺
b：U = 逆风，D = 顺风，C = 侧风

表 4.15 提供了水平极化和垂直极化收发情况下（例如 σ_{VV} 和 σ_{HH}），波涛汹涌的海面后向散射数据随擦地角的关系，包括了不同的风向（逆风，顺风，侧风），并且覆盖了从 UHF 频段到 X 频段的多个频段。这些数据表明了垂直极化的后向散射对频率没有明显的依赖关系，而水平极化的后向散射对频率有 λ^{-1} 到 $\lambda^{-1/4}$ 的依赖关系。正如预期的，垂直极化的后向散射逆风时要比侧风或顺风的情况要大。另外一个值得注意的是这些实验测量要考虑饱和效应，即后向散射是一个关于擦地角函数的上极限值[33]。这个上限要归因于合成海浪表面（在

海表上叠加了毛细海浪）的倾斜效应。

表4.16列举了交叉极化散射值（例如σ_{VH}和σ_{HV}），其中发射是一种单一极化（比如水平极化）而接收采用与发射正交的极化（水平极化）。实验数据显示，交叉极化散射值σ_{VH}和σ_{HV}是相同的，表明极化散射矩阵是一个对称矩阵。通常来说，对垂直极化发射时，交叉极化分量要比垂直极化分量小10dB。然而，当水平极化发射时，水平极化散射值在高频段（X频段）高于交叉极化分量10dB，低频段（L频段和UHF频段）、低擦地角情况下（$\psi < 20°$）情况下，水平极化散射值和交叉极化分量相当。

表4.16 X、C、L、P频段下交叉极化信号的标准化雷达截面积σ^0中间值[34]

俯角/(°)	风向[b]	σ^0/dB[a]							
		X_{VH}	X_{HV}	C_{VH}	C_{HV}	L_{VH}	L_{HV}	P_{VH}	P_{HV}
5	U	−44.0	−47.5	−42.0	—	−47.0	—	−47.0	—
	D	−46.0	−51.0	−43.0	—	−48.5	—	−48.0	—
	C	−44.5	−47.5	−43.5	—	—	—	−47.5	—
10	U	−42.5	−43.5	−41.0	−43.0	−48.5	−50.0	−45.5	−51.0
	D	−46.0	−46.0	−44.5	−46.0	−48.0	−48.5	−46.0	−51.0
	C	−45.5	−47.5	−44.5	−47.5	−47.5	−48.5	−46.5	−51.5
20	U	−39.0	−40.0	−38.0	−39.0	−42.5	−45.0	−42.0	−46.0
	D	−42.0	−43.5	−40.5	−40.5	−42.0	−41.5	−42.0	−45.0
	C	−43.0	−43.5	−41.0	−43.0	−43.5	−45.0	−42.0	−45.0
30	U	−38.0	−39.0	−36.5	−36.0	−41.0	−41.5	−40.0	−43.5
	D	−40.0	−41.0	−38.0	−38.0	−39.5	−39.0	−40.0	−44.0
	C	−40.0	−40.5	−38.0	−38.5	−39.0	−39.5	−40.5	−43.5
45	U	−36.0	−35.0	−34.5	−33.5	−41.0	−40.5	−40.0	−42.5
	D	−38.0	−37.5	−36.0	−36.0	−38.5	−38.0	−38.5	−41.5
	C	−37.5	−37.0	−36.5	−37.0	−41.5	−42.0	−40.0	−43.0
60	U	−35.0	−33.5	—	—	—	—	−37.5	−40.5
	D	−35.0	−34.0	—	—	—	—	−37.5	−39.5
	C	−34.5	−33.5	—	—	—	—	−37.0	−39.5

a：1969.2.20；风速，29节；波高，16.4英尺
b：U = 逆风，D = 顺风，C = 侧风

例12 海杂波后向散射系数模型

雷达系统的检测性能依赖于对背景杂波的精确估计。经常会用到四种海杂波模型。这些模型的基础是Nathanson数据，是从60个独立实验汇编而成[7,23]。这些数据包含了不同海面状况（SS）、擦地角、频率和极化情况下的平均后向散射系数（σ^0）。Nathanson对所有与雷达视线方向有关的风向进行了平均。某些数值是通过外插法和内插法得到的，因此在数据中存在明显的不连续和不一致。

科技服务公司（TSC）和混合模型（HYB）都是基于Nathanson数据得到的[36,40]。乔治亚理工学院（GIT）采用了理论多径模型来预测低擦地角下的平均后向散射，但这样可能会引起由于波导效应而低估了实际的后向散射值。擦地角大于1°时，GIT模型和其他模型是一致的。根据顺风和侧风条件下获得的实际数据建立的Sittrop模型，不能覆盖整个频段而只能

描述有限的频率范围（X – Ku 频段）。

表 EX – 12.1 给出了这些模型各自的特性，采用这些模型计算得到的散射值可以在文献 [35 – 43] 中找到。这些模型通常将道格拉斯（Douglas）海况和风速作为输入量，从而得到海面的描述，其他输入量包括擦地角、相对于雷达天线指向的风向视线角以及极化等。MATLAB 计算机程序 sea_clt._gitl. m，sea_clt_ hybridl. m，sea_clt_tsc2. m，sea_clu_ sittrop. m 可以用来计算海杂波的平均后向散射。

表 EX – 12.1 海杂波模型特性

模型	GIT	HYB	TSC	Sittrop	Nathanson
频率/GHz	1 ~ 100	0.5 ~ 35	0.5 ~ 35	X ~ Ku 频段	0.5 ~ 35
海况描述	风	Douglas	Douglas	风	Douglas
环境	速度/（m/s）	SS 0 ~ 5	SS 0 ~ 5	速度/kt	SS 0 ~ 5
擦地角/（°）	0.1 ~ 10	0.1 ~ 30	0.1 ~ 90	0.2 ~ 10	0.1 ~ 30
视线角	0 ~ 180	0 ~ 180	0 ~ 180	侧风/顺风	平均
极化	H, V	H, V	H, V	H, V	H, V

在频率为 9.3GHz、海况为（SS – 3）的水平极化条件下，对这些模型进行比较，如图 EX – 12.1 所示，给出了顺风条件下 GIT 模型、TSC 模型和混合模型的散射曲线。可以看出，在低擦地角范围，GIT 模型低估了平均后向散射值，Nathanson 数据点将所有视线角的取值进行了平均，因此比顺风条件下的散射值略小。可以注意到，顺风和侧风的 Sittrop 模型平均值能够和 Nathanson 数据最好的吻合。

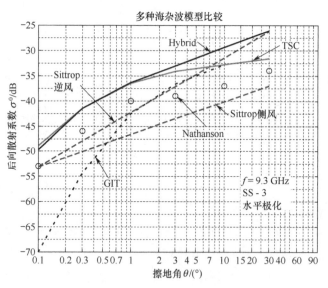

图 EX – 12.1 X 频段海杂波模型

另外一个例子（如图 EX – 12.2 ~ 图 EX – 12.4）覆盖了从 L 频段到 Ku 频段的整个频率范围。这些 MATLAB 程序包含在 sea_clt_cmp. m，sea_clt_comp_kuvs. m，sea_clt_comp_lv5 和 sea_clt_comp_sh3a. m。一般的，当擦地角介于 3° ~ 30° 之间时，混合模型会过高的估计平均后向散射值。当擦地角介于 0.1° ~ 30° 之间时，TSC 模型和 Nathanson 数据之间表现出最好的相关性。

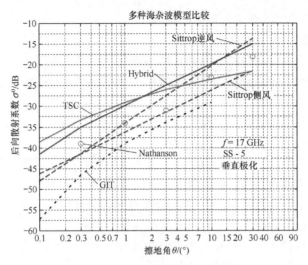

图 EX-12.2　Ku 频段海杂波模型

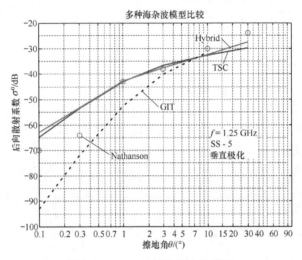

图 EX-12.3　L 频段海杂波模型

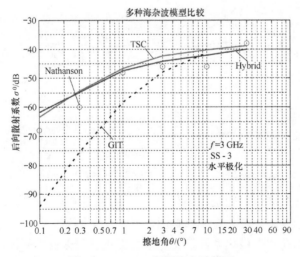

图 EX-12.4　S 频段海杂波模型

4.1.2.2 海杂波幅度概率密度分布函数

通过统计学的方法，海杂波幅度的起伏特性可以用概率密度函数（pdf）予以描述出来。当海杂波的回波信号建模成许多的独立随机散射单元的合成的结果，并且没有任何一个散射体积占优，那么包络检波的幅度起伏电压可以表示成为一个瑞利分布的幅度概率密度函数，即

$$p(v) = \frac{v}{\sigma^2}\exp\left(-\frac{v^2}{2\sigma^2}\right) \tag{4.39}$$

这是一个只包含杂波功率的函数 $P_c = 2\sigma^2$ [参考式（4.30）的指数型功率概率密度函数]。当距离单元（正比于脉冲宽度和方位波束宽度）或者雷达照射的区域比较大时，瑞利分布的概率密度函数可以应用于海杂波建模。实验数据表明，这种分布不适用于仅能覆盖一小部分海洋面积的高分辨率雷达。

一般而言，当所照射的海洋尺寸与海浪结构相比较大时，瑞利分布适合于海杂波。给定一个假设的海面，如果这片区域的径向尺寸为 250 英尺，那就有足够的散射体（例如 5～10 个）对后向散射贡献，证明了瑞利分布的正确性。相应的，脉冲宽度为 0.5μs 或者更大，方位波束宽度为 2.5°在 1 海里处覆盖的面积，或者方位波束宽度为 0.25°在 10 海里处覆盖的面积。

一种用于评估是否符合瑞利分布的测度值是 σ^0 标准差与均值的比值，瑞利分布的杂波该值等于 1（根据式（4.30），其中，$E(\sigma^0) = \overline{\sigma^0}$ 并且 $E[(\sigma^0)^2] = 2(\overline{\sigma^0})^2$）。利用 C 频段和 X 频段的地面雷达对海面回波进行测量，测量时的脉冲长度介于 0.008～3μs，波束宽度为 0.9°～3°之间，基于测量数据得到标准差和均值的比值变化曲线[7]，如图 4.24 所示。这些数据表明，随着脉冲宽度减小，瑞利分布的偏离程度增大，特别是水平极化的情况，大幅度值出现的概率增大，这主要是由于在海杂波回波中出现了一些尖峰或镜面反射。

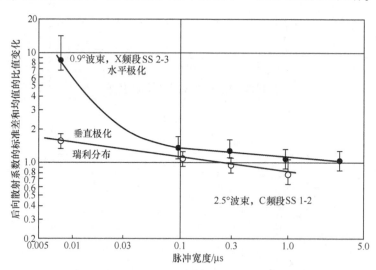

图 4.24 短脉冲海面后向散射 σ^0 的标准差和均值的比值变化分布[23]

在低擦地角时，海杂波也可能是非瑞利分布，即使在擦地角比较大的情况下，并且分辨单元足够大从而形成瑞利杂波时。这主要是阴影效应会导致在给定的海洋区域仅有少数明显的散射单元。这种影响在水平极化条件下比在垂直极化表现得更为明显[10]。

图 4.25 描述了通过 X 频段短脉冲（0.4μs）地面雷达实测的海杂波累积概率分布，其波

束宽度比较窄（0.8°）[4]。绘制数据时，纵轴为正态分布的标度，横轴为分贝标尺（dB），其中直线表示对数正态分布的概率函数［参考式（4.34）］。在拖尾区域中，可以明显看出这些测得的海杂波数据可以近似为对数正态分布（直线近似）。同样明显的是，水平极化下分布的拖尾比垂直极化要长。水平极化测得的标准差为 7 ± 0.6dB，而垂直极化测得的标准差为 4 ± 0.6dB[4]。图 4.25 给出了参考的瑞利分布，通过该图可以证明，当累积概率较高时，瑞利分布杂波的动态范围比对数正态分布有所增大。

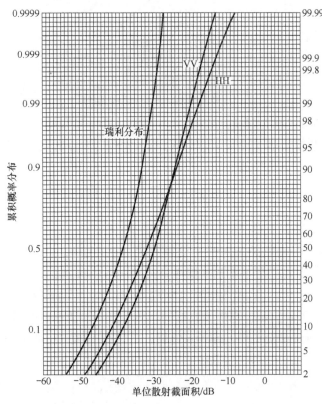

图 4.25　X 频段短脉冲测得的海杂波后向散射系数的累积概率分布[4]

图 4.26 描述了高分辨的海杂波实验数据分析结果，此时脉宽为 20ns，波束宽度为 0.5°，擦地角为 4.7°，收发极化为垂直极化[28]。通过曲线的比较可以发现，幅度概率数据通常落于瑞利区和对数正态累积概率函数之间。对于大多数高分辨雷达而言，这种情况比较典型，并且瑞利分布会低估了幅度分布。如图中曲线表示，伴随着海面的粗糙程度增加（例如海况提高），会出现两种效应。首先，分布曲线的尾部通常会随着海况的提高而增长。另外，当海面变得越来越粗糙时，尾部趋向于一个对数正态分布。两种效应综合起来会增大海杂波的动态范围，为避免过度虚警，门限检测器需要设置一个比瑞利分布时较高的数值。

海杂波经包络检波后，其幅度电压的对数正态 pdf 可以表示为

$$p(v) = \frac{1}{\sqrt{2\pi}\sigma_p \sigma^0} \exp\left[\frac{-\ln^2\left(\frac{v}{v_m}\right)}{2\sigma_v^2}\right]; \quad v > 0 \qquad (4.40)$$

式中：σ_v——原始正态分布的标准方差；

v_m——对数正态分布的均值。

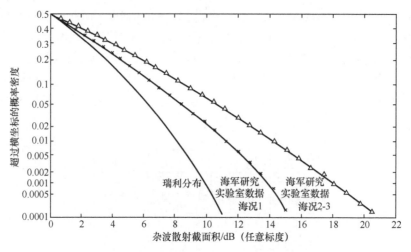

图4.26 累积概率分布函数—垂直极化、高分辨的海杂波实验数据分析结果[28]

把该分布变换成杂波功率（$P = v^2$）的分布，它与后向散射系数成比例，变换结果为

$$p(\sigma^0) = \frac{1}{\sqrt{2\pi}\sigma_p\sigma^0}\exp\left[\frac{-\ln^2\left(\frac{\sigma^0}{\sigma_m^0}\right)}{2\sigma_p^2}\right] \tag{4.41}$$

式中：σ_m^0 为 σ^0 的均值；

σ_p 是对数正态分布的标准差（$\ln\sigma^0$ 的标准方差），$\sigma_p = 2\sigma_v$。

均值与中值比 $\rho = \overline{\sigma^0}/\sigma_m^0$ 常用来刻画概率分布的拖尾（参见1.5.4节）。该比值越高，分布的拖尾越长。对对数正态分布，均值与中值比由式（4.36）给出，$\rho = \exp(\sigma_p^2/2)$。图4.27以 dB 形式画出了 ρ 值作为视角和波浪的函数图形。该数据由 Ku 频段雷达发射短脉冲（脉冲宽度 = 0.1μs）通过试验获得。得到 ρ 值后，可以用不同的对数正态值在不同擦地角和海况下合成海杂波。

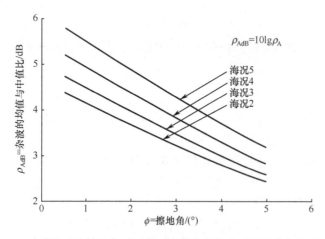

图4.27 多种海况和擦地角下对数正态分布的海杂波的均值与中值比[19]

由于对数正态分布通常会高估实际杂波的幅度概率分布（见图4.26），所以提出了另外几个匹配更加接近的分布。其中，韦布尔分布原本用于描述地杂波的分布，也被用来为海杂波数据进行建模[44]。这种分布对海杂波数据的拟合通常优于对数正态分布，特别是在尾部区域，而且还有一个优势，也就是瑞利分布是韦布尔分布家族中的一员。图4.28 用对数—瑞利

与分贝尺度画出了海杂波数据（SS-3，Ku 频段，水平极化，0.1μs 脉宽，into the wind）的幅度概率分布，其中韦布尔分布画为一条直线（参见 1.5.4 节），图中可以看出数据与韦布尔分布很接近，在更低视线角范围内有较长的拖尾。注意在视线角 ψ = 30° 杂波分布趋于瑞利杂波分布。

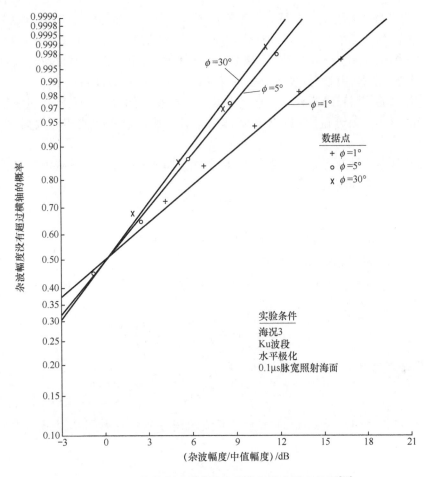

图 4.28　不同擦地角下海杂波的韦布尔分布拟合结果[19]

杂波后向散射（σ^0）的韦布尔分布概率密度函数为

$$p(\sigma^0) = \frac{\beta}{\sigma_m^0}\ln2\left(\frac{\sigma^0}{\sigma_m^0}\right)^{\beta-1}\exp\left[-(\ln2)\left(\frac{\sigma^0}{\sigma_m^0}\right)^{\beta}\right] \quad (4.42)$$

式中：σ_m^0——杂波的均值；

β——一个与分布斜率有关的参数。

韦布尔杂波分布的均值中值比（$\overline{\sigma^0}/\sigma_m^0$）为

$$\rho = \frac{\Gamma\left(1+\frac{1}{\beta}\right)}{(\ln2)^{1/\beta}} \quad (4.43)$$

注意，当 β = 1 时，韦布尔分布转变成指数密度函数 $\rho(\sigma^0) = \exp(-\sigma^0/\overline{\sigma^0})/\overline{\sigma^0}$，符合瑞利分布的杂波特征。表 4.17 列出了通过实验获得的一些数值，该数值反映了不同韦布尔斜率参数 β 的数值[19]。

表 4.17 不同擦地角和海况下的韦布尔斜率参数

海况	频段	波速宽度/(°)	ψ/(°)	脉宽/μs	β
SS-1	X	0.5	4.7	0.02	0.726
SS-3	Ku	5	1-30	0.1	0.58~0.8915

利用 K 分布海杂波模型（参见 1.5.4 节）可以对复杂海面的模拟进行数学描述，该模拟理论认为海杂波源于两个起伏分量的混合效应。由于细微的波动，散斑分量可以用经典的瑞利分布杂波来模拟（参见 1.5.1 节）。该分量具有相对较短的去相关时间（大约 10ms 的量级），所以可进一步采用频率捷变进行去相关（但是该方法对 MTI 雷达不合适）。另外一个分量与完全上升海面的增长结构有关，它具有较长的相关时间（大约几秒的量级），并且它不受频率捷变的影响。该分量用 chi 分布来模拟，可以通过对海杂波实验数据进行经验拟合获得。

假设瑞利分布分量的均值是一个服从 chi 概率分布的随机变量，这样就可以得到 K 分布。电压幅度的概率密度函数结果为

$$p(v) = \int_0^\infty p(v/y)p(y)\mathrm{d}y \tag{4.44}$$

式中：$p(v/y)$——瑞利分布均值为 y 条件下的瑞利概率密度；

$p(y)$——chi 分布的概率密度函数。

瑞利概率密度函数的均值 y [见式（4.39）] 等于 $y = \sqrt{\pi/2}\sigma$，所以瑞利分布在均值为 y 的条件概率密度函数为

$$p(v/y) = \frac{\pi v}{2y^2}\exp\left(-\frac{\pi v^2}{4y^2}\right) \tag{4.45}$$

chi 概率密度函数反映了均值水平的起伏，即

$$p(y) = \frac{2b^{2v}}{\Gamma(v)}y^{2v-1}\exp(-b^2y^2) \tag{4.46}$$

最后，海杂波经包络检波后的电压幅度值的概率密度函数可以从式（4.34）计算得到，即

$$p(v) = \frac{4c(cv)^{2v}K_{v-1}(2cv)}{\Gamma(v)} \tag{4.47}$$

式中：c——尺度参数，$c = \sqrt{\pi/4b}$；

v——形状参数；

$K_{v-1}(\cdot)$——一阶修正贝塞尔函数。

$p(v)$ 的第 n 个分量为

$$E(v^n) = \frac{\Gamma\left(v+\frac{n}{2}\right)\Gamma\left(1+\frac{n}{2}\right)}{c^n\Gamma(v)} \tag{4.48}$$

所以杂波功率为 $P_c = E(v^2) = v/c^2$。如果用变换式 $\sigma^0 = kv^2$ 来替换杂波均值 $\overline{\sigma^0} = v/c^2$，就可得到海杂波的后向散射系数（$\sigma^0$）的概率密度函数为

$$p(\sigma^0) = \frac{2v\left(\dfrac{v\sigma^0}{\overline{\sigma^0}}\right)^{v-1/2}K_{v-1}\left(2\sqrt{\dfrac{v\sigma^0}{\overline{\sigma^0}}}\right)}{\Gamma(v)\overline{\sigma^0}} \tag{4.49}$$

K分布杂波概率分布函数可表示为

$$p(\sigma^0) = \frac{1 - 2\left(\dfrac{v\sigma^0}{\overline{\sigma^0}}\right)^v K_v\left(2\sqrt{\dfrac{v\sigma^0}{\overline{\sigma^0}}}\right)}{\Gamma(v)} \quad (4.50)$$

式中：$\overline{\sigma^0}$——平均后向散射系数；

v——形状参数，它决定了杂波的动态范围；

K_v——第二类修正贝塞尔函数。

K分布后向散射系数 (σ^0) m 阶矩可以从式（4.48）推得，即

$$E[(\sigma^0)^m] = \frac{\Gamma(v+m)\Gamma(1+m)}{c^{2m}\Gamma(v)} \quad (4.51)$$

其归一化形式 $(M_m = \overline{(\sigma^0)^m}/(\overline{\sigma^0})^m)$ 为

$$M_m = \frac{\Gamma(v+m)\Gamma(1+m)}{v^m \Gamma(v)} \quad (4.52)$$

二阶矩 $M_2 = 2(v+1)/v$ 会变成分散程度的度量。图4.29给出了海杂波数据及用K分布的拟合结果，图中示例的Run 2表明SS-1~SS-2，10~15节逆风，1.5°视角，圆极化，270ns脉宽，$M_2 = 2.88$。图4.30给出了海杂波数据动态范围比较大时，K分布的拟合结果。Run 9表明SS-2，15节逆风，1°视角，水平极化，70ns脉宽，$M_2 = 5.98$。图4.29和图4.30都加入了瑞利分布，示例说明了拖尾分布的程度。通常，若海杂波数据测量时，视线角在 1°~1.5°的范围内，海况为SS-1~SS-5，雷达脉宽为70ns和270ns，雷达极化为水平、垂直和圆极化，v的取值范围为0.1~3[46]。

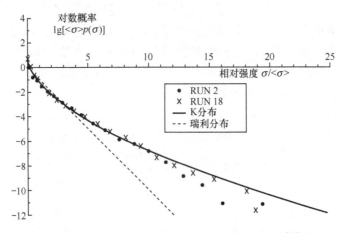

图4.29　圆极化和垂直极化下的K分布海杂波[46]

K分布提供的杂波尾部分布与韦布尔分布提供的分布相似。然而，由于不能获得修正贝塞尔函数 $K_{v-1}(\cdot)$ 的算法，所以，难以解析得到K分布的取值。K分布的价值主要在于根据其复合结构来设计信号处理装置（也就是处理瑞利斑点分量）。考虑到斑点分量的均值服从chi分布，且斑点分量服从瑞利分布，可以基于此来设置信号处理器。例如，如果瑞利分布杂波的检测概率为 $P_d(\overline{\sigma^0})$，那么总的检测概率可以从下式获得：

$$P_d = \int_0^\infty P_d(\overline{\sigma^0}) p(\sigma^0) \mathrm{d}\sigma^0 \quad (4.53)$$

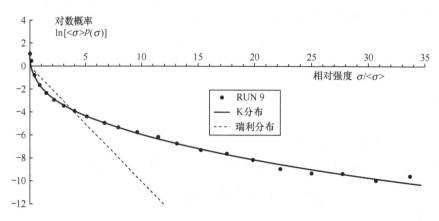

图 4.30 水平极化下 K 分布海杂波[46]

4.1.2.3 海杂波频谱

海面相对于雷达的相对移动会使来自单独散射体的回波信号产生固有的多普勒频移。MTI 和 PD 雷达的设计者们会对这种频移的两个方面比较感兴趣,首先是频谱宽度和形状,它们来源于海面基本散射体速度的分布,然后是整个频谱的平均多普勒频移,这个平均值会在海杂波回波的中心频率上下波动。频移的大小反映了海浪相对于雷达的平均径向速度,其典型值是几节或更小,平均多普勒频移为

$$f_m = \frac{2v_w}{\lambda} \tag{4.54}$$

式中:v_w 为海浪相对于雷达的平均径向速度。

需要注意的是,v_w 可以是正值,也可以是负值,这要取决于风所产生的海面情况。有时这种频移对 MTI 雷达很重要,它需要采用运动补偿技术来调整 MTI 滤波器,以对准多普勒频谱的中心频率(参见 3.2.7 节)。在其他情况下,相对于 MTI 滤波器的通带(对应于雷达 PRF,MTI 滤波器的通带近似等于多普勒频率的频带),频移很小所以落在 MTI 杂波滤波器的抑制凹口之内,因此无须采用运动补偿。

通常假定海杂波的频谱为高斯型,虽然这个假定不一定正确,但是这个假定很便于理论分析。如果频谱为高斯型,则频谱宽度可由其标准差 σ_f 来确定,可以把它转化成速度单位

$$\sigma_v = \frac{\lambda}{2}\sigma_f \tag{4.55}$$

速度频谱的宽度会随着海面波动的变化而变化,随着海况的增加而变宽。频谱宽度用速度单位可以使展宽的大小与频率无关,这样的话,来自不同试验的数据可以在同一基准上进行比较。

图 4.31 给出了带宽(双边高功率频谱宽度)随海况的变化曲线,本数据是从很多水平极化、垂直极化和圆极化实验中总结出来的。需要说明的是,这里的频谱展宽指的是包络检测之前的频谱宽度(例如相干检测),图中准量对应的频率范围为 220~9.5GHz。双边高功率频谱宽度与高斯频谱标准差的关系为

$$\sigma_v = 0.425\Delta v \tag{4.56}$$

式中:Δv 为半功率宽度。

图 4.31 中以点画线给出了相干半功率带宽,它与海况满足以下线性关系:

$$\Delta f_{Hz} = 3.6 f_{GHz} S \tag{4.57}$$

式中：f_{GHz}——以 GHz 为单位的雷达频率；

S——海况（见表4.5）。

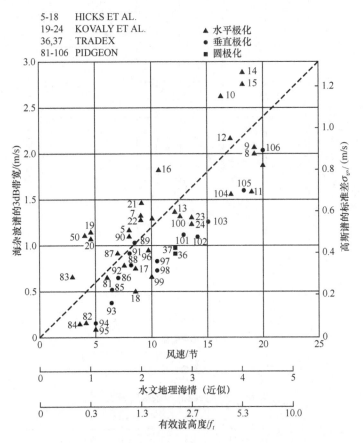

图 4.31 通过相干检测得到海杂波频谱宽度[23]

图 4.32 给出了包络检波后海杂波的不同带宽，它们是关于海况的函数，其中包含有水平极化和垂直极化的试验数据。包络检波后视频信号的频谱宽度可以用相干频谱的卷积获得，结果为

$$\sigma_{video}^2 = 2\sigma_{Doppler}^2 \tag{4.58}$$

式中：$\sigma_{Doppler}^2$ 为相干频谱方差。

该关系式表明视频频谱的半功率宽度比相干半功率频谱宽度大 $\sqrt{2}$ 倍。

图 4.33 画出了海杂波逆风—顺风的平均多普勒频移，它是风速的函数，图中数据表明，频移的上限大约为7节，并且水平极化和垂直极化数据之间有显著差别。引起该差别的原因很明显在于垂直极化回波只取决于海浪的高度，而水平极化回波同时取决于海浪高度和风速。

海杂波频谱展宽的基本成因在于海面独立散射体的相对运动，这种运动由两方面造成，一是大的海浪起伏，二是起伏表面之上的小的毛细波浪。某种后向散射机理理论认为，大的海浪起伏会使毛细海浪结构倾斜，这种毛细海浪结构会产生布拉格（Bragg）谐振。该理论认为谐振不仅取决于频率（水的谐振波长 $\lambda_r = 2\lambda_w \cos \Psi$，其中，$\lambda_w$ 为水的波长），还取决于极化[2]。

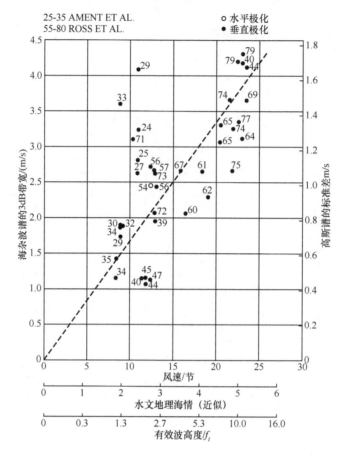

图 4.32 包络检波后海杂波的带宽[23]

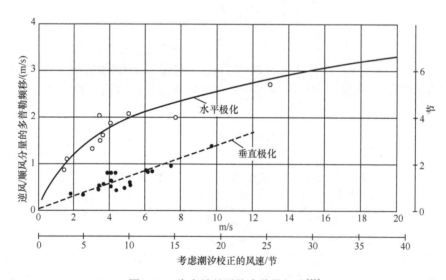

图 4.33 海杂波的平均多普勒频移[23]

图 4.34 画出了一个典型海杂波包络检波的自相关函数[4]。注意该函数具有两条曲线，一条含有较长的去相关时间，它与每个海浪通过雷达杂波单元的周期有关；另外一条曲线含有较短的去相关时间，受到风对海浪结构的影响。快速起伏的频谱宽度约为 100Hz，而慢速起

伏的频谱宽度约为1Hz[4]。

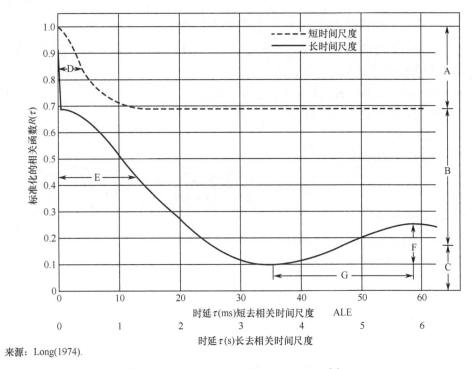

来源：Long(1974).

图4.34 典型的海杂波自相关函数函数[4]

快速起伏分量（A）与慢速起伏分量（B）所含功率之比具有重要意义。B/A之比在HH、VV和HV三种极化情况下的典型值分别是0.7，0.07和0.2[4]。不同极化情况下比值的显著差异表明了散射机理与极化状态有关，这一点可以从回波特性中也可以观察到，其中对于HH极化回波有很多尖峰，而在垂直极化下回波相对更类似于噪声。

4.2 大气杂波

雷达的关键特性之一是它能够在所有天气条件下进行远距离探测，然而，随着雷达频率的增加，在微波频段，来自降水的反射通常会随着频率的四次方增加，对于工作在UHF以上的传统雷达来说，这种反射的影响无法忽视。高重频或中重频多普勒雷达通常能够从同一分辨单元的回波中分辨中分离出目标回波和降水回波。利用这一点，可以抑制降水杂波，或者在多普勒天气雷达中，用来分析气象回波。

金属箔条杂波的特性和降水杂波的特性相似，但是由于金属箔条里面含有众多很轻金属偶极子，所以其反射通常在较宽频带内是均匀。这就可以用不同长度的偶极子来实现，这些不同长度的偶极子在箔条覆盖的频段内总是有一些长度会发生谐振。

降水或者金属箔条的后向散射杂波由各种各样的散射体引起，而通常认为这些散射体均匀分布于雷达的体分辨单元内。将散射体用归一化参数 η 表示，它代表了每个单位体积内的RCS，因此，体杂波（Volume-filling）的RCS可以表示为

$$\sigma_{cx} = \eta V_c \tag{4.59}$$

式中：η——体杂波的反射率（m^2/m^3）；

V_c——雷达的体分辨单元。

图 4.35 中的体分辨单元为

$$V_c = \frac{\pi}{4}\theta_{az}\varphi_{el}R^2\left(\frac{c\tau_e}{2}\right) \tag{4.60}$$

式中：θ_{az}——单程方位波束宽度，单位为 rad；

φ_{el}——单程俯仰波束宽度，单位为 rad；

R——雷达到分辨单元的距离，单位是 m；

τ_e——雷达有效脉宽，单位为 s；

c——光速，单位为 m/s。

杂波返回到雷达的功率等于[2,7]

$$P_c = \frac{P_t G_t G_r \lambda^2 \eta \theta_{az} \varphi_{el} c\tau_e}{1024(\ln 2)\pi^2 R^2 L} \tag{4.61}$$

式中：P_t——发射功率；

G_t、G_r——发射和接收高斯型波束天线的增益；

L——损耗；

其他项之前都已经定义过了。

需要注意的是，该方程含有一个双坐标波束形成损耗，该损耗等于 $8\ln\pi/2$，所以 η 中不能再包含该损耗因子，否则，式（4.61）将不再正确。

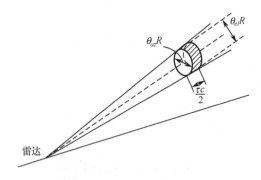

图 4.35 体杂波中的分辨单元[47]

其他大气杂波包括来自鸟类和昆虫的反射。来自单个鸟类的反射通常较小，但是来自鸟群或者成群鸟类的聚集效应就会显著增大。表 4.18 给出了 UHF 频段、S 频段和 X 频段单个小鸟在垂直极化情况下的 RCS。其中在 S 频段，由于小鸟尺寸的谐振效应，RCS 增大。小鸟飞行的典型速度在 15~40 节之间，这对于低盲速的 MTI 雷达来说会比较麻烦。

表 4.18 鸟类的平均雷达散射截面积/dBsm

鸟	UHF 频段	S 频段	X 频段
白头翁类	-42	-26	-28
麻雀类	-57	-29	-38
鸽子类	-30	-21	-28

在 S 频段，单个小鸟的回波 RCS 为 $10^{-4} \sim 10^{-2}\text{m}^2$。回波主要来自于鸟的身体，只有很少一部分来自于翅膀。对于大型鸟类来说，其身体在 L 频段会达到谐振状态，并且在 UHF 频段处于瑞利区（稳态）。一个分辨单元内包含的鸟可能少至 1 个，多至数百。尽管来自一个典

型鸟群的平均回波可能会比较低（也就是 $10^{-2}m^2$ 量级），但是在其分布的尾部，观测表明其回波可能会高达 $10m^2$。通常鸟类的飞行高度低于 7000 英尺，飞行速度在 15～45 节之间。图 4.36 画出用 L 频段搜索雷达显示的 50km 范围内来自鸟群的回波。

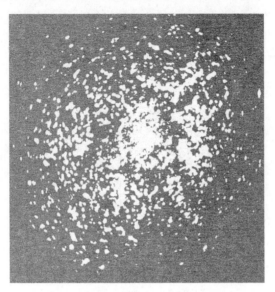

图 4.36　L 频段搜索雷达显示的鸟群杂波[5]

表 4.19[7] 列出了垂直极化情况下几种不同种类昆虫的 RCS 值。与鸟类一样，当处于谐振区域时，昆虫的 RCS 值迅速增大。某些昆虫的 RCS（特别是天蛾）在 X 频段会非常大。

表 4.19　昆虫的平均雷达散射截面积典型值/dBsm

昆虫	频段		
	UHF	S	X
豆天蛾（5cm）	-54	-30	-18
工蜂（1.5cm）	-52	-37	-28
蜻蜓	-52	-44	-30

气象学家采用高功率雷达已经观测到了成群的昆虫。虫群会覆盖一大片区域，并且通常会随风移动。在一个雷达分辨单元内，大量昆虫基本上会比单个昆虫的平均值大。另外，据报道鸟类和昆虫的 RCS 都服从对数-正态分布，这就会意味着具有长拖尾，拖尾的 RCS 会高达 $10m^2$。

4.2.1　降雨杂波

降雨的后向散射特性主要取决于发射频率、极化以及雨滴的数量和尺寸等。由于雨滴近似为球形，所以当雨滴直径与波长之比较小时，就会出现瑞利散射区。在该区域，雨滴的 RCS 与频率的四次方成正比（也就是 $\sigma_{cx} = kf^4$）。瑞利散射理论通常应用于 C 频段以下的雨滴杂波模拟，除非在大雨情况，该理论在 X 频段也具有良好的模拟效果。图 4.37 画出了后向散射系数 η（m^2/m^3）变化的图形，图中 η 是雷达频率和雨雪下降速率的函数[8]。这些曲线的适用频率可以高达约 100GHz，此情况下后向散射系数相对来说与频率无关，主要取决于包含在一个分辨单元内雨滴散射体的数量。图 4.38 画出了不同雨速在 MMW（毫米波）频率区域内后向散射系数的变化图形。图 4.37 和图 4.38 的曲线适用于用线极化雷达,或者圆极化雷达,该雷达发射和接收极化的旋向相反。当采用相同旋向的圆极化时,其后向散射系数有大约近 20dB 的衰减。

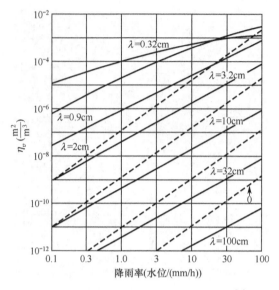

图 4.37　降水和降雪的后向散射系数 η[8]

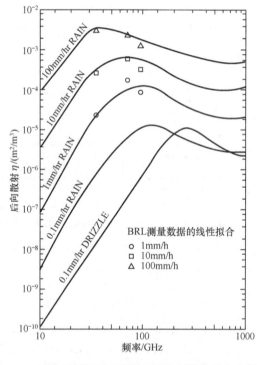

图 4.38　计算出的降雨后向散射系数随频率的变化[48]

在水平和垂直两种极化情况下,计算雨滴杂波雷达性能问题的复杂性在于暴雨情况时雨滴强度的变化性。阵雨情况下雨量的垂直高度可高达 25000ft,而中雨时,通常不高于 12000ft,这种情况会导致降雨反射率存在相当大的差异。在暴雨时,1 海里[7]范围内就会观察到10dB的变化。对于中雨来说,在10海里的距离范围内,平均值的典型变化范围为±1dB。表4.20[23]给出了不同速率降雨对应的近似范围。

当雪或者冰雹在高空中开始降落,并且在降落过程中溶化时,就会产生一种称为亮带效应的现象。该效应是因为雪或者冰雹在高空溶化过程中反射率会增大(大约7dB),典型地发生在11000~12000ft高度之间大约1000ft的厚度范围内。

表4.20 各类降雨率的范围

降雨率	直径/n mile	最大高度/ft
小雨(0~1mm/h)		10000
中雨(4mm/h)	30~50	10000~15000
大雨(16mm/h)	20	20000
暴雨(50mm/h)	2	40000

4.2.1.1 降雨杂波幅度的概率分布函数

降雨杂波的后向散射源于大量单个散射体的累积效应(也就是雨滴)。因此,根据中心极限定理,降雨杂波应该采用高斯分布来表示。接收射频杂波电压具有二维正态pdf,并且包络检测电压服从瑞利分布。这点已经在X频段通过测量试验得到证实[49]。即便是高精度雷达,由于在一个雷达分辨单元内包含了大量的单个散射体,所以瑞利包络分布也适用。

其他的测量结果表明包络检测幅度概率分布函数的拖尾比瑞利分布要长。用95GHz垂直极化雷达,在5mm/h的降雨率条件测得了一系列数据,该数据和对数—正态分布符合较好[50]。该分布可以适用于2mm/h到60mm/h之间的降雨率,以及所有的测量频率(9.375、35、70和95GHz)。降雨率在5~20mm/h的范围内,对于垂直极化和圆极化测量,在9.375GHz时的典型标准差为7.5~8.5dB,35GHz时的典型标准差为2.5~3.0dB,在95GHz时的典型标准差为2.9~3.2dB。标准差对频率的变化(也就是9.375到35GHz)非常敏感,并且对极化或者降雨率的变化也很敏感。

另外一系列来自雨和云的回波数据,使用韦布尔分布进行了拟合[51]。这些数据是利用L频段(1.3GHz)ARSR雷达得到的。用于拟合的韦布尔分布参数β的取值范围为0.68~1之间。但不幸的是,数据的样本数太少,无法在尾部区域得到足够高的置信度(参见1.5.4节)。

4.2.1.2 雨滴杂波频谱

在天气杂波分辨单元内,散射体(雨滴)的相对运动会产生速度和多普勒频率的展宽,得到的频谱宽度与速度的分布范围有关。降雨杂波的频谱分布在某个均值附近,该均值由风速决定。这种情况对工作于微波频段(L频段以上)的MTI雷达特别明显,此情况下天气杂波的反射率足够大,能够产生明显的杂波。同时,第一级MTI的盲速使得高速运动目标混叠(从多重PRF区域平移)到与气象杂波相同的频率范围。随着频率的升高,该情况会变得越来越严重。1.6节描述了一种专为处理这种情况而设计的雷达处理器(如MTD)。在图1.20空管雷达的环境图中,给出了对降雨杂波平均速度(例如,最大值大约为30m/s)及其展宽(例如,从短距离时的1m/s到200n mile时的5m/s)的估计值。

通常,有四种大气效应会对降雨杂波的总体频谱宽度起作用[7]。风切变指的是随着高度的不同,风速会发生变化,这样就会引起在整个垂直波束范围内径向速度的分布,如图4.39所示。该分量通常是各因素中对天气杂波频谱展宽影响最大的因素,对于宽俯仰波束雷达该分量最为显著（例如，平方余割包线型波束）。天气杂波频谱的其他分量包括有波束展宽、扰动和下降速度分布。波束宽度指的是，当雷达侧风观测时，由雷达波束有限宽度引起的径向速度分量展宽。扰动指的是，风的扰流引起的径向速度分布在以平均风速为中心的某范围内。下降速度分布与反射粒子中速度分量的展宽有关，这些反射粒子构成了雷达分辨单元内的天气杂波。若功率谱密度为高斯型，则可表示为

$$S(f) = \frac{P_c}{\sqrt{2\pi\sigma_f^2}} \exp(-f^2/2\sigma_f^2) \tag{4.62}$$

频谱方差 σ_f^2 与多普勒频谱方差 (σ_v) 有关，$\sigma_f = 2\sigma_v/\lambda$。多普勒速度频谱方差可以用每个贡献因子方差之和来表示，即

$$\sigma_v^2 = \sigma_{\text{shear}}^2 + \sigma_{\text{beam}}^2 + \sigma_{\text{turb}}^2 + \sigma_{\text{fall}}^2 \tag{4.63}$$

风速分量的标准差为

$$\sigma_{\text{shear}} = 0.42kR\varphi_{\text{el2}} \tag{4.64}$$

式中：k——风切变的速度梯度；

φ_{el2}——双程、半功率俯仰波束宽度。

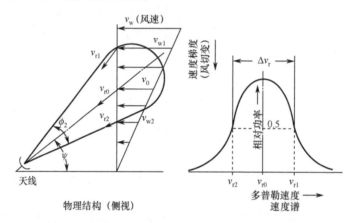

图 4.39 风切变对多普勒谱的影响[23]

这里采用双向俯仰波束宽度的主要原因是它既发展了理论模型，又通过试验进行了验证[52]。$k = 5.7$（4m/s）/km 是梯度的最大值，并且对任意方位向，$k = 4$（4m/s）/km 取值比较合适。特别需要注意的是，采用式（4.64）时要保证俯仰波束充满降雨。实际情况中，由于降雨仅限于某些高度的空间（例如 15000~20000 英尺）[7]，所以对于 2.5°的波束宽度，σ_{shear} 也仅限于 6m/s 或更少。

波束展宽速度频谱分量的标准差为

$$\sigma_{\text{beam}} = 0.42v_0\theta_{\text{az}}\sin\beta \tag{4.65}$$

式中：v_0——风中心的风速；

θ_{az}——双向高功率水平波束宽度；

β——波束中心相对风速的水平角度。

波束展宽分量通常很小（例如，对于风速为 60 节，波束宽度为 2°时小于 0.5m/s）。

降雨下落速度的标准差在垂直速度分量近似为 $\sigma_{\text{fall}} = 1$m/s，并且它几乎与降雨强度无关。在俯仰角 Ψ 时，其近似标准差为[7]：

$$\sigma_{\text{fall}} = \sin\Psi \quad [\text{m/s}] \tag{4.66}$$

对于较小的俯仰角，该分量与切变效应相比不明显。

在频谱平均值上下波动就称为扰动。扰动的标准差几乎与高度无关，通常在 $0.5\sim2\mathrm{m/s}$ 的范围内变化，并且其平均值为 $\sigma_{\mathrm{turb}}=1\mathrm{m/s}$。

多普勒速度频谱宽度通常是一些参数的函数，这些参数包括距离、水平和俯仰波束宽度、波束中心的风速，以及关于雷达波束的相对风向。图 4.40 画出了对于 1.4°仰角波束宽度不同距离的试验数据。

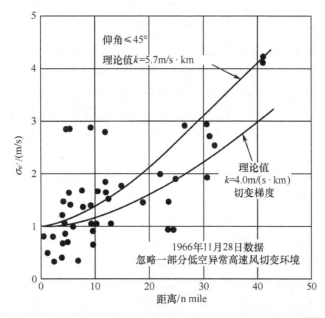

图 4.40 实验中 1.4 仰角波束宽度获得的雨杂波标准差[23]

图 4.41[53] 画出了 9.375GHz 时降雨杂波在垂直极化时的归一化频谱。这些数据和此形式的频谱符合：$S(f) = P_0 / 1 + (f/f_c)^n$，其中 f_c 为角频率，n 为指数，等于 2 或者 3。表 4.21 给出了频率为 10、35、70 和 95GHz 时降雨率从 $5\sim100\mathrm{mm/h}$ 的 f_c 和 n 的测量值。

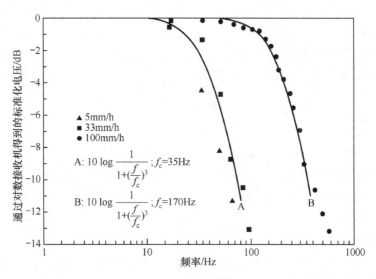

图 4.41 垂直极化时 9.375GHz 频率的降雨杂波标准化频谱[24]

表 4.21　雨杂波频谱参数测量值

频率/GHz	降雨率	f_c/Hz	n	频率/GHz	降雨率	f_c/Hz	n
10	5	35	3	70	5	175	2
	100	70	3		100	500	2
35	5	80	2	95	5	140	2
	100	120	2		100	500	2

例 13　降雨杂波和箔条杂波中雷达的探测距离

陆基的空中监视雷达通常在多杂波的环境中工作，这些杂波环境由陆地、海洋、箔条以及降水杂波等组成。图 1.20 给出了空中交管雷达面临的多杂波环境。需要注意的是，地杂波和海杂波通常会延伸到雷达地平线，而降水和箔条杂波会遍布雷达的整个作用距离。同样的，降水杂波的幅度取决于频率的四次方，这就会使工作于 L 频段以上的雷达面临许多更加困难的问题。箔条就是根据要干扰雷达的工作频率进行切割以达到谐振状态，从而对雷达进行有效干扰。

第 1.6 节采用 MTD 处理器来解决该问题。这种基本形式的多普勒处理器，采用一个 MTI 对消器对地杂波和海杂波进行衰减，在 MTI 对消器之后级联 FFT，利用 FFT 来剔除降水和箔条杂波。例 6 中的图 EX – 6.5 对该类型设计潜在的问题进行了说明。如果 FFT 中采用均匀加权，那么强杂波的回波可能就会通过 13.2dB 的副瓣交叉耦合到有源多普勒滤波器中。这就需要使用加权窗函数来降低副瓣，这种方法虽然可以将副瓣降低 30dB，但是会增大多普勒频率带宽 26%。图 EX – 6.5 显示当杂波位于某个滤波器的峰值时，在相邻滤波器输出为其 – 13dB 处。因此，必须在这些相邻滤波器中采用一个较强的 AGC 措施，以减少杂波，但这样做也会衰减这些滤波器中的目标回波。

对于工作于 L 频段的民用雷达，若低于一定的降水幅度，杂波就很小，通常可以采用一个圆极化天线来处理。根据杂波单元的距离，小雨时采用圆极化措施减弱杂波可得到 25 ~ 32dB 的改进。大雨时，就会降到 2 ~ 19dB，这是因为雨滴形状从球形变成了椭圆形。如果采用圆极化，飞机目标的去极化效应还会进一步减小信杂比（S/C）2 ~ 6dB。多路径散射可进一步使雨滴形状失真，导致改善因子的进一步减小[7]。军用雷达为了适应箔条必须采用其他技术，因为圆极化对箔条偶极子作用很小。

雨的 RCS 可以表示为[2]

$$\sigma_c = \frac{\eta \pi \theta_{az} \phi_{el} (\frac{c\tau_e}{2}) R^2}{8\ln 2}$$

式中：η——体后向散射系数（m^2/m^3）；

　　　θ_{az}——单程方位

　　　ϕ_{el}——俯仰波束宽度（弧度表示）；

　　　τ_e——有效脉冲宽度；

　　　R——目标距离。

需要注意的是，该式包含了一个波束形状衰减因子近似等于 $8\ln 2/\pi$，所以只有当实验测定的 η 取值时未包含该因子时，该式才成立[54]。

后向散射系数可以近似表示为

$$\eta = 7f_{\text{GHz}} r^{1.6} 10^{-12}$$

式中：r 为降雨率（mm/h）。

对于 S 频段 ASR-9 雷达，小雨（1mm/h）、中雨（4mm/h）和大雨（16mm/h）三种情况的雨杂波等效的 RCS（参见表 1.1）如图 EX-13.1 所示。

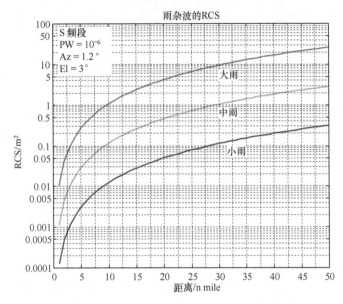

图 EX-13.1　ASR-9 型雷达的雨杂波等效 RCS

降水条件下的信杂比可以表示如下

$$\frac{S}{C} = \frac{\sigma_t I_c}{\eta \theta_{az} \phi_{el} (\frac{c\tau_e}{2}) R^2}$$

式中：σ_t——目标的 RCS；

I_c——在杂波环境中提高目标信号电平的改善因子。

我们一般认为波束形状损耗对于目标和杂波来说是相等的[7]。通常的，工作在 L 频段或更高频率的雷达需要具备某种形式的多普勒处理以便能够从雨杂波中检测目标。

多普勒处理器主要分为两类，分别是 MTD 和多级 MTI 对消器（在图 1.13 中有介绍）。对于多级 MTI 对消器，对消器的零点通常会对准各自杂波的平均速度。关于 ASR-9 雷达，采用的是一个固定的两级对消器来对消地面杂波，然后级联了一个例子 10 中的自适应对消器来消除雨杂波和箔条干扰。在后面的讨论中，将计算为了抑制雨杂波和箔条干扰，所需的 MTI 对消器的数量。需要注意的是，固定的 MTI 对消器只需处理 10~20 海里的范围，此范围内降雨杂波的 RCS 要比最大距离时候的要小。例如，一个固定的两级 MTI 对消器通过和一个自适应对消装置连接，可以在 10~20 海里的距离上使用。多级 MTI 对消器可以采用三级自适应对消器来消除剩余的一直到最大距离的杂波。

雨杂波的最大距离可以通过下式得到[54]

$$R = \left(\frac{\sigma_t I_c}{\eta \theta_{az} \phi_{el} (\frac{c\tau_e}{2})(\frac{S}{C}) L} \right)^{1/2}$$

式中：S/C——信杂比，通过特定目标类型的 MS 曲线求得；

L——目标关于杂波的系统损耗。

雨杂波谱的标准差的变化范围为 $1 \sim 5 \text{m/s}$，取决于风速和距离。在 S 频段，对应的多普勒频率为 $20 \sim 100 \text{Hz}$，相关时间是 $10 \sim 50 \text{ms}$。因此，通常相参积累给信杂比 S/C 带来的收益很小。

二项对消器的改善因子为

$$I_c = \frac{2^{n-1}}{(n-1)!(\sigma_f T)^{2(n-1)}}$$

式中：n——脉冲处理的个数；
σ_f——杂波谱的标准差；
T——雷达的脉冲重复周期。

雨杂波谱的速度展宽以 m/s 来计算，可以由下式得到

$$\sigma_v = \sqrt{\sigma_s^2 + \sigma_{\text{shear}}^2 + \sigma_{\text{beam}}^2 + \sigma_{\text{fall}}^2 + \sigma_{\text{turb}}^2}$$

式中：σ_s 为由于天线扫描的标准差，单位为 m/s，σ_{shear} 通过下式给出

$$\sigma_{\text{shear}} = 0.42 k R_{km} \phi_{el2}$$

式中：$k = 4 \text{ms}^{-1} \text{km}^{-1}$；
R——距离（单位为 km）；
ϕ_{el2}——双程俯仰波束宽度。

近似的，$\sigma_{\text{fall}} = \sigma_{\text{turb}} = 1$，将雨杂波谱的速度展宽转换为频率表示，可得到

$$\sigma_f^2 = \sigma_{\text{srad}}^2 + \left(\frac{4\pi}{\lambda}\right)^2 [2 + \sigma_{\text{beam}}^2 + (1.68 \cdot 10^{-3} \phi_{EL} R)^2]$$

式中：$\sigma_c = 2\pi \sigma_f$，R 单位为 m。

将该表达式代入改善因子公式，可以看出改善因子随距离发生变化。利用 MATLAB 程序 precip_rng_mtic.m，可以计算出雨杂波环境下，对消器处理脉冲个数分别为 $n = 2, 3, 4, 5$ 时，采用牛顿方法得出的最大探测距离。同时，对于箔条而言，通过取合适的数值 η 并代入，可以计算箔条杂波环境下的最大探测距离[7]。降雨所导致的参数的减小主要是因为箔条速度减小。通过 MATLAB 程序 precip_rng_cpa.m，可以计算出采用圆极化天线和 MTI 处理时雨杂波的探测距离。

当降水率较大时，雨滴的形状由圆形变化为椭圆形，此时分析圆极化天线的杂波抑制性能是一个复杂的问题，这主要取决于降水率。圆极化天线对杂波的对消比可以由下式确定

$$CR_{dB} = 20\log\left(\frac{1 - E^2}{1 + E^2}\right)$$

式中：E 为雨滴的椭圆率。

注意到文献 [7] 给出的实际系统 E 的取值范围是 $0.96 \sim 0.98$，因此无限的对消效率是不可能实现的。各种尺寸的雨滴的椭圆率可以参考文献 [68]

文献 [67] 计算了各种降雨率下雨滴尺寸服从 Atwood-Burrow 概率分布，这可以用来确定各种降雨率下的雨滴椭圆率概率分布，进一步就可以用椭圆率的均值来计算各种降雨率下的杂波对消比。MATLAB 程序 cr_cirpola.m 给出了理想（$E = 1$）和实际情况 $E = 0.98$ 和 0.96 下，杂波对消比随降雨率的变化曲线，如图 EX-13.2 所示。

限制圆极化对消比性能的另外一个因素是雨滴在水平面的拉伸。这导致了水平极化分量与垂直极化分量相比更易衰减。这种衰减特性的差异增加了接收圆极化电磁波的椭圆率角，

从而降低了圆极化的对消性能,并且随着频率上升这种衰减作用越大[7]。MATLAB 程序 cp_attenb.m 刻画了杂波对消比与降雨率的对应关系,并且综合考虑了频率,雨滴形状变化,实际圆极化系统($E=0.98$)的影响效应,如图 EX-13.3 所示。对于大雨的情况(16mm/hr)且频率在 3GHz 以下,衰减特性影响较小,但是 X 频段以上影响较大。

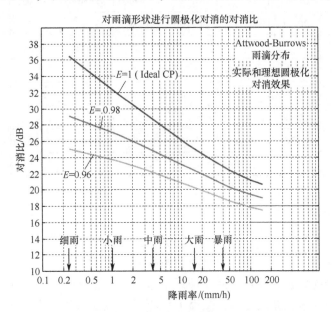

图 EX-13.2 关于降雨率的杂波对消比函数($E=1,0.98,0.96$)

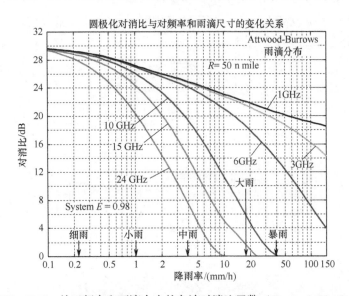

图 EX-13.3 关于频率和雨滴大小的杂波对消比函数($E=1,0.98,0.96$)

对于 $5m^2$ 的 Swerling I 型目标,具有和 ASR-9 一样参数的 S 频段雷达在雨杂波和箔条杂波下的探测距离见表 EX-13.1 所列。对于 1~4 阶的雨杂波 MTI 对消器,采用圆极化和未采用圆极化两种情况都进行了比较。由于对箔条杂波采用圆极化不合适,所以考虑了箔条 MTI 对消处理。假定 MTI 运动补偿超过地面杂波的水平范围。圆极化在改善探测距离方面具有较好效果,并且在大多数降雨条件(低于 4mm/hr)下能够提供足够的探测能力。

表 EX-13.1　降雨和箔条杂波条件下采用 MTI 对消和圆极化对消后的探测距离

对消	距离/n mile							
	1	2	3	4	1CP	2CP	3CP	4CP
细雨（0.25mm/h）	21.74	29.85	33.69	34.69	37.46	37.46	37.46	37.46
小雨（1mm/h）	10.57	19.1	24.35	26.8	37.33	37.33	37.33	37.33
中雨（4mm/h）	4.19	11.08	16.88	20.22	22.53	30.56	34.28	35.18
大雨（16mm/h）	1.43	5.22	10.71	14.59	8.67	17	22.45	25.15
暴雨（16mm/h）	0.69	2.75	7.21	11.25	3.37	9.68	15.5	18.98
轻箔条（$\eta = 10^{-8}$）	3.82	10.8	16.53	19.95				
中箔条（$\eta = 10^{-7}$）	1.27	5.42	10.96	14.78				
重箔条（$\eta = 10^{-6}$）	0.4	2.06	6.36	10.37				

4.2.2　箔条杂波

箔条杂波是一种典型雷达体杂波，由许多分布式的金属反射体组成的，一般将其抛撒于空中来干扰雷达的正常工作。箔条通常是由大量偶极子组成的，这些偶极子在被干扰雷达的工作频率上会发生谐振。箔条既可以用于铺设箔条走廊，也可以用于自卫式干扰。通过匀速稳定飞行的飞机可以完成箔条的撒布，从而形成相对比较长距离的干扰走廊，掩护后续的飞机。自卫式箔条干扰通过发射和爆炸少量箔条形成云团从而导致对方与武器交联的跟踪雷达对准箔条云团，从而保护自身飞行器。这两种模式下，使得箔条抛撒与投放系统的设计具有显著差异[48]。箔条分布的类型如图 4.42 所示。

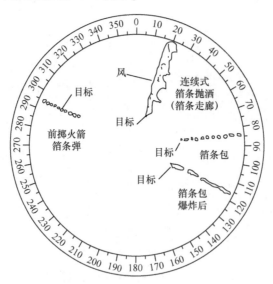

图 4.42　箔条分布的种类[55]

箔条的一个基本单元可以认为是一个偶极子天线，其输出端点是短路的。当箔条偶极子受到射频能量的激励，在一个射频周期内要使得电荷从一端传导到另一端并传回来，满足这种条件的最短的长度大约为入射电磁波波长的一半。当根据这种谐振条件对箔条进行

切割（典型值为0.46或0.48λ），则单个箔条偶极子散射单元的 RCS 在所有可能方向进行平均后，得到

$$\sigma_c = 0.15\lambda^2 \tag{4.67}$$

式中：λ 为雷达波长。

在各谐波频率（波长更短）上也会发生谐振，如图4.43所示，但这些频率时的绝对 RCS 较低，这是由于 RCS 值取决于波长，二者的关系如式（4.67）所示[48]。

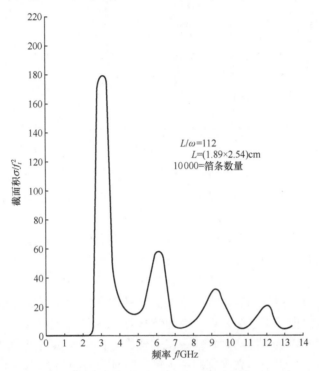

图 4.43 箔条偶极子 RCS 的频率响应[48]

如果大量的箔条偶极子形成箔条云，并且箔条之间的间隔大于2倍的波长，则箔条云的平均 RCS 为

$$\sigma_c = 0.15N\lambda^2 \tag{4.68}$$

式中：N 为有效的箔条偶极子数量。

对于圆形偶极子，其带宽是关于长度-直径比（L/d）的函数，对于矩形偶极子，其带宽是关于长度—宽度比（$4L/\omega$）的函数。在长度—直径比为100～10000区间变化时，箔条的带宽是谐振频率的10%～25%，降低长度—直径比才能获得更大的带宽。一个典型的设计就是将长度—直径比确定为1000，来获得谐振频率15%的带宽。图4.44给出了某代表性的宽带箔条包设计方案，其 RCS 随频率的变化曲线。为覆盖2～12GHz 的频率范围，混装了不同长度的箔条，从而能够对感兴趣的频段总有一部分箔条的长度可以发生谐振。需要注意的是，覆盖高频率采用的偶极子数量要比覆盖低频率的数量多。此外，在任意特定频率下 RCS 的响应为所有谐振箔条偶极子响应之和，设计频率较低的那些长箔条在更高谐波频率上也会产生谐振。因此，对切割成同一长度的某一批特定箔条（例如典型值 $L=0.48\lambda$），仅就这批箔条产生的 RCS 往往比前述混装箔条在该频率上实际的 RCS 要小，除非这批箔条的长度是混装箔条包中长度最大的那一批。对 $25\times50\mu m$ 的铝箔条，为了如图4.44所示在多频段内 RCS 值达

到为 40~50m², 所需的箔条重量仅为 0.1 磅[48]。

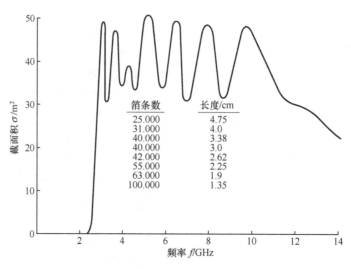

图 4.44 箔条偶极子 RCS 的频率响应[48]

箔条的反射率主要取决于箔条的抛撒方式（例如箔条走廊，还是自卫防御式）和箔条是否充分的展开或处于瞬态[48]。在箔条走廊释放任务中，大量的箔条通过走廊的铺设方法抛撒出去，从而使得飞入走廊的飞行器免于敌方雷达的探测和跟踪。箔条走廊的主要功能是防止雷达探测到并跟踪箔条走廊中的飞机，其次就是使箔条抛放飞机不被敌方的雷达火控武器所击落。

为了防止泄露己方作战意图和时机，箔条走廊必须在雷达探测距离以外开始铺设，而且在长度上不能有间断。位于雷达分辨单元内的箔条的 RCS 需要足够大，来防止探测到要保护的飞机，并且要考虑到雷达可能会采取箔条识别能力。箔条抛撒飞机刚刚投放后初始阶段箔条的 RCS，必须要大于接下来箔条走廊掩护飞机突防时所需的箔条 RCS，只有这样才能允许箔条云的变大和跨距离单元的扩散。初始时刻箔条的 RCS 比使用时每个分辨单元内的箔条 RCS 大多少才能满足需要，主要取决于以下几个因素，例如箔条抛撒系统，干扰走廊要掩护飞机的 RCS，箔条走廊的扩散和箔条的下降特性，走廊的长度和持续时间，分辨单元的体积。

举例说明，假设 ASR-9 雷达（波长 $\lambda=0.1\text{m}$, $\theta_{az}=1.3°$, $\phi_{el}=4.8°$, $\tau=1.05\mu\text{s}$）在距离 50 海里的位置，体积分辨单元是 $V=10^9\text{m}^3$（见式（4.59））。假设想在该体积内产生一个 RCS 为 50m² 箔条走廊，单位体积内箔条的反射率近似为 $\eta=5\times10^{-8}\text{m}^2/\text{m}^3$，则在雷达分辨单元内所需要的箔条偶极子的数量通过式（4.46）计算出来，$N=3.33\times10^4$。分辨单元内的箔条偶极子的密度为 3.33×10^{-5} 根/m，或者是每 30m³ 1 根。最有效的箔条是通过镀铝的圆柱形玻璃纤维加工制成。每根偶极子的直径是 25μm，密度是 2550 kg/m³[48]。每根偶极子的体积可以计算得到 $V=0.48\pi d^2\lambda/4=0.377\pi d^2$。每根偶极子的重量为 $w_1=961d^2\lambda\text{kg}$。在雷达体积分辨单元形成 RCS 为 50m² 的箔条走廊，波长 $\lambda=0.1\text{m}$，总共所需的箔条的重量可以计算获得 $w=Nw_1/e$，其中，e 是考虑到偶极子的破损、非谐振和不匹配等失效因素所导致的效率因子。如果箔条的效率为 50%，要想覆盖分辨单元总共所需要的箔条重量为 4×10^{-3} kg。

前述的分析中，给出了在给定频率产生给定的 RCS 所需要的重量和箔条 RCS 的关系，该

关系可以通过下面表达式得到

$$\sigma_c = \frac{kw_{lb}}{f_{GHz}} \tag{4.69}$$

式中：w_{lb}——箔条的重量，单位为磅；

f_{GHz}——雷达的工作频率，单位是 GHz；

k——常数，取决于所使用的箔条的类型。

对于镀铝玻璃纤维箔条，k 的取值范围为 17000，对于铝箔片箔条，k 的取值范围为 3000 的量级。

例 14 箔条的基本原理[55]

箔条由大量短的谐振偶极子天线构成的。谐振的偶极子被切割成第一谐振点的长度（长度为 $\lambda/2$），从而保证用最少数量的偶极子提供最大的散射截面积 RCS。箔条的捕获区域是 $G\lambda^2/4\pi$，其中，G 是偶极子的增益。捕获的信号从短偶极子反射回去，所以通过会使得天线末端的电压增大为原来的两倍，功率增大为原来的 4 倍。天线二次辐射，辐射的增益为 G，产生的等效的 RCS 可表示为

$$\sigma = \frac{\lambda^2 G^2}{\pi}$$

垂直极化条件下，偶极子的增益随着角度发生变化，可表示为

$$G = \frac{2\left[\dfrac{\cos(kl\cos\theta) - \cos kl}{\sin\theta}\right]}{\int_0^\pi \left[\dfrac{\cos(kl\cos\theta) - \cos kl}{\sin\theta}\right]^2 \sin\theta \mathrm{d}\theta}$$

式中：$k = 2\pi/\lambda$，且 l 为半波长度。

增益是天线法线方向（$\theta = \pi/2$）的最大值，其中

$$G = \frac{2[1 - \cos kl]^2}{\int_0^\pi \left[\dfrac{\cos(kl\cos\theta) - \cos kl}{\sin\theta}\right]^2 \mathrm{d}\theta}$$

对于半波偶极子分母上的积分等于 1.21888，对全波偶极子等于 3.3181，$3\lambda/2$ 波长偶极子等于 1.7582。通过计算，半波偶极子对应的最大增益为 1.64（2.15dB），全波偶极子的增益为 2.41（3.82dB），$3\lambda/2$ 波长偶极子的最大增益为 1.41（0.56dB）。将上述增益值代入 RCS 公式可以算得垂直极化偶极子的 RCS 为

$$\sigma = 0.86\lambda^2 \quad \text{半波阵子}$$
$$\sigma = 1.85\lambda^2 \quad \text{全波阵子}$$
$$\sigma = 0.41\lambda^2 \quad 3\lambda/2 \text{ 波长阵子}$$

在箔条云团中，偶极子的取向相对于雷达的视线方向是随机分布的。随机取向的偶极子的平均 RCS 可以近似表示为

$$\overline{\sigma} = (1 + \cos kl)^2 \frac{G^2(\theta, kl)\lambda^2}{\pi}$$

该表达式的计算和赋值可以参考 MATLAB 程序 dipole_chaff.m。图 EX - 14.1 中的频率响应给出了偶极子的谐振结构。任意取向的半波振子（典型值 $0.46 \sim 0.48\lambda$）的平均 RCS（$\overline{\sigma}$）可以表示为 $\sigma = 0.15\lambda^2$，这个公式中包含了效率，破损和极化损失等前面公式中未考

虑的因素。

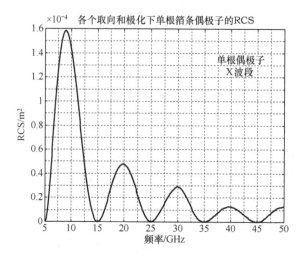

图 EX-14.1 单根 X 频段偶极子频率响应的谐振结构

当偶极子的间距大于 2 倍波长时，由大量数目箔条偶极子组成的箔条云的整体 RCS 可以表示如下

$$\sigma_t = 0.15kN\lambda^2 kN$$

式中：N——偶极子的数目；

k——效率因子，一般可取值 0.8。

一个典型的箔条干扰吊舱 ALE-43 的特性参数见表 EX-14.1 所列。这个箔条抛撒装置包含八个箔条纺锤，能够装载 320 磅的箔条。每一个箔条抛撒装置能够连续产生 3000 根标准的镀铝玻璃纤维箔条偶极子。每个箔条抛撒装置将一束金属丝送入多个独立的通道，进而送入切割机械装置，在这里通过压盘和压力板进行拖拉。选中的切割刀头不停地旋转，朝相反的方向将金属丝切割成合适的长度，并将其以 25 英尺/s 的速度喷射进大气的湍流的中去。每个箔条纺锤装载的金属丝是同时工作进行切割，并将切割好的箔条通过干扰吊舱送入大气湍流中。初始状态中，箔条是随机滚动翻转的，运动速度和飞机抛撒的速度一致，但是很快箔条离开了干扰吊舱形成的湍流影响区域，其速度下降为原来的 87%。

表 EX-14.1 ALE-43 箔条包特性

特 性	参 数	特 性	参 数
空置时的吊舱重量	340 磅	脉冲抛撒方式	打开 1~9s，关闭 1~9s
总的箔条有效载荷	320 磅	切割滚轮	飞行中三选一
金属丝捆数	8	吊舱尺寸	长度是 11 英尺，直径 19 英寸
抛撒速率	0.48 磅/s	性能	550 海量/h，最大到 50000 英尺
连续抛撒方式	11min（最大）		

当偶极子被抛撒出去，刚开始所形成的箔条云宽度小于干扰吊舱 ALE-43 出口宽度，但是会随湍流影响迅速扩大。一般的，箔条走廊的宽度在 1s 之内会扩散到 100 英尺。当飞机离开了箔条所在位置后，箔条会继续扩散，垂直下降 1.5 英尺时水平扩散距离大概是 1 英尺。例如，假设箔条走廊在 5000 英尺的高度，以 450 海量/h 的速度（相当于 750 英尺/s）进行

抛撒，在这个高度上的下降速度为60英尺/min。17min后，箔条下降了1000英尺，水平扩散距离约为667＋100＝767英尺。在此期间，释放箔条的飞机距离初始抛撒位置前进了127.5海里。

为了证明这种连续抛撒方式的有效性，假设干扰吊舱 ALE-43 沿着 X 频段雷达的径向方向铺设箔条走廊，雷达的工作频率是9.9GHz，脉冲宽度为 $0.8\mu s$。在该频率上，ALE-43 具有连续抛撒能力，可形成 RCS 的速度是 $704m^2/s$。如果抛撒飞机的飞行速度是450海里/h（相当于700英尺/s），它飞过400英尺的径向分辨单元的时间是0.57s，它能够在雷达分辨单元内形成大约 RCS 为 $400m^2$ 的掩护面积。如果掩护任务是保护4架 F/A-18 战斗机（平均每架飞机的 RCS 为 $20m^2$），那么所产生的 RCS 要比够用要大很多，但是受这种抛撒方式的限制，无法减小干扰走廊的 RCS。

再举一个例子，假设干扰吊舱 ALE-43 的任务是沿上例中雷达的切线方向铺设干扰走廊，要求覆盖5度的方位宽度和50海里的距离。沿着切向方向分辨单元的路径长度大概是26500英尺（$5\pi/180 \times 50 \times 6080$）。箔条干扰飞机以700英尺/s的速度穿越该分辨单元的时间为37.86s。采用"脉冲投放方式"，打开1s，关闭9s，能够在雷达分辨单元内释放4s的箔条，形成的掩护 RCS 为 $2816m^2$，远超过保护所需的散射截面积。

4.2.2.1 箔条的幅度概率分布函数

大量随机运动的偶极子形成了箔条云，能够较好地满足服从高斯分布杂波的条件。事实上，箔条回波的实验分析也完全符合高斯杂波理论[49]。这就意味着箔条的包络检测幅度概率密度函数服从瑞利分布，$p(v)=v\exp(-v^2/2\sigma^2)$；$P_c = 2\sigma^2$，此时，箔条的 RCS 具有指数的概率密度函数，$p(\eta)=\exp(-\eta/\bar{\eta})/\bar{\eta}$。

注意，只有箔条处在其稳态时（也就是，$\bar{\eta}$ 随时间的变化率很小），此分布才有效，但当箔条云处在不断增长的瞬态时，其概率分布会显著变化。这就反映出，采用一个平稳高斯随机过程对一个非平稳过程（不断增长的箔条云）建模是非常困难的。

4.2.2.2 箔条杂波频谱

多普勒处理是用来对抗箔条的重要电子防护技术。在 MTD 处理器（参考1.6节）中的技术都可应用于 MTI 雷达中。尽管地杂波和箔条（或降雨）这两种类型的杂波具有不同的频谱（参考8.6节），但是这些技术对于它们都能够抑制。因为高脉冲重频 PD 雷达具有较高的不模糊多普勒响应，从而可以在箔条的速度响应上设置一个杂波抑制滤波器，所以一般认为其是消除箔条杂波的一种更好的方法。然而，雷达距离模糊时（例如高和中脉冲重频 PD）且工作于大范围杂波中时必须特别小心，因为每一个距离模糊杂波单元的频谱响应都会不同（中心频率和扩展频率都是如此），并且总的杂波频谱是单个杂波频谱之和。图4.45给出了四个单独的模糊距离的情况，各模糊距离单元叠加后，箔条杂波频谱明显比与单个距离单元时的频谱要宽。

图4.46根据实验中获得数据画出了箔条的电压自相关函数。只有接收机噪声时，自相关函数只有在 $\tau=0$ 为1，其他为零，图中曲线与噪声的自相关函数明显不同。而且，该曲线趋于 $\rho=0$ 的速度非常慢，这就意味着平均杂波的功率具有长期缓变的特性。这种变化主要是由箔条偶极子在下降过程中方向的改变所引起的，从而也会相应地导致箔条 RCS 发生变化。

如果从实验的自相关函数中去除这些异常情况，就会发现用一个高斯型的函数可以对它进行较好的近似。因此，功率谱密度用高斯型函数也会得到很好的近似。

箔条偶极子具有较高的空气阻力，就会使得抛撒之后的几秒钟内，偶极子速度减至当地的风速。这也就是说，箔条在水平方向的速度将主要由包含它的雷达分辨单元内的风速所决定，而它的垂直速度（下降速率）则取决于偶极子的尺寸和材料，在海平面高度，镀铝玻璃丝箔条的下降速度为 0.3m/s。

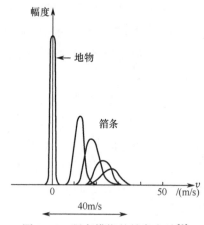

图 4.45 距离模糊的箔条杂波[8]

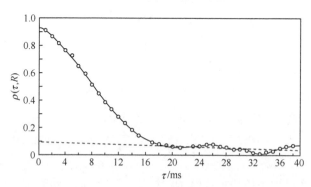

图 4.46 X 频段箔条的电压自相关函数[49]

和降雨杂波相类似，箔条杂波多普勒频谱展宽可被分为四个分量（见式（4.63））。其中，风切变带来的分量以及由有限波束宽度产生的波束展宽分量，和降水杂波的这两个分量相同（参看式（4.64）和式（4.65））。海拔 12000ft 以下的波动（起伏）值为 σ_{turb} = 1m/s 的数量级，而高于此海拔高度的起伏值为 σ_{turb} = 0.7m/s。最后一个箔条频谱的分量是由偶极子下降速度的变化引起的多普勒展宽，由于箔条偶极子下降速度比雨滴慢，所以该分量估计值为 σ_{fall} = 0.45sin Ψm/s [7]。

和降水一样，箔条杂波的频谱通常由风切变分量决定，该分量的大小为 σ_{shear} = $0.42kR\varphi_{el}$，其中，k 为风速的梯度（任意方位角都为 4m/（s·km）），R 为杂波分辨单元的斜距，单位为 km，φ_{el} 为双向天线俯仰波束宽度，单位为弧度。然而，与降水不同的是，箔条的高度通常不限于 20000 英尺，并且当箔条在高于此高度抛撒时，所看到频谱的展宽可能会大于 6m/s。图 4.47[7] 画出了此分量的频谱宽度，注意，由图可以看出，箔条的频谱宽度看起来不受箔条"年龄"的影响（假定箔条已经散开），并且当波长归一化之后，它将独立于频率（也就是 σ_v 与频率无关）[49]。

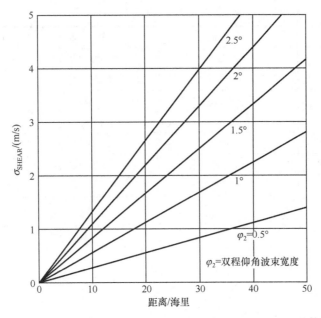

图 4.47　由风切引起的杂波谱展（在 360°范围求平均后）[23]

例 15　在地杂波和箔条杂波中采用 FFT 处理后的探测距离

FFT 处理技术可用于在多杂波的环境中跟踪运动目标，多杂波环境一般包括地杂波、降水杂波和箔条杂波等。第 1 章中给出了一个采用了 FFT 处理器的例子，即 SA-15 目标跟踪雷达[75-78]。TER 相控阵雷达的功能是跟踪目标及其发射的导弹。TER 接收目标指示雷达（TAR）的引导信息，引导信息包括了所分配目标的距离，角度和多普勒。为了截获目标，TER 首先采用机械方式旋转到目标所在的方位。然后，有限的扫描相控阵采用电子扫描方式，将目标跟踪器锁定在指定目标上。接下来，对目标的多普勒频率进行调谐，使目标的多普勒谱位于 PRF 谱线中心。因为 TER 属于低 PRF 类型，所以地杂波和箔条杂波的频谱也会混入 PRF 线内目标所在的区域。选择一个合适的 PRF，就会使杂波频谱出现在不同于目标的多普勒滤波器中。公开的文献中一般不会有 TER 详细的参数，表 EX-15.1 中列出了一些经验估计值。已知雷达工作于 Ku 频段，在该频段内多普勒频移为 50Hz/节。第一盲速为

$$v_{bs} = \frac{cPRF}{2f}$$

由此会得到 41.152m/s 或者 80 节的结果。

当 TER 跟踪一个径向速度为 600 节的目标时，其多普勒为 30kHz。因为目标频谱产生了混叠，混叠后位于第一个 PRF 线的中心。地杂波频谱的均值为零多普勒，而箔条多普勒的均值位于目标频谱之下，与箔条的径向速度有关。由 FFT 得到的 32 个多普勒滤波器彼此相差 125Hz 等间隔的分布于 PRF 线内。

对于低空目标，地杂波的幅度会比箔条杂波和目标的幅度要强得多。其频谱相对较窄，并且位于至多两个多普勒滤波器的主频段内。在受影响的滤波器中可采用 AGC 措施抑制地杂波。然而，地杂波可能会通过其他多普勒滤波器的副瓣交叉耦合进去。对于这个问题可对 FFT 采用加窗来处理。一种比较通用的窗是切比雪夫窗，它能够得到指定的副瓣水平，并且

在指定副瓣水平下所需的3dB带宽最小（见例6）。然而，加窗会对所有滤波器的3dB带宽带来所不期望的展宽效应，从而杂波对其他多普勒滤波器产生的影响比不加窗时更大。

表 EX-15.1 TER 雷达参数

参　　数	数　　值	参　　数	数　　值
峰值发射功率	15kW	方位波束宽度	1°
平均发射功率	600W	俯仰波束宽度	1°
频率	14.58GHz	损耗	12dB
脉宽	10μs	多普勒处理器	32 点 FFT
天线增益	43dB	多普勒副瓣	-35dB
PRF	4000Hz	天线副瓣	-18dB
PC 带宽	2.5MHz		

FFT 加窗点改进因子由下式给出[19]

$$I_c = \frac{(\sum_{i=0}^{N-1} a_i)^2}{\sum_{i=0}^{N-1} \sum_{j=0}^{N-1} a_i a_j \cos\left(2\pi(i-j)\frac{k}{N}\right) \rho_c[(i-j)]}$$

式中：$a_{i,j}$——窗函数的权值；

N——FFT 的点数；

k——滤波器的个数；

ρ_c——归一化相关系数，即

$$\rho_c(i) = \exp\left(-\frac{i^2 \Omega^2}{2}\right)$$

σ_f——高斯型谱的标准差。

在箔条中雷达的探测距离可由下式给出：

$$R_{\text{chaff}} = \left[\frac{\sigma_t I_c}{\eta \theta_{az} \varphi_{el} \left(\frac{c\tau_e}{2}\right)\left(\frac{S}{C}\right)}\right]^{1/2}$$

式中：$\eta = 10^{-6}$、10^{-7}、10^{-8} 分别对应于重度、中度和轻度箔条。

例 13 中所定义的其他项，如扩展频谱，其单位为 rad/s，公式如下：

$$\sigma_c^2 = \left(\frac{4\pi}{\lambda}\right)^2 [2 + \sigma_{\text{beam}}^2 + (1.68 \cdot 10^{-3} \varphi_{el2} R)^2]$$

这表明 I_c 为距离的函数，并且在箔条中雷达的探测距离必须用牛顿方法来求解。

地杂波中雷达的探测距离可直接写成

$$R_{\text{ground}} = \frac{\sigma_t I_c}{\sigma^0 \theta_{az} \left(\frac{c\tau_e}{2}\right)\left(\frac{S}{C}\right)}$$

式中：θ_{az} 为方位单向功率波束宽度。

展宽频谱，单位为弧度/s，主要由风吹动植被引起的，并由下式给出

$$\sigma_w = \frac{0.0414 \cdot v_w^{1.261}}{\lambda}$$

式中：v_w 单位为节（海里/h）[19]。

通过 MATLAB 程序 fft_range.m 可以进行必要的计算，得到箔条和地杂波环境中 FFT 处理器在 FFT 滤波器峰值位置得到的探测距离。该程序也计算出了地杂波的等效 RCS、加窗 FFT 的增益以及地杂波的 S/C。图 EX-15.1 中给出了在地杂波和箔条杂波中采用 FFT 处理器计算出的距离。假定目标为一个速度为 600 节的巡航导弹，飞行高度为 10m，其多普勒谱混叠后落于第 16 个多普勒滤波器中。假设箔条的径向分量为 25 节，位于第 10 个滤波器中，而地杂波为 0 节、位于第 1 个滤波器中。由于箔条多普勒谱的切向分量，使得谱展宽覆盖第 7～13 滤波器中。每一个多普勒滤波器的带宽为 159Hz，而其电压增益为 19.68。

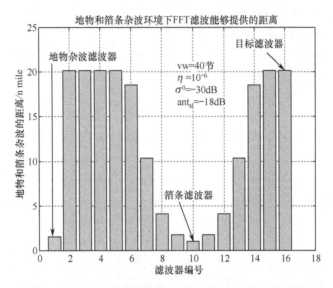

图 EX-15.1 地物和箔条杂波环境下 TER 雷达的作用距离

4.3 杂波幅度统计的近似计算

要检验 MTI 或 PD 雷达在杂波环境下的性能，一般需要将杂波表示为一个随机过程。高斯杂波模型（见 1.5.1 节）就是一个例子，它将物理模型转换为一个解析式，从而能够将杂波的特性有针对性的表示出来。在本例中，杂波过程完全可以由它的均值和方差函数（即谱特征）来表征。然而，杂波均值与杂波的平均后向散射系数（$\overline{\sigma^0}$ 或者 $\overline{\eta}$）成比例，是多个变量（例如，地形类型，擦地角，频率，极化）的函数。因此，希望得到可解析的参数表达式，通过这些参数表达式可以得到杂波的均值，杂波的均值为多个变量的函数，每个变量都代表了特定的物理含义。杂波的后向散射系数的参数表达式通常是基于一系列试验数据的近似处理（例如，最小均方拟合）得到的。

当杂波不能通过高斯杂波模型来描述，要完全表示杂波就需要获得杂波的多维概率密度函数（pdf）（见 1.5.4 节）。通常试验数据难以达到这种要求，一个折中的办法是得到杂波后向散射系数 $p(\sigma^0)$ 的第一 pdf 和杂波的协方差函数。而这需要一定的经验拟合，拟合的准则就是所得到的幅度 pdf 必须具有解析特性，从而基于这些解析特性能够确定杂波下的检测性能。最常使用的非高斯幅度 pdf 包括：对数—正态、韦布尔和 K 分布。

4.3.1 平均后向散射系数的近似计算

下面给出了雨杂波、地杂波和海杂波的平均后向散射系数模型。这些模型主要对多个来源获取的试验数据进行平均，然后对参数模型进行组合、拟合。

4.3.1.1 雨杂波模型参数

从解析模型的角度考虑，单位体积内与雨杂波的后向散射系数是频率和降雨量的函数，可表示为

$$\overline{\eta} = 7 f_{\text{GHz}}^4 r^{1.6} \times 10^{-12} \quad \left[\frac{m^2}{m^3}\right] \tag{4.70}$$

式中：f_{GHz}——雷达的频率，单位为 GHz；

r——降雨率，单位为 mm/h[2]。

在高频率微波和毫米波区域下，有一个适用于雨杂波数据的经验模式，为雨杂波的后向散射系数的预估建立了如下的参量关系：

$$\overline{\eta} = A r^B \quad \left[\frac{m^2}{m^3}\right] \tag{4.71}$$

式中：r 为降雨率，单位为 mm/h，A 和 B 的取值在表 4.22 中给出[50]。

表 4.22 降雨后向散射模型系数

频率/GHz	A	B
9.4	1.3×10^{-8}	1.6
35	1.2×10^{-6}	1.6
70	4.2×10^{-5}	1.1
95	1.5×10^{-5}	1.0

4.3.1.2 地杂波模型参数

参量模型提供了一种适用于有大量地面杂波试验采样数据的经验模式，可用于平均后向散射系数（σ^0），参量模型如下：

参数化模型，根据地杂波试验数据的大量样本得到了平均后向散射系数（σ^0）的经验拟合公式

$$\overline{\sigma^0} = A(\psi + C)^B \exp\left[\frac{-D}{\left(1 + \dfrac{0.1\sigma_h}{\lambda}\right)}\right] \tag{4.72}$$

式中：ψ——掠射角（rad）；

σ_h——地表面标准方差（cm）；

λ——雷达波长；

A、B、C 和 D——经验常数[24]。

该模型提供的 $\overline{\sigma^0}$ 为擦地角、表面粗糙度和频率的函数，可用于包括土壤、草地、树林、沙地、岩石、城市、雪地等多种类型的地杂波。参数 A、B、C 和 D 的值在表 4.23 中给出。需要注意的是，仅在土壤或者沙地（$\sigma_h = 0.2 \sim 0.25$ cm）、频率低于 15GHz 以下情况下地面粗糙程度的变化会影响 $\overline{\sigma^0}$ 大小。为了和 X 频段和频率 95GHz 所获取的数据相符，对树林地形的参数进行了调整。此外，对于土壤、沙地、草地和农田等地形的参数也进行了调整，以

保证模型在其他频率上的一致性。

表4.23 地杂波模型常数

常数	频率	土壤,沙地	草地	高大的草,庄稼	树木	城市	湿雪	干雪
A	3	0.0045	0.0071	0.0071	0.0028	0.362	—	—
	5	0.0096	0.015	0.015	0.0047	0.779	—	—
	10	0.025	0.039	0.039	0.0095	2.0	0.0246	0.195
	15	0.05	0.079	0.079	0.019	2.0	—	—
	35	—	0.125	0.301	0.036	—	0.195	2.45
	95	—	—	—	0.046	—	1.138	3.6
B	3	0.83	1.5	1.5	0.64	1.8	—	—
	5	0.83	1.5	1.5	0.64	1.8	—	—
	10	0.83	1.5	1.5	0.64	1.8	1.7	1.7
	15	0.83	1.5	1.5	0.64	1.8	—	—
	35	—	1.5	1.5	0.64	—	1.7	1.7
	95	—	1.5	1.5	1.1	—	0.83	0.83
C	3	0.0013	0.012	0.012	0.002	0.0015	—	—
	5	0.0013	0.012	0.012	0.002	0.0015	—	—
	10	0.0013	0.012	0.012	0.002	0.0015	0.0016	0.0016
	15	0.0013	0.012	0.012	0.002	0.0015	—	—
	35	—	0.012	0.012	0.012	—	0.008	0.0016
	95	—	0.012	0.012	0.012	—	0.008	0.0016
D	3	2.3	0.0	0.0	0.0	0.0	—	—
	5	2.3	0.0	0.0	0.0	0.0	—	—
	10	2.3	0.0	0.0	0.0	0.0	0.0	0.0
	15	2.3	0.0	0.0	0.0	0.0	—	—
	35	—	0.0	0.0	0.0	—	0.0	0.0
	95	—	0.0	0.0	0.0	—	0.0	0.0

低空目标探测雷达计划（AWACS），利用各类机载试验获取了大量的X频段农田杂波数据[1]，通过对这些数据的平均，得到一个的$\overline{\sigma^0}$估计模型，如图4.48所示。将模型外推到低擦地角区域的推荐方法是采用常量伽玛模型（$\sigma^0 = \gamma \sin \psi$），通过伽玛的选择来保证模型从$10° \sim 90°$的连续性[1]。自然条件的影响所造成的数据变化远大于仪器的误差。我们发现在L频段的数据和X频段模型相一致，从而得出结论：模型从X频段至少到L频段都是有效的。

俄亥俄州数据（X频段）

曲线	地形	极化
A	4′燕麦	VV
B	3′大豆	VV
C	12″麦茬	VV
D	耙过的土地	VV
E	犁过的土地	HH
F	1/2″绿色麦地	VV

其他数据（X频段）

曲线	机构	地形	极化
G	Goodyear	亚利桑那州灌溉过的农田	HH
H	Goodyear	亚利桑那州干草地	HH
J	NRL	新墨西哥山核桃园	HH
K	NRL, Grant&Yoolee	茵茵绿草沙质沃土	VV

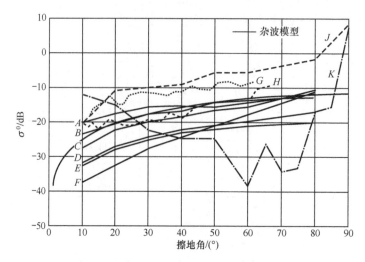

图 4.48 农作物在 X 频段的地杂波模型与试验测得的农田杂波的对比[1]

4.3.1.3 海杂波模型参数

本节利用一个用于机载雷达的海杂波模型说明了许多海杂波独有的特性。海杂波的后向散射系数（σ^0）主要取决于频率、擦地角、海浪方向与风向、海况与风速以及极化等[19]。

极化的变化是最难量化的。对于中度和低度海况，无论是顺风还是逆风情况下，水平极化下的海杂波强度都低于垂直极化。但是，在侧风情况下，垂直极化产生的海杂波回波更低一些。在大浪的情况下，擦地角非常大时，两种线性极化的差异可能减小或反过来。水平极化的一大缺点是与"海浪尖峰"的高度相关现象，特别是在逆风的情况下。针对该不确定性，首次提出了一个水平极化的模型，并将其修改后用于垂直极化。

后向散射系数（σ^0）的曲线形状如前面的图 4.3 所示，它是关于擦地角的函数曲线。三个主要的独立区域分别是小角度区域、平稳区域和大角度区域。

临界角（ϕ_c）是小角度区域和稳定区域相交的位置，表达式如下：

$$\phi_c = \frac{\lambda}{2.5 h_w} \tag{4.73}$$

式中：ϕ_c——临界角，单位为弧度；

λ——波长，单位为英尺；

h_w——尖峰到波谷高度的 10%，从最高处算起，单位为英尺。

h_w 的一个近似关系式如下：

$$h_w = 1.05 \exp(0.495 s) \quad [\text{ft}] \tag{4.74}$$

式中：s 为道格拉斯海况。

σ^0 在平稳区域的变化正比于 $\phi^{0.4}$，而在小角度区域的变化正比于 $\phi^{5.0}$。随方位角的依赖关系描述如下：

$$\sigma^0_{dB}(\beta) = \sigma^0_{u\,dB} - 4 + 4\cos\beta \tag{4.75}$$

式中：β——天线基准轴与逆风方向的夹角；

$\sigma^0_{u\,dB}$——逆风方向的后向散射系数。

选择 $\lambda^{-1/2}$ 的频率关系式作为最能表征平稳区域的数据。

对模型进行量化需要一个校准点。在这里考虑 $\lambda = 3$ cm，$\phi = 10°$，$s = 4$，$\sigma^0 = -42$ dB。在平稳区域 σ^0_p 的值可表示为

$$\sigma_p^0 = \frac{k\phi^{0.4}\exp(0.792s)}{\lambda^{1/2}} \tag{4.76}$$

式中：s——道格拉斯海况；
ϕ——擦地角，单位为（°）；
λ——波长，单位为 cm；
$k = 1.83 \times 10^{-6}$。在小角度区域 σ_s^0 的值可表示为

$$\sigma_s^0 = \frac{\phi^5\exp(3.069s)}{c\lambda^{1/2}} \tag{4.77}$$

式中：$c = 1.17 \times 10^5$。

没有对大角度区域 σ_L^0 的值进行建模，但两个区域的临界角出现在 30°~60°之间。

没有得到垂直极化的解析表达式，杂波强度随擦地角和频率的关系式看起来与水平极化相同。而随海况变化的关系式非常复杂。

4.4 杂波的解析表示法

在 MTI 和 PD 雷达的设计和分析中，杂波的解析模型非常有用。这些模型尝试通过这样一种方式对随机杂波进行描述，从而可以对系统的性能进行解析量测。这些模型的许多特征已在本书的其他部分进行过讨论（例如，见 1.5 节）。本节整理了各种模型的多种关系，并通过一种连贯的方式将它们表示出来。

最简单的模型是高斯模型，它将随机杂波过程表示为一个多维高斯过程。该模型几乎已经专用于 MTI 的分析。该模型的优点在于是杂波过程的特性完全由它的均值和协方差函数确定。基于高斯模型假设得到了理想 MTI 处理器，这个处理器是线性的。

高斯杂波的假设通常会引出 MTI 性能的乐观评估。目前，还没有一种技术能够在不采用高斯杂波的条件下对 MTI 系统的性能进行量测。处理该问题的原则方法是通过一个蒙特卡洛计算机仿真，在该仿真中，实际的 MTI 系统通过应用杂波和目标处理准则的统计样本进行练习。

4.4.1 高斯过程表示法

分布式杂波是在空间上连续分布的散射体的回波，这些散射体中没有某部分占支配地位，分布式杂波一般可以用高斯过程进行表示。这样的杂波通常与以下类型的杂波联系在一起：气象杂波、箔条、低分辨率雷达（脉冲宽度 $\tau > 0.5\mu s$）和高擦地角（$\phi > 5°$）的高分辨率雷达观测到的海杂波，以及从高擦地角（$\phi > 5°$）观测未经开发地形时的地杂波。

在杂波载频（f_c）处的随机杂波过程可表示为

$$c_t = x_t\cos\omega_c t - y_t\sin\omega_c t \tag{4.78}$$

式中：x_t 和 y_t 服从零均值、同分布、低通独立正态过程的方差为 σ^2。

杂波过程 c_t 是严格平稳的，因此，其统计特征与时间原点无关。

c_t 的电压包络可表示为

$$v_t = \sqrt{x_t^2 + y_t^2} \tag{4.79}$$

其服从第一类型的瑞利分布，概率密度函数为

$$p_v(v) = \frac{v}{\sigma^2}\exp\left(\frac{-v^2}{2\sigma^2}\right); \quad v \geq 0 \tag{4.80}$$

由于该过程是平稳过程,所以其概率密度函数与时间无关,仅仅与杂波功率有关:

$$P_c = 2\sigma^2 \tag{4.81}$$

通过 $p = v^2$ 的转换,可得到功率幅度的分布函数:

$$P_p(P) = \frac{1}{P_c}\exp\left(\frac{-P}{P_c}\right) \tag{4.82}$$

杂波散射截面积(后向散射系数·雷达波束照射面积)与功率包络成比例,从而可以得出一个 pdf 关于杂波散射截面积(σ)的指数形式:

$$p_p(\sigma) = \frac{1}{\overline{\sigma}}\exp\left(\frac{-\sigma}{\overline{\sigma}}\right) \tag{4.83}$$

式中:$\overline{\sigma}$ 为平均杂波散射截面积,可表示为

$$\overline{\sigma} = \overline{\sigma^0}A_c \tag{4.84}$$

式中:$\overline{\sigma^0}$——平均后向散射系数;

A_c——雷达波束照射面积。

功率谱密度与杂波散射截面积的随机起伏部分相关,由于随机起伏由多个独立效应的综合结果,所以通常假定其为高斯型。功率包络的功率谱密度为

$$S_p(f) = \frac{P_c}{\sqrt{2\pi\sigma_f^2}}\exp\left(\frac{-f^2}{2\sigma_f^2}\right) \tag{4.85}$$

式中:P_c——杂波功率;

σ_f——功率谱的标准差。

功率谱的标准差 σ_f 与杂波速度谱的均方根 σ_v 相关:

$$\sigma_c = \frac{2\sigma_v}{\lambda} \tag{4.86}$$

功率谱包络的自相关函数为

$$R_p(\tau) = P_c\exp\left(\frac{-\tau^2}{2\sigma_\tau^2}\right) \tag{4.87}$$

式中

$$\sigma_\tau = \frac{1}{2\pi\sigma_f} \tag{4.88}$$

在许多应用中,将自相关函数归一化后使用会更为便利,即

$$\rho_p(\tau) = \frac{R_p(\tau)}{p_c} = \exp\left(\frac{-\tau^2}{2\sigma_\tau^2}\right) \tag{4.89}$$

在 MTI 工程和其他相干处理系统中感兴趣的是 x_t 与 y_t 的功率谱密度以及自相关函数,P_t 与 x_t 的归一化自相关函数之间的关系[49]为

$$\rho_p(\tau) = \rho_x^2(\tau) = \rho_y^2(\tau) \tag{4.90}$$

因此,功率包络的频谱密度可以从相关正交分量的功率谱密度中找到:

$$S_p(\omega) = S_x(\omega) * S_x(\omega) \tag{4.91}$$

式中:$*$ 为卷积。

因此,对于一个高斯型谱,所有的功率谱密度和自相关都是高斯型,功率包络的标准差可以通过下式从那些相关正交分量中找到:

$$\sigma_p^2 = 2\sigma_x^2 = 2\sigma_y^2 \tag{4.92}$$

总的来说，对于 MTI，功率谱密度或自相关函数由式（4.85）式（4.87）和式（4.89）给出，采用的近似标准差由式（4.92）给出。当使用试验数据或公开发表的数据时，必须注意确认涉及的标准差是相关标准差（σ_x）还是非相关标准差（σ_p）。

某些 MTI 应用需要对与雷达存在相对运动的杂波进行建模。这可以通过在式（4.85）上减去杂波多普勒频移（f_d）实现：

$$S_p(f) = \frac{P_c}{\sqrt{2\pi\sigma_f^2}}\exp\left(\frac{-(f-f_d)^2}{2\sigma_f^2}\right) \quad (4.93)$$

当采用脉冲雷达对杂波过程式（4.78）进行采样时，采样的概率密度可通过多维高斯分布给出

$$p_{x_1\cdots x_n}(x_1\cdots x_n) = \frac{\exp\left(\dfrac{-\boldsymbol{x}^\mathrm{T}\boldsymbol{M}_x^{-1}\boldsymbol{x}}{2}\right)}{(2\pi)^{n/2}|\boldsymbol{M}_x|^{1/2}} \quad (4.94)$$

式中：$\boldsymbol{x} = (x_1, x_2, \ldots x_n)^\mathrm{T}$，协方差矩阵为

$$\boldsymbol{M}_x = \sigma_x^2 \begin{pmatrix} 1 & \rho_{12} & \cdots & \rho_{1n} \\ \rho_{21} & \ddots & & \rho_{2n} \\ \rho_{n1} & & \cdots & 1 \end{pmatrix} \quad (4.95)$$

其中，对于高斯型分布：

$$\rho_{ij} = \exp\left[\frac{-(i-j)^2\Omega^2}{2}\right]; \quad \Omega = 2\pi\sigma_f T \quad (4.96)$$

如果杂波通过了一个线性 MTI，高斯的分布形式会得以保留。MTI 输出端的 pdf 通过采用协方差矩阵乘以 MTI 滤波器对杂波过程的影响来得到。

为了便于分析，有时会假设杂波过程为高斯马尔科夫过程。该过程的归一化自相关函数为指数型，即：

$$\rho_{\alpha\beta} = \exp(-\gamma|\alpha-\beta|T) \quad (4.97)$$

功率谱密度为

$$S(\omega) = \frac{2\gamma p_c}{(\gamma^2 + \omega^2)} \quad (4.98)$$

逆协方差矩阵有一个特别的简化形式：

$$\boldsymbol{M}_x^{-1} = \frac{1}{1-\rho_{12}^2}\begin{bmatrix} 1 & -\rho_{12} & 0 & \cdots & 0 & 0 \\ -\rho_{21} & 1+\rho_{12}^2 & -\rho_{12} & \cdots & 0 & 0 \\ \vdots & \vdots & \vdots & \ddots & \vdots & \vdots \\ 0 & -\rho_{12} & 1-\rho_{12}^2 & \cdots & 0 & 0 \\ 0 & 0 & 0 & \cdots & 1+\rho_{12}^2 & -\rho_{12} \\ 0 & 0 & 0 & \cdots & -\rho_{21} & 1 \end{bmatrix} \quad (4.99)$$

4.4.2 杂波的莱斯表示法

该模型与高斯过程的表示相似，区别在于在分布式杂波中加入了某个占支配地位的稳定散射体（S）。式（4.82）表示的第一 pdf 相应的变为

$$p_p(P) = \frac{1+m^2}{\bar{P}} e^{-m^2} e^{-[P/\bar{P}(1+m^2)]} I_0\left(2m\sqrt{\frac{(1+m^2)P}{\bar{P}}}\right) \quad (4.100)$$

式中：稳定的散射体（S^2）与分布的散射体（P_0）功率之比为

$$m^2 = \frac{S^2}{P_0} \quad (4.101)$$

而总的功率（$\bar{P}$）与截面积成比例，总功率为

$$\bar{P} = S^2 + P_0 \quad (4.102)$$

对于 MTI 工程，载频上杂波过程的表达式可以通过对式（4.78）进行修正得到：

$$c_t = (S + x_t)\cos\omega_t - y_t \sin\omega_t \quad (4.103)$$

对于同相过程和高斯型分布杂波来说，自相关函数为

$$R_p(\tau) = P_0\left[m^2 + \exp\left(\frac{-\tau^2}{2\sigma_\tau^2}\right)\right] \quad (4.104)$$

相应的功率谱密度为

$$S(f) = m^2 P_0 \delta(f) + \frac{P_0}{\sqrt{2\pi\sigma_f^2}} \exp\left(\frac{-f^2}{2\sigma_f^2}\right) \quad (4.105)$$

式（4.105）表明，对安放在固定平台上的 MTI 雷达，要在此杂波中工作，设计时必须使得在零频时滤波器响应为零。

4.4.3 杂波的对数—正态表示法

杂波的对数—正态表示法已经用于对高分辨（脉冲宽度 $\tau < 0.5\mu s$）的海杂波数据进行建模，这些数据中对海杂波的量测主要在擦地角小于 5° 的情况下进行。此外，在低擦地角情况下对地杂波的量测也已经使用对数—正态模型进行描述。

对数—正态分布是高度偏斜分布，导致大幅度杂波出现的概率相对较高。虚警概率受到检测门限的控制，因此，与瑞利杂波相比，在对数—正态分布杂波下的检测概率（P_d）有所减小。

对数—正态模型一般会高估真实杂波分布的动态范围，而瑞利模型通常会低估动态范围。因此，采用对数—正态模型分析会产生保守的结果，而采用瑞利模型会得到理想化的结果。一个好的设计程序是在设计时将杂波分布范围限定在瑞利和对数—正态之间。

对数—正态海杂波模型主要与海浪尖峰相关，海浪尖峰指的是在白帽浪形成过程中来自波峰的一个准镜面反射。地杂波对数—正态模型主要与大型直射散射体（这主要取决于雷达照射视角），它会产生亮脊或阴影，导致大的杂波动态范围。

海杂波的对数—正态特性如图 4.49 所示，数据来自于港口监视雷达[58]，从图中可看出，在中值以上，数据近似为直线，这说明用对数—正态模型对其进行拟合的话，具有较好的拟合效果。

对来自于城市的反射杂波，地杂波数据的对数—正态特性比较明显，如图 4.50 所示。这些数据是根据高精度 SAR 数据综合得到的[20]。

图 4.49 和图 4.50 中给出的实验对数—正态数据，代表了在某分辨率单元杂波截面积的长时平均。从 MTI 的角度看，杂波的短时特性很重要，现有对杂波的短时相关性有两个不同的理解。

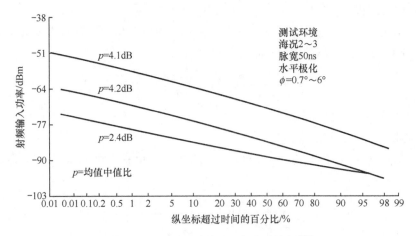

图 4.49 港口监视雷达，海杂波数据[58]

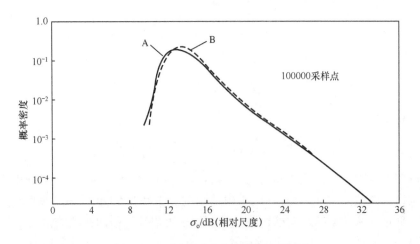

图 4.50 两个城市的概率密度函数[20]

第一种理解将随机杂波过程描述为一个广义平稳对数—正态过程。理论上，它可以通过将如式（4.94）所示的多维高斯过程通过一个指数非线性器件而得到。为了达到期望的平稳性，式（4.78）中的 x_t 和 y_t 过程必须是不相关的。这种理解的优点在于它是高斯杂波模型的直接拓展，对数—正态模型的许多性质可以通过高斯模型相应的性质推导出来。

第二种理解将杂波建模成一种时变过程，在一个雷达观测周期内对特定的空间相关距离的观测时，其参数是平稳的。在与每一个空间相关区域联系的空间相关距离上，条件概率密度函数 $p_v(v\mid\sigma^0)$ 为瑞利或莱斯分布，其中 σ^0 的变化服从对数—正态分布。该模型的参数在后面的 4.5.1 节的 IIT 杂波模型中讨论。

如果对该分布进行不相关（无论是时间上或空间上）采样，两个模型的近似结果一致。这种情况发生在快速扫描雷达按照每个扫描周期一次的原则（Scan-to-scan Basis）对杂波进行采样时。对于 MTI 系统，两种理解导致的结果不同，但是目前尚没有一个准则可以给出一个清楚的选择。

如果采用第一种理解，通过式（4.78），将对数—正态杂波模型表示为

$$c_t = v_t\cos(\omega_c + \phi_c) \tag{4.106}$$

式中：v_t——式（4.79）的包络；

ϕ_c——均匀分布随机变量。

如果正交分量 $x_t = v_t\cos\phi_c$，$y_t = v_t\sin\phi_c$ 为零均值，不相关，且具有同样的带限频谱密度，c_t 为广义平稳过程，包络的第一 pdf 为

$$p_v(v) = \frac{1}{\sqrt{2\pi}\sigma_v v}\exp\left[-\frac{\ln^2(v/v_m)}{2\sigma_v^2}\right], \quad v \geq 0 \qquad (4.107)$$

式中：σ_v——原正态分布的标准差；

v_m——对数—正态分布的中值。

通过将转换式 $A = v^2$ 代入式（4.107），可得到功率包络密度函数（与杂波截面积成正比）为

$$p_p(\sigma) = \frac{1}{\sqrt{2\pi}\sigma_p\sigma}\exp\left[-\frac{\ln^2(\sigma/\sigma_m)}{2\sigma_p^2}\right], \quad \sigma \geq 0 \qquad (4.108)$$

式中：σ_m 为杂波截面积的中值，$\sigma_p = 2\sigma_v$。

杂波截面积的均值为

$$\bar{\sigma} = \rho_A \sigma_m \qquad (4.109)$$

式中：ρ_A 为均值与中值之比，即

$$\rho_A = \exp\left(\frac{\sigma_p^2}{2}\right) \qquad (4.110)$$

截面积的分布函数为

$$p_p(\sigma) = \frac{1}{2}\left[1 + \mathrm{erf}\left(\frac{1}{\sqrt{2}\sigma_p}\ln\frac{\sigma}{\sigma_m}\right)\right] \qquad (4.111)$$

在对数概率曲线中，该函数所画的是一条直线，如图 4.51（$A_{dB} = 10\lg\sigma$）所示。无论是对于电压包络还是截面积，采用图 4.51 中给出的 0.5 和 0.9999 的累积概率点关系，该直线都非常容易确定。从杂波的后向散射系数的知识中可以确定截面积的均值或中值。

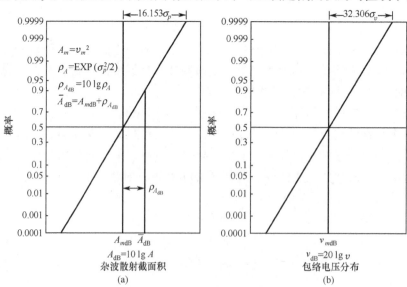

图 4.51 对数—正态杂波模型[19]

对数—正态杂波的特性常常根据它的原正态分布给出。从图 4.51 可以看出，对数—正态杂波分布可以表示为

$$p_N(A_{dB}) = \frac{1}{\sqrt{2\pi}\sigma_{dB}} \exp\left[-\frac{A_{dB}^2}{2\sigma_{dB}^2}\right] \tag{4.112}$$

式中

$$A_{dB} = 10\lg\frac{\sigma}{\sigma_m} \tag{4.113}$$

通过式(4.113)将式(4.112)转化为式(4.108)的形式，可得出

$$\sigma_p = 0.2303\sigma_{dB} \tag{4.114}$$

利用式(4.114)，可以将对数—正态参数与自然单位(σ_{dB})联系起来。

表4.24给出了各种类型的杂波的一些已经报道的σ_p值。对于MTI工程，对数—正态杂波模型采样的相关性非常重要。将式(4.86)的多维高斯分布通过指数非线性化，可获得对数—正态模型的一个完备特征。文献[59]对此进行了研究，并给出了与多维高斯分布相关的均值和协方差矩阵的详细说明。高斯协方差矩阵(m_{xij})和对数—正态协方差矩阵($m_{\ln(ij)}$)中各元素的关系为

$$m_{xij} = \ln\left(1 + \frac{m_{\ln(ij)}}{\overline{x_i}\,\overline{x_j}}\right) \tag{4.115}$$

式中：$\overline{x_{ij}}$为对数—正态杂波的平均矢量元素。

表4.24 对数—正态杂波参数

地形或海况	频段	φ	σ_p
海况2–3	X	4.7°	1.382
海况3	K_u	1~5°	1.440~1.960
海况4	X	0.24°	1.548
海况5[a]	K_u	0.50°	1.634
地杂波(离散)	S	低	3.916
地杂波(分布式的)	S	低	1.380
地杂波[a]	$P \sim k_a$	10°~70°	0.728~2.584
雨杂波	X~95GHz	—	0.680
雷达角[a]	—	—	1.352~1.620

将高斯(x_t)通过指数非线性化转换为对数—正态(z_t)变量时，有几个关系式非常有用，$A\exp(\cdot)$为

$$E(z_t) = A\exp\left[\frac{R_x(0)}{2}\right] \tag{4.116}$$

$$R_z(\tau) = A^2\exp[R_x(0) + R_x(\tau)] \tag{4.117}$$

$$C_z(\tau) = A^2\exp[R_x(0)]\{\exp[R_x(\tau)] - 1\} \tag{4.118}$$

式中：$R_x(\tau)$——高斯变量的ACF；

$R_z(\tau)$——对数—正态变量的ACF；

$C_z(\tau)$——对数—正态变量的协方差函数。

4.4.4 杂波的韦布尔表示

韦布尔杂波表示的特点是介于瑞利(韦布尔家族的一员)和对数—正态杂波模型之间。

韦布尔模型已经用于对海杂波和地杂波的建模，与对数—正态模型和瑞利模型相比，它可以在更宽的条件范围内准确表示真实的杂波分布。

图 4.28 展示了在已发表文献上的试验海杂波分布的对数—瑞利概率，图 4.17 给出了地杂波试验数据。直线给出的拟合紧密度表明，数据可以通过韦布尔统计进行较好的建模。此外，随着擦地角的增大，偏斜角减小，表明该分布正在逼近瑞利分布。

对对数—正态模型的两种杂波模型理解同样适用于韦布尔杂波模型。对于 MTI 系统，两种理解可能导致不同的结果，但是目前还没有一个准则可以给出一个清楚的选择。

在韦布尔杂波模型中，包络检测器的输出电压利用中值 v_m 归一化后，第一概率分布可以表示为

$$p_v(R) = \alpha \cdot \ln2 \cdot R^{\alpha-1} \exp(-\ln2 \cdot R^\alpha), \quad R > 0 \tag{4.119}$$

式中：$R = v/v_m$，参数 α 为与分布的偏斜度有关的参数。

通过转换式 $\sigma = v^2$，可得到相应的杂波截面积 σ 的幅度 pdf：

$$p_A(\sigma_c) = \beta \cdot \ln2 \cdot \sigma_c^{\beta-1} \exp(-\ln2 \cdot \sigma_c^\beta), \quad \sigma_c > 0 \tag{4.120}$$

式中：$\sigma_c = \sigma/\sigma_m$，$\beta = \alpha/2$，$\sigma_m$ 为杂波截面积的中值。

杂波截面积的均值如下：

$$\overline{\sigma} = \frac{\sigma_m \Gamma\left(1 + \frac{1}{\beta}\right)}{(\ln2)^{1/\beta}} \tag{4.121}$$

以分贝尺度为单位，分布函数与杂波截面积的对应关系为

$$\sigma_{dB} = \sigma_{mdB} + \frac{1.592}{\beta} + \left(\frac{\beta}{10}\right)\lg\left\{\ln\left[\frac{1}{(1-P_A(\sigma))}\right]\right\} \tag{4.122}$$

在对数—瑞利概率平面内，该函数所绘制的是一条直线。通过绘制 0.5 概率点，有

$$\sigma_{dB} = \sigma_{mdB} \tag{4.123}$$

而 0.9999 概率点处为

$$\sigma_{dB} = \sigma_{mdB} + \frac{11.235}{\beta} \tag{4.124}$$

该直线非常容易得到。

在表 4.25 中给出了一些已经公开发表的韦布尔模型参数的取值。韦布尔杂波分布有时也用斜率参数（α）的形式定义，斜率参数（α）的表达式为

$$\alpha = \frac{1}{\beta} \tag{4.125}$$

表 4.25 韦布尔杂波参数

地形或海况	频段	波束宽度/(°)	擦地角/(°)	脉冲宽度/μs	β
落基山脉	S	1.5	—	2	0.256
植被覆盖的山	L	1.7	≈.05	3	0.313
树林	X	1.4	0.7	0.17	0.253~0.266
耕地	X	1.4	0.7~5	0.17	0.303~1
海况 1	X	0.5	4.7	0.02	0.726
海况 2	K_u	5	1~30	0.1	0.58~0.8915

对于 MTI 工程，韦布尔杂波模型采样间的相关性很重要。通过下面的转换，可建立韦布尔分布的相关矩阵与高斯分布的相关矩阵的关系。一个瑞利矢量（V）通过两个零均值独立高斯矢量 X 和 Y 表示为

$$V_i = \sqrt{X_i^2 + Y_i^2} \tag{4.126}$$

瑞利矢量到韦布尔矢量 R 的转换可通过下式实现：

$$r_i = v_i^{2/\alpha} \tag{4.127}$$

高斯矢量相关矩阵 m_{xij} 的元素与韦布尔矢量（s_{ij}）相关矩阵的关系为

$$s_{ij} = \left\{ \frac{\Gamma^2\left(1+\frac{1}{\alpha}\right)}{\Gamma\left(1+\frac{2}{\alpha}\right) - \Gamma^2\left(1+\frac{1}{\alpha}\right)} \right\} \cdot \left[{}_2F_1\left(-\frac{1}{\alpha}, -\frac{1}{\alpha}, m_{xij}^2\right) - 1 \right] \tag{4.128}$$

式中：${}_2F_1$ 为超几何函数。

4.4.5 杂波的 K 分布表示

杂波的 K 分布表示已经用于对地杂波和海杂波回波的包络检测建模。K 分布与韦布尔分布（见4.1.2.2节）类似，其拖尾区域的取值介于瑞利分布（与韦布尔一样，是 K 分布家族的一员）和对数—正态分布之间。K 分布的表示来源于一个复合结构，该结构假设杂波可以用一个具有变化的均值的高斯过程。并进一步假设均值波动起伏非常慢，因此在雷达信号处理器的处理时间内该值是固定的。这样就可以采用高斯（瑞利包络）统计来分析系统性能，然后通过对所有可能均值进行求平均从而得到对 Swerling 起伏目标的检测性能。因此，虽然杂波后向散射系数的整体概率分布为 K 分布，但实际上一般根据联合分布进行分析，该联合分布包括用于快速起伏分量的瑞利包络和用于慢起伏均值的卡方分布。

在均值 $y = \sqrt{\pi/2}\sigma$ 一定的条件下，K 分布电压包络的瑞利 pdf 为

$$p(v|y) = \frac{\pi v}{2y^2}\exp\left(-\frac{\pi v^2}{4y^2}\right), \quad v \geq 0 \tag{4.129}$$

式中：$\sqrt{2}\sigma$ 为与此分量对应的杂波功率的标准差。

K 分布 pdf 代表了均值水平的起伏，可以表示为

$$p(y) = \frac{2b^{2v}}{\Gamma(v)}y^{2v-1}\exp(-b^2y^2), \quad y \geq 0 \tag{4.130}$$

式中：v——形状参数；

b——尺度参数。

杂波包络的 K 分布 pdf 为

$$p(v) = \frac{4c(cv)^v K_{v-1}(2cv)}{\Gamma(v)} \tag{4.131}$$

式中：c——尺度参数，$c = \sqrt{\pi/4}\,b$；

v——形状参数；

$K_{v-1}(\cdot)$——$v-1$ 阶修订贝塞尔函数。

$p(v)$ 的第 n 阶矩可以表示为

$$E(v^n) = \frac{\Gamma\left(v+\frac{n}{2}\right)\Gamma\left(1+\frac{n}{2}\right)}{c^n \Gamma(v)} \tag{4.132}$$

因此，杂波功率由 $p_c = E(v^2) = v/c^2$ 给出。可通过转换式 $p = v^2$ 计算得到杂波功率的 pdf：

$$p(p) = \frac{2c^{v+1}p^{v-1/2}K_{v-1}(2c\sqrt{p})}{\Gamma(v)} \quad (4.133)$$

杂波功率的累积概率分布函数与杂波的后向散射系数 σ^0 成正比，其表达式如下：

$$P(p) = \frac{1 - 2c^v p^{v/2}K_v(2c\sqrt{p})}{\Gamma(v)} \quad (4.134)$$

对于大多数杂波，形状参数 (v) 的值为 $0.1 < v < \infty$，较小值 ($v \to 0.1$) 对应的是具有高拖尾的杂波，而当 v 趋近于 ∞ 时，杂波分布接近瑞利分布。试验已经证明，对于低擦地角 ($\phi = 1° \sim 5°$) 情况下的高精度 ($\tau = 70 \sim 270$ns) 海杂波数据[46]，v 的取值为 $0.1 \sim 3$，还可以给出 K 分布的各阶矩界于瑞利分布和对数—正态分布之间[61]。

例 16 雷达杂波分布的仿真[62]

在 MTI 雷达的分析或设计中都隐含有杂波模型的假设。杂波模型的功能是对随机杂波过程建模，只有通过这样的方式才可以确定系统性能。理想情况下，模型能够非常理想地精确反映杂波过程。实际上，杂波数据库还非常少，所以难以完成上述目标，而且杂波建模时还要在准确表示和便于解析两方面进行折中。

传统上，采用瑞利模型来表征杂波。但是，试验数据表明，实际的杂波比该模型具有更大的动态范围。现在，韦布尔分布、对数—正态分布和 K 分布模型已经用于雷达杂波的建模。韦布尔分布和 K 分布模型的优点在于，瑞利模型为这两种模型的特例。对数—正态模型一般会高估杂波的动态范围。

杂波 RCS 的累积概率分布可以用表 1.6 中所给出的模型进行描述。MATLAB 程序 rad_clt_plot.m 可以对这些分布进行画图，结果如图 EX - 16.1 所示。这些模型中所用的参数为高精度 3 级海况下海杂波的近似结果。韦布尔分布 ($\beta = 0.5$) 和 K 分布 ($v = 0.3$) 非常相近。正如期望的一样，对数—正态分布的动态范围最大。

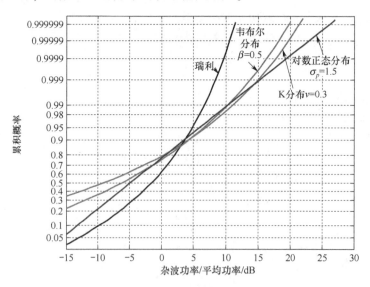

图 EX - 16.1 用于杂波模型的概率分布

在雷达仿真中所用的大部分随机变量都可以通过变换方法生成[63]。为应用该方法，在一般情况下必须可以得到随机变量 x 的累积概率分布 $P(x)$，而且 $P(x)$ 是可逆的。为了理解该方法，首先要明白 $P(x)$ 是一个非递减的函数，其取值范围为 0～1。如果想象一个 $P(x)$ 的曲线，它是 x 的函数，其坐标轴指向一个均匀随机分布变量 u，变化区间为 0～1，对 u 值的每一次随机样本，可用来找到一个对应的随机变量 x 的值。然后，随机值 x 的分布与累积概率分布 $P(x)$ 相对应。

给出该方法的一个例子，考虑一个指数分布为

$$P(x) = 1 - \exp(-\alpha x)$$

令 $P(x) = u$，则可以解出

$$x = \frac{-\ln(u)}{\alpha}$$

式中：$(1-u)$ 和 u 都可以认为是在区间 0～1 之间的均匀随机变量。

表 EX-16.1 给出了一些雷达杂波分布，这些分布都可以用在 0～1 区间内均匀分布的随机变量 u 和 v 进行仿真[62]。在 MATLAB 中，均匀随机分布变量可以用随机函数 rand 生成，高斯分布随机变量可以用 randn 生成。

表 EX-16.1　采用转换方法的雷达杂波仿真

分布	参数	仿真取值
高斯	$N(0,\sigma)$ $E(x,y)=0$ $N(m,\sigma)$	$x = \sigma[-2\ln(u)]^{1/2}\cos(2\pi v)$ $y = \sigma[-2\ln(u)]^{1/2}\sin(2\pi v)$ $x_m = m + \sigma[-2\ln(u)]^{1/2}\cos(2\pi v)$
瑞利	σ	$x_R = \sigma[-2\ln(u)]^{1/2}$
指数	α	$x_E = \dfrac{[-\ln(u)]}{\alpha}$
韦布尔	R_m,β	$x_W = R_m\left[\dfrac{-\ln(u)}{lun2}\right]^{1/2\beta}$
对数—正态	σ	$x_{LN} = \exp(x)$

假定瑞利变量的均值服从卡方或根伽马分布，得到服从 K 分布的杂波。但是，卡方分布不可逆，因此不能采用转换方法生成。但是，由于概率密度已知，它可以通过排除法生成[64]。

在排除法中，选择一个可逆的对照函数 $f(t)$，在所有位置上 $f(t)$ 都位于要产生的变量的 pdf $p(t)$ 之上。其次，从对照函数中产生一个测试随机变量 (t)，从而可得出一个 $q = f(t)/p(t)$ 的比值。然后，产生一个 0～1 之间的均匀偏差，如果小于 q，就接受测试随机变量，否则的话就排除该变量。

在 MATLAB 程序 knoise.m 中，给出了一个 v 阶的伽马随机偏差生成算法。该算法首先利用对数法生成一个 k（整数）阶的伽马随机变量，并利用排除法生成一个 $a = v - k < 1$ 的第二伽玛随机变量。整个的伽玛偏差为两个伽玛随机变量之和。通过将对照函数分割为如下的子域：

$$f_1(t) = \frac{t^a - 1}{\Gamma(a)}; \quad 0 \le t \le 1$$

$$f_2(t) = \frac{e^{-t}}{\Gamma(a)}$$

可以提高仿真的效率。

通过采用下面的转换式,可以得到卡方或根伽玛随机变量 u,即

$$u = \frac{\sqrt{t}}{b}$$

式中:杂波功率为 $p_c = 2v/b^2$。

为了说明如何利用该方法来简化复杂雷达检测问题的仿真,给出一个雷达仿真示例,该雷达主要用于检测海杂波中的小目标[62]。这一类雷达大部分的工作原理都一样。它们发射一个宽频带信号,具有很高的分辨率范围,能够尽量接近目标的物理尺寸。用一个快速扫描天线(150~300r/min)对目标和杂波回波按照每次扫描一次采样的速率进行采样,由于扫描间,杂波回波的采样不相关,而目标回波采样依然相关,因此可以采用扫描间的积累提取出目标。

最难建模的部分是雷达杂波。随着雷达分辨率的提高,个别海浪面反射的幅度很大,称为海浪尖峰,它明显超出了目标回波。合成的表面模型给出了这样一个假定:海杂波是多个小海浪面反射的综合作用的结果,这些海浪面是在浪涌结构调制下产生的。每一个分量的响应随着雷达频率的变化而变化。

虽然海杂波的这种表示方式能够准确地表示试验测量的海杂波的统计状态,但是其特性却难以量化分析。幸运的是,可以通过模拟其物理模型而相对直接的仿真海杂波的这种形态。采用这方法还有一个优点,无论是频率变化还是高分辨率范围对最大检测距离的影响都已经自动地包含在了该模型中。

为仿真该检测问题,对接收机热噪声中的 K 分布杂波电压进行了仿真,用 MATLAB 程序实现:

$$r_n = \sqrt{\frac{ux^2 + P_n}{2}} * (-2 * \ln(\text{rand}))^{1/2}$$

式中:rand——0~1 之间的均匀分布随机变量;

ux——根伽玛(卡方)变量;

P_n——噪声功率。

用 MATLAB 表示的干扰的同相和正交分量为

$$x_i = r_n * \cos(2\pi * \text{rand})$$
$$x_q = r_n * \sin(2\pi * \text{rand})$$

从而可得信号与干扰叠加后的随机变量为

$$r_s = \sqrt{(v_s - x_i)^2 + x_q^2}$$

式中:v_s 为固定或起伏目标随机变量。

图 EX16-2 画出了由 MATLAB 仿真程序生成的时间连续 K 分布杂波和接收机噪声。可以明显看出海杂波存在很多尖峰。还可以得出,当目标的幅度明显小于海杂波尖峰脉冲时,检

测小起伏目标将非常困难。

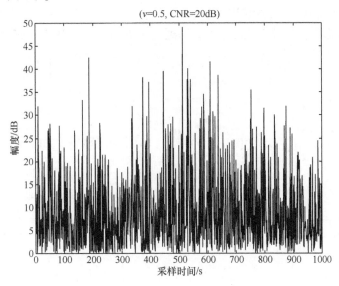

图 EX-16.2 接收机噪声中 K 分布杂波的仿真结果

4.5 杂波模型环境

本节将描述两种杂波模型环境,分别用以表示空基搜索雷达(IIT 模型)和地基搜索雷达所见。

4.5.1 IIT 雷达杂波模型

利用空基对地雷达,基于大量的数据分析,开发了 IIT 模型,IIT 模型是一种更加综合的杂波模型。该模型主要用于杂波的空间分布,不能直接给出杂波回波中的固有变化或诱发变化。

IIT 模型将雷达地杂波由两个分量相加组成:分布杂波和离散杂波。第一个表示自然环境地物的回波,第二个对应于物理上独立且明显的人造地物回波。

完整的模型主要用于计算机仿真,对于人工计算来说过于复杂。本节后续的内容,主要对模型进行了一个整体的描述,使大家理解杂波建模,并给出了可以用于简单计算的近似方法的基础。读者如果需要给模型的完整描述,可以参考文献[20]。

分布杂波单位面积上的后向散射截面积 σ^0 是频率、极化、掠射角、地形和环境因素的函数。前四个要素是确定性的,而环境因素是随机的,其在擦地角的变化上会有所反映。

图 4.8 和图 4.11 给出了各种地形的平均后向散射系数随擦地角的起伏变化曲线。由于数据库中的不确定性远大于由这些参数引起的变化,因此图 4.8 中给出的数据与频率和极化无关。对于沙地来说,由频率引起的变化是非常显著的,因此,应该包含在模型中。

到达雷达的瞬时杂波功率与有效杂波截面积成正比,其概率分布为

$$p_p(\sigma) = \frac{1}{\overline{\sigma}} \exp\left(\frac{-\sigma}{\overline{\sigma}}\right) \tag{4.135}$$

因子 $\overline{\sigma}$ 为随机变量,其值取决于杂波空间分布特性,其表达式为

$$\overline{\sigma} = \overline{\sigma^0}(x,y) A_c \tag{4.136}$$

式中:$\overline{\sigma^0}(x,y)$——空间相关杂波后向散射系数;
A_c——雷达分辨率单元的截面积。

对于空间参数的任意固定点(x_0,y_0),可通过下式所示的对数—正态分布中选取:

$$P_N(\sigma_{dB}^0) = \frac{1}{\sqrt{2\pi}s_0}\exp\left[-\frac{1}{2}\left(\frac{\sigma_{dB}^0 - \overline{\sigma_{dB}^0}}{s_0}\right)^2\right] \quad (4.137)$$

式中

$$\sigma_{dB}^0 = 10\lg\sigma^0 \quad (4.138)$$

s_0为σ_{dB}^0的标准差。$\overline{\sigma^0}$项在前面的图4.8和图4.11中已经给出,s_0可表示为

$$s_0 = \sqrt{s_1^2 + s_2^2} \quad (4.139)$$

式中:s_1和s_2分别在图4.52和图4.53中进行了定义,$\overline{\sigma_{dB}^0}$和s_0都是擦地角和地表类型的函数。

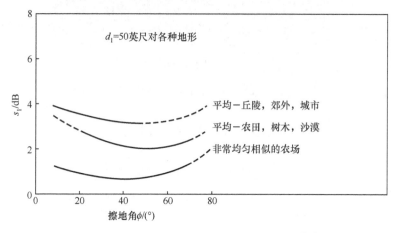

图4.52 各种地形的短距离空间相关标准差[20]

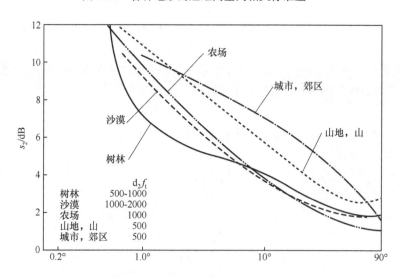

图4.53 长距离空间相关标准差[20]

作为开发给模型的一个中间步骤,假设地形分成一个棋盘格的样式。棋盘格的每一个单元格都通过一个相关距离(d)来进行定义,可以将$\sigma^0(x_0,y_0)$的值应用到相关距离上。用于式(4.136)的后向散射系数均值$\overline{\sigma^0}(x,y)$是通过对包含在雷达分辨率单元的所有棋盘格单元

进行积累得到的。为了得到较高的精确度,将用雷达的双程天线方向图对窗口的某个维度进行幅度加权。

当雷达天线进行扫描,或者雷达位于移动的平台上时,新的棋盘单元格进入到雷达分辨率窗口,而旧的被丢掉。因此,引起了雷达杂波统计特性的时间起伏,对应于杂波的相关特性。

模型的下一步改进增加了一个三角相关函数,它贯穿于每一个棋盘单元格。该空间 ACF 如下:

$$r(\Delta x, \Delta y) = \frac{\exp[(0.2303s_0)^2 \rho_{12}^2(\Delta x, \Delta y)] - 1}{\exp[(0.2303s_0)^2] - 1} \quad (4.140)$$

式中

$$\rho_{12}^2(\Delta x, \Delta y) = \rho(\Delta x)\rho(\Delta y) \quad (4.141)$$

$$\rho(\Delta z) = 1 - \left|\frac{\Delta z}{d}\right|; \quad \left|\Delta z = \sqrt{(\Delta x)^2 + (\Delta y)^2}\right| \leq d \quad (4.142)$$

$$= 0; \quad |\Delta z| > d$$

d 为相对距离。

对计算机仿真,模型在地形上的任一点可以通过下式来产生:

$$\sigma_{dB}^0(x,y) = \overline{\sigma_{dB}^0} + s_0 U_0(x,y) \quad (4.143)$$

式中:$U_0(x,y)$ 为二维高斯随机过程的相关、零均值、单位方差采样函数。对于生成 $U_0(x,y)$,有现成的标准计算程序。对于本模型来说,应当采用图 4.54 中 $d = d_2$ 时的值。

对合成孔径雷达(SAR)数据[20]的分析表明,要准确地描述杂波,需要对模型的 ACF 进一步改进。在图 4.54 中所示修正 ACF 是一个指数函数的二段近似。第一相关距离(d_1)可用于快速去相关,第二相关距离(d_2)更长,表示了一种长期的相关性。相比较于城市或山区等起伏变化剧烈的地形,农田和林地等均匀变化地形的(d_2)的值更长。

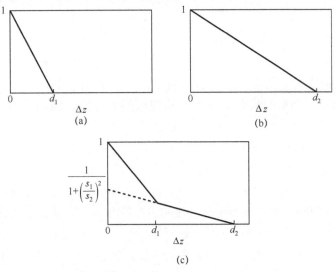

图 4.54 长、短空间协方差的协方差函数[20]

(a) $U_1(x,y)$ 的协方差函数;
(b) $U_2(x,y)$ 的协方差函数;
(c) $\sigma_{dB}^0(x,y) = \overline{\sigma_{dB}^0} + s_1 U_1(x,y) + s_2 U_2(x,y)$ 的标准协方差。

对计算机仿真，式（4.143）修改为

$$\sigma_{\mathrm{dB}}^{0}(x,y) = \overline{\sigma_{\mathrm{dB}}^{0}} + s_1 U_1(x,y) + s_2 U_2(x,y) \tag{4.144}$$

式中：s_1 和 s_2 在图 4.52 和图 4.53 中给出；$U_1(x,y)$ 和 $U_2(x,y)$ 是来自于二维高斯过程中相关、零均值、单位方差采样函数。

离散杂波的幅度概率分布可以用对数—正态分布表示，表达式如下：

$$p_N(A_{\mathrm{dB}}) = \frac{1}{\sqrt{2\pi}s_d}\exp\left[-\frac{1}{2}\left(\frac{A_{\mathrm{dB}} - m_d}{s_d}\right)^2\right] \tag{4.145}$$

$$A_{\mathrm{dB}} = 10\log A_d \quad [\mathrm{dBsm}] \tag{4.146}$$

式中：s_d —— A_{dB} 的标准差；
m_d —— A_{dB} 的中值；
A_{dB} —— A_d 相对于截面积为 $1\mathrm{m}^2$ 的 dB 值。

$s_d \approx 5\mathrm{dB}$。m_d 的值在图 4.55 中给出，位于 $10^2 \sim 10^6 \mathrm{m}^2$ 的区间内，服从三角概率分布。

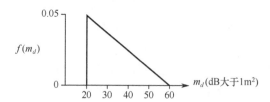

图 4.55　离散杂波的概率分布律[1]

4.5.2　搜索雷达模型环境

对地对空搜索雷达，存在许多环境模型假定[5,65]。基于这些模型可以得到一系列的雷达回波，这些雷达回波与地面对空搜索雷达显示器上面最常见的回波是对应的。该环境包含了地杂波、海杂波、雨杂波以及诸如鸟、地面车辆等产生的假目标在雷达显示屏上形成的干扰。

各种雷达设计方案在竞争时，模型环境使它们在标准的干扰下进行比较。该环境具有这样的特性：在覆盖区域内的一些点是期望的目标，但是没有被检测到，而另外一些点却形成了虚警。虚警通常被认为是一种非常严重的问题，因为它们可能引起雷达数据处理功能模块（雷达显示或自动检测设备）过载，从而限制其性能。因此，消除虚警通常是优先级最高的。

对空搜索雷达的模型环境见表 4.26[5] 所列。该模型关注的重点是雷达信号处理器，而不是一种典型的环境类型。在该模型中，地杂波通过点面反射体来表示，其幅度变化从 $10 \sim 10^4 \mathrm{m}^2$，这些点随机分布在 $0° \sim 180°$ 的扇区内，半径 40km。如果在雷达的作用范围内，其周围完全被地面物体所包围，那么其覆盖的方位角将扩展为 $360°$，而反射体的密度相同。

另外一个备选模型用分布式的方式[65]表示地杂波，在该模型中，每个分辨率单元的 RCS 取决于该单元的尺寸，该尺寸通过半功率方位角波束宽度（θ_{az}，单位为°）乘以脉冲宽度（τ，单位为 s）得到。θ_{az} 取值范围为 $0.4° \sim 4°$，τ 的取值范围为 $0.1 \sim 10\mu\mathrm{s}$，服从对数—正态概率分布，线性极化的参数在表 4.27 中给出。在每种情况下，分布不大于 50dBsm。圆极化情况下 RCS 减少 3dB，杂波回波与频率不相关。速度谱为高斯型，速度的均值为零，标准差为 0.3m/s。

表 4.26 对空搜索雷达模型环境

回波	横截面积		方位角/°	距离/km	径向速度/(m/s)	高度/m
	数量	每一个的 σ				
陆地： 均匀分布在 区域内的固定点	450 900 4500 6800	10^4 10^3 10^2 10	0~180	0~40	0	（地面）
海洋（海况4）	$\sigma^0 = 3 \times 10^{-5}$	(m^2/m^2)	180~360	0~20	2~4	（海面）
降雨/(mm/h)	频率 1300 3000 5000 10000	$\eta(m^2/m^3)$ 2×10^{-10} 5×10^{-9} 5×10^{-8} 5×10^{-7}	-25~25	20~40	0~30	500~2000
鸟	鸟的数量 2000	每一只鸟的 $\sigma(m^2)$ 10^{-2}	0~360	0~50	15	200
车辆	车的数量 50	每一辆车的 $\sigma(m^2)$ 1	0~180	0~40	15	（地面）

在模型中，第二个180°方位扇区主要是针对海杂波的，并延伸雷达地平线（天线高度为20m），地平线大约相距20km。假定海况条件为4，并有一个与2~4m/s的径向速度相对应的频谱扩展。

为表示在雷达覆盖范围内的降雨，设在30°扇区内，20~140km范围内降雨率为4mm/h。在500~2000m海拔高度出现最高降雨密度时，此处的径向速度范围为0~30m/s（取决于风速，径向速度展宽会带来相应的频谱扩展。需要注意的是后向散射系数 η 是雷达发射频率的强相关函数，因此对应不同的雷达频段给出了不同的值。

表 4.27 对数—正态地杂波的模型参数

$\theta_{az}\tau/((°)\cdot s)$	中值/dBsm	标准差/dB	受杂波影响的分辨率单元的数量
10^{-5}	0	20	5×10^3
10^{-6}	-15	20.1	5×10^4
10^{-7}	-30	20.8	5×10^5

可以替换的参数包括[65]，不同降雨率下受降雨影响的雷达范围，见表4.28所列。降雨持续时间是任意一个地方一年中的最大值。降雨的后向散射系数为 $\bar{\eta} = 7 \times 10^{-48} \cdot f^4 \cdot r^{1.6}[m^2/m^3]$，$f$ 为频率，单位为 Hz，r 为降雨率，单位为 mm/h。降雨的速度谱为 $[1 + (7.3 \cdot 10^{-3} \cdot k \cdot R \cdot \phi_{el2})]^{1/2}[m/s]$，$k$ 为穿过垂直波束的风切变，单位为 $(m/s) \cdot km$，R 为距离，单位为 m，ϕ_{el2} 为垂直双程半功率波束宽度，单位为度。降水的平均下落速度取决于风速，随高度发生变化，在表4.29中以表格的形式给出。

表 4.28 降雨量与降雨率的函数关系

降雨率/(mm/h)	直径/km	最大高度/km	最大持续时间/hr
2	300	4	13
4	45	4	5
8	35	8	1.8
16	20	8	0.6
32	8	8	0.2
64	1	8	0.06

表4.29 风速随高度变化关系

高度/km	风速超出百分比（%时间）		
	50%/（m/s）	10%/（m/s）	1%/（m/s）
地面	5	9	13.5
2	11.5	21	31
4	13.5	24.5	36
6	18.5	34	50
8	23.5	43	63

对低重频对空搜索雷达，鸟类是运动杂波的一个来源。该模型随意设置了2000只鸟，均匀分布在0～50km的所有方位上。每一只鸟的RCS很小，为0.01 m^2，因此只有灵敏度高的用于搜索小目标的雷达才会受到该杂波源的影响。假设每一只鸟的最大飞行高度为200m，径向速度在±15 m/s之间随机分布。

通过使用鸟类学数据[66]对离雷达一定距离内的鸟的数量分布进行了建模。鸟的密度是一个随机变量，它取决于多个因素，包括鸟群的迁移样式。鸟的分布模型在表4.30中给出。需要注意的是在备选的搜索模型中所用到的鸟的数量（2000），约对应于鸟的分布模型的百分之50对应的点。

表4.30 鸟的分布模型

观测百分比/%	鸟的密度/（每 mi^2）
36.2	无
50	3
90	48
99	400
注 $1mi^2 = 2.59km^2$	

像汽车这种地面移动车辆可能会影响低-PRF对空搜索雷达，是雷达回波的另外一个源。给定50辆车，均匀分布在地面杂波区域，径向速度在±15 m/s之间随机分布。L频段搜索雷达采用MTI对车辆回波进行观测，观测到的50km范围内的显示图像如图4.56所示。

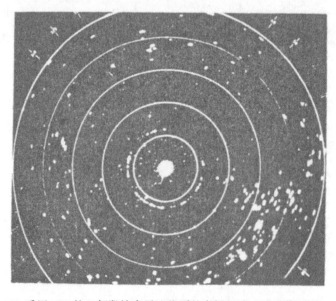

图4.56 采用MTI的L频段搜索雷达收到的车辆回波，显示范围为50km[5]

如果待评估雷达接收到的辐射信号来自于和它相似的雷达，它们之间的参数有小的差异，那么干扰就可能存在。出于这一目的，给定四部干扰雷达，每一部雷达都位于 LOS 内，处于最大作用距离一半的位置。PRF 稍有不同，四部干扰雷达的中心频率和待评估雷达载频相差 2%、4%、6% 和 8%。这种类型的干扰产生了所谓的"兔子"（rabbits），它按照一定的速率移动，该速率取决于待评估雷达与干扰雷达的 PRF 之间的差异。假定某 L 频段搜索雷达其作用距离为 50km，它接收到的干扰雷达和地杂波的回波如图 4.57 所示。

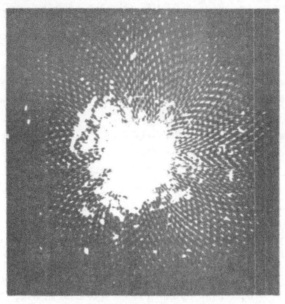

图 4.57　L 频段搜索雷达接收到的干扰和地杂波[5]

参 考 文 献

[1] Greenstein, L., A. Brindley, and R. Carlson, A comprehensive Ground clutter Model for Airborne Radar, Overland Radar Technology Program Report, IIT Research Institute, Chicago, September 1969.

[2] Skolnik, M. I., Introduction to Radar systems, 3rd ed., New York: Mcgraw – Hill, 2011.

[3] Barton, D. K., and W. Shrader, "Interclutter Visibility in MTI Sytems". IEEE EASCON Record, Washington, D. C., 1969, pp. 294 – 297; also in D. K Barton, (ed.) Radar Clutter Vol. 5 of Radars, Deham, MA: Artech House, 1977.

[4] Long, M. W., Radar Reflectivity of Land and Sea, Deham, MA: Artech House, 1983.

[5] Ward, H., "A Model Environment for Search Radar Evaluation", IEEE EASCON Record, Washington, D. C., 1971, pp. 164 – 171; also in D. K Barton, (ed.) Radar Clutter Vol. 5 of Radars, Deham, MA: Artech House, 1977.

[6] Barton, D. K., "Land Clutter Models for Radar Design and Analysis", Proc. IEEE, Vol. 73, No. 2, February 1985, pp. 198 – 204.

[7] Nathanson, F., Radar Design Principles, 2nd ed., Mendham, NJ: SciTech, 1999.

[8] Barton, D. K., Modern Radar System Analysis, Norwood, MA: Artech House, 1988.

[9] Durlach, N., Influence of the Earth's Surface on Radar, Technical Report 373, AD 627635, MIT Lincoln Laboratory, January 1965.

[10] Blake, L. V., Radar Range – Performance Analysis, Artech House, Norwood, MA, 1986.

[11] Boothe, R., The Weibull Distribution Applied to Ground Clutter Backscatter Coefficient, Report RE – TR – 69 – 15, U. S. Army Missile Command, Huntsville, AL, June 1969; also in D. C Schleher, (ed.), Automatic Detection and Radar Data Processing, Dedham, MA: Artech House, 1980.

[12] Hayes, R., and F. Dyer, Land Clutter Characteristics for Computer Modeling of Fire control Radar Systems, EES/GIT Project A

-1485, AD 912490490, Georgia Institute of Technology, Atlanta, GA, May, 1973.

[13] Barton, D. K., (ed.), Radar Clutter, Vol. 5 of Radars, Dedham, MA: Artech House, 1975.

[14] Posner, F., "Spiky Sea Clutter at High Range Resolutions and Very Low Grazing Angles", IEEE Trans. On Aerospace and Electronic System, Vol. AES-38, No. 1, January 2003, pp. 58-73.

[15] Baker, C., "K-Distributed Coherent Sea Clutter," IEE Proc., Vol. 138, Pt. F, No. 2, April 1991, pp. 89-92.

[16] Billingsley, J., et al., "Impact of Experimentally Measured Doppler Spectrum of Ground Clutter on MTI and STAP," Radar-97, IEE Int. Radar Conference, Edinburgh, Scotland, 1997, pp. 290-294.

[17] Lombardo, P., and J. Billingsley, "A New Model for the Doppler Spectrum of Windblown Radar Ground Clutter," Proc. IEEE National Radar conference, Boston, MA, April1999, pp. 142-147.

[18] Billingsley, J., Low Angle Land Clutter Models, Norwich, NY: William Andrew Publishing, 2002.

[19] Schleher, D. C., (ed.), MTI Radar, Dedham, MA: Artech House, 1978.

[20] Kazel, S., et al., Extensions to The ORT Clutter Model, IIT Research Institute, Chicago, June 1971.

[21] Currie, N. C., and S. Zehner, "Millimeter Wave Land Clutter Model" Proc. IEE Int. Radar Conference, London, October 1982, pp. 385-389.

[22] Barton, D., and W. Barton, Modern Radar System Analysis Software, Version 2.0, Norwood, MA: Artech House, 1993.

[23] Nathanson, F., Radar Design Principles, 1st ed., New York: McGRAW-Hill, 1969.

[24] Eaves, J., and E. Reedy, Principles of Modern Radar, New York: Van Nostrand Reinhold, 1987.

[25] Morchin, W., Airborne Early Warning Radar, Norwood, MA: Artech House, 1990.

[26] Hou, X., and N. Morinaga, "Detection Performance in K-Distributed and Correlated Rayleigh Clutter," IEEE Trans. On Aerospace and Electronic System, Vol. AES-25, No. 5, September 1989, pp. 634-642.

[27] Simkins, W., V. Vannicola, and J. Ryan, Seek Igloo Radar Clutter Study, RADC-TR-338, ADA047897, Griffiss AFB, New York, October, 1977.

[28] Trunk, G., and S George, "Detection of Targets in Non-Gaussian Sea Clutter," IEEE Trans. On Aerospace and Electronic System, Vol. AES-6, No. 5, September 1970, pp. 620-628; also in D. K. Brton, (ed.) Radar Clutter, Vol. 5 of Radars, Dedham, MA: Artech House, 1977.

[29] Lay, R., J. Taylor, and G. Brunins, "ARSR-4: Unique Solutions to Long-Recognized Radar Problems," Proc. IEEE Int. Radar Conference, Washington, D. C., May 1990, pp. 6-11.

[30] Schleher, D. C., MTI and pulsed Doppler Radar, Norwood, MA: Artech House, 1991.

[31] Currie, N. C., F. Dyer, and R. Hayes, Radar Land Clutter Measurement at 9.5, 16, 35 and 95 GHz, Technical Report 3 DAA 25-73-0256, Georgia Institute of Technology, Atlanta, GA, March 1975.

[32] Petts, G., "Radar Systems" in Handbook of Electronic System Design, C. Harper, (ed.), New York: McGraw-Hill, 1980.

[33] Guinard, N., and J. Daley, "An Experimental Study of a Sea Clutter Model," Proc. IEEE Vol. 58, No. 4, April 1970, pp. 543-550; also in D. K. Barton, (ed.), Radar Clutter, Vol. 5 of Radars, Dedham, MA: Artech House, 1977.

[34] Daley, J., W. Davis, and N. Mills, Radar Sea Returns in High Sea States, Report 7142, Naval Research Laboratory, September 25, 1970.

[35] Antipov, I., Simulation of Sea Clutter Returns, DSTO-TR-0679, Defence Science and Technology Organisation, Salisbury, South Australia, 1998.

[36] Choong, P. L., Modeling Airborne L-Band Sea and Coastal Land Clutter, DSTO-TR-0945, Defence Science and Technology Organisation, Salisbury, South Australia, March 2000.

[37] Chan, H. C., "Radar Sea Clutter at Low Grazing Angles," IEE Proc., Vol. 137, Pt. F, No. 2, April 1990, pp. 102-111.

[38] Sittrop. H., "On the Sea Clutter Dependency on Windspeed," Radar-77, IEE Conf. Proc., No. 155, London, England, 1977, pp. 110-114.

[39] Watts, S., "A Practical Approach to the Prediction and Assessment of Radar Performance in Sea Clutter," Proc. IEEE Radar Conference, Washington, D. C., May 1995, pp. 181-186.

[40] Reilly, J. P., and G. D. Dockery, "Influence of Evaporation Ducts on Radar Sea Return," IEE Proc., Vol. 137, Pt. F, No. 2, April 1990, pp. 80-88.

[41] Dockery, G. D., "Method for Modelling Sea Surface Clutter in Complicated Propagation Environments," IEE Proc., Vol. 137,

Pt. F, . No. 2, April 1990, p. 73 – 79.

[42] Horst, M., F. Dyer, and M. Tuley, "Radar Sea Clutter Model," Digest of Ins. IEEE AP/SURSI Symposium, College Park, MD, 1978.

[43] Olin, I., "Amplitude and Temporal Statistics of Sea spike clutter," Radar – 82, IEE Conf. Proc., No. 216, London, England, 1982, pp. 198 – 202.

[44] Schleher, D. C., "Radar Detection in Weibull Clutter," IEEE Trans. On Aerospace and Electronic System, Vol. AES – 12, No. 6, September 1976, pp. 736 – 743; also in D. C. Schleher, (ed.), Automatic Detection and Radar Data Procesing, Dedham, MA: Artech House, 1980.

[45] Watts, S., "Radar Detection Prediction in Sea Clutter Using the Compound K – Distributed Model," IEE Proc., Vol. 132, Pt. F, No. 7, December 1985, pp. 613 – 620.

[46] Jakeman, E., and P. Pusey, "Statistics of Non – Rayleigh Sea Echo," Proc. IEE Int. Radar Conference, London, November 1977, pp. 105 – 109.

[47] Barton, D. K., Modern RadarSystem Analysis, 1st ed., Dedham, MA: Artech House, 1964.

[48] Schleher, D. C., Introduction to Electronic Warfare, Dedham, Artech House, 1986.

[49] Kerr. D., Propagation of Short Radar Waves, New York: McGraw – Hill, 1951.

[50] Currie, N. C., F. Dyer, and R. Hayes, "Some Properties of Radar Returns from Rain at 9.375, 3570 and 95GHz," Proc. IEEE Int. Radar Conference, Washington, D. C., 1975, pp. 215 – 220.

[51] Sekine, M., et al., "On Weibull – Distributed Weather Clutter," IEEE Trans. On Aerospace and Electronic System, Vol. AES – 15, No. 6, November 1979, pp. 824 – 830.

[52] Nathanson, F., and J. Reilly, "Radar Precipitation Echoes," IEEE Trans. On Aerospace and Electronic System, Vol. AES – 4, No. 4, July 1968, pp. 505 – 514.

[53] Currie, N. C., F. Dyer, and R. Hayes, Analysis of Radar Rain Return at Frequencies of 9.5, 35, 70 and 95 GHz, Technical Report2, Army Contract DAA 25 – 73 – 0256, Georgia Institute of Technology, Atlanta, February 1975.

[54] Skolnik, M. (ed.), "MTI Radar," Chapter 15 in Radar Handbook, 2nd ed., NewYork: McGraw – Hill, 1990.

[55] Schleher, D. C., Electronic Warfare in the Information Age, Norwood, MA: Artech House, 1999.

[56] Mitchell, P., and R. Short, "How to Plan a Chaff Corridor," in International Countermeasures Handbook, Los Altos, CA: EW Communications, 1979, pp. 382 – 392.

[57] Katzin, M., D. Ringwalt, and T. Weaver, Evaluation of Airborne Overland Radar Techniques and Testing, Vol. II, Clutter Data Appendixes, RTD – TR – 65, Air Force Systems Command, Wright Patterson AFB, Ohio, September 1965.

[58] D. C Schleher, "Harbor Surbeillance Radar Detection Performance," IEEE J. Oceanic Engineering, Vol. OE – 2, No. 4, October 1977, pp. 318 – 325; also in D. C Schleher, (ed.), Automatic Detection and Radar Data Processing, Dedham, MA: Artech House, 1980.

[59] Peebles, P., "The Generation of Correlated Log – Normal Clutter for Radar Simutions," IEEE Trans. On Aerospace and Electronic System, Vol. AES – 7, No. 6, November 1971, pp. 1215 – 1217.

[60] Szajnowski, W., "The Generaton of Correlated Weibull Clutter for Signal Detection Problems," IEEE Trans. On Aerospace and Electronic System, Vol. AES – 13, No5, September 1977, pp. 536 – 540.

[61] Fante, R., "Detection of Multiscatter Targets in K – Distributed Clutter," IEEE Trans. On Antenna and Propagation, Vol. Ap – 32, No. 12, December 1984, pp. 1358 – 1362.

[62] D. C Schleher., "Solving Radar Detection Problems Using Simulation," IEEE AES Systems Magazine, April 1995.

[63] Press, W., et al., Numerical Recipes, New York: Cambridge University Press, 1989.

[64] Knuth, D., The Art of Computer Programming, Reading, MA: Addison – Wesley, 1981.

[65] Edgar, A., E. Dodsworth, and M. Warden, "The Design of a Modern Surveillance Radar,", Proc. IEE Int. Radar Conference, London, October 1973, pp. 8 – 13.

[66] Pollon, G., "Distributions of Radar Angels," IEEE Trans. On Aerospace and Electronic System, Vol. AES – 8, No. 6, November 1972, pp. 717 – 721.

[67] Skolnick, M., (ed.), "Meteorological Radar," Ch. 23 in Radar Handbook, 2nd ed., New York, McGraw – Hill, 1970.

[68] Jones, D., "The Shape of Rain Drops," Circular 77, Journal of Meteorology, Vol. 16, No. 5, October 1959, pp. 504 – 510..

[69] Fishbein, W., S. Graveline, and O. Rittenback, Clutter Attenuation Analysis, Tech. Rep. ECOM-208, U.S. Army Electronics Command, Fort Monmouth, NJ, March 1967 (in D. C Schleher, (ed.), Automatic Detection and Radar Data Processing, Dedham, MA: Artech House, 1980).

[70] Jakeman, E., and P. Pusey, "A Modelfor Non-Rayleigh Sea Echo," IEEE Trans. On Antennas and Propagation, Vol. Ap-24, No. 6, November 1976, pp. 806-814.

[71] Land Clutter Effects on Shipboard Radar, PEO on Theater Air Defense, Department of Navy, Wahsington, D.C., April 11, 1996.

[72] Billingsey, J., and J. Larrabee, Measured Spectral Extent of L- and X-Band Radar Reflction from Wind-Blown Trees, MIT Lincoln Laboratory Rep. CMT-57, Lexington, MA, February 1987.

[73] Dong, Y., Models of Land Clutter vs Grazing Angle, Spatial Distribution-L-Band VV Polarization Perspective, DSTO-RR-0273, Edinburgh, South Australia, March 2004.

[74] D. C Schleher, (ed.), Automatic Detection and Radar Data Processing, Dedham, MA: Artech House, 1980.

[75] Fiszer, M., and J. Gruszczynski, "Russia's Roving SAMs," Journal of Electronic Defense, July 2002, pp. 47-56.

[76] http://enemyforces.com/missies/tor.htm.

[77] http://globalsecurity.org/military/worlds/russia/sa-15.htm.

[78] http://greekmilitary.net/airdefence.htm.

第5章 最优多普勒处理理论

地面雷达和机载雷达大多工作于杂波环境中，杂波信号使得雷达难以检测真正的目标或感兴趣的目标。如果目标相对于杂波是运动的，可以利用目标和杂波的多普勒差异，滤除不需要的杂波分量。多普勒信号处理器就是用来在背景干扰环境中提取目标多普勒频移，典型的背景环境包含雷达杂波和接收机噪声两部分。

在多普勒信号处理器的设计中，可以先忽略干扰背景中的接收机噪声，专注考虑杂波环境效应。此情况下的雷达设计对杂波所处的多普勒谱区域的回波部分进行衰减，处于衰减区域外的信号可以顺利通过。这种类型的多普勒处理器称为动目标显示器MTI，它得到的是一种梳状滤波器，其响应在目标所处的多普勒区域具有平坦的通带而在强杂波区域具有阻带。

MTI在改进系统的信杂比方面是很有效的，但是对改善系统的信噪比却无能为力。这种情况限制了MTI的探测性能，其检测性能等于由标准Marcum-Swerling雷达探测分析[1]所确定的单脉冲探测性能。MTI多普勒处理器很自然逐渐发展成为一种新的方式，就是通过串联积累器来提高信噪比（S/N），进而改善单个处理器的探测性能[2]。

积累器有相参或非相参（检测后处理）两种方式。传统的相干合成滤波器组是通过FFT算法实现的，MTI串接相参积累器的多普勒处理器通常称为脉冲多普勒处理器，处理器的滤波响应是和目标的频谱相匹配的。MTI处理器意味着所有可能的目标多普勒频率都位于处理器的多普勒响应范围内。

与脉冲多普勒处理器相比，MTI串接非相参积累器实现所需的硬件要少很多。这种处理器首先对MTI输出进行包络检波，然后送入视频积累器。然而，经过MTI后，接收机噪声会变得相关了，再进行非相参积累的话，会带来一定的检测损耗[3-6]，随着MTI处理的脉冲数m的增加时，这种损耗也随之增大[5]。这种检测损耗混入了MTI处理后的剩余杂波的影响，在极端情况下，检测损耗可能会抵消由视频信号积累带来的改善[6]。

通过上面的讨论可以看出，MTI串接相参积累多普勒处理器的检测性能要优于MTI串接非相参积累多普勒处理器的性能。同样，通过深入分析任意一个采用批处理的MTI级联积累器表明，MTI处理的m个脉冲中只有一个脉冲在提高处理器信噪比方面发挥作用，说明存在非相干检测损耗[6]。因此，前面给出的多普勒处理器都不能提供最优性能，这促进了最优多普勒处理器广义理论的发展。

首先要考虑的一个基本问题就是在高斯分布的杂波和接收机噪声背景中，如何将n个相干的、携带目标多普勒频移信息的脉冲信号检测出来。由于目标反射回的相干脉冲串的初始相位是不确定的，因此相对于发射波形而言可以视为是随机分布的。

如果目标和干扰信号的所有参数都是已知的，可以运用最优雷达信号处理技术[7]来设计最优处理器，该处理器包含一个复加权（幅度和相位加权处理）横向滤波器，后面连接级联包络检波器。处理器的构建问题就转变为如何得到横向滤波器的最优加权值。因为最优加权值要考虑信号分布，权系数的独立解就会很自然地取决于目标信号所占据的多普勒区域。根据这种理论，在单一的多普勒频率上可以直接设计处理器，称为单点多普勒处理器。由于目标的多普勒频移在大多数情况下是未知的，可以采用横向滤波器组来覆盖感兴趣的频率区域。每个滤波器在中心频率的工作性能最优，而在中心频率以外发生失配。在本章中，探究了这种多普勒处理在不同最优频率响应间的交叠损耗问题。将 MTI 级联相参积累器和单点多普勒处理器进行了比较，MTI 级联相参积累器虽然硬件设备少，但是 MTI 处理器中的 m 个脉冲只有一个脉冲有助于提高处理器的信噪比。

对于探测区域中服从均匀分布的单一多普勒信号，运用最优理论得到此情况下的最优多普勒处理器，即最优正交通道 MTI 多普勒处理器[8-11]。本章不仅给出了最优 MTI 的特性，还与通过二项式加权得到的传统 MTI 对消器进行了性能比较。

相对于多普勒信号的分布，单点多普勒处理器和 MTI 处理器各代表了一种极端情况。第三种最优准则就是将感兴趣的多普勒区域平均划分，并且对每个多普勒区域提供一个单独的最优处理器，这就是等间隔脉冲多普勒处理器。最后，将等间隔处理器和单点多普勒处理器进行了性能比较。

5.1 最优雷达多普勒处理器

最优雷达多普勒处理器是由复加权的横向滤波器以及后面级联的包络检波器组成，图 5.1 给出了其结构框图。这种结构是通过统计检测理论[7]得到的，也可以看作是信干比最大化准则得到的。当杂波服从高斯分布，可以对权系数进行线性求解（如横向滤波器），由于相干信号脉冲串的初始相位是未知的，故采用包络检波器。最优雷达多普勒处理器采用这种结构，目的就是来为了选择横向滤波器的复加权系数，从而对特定多普勒的输入信号输出信干比达到最大。

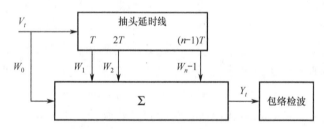

图 5.1 最优雷达多普勒处理器[7]

在最优雷达多普勒信号处理器的研究中，首先分析了横向滤波器组的一般特性，包括性能的定义。然后，推导给出了单点多普勒处理器、等间隔处理器和 MTI 多普勒处理器的复权值和性能的表达式。

5.1.1 横向滤波器

图 5.2 中的横向滤波器的复输出为

$$r = \sum_{i=0}^{n-1} w_i v_i = \boldsymbol{w}^{\mathrm{T}} \boldsymbol{v} = \boldsymbol{v}^{\mathrm{T}} \boldsymbol{w} \qquad (5.1)$$

式中：$\boldsymbol{w}^{\mathrm{T}}$——复加权矢量，$\boldsymbol{w}^{\mathrm{T}} = (w_0, w_1, \cdots w_{n-1})$；

v^T ——输入信号的复矢量，$v^T = (v_0, v_1, \cdots v_{n-1})$；

上角标 T——矩阵转置。

横向滤波器的输出功率如下式

$$P_0 = E|r|^2 = E(rr^*) = w^T E(vv^{*T}) w^* \tag{5.2}$$

式中："$*$" 为复共轭。

当输入是干扰信号时，输出功率可以通过下式计算，即

$$P_n = w^T R_n w^* \tag{5.3}$$

式中：$N^T = (N_0, N_1, \cdots N_{n-1})$ 为输入的复噪声矢量；

R_n 为干扰信号的协方差矩阵，即

$$R_n = E(NN^{*T}) \tag{5.4}$$

当输入信号是一个复信号矢量，表示为 $se^{j\phi}$，其中，ϕ 在 $0 \sim 2\pi$ 区间随机分布，并且 $s^T = (s_0, s_1, \cdots s_{n-1})$，输出功率为

$$P_s = w^T E(se^{j\phi} s^{*T} e^{-j\phi}) w^* = w^T M_s w^* \tag{5.5}$$

式中：M_s ——信号协方差矩阵：

$$M_s = E(ss^{*T}) \tag{5.6}$$

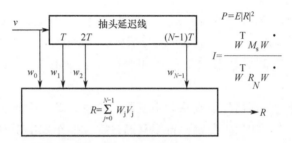

图 5.2 横向滤波器[7]

多普勒处理器的改善因子定义为：输出信噪比和输入信噪比之比，即

$$I_f = \frac{\frac{P_{os}}{P_{on}}}{\frac{P_{is}}{P_{in}}} = \frac{\left(\frac{S}{N}\right)_o}{\left(\frac{S}{N}\right)_i} \tag{5.7}$$

处理器的功率增益为

$$G_s = \frac{P_{os}}{P_{is}} \tag{5.8}$$

干扰对消增益为

$$G_n = \frac{P_{in}}{P_{on}} \tag{5.9}$$

因此，总改善因子可以写为

$$I_f = G_s G_n \tag{5.10}$$

横向滤波器（$P_{is} = P_{in}$）的归一化改善因子为

$$I_f = \frac{w^T M_s w^*}{w^T R_n w^*} \tag{5.11}$$

求解权值 w 使得改善因子 I_f 最大,这个权值可使得横向滤波器的性能达到最优。当改善因子 I_f 最大化后,横向滤波器输出的信干比也达到最大化。当干扰服从高斯分布时得到的 P_d 也最大。P_d 和 I_f 的关系在后面会进行详细讨论。

在式(5.11)给出的固定点处,能获得最大的改善因子

$$M_x w^* = \gamma R_n w^* \tag{5.12}$$

式中:γ 为标量。

公式(5.12)可以写为矩阵的形式:

$$(R_n^{-1} M_s - \gamma I) w^* = 0 \tag{5.13}$$

式中:R_n^{-1} ——协方差矩阵的转置;

I ——单位矩阵。

只有当下面的行列式的值为 0 时,才能得到式(5.13)的有效解,即

$$|R_n^{-1} M_s - \gamma I| = 0 \tag{5.14}$$

一般而言,对于处理脉冲数为 n 的多普勒处理器,γ 会有 n 个解,即矩阵 $R_n^{-1} M_s$ 的 n 个特征值。改善因子可进一步表示为

$$I_f = \gamma_{\max} \tag{5.15}$$

式中:$\gamma_{\max}$ 为特征值的最大值。

通过式(5.13),每个特征值都能找到一个特征向量。通过最大特征值 $\gamma_{\max}$ 对应的特征向量就能够确定最优加权系数(w_0)。在后面的分析中,式(5.13)和式(5.14)可以用来计算单点多普勒处理器、等间隔多普勒处理器和 MTI 多普勒滤波器的最优加权系数和改善因子。

一般的,最优多普勒处理器的加权系数为复数。这意味着,横向滤波器对每个信号采样都要进行适当的幅度和相位加权。通常,希望只通过实数操作来实现复横向滤波器,即通过正交双通道处理器对每路通道内的信号进行实部和虚部的加权。需要注意的是,MTI 多普勒处理仅需要实部加权,后面的章节将给出表达式。

图 5.3 给出了复横向滤波器的示意图,输入是复包络信号 $\tilde{v}_t$,复包络输出为 $\tilde{r}_i$,复加权系数为 $\tilde{w}$。输入实信号 v_t 可以由复包络求得

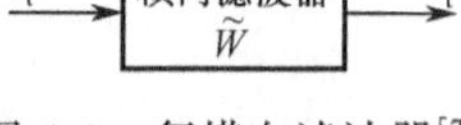

$$\tilde{v}_t \rightarrow \boxed{\text{横向滤波器 } \tilde{W}} \rightarrow \tilde{r}_t$$

图 5.3 复横向滤波器[7]

$$v_t = \mathrm{Re}[\tilde{v}_t e^{j\omega t}] = v_{ct} \cos \omega t + v_{st} \sin \omega t \tag{5.16}$$

式中:v_{ct} 和 v_{st} 为正交基带信号分量,用正交分量表示复包络则为

$$\tilde{v}_t = v_{ct} - j v_{st} \tag{5.17}$$

式中:复加权矢量为

$$\tilde{w} = w_R - j w_I \tag{5.18}$$

式中:w_R ——实部;

w_I ——虚部。

文献[12]给出了输出的复包络表达式

$$\tilde{r} = \tilde{w}^T \tilde{v} \tag{5.19}$$

式中：$\tilde{\boldsymbol{w}}^{\mathrm{T}} = (\tilde{w}_0, \tilde{w}_1, \ldots \tilde{w}_{n-1})$，并且 $\tilde{\boldsymbol{v}}^{\mathrm{T}} = (\tilde{v}_0, \tilde{v}_1, \ldots \tilde{v}_{n-1})$ 是复包络的采样矢量。

将式（5.17）和式（5.18）代入式（5.19），可以得到横向滤波器的复包络输出，将用输入信号的正交分量来表达，得到

$$\tilde{r} = (\boldsymbol{w}_R^{\mathrm{T}} \boldsymbol{v}_c - \boldsymbol{w}_I^{\mathrm{T}} \boldsymbol{v}_s) - \mathrm{j}(\boldsymbol{w}_R^{\mathrm{T}} \boldsymbol{v}_s + \boldsymbol{w}_I^{\mathrm{T}} \boldsymbol{v}_c) \tag{5.20}$$

横向滤波器经平方律包络检波后输出为

$$|\tilde{r}|^2 = (\boldsymbol{w}_R^{\mathrm{T}} \boldsymbol{v}_c - \boldsymbol{w}_I^{\mathrm{T}} \boldsymbol{v}_s)^2 + (\boldsymbol{w}_R^{\mathrm{T}} \boldsymbol{v}_s + \boldsymbol{w}_I^{\mathrm{T}} \boldsymbol{v}_c)^2 \tag{5.21}$$

图 5.4 给出了通过实数分量来实现复横向滤波器的系统框图。

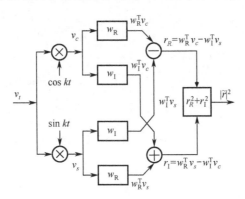

图 5.4 通过实数操作来实现复横向滤波器的系统框图[7]

人们比较关心的是横向滤波器多普勒处理器的检测性能。通常，检测性能的分析是基于检测概率标准，因为这样可以在 Marcum – Swerling 雷达探测分析框架下对不同的多普勒和非多普勒处理进行比较。除此之外，由于处理器的性能经常用改善因子来评价，因此有必要研究多普勒处理器的改善因子和检测概率之间的关系。前面已经提到，检测概率会随着改善因子上升而提高。

对如图 5.4 所描述的复横向滤波器的真实实现，输入信号可以表示为

$$v_t = \sqrt{2P_s}\cos[(\omega_c + \omega_d)t + \phi] + x_t\cos\omega_c t - y_t\sin\omega_c t \tag{5.22}$$

式中：x_t、y_t ——包含了杂波和噪声分量；

P_s ——信号功率；

σ_c^2 ——杂波功率；

σ_n^2 ——接收机噪声功率；

ω_d ——目标的多普勒频率，输入信号的同相和正交分量为

$$i_t = \sqrt{2P_s}\cos(\omega_d t + \phi) + x_t \tag{5.23}$$

$$q_t = \sqrt{2P_s}\sin(\omega_d t + \phi) + y_t \tag{5.24}$$

横向滤波器的正交双通道输出为

$$\alpha = \sum_{j=0}^{n-1} w_{Rj} i(t - jT) - \sum_{j=0}^{n-1} w_{Ij} q(t - jT) \tag{5.25}$$

$$\beta = \sum_{j=0}^{n-1} w_{Rj} q(t - jT) - \sum_{j=0}^{n-1} w_{Ij} i(t - jT) \tag{5.26}$$

目前，由于 α 和 β 都是对高斯分布随机过程进行线性运算产生的，所以 α 和 β 都是服从高斯分布的随机变量。因此，通过 α 和 β 的均值和方差可以定义联合概率密度函数 $p(\alpha,$

$\beta|s)$，α 和 β 的期望值分别为

$$s_x = E(\alpha) = \sum_{j=0}^{n-1} w_{Rj} \sqrt{2P_s} \cos[\omega_d(t-jT) + \phi]$$
$$- \sum_{j=0}^{n-1} w_{Ij} \sqrt{2P_s} \sin[\omega_d(t-jT) + \phi] \tag{5.27}$$

$$s_y = E(\beta) = \sum_{j=0}^{n-1} w_{Rj} \sqrt{2P_s} \sin[\omega_d(t-jT) + \phi]$$
$$- \sum_{j=0}^{n-1} w_{Ij} \sqrt{2P_s} \cos[\omega_d(t-jT) + \phi] \tag{5.28}$$

α 或 β 的方差为

$$\sigma_{\alpha\beta}^2 = \sigma_n^2 \sum_{j=0}^{n-1}(w_{Rj}^2 + w_{Ij}^2) + \sigma_c^2 \sum_{j=0}^{n-1}\sum_{i=0}^{n-1}(w_{Rj}w_{Ri} + w_{Ij}w_{Ii})\rho(i-j) \tag{5.29}$$

式中：ρ 为杂波相关系数，在功率谱为高斯型的情况下可表示为

$$\rho(i-j) = \exp\left[\frac{(i-j)^2 \Omega^2}{2}\right] = \rho(1)^{(i-j)^2} \tag{5.30}$$

和

$$\Omega = 2\pi \phi_f T \tag{5.31}$$

横向滤波器的输出功率为

$$P_0 = E(\tilde{r}\tilde{r}^*) = 2P_s \left[\sum_{j=0}^{n-1}(w_{Rj}^2 + w_{Ij}^2)\right] \tag{5.32}$$

从式（5.8）可得到平均功率增益为

$$\bar{G}_s = \sum_{j=0}^{n-1}(w_{Rj}^2 + w_{Ij}^2) \tag{5.33}$$

若干扰里仅包括杂波分量时，干扰对消（见式（5.9））则称为杂波衰减（CA），杂波衰减为

$$CA = \sum_{j=0}^{n-1}\sum_{i=0}^{n-1}(w_{Rj}w_{Ri} + w_{Ij}w_{Ii})\rho(i-j) \tag{5.34}$$

仅有杂波情况下（$2P_s = \sigma_c^2$），通过式（5.10），得到归一化改善因子为

$$I_{fc} = \frac{\sum_{j=0}^{n-1}(w_{Rj}^2 + w_{Ij}^2)}{\sum_{j=0}^{n-1}\sum_{i=0}^{n-1}(w_{Rj}w_{Ri} + w_{Ij}w_{Ii})\rho(i-j)} \tag{5.35}$$

进一步定义杂波噪声功率比为

$$F = \frac{\sigma_c^2}{\sigma_n^2} \tag{5.36}$$

可得

$$\sigma_{\alpha\beta}^2 = \sigma_n^2 \bar{G}_s \left(1 + \frac{F}{I_{fc}}\right) \tag{5.37}$$

式（5.37）表明，服从高斯分布的干扰信号通过横向滤波器时，其方差可简单表示为接收机噪声功率与剩余杂波功率之和乘以处理器功率增益。剩余杂波功率可由输入杂波功率除

以杂波改善因子得出。由于信号与干扰功率都与处理器功率增益相乘，因此当计算信干比时，可以去掉该因子。

仅有杂波时的归一化改善因子与干扰包含噪声和杂波时的总改善因子之间满足一定函数关系，它们的关系可用下式表达：

$$I_f = \frac{1+F}{F} \frac{I_{fc}}{1 + \frac{I_{fc}}{F}} \tag{5.38}$$

当 F 增大时，总改善因子 I_f 趋近于仅有杂波情况下的归一化改善因子 I_{fc}。当相对于 F，I_{fc} 极大时，总改善因子 $I_f \approx F+1$，这个值即杂波噪声功率比一定时，改善因子的最大值。

要推导复横向滤波器检测概率，还要确定正交双通道输出 α 和 β 的相关系数，即

$$\rho_{\alpha\beta} = E[(\alpha - s_x)(\beta - s_y)] = 0 \tag{5.39}$$

式 (5.39) 是从干扰的基本特性 $E(x_t, y_t) = 0$ 得到的，该式表明随机变量 α 和 β 不相关，并且由于它们为高斯变量，所以它们是独立的。因此，联合概率密度函数可以写为

$$p(\alpha, \beta | s) = \frac{1}{2\pi\sigma_{\alpha\beta}^2} \exp\left[-\frac{(\alpha - s_x)^2 + (\beta - s_y)^2}{2\sigma_{\alpha\beta}^2}\right] \tag{5.40}$$

包络 (r) 的概率密度分布函数可以通过 $\alpha = r\cos\theta$ 和 $\beta = r\sin\theta$ 求解得到，即

$$p(r|s) = \frac{r}{\sigma_{\alpha\beta}^2} \exp\left(-\frac{r^2 + s^2}{2\sigma_{\alpha\beta}^2}\right) I_0\left(\frac{rs}{\sigma_{\alpha\beta}^2}\right) \tag{5.41}$$

通过变换关系 $z = r^2$ 可以得到平方率检波输出为

$$p(z|s) = \frac{1}{2\sigma_{\alpha\beta}^2} \exp\left(-\frac{z + s^2}{2\sigma_{\alpha\beta}^2}\right) I_0\left(\frac{\sqrt{z}s}{\sigma_{\alpha\beta}^2}\right) \tag{5.42}$$

式中：$s^2 = s_x^2 + s_y^2 = 2\bar{G}_s P_s$。

当 $s = 0$，检测门限 T_d 是通过式 (5.42) 得到，即

$$T_d = 2\sigma_{\alpha\beta}^2 \ln\left(\frac{1}{P_{fa}}\right) \tag{5.43}$$

式中：P_{fa} 为虚警概率。

通过式 (5.40)、式 (5.41) 和式 (5.37)，可以得到检测概率，即

$$P_d = Q\left\{\left[\frac{2P_s}{\sigma_n^2(1 + \frac{F}{I_{fc}})}\right]^{1/2}, \left[2\ln\left(\frac{1}{P_{fa}}\right)\right]^{1/2}\right\} \tag{5.44}$$

式中：$Q\{\cdot,\cdot\}$ 为 Marcum Q 函数。

式 (5.44) 给出了复横向滤波器的检测概率和式 (5.35) 杂波的改善因子之间的关系。式 (5.44) 表明，随着改善因子的增加，检测概率 P_d 提高。同样的，这种变化关系揭示了直观的对应关系，即检测概率取决于信号和剩余干扰的比值。剩余干扰为两部分之和，一部分为接收机噪声功率，另一部分为杂波功率除以杂波改善因子。

复横向滤波器检测概率另外一个求解方法，即通过式 (5.38) 求解 I_{fc} 关于 I_f 表达式，并代入式 (5.44)，

$$P_d = Q\left\{\left[\frac{2P_s}{\sigma_n^2(1 + F)I_f}\right]^{1/2}, \left[2\ln\left(\frac{1}{P_{fa}}\right)\right]^{1/2}\right\} \tag{5.45}$$

式 (5.45) 表明,复横向滤波器对杂波和噪声都是有效的。式 (5.45) 适用于目标多普勒带宽是有限的情况,从而可以改善信噪比,而 (5.44) 只适用于 MTI 横向滤波器,此时信噪比并无改善。

5.1.2 单点多普勒处理器

单点多普勒横向滤波器在包含在期望进行多普勒处理频带内的某个频点上是最优的,但在多普勒频带内的其他点上都不是最优的,或者说是失配的。一个多普勒处理器可以由很多个单点横向滤波器组成,进而覆盖整个感兴趣的多普勒区域。尽管可以采用任意多数目的横向滤波器,但实际上,采用的是用 n 个等间隔的滤波器来覆盖整个多普勒频带,其中 n 是相干处理脉冲的数目。图 5.5 画出了这种情况,并且本节也给出了一个这样的例子。

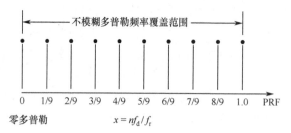

图 5.5 单点优化多普勒处理器的设计准则[7]

输入给单点多普勒横向滤波器的复信号由下式给出:

$$S_i = A\mathrm{e}^{\mathrm{j}\omega_d t} \sum_{i=0}^{n-1} \delta(t - iT) \quad (5.46)$$

式中:A——幅度;

ω_d——多普勒角频率;

n——处理脉冲的个数;

T——雷达脉冲间隔。

信号的矢量为 $\boldsymbol{s}^{\mathrm{T}} = (s_1, s_2, \cdots, s_n)$,其中

$$s_k = A\mathrm{e}^{\mathrm{j}\omega_d(k-1)T}, \quad k = 1, 2, \cdots, n \quad (5.47)$$

信号的归一化(除以 A^2)协方差矩阵可由式 (5.6) 得到:

$$\boldsymbol{M}_s = \begin{pmatrix} 1 & \cdots & \mathrm{e}^{-\mathrm{j}\omega_d T} & \cdots & \mathrm{e}^{-\mathrm{j}\omega_d(n-1)T} \\ \vdots & \cdots & \vdots & & \cdot \\ \mathrm{e}^{\mathrm{j}\omega_d T} & \cdots & \vdots & & \cdot \\ \mathrm{e}^{\mathrm{j}\omega_d(n-1)T} & \cdots & \cdots & \cdots & 1 \end{pmatrix} \quad (5.48)$$

归一化协方差矩阵的元素 m_s 可表示为

$$m_{s_{kj}} = \mathrm{e}^{\mathrm{j}\omega_d T(k-1)} \mathrm{e}^{-\mathrm{j}\omega_d T(j-1)} = \mathrm{e}^{\mathrm{j}\omega_d(k-j)T} \quad (5.49)$$

式中:k——行数 ($k = 1, 2, \cdots, n$);

j——列数 ($j = 1, 2, \cdots, n$)。

最优权系数为 $\boldsymbol{R}_n^{-1}\boldsymbol{M}_s$ 最大特征值对应的特征向量〔见式 (5.13)〕。然而,根据统计检测理论,不必求解式 (5.13),就可以通过下式得到最优权值为

$$w_o = R_n^{-1} s^* \qquad (5.50)$$

可以检验式（5.50）给出的权值能否获得最大的改善因子来检验这个解是否为最优权值。把式（5.50）代入式（5.11）中得到改善因子，并利用解 $R_n^{-1} M_s = \gamma_{max} I$，可得

$$I_f = \frac{w_o^T M_s w_o^*}{w_o^T R_n w_o^*} = \frac{w_o^T \overbrace{M_s (R_n^{-1} s^*)}^{I\gamma_{max}}{}^*}{w_o^T \underbrace{R_n (R_n^{-1} s^*)}_{I}{}^*} = \gamma_{max} \qquad (5.51)$$

式（5.51）表明，式（5.50）得到的最大似然权系数可以获得最大的改善因子。这也进一步表明，对高斯干扰、最大似然和最大信干比准则是相同的。

除了最优权值，还需要确定改善因子的表达式。通过矩阵理论可以获得其表达式[6]。首先，看到信号协方差矩阵 M_s 的秩为1，这是因为它是矩阵中非零行列式的最大阶数。这就意味着，$R_n^{-1} M_s$ 的秩为1，因为两个矩阵乘积的秩小于或者等于其中任一矩阵的秩。由于非零特征值的个数等于矩阵的秩，所以 $R_n^{-1} M_s$ 只有一个实的非零特征值（复特征值为一对复共轭形式）。矩阵的迹等于它所有特征值的和，因为此例中只有一个特征值，所以它一定等于改善因子。因此

$$I_f = \mathrm{Trace}(R_n^{-1} M_s) \qquad (5.52)$$

需要指出的是，由式（5.52）给出的改善因子只适应于横向滤波器匹配的那些频点。

根据干扰协方差矩阵的逆矩阵 R_n^{-1} 可以推导出最优权值的通用表达式，以及单点横向优化滤波器的改善因子。通常需要借助计算机程序来求解干扰协方差矩阵 R_n 的逆矩阵，R_n 由下式给出

$$R_n = \sigma_n^2 \begin{pmatrix} 1+F & F\rho_1 & \cdots & \cdots & F\rho_{n-1} \\ F\rho_1 & & & & \vdots \\ \vdots & & & \ddots & \\ F\rho_{n-1} & \cdots & \cdots & \cdots & 1+F \end{pmatrix} \qquad (5.53)$$

然而，对于采样点数较少的情况（$n \leq 3$），可得到其解析解。

如果最终由 α_{ij} 来表示协方差逆矩阵的元素，则

$$R_n^{-1} = \begin{pmatrix} \alpha_{11} & \alpha_{12} & \cdots & \cdots & \alpha_{1n} \\ \alpha_{12} & & & & \vdots \\ \vdots & & & \ddots & \\ \alpha_{1n} & \cdots & \cdots & \cdots & \alpha_{11} \end{pmatrix} \qquad (5.54)$$

那么，最优权系数就可由式（5.50）得到，即

$$w_{i-1} = \sum_{j=1}^{n} \alpha_{ij} \cos(j-1)\omega_d T - j\sum_{i=1}^{n} \alpha_{ij} \sin(j-1)\omega_d T \qquad (5.55)$$

由式（5.11）给出改善因子可以改写为

$$I_f = \frac{\sum_{i=0}^{n-1} |w_i|^2 + 2\sum_{i=0}^{n-2} \sum_{j=i+1}^{n-1} [\mathrm{Re}(w_i^* w_j)\cos(j-1)\omega_d T - \mathrm{Im}(w_i^* w_j)\sin(j-i)\omega_d T]}{\sum_{i=0}^{n-1} |w_i|^2 + 2\sum_{i=0}^{n-2} \sum_{j=i+1}^{n-1} \rho(i-j)\mathrm{Re}(w_i^* w_j)} \qquad (5.56)$$

式中

$$\mathrm{Re}(w_i^* w_j) = w_{Ri}w_{Rj} + w_{Ii}w_{Ij} \tag{5.57}$$

$$\mathrm{Im}(w_i^* w_j) = w_{Ri}w_{Ij} - w_{Ii}w_{Rj} \tag{5.58}$$

式（5.56）是一个通用的表达式，它能够计算任意多普勒频率 ω_d 的改善因子。但是，需要注意的是，必须在横向滤波器优化的多普勒频率点上计算式（5.56）的加权值。根据式（5.52）可获得优化点上的改善因子为

$$I_{fo} = \sum_{i=1}^{n} \alpha_{ij} + 2\sum_{i=1}^{n-1}\sum_{j=i+1}^{n}\alpha_{ij}\cos(j-i)\omega_d T \tag{5.59}$$

图 5.6 给出了 9 脉冲单点优化多普勒处理器改善因子的计算结果。标注着"最优包络"的曲线是由式（5.59）得出，表示中心频率等于某多普勒频率处的最优横向滤波器所能获得最大改善因子。另外，图中还给出了根据式（5.56）计算得到的两个横向滤波器的改善因子。其中，这两个滤波器在多普勒频率等于雷达脉冲重复频率（PRF）的 2/9 和 3/9 处是最优的。两个横向滤波器交叉于一个点上，交叉点大概低于峰值 −3dB。在式（5.45）代入合适的改善因子可以确定横向滤波器在每个多普勒频率上的检测概率。注意，当两个临近滤波器发生显著的响应时，在计算该多普勒频率上的检测概率时必须考虑联合检测概率。

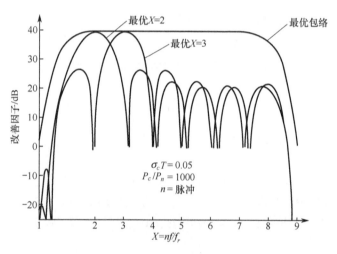

图 5.6　单点优化多普勒处理器改善因子（$x = 2, 3$）[7]

图 5.6 表明横向滤波器对信杂比（S/C）和信噪比（S/N）都有明显的改进。可以看到，在 PRF 附近区域，也就是强杂波分量集中的位置，形成了很深的零点。另外，主瓣宽度几乎与信号的频谱相匹配，在滤波器设计中横向滤波器在信号频谱的中心点是最优的。

图 5.7 给出了多普勒频率为雷达脉冲重复频率 1/9 处的最优设计。注意，滤波器的响应位于最优改善因子包络曲线内，这和设计所预期的一样。然而，使强杂波区域附近的信号响应最大化，同时还要满足杂波响应最小化，这是相互制约的矛盾，需要对目标的响应进行折衷，即减小主瓣宽度的同时也降低了改善因子的峰值。

图 5.8 给出了多普勒频率为雷达脉冲重复频率 4/9 处的最优设计示例。可以看到，由于横向滤波器在强杂波区域附近的副瓣响应要小于前面的情况（见图 5.6 和图 5.7），这两个滤波器对应的最优频点在强杂波区域附近。

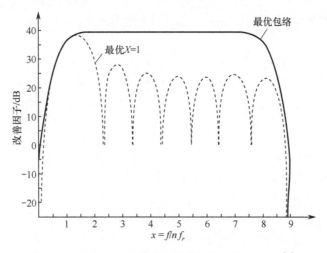

图 5.7 单点优化多普勒处理器改善因子 ($x=1$)[7]

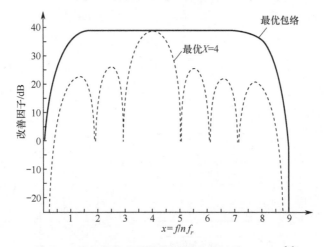

图 5.8 单点优化多普勒处理器改善因子 ($x=4$)[7]

5.1.3 最优 MTI 处理器

MTI 处理器的基本假定是没有目标回波多普勒频移的先验知识。目标多普勒概率分布可以表示为

$$P(f_d) = \begin{cases} T, & 0 < f_d < \dfrac{1}{T} \\ 0, & \text{其他} \end{cases} \tag{5.60}$$

将单个多普勒频率的信号协方差矩阵（见式（5.49））关于多普勒频率的概率分布（见式（5.60））求平均，就可以获得信号的协方差矩阵。因而，归一化信号协方差矩阵的元素可以表示为

$$m_{s_{kj}} = e^{j\pi(k-j)} \frac{\sin \pi(k-j)}{\pi(k-j)} \tag{5.61}$$

式中：k ——行数；

j ——列数。

从式(5.61)可知,当 $k=j$ 时, $m_{s_{kj}}=0$,当 $k \neq j$ 时, $m_{s_{kj}}=1$。因此,在 MTI 中,信号协方差矩阵为

$$M_s = I \tag{5.62}$$

式中:I 为单位矩阵。

最优权值的解可由式(5.12)给出,可写为

$$(R_n - \lambda I)w^* = 0 \tag{5.63}$$

式中:λ 为 R_n 的标量特征值。

此例中的改善因子可从式(5.11)获得,结果为

$$I_f = \frac{1}{\lambda_{\min}} \tag{5.64}$$

式中:选择最小的特征值以使得 I_f 最大。

利用最小特征值 $\lambda_{\min}$,通过解式(5.63)可得到最优权值。总之,最优权值(w_o)等于最小特征值所对应的特征向量:

$$(R_n - \lambda_{\min} I)w_o^* = 0 \tag{5.65}$$

因为 R_n 是一个实的对称阵,所以求得的特征值一定是实数[13]。此外,最优权值也总是实数[14],这样就把如图 5.4 所示的横向滤波器的结构简化为如图 5.9 所示只有实数权值的形式。这种形式常称为正交双通道 MTI。

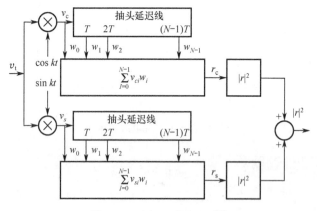

图 5.9 正交双通道 MTI[7]

由式(5.53)给出的干扰协方差矩阵 R_n 可以写成杂波协方差矩阵 R_c 和接收机噪声的协方差矩阵之和,即

$$R_n = R_c + \sigma_n^2 I \tag{5.66}$$

其中

$$R_c = \begin{pmatrix} 1 & \rho_1 & \cdots & \cdots & \rho_{n-1} \\ \rho_1 & & & & \\ \vdots & & \ddots & & \vdots \\ & & & & \\ \rho_{n-1} & \cdots & \cdots & \cdots & 1 \end{pmatrix} \tag{5.67}$$

把式(5.66)代入式(5.65),可得

$$(\boldsymbol{R}_c - \lambda_c \boldsymbol{I})\boldsymbol{w}_o^* = 0 \tag{5.68}$$

式中：$\boldsymbol{R}_n$ 的特征值为

$$\lambda_n = \frac{1}{F+1}(F\lambda_c + 1) \tag{5.69}$$

式中：λ_c 为 $\boldsymbol{R}_c$ 的特征值。

由式（5.64）给出的改善因子可以用式（5.69）中的项重写为

$$I_f = \frac{F+1}{\dfrac{F}{I_{f_c}} + 1} \tag{5.70}$$

由式（5.70）可知该权值不仅使 I_{f_c} 最大化，也使 I_f 最大化。因此，采用杂波协方差矩阵求解式（5.68）的最优权值，也就等于采用干扰协方差矩阵求解式（5.38）的最优权值。并且，当 F 接近于 0 时，I_f 接近于 1，这就表明 MTI 对于抑制接收机噪声并没有改善。另外，随着杂波改善因子的增大，总的改善因子也会逐渐接近于 $F+1$。

不失一般性，前面的分析中，最优 MTI 设计是基于只包含杂波的情况式（5.68）。因此，下面主要是采用此方法来确定 MTI 的加权值和改善因子。该方法与大多数文献中关于 MTI 的内容一致，将重点放在 MTI 的主要功能，即消除杂波上。

正交双通道 MTI 的改善因子为式（5.35）加权值为实数时的特例，即

$$I_{f_c} = \frac{\sum\limits_{j=0}^{n-1} w_j^*}{\sum\limits_{i=0}^{n-1}\sum\limits_{j=0}^{n-1} w_i w_j \rho(i-j)} \tag{5.71}$$

根据式（5.63），当 $n = 2,3,4$ [8,10,11]时，可以推导出最优加权值以及改善因子的公式，这些值见表 5.1。当超过 $n = 4$，很难通过解析方法求解式（5.68），适合通过计算机求解。

表 5.1 MTI 最优加权和改善因子

脉冲数	加权	改善因子
2	1，-1	$\dfrac{1}{1-\rho_1}$
3	$1; -\dfrac{\rho_2 + \sqrt{\rho_2^2 + 8\rho_1^2}}{2\rho_1}; 1$	$\dfrac{1}{1 - \dfrac{\rho_2}{2}\left[\sqrt{1 + 8\left(\dfrac{\rho_1}{\rho_2}\right)^2} - 1\right]}$
4	$w_1 = \dfrac{\sqrt{\dfrac{(\rho_1-\rho_3)^2}{4} + (\rho_1-\rho_2)^2} + \dfrac{(\rho_1-\rho_3)}{2}}{\rho_1-\rho_2}$ $1; w_1; -w_1; -1$	$\dfrac{1}{1 - \dfrac{\rho_1+\rho_2}{2} - \sqrt{\dfrac{(\rho_1-\rho_2)^2}{4} + (\rho_1-\rho_2)^2}}$

由式（5.68）给出的 MTI 最优解具有诸多所不希望出现的特性，这会限制其实际应用[15]。(1) 随着脉冲处理数目的增加，MTI 滤波器的传递函数会变得越来越窄，并且在杂波频谱的最小值处会渐渐接近于一个冲击函数。图 5.10 画出了这种趋势，给出了多达 10 个脉冲的传递函数示例。随着处理脉冲的数目的增加，改善因子会提高。图 5.11 给出了这种特性的示例，图中画出了多达 16 个处理脉冲以及多种杂波的频谱扩展下的改善因子。

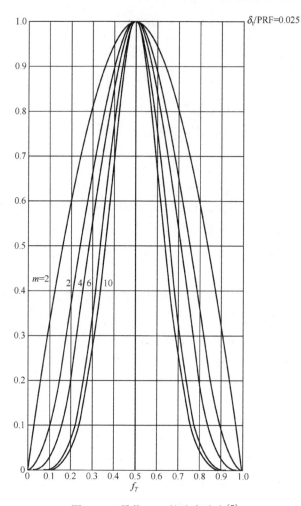

图 5.10 最优 MTI 的速度响应[7]

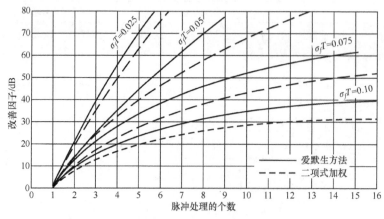

图 5.11 最优和二项式加权 MTI 的改善因子[6]

（2）期望滤波器的加权系数的和为 0，从而消除固定的、离散的目标。表 5.1 表明，只有当 MTI 优化处理的脉冲个数为偶数时，才会满足这个条件。

另外一个优化方法，采用二次规划理论[16]，以一定的改善因子为代价从而换来灵活的 MTI 速度响应[15]。图 5.12 画出了这样的示例，它具有超过 30dB 的改善因子，同时其滤波器响应明显更宽，该响应在 MTI 通带内基本比较平坦。不管有多少个处理脉冲，通过二次规划优化方法得到的 MTI 滤波器加权系数和都为 0。

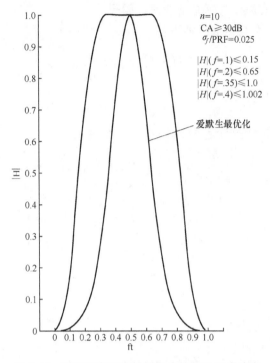

图 5.12　采用正交二次规划理论的 MTI 速度响应

图 5.11 不仅给出了最优 MTI 设计的改善因子，也给出了二项权值的改善因子。当杂波频谱比较窄时，采用二项式加权获得的性能接近最优设计的性能。随着处理脉冲数目的增加和杂波频谱的增大，两种改善因子的差异逐渐增大。对于少量的处理脉冲（$n \leqslant 5$），采用二项加权相对简单容易，并且其改善因子增益相比最佳 MTI 相差不多，可以接受。

对 MTI 设计，二项权值可由下式给出：

$$w_k = (-1)^k \binom{n}{k}, \quad k = 0,1,\cdots,n-1 \tag{5.72}$$

改善因子可由下式给出：

$$I_{f_c} = \frac{\sum_{j=0}^{n-1} \binom{n}{j}^2}{\sum_{i=0}^{n-1} \sum_{j=0}^{n-1} (-1)^{k+j} \binom{n}{j}\binom{n}{k} \rho(j-k)} \tag{5.73}$$

式（5.73）也可写为[8]

$$I_{f_c} = \frac{1}{1 - 2\dfrac{n}{n+1}\rho_1 + 2\dfrac{n}{n+1}\dfrac{n-1}{n-2}\rho_2 + \ldots} \approx \frac{2^n}{n!(\Omega)^{2n}} \tag{5.74}$$

其中，采用了近似式 $\Omega = 2\pi\sigma_f T \ll 1$。平均功率增益由下式给出：

$$\bar{G} = 1 + n^2 + \left[\frac{n(n-1)}{2!}\right]^2 + \left[\frac{n(n-1)(n-2)}{3!}\right]^2 + \ldots \tag{5.75}$$

二项加权值代表了 MTI 的一种设计思路，它由 $n-1$ 个级联的单次 MTI 对消器（一次延迟,以及消减 MTI)组成。主流的多普勒处理器设计往往采用一个或者两个 MTI 对消器来抑制杂波,后面再连接一个相干或非相参积累器来提高 S/N。

例 17　最优和二项式加权对应的 MTI 改善因子

MTI 的二项式加权系数可以表示如下:

$$w_k = (-1)^k \frac{n!}{k!(n-k)!}$$

式中:n——MTI 延迟项的数量;

　　　k——加权数 0,1,2,…,n。

二项式加权的 MTI 的改善因子表示如下

$$I = \frac{\boldsymbol{w}^{\mathrm{T}} \boldsymbol{M}_s \boldsymbol{w}^*}{\boldsymbol{w}^{\mathrm{T}} \boldsymbol{R}_N \boldsymbol{w}^*} \qquad \boldsymbol{w}^{\mathrm{T}} = [w_0, w_1, \cdots w_n]$$

$$\boldsymbol{M}_s = \begin{bmatrix} 1 & 0 & 0 \\ 0 & 1 & 0 \\ 0 & 0 & 1 \end{bmatrix}, \boldsymbol{R}_N = \begin{bmatrix} 1 & \rho_1 & \rho_2 \\ \rho_1 & 1 & \rho_1 \\ \rho_2 & \rho_1 & 1 \end{bmatrix}$$

$$\rho(iT) = \exp\left(\frac{-i^2 \Omega^2}{2}\right) \qquad \Omega = \frac{2\pi\sigma_f}{\mathrm{PRF}}$$

式中:$\boldsymbol{w}^{\mathrm{T}}$——加权矢量的转置矩阵;

　　　σ_f——高斯型杂波谱的标准差;

　　　PRF——雷达的脉冲重复频率;

　　　$\boldsymbol{M}_s$——信号的协方差矩阵;

　　　$\boldsymbol{R}_N$——杂波的协方差矩阵。

通过计算 $\boldsymbol{R}_N$ 的最小特征值,可以确定最优加权系数。可采用 MATLAB 程序的函数 $\lambda = \min(\mathrm{eig}(R_n))$ 来完成,接下来最优的改善因子就可以表示为

$$I = \frac{1}{\lambda}$$

MATLAB 程序 impfac_comp.m 绘出了 $n = 1 \sim 5$,二项式和最优加权系数的改善因子随 $x = \sigma_f/\mathrm{PRF}$ 的函数变化,如图 EX-17.1 所示。

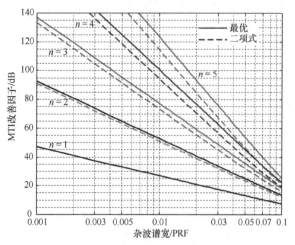

图 EX-17.1　二项式和最优 MTI 对消的改善因子

地面雷达的性能极限通常是由天线扫描引起的，天线扫描会引起杂波谱的扩展（见 3.2.2 节）。这种情况下的改善因子可以表示为

$$I_n = \frac{n_B^{2n}}{(1.388)^n n!}$$

式中：n_B 为 3dB 天线波束宽度内发射的脉冲数。

利用 MATLAB 程序 impfac_antscan.m 可以画出当 n_B 为 1~4 时改善因子的变化情况，如图 EX – 17.2 所示。

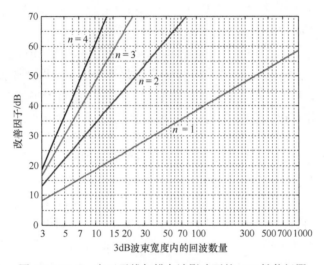

图 EX – 17.2　由于天线扫描杂波影响下的 MTI 性能极限

5.1.4　等间隔多普勒处理器

等间隔多普勒横向滤波器可以在一个多普勒处理频段内的子区间优化雷达的探测性能。把多普勒覆盖频段平均分为多个等间隔区间，并且对每个区间采用最优横向多普勒滤波器，这样就可以组成多普勒处理器组。这种设计准则如图 5.13 所示，多普勒带宽平均分为 n 个区间，n 表示处理的脉冲个数。

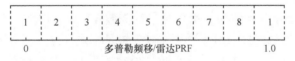

图 5.13　等间隔横向滤波器的设计准则[17]

相对于输入信号多普勒频移的分布，等间隔多普勒处理器反映了均衡的假设。这种滤波器比单点多普勒处理器在更广的区域内是最优的，并且能够改善信噪比，这点是 MTI 处理器无法实现的。然而，最优加权系数和改善因子的计算要比其他类型的多普勒处理器复杂得多。

对于等间隔多普勒处理器，目标的多普勒概率分布函数表示为

$$p(f_d) = \begin{cases} nT, & \frac{(2k-1)}{2nT} \leqslant f_d \leqslant \frac{(2k+1)}{2nT} \\ 0, & \text{其他} \end{cases} \quad (5.76)$$

式中：$k = 0, 1, 2, \cdots, n-1$ 为滤波器的数目。

信号的协方差矩阵可以这样得到：在每个多普勒频率上计算式（5.49），然后关于多普

勒频率的概率分布（见式（5.76））求平均。归一化后的信号协方差矩阵元素可以表示为

$$m_{sil} = e^{j2\pi k(i-l)/n} \frac{\sin[\pi(i-l)/n]}{\pi(i-l)/n} \quad (5.77)$$

式中：i——行数；

l——列数；

k——滤波器数目；

n——等间隔的数目（处理的脉冲个数）。

最优的加权系数为矩阵 $\boldsymbol{R}_n^{-1}\boldsymbol{M}_s$〔参见（5.13）和（5.14）〕最大特征值对应的特征向量，最大改善因子等于 $\boldsymbol{R}_n^{-1}\boldsymbol{M}_s$〔参见式（5.15）〕的最大特征值（$\gamma_{\max}$）。因为 $\boldsymbol{M}_s$ 不再是一个奇异阵〔见式（5.52）〕，所以求解这个量要比计算单点最优多普勒处理器复杂一些。因此，改善因子不再等于矩阵 $\boldsymbol{R}_n^{-1}\boldsymbol{M}_s$〔见式（5.52）〕的迹。此外，也无法得到加权系数的简单表达式〔见式（5.50）〕。事实上，见式（5.14）的求解比较复杂，这是因为矩阵 $\boldsymbol{R}_n^{-1}\boldsymbol{M}_s$ 是一个实对称矩阵和厄米特矩阵的乘积，这使得矩阵具有复元素并且没有简化形式。因此，比较适合利用式（5.13）、式（5.14）、式（5.15）编写计算机程序来进行求解，得到这个复杂矩阵的特征值和特征向量，或者当处理的脉冲数比较少时能够得到解析解。

接下来，我们可以尝试通过一个直观的方法得到一个简化解，这个简化解和一般解相当。多普勒域内任意频点的最优权值解可以表示为 $\boldsymbol{w}_0 = \boldsymbol{R}_n^{-1}\boldsymbol{s}^*$，那么在一定的多普勒区间内，对最优权值进行平均即可以得到一个准最优权值。这样的话，采用式（5.76）给出的概率分布，对单点最优权值式（5.50）求平均，就可以得到准最优权值。最后，等间隔最优复加权量可以表示为

$$\bar{w}_{i-1} = \sum_{j=1}^{n}\left[\alpha_{ij}\cos(j-1)\bar{\omega}_d T \frac{\sin(j-1)\pi/n}{(j-1)\pi/n} - j\alpha_{ij}\sin(j-1)\bar{\omega}_d T \frac{\sin(j-1)\pi/n}{(j-1)\pi/n}\right]$$

(5.78)

式中：α_{ij} 为协方差矩阵逆矩阵的各个元素〔见式（5.54）〕；

n——等间隔的数量；

$\bar{\omega}_d$——间隔中心的多普勒角频率（$\bar{\omega}_d T = k/n$）；

T——雷达的脉冲重复间隔。

注意式（5.78）也可以理解为，用信号平均矢量 $\bar{s}^*$ 代替单频信号的 s^*，然后求解式（5.50）得到相应的单点最优加权量。平均信号矢量是用式（5.76）所示的概率分布对 s^* 求平均得到的。根据式（5.56），并用式（5.78）所示的平均权值求解相应的改善因子：

$$I_f = \frac{\sum_{i=0}^{n-1}|\bar{w}_i|^2 + 2\sum_{i=0}^{n-2}\sum_{j=i+1}^{n-1}[\operatorname{Re}(\bar{w}_i^*\bar{w}_j)\cos(j-1)\bar{\omega}_d T - \operatorname{Im}(\bar{w}_i^*\bar{w}_j)\sin(j-i)\bar{\omega}_d T]}{\sum_{i=0}^{n-1}|\bar{w}_i|^2 + 2\sum_{i=0}^{n-2}\sum_{j=i+1}^{n-1}\rho(i-j)\operatorname{Re}(\bar{w}_i^*\bar{w}_j)}$$

(5.79)

图5.14给出了9脉冲等间隔最优多普勒处理器改善因子的计算结果。对多普勒中心频率分别位于雷达重复频率的2/9和3/9的两个最优横向滤波器，基于式（5.79）给出了改善因子。将等间隔滤波器的响应与图5.6中采用单点多普勒准则得到的最优滤波器响应相比较，可以看出，主要差异在于等间隔最优横向滤波器的峰值响应低于单点优化多普勒滤波器 -1dB，并且等间隔最优横向滤波器的交叉点响应低于峰值响应2dB，而单点最优多普勒滤波

器的交叉点低于峰值响应 3dB。与单点最优多普勒滤波器相比，等间隔最优横向滤波器能够提供一个更加均匀的响应，这是因为后者相当于具有许多相同的分布式滤波器。尽管如此，在整个多普勒区域，单点最优多普勒滤波器的改善因子峰值都大于等间隔最优横向滤波器的改善因子峰值。

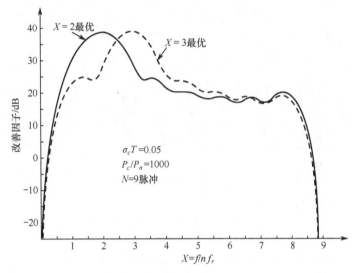

图 5.14 等间隔优化横向滤波器的改善因子（$x=2,3$）[7]

等间隔最优横向滤波器设计的另外一个优势在于，在零多普勒频率上进行最优化时，具有更好的响应[17]，图 5.15 给出了这种情况下的滤波响应。注意，因为优化间隔关于 PRF 线的 $\pm\frac{1}{2}$ 是模糊的，而 PRF 线包括零多普勒频和第一 PRF 线（$x=9$），所以该滤波器在 PRF 线 $x=9$ 处具有一定的响应输出。

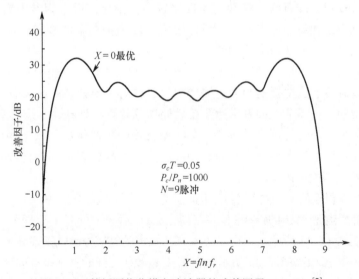

图 5.15 等间隔优化横向滤波器的改善因子（$x=0$）[7]

图 5.16 给出了在 $x=0$ 和 $x=1/2$ 处的最优横向滤波器的改善因子曲线。在 $x=0$ 处，一方面要求对零多普勒频率的信号时具有最大响应，另一方面要对中心在同样频率处的杂波进

行最大的衰减，这是相互矛盾的，因此具有较差的响应。所以，当设计目标是针对零多普勒频移时，等间隔最优设计比单点最优多普勒滤波器具有更好的响应。对 $x=1/2$ 处的情况，不再存在上述矛盾，所以单点最优横向滤波器而言，这种情况很容易得到改善。

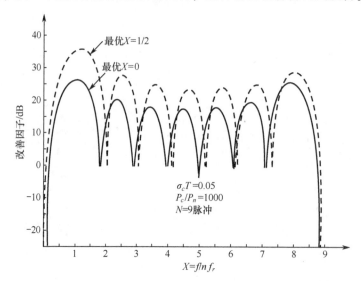

图5.16 单点优化横向滤波器的改善因子（$x=0, 1/2$）[7]

5.2 级联MTI—相参积累器[18,19]

前面介绍了利用横向滤波器来进行最优雷达多普勒处理器设计的相关理论，最优加权量主要取决于目标的多普勒分布和干扰（或杂波）的协方差矩阵。下面给出另外一个设计思路，就是通过MTI串接相参积累器[19]。

MTI和相参积累器二级级联，是利用MTI来提高信杂比，通过相参积累来提高S/N。每部分对应的设计准则是相对比较直观的。设计中用MTI来抑制杂波频谱中最严重的部分，相参积累时需要和在目标上的驻留时间相匹配。

然而，当干扰的协方差矩阵为已知量时，不可避免的，MTI串联相参积累的性能要低于最优横向多普勒滤波器。这主要是因为滤波器中的MTI环节所处理的 m 个脉冲仅有一个脉冲对提高信噪比有帮助，也就是说如果雷达多普勒处理总共有 n 个脉冲，那么只有 $n-m+1$ 个脉冲被用于相参积累。作为通用设计准则，MTI滤波器的阶数越高，用于相参积累的脉冲数量就越少，处理器中可用于提高信噪比的脉冲就越少。实际的多普勒滤波器设计往往只采用一次或二次MTI对消器的原因就在于此。

级联MTI—相参积累器的一种广为应用的版本是采用正交双通道MTI，在前面的图5.9已给出了这种正交双通道MTI的结构图。在双通道MTI后面进行FFT处理可以实现相参积累。这种处理器的结构如图5.17所示。正交双通道MTI输出的复信号形式正好满足后续的FFT处理需要，FFT相参积累的输出如图5.18所示，在PRF重频线之间的整个多普勒区域具有 n 个包络检波后通道。每个通道都具有独立的增益和恒虚警（CFAR）检测控制单元，从而抑制包括干扰的那部分多普勒频带。这种能力对于抑制气象杂波、箔条杂波和电子干扰是很重要的。

本节分析了级联MTI—相参积累器的基本特性。首先，通过时域方法推导出等效的横向滤波器的加权系数，将这些加权值代入式（5.11）可以确定级联处理器的改善因子。然而，这种处理方式带来了大量的复信号的加法运算[19,20]，也可以变换到频域进行直观的分析进而计算改善因子。

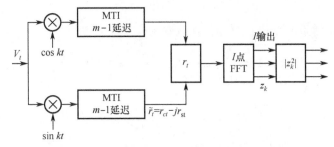

图 5.17 级联 MTI – FFT 相参积累结构[7]

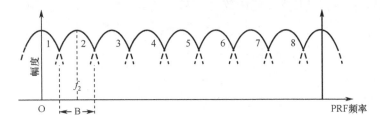

图 5.18 FFT 相参积累滤波器组[19]

探讨这种时域分析的目的在于能够说明级联处理器的鲜明特色，这对于该类多普勒处理器的实际设计非常重要。参考图 5.9 给出的正交双通道 MTI 结构图可以明显看出，处理了 m 个脉冲后，就可以得到 MTI 的输出。将 MTI 的输出输入给 l 点 FFT 相参积累器，对相参积累器，输入 l 个脉冲，就可以得到相应的输出。当 $m+l-1$ 个脉冲进入级联处理器后，就会有输出信号，输出信号可表示为随机变量 z，但是只有 MTI 输出的最后 l 个脉冲进行了相参积累。理论上，上述操作也适用频域分析，频域分析可以显著减小误差概率，一些公开发表的文献提供了这方面的例证。

对 MTI 输出的复信号采样序列 $\tilde{r}_i = (\tilde{r}_0, \tilde{r}_1, \cdots \tilde{r}_{l-1})$ 进行离散傅里叶变换（DFT），可以表示为[21,22]

$$\tilde{s}(k) = \sum_{i=0}^{l-1} \tilde{r}(i) e^{-j(2\pi jk/l)} \tag{5.80}$$

式中：k——输出滤波器的数量，$k = 0, 1, 2\cdots, l-1$；

l——相参积累的脉冲个数。

类似于式（5.1），它描述了横向滤波器的输出，复加权矢量可以看作是

$$\alpha_k^i = e^{-j(2\pi jk/l)} \tag{5.81}$$

用来实现（DFT）的等效横向滤波器如图 5.19 所示。

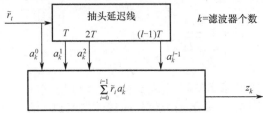

图 5.19 DFT 的等效横向滤波器[7]

图 5.19 所示的 l 点 DFT 等效横向滤波器的冲击响应可以表示为

$$h(t) = \sum_{i=0}^{l-1} \alpha_k^i \delta(t + iT) \tag{5.82}$$

对冲击响应进行傅里叶变换，得到传递函数为

$$H(j\omega) = \sum_{i=0}^{l-1} \alpha_k^i e^{+j\omega_d T} = \sum_{i=0}^{l-1} [e^{-j(2\pi k/l - \omega_d T)}]^i \tag{5.83}$$

传递函数可进一步表示为

$$H(j\omega) = \frac{e^{-j(2\pi k/l - \omega_d T)l} - 1}{e^{-j(2\pi k/l - \omega_d T)} - 1} \tag{5.84}$$

其中，用到了级数展开 $\sum_{i=0}^{l-1} b^i = (b^l - 1)/(b - 1)$。

从式 (5.84) 可以得到功率传递函数为

$$|H(j\omega)|^2 = \left| \frac{\sin\left(\dfrac{l\omega_d T}{2} - k\pi\right)}{\sin\left(\dfrac{\omega_d T}{2} - \dfrac{k\pi}{l}\right)} \right|^2 \tag{5.85}$$

第一级滤波器 ($k=0$) 的功率传递函数可表示为

$$|H(j\omega)|^2 = \left| \frac{\sin\left(\dfrac{l\omega_d T}{2}\right)}{\sin\left(\dfrac{\omega_d T}{2}\right)} \right|^2 ; \quad k = 0 \tag{5.86}$$

该滤波器的零点位于

$$\omega_d T = \frac{2\pi p}{l}, \quad p = 1, 2, \cdots, l \tag{5.87}$$

极大值位于

$$\omega_d T = \frac{2\pi}{l}\left(p + \frac{1}{2}\right), \quad p = 1, 2, \cdots, l \tag{5.88}$$

$\omega_d = 0$ 时的取值可以表示为

$$|H(0)|^2 = \lim_{\omega_d \to 0} \left| \frac{\sin\left(\dfrac{l\omega_d T}{2}\right)}{\sin\left(\dfrac{\omega_d T}{2}\right)} \right|^2 = l^2 \tag{5.89}$$

因此，将式 (5.85) 的分子进行展开，并除以极大值可以得到归一化的功率传递函数：

$$|H(j\omega)|_n^2 = \left| \frac{\sin(l\omega_d T/2)}{l\sin(l\omega_d T/2 - \pi k/l)} \right|^2 \tag{5.90}$$

图 5.20 给出了 16 点 DFT 归一化传递函数。l 点 DFT 滤波器功率传递函数的广义极大值出现位置为

$$\omega_d T = \frac{2\pi k}{l}, \quad k = 1, 2, \cdots, l-1 \tag{5.91}$$

此时归一化值为 1。

因此，采用 l 个可用 DFT 输出端口（参考式 (5.80)），可以构造一个如图 5.18 所示的滤波器组。每路输出是由图 5.19 所示的等效横向滤波器组成，在归一化的多普勒频率位置具有极大值，式 (5.90) 给出了其功率传递函数。

用 FFT 算法可以高效地实现 DFT[21,22]。DFT 数字滤波器可以构成全相参积累来降低乘法和加法的运算量。这些内容在通用 MTI 多普勒滤波器一节中会有更详细的讨论,这种结构的高效性使得本节讨论的这种主流级联 MTI—相参积累得到广泛应用。

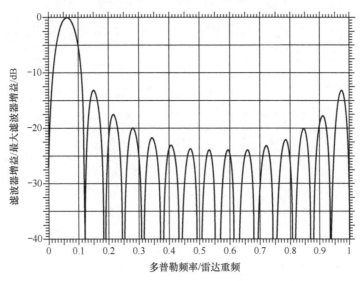

图 5.20　16 点 DFT 相参积累的功率传递函数[19]

对式（5.85）给出的 FFT 相参积累的功率传递函数,如果将分母中的 sin(·) 函数用其函数变量代替,可得到功率传递函数的近似表达式

$$|H(j\omega)|^2 = \frac{\sin^2(l\omega_d T/2 - k\pi)}{(\omega_d T/2 - k\pi/l)^2} \tag{5.92}$$

式（5.92）中 $(\sin^2 x)/x^2$ 表明 FFT 相参积累滤波器组的两个特性。

（1）每个相参积累滤波器的副瓣相对比较高（见图 5.20），类似于均匀照射的天线口径方向图。为了方便参考,表 5.2 给出了由式（5.85）和式（5.92）得到的功率传递函数副瓣相对幅度。可以看出,随着自变量 x 的增加,式（5.92）给出的高阶副瓣近似程度有所下降[23]。

表 5.2　针对相参积累滤波器组的功率传递函数峰值副瓣响应

副瓣	峰值增益/dB	$(\sin x)/x$ 近似	副瓣	峰值增益/dB	$(\sin x)/x$ 近似
第 1	−13.3	−13.5 dB	第 4	−21.8	−23.0 dB
第 2	−17.6	−17.9 dB	第 5	−23.0	−24.8 dB
第 3	−20.8	−20.8 dB	第 6	−23.7	−26.2 dB

（2）FFT 相参积累多普勒滤波器组在整个区间内响应的均匀程度较差。通过式（5.92）可以看到相邻滤波器会在 $x = \pi/2$ 位置产生交叠。每个滤波器在交叠处的幅度低于峰值响应 3.9 dB。这种不均匀性会造成很大的交叠损失,特别是当目标的多普勒频率位于相参积累多普勒滤波器组的峰值响应的中间位置时,损耗最大。

FFT 相参积累多普勒滤波器的副瓣和交叠性能导致性能降低,主要原因在于矩形窗口对所有窗口内的输入采样数据进行了等量加权。根据天线辐射场理论可知,通过对辐射函数采取适当的幅度加权,就可以降低副瓣电平,增大主瓣宽度。这可以通过数字滤波器设计中的

某个标准窗函数来实现[24]。这里主要分析两种特殊类型的窗函数，汉明窗和汉宁窗，如图5.21所示，这两种窗口可以表示为

$$g(t) = (1 - a) + a\cos\left(\frac{2\pi t}{lT}\right) \tag{5.93}$$

式中：$g(t) = -lT/2 \leqslant t \leqslant lT/2$，对汉宁窗，$a = 0.5$，对汉明窗，$a = 0.46$[25]。

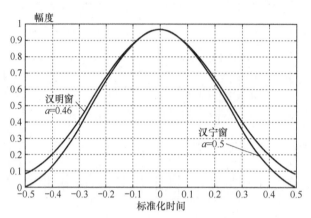

图5.21 汉明窗和汉宁窗函数[2]

采用窗函数或者幅度加权函数后，DFT的表达式式（5.80）可改写为

$$\tilde{s}_w(k) = \sum_{i=0}^{l-1} \tilde{r}(i)g(i)e^{-j(2\pi ik/l)} \tag{5.94}$$

式中：$g(i)$为式（5.93）所示的连续窗函数内的采样数据。

式（5.82）给出的DFT的冲击响应可以写为

$$h_w(t) = g(t)\sum_{i=0}^{l-1} a_k^i(i)\delta(t + iT) = g(t)h(t) \tag{5.95}$$

式中：$g(t)$为式（5.93）的连续周期型，只在$\delta(t + iT)$非零的采样时刻上才有取值。

$g(t)$的傅里叶变换为

$$G(\omega) = 2\pi(1-a)\delta(\omega) + a\pi\left[\delta\left(\omega - \frac{2\pi}{lT}\right) + \delta\left(\omega + \frac{2\pi}{lT}\right)\right] \tag{5.96}$$

对汉明或汉宁加窗后的DFT相参积累器，通过对式（5.95）进行傅里叶变换可以得到其电压传递函数，该传递函数等于式（5.84）和式（5.96）所示频率函数[26]的卷积$[H(\omega) * G(\omega)]$，可得到

$$H_w(j\omega) = 2\pi(1-a)H_k(j\omega) + \pi a[H_{k+1}(j\omega) + H_{k-1}(j\omega)] \tag{5.97}$$

传递函数下角标说明k，$k+1$，和$k-1$三个传递函数项可以合并，式（5.97）可以进一步简化为

$$H_w(j\omega) = H_k(j\omega) + a[H_{k+1}(j\omega) + H_{k-1}(j\omega)] \tag{5.98}$$

式中：对汉宁窗权值$\alpha = 0.5$，对汉明窗权值$\alpha = 0.426$。

式（5.98）说明，通过对某滤波器和其相邻滤波器进行对称合并加权，就能够有效对FFT相参积累输入数据进行有效的窗函数加权。汉宁加权的副瓣[24]（-31dB）和汉明加权的副瓣（-41dB）要比等幅均匀加权的副瓣（-13dB）性能好很多。对于汉宁加权，相邻滤波器的交叠位置是-0.4dB，汉明加窗为-0.84dB，相对于与均匀分布加权（-3.9dB）有很

大的性能改善。加权后相参积累滤波器组的主瓣响应的展宽,使得滤波后输出的接收机噪声功率增加,这就降低了输出后的信噪比。在本节的最后,比较多种多普勒处理器的检测性能时我们将进行更详细的讨论。

首先考虑级联 MTI – 相参积累中的 MTI 环节。从第 5.1 节中的最优雷达多普勒处理器可以知道,MTI 是横向滤波器的一种特殊形式,它只包括实系数加权。当得到这些实数权值后,MTI 就完全确定了。二脉冲对消 MTI 的最优加权为 $w = (1, -1)$,形成的冲击响应可以表示为

$$h_{\text{MTI}}(t) = \delta(t) - \delta(t - T) \tag{5.99}$$

电压的传递函数为

$$|H_{\text{MTI}}(t)| = \left|2\sin\left(\frac{\omega_d T}{2}\right)\right| \tag{5.100}$$

对于级联 MTI – 相参积累,我们希望用最低阶数的 m – 脉冲 MTI 获得最期望的改善因子。由于 MTI 阶数较小时,相比于最优加权,二项加权的改善因子损耗很小(见图 5.11),并且设计步骤也非常简单,因此采用二项式加权是非常合适的。通过对二脉冲 MTI(一次对消)的最优加权值进行连续卷积,可以获得二项式加权(见式(5.72))系数。因此,二项式加权 MTI 的功率传递函数可以由见式(5.100)的 $m-1$ 次乘积并取平方得到

$$|H_{\text{MTI}}(\text{j}\omega)|^2 = \left|2\sin\left(\frac{\omega_d T}{2}\right)\right|^{2(m-1)} \tag{5.101}$$

二项式加权 MTI 功率增益的峰值在 $\omega_d T = \pi$ 位置,根据式(5.101)可以得到,功率增益的峰值为 $\bar{G}_s = 2^{2(m-1)}$。通过对式(5.101)归一化,可以得到二项式加权 MTI 的功率传递函数的归一化形式:

$$|H_{\text{MTI}}(\text{j}\omega)|^2 = \left|\sin\left(\frac{\omega_d T}{2}\right)\right|^{2(m-1)} \tag{5.102}$$

式中:m——MTI 处理的脉冲个数;

T——雷达的脉冲重复周期。

设计的下一步骤就是导出横向滤波器加权系数的表达式,它代表 MTI – FFT 相参积累组合的第 k 个端口输出。考虑一个 m 脉冲 MTI 处理器级联一个 l 点 FFT 相参积累器,如图 5.22 所示。l 点 FFT 相参积累器可以表示为一个等效的横向滤波器,该滤波器的第 k 个端口为输出。根据式(5.80),相参积累输出 z_k 可以表示为

$$z_k = \sum_{i=m-1}^{l+m-2} \alpha(i - m + 1)\tilde{r}(i - m + 1) = \boldsymbol{a}_k^{\text{T}}\tilde{\boldsymbol{r}} \tag{5.103}$$

式中:$\boldsymbol{a}_k^{\text{T}}$——第 k 个 FFT 输出端口的复加权系数,$\boldsymbol{a}_k^{\text{T}} = (a_0, a_1, \cdots, a_{l-1})$;

$\tilde{\boldsymbol{r}}$——在 m 个脉冲输入到级联 MTI – 相参积累器后,MTI 滤波器的复输出 $\tilde{\boldsymbol{r}} = (\tilde{r}_0, \tilde{r}_1, \tilde{r}_2, \cdots, \tilde{r}_{l-1})$。

在这个指标体系中 MTI 滤波器每组输出可以表示为

$$\tilde{r}(j) = \sum_{i=j}^{m+j-1} w(i - j)\tilde{v}(i) = \boldsymbol{w}_k^{\text{T}}\tilde{\boldsymbol{v}} \tag{5.104}$$

因此,级联 MTI 和 FFT 相参积累总体输出可以表示为

$$z_k = \sum_{i=m-1}^{n-1} \sum_{j=i-m+1}^{i} \alpha(i-m+1)w(j-i+m-1)v(j) = \boldsymbol{b}_k^{\mathrm{T}} \tilde{\boldsymbol{v}} \qquad (5.105)$$

式中：n——输入处理器的脉冲数，$n = l + m - 1$；

$\tilde{\boldsymbol{v}}$——输入复电压，$\tilde{\boldsymbol{v}} = (\tilde{v}_0, \tilde{v}_1, \cdots, \tilde{v}_{n-1})$；

$\boldsymbol{b}^{\mathrm{T}}$——整个处理器中等间隔横向滤波器的加权矢量，$\boldsymbol{b}^{\mathrm{T}} = (b_0, b_1, \cdots, b_{l+m-1})$。

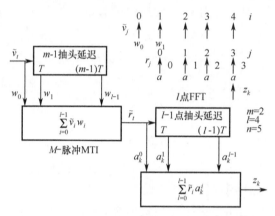

图 5.22 级联的 MTI 和等间隔 FFT 横向滤波器[7]

通过式（5.105），等效的加权向量可以表示为[19]

$$\boldsymbol{b} = \hat{\boldsymbol{A}} \boldsymbol{a}_k \qquad (5.106)$$

式中：α_k^{T}——FFT 加权矢量，$\alpha_k^{\mathrm{T}} = (\alpha_0, \alpha_1, \cdots \alpha_{l-1})$；

$\hat{\boldsymbol{A}}^{\mathrm{T}}$——由 MTI 加权矢量构成的一个 $m + l - 1$ 行 l 列的矩阵[19]。

$$\hat{\boldsymbol{A}}_1 = \begin{bmatrix} w_0 \\ w_{m-1} \\ 0 \\ 0 \\ 0 \end{bmatrix} \Big\} l-1 \uparrow 0, \quad \hat{\boldsymbol{A}}_2 = \begin{bmatrix} w_0 \\ w_0 \\ w_{m-1} \\ 0 \\ 0 \end{bmatrix}, \quad \hat{\boldsymbol{A}}_l = \begin{bmatrix} 0 \\ 0 \\ 0 \\ w_0 \\ w_{m-1} \end{bmatrix} \Big\} l-1 \uparrow 0 \qquad (5.107)$$

例如，假设一次对消 MTI（$m = 2$），级联了一个 4 点 FFT 相参积累处理器（$l = 4$）。FFT 相参积累处理器的 4 个加权矢量为 $\boldsymbol{a}_k = (1,1,1,1), (j,1,-j,-1), (-1,1,-1,1)$ 和 $(-j, 1, j, -1)$，其中 MTI 的加权矢量为 $\boldsymbol{w} = (1, -1)$。如果选择第二个 FFT 加权矢量，可得

$$\hat{\boldsymbol{A}} = \begin{bmatrix} 1 & 0 & 0 & 0 \\ -1 & 1 & 0 & 0 \\ 0 & -1 & 1 & 0 \\ 0 & 0 & -1 & 1 \\ 0 & 0 & 0 & -1 \end{bmatrix} \qquad (5.108)$$

$$\boldsymbol{b} = \begin{bmatrix} 1 \\ -1-j \\ j-1 \\ 1+j \\ -j \end{bmatrix} \qquad (5.109)$$

为等效横向滤波器的加权矢量,该滤波器的输出如式(5.105)所示。该等效滤波器如图 5.22 所示,同时也给出了式(5.103)、式(5.104)、式(5.105)中用到的各种符号标志。

另外,级联 MTI 和相参积累组合的归一化功率传递函数也可以通过式(5.90)和式(5.102)的乘积表示为

$$|H(j\omega)|^2 = \frac{[\sin(\omega_d T/2)]^{2(m-1)}\sin^2(l\omega_d T/2 - k\pi)}{l\sin(\omega_d T/2 - k\pi/l)} \tag{5.110}$$

可求出改善因子的表达式

$$I_f = \frac{|H(j\omega)|_N^2 \int_0^{\omega_r} S_I(\omega)\mathrm{d}\sigma}{\int_0^{\omega_r} S_I(\omega)|H(j\omega)|_N^2 \mathrm{d}\omega} \tag{5.111}$$

式中:若干扰为具有高斯型频谱的杂波和接收机噪声之和,则其功率谱密度可以表示为

$$S_I(\omega) = \frac{P_n}{\omega_r} + \frac{P_c}{\sqrt{2\pi}\sigma_c}[\mathrm{e}^{-\omega^2/2\sigma_c^2} + \mathrm{e}^{-(\omega-\omega_r)^2/2\sigma_c^2}], 0 \leq \omega \leq \omega_r \tag{5.112}$$

式中:P_n——接收机噪声功率;

P_c——杂波功率;

σ_c^2——高斯型杂波频谱频率响应的方差;

ω_r——脉冲重复频率(弧度形式)。

对式(5.112)进行归一化的一种简便方法是除以接收机噪声功率 P_n,并且转换为与参数 f_d 无关的函数,可得

$$I_f = \frac{|H(jf)|^2 \int_0^{f_r} S_I(f)\mathrm{d}f}{\int_0^{f_r} S_I(f)|H(jf)|_N^2 \mathrm{d}f} \tag{5.113}$$

$$S_I(f) = \frac{1}{f_r} + \frac{F}{\sqrt{2\pi}\sigma_f}[\mathrm{e}^{-f_d^2/2\sigma_f^2} + \mathrm{e}^{-(f_d-f_r)^2/2\sigma_f^2}] \tag{5.114}$$

式中:F——杂波和噪声的功率比;

f_r——雷达的脉冲重复频率;

σ_f^2——高斯型杂波谱的方差。

图 5.23 给出了级联一次对消 MTI 和 8 点 FFT 相参积累处理器的改善因子,该结构未采用相参积累加权处理,图中给出了中心位于 $k=2$ 和 $k=3$ 的两个邻近滤波器的响应分布。该图表明采用矩形窗的相参积累具有较高的交叠损耗和较高的副瓣,在中心频率的改善因子为38.5dB。而横向滤波器设计(见图 5.6)处理相同脉冲个数 9 个脉冲时的改善因子为39.1dB。需要注意的是,受 MTI 响应的影响,峰值改善因子逐渐向右偏移,峰值改善因子大约为39dB[27]。

图 5.24 给出了采用汉明加窗($\alpha = 0.426$)后,一次对消 MTI 和 8 点 FFT 相参积累处理器的改善因子,给出了中心位于 $k=2$ 和 $k=3$ 位置的两个相邻滤波器的响应。可以看到,响应出现了展宽,这减小了交叠损耗并降低了副瓣电平。然而,在中心频率的积累器改善因子下降到37.9dB,而改善因子峰值减小到38.3 dB。这说明相参积累加权函数的主要作用就是以

降低改善因子峰值为代价，提供一个在整个区间分布均匀、并且具有最小副瓣的多普勒频率响应。

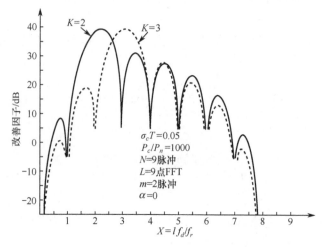

图 5.23　级联一次对消 MTI 和相参积累处理的改善因子[7]

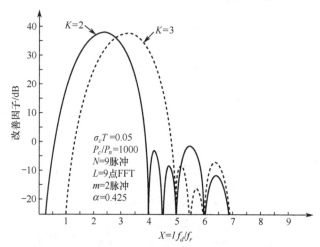

图 5.24　级联一次对消 MTI 和汉明加窗的相参积累处理的改善因子[7]

表 5.3 给出了三种滤波器的性能比较，包括点最优横向多普勒滤波器、级联一次对消 MTI 和 8 点 FFT 相参积累处理器、级联一次对消 MTI 和汉明加窗的 8 点 FFT 相参积累处理器。比较的依据是单输出端口（$k=2$）的平均改善因子，即对相邻滤波器交叠点位置的改善因子求平均。可以看到，正如预期的，在假设条件下单点最优横向滤波带来的平均改善因子的优势约为 0.4dB，而汉明加权造成的性能损耗极小。

表 5.3　多普勒处理的性能比较

多普勒处理	交叠点之间的平均改善因子/dB
点优化横向多普勒滤波器	38.03
级联一次对消 MTI 和 FFT 相参积累器	37.63
级联一次对消 MTI 和汉明加窗相参积累器	37.61
注意：$n=9$，$m=2$，$l=8$，$\alpha=0.426$，$\sigma_e T=9.05$，$F=1000$		

式（5.45）将改善因子则转化为检测性能，也就是检测概率，利用该式可以得到改善因子0.4dB损耗的影响大小。式（5.45）适用于任何高斯分布的杂波下的横向滤波器。前面已提，由于级联 MTI – FFT 可以表示为横向滤波器的形式（见式（5.106）），因此式（5.45）对其是适用的。例如，如果横向多普勒滤波器提供的检测概率 $P_d = 0.9$，$P_{fa} = 10^{-6}$，相同参数条件下 MTI 级联相参积累可以得到 $P_d = 0.83$。

5.3 级联 MTI—非相参积累器

前面介绍了 MTI 级联相参积累的多普勒处理器，但是在实际应用中，多普勒处理器往往普遍采用 MTI 级联非相参积累器的结构。这种结构的显著特点是硬件设备得到大幅度的减少。然而，该处理器的探测性能相比于前者具有较大的差距，前者的探测性能趋于最优上限。

级联 MTI—非相参积累的性能下降程度取决于 MTI 处理脉冲的个数，以及 MTI 处理后的剩余杂波分量。首先考虑接收机噪声对处理器造成的影响，因为这可以确定级联 MTI—非相参积累所能获得的最大性能。并且此情况下，可以进行近似分析从而得到探测性能的简化计算[3,28]。

图 5.25 给出了级联 MTI—非相参积累的结构图。这种实现结构采用正交 MTI（见图 5.9），虽然也可以采用单通道 MTI，但单通道 MTI 的性能损失更大[29]。MTI 使接收机噪声变得相关，降低了积累处理时噪声独立样本的数量，由于积累器的处理增益正比于独立样本的个数，因此积累器的积累增益有所下降。

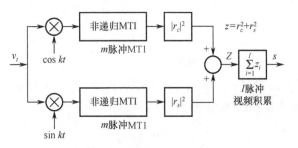

图 5.25　中的 MTI 的检波输出 z 服从高斯分布[7]

这里我们给出一个近似分析方法。假设图 5.25 中的 MTI 的检波输出 z 服从高斯分布[3]，由于积累器的所做的处理都是线性的，所以其输出也服从高斯分布。那么，处理器的检测性能就仅取决于积累器输出的信噪比。

为了强调积累器的线性特性，图 5.26 给出了一个输入为高斯分布矢量 $z^T = (z_0, z_1, \cdots, z_{l-1})$，加权向量为 $a^T = (1,1,1,\cdots,1)$ 横向滤波器框图。通过运用 5.1 节讨论的横向滤波器输入/输出的关系，就可以确定积累器的输出信噪比。

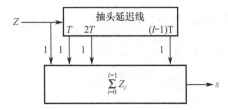

图 5.26　基于横向滤波器的脉冲积累器[7]

将归一化的协方差矩阵 M_s（见式（5.48），$\omega_d = 0$）代入式（5.5），可以确定横向滤波

积累器输出的信号功率，归一化协方差矩阵可为

$$M_s = \begin{pmatrix} 1 & \cdots & 1 \\ \vdots & \ddots & \vdots \\ 1 & \cdots & 1 \end{pmatrix} \quad (5.115)$$

式中：噪声功率输出是将下式归一化的协方差矩阵 R_s（见式（5.67））代入式（5.3）计算得到，即

$$R_n = \begin{pmatrix} 1 & \rho_1^2 & \cdots & \rho_{l-1}^2 \\ \vdots & \ddots & & \vdots \\ \rho_1^2 & & & \vdots \\ \rho_{l-1} & \cdots & \cdots & 1 \end{pmatrix} \quad (5.116)$$

式中：$\rho^2(j)$ 和 $j = 1, 2, \cdots l-1$ 为 MTI 平方律输出的相关系数。

由积累器带来的输出信噪比改善因子为

$$n_e = \frac{l^2}{l + 2\sum_{j=1}^{l-1}(l-j)\rho^2(j)} \quad (5.117)$$

其中

$$\rho(j) = \frac{\sum_{i=0}^{m-1}\sum_{k=0}^{m-1}w_i w_k \delta(k-i+j)}{l + 2\sum_{j=1}^{l-1}(l-j)\rho^2(j)}, \delta(0) = 1 \quad (5.118)$$

对消器 $w^T = (w_0, w_1, \cdots, w_{m-1})$ 为 MTI 加权矢量。

n_e 称为独立样本的等效数目，因为它用等效的方法得到了积累增益，就好像将 n_e 独立样本应用于积累器。近似高斯统计的积累损耗可表示为[5]

$$L = 10\lg\left(\frac{l}{n_e}\right)^{1/2} \quad (5.119)$$

如果考虑完全不相关的采样样本（$\rho = 0$）这种极端的情况，根据式（5.117）得到 $n_e = l$，即近似独立的高斯采样序列。另一种极端情况是完全相关的采样样本（$\rho = 1$），正如预期的，会发现 $n_e = 1$，积累器没有作用。对于一次对消器 $w^T = (1, -1)$，$n_e/l = 2/3$（$L = 0.88\text{dB}$），而二次对消器 $w^T = (1, -2, 1)$，$n_e/l = 18/35$（$L = 1.444\text{dB}$）[3]。

只有当 l 取值非常大时，积累器的输入分布才接近高斯分布，采用高斯统计得到的近似分析才可以提供精确的结果。通过对 $l = 4, 8, 16$，和 32 脉冲[5]时的线性包络检波平均输出采取重要性抽样仿真，表 5.4 给出了 $m = 2, 3, 4$ 和 5 脉冲 MTI 二项式对消时的积累损耗。同时，通过相同参数的标准检测曲线，根据 n_e 计算给出了近似损耗。

表 5.4　MTI 积累的噪声损耗（$P_d = 0.9, P_{fa} = 10^{-6}$）

MTI 脉冲个数	平均积累损耗/dB	根据 n_e 损耗计算得到的损耗/dB
2	1.0	1.1
3	1.8	1.8
4	2.2	2.4
5	2.5	2.8

近似分析表明：当进行视频积累时，MTI 带来的接收机噪声的相关效果会造成检测损耗，MTI 中处理的脉冲个数越多，噪声的相关性越强。然而，MTI 的主要功能是在杂波中检测目标，所以完整全面的分析就必须考虑由接收机噪声和杂波所形成的干扰背景。下面将对该问题进行准确的分析[6,30,31]。

图 5.25 中的级联 MTI—非相参积累器经平方律检波、视频积累后，输出可以表示为

$$s = \sum_{i=0}^{l-1} z_i = \sum_{i=0}^{l-1} r_{ci}^2 + r_{si}^2 \tag{5.120}$$

表面上，该问题与在接收机噪声中检测静止目标是相同的，区别在于由于 MTI 处理和干扰环境中的杂波分量的影响，本情况下噪声是相关。MTI 的正交输出矢量 $r_c = (r_{c0}, r_{c1}, \cdots, r_{cl-1})$ 和 $r_s = (r_{s0}, r_{s1}, \cdots, r_{sl-1})$ 都是高斯分布的，因为两者都是对高斯矢量的线性处理结果。正如文献 [32] 中所述，通过变换可对协方差矩阵对角化，相关的高斯矢量 r_c 和 r_s 总可以表示为一个由不相关分量组成的等效集合。将不相关的矢量 r_c 和 r_s 代入式（5.120）可以确定，当有目标信号时，随机变量 s 服从非中心卡方分布，当无目标信号时，服从具有卡方分布[33]。将积累器输出（s）的统计特性代入标准检测概率计算中，可以得到级联 MTI—非相参积累的检测性能。

MTI 正交双通道的 $2l$ 维高斯概率密度函数可以表示为

$$p(r_c, r_s) = \frac{\exp\left\{-\frac{1}{2}[(r_c - s_x)^T C^{-1}(r_c - s_x) + (r_s - s_y)^T C^{-1}(r_s - s_y)]\right\}}{(2\pi)^l |C|} \tag{5.121}$$

式中：$s_x^T = (s_{x0}, s_{x1}, \cdots, s_{xl-1})$，$s_y^T = (s_{y0}, s_{y1}, \cdots, s_{yl-1})$ 为式（5.27）和式（5.28）给出的正交均值向量（$P_s = A^2/2$ 并且 $\phi = 0$），即

$$s_{xk} = A \sum_{j=0}^{m-1} w_j \cos[\omega_d(t_k - jT)] \tag{5.122}$$

$$s_{yk} = A \sum_{j=0}^{m-1} w_j \sin[\omega_d(t_k - jT)] \tag{5.123}$$

由文献 [7] 可知，l 行 l 列的协方差矩阵为

$$C = \begin{pmatrix} c_{11} & \cdots & c_{1l} \\ \vdots & \ddots & \vdots \\ c_{l1} & \cdots & c_{ll} \end{pmatrix} \tag{5.124}$$

矩阵中的元素可表示为

$$c_{kq} = \sum_{i=0}^{m-1} \sum_{j=0}^{m-1} w_i w_j E[v_{ci+k-1} v_{cj+q-1}] \tag{5.125}$$

式中：w^T——MTI 加权矢量，$w^T = (w_0, w_1, \cdots, w_{m-1})$；

v_c 或 v_s——正交的 MTI 输入干扰矢量 $v_c = (v_{c0}, v_{c1}, \cdots, v_{cl+m-2})$，$v_s = (v_{s0}, v_{s1}, \cdots, v_{sl+m-2})$。

设计的关键步骤是对用一个线性变换 L 进行坐标系旋转，从而使 C 只在主对角线上有元素。旋转后的 MTI 正交输出表示为 $r_c' = Lr_c$，并且 $r_s' = Lr_s$，其中 L 是由 C 的特征向量 $e_k^T = (e_{k1}, \cdots, e_{kl}^T)$ 组成

$$L = \begin{pmatrix} e_{11} & e_{21} & \cdots & e_{l1} \\ \vdots & \vdots & & \vdots \\ e_{1l} & e_{2l} & \cdots & e_{ll} \end{pmatrix} \tag{5.126}$$

对角矩阵 $\boldsymbol{\lambda}$ 的各个元素 λ_k 对应 $\boldsymbol{C}$ 的特征值[32]：

$$\boldsymbol{\lambda} = \begin{pmatrix} \lambda_1 & 0 & 0 \\ 0 & \ddots & 0 \\ 0 & 0 & \lambda_l \end{pmatrix} \tag{5.127}$$

通过解下列的矩阵方程，可以得到式（5.126）和式（5.127）的各个元素，即

$$(\boldsymbol{C} - \lambda_k \boldsymbol{I})\boldsymbol{e}_k = 0, \quad k = 1, 2, \cdots, l \tag{5.128}$$

通过下面公式可以对求解结果进行验证：

$$\boldsymbol{\lambda} = \boldsymbol{L}^{\mathrm{T}} \boldsymbol{C} \boldsymbol{L} \tag{5.129}$$

MTI 输出的正交均值向量同样也通过矩阵变换进行旋转，得到 $\boldsymbol{s}_x' = \boldsymbol{L}\boldsymbol{s}_x$，$\boldsymbol{s}_y' = \boldsymbol{L}\boldsymbol{s}_y$。

根据坐标系的变换关系，式（5.121）可以重新表示为

$$p(\boldsymbol{r}_c', \boldsymbol{r}_s') = \frac{\exp\left\{-\frac{1}{2}\sum_{k=1}^{l}\frac{(r_{ck-1}' - s_{xk-1}')^2 + (r_{sk-1}' - s_{yk-1}')^2}{\lambda_k}\right\}}{(2\pi)^l \prod_{k=1}^{l} \lambda_k} \tag{5.130}$$

式中：旋转变换对正交 MTI 输出分量起到了去相关作用，这使得各分量相互独立，因此，总的概率密度函数就简化为各独立分量概率密度函数的乘积形式。

通过标准方法（见文献［33］中的推导），就可以得到平方律检波、视频积累后级联处理器输出的特征函数，即

$$M(p) = \prod_{k=1}^{l} \exp\left(-\frac{p g_k^2}{1 + 2p\lambda_k}\right) / (1 + 2p\lambda_k) \tag{5.131}$$

式中：$p = -j\omega$，g_k^2 为信号矢量在第 k 个特征向量上的投影，即

$$g_k^2 = \sum_{i=1}^{l} \sum_{j=1}^{l} (s_{xi-1} s_{xj-1} + s_{yi-1} s_{yj-1}) \boldsymbol{e}_{ki} \boldsymbol{e}_{kj} \tag{5.132}$$

要确定检测门限的话，要在 $g_k = 0$ 时对式（5.132）进行变换，以得到无信号时的概率密度函数（$s \geq 0$）：

$$p(s) = \sum_{k=1}^{l} C_k \exp(-s/2\lambda_k) / 2\lambda_k \tag{5.133}$$

其中

$$C_k = \prod_{\substack{j=1 \\ j \neq k}}^{l} \left(\frac{\lambda_k}{\lambda_k - \lambda_j}\right) \tag{5.134}$$

综合式（5.133），得到不同检测阈值 s_T 对应的虚警概率[6,30,31]

$$P_{fa} = \sum_{k=1}^{l} \left\{ \prod_{\substack{j=1 \\ j \neq k}}^{l} \left(\frac{\lambda_k}{\lambda_k - \lambda_j}\right) \right\} \exp\left(\frac{-s_T}{2\lambda_k}\right) \tag{5.135}$$

对于多种高斯杂波频谱（$\sigma_c T = 0.01, 0.05, 0.1$），杂波和接收机噪声功率比分别为（$F = 0, 5000, 10000, 20000$）的情况，图 5.27 给出了一次对消 MTI 和 8 脉冲视频积累（$l = 8$）的归一化检测门限。

计算检测概率的步骤要比确定检测门限的步骤复杂一些，这主要是因为直接对式（5.131）的特征函数求逆来得到概率密度函数的解析表达式明显是不可行的。可以采用

Gram – Charlier 级数近似进行数值求解。

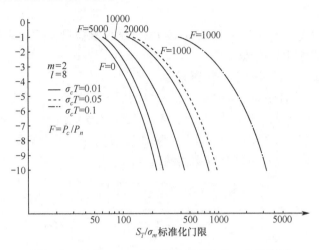

图 5.27 级联 MTI – 非相参积累器的归一化门限[7]

累积量母函数可以表示为[34]

$$h(p) = \ln M(p) \tag{5.136}$$

计算得到的累积量为

$$\chi_k = (-1)^k \frac{\partial^k}{\partial p^k}[h(p)]\big|_{p=0} \tag{5.137}$$

计算累积量的一种简便方式是将式 (5.131) 写为

$$M(p) = \prod_{k=1}^{l} e^{-s_k} e^{\alpha_k s_k/p + \alpha_k \cdot \frac{\alpha_k}{p+\alpha_k}} \tag{5.138}$$

式中：$s_k g_k^2/2\lambda_k$，$\alpha_k = 1/2\lambda_k$。

累积量母函数因此可以重新写为

$$h(p) = \sum_{k=1}^{l} C_k + \frac{\alpha_k s_k}{p + \alpha_k} - \ln(p + \alpha_k) \tag{5.139}$$

因此，累积量可以写为

$$\chi_1 = \sum_{k=1}^{l} (2\lambda_k)^{i-1}(i-1)![ig_k^2 + 2\lambda_k] \tag{5.140}$$

根据累积量就可以得到 Gram – Charlier 级数[32]，然后计算出级联 MTI – 非相参积累器的检测概率。对一次对消级联 8 脉冲非相参积累器，具有埃奇沃斯组合的三项级数可以较为精确的得到其检测概率[6]。

通常，获得级联 MTI 和非相参积累检测性能的步骤，可以描述如下：

(1) 根据式 (5.125) 建立协方差矩阵，该矩阵是关于 MTI 阶数 m，非相参积累脉冲个数 l 和杂波谱特性的函数 σ_c^T。

(2) 计算协方差矩阵 C 的特征值 λ_k 和特征向量 $\mathbf{e}_k^T$。

(3) 根据式 (5.135) 得到检测阈值，检测阈值中包括了特征值 λ_k，虚警概率 P_{fa}，杂波接收机噪声功率比 F。

(4) 根据式 (5.132) 来计算变换后信号幅度 g_k^2，包括特征向量 $\mathbf{e}_k^T$，信号幅度 A，多普

勒频率 ω_d，以及 MTI 加权矢量 $\boldsymbol{W}^{\mathrm{T}}$。利用式（5.122）和式（5.123）计算正交 MTI 信号矢量 $\boldsymbol{s}_x^{\mathrm{T}}$ 和 $\boldsymbol{s}_y^{\mathrm{T}}$。

（5）将 g_k^2 和 λ_k 代入式（5.140）来计算处理器的累积量，然后将累积量代入 Gram – Charlier 级数，从而计算出检测概率。

例 18　MTI—非相参积累处理的积累增益

图 EX – 18.1 给出了级联 MTI – 非相参积累器的框图，在第 5.3 节对这种处理器的性能进行了讨论。当仅存在噪声时，MTI 引起的噪声相关带来的损耗约为 1 ~ 2.5dB，主要取决于对消级数（1 ~ 4 级）。然而，当存在杂波时，这种处理增益的损耗会增加，它取决于杂波功率相对于噪声功率的强度，以及 MTI 所能提供的改善因子。

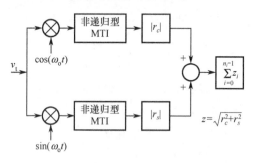

图 EX – 18.1　采用非相参积累的非递归 MTI

要分析级联 MTI 相干/非相参积累系统的第一步是确定检测门限。针对杂波和噪声功率比分别为 $F = 0$，5000，10000，20000 的四种情况，用 MATLAB 程序 mti_nci_thresh.m 我们画出了一次对消 MTI 级联一个 8 脉冲非相参积累（$\sigma_c T = 0.01$）处理器的检测门限，如图 EX – 18.2 所示，门限主要由下式确定，即

$$P_{fa} = \sum_{k=1}^{l} \left\{ \prod_{\substack{j=1 \\ j \neq k}}^{l} \left(\frac{\lambda_k}{\lambda_k - \lambda_i} \right) \right\} \exp\left(\frac{-s_T}{2\lambda_k} \right)$$

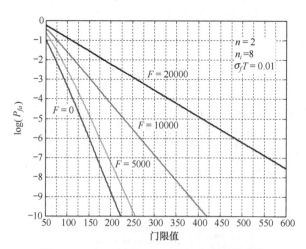

图 EX – 18.2　级联 MTI – 非相参积累的阈值

利用 MATLAB 程序 thresh_mti_nci.m 和 thresh_mti_ncia.m 可以计算出更精确的数值，这两个程序利用牛顿迭代法求解特定 P_{fa}，n_i 和 F 取值下的检测门限 α_T。表 Ex – 18.1 列举了一

次对消 MTI 的阈值，$n_i = 8$ 且 $2\pi\sigma_f/\text{PRF} = 0.01$。

表 EX – 18.1　MTI 和非相参积累的门限值（$m = 2$，$n_i = 8$，$2\pi\sigma_f/\text{PRF} = 0.01$）

P_{fa}	$F = 0$	$F = 1000$	$F = 5000$	$F = 10000$	$F = 20000$
10^{-3}	93.0124	94.9316	110.4373	153.2723	259.0955
10^{-4}	112.4733	113.4202	132.4501	191.3548	333.8704
10^{-5}	131.4242	133.3903	153.8058	229.4294	408.6453
10^{-6}	150.0613	152.0420	174.7568	267.5034	483.4202
10^{-7}	168.4914	170.4834	195.4424	305.5773	558.1952
10^{-8}	186.7786	188.7797	215.9466	343.6521	632.9701
10^{-9}	204.9637	206.9722	236.3234	381.7251	707.6421

确定检测概率的步骤，首先是要找到接收机噪声功率的标准化协方差矩阵，各个元素表示为

$$C_{kl} = \sum_{i=0}^{m-1} \sum_{j=1}^{m-1} w_i w_j \rho^*(i + k - j - l)$$

式中：加权系数 $\boldsymbol{w}^\mathrm{T} = [w_0, \cdots, w_{m-1}]$（$k, l = 1, 2, \cdots, n_i$），同时，

$$\rho^*(0) = F + 1,\ \rho^*(ii) = F\rho(ii),\ F = \frac{P_c}{P_n}$$

式中：P_n——噪声功率；
　　　P_c——杂波功率；
　　　n_i——脉冲积累个数；
　　　F——杂波功率 – 接收机噪声功率比。

杂波的相关函数可以表示为

$$\rho(ii) = \exp\left(\frac{-ii^2}{2} \frac{(2\pi\sigma_f)^2}{\text{PRF}}\right) = \rho(1)^{ii^2}$$

式中：σ_f 为杂波谱的标准差。

计算检测概率的第二步，就是确定协方差矩阵 $\boldsymbol{C}$ 的特征值（λ_k）和特征向量（$\boldsymbol{e}_k^\mathrm{T}$），从而对 MTI 的输出向量进行去相关。用 MATLAB 中的 eig（$\boldsymbol{C}$）命令很容易计算数值解，返回协方差矩阵 $\boldsymbol{C}$ 的特征值和特征向量。这样，就可以得到概率密度函数的特征函数，即

$$\Phi(p) = \exp\left[\sum_{k=1}^{n_i} \frac{p g_k^2}{(1 - 2p\lambda_k)}\right] \prod_{k=1}^{n_i} \frac{1}{(1 - 2p\lambda_k)}$$

式中

$$p = j\omega$$

$$g_k^2 = \sum_{i=1}^{n_i} \sum_{j=1}^{n_i} 4A^2 \sin^2\left(\frac{\omega_d T}{2}\right) \cos[\omega_d T(i - j)] e_{ki} e_{kj}$$

根据系统的特征函数，可以画出 MTI 级联非相参积累的检测曲线。积累后 MTI 输出的特征函数可以表示为

$$\Phi_0(p) = \Phi^{n_i}(p)$$

对 $\Phi_0(p)$ 的复共轭进行逆 FFT 可以算出积累输出的概率密度函数为

$$p(z) = \text{ifft}[\Phi_O(p^*)]$$

因此,检测概率可以写为

$$P_d = \int_{\alpha_T}^{\infty} p(z)\,\mathrm{d}z$$

式中:α_T 为检测门限。

那么,MTI-非相参积累输出的特征函数可以写为

$$\Phi_O(p) = \left\{ \exp\left[\sum_{k=1}^{n_i} \frac{pg_k^2}{(1-2p\lambda_k)}\right] \prod_{k=1}^{n_i} \frac{1}{(1-2p\lambda_k)} \right\}^{n_i}$$

MATLAB 程序 pd_mti_ncia.m,可以对上式的复共轭进行逆 FFT,从而得到积累器输出的概率密度函数。接下来,对前面确定的门限将概率密度函数在 $\alpha_T \sim \infty$ 区间进行积分,可以得到检测概率 P_d。一次对消($m=2$)级联非相参积累器($n_i = 8, 32$),在 $2\pi\sigma_f/\text{PRF} = 0.01$ 和 $F = 0, 5000, 10000, 20000$ 情况下的检测概率如图 EX-18.3 和图 EX-18.4 所示。用 MATLAB 程序 pd_mti_ncia_8.m 和 pd_mti_ncia_32.m 可以画出上述两幅图。

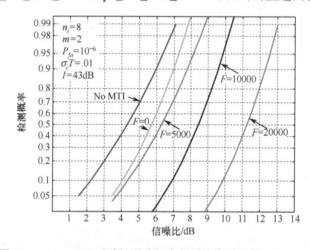

图 EX-18.3 MTI 对消级联非相参积累的检测概率($n_i = 8$)

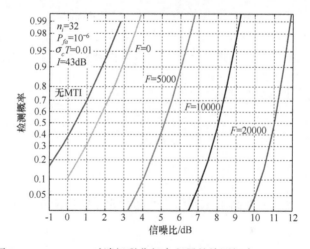

图 EX-18.4 MTI 对消级联非相参积累的检测概率($n_i = 32$)

图 EX – 18.5 给出了一次对消级联一个非相参积累器的积累增益,其中 n_i = 3、8、16、32 和 64 脉冲。该曲线证明了这种结构具有较高的改善因子,在杂波环境中要得到这种较高的积累增益需要有较低的剩余杂波功率和噪声功率比。

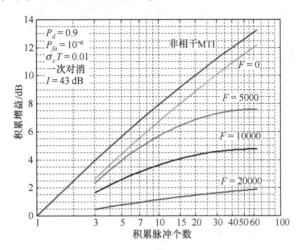

图 EX – 18.5　MTI 对消级联非相参积累的改善因子

要对 MTI 对消级联非相参积累的检测概率进行评估,最好运用这种步骤对应的计算机程序。计算机程序库能够根据协方差矩阵输入值计算出特征值和特征矢量,这对于这种计算机程序的实现是一个非常有用的工具。在给出 MTI 对消级联非相参积累的检测概率的计算结果之前,先给出一些数学计算的证明和一个特例,在这个特例中可以得到特征值和特征向量的解析解。

假设有一次对消正交双通道 MTI($m = 2$)的后面级联了一个 4 脉冲视频积累器($l = 4$)。协方差矩阵可以表示为

$$C = \sigma_n^2 \begin{bmatrix} 2+2F(1-\rho_1) & -1+F(2\rho_1-\rho_2-1) & F(2\rho_2-\rho_1-\rho_3) & F(2\rho_3-\rho_2-\rho_4) \\ -1+F(2\rho_1-\rho_2-1) & 2+2F(1-\rho_1) & -1+F(2\rho_1-\rho_2-1) & F(2\rho_2-\rho_1-\rho_3) \\ F(2\rho_2-\rho_1-\rho_3) & -1+F(2\rho_1-\rho_2-1) & 2+2F(1-\rho_1) & -1+F(2\rho_1-\rho_2-1) \\ F(2\rho_3-\rho_2-\rho_4) & F(2\rho_2-\rho_1-\rho_3) & -1+F(2\rho_1-\rho_2-1) & 2+2F(1-\rho_1) \end{bmatrix}$$
(5.141)

式中:σ_n^2 ——接收机噪声功率;

$p(i)$ ——杂波相关系数;

F ——杂波与接收机噪声功率比。

当不存在杂波分量时($F = 0$),协方差矩阵可以简化为

$$C = \sigma_n^2 \begin{pmatrix} 2 & -1 & 0 & 0 \\ -1 & 2 & -1 & 0 \\ 0 & -1 & 2 & -1 \\ 0 & 0 & -1 & 2 \end{pmatrix}$$
(5.142)

对于这种情况,可以得到协方差矩阵的特征值和特征向量的解析解[30,35]:

$$\lambda_k = 4\sin^2 \frac{k\pi}{2(l+1)} \tag{5.143}$$

$$e_{kj} = \sqrt{\frac{1}{l+1}} \sin \frac{kj\pi}{l+1} ; j = 1,2,\cdots,l \tag{5.144}$$

通过式(5.122)和式(5.123),可以得到正交均值向量为

$$s_{xk} = -2A\sin\left(\frac{\omega_d T}{2}\right)\sin\left[\omega_d T\left(k-\frac{1}{2}\right)\right] \tag{5.145}$$

$$s_{yk} = 2A\sin\left(\frac{\omega_d T}{2}\right)\cos\left[\omega_d T\left(k-\frac{1}{2}\right)\right] \tag{5.146}$$

根据式(5.132)可以确定信号幅度,即

$$g_k^2 = \sum_{i=1}^{l}\sum_{j=1}^{l} 4A^2\sin^2\left(\frac{\omega_d T}{2}\right)\cos[\omega_d T(i-j)]e_{ki}e_{kj} \tag{5.147}$$

文献[31]求得了 $\omega_d T = 1/4$ 时的检测曲线。

图 5.28 ~ 图 5.30 分别给出了一次对消 MTI 级联 8 脉冲视频积累器($\omega_d T = 1/4$)的检测曲线,分别给出了杂波谱为窄带($\sigma_c T = 0.01$)、中带($\sigma_c T = 0.05$)、宽带($\sigma_c T = 0.05$)高斯型的情况[6]。为了便于比较,同时还给出了最优 9 脉冲横向滤波器,准最优级联一次对消 MTI8 脉冲相参积累的检测曲线。

在图 5.28 中,对于窄带杂波谱($\sigma_c T = 0.01$),MTI 改善因子(见表 5.1)是 20000(43dB)。最优横向滤波器无杂波($F=0$)和杂波噪声功率比 $F=20000$ 之间的检测损耗约为 0.2dB。可以看出,在强杂波($F=20000$)条件下,MTI - 相参积累器最大响应处的检测性能比 8 脉冲相参积累器高很多,表明这种处理器对于消除杂波很有效。只有噪声时,MTI 和杂波对非相参积累的影响产生了 1.1dB 的损耗,当杂波剩余功率和噪声功率相当时该损耗为 4.3dB。

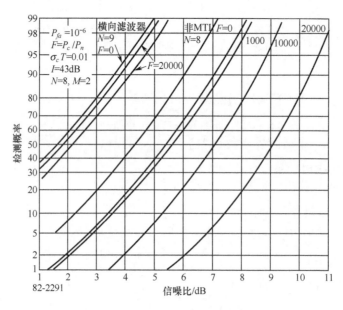

图 5.28 一次对消正交 MTI 级联 8 脉冲视频积累器($N=8$)的检测概率[6]

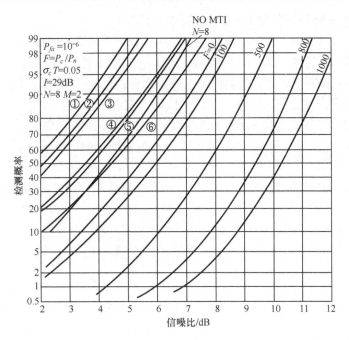

图 5.29 一次对消正交 MTI 级联 8 脉冲视频积累器（$N=8$）的检测概率[6]

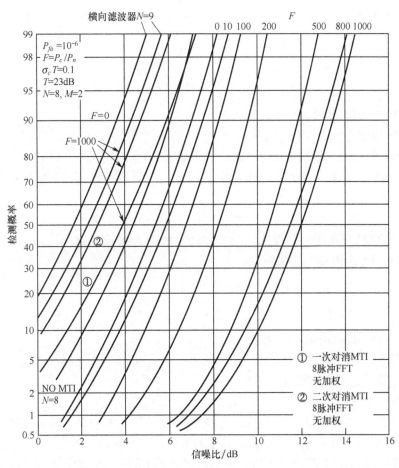

图 5.30 一次对消正交 MTI 级联 8 脉冲视频积累器（$N=8$）的检测概率[6]

例19 横向滤波器和级联 MTI—FFT 的性能比较

例3中分析了级联 MTI—FFT 处理器的改善因子和传递函数,把级联 MTI—FFT 转换为等效横向滤波器,同时为避免交叉耦合采用切比雪夫加窗来降低 FFT 副瓣。在这个例子中,我们检验了级联 MTI—FFT 处理器的检测概率,并发现它比例18中的 MTI 级联非相参积累器性能改善要大。接下来,通过研究完全单点最优横向滤波器组的检测性能,分析这种结构在提高检测概率和杂波处理能力方面相比于级联 MTI—FFT 处理器的优势。原始 MTD 处理器采用的是级联 MTI—FFT(见1.6节),而后来的改进版本转换为横向滤波器组处理,这种改进提高了检测性能。

例3中,级联2次对消 MTI 和 N 点 FFT 处理器的等效横向滤波器加权矢量可表示为

$$w_{MTI-FFT} = [w_{FFT}, 0] - [0, w_{FFT}]$$

其中

$$w_{FFT} = \exp\left[\frac{-2\pi j(p-1)(K-1)}{N}\right]$$

K 为滤波器个数,$p = 1, 2, \cdots, N$。

然后计算出杂波协方差矩阵 R_n 和信号的协方差矩阵 M_s,杂波的改善因子为

$$I_{fc} = \frac{w^T M_s w^*}{w^T R_n w^*}$$

通过计算以下关系式,可以看出 MTI 的改善因子不会对噪声提供任何增益,

$$I_N = \frac{\sum_{j=0}^{n-1} w_j^2}{\sum_{j=0}^{n}\sum_{k=0}^{n} w_j w_k \rho_n(j-k)}$$

式中:w_j——MTI 加权系数;

ρ_n——单位矩阵。

当在响应的峰值处计算 FFT 对噪声的改善因子,则改善因子等于 FFT 点数 N,其他地方需要用式(5.85)来计算。因此,当在 FFT 的峰值响应处进行计算时,级联的 MTI—FFT 对噪声的积累增益(IG)等于 N。

MTI 和 FFT 以及二者的级联都是线性系统。将高斯分布随机过程输入到线性系统得到的输出是另外一个高斯分布过程。因此,我们应用平方律包络检波对应 Marcum 分析,来确定级联 MTI–FFT 的检测概率,结果为

$$P_d = Q\left\{\left[\frac{2\mathrm{snr}_{in}IG}{(1+\frac{F}{I_{fc}})}\right], \left[2\ln\left(\frac{1}{P_{fa}}\right)\right]\right\}$$

式中:$Q(a,b)$——Marcum 的 Q 函数。

F——杂波和噪声功率比;

P_{fa}——所需要达到的虚警概率;

snr_{in}——输入信噪比。

MATLAB 程序 pd_mti_ffta.m 可以以正态概率刻度绘出 P_d 的结果。这个程序计算任意阶的二项 MTI,以及均匀、Chebyshev 或 Hamming 加窗的 FFT。利用 MATLAB 函数 marcumq(a, b)计算 Q 函数。利用这个程序计算得到的一次对消器级联的8点均匀加权 FFT 的输出结果,如图 EX - 19.1 所示。可以看到,随着杂波功率上升,性能有所下降。如果采用更高阶 MTI

对消器，可以改善上述情况，但代价是采用更高阶 MTI 后 $F=0$ 的性能会有所下降。

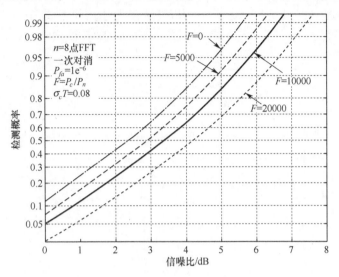

图 EX – 19.1　级联 MTI – FFT 的检测概率

5.1.2 节中给出的单点最优横向滤波器提供了一种级联 MTI – FFT 处理器的替代选择。这种处理在感兴趣的多普勒区域等间隔均匀布置了多个单点最优横向滤波器。间隔的选取原则是要保证横向滤波器之间的通带交叠位置为 3dB 点。

干扰（杂波和噪声）协方差矩阵表示如下

$$\boldsymbol{R}_n = \begin{pmatrix} 1+F & F\rho_1 & \cdots & F\rho_{n-1} \\ F\rho_1 & \ddots & a_{23} & \vdots \\ \vdots & & \ddots & \vdots \\ F\rho_{n-1} & \cdots & \cdots & 1+F \end{pmatrix}$$

式中：F——杂波和噪声功率比；

ρ_i——杂波相关系数。

该滤波器调谐于指定频率，该频率对应的信号矢量可以表示为

$$s_k^{\mathrm{T}} = \mathrm{e}^{\mathrm{j}\omega_d(k-1)/\mathrm{PRF}}; \quad k=1,2,\cdots n$$

式中：n——调谐滤波器的点数；

f_d——感兴趣的多普勒频率。

最优横向滤波器加权矢量可以表示为

$$w_0 = \boldsymbol{R}_n^{-1} s^*$$

式中：$\boldsymbol{R}_n^{-1}$——协方差矩阵的逆。

通过下面的关系式，可以得到最优改善因子的包络为

$$I_{f_o} = \mathrm{trace}(\boldsymbol{R}_n^{-1}\boldsymbol{M}_s)$$

式中：$\boldsymbol{M}_s$ 为 0～PRF 之间所有可能的多普勒频率上计算得到的信号协方差矩阵。

最优点上改善因子的频率响应可以通过下式计算：

$$I_f = \frac{w_o^{\mathrm{T}}\boldsymbol{M}_s w_o^*}{w_o^{\mathrm{T}}\boldsymbol{R}_N w_o^*}(1+F)$$

式中：w_o——最优加权系数；

M_s——在整个多普勒区间的信号协方差矩阵。

用 MATLAB 程序 trans_filt_impfacbx.m 可以计算出上述取值,图 EX - 19.2 给出了一个 9 点滤波器,调谐位置为 PRF/3,F = 5000 时改善因子的计算结果。

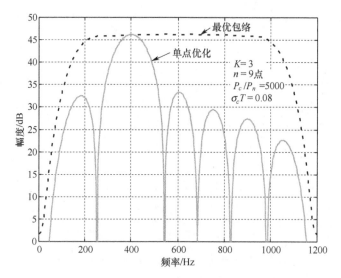

图 EX - 19.2 横向滤波器改善因子和包络

分析的下一步就是确定在各个谐振多普勒频率上,最优单点横向滤波器级联平方律检波器的检测概率。通过 Marcum 分析,检测概率可表示为

$$P_d = Q\left\{[2\mathrm{snr}_{\mathrm{in}} I_f]^{1/2}, \left[2\ln\left(\frac{1}{P_{fa}}\right)\right]^{1/2}\right\}$$

图 EX - 19.3 给出了横向滤波器的检测概率计算结果。

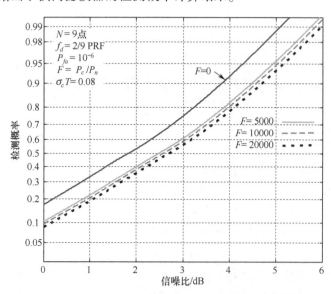

图 EX - 19.3 给出了横向滤波器的检测概率分布

MATLAB 程序 compare.m 画出了横向滤波器与级联 MTI - FFT 处理器之间的性能比较。图 EX - 19.4 给出了 9 点 FFT 和 MTI 级联 8 点 FFT 的比较结果。当不存在杂波时,达到相同

的检测概率0.9时，两者所需的snr信噪比相差约为0.5dB。然而，当杂波很强（$F=20000$）时，横向滤波器所需的信噪比与后者低了1.25dB。

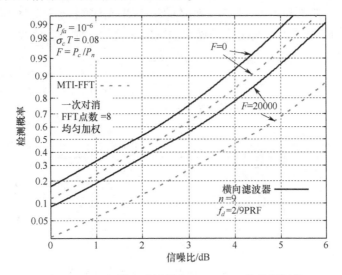

图 EX-19.4　横向滤波器和 MTI-FFT 的检测概率

图5.29给出了中等杂波谱情形（$\sigma_c T = 0.05$）的检测性能。这种情况下，一次对消MTI改善因子为29dB。无杂波情形$F=0$、杂波噪声功率比$F=1000$两种情况下，最优横向滤波器的检测损耗大概相差0.4dB。级联MTI—相参积累器的峰值检测性能比噪声中8脉冲相参积累处理器的检测性能只相差大概0.15dB，表明在杂波条件下有很好的性能。然而，在相邻多普勒滤波器之间的交叠位置，合成的性能（考虑这两种滤波器的检测性能）大约低于峰值-2dB。对相参积累器进行汉明窗加权后，响应在整个多普勒响应区间相当平滑，但是$F=1000$时的性能比噪声背景下理想8脉冲相参积累器普遍低-1.4dB。当仅有噪声的时候，级联MTI-非相参积累的检测损耗是1.1 dB，当剩余杂波功率和噪声功率相等的时候，检测损耗是3.5dB。

图5.30给出了宽杂波谱（$\sigma_c T = 0.1$）条件下的检测性能，此时一次对消MTI改善因子为23dB。最优横向滤波器的性能表现优异，相对于仅有噪声（$F=0$）的情况，强杂波（$F=1000$）时的检测性能仅减小0.8dB。$F=1000$时，一次对消相参积累的性能较差，比噪声背景下8脉冲相参积累低约-2.7dB，这说明需要更好的MTI滤波器。如果用加权矢量为$\boldsymbol{w}^T = (1,-1,1)$的二次对消器来代替一次对消器，可以减小检测损耗，在（$F=1000$）时的检测性能，比噪声背景8脉冲相参积累的性能相差不超过0.5dB。MTI和非相参积累检测损耗的范围从无噪声时的1.1dB到$F=1000$时的7.5dB。图5.31画出了该损耗随剩余杂波功率（F/I）的变化情况。该曲线说明如果要用MTI级联非相参积累多普勒处理器实现优异的检测性能，剩余杂波功率必须明显少于接收机噪声。

通过图5.28~图5.30的性能比较，可以得到如下结论：

（1）最优加权横向滤波器提供了最好的检测性能，特别是在强杂波环境中。

（2）对于相同的处理脉冲个数，级联MTI-相参积累的性能不可避免地要低于横向滤波器。

（3）相参积累加权是非常必要的，从而获得整个多普勒处理区间内的均匀响应。

（4）对于宽杂波谱，要获得较好的检测性能，需要采用高阶MTI滤波器和相参积累器相组合。

（5）本质上，MTI-非相参积累多普勒处理器存在损耗。对于一次对消 MTI 和 8 脉冲非相参积累，损耗的范围大概是从只有噪声时的 1.1dB 到剩余杂波功率等于噪声功率时的 3.5dB 和 4dB，当剩余杂波功率是接收机噪声功率的 5 倍时，损耗会超过 7.5dB。

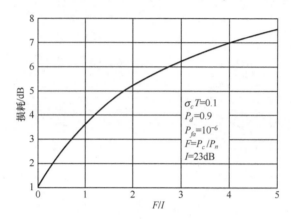

图 5.31 一次对消 MTI 的视频积累损耗[6]

参 考 文 献

[1] DiFranco, J., W. Rubin, Radar Detection, Dedham, MA: Artech House, 1980.

[2] Skolnik, M., (ed.), Radar Handbook, 2nd ed., New York: McGraw-Hill, 1990.

[3] Hall, W., and H. Ward, "Signal-to-Noise Loss in Moving Target Indicator", Proc. IEEE, Vol. 56, No. 2, February 1968, pp. 233-234.

[4] Trunk, G., "MTI Integration Loss," Proc. IEEE, Vol. 65, No. 11, November 1977, pp. 1620-1621.

[5] Trunk, G., MTI Noise Integration Loss, Report 8132, Naval Research Laboratory, Washington, D. C., July 1977.

[6] Schleher, D. C., "Performance Comparison of MTI and Coherent Doppler Processors" Proc. IEE Int. Radar Conference, London, November 1982, pp. 154-158.

[7] Schleher, D. C., MTI and pulsed Doppler Radar, 1st ed., Norwood, MA: Artech House, 1989.

[8] Schleher, D. C., MTI Radar, Artech House, Dedham, MA, 1978.

[9] Emerson, R., Some Pulsed Doppler MTI and AMTI Techniques, Report R-274, Rand Corporation, March 1954; also in D. C Schleher, (ed.), MTI Radar, Dedham, MA: Artech House, 1978.

[10] Capon, J., "Optimum Weighting Functions for the Detection of Sampled Signals in Noise", IEEE Trans. On Information Theory, Vol. IT-10, No. 2, April 1964, pp. 152-159; also in D. C Schleher, (ed.), MTI Radar, Dedham, MA: Artech House, 1978.

[11] Andrews, G., Optimum Radar Doppler Filtering Techniques, Report 7727, Naval Research Laboratory, Washington, D. C., May 1974.

[12] Van Trees, H., Detection, Estimation, and Modulation Theory, Part III, New York: Wiley, 1971.

[13] Ayres, F., Theory and Problems of Matrices, New York: Schaum Publishing, 1962.

[14] R. Bellman, Introduction to Matrix Analysis, New York: McGraw-Hill, 1970.

[15] Schleher, D. C., and D. Schulkind, "Optimization of Nonrecursive MTI", Proc. IEE Int. Radar Conference, London, October 1977, pp. 182-185; also in D. C Schleher, (ed.), MTI Radar, Dedham, MA: Artech House, 1978.

[16] Dantzig, G., Linear Programming and Extensions, Princeton, NJ: Princeton University Press, 1963.

[17] Andrews, G., Comparison of Radar Doppler Filtering Techniques, Report 7811, Naval Research Laboratory, Washington, D. C., May 1974.

[18] McAulay, R., A Theory of Optimum Moving Target Indicator (MTI) Digital Signal Processing, Supplement 1, MIT Lincoln Laboratory, Lexington, MA, October 31, 1972.

[19] Andrews, G., Performance of Cascaded MTI and Coherent Integration Filters in a Clutter Environment, Report 7533, Naval Research Laboratory, Washington, D. C., May 1973.

[20] Dillard, G., "Signal – to – Noise Ratio Loss in an MTI Cascaded with Coherent Integration Filters", Proc. IEEE Radar Conference, Washington, D. C., April 1975, pp. 117 – 122.

[21] Brigham, E., and R. Murrow, "the Fast Fourier Transform", IEEE Spectrum, Vol. 4, No. 12, December 1967, pp. 63 – 70.

[22] Bergland, G., "A Guided Tour of the Fast Fourier Transform", IEEE Spectrum, vol. 6, No. 7, July 1969, pp. 41 – 52.

[23] M. Skolnik, Introduction to Radar Systems, 3rd ed., New York: McGraw – Hill, 2001.

[24] Oppenheim, A., and R. Schafer, Digital Signal Processing, Englewood Cliffs, NJ: Prentice – Hall, 1975.

[25] Rabiner, L., and B. Gold, Theory and Application of Digital Signal Processing, Englewood Cliffs, NJ: Prentice – Hall, 1975.

[26] Schwarz, M., and L. Shaw, Signal Processing: Discrete Spectral Analysis, Detection and Estimation, New York: McGraw – Hill, 1975.

[27] Muller, B., "MTI Loss with Coherent Integration of Weighted Pulses", IEEE Trans. On Aerospace and Electronic System, Vol. AES – 17, July 1981, pp. 549 – 552.

[28] Nathanson, F., Radar Design Principles, 2nd ed., Mendham, NJ: SciTech Publishing, 1991.

[29] Weiss, M., and I. Gertner, "Loss in Single – channel MTI with Post Detection Integration", IEEE Trans. On Aerospace and Electronic System, Vol. AES – 18, No. 2, March 1982, pp. 205 – 208.

[30] Kanter, I., "A Generalization of the Detection Theory of Swerling", Proc. IEEE EASCON conference, Washington, D. C., September 1974, pp. 198 – 205; also in S. Haykin, (ed.), Detection and Estimation, Halstead Press, 1976.

[31] Dillard, G., and J. Richard, "Performance of an MTI Followed by Incoherent Integration for Non fluctuating Signals", Proc. IEEE int. Radar conference, Washington, D. C., April 1980, pp. 194 – 199.

[32] Cramer, H., Mathematical Methods of Statistics, Princeton, NJ: Prentice – Hall, 1946.

[33] Whalen, A., Detection of Signals in Noise, New York: Academic Press, 1971.

[34] Kendall, M., and A. Stuart, The Advanced Theory of Statistics, Vol. 11, New York: Hafner Publishing, 1963.

[35] Jain, A., "Fast Karhunen – Loeve Transform for a Class of Random Processes", IEEE Trans. On Communications, Vol. Com – 24, September 1976, pp. 1023 – 1029.

第 6 章 动目标显示（MTI）系统

动目标显示（MTI）雷达的主要功能就是在杂波环境下检测目标，基本原理是利用目标散射单元和杂波散射单元之间的径向运动，使得两者之间存在多普勒频率差异，进而对杂波信号进行滤除。一般而言，现有文献对 MTI 有很多种定义，本书将 MTI 定义如下。

首先，一个 MTI 通常工作在足够低的重复频率下，从而能够实现无模糊的距离测量。在微波频段，多普勒测量是高度模糊的，产生所谓的盲速现象，这通常发生在目标径向速度所在的多普勒区域，对应于雷达脉冲重复频率的整数倍处。MTI 的主要目的就是在多普勒频率区域内提供一种梳状滤波器，理想情况下使它在强杂波区域具有阻带，而在目标所处的多普勒区域具有平坦的通带，对目标速度响应无衰减。如第 5.1.3 节中所述，当假设所有目标的多普勒频率都近似相等的前提下，这种梳状滤波器是一种最优线性滤波器。

一般地，MTI 处理器的作用是通过滤除固定杂波，提高信杂比来实现对运动目标的检测。然而，这种技术不能提高单次回波的信杂比，正如第 5.2 节和 5.3 节所述，MTI 处理器可以级联一个相参或非相参（检测后）积累器。在选择 MTI 时需要注意的是，MTI 和非相参积累器级联能够提高或者降低单次回波的信杂比，这主要取决于雷达所处的环境。

6.1 MTI 结构

图 6.1 给出了一种地面监视雷达常采用的相参 MTI 的经典结构图。首先，将一个稳定的本振参考信号源和一个相干振荡器进行在中频（IF）进行混频，然后将稳定本机振荡器和相干振荡器的频率进行上变频后进行发射；其次，目标回波信号经过和稳定本机振荡器混频后，下变频到中频；最后，在稳定本机振荡器中，通过和相干振荡器中的相位检波器进行比较，信号进一步转换为基带信号。相位检波器的输出是一个双极性视频信号，信号频率为目标的多普勒频率（见第 2.3.1 节）。

图 6.2 给出了这种地面监视雷达的相参 MTI 中的地杂波谱和气象杂波谱示意图，从中可以看到，地杂波谱波瓣（分布结构受天线扫描调制影响）出现在雷达脉冲重复频率的倍数上，取决于脉冲雷达波形的采样数据。一般情况下，气象杂波具有非零的径向速度，与地杂波（见图 1.20）相比在采样间隔 PRF 之间具有更宽的谱宽度（由于风切向作用）。目标多普勒频率范围通常会跨越多个 PRF 区间，从而导致目标的多普勒模糊。当目标的多普勒落入地杂波谱波瓣所覆盖的区间，MTI 滤波器就无法检测到运动目标。这就是 MTI 系统的盲速效应，当运动目标的多普勒频率等于整数倍 PRF 时，MTI 无法检测目标。同样需要注意的是，气象杂波谱也会扩展进入多个 PRF 区间，并有可能导致目标响应具有很高的速度模糊。

第6章 动目标显示（MTI）系统

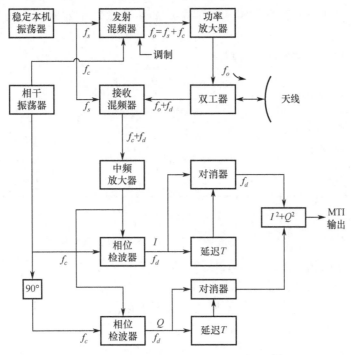

图 6.1 地面监视雷达的相参 MTI 结构[1]

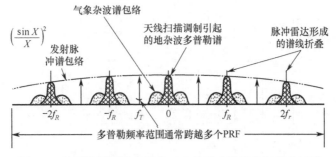

图 6.2 地面监视雷达中相参 MTI 的地杂波谱和气象杂波谱

图 6.1 中的 MTI 为正交结构的 MTI 对消器，包括同相通道和正交鉴相器通道。这种 MTI 处理器保留了信号的相参特性，并且和第 5.1.3 节中的最优 MTI 结构保持一致。还有一种 MTI 处理器的结构只有一路鉴相器，特别是在一些老式的设计中。这种设计使得正频率分量和负频率分量折叠到零频和 1/2PRF 的频带之间，抑制了与相干振荡器正交的信号分量，从而导致盲相。

相比于既使用同相通道又使用正交通道的全相参 MTI 来说，使用单通道相参 MTI 会造成一定的灵敏度损失。当检测概率要求较高时，如果不采取检波后积累措施，非起伏目标的灵敏度损失程度最为严重（见第 2.3.1 节）。通过对大量的脉冲采用检波后积累，可使渐近的损失达到 1.5dB。与全相参 MTI 相比，起伏目标的自由度数减少为 2，增加了目标起伏带来的灵敏度损失。

MTI 对消器通过滤波器的梳状响应来衰减杂波，图 6.3 给出了一次对消器和二次对消器的梳状响应。该响应在 PRF 线之间具有很深的零值，因此很适用于抑制地杂波。一般地，MTI 对消器处理的脉冲数量越多，抑制杂波的凹口就越宽，对杂波的衰减程度也就越大（见

图2.25和图3.5）。对于地面监视雷达，地杂波的主瓣宽度主要取决于天线扫描调制速度（见第3.2.2节）。对于给定的MTI对消器（如脉冲处理个数一定），天线扫描速度越慢，杂波主瓣宽度越窄，抑制杂波的性能就越好。

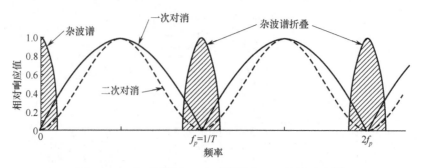

图6.3 一次对消器和二次对消器的MTI滤波响应[3]

第二种用于雷达的相参MTI采用的是功率振荡器类型的发射机（磁控管），将相干振荡器的相位锁定到每个发射脉冲上（见图2.21），使得发射每一个脉冲时，相干振荡器都能和发射机脉冲同步锁相。换言之，如果采用连续的相干振荡器，就能够测得发射脉冲的相位，进而补偿相位检波后的输出，如图6.4所示[1]。在数字式MTI结构中往往会采用后一种技术途径（使用数字相位移相器），这是因为一个连续工作的相干振荡器终究会比一个需要实时同步的振荡器工作性能稳定。

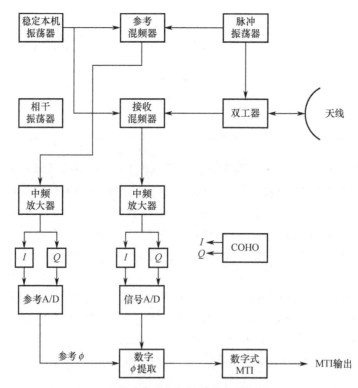

图6.4 具有数字式相位存储功能的相参接收的MTI

相参接收的MTI不能对消多次反射杂波回波，特别是当杂波的距离大于一个脉冲重复周期。因此，这种类型的MTI就不适用于有多次反射杂波回波存在的环境（例如城市、山脉等)。此时，最好使用全相参 MTI（见图 6.1）进行杂波抑制。同样的，若通过 PRF 参差技术来进行盲速补偿，采用脉组参差设计比脉间参差设计的补偿性能要更好[4]。

通常，一个 MTI 肯定会遇到多普勒频率非零的杂波谱，可能是来自于战斗机为了干扰地面雷达而抛洒的箔条杂波，也可能是地面雷达观测到的海杂波。当 MTI 的工作环境在运动平台上，如舰船、飞机或者航天飞行器等，就会引起杂波的多普勒频移。这种情况下，就需要调整参考频率，使得相参 MTI 对消器的零点对准杂波谱。但是，当具有不同中心频率的杂波谱占据同一个距离分辨单元时（例如气象杂波混叠了地杂波），这个问题就愈加复杂化。为了解决该问题，可以通过下列技术措施：

(1) 具有不同零值的级联 MTI 对消器（见第 1.3.3 节）；

(2) MTI 后级联多普勒滤波器组，滤波器用于消除运动杂波等不需要的杂波分量（见第 1.6 节）。

通过对 MTI 的相干振荡器进行频率偏置，可以完成平台的运动补偿，图 6.5 给出了这种方案设计图。其中，相干振荡器的频率和补偿压控振荡器的输出进行混频，经过混频后杂波谱的中心频率就变换为零。该方法的难点在于精确控制 VCO（压控振荡器）的信号。在某些应用场合（例如海军的岸基雷达），也可以根据天线扫描的方位角、舰船导航系统提供的真实运动位置信息以及陀螺仪输出的天线俯仰角和横滚角信息等，对平台的运动影响进行开环修正。然而，在一些特殊应用中，我们需要将振荡器的频偏锁定为杂波的中心频率，进而实现自适应修正。原则上，由于雷达到杂波单元的速度矢量在每个距离单元上均有差异，因此每个距离单元都应当进行杂波同步。然而，在实际应用中会面临这样一个问题，即很难找到一个杂波信号的采样是未受到污染的，并通过该采样来进行杂波频率同步。因此，通常在距离维进行杂波同步的频点数目确定为 3 个或 4 个，这在大部分应用场合中都能获得足够的性能。

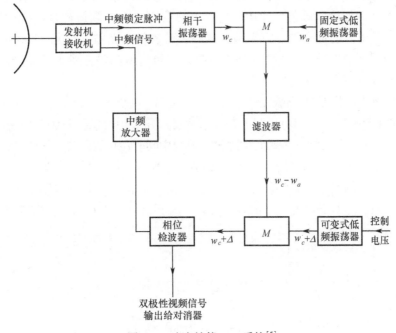

图 6.5 速度补偿 MTI 系统[5]

TACCAR（时间平均杂波相参机载雷达）技术提供了一种杂波同步时常采用的结构。图 6.6 描述了该系统的一般结构（见图 3.30），可用于一个相参接收的中频级 MTI 对消器。TACCAR 的主要特点就是在锁相环路中采用了压控振荡器，并在一定的距离采样间隔内估计出杂波的平均多普勒频移，消除杂波的多普勒分量。

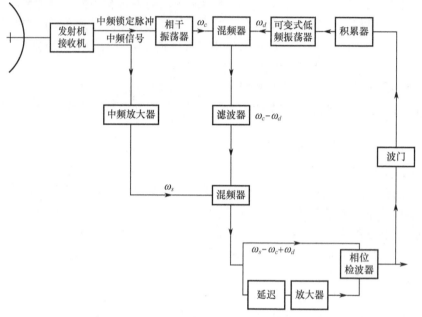

图 6.6　杂波同步的 MTI 系统[5]

在一定的距离采样间隔内，TACCAR 可以自动将杂波的中心频率搬移到杂波抑制的凹口内。TACCAR 可用于消除固定的杂波，也可用于消除移动的杂波分量。因此，该技术可用于各类的固定雷达（例如地面雷达）或运动平台上的雷达（例如舰载雷达或机载雷达），来消除任意距离波门范围内的地杂波、海杂波、气象杂波和箔条杂波。但是，TACCAR 不能同时对付一定距离范围内的两种不同类型杂波。例如，如果地杂波上叠加了相当的气象杂波，TACCAR 无法同时消除这两种信号。

TACCAR 的主要应用是在机载 MTI 系统（或 AMTI 系统）或是舰载雷达中，杂波成分（例如地杂波或海杂波）具有相对较窄的杂波谱宽度，并且一次就要完成多个多普勒频率分量的抑制。另外一个应用[6]场景就是地面雷达 MTI 系统中同时存在地杂波、气象杂波和箔条杂波，但是地杂波位于雷达近区，而气象杂波和箔条杂波位于远区，且二者的多普勒频率不同。

还有一个方法可以用来控制相参 MTI 对消系统的零频位置，就是在图 6.7 所示的直接通道中增加一个移相器。对于速度恒定的杂波分量，移相器可以设置为一个给定值，即

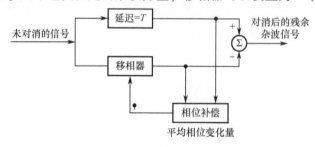

图 6.7　基于移相器的杂波同步 MTI 对消器[7]

$$\Delta\phi = \frac{4\pi v_c}{\lambda f_r} \tag{6.1}$$

式中：λ ——雷达的工作波长；

f_r ——雷达的脉冲重复频率。

移相器对每个雷达脉冲回波附加一个相位偏移量 $\Delta\phi$，就能够有效地将对消器的零值对准杂波的平均多普勒频率。

相参 MTI 可以利用回波信号的相位起伏特性来识别运动目标的多普勒分量（见第 2.3.1 节），这种类型的 MTI 工作的依据就是接收机的参考信号与发射信号保持相参性。另外，也可以采用非相参 MTI 来检测运动目标，通过对回波信号进行包络检波来检测出具有多普勒频移的目标。这种非相参 MTI 也称为杂波参考式 MTI，正是由于目标回波矢量相对于杂波矢量存在相对转动（且速率与其相对于杂波的多普勒频移 ω_d 一致），才使得这种类型的 MTI 能够检测运动目标（见图 2.16）。因此，对于这种 MTI，位于目标回波附近的杂波本身被当作了参考信号，相当于相参 MTI 中相干振荡器的作用。但是，该技术的局限就在于当运动目标回波所在的区域没有杂波分量时，就不会在目标的多普勒频率上引起回波包络的调制效应。正因为如此，非相参 MTI 有时也被描述为"无杂波区盲速"。有一个解决的办法，即利用杂波波门将输出信号从常规工作模式（无 MTI）切换为 MTI 工作模式。然而，当杂波信号间断出现时，该切换过程难以合理控制。

图 6.8 给出了一种典型的非相参 MTI 系统，其中，发射机既可以是功率放大器也可以是脉冲本振，接收机中采用了稳定本机振荡器来将射频信号转换为中频信号。对于一个给定的 MTI 性能水平，尽管稳定本机振荡器的频率稳定度会差些，但非相参发射机的稳定度至少要和相参 MTI 系统的稳定度相当。中频信号经过线性—对数（lin-log）接收机包络检波后，输出的动态范围可以和 MTI 对消器相当。另外，灵敏度时间控制（STC）可以单独工作，也可以和线性—对数（lin-log）接收机联合工作来压缩系统的动态范围。接收机从线性特性跃迁到对数特性，等于 MTI 改善因子的期望值。理论上，杂波中的起伏分量（如均方根值）和杂波幅度（如均值）是成正比的，因此，对于瑞利分布杂波，接收机的对数特性使得残余的杂波为常量。但是，当杂波明显是非高斯分布的，或者明显存在固定目标（如水塔，大型建筑物），残余的杂波就会具有明显的起伏特性。

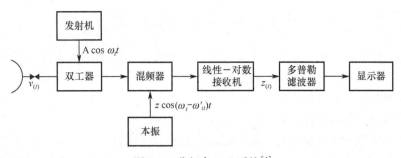

图 6.8 非相参 MTI 系统[4]

接下来，非相参 MTI 包络检波后的输出信号，经过传统的单通道 MTI 对消器（不存在相参 MTI 的正交 IQ 通道），对目标回波和杂波中的多普勒调制信息进行滤波。由于系统依赖于目标信号和杂波信号的强弱对比，因此只有在差异小于 MTI 系统杂波下的可见度时才能保证其正常工作。对于微弱的杂波信号，杂波选通可以克服上述问题。

非相参 MTI 的优势就在于其结构简单（基本不需要运动补偿），这使得该结构往往用于机载平台等对空间结构、器件重量都有限制而必须采取折衷考虑的环境下。与相参 MTI 相比较而言，非相参 MTI 的缺点就是其性能有所下降（见第 3.1.1 节），主要原因在于当采用杂波作为参考信号时，缺乏足够的杂波频谱纯度，并且杂波在空间的斑块分布结构使得 MTI 的覆盖区域存在多个缺口。除此之外，非相参 MTI 的性能局限还包括以下几点。

（1）杂波谱和目标多普勒分量之间的互相调制，使得包络检波时会形成谱展宽；
（2）单通道 MTI 会造成盲相；
（3）如果采用功率振荡器，那么 MTI 不能对消多次反射杂波回波；
（4）提高 MTI 的灵敏度，会使得 MTI 的系统稳定度减低，如产生幅度抖动现象。

图 6.9 给出了相（位灵）敏的非相参 MTI 系统框图，这种结构不需要进行避杂波选通[6]，仅通过对目标所在距离单元附近的回波信号（包括杂波和接收机噪声）进行硬限幅，就能够获得 MTI 的参考信号。如果输入是杂波信号，该结构就能够提供一个零多普勒频率的参考信号，且当检测到目标信号的多普勒频率且送入 MTI 对消器后，目标信号会产生一定的相位起伏。如果输入的只有噪声信号，则 MTI 对消器输出的目标信号具有随机相位。

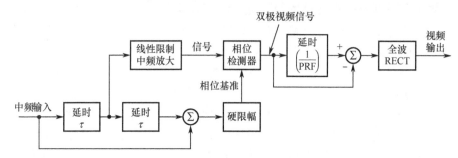

图 6.9 非相参 MTI 处理相位灵敏度

相（位灵）敏的非相参 MTI 在杂波区域能够检测运动目标，在无杂波区域能够检测点目标，否则相（位灵）敏的非相参 MTI 的也会有和传统的非相参 MTI 一样的性能局限。这种系统还有一个不同之处在于，它具有三个信号路径用于提高杂波背景下的目标检测，否则就会很难确定目标所在的距离。

6.2 动目标性能分析

MTI 的性能通常由两种独特因素决定。第一个因素是 MTI 滤除或衰减杂波回波能力，这种能力主要是由 MTI 处理脉冲数量、杂波谱宽度和形状决定；第二个因素是整个系统的稳定性，它决定了 MTI 系统性能的上限，系统稳定性是很多因素的函数，这些因素可导致系统中脉冲间噪声不稳定，并且发射机频率不稳定（见第 3.1.2 节）。

杂波谱宽通常是天线扫描方式、风引起的杂波运动、雷达平台运动和雷达发射机不稳定性的函数（见第 3.2 节）。对于传统陆基空中预警雷达，地杂波主瓣谱宽主要是由天线扫描方式决定。因此，地基雷达的非递归型 MTI 滤波器的滤波性能和天线扫描目标时间、MTI 处理脉冲数量有关（见第 3.2.2 节）。对于机载雷达，地杂波主瓣谱宽主要由承载平台运动决定（特别是天线扫描指向偏离地面的轨迹）。这时机载雷达的 MTI 滤波性能是由飞机速度、天线扫描方位角、天线孔径和 MTI 处理脉冲数等因素综合决定的（见第 3.2.3 节）。另外，机载 MTI 的处理性能还取决于多普勒副瓣回波是否位于 MTI 处理的通带范围内，多普勒副瓣水平和收发天线的副瓣电平成正比例关系（见第3.2.3节）。

6.2.1 地基监视雷达 MTI 特性

MTI 检测特性通常与 MTI 改善因子（I_c）相关。MTI 改善因子的定义为：MTI 输出信杂比和输入信杂比的比值（见第3.1节和第5.1.3节）。传统地基监视雷达通常采用相参 MTI 和 n 脉冲二项对消器。当主要考虑天线扫描调制的影响时，改善因子可近似写为天线 3dB 波束宽度内的脉冲个数（n_B）的形式，即

$$I_c = \frac{n_B^{2(n-1)}}{(1.388)^{n-1}(n-1)!} \tag{6.2}$$

对于一次对消（$n=2$），根据式（6.2）可得改善因子为 $I_c = n_B^2/1.388$，二次对消时改善因子为 $I_c = n_B^4/3.844$。

以 ASR-9 雷达为例（$\theta = 12.5\text{r/min}$，$\theta_{3\text{dB}} = 1.3°$，PRF $= 1200\text{Hz}$，$n=3$），这时 3dB 波束宽度脉冲数 $n_B = 20.8$，改善因子 $I_c = 46.9\text{dB}$。

改善因子可由于 MTI 系统的不稳定性进一步减小。考虑这种情况，杂波谱展宽会导致 MTI 对消率 CR 降低，因此杂波谱的展宽有时会作为系统的不稳定性的衡量指标进行单独测量。改善因子界限（I_{ideal}）条件下的全局改善因子（I_t）可以表示为

$$I_t = \frac{1}{[(I_{\text{ideal}})^{-1} + (\text{CR})^{-1}]} \tag{6.3}$$

以 ASR-9 雷达为例，当系统不稳定，CR $= 60\text{dB}$ 时，全局改善因子 $I_t = 46.7\text{dB}$，相对于测量值为 45dB[8]。

6.2.2 机载监视雷达 MTI 特性

低重频机载 MTI 雷达检测性能通常由承载平台运动决定。主要有两个影响：一是承载平台结构随着雷达天线扫描远离地杂波轨迹时，主瓣地杂波的扩宽；二是从天线副瓣进入的多普勒杂波是否位于 MTI 处理的通带范围内（见图2.4和图2.5）。

一般情况下，地杂波谱主瓣展宽带来的结果就是降低 MTI 的检测概率。如2.2.1节中所述，MTI 工作的多普勒清晰区和由平台运动引起主瓣杂波分量的多普勒盲速区之间的比值大幅度降低会引起这种现象（见图2.6）。为了检验这种影响的程度，将飞行器自身的运动所引起的主瓣地杂波谱展宽（H_z）表示如下：

$$\sigma_{pm} = \frac{0.528 v_{ac} \sin\theta_0 \cos\phi_0}{D} \tag{6.4}$$

式中：v_{ac}——飞机速度（m/s）；

θ_0——天线指向沿着地面航迹时的方位角；

ϕ_0——天线相对于杂波区域的俯仰角；

D——天线孔径宽度（m）。

一部高性能飞机通常具有小的天线口径和很高的飞行速度，这会导致极大的谱展宽。在2.2.1节中给出的例子，$v_{ac} = 1500$ 节，$D = 2.5$ 英尺，PRF 增加到 4000Hz，扫描范围限制在 $-30° \sim +30°$，清晰区和盲速区相等，不模糊距离为 20 海里。要设计具有 360°扫描能力的远距离 AMTI 雷达，需要在低速运动的飞行器上安装大口径天线（见图2.6）。

在平台运动限制条件下，n 脉冲相参二项式 MTI 对消器的改善因子可以表示为

$$I_c = \frac{2^{n-1}}{(3.318 v_{ac} T \sin \theta_0 \cos \phi_0 / D)^{2(n-1)} (n-1)!} \tag{6.5}$$

式中：$T = 1/f_r$ 为雷达脉冲周期，一次对消时式（6.5）变为

$$I_c = \frac{1}{5.5 (v_{ac} T \sin \theta_0 \cos \phi_0 / D)^2} \tag{6.6}$$

二次对消时式（6.5）变为

$$I_c = \frac{1}{60.6 (v_{ac} T \sin \theta_0 \cos \phi_0 / D)^4} \tag{6.7}$$

将 2.2.1 节中给出高性能飞机 AMTI 参数代入式（6.5）、式（6.6）可得（v_{ac} = 1500 节，f_r = 4000Hz，θ_0 = 30°，ψ_0 = 0°，D = 2.5 英尺），一次对消时改善因子 I_c = 10.5dB，二次对消时 I_c = 18.1dB。上述计算说明，在高性能飞机上采用低重频 AMTI 很难获取优异的检测性能。

平台运动效应所带来的性能局限促进了运动补偿技术的发展，用以提高低重频 AMTI 的处理性能。运动补偿技术的物理内涵就是在 MTI 处理前消除平台运动的影响因素。完成运动补偿后，固定式 MTI 的工作性能极限也同样适用于 AMTI。然而必须认识到：在 AMTI 情况下，天线副瓣回波会混叠入整个 MTI 处理的频带中，此时改善因子的极值等于从主瓣进入系统的综合功率与从副瓣进入功率的比值，主瓣和副瓣功率均为天线收发的双程功率。

运动补偿技术通常用于 MTI 接收机的相参射频（RF）或中频模块，可以在 MTI 处理前校正频谱迁移和频谱展宽。随着补偿技术在相参 MTI 中的广泛应用，MTI 的检测性能也逐渐提升。其中，TACCAR（时间平均杂波相参机载雷达）用于补偿相参 MTI 的搭载平台运动引起的平均多普勒平移，移位相位中心天线（DPCA）用来修正搭载平台运动谱展宽（见第 3.2.7 节）。

例如，低重频 E-2C AMTI 雷达的设计目标就是在水面和陆地上检测空中目标[4,9]。AEW（空中早期预警）雷达的相参参数 PRF = 300Hz，天线口径为 2.5 英尺，平台运动速度为 300 节，发射频率在 UHF 频段（例如 235MHz）。图 6.10 画出了 N 延迟对消下（$N = n-1$），MTI 改善因子关于 杂波谱展宽(σ_c/Hz) 和重复频率 PRF (f_r/Hz) 比值的函数变化关系，从图中能够看出，系统特性限制了 MTI 改善因子，改善因子可能和有效杂波谱展宽、平均功率谱频移有关。假设每个杂波谱是统计独立的，那么总的杂波谱展宽可以表示为各个谱宽平方和的开方（见第 3.2.8 节）。

对于 AMTI 系统而言，其获得的 MTI 改善因子最终是由杂波本身内部运动、系统稳定性和天线的主瓣副瓣双程功率比等因素所决定的。然而在实际中，MTI 改善因子还会受到其他条件的限制。

（1）平台运动；
（2）天线副瓣水平；
（3）天线扫描方式；
（4）系统稳定性。

图 6.10 综合了这四种影响因素，计算了 AEW 雷达改善因子的期望值，从而可以确定每种因素之间相对的重要程度[4,9]。

在图 6.10 中，由杂波内部运动确定的杂波谱宽典型值是 σ_v = 0.2m/s（见第 3.2.1 节）。在 UHF 频段，均方根谱展宽为 0.57Hz（$\sigma_f = 2\sigma_v/\lambda$），归一化值 σ_f/f_r = 0.002。图 6.10 中显示了改善因子在上述条件下，一次对消为 40dB，二次对消为 78dB，三次对消为 114dB。可以看出，如果系统性能主要受杂波内部运动的限制，那么通过二次对消就可以轻易地满足实际需求。

一般情况下，平台运动可以分解为两个分量：即相对于天线口径方向的平行分量和垂直分量（见第3.2.7节）。这两种运动分量分别对杂波谱扩宽和平均谱频移产生影响（见式（6.4））。仅仅考虑平台运动的影响，从式（6.4）可得到均方根值 $\sigma_{pm} = 10.7\text{Hz}$（以 E-2C 雷达为例，当 $v_{ac} = 300$ 节，$\theta_0 = 90°$，$\phi_0 = 0°$，$D = 25$ 英尺），则归一化后的 $\sigma_{pm}/f_r = 0.0375$。图6.10显示当天线指向平行于速度方向时，改善因子一次对消为15dB，二次对消为25dB，三次对消为35dB。在上述情况下，采用一次对消、二次或三次对消很难满足实际需求，最好的办法就是运动补偿处理。

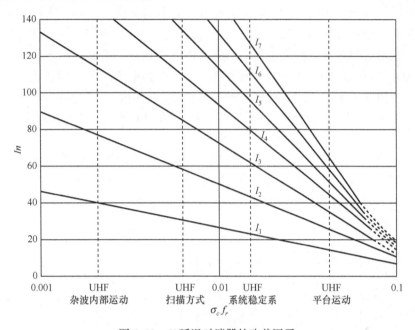

图6.10 N 延迟对消器的改善因子

当天线口径方向垂直于速度方向时，起决定作用的是平均杂波谱频移。通常情况下，平均多普勒是由平台运动速度、发射频率和杂波路径角度决定，此时

$$f_c = \frac{2v_{ac}\cos\phi_0\cos\psi_0}{\lambda} \tag{6.8}$$

因此，对垂直运动分量进行运动补偿是 MTI 性能改善的必要条件。

因为天线副瓣覆盖 $360°$，从副瓣接收到的杂波多普勒频移对应的速度范围是 $-v_{ac} \sim +v_{ac}$ 之间（飞机飞行速度 v_{ac}），多普勒展宽能够覆盖整个 MTI 的模糊频段，使得副瓣回波不能对消。此时，MTI 改善因子主要取决于从天线主瓣、副瓣进入系统的综合收发功率比值。在 L 频段，单程的天线主-副瓣综合功率比为30dB，但在 UHF 频段，由于机体结构和天线辐射的耦合作用，天线的主-副瓣综合功率比有所降低[4]。

天线的扫描调制效应和天线扫描速率、波束宽度有关，所导致的频谱展宽的标准差可表示为

$$\sigma_f = \frac{0.265\theta}{\theta_B} \tag{6.9}$$

当 $\theta = 6\text{rev/min}$，$\theta_B = 6.4°$时，由式（6.9）得到谱展宽 $\sigma_f = 1.5\text{Hz}$，归一化后 $\sigma_f/f_r = 0.005$。虽然天线扫描速率、天线口径和发射频率等天线扫描调制因素会造成杂波谱展宽，但是这种影响比较小，即时在不需要补偿的情况下也能满足应用需求。

数字化处理能使得单个时钟控制整个系统，并实现数字化 MTI 延迟，因此大大简化了系统稳定性的分析。然而数字化处理不能完全解决发射机的脉冲间相位稳定性问题，因此系统性能受到发射机稳定性的限制。对于这种系统，发射机的频率稳定性大约在 10^{-8} 量级，归一化系统稳定性 $\Delta f/f_r = 0.0142$，对应的一次对消 MTI 改善因子为 22dB，二次对消时为 42dB，三次对消时为 62dB（见图 6.10），此时基本能够满足应用需求。综合前面讨论的结果：限制该类型 AMTI 雷达改善因子的主要是天线副瓣水平和平台的运动。因此，运动补偿技术结合超低副瓣天线技术，对于提高改善因子是非常有必要的。

TACCAR 补偿技术一般用来修正平台运动引起的平均多普勒频移，这种修正是将 MTI 相干振荡器的相位锁定在杂波的平均频移上。与雷达的脉冲重复周期相比，锁相环的时间常数必须足够大，进而维持脉冲间的相参性，保证 MTI 有效地对所有距离单元进行一次修正。然而，对于沿地表飞行的超低空飞行器，因为每个杂波单元平均多普勒频移关于电波入射角度是成比例的，使得各个每个杂波单元平均多普勒频移是不同的，因此可以将该多普勒频移视为距离函数。此时，TACCAR 修正并不是完善的，可以通过多级修正电路加以改善（见第 3.2.7 节）。

单点 TACAR 修正技术可以产生较小的 MTI 改善因子，取决于修正误差大小和杂波谱展宽的情况（见图 3.31 和图 3.32）。对于典型的参数设置，当天线指向和飞机运动方向一致时，受 TACCAR 补偿限制的 MIT 改善因子如图 6.11 所示[4,9]。

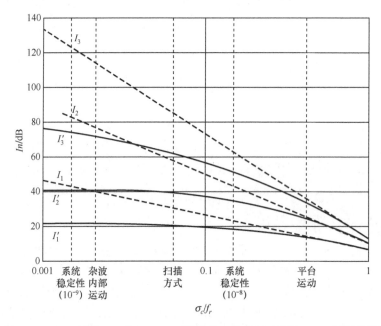

图 6.11 UHF 频段——受 TACCAR 限制的 N 阶延迟对消的 MTI 改善因子[4]

当平台运动方向平行于天线口径指向并引起杂波谱展宽时，可以采用移位相位中心天线（DPCA）技术来进行运动补偿。这种技术既可以通过机械控制实现，也可以通过电子扫描实现，将天线的相位中心进行移位到飞行器速度方向的相反方向（见第 3.2.7 节）。通过 DPCA 技术可以很好地补偿一次对消，并且不会造成改善因子的减小。但对于高阶对消（二次、三次…）而言，仅有第一个对消处理是能够有效补偿的，因此 DPCA 是不完善的补偿，很难完全消除平台运动带来的影响。图 6.12 给出了典型参数下的改善因子的变化情况，包括了一次、二次、三次对消中 DPCA 的性能局限性。DPCA 一次对消的 MTI 改善因子和最佳补偿曲线非常吻合，而二次对消和三次对消的改善因子远小于最佳补偿曲线。

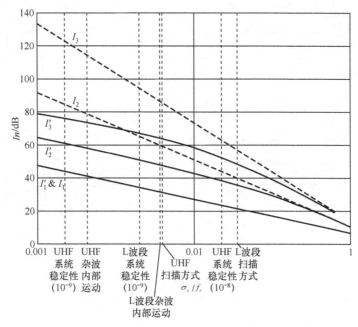

图 6.12　受 DPCA 限制的 N 阶延迟对消的 MTI 改善因子[4]

图 6.12 表明，采用 DPCA 和 TACCRA 运动补偿的雷达系统，限制改善因子的因素还包括系统不稳定性。当系统的稳定性增加到 10^{-9} 量级，天线扫描调制效应起到了主要影响作用。然而，由于飞机结构和天线频率的耦合作用，UHF 频段的雷达发射机会提高天线副瓣电平[4,9]，而机载雷达发射机如果选择工作在 L 频段（例如 $f = 1200\text{MHz}$），副瓣电平就会有所降低，此时，图 6.10、图 6.11 和图 6.12 给出的系统性能情况就会有所变化。

首先，相对于 UHF 频段频率，在 L 频段天线扫描调制引起的谱展宽增大，并且和频率的提高成一定比例（见第 3.2.2 节）。如图 6.12 所示，当系统的稳定性在 10^{-9} 量级，此时天线扫描调制就变成主要的限制因素。同时，在 L 频段，杂波内部运动带来的限制作用也有所提高。然而，受影响最严重情况出现在 L 频段 TACCAR 运动补偿，如图 6.13 所示。这是因为，随着发射频率的上升，产生的多普勒频移也随之升高。此时对于二次对消，天线扫描调制和 TACCAR 损耗（天线在 $90°$ 方向）的共同影响下，MTI 改善因子会降低到 25dB。如果不考虑 TACCAR 损耗和 DPCA 的限制因素，只考虑 L 频段天线扫描调制的影响，三次对消的改善因子将达到 55dB（见图 6.13），此时就不需要采用 TACCAR 对距离单元进行多次修正，或采用 DPCA 修正所有对消器[10,11]。

总而言之，为了保证远距离，低重频 AMTI 获得充分的工作性能，该系统至少需要具备下列条件[4,9]：

（1）天线的主–副瓣综合收发功率比达到 -60dB；
（2）脉冲发射机的发射频率稳定性达到 10^{-9}；
（3）具备三次 MTI 对消处理；
（4）多距离单元的 TACCAR 修正（至少具备三个修正模块）；
（5）可对三次对消器进行逐级 DPCA 修正。

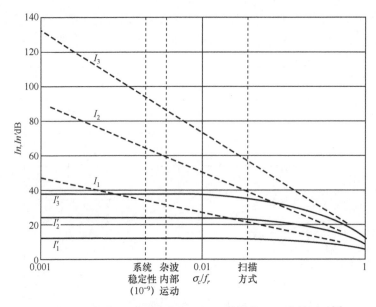

图 6.13 L 频段 N 延迟对消 TACCAR 限制的 MIT 改善因子[4]

例 20 DPCA 补偿的 MTI 对消改善因子[3,11,12]

影响机载雷达 MTI 对消性能的主要因素是平台运动引起的杂波谱展宽。杂波谱展宽的标准差表示如下：

$$\sigma_{pm} = \frac{0.528 v_p \cos \phi_{eo} \sin \theta_{aeo}}{D}$$

式中：v_p——平台运动速度；

ϕ_{eo}——俯角；

θ_{aeo}——方位角；

D——天线口径。

此时，改善因子为

$$I_n = \frac{2^N}{N!} \left(\frac{1}{2\pi \sigma_{pm} T} \right)^{2N}$$

式中：N——对消器的阶数；

T——脉冲重复周期。

DPCA 通过电子驱动将天线的相位中心朝相同和相反的方向移动，使得两个脉冲分别是天线在空中的相同位置发射和接收，对雷达而言天线是静止的，使杂波频谱不会发生展宽。这种补偿技术联合一次对消技术，可能提供优异的运动补偿性能。当采用多级对消器后，补偿后的 MTI 性能有所下降。以此为例，针对机载雷达编写了计算 DPCA 运动补偿的一次、二次、三次对消的改善因子的 MATLAB 程序。

采用 DPCA 补偿的 N 阶 MTI 对消器的功率传递函数为

$$|H_\eta|^2 = \left(1 + \tan^2 \frac{\eta}{2} \right) [2\sin(\pi(f - f_d')T)]^2 [2\sin(\pi f T)]^{2N}$$

式中：θ——天线视轴方向上方位角增量；

η 和 f_d'——θ 的函数；

$$\eta = 2\pi f_d T, \quad 同时, f_d' = \frac{2v_p \cos \phi_{eo} \sin \theta_{aeo} \theta}{\lambda}。$$

收到的杂波功率通过收发天线功率增益 $G^4(\theta)$ 调制，因此，杂波谱可表示为

$$S(f,\theta) = G^4(\theta)\exp\left[-\frac{1}{2}\left(\frac{f-f_d'}{\sigma_{pm}}\right)^2\right]$$

总的输入杂波功率为

$$P_{ic} = \int_{-\pi}^{\pi}\int_{-\infty}^{\infty} S(f,\theta)\mathrm{d}f\mathrm{d}\theta$$

输出杂波功率可以表示为

$$P_{oc} = \int_{-\pi}^{\pi}\int_{-\infty}^{\infty} S(f,\theta)|H_\eta|^2\mathrm{d}f\mathrm{d}\theta$$

MTI 的功率增益为

$$\bar{G} = \frac{2N}{N!}[1\cdot 3\cdot 5\cdots(2N-1)]$$

DPCA 补偿 N 阶对消器的改善因子为

$$I_n' = \frac{\bar{G}P_{ic}}{P_{oc}}$$

根据文献 [11] 中的分析，一个均匀照射天线的天线方向图可表示为

$$G^4(x) = \left(\frac{\sin(x)}{x}\right)^4$$

式中：$x = \pi a\sin\theta/\lambda$。

DPCA 补偿的一次对消和二次对消的改善因子为

$$I_1' = I_1\frac{G_0}{G_0+G_1}, \quad I_2' = I_2\frac{G_0}{G_0+\frac{2}{3}I_1G_1}$$

式中：$G_0 = \int_{-\pi}^{\pi} G^4(x)\mathrm{d}x$；

$G_1 = \int_{-\pi}^{\pi} G^4(x)\tan^4(cx)\mathrm{d}x$；

$c = 2v_p\cos\phi_{eo}\sin\theta_{aeo}T/D$。

三次对消的改善因子可表示为

$$I_3' = I_3\frac{G_0}{G_2+\frac{36}{15}I_1G_3+\frac{8}{15}I_2G_4}$$

式中：

$G_2 = \int_{-\pi}^{\pi} G^4(x)\cos^2(cx)\mathrm{d}x$；

$G_3 = \int_{-\pi}^{\pi} G^4(x)\sin^2(cx)\mathrm{d}x$；

$G_4 = \int_{-\pi}^{\pi} G^4(x)\sin^2(cx)\tan^2(cx)\mathrm{d}x$。

MATLAB 程序 dpca_impfacb.m 用 trapz.m 函数来进行数值积分，可求解上述方程的值，

用 sinc（t）函数来求解 $\sin(x)/x$ 在 $x=0$ 处的奇异值。根据下式画出曲线，即

$$x = \frac{v_p T}{D} \cos\phi_e \sin\theta_{az}$$

上式表示在每个脉冲周期内，天线口径的偏置分量。

图 EX-20.1 显示了在 $x=0$、0.01、0.07，σ_f/PRF 在 0.001～0.1 区间时，有无 DPCA 补偿情况下的一次对消器工作性能。正如我们预期的，在这种情况下 DPCA 提供了完全的运动补偿。没有 DPCA 的曲线说明，一次对消如果不进行 DPCA 补偿会限制系统改善性能。

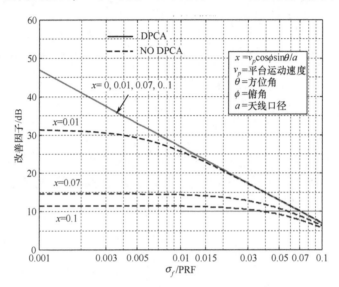

图 EX-20.1　有无 DPCA 补偿情况下一次对消的改善因子

图 EX-20.2 显示了在 $x=0$、0.01、0.07，$\sigma_f/\mathrm{PRF}=0.001～0.1$ 时，有无 DPCA 补偿情况下的二次对消器工作性能。该曲线说明，DPCA 仅对具有较小固有谱宽的地面杂波有效。随着平台运动速度增大，每个脉冲周期内天线口径的偏置量增大，那么系统改善性能降低。

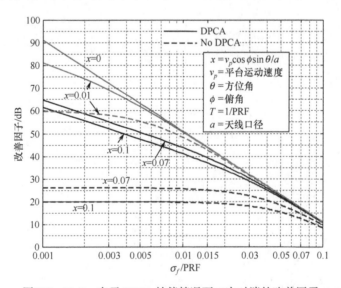

图 EX-20.2　有无 DPCA 补偿情况下二次对消的改善因子

图 EX-20.3 显示了在 $x=0$、0.01、0.07，$\sigma_f/\mathrm{PRF}=0.001\sim0.1$ 时，有无 DPCA 补偿情况下的三次对消器工作性能。当平台运动速率小，并且 $\sigma_f/\mathrm{PRF}<0.01$ 情况下，没有 DPCA 的改善因子最高能达到 60dB。当平台运动速率高（$x=0.1$）时，要获得较高的改善因子需要用到 DPCA 技术。

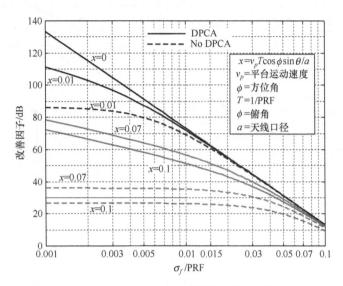

图 EX-20.3 有无 DPCA 补偿情况下三次对消改善因子

6.2.3 非线性接收机的 MTI 性能

对于一部 PD 雷达来说，为了降低杂波谱展宽带来的负面影响，往往要求 PD 雷达接收机能够在一个较宽的动态范围内保持线性工作（见第 3.2.5 节）。一般而言，雷达接收机需要接收弱信号并转化为电压够大的信号，从而完成多普勒处理。代表性地，要获取合适的电压送入接收机输入端，接收机放大弱信号大约需要 100dB 的处理增益。由于输入信号本身的动态范围可能超过了 100dB（包括杂波和目标回波），如果是线性放大的话，接收机需对全部输入信号放大 100dB，这几乎是不可能实现的。因此，接收机只能是非线性工作的，采用某些技术来压缩整个动态范围内的输入信号（例如限幅器、对数放大、AGC 或 STC），使得接收机输出保持在一个可用的范围内。由于接收机在信号放大和信号检测过程中会对输入信号造成一些失真，根据失真的程度，可以用寄生信号、信号压缩或其他适当的术语来进行描述。

在 3.2.5 节讲到接收机可以抽象成一个线性装置级联一个限幅器，并用误差传递函数进行描述。图 6.14 画出了这种接收机的传递函数，纵坐标单位为 dB，代表接收机可能具有较强的限幅作用。例如，如果一个接收机级联了一个数字处理器，数字处理器采用的模/数转换器（动态范围约为 6B dB，B 为 A/D 转换器中的比特数）。然而，一般情况下，接收机没有表现出强烈的限幅作用，在这一节，运用传统接收机失真原理和三阶交汇点的互调机理研究了 MTI 改善因子之间的关系。这种方法的优势在于：标准方法有利于非线性接收机度量，根据 MTI 改善因子来确定接收机的性能。

大部分电子器件的输入输出关系一般表达式可以写成功率级数的形式：

$$e_0 = k_1 e_i + k_2 e_i^2 + k_3 e_i^3 + \cdots \quad (6.10)$$

式（6.10）描述了所有电子器件（包括混频器，放大器）的传递特性，其中混频器和放

大器是大多数接收机的关键部件。当输入信号中包含多个频率分量时（如杂波），则输入信号可以表示为

$$e_i = e_1\cos w_1 t + e_2\cos w_2 t + e_3\cos w_3 t + \cdots \tag{6.11}$$

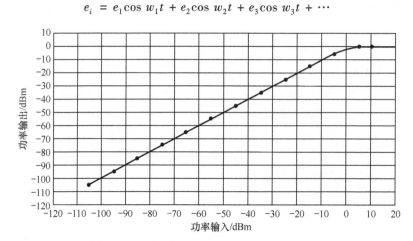

图 6.14 非线性接收机的误差传递函数特性[2]

当式（6.10）表示的信号经由接收机处理后，输出信号由大量互调项组成（见文献[13]中五阶展开的所有项）。从互调项可以看出，基本分量的幅度（如 $e_0 = k_1 e_1 \cos(w_1 t)$）正比于输入信号的幅度，二阶响应的幅度（如 $e_0 = k_2 e_1 e_2 \cos(w_1 t - w_2 t)$）正比于输入信号幅度的平方，三阶响应的幅度（如 $e_0 = k_3 e_1 e_2^2 \cos(2w_1 t)$）正比于输入信号幅度的立方[14]。

将对输入信号的各阶响应画在 lg—lg 坐标图上，可以看到响应曲线均为具有一定斜率的直线，且斜率与响应的阶数成比例，如图 6.15 所示。输入功率每增加 1dB，基本输出也增加 1dB。当输入信号包含两个等幅的不同频率分量时，输入功率每增加 1dB，二阶响应输出增加 2dB。当输入信号包含两个等幅的不同频率分量时，输入功率每增加 1dB，三阶响应输出增加 3dB。

二阶或三阶响应曲线的直线部分的投影和基本响应曲线直线部分投影相交，将该交点称为交会点（Intercept Point）。二阶响应曲线和三阶曲线与基本响应曲线的交点可能并不是同一个，这取决于系统的设计。这种特性（已知响应曲线的斜率，已知二阶、三阶曲线的交会点）可以用来确定接收机的互调响应。

在很多实际应用的接收机中，采用平衡设计可以抑制偶次阶响应（例如平衡混频器），使得三阶响应占主体作用。在这种情况下，接收机特性可表示为

$$e_0 = k_1 e_i + k_3 e_i^3 \tag{6.12}$$

式中：功率增益为 $G = k_1^2$；k_3 为三阶失真系数。

接收机输出自相关函数为

$$R_0(\tau) = E[e_0(t)e_0(t+\tau)] \tag{6.13}$$

进一步可得

$$R_0(\tau) = GR_i(\tau) + 6k_3^2 R_i^3(\tau) \tag{6.14}$$

式中：$R_i(\tau)$ 为接收机的输入自相关函数。

则接收机输出的标准化自相关函数可表示为

$$\rho_0(\tau) = \frac{R_0(\tau)}{R_0(0)} \tag{6.15}$$

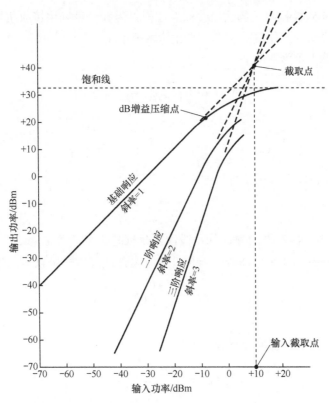

图 6.15 非线性接收机二阶和三阶响应的交会点[14]

假设接收机输入为高斯型自相关函数

$$R_i(\tau) = P_c e^{-(\sigma_c \tau)^2/2} \quad (6.16)$$

式中：P_c——杂波功率；

σ_c（rad/s）——杂波谱展宽；

τ——采样之间的间隔时间。

标准自相关函数可表示为

$$\rho_0(\tau) = F_1 e^{-(\sigma_c T)^2/2} + F_2 e^{-3(\sigma_c T)^2/2} \quad (6.17)$$

式中

$$F_1 = \frac{1}{1+\gamma} \quad (6.18)$$

$$F_2 = \frac{\gamma}{1+\gamma} \quad (6.19)$$

$$\gamma = \frac{6k_3^2 P_c^2}{G} \quad (6.20)$$

当基本响应和三阶响应相等时，可以求解得到输出的三阶交会点，即

$$P_{\text{IPO}} = e_0^2 = \frac{4k_1^3}{3k_3} \quad (6.21)$$

如果求解 k_3 并代入式（6.21），可以得到

$$\gamma = 10.7 \left(\frac{P_c G}{P_{\text{IPO}}}\right)^2 \quad (6.22)$$

式（6.22）表明，非线性接收机的输出端标准自相关函数，可以用接收机输出端的杂波功率水平和三阶响应曲线交会点位置的功率水平比值来表示。

一次对消的改善因子为

$$I_1 = \frac{1}{1-\rho_0(T)} \quad (6.23)$$

这时

$$I_{NL1} = \frac{1}{1 - F_1 e^{-(\sigma_c T)^2/2} + F_2 e^{-3(\sigma_c T)^2/2}} \quad (6.24)$$

当 $\sigma_c T \ll 1$ 时，MTI改善因子可以化简为

$$I_{NL1} = \frac{I_1}{F_1 + 3F_2} \quad (6.25)$$

式中：$I_1 = 2(\sigma T)^2$ 为一次对消的MTI采用线性接收机时的MTI改善因子。

同样，二次对消的MTI采用非线性接收机时的MTI改善因子可以表示为

$$I_{NL2} = \frac{I_2}{F_1 + 9F_2} \quad (6.26)$$

式中：$I_2 = 2/(\sigma T)^4$。

同样，推算可得三阶对消的改善因子为

$$I_{NL3} = \frac{I_3}{F_1 + 27F_2} \quad (6.27)$$

式中：$I_3 = 4/3(\sigma T)^6$。

从式（6.22）看出，当三阶交会点位置的功率远大于杂波功率时，$\gamma \to 0$，这时非线性接收机MTI改善因子趋近于线性接收机。反之，当杂波功率远大于三阶交会点位置的功率时（接收机是饱和的），$F_1 \to 0$、$F_2 \to 1$。此时，一次对消MTI的改善因子减少4.8dB，二次对消减少9.5dB，三次对消减少14.3dB。

总的来说，接收机非线性特性可以通过测量（或指标给出的）各阶交会点位置处的功率来确定。另外，接收机非线性特性也可以通过杂波功率、MTI对消器的各阶交汇点位置处功率，以及杂波谱的形状所确定的MTI改善因子来进行衡量。在前面的章节中，当接收机特性中主要以三阶失真影响为主，并且杂波谱为高斯分布时，讨论了典型情况下各种影响因素之间的关系。

6.3 MTI雷达滤波器设计

MTI滤波器可以是递归的也是非递归的。由于非递归型滤波器的瞬态响应良好，因此往往作为首选。

6.3.1 非递归型MTI滤波器

如图6.16所示，非递归或横向滤波器由一触发延迟线组成，输出是由每个节点信号的加权和（见第2.3.2节和第5.1.1节）。滤波器的冲激响应为

$$b(t) = \sum_{k=0}^{n-1} w_k \delta(t - kT) \quad (6.28)$$

式中：n——脉冲处理个数；

w_k——滤波器加权值;

$\delta(\cdot)$——冲击函数。

通过对冲击响应进行拉普拉斯变换,可得到滤波器传递函数为

$$H(p) = \sum_{k=0}^{n-1} w_k e^{-kpT} \tag{6.29}$$

式中:p——复变量;

T——雷达脉冲周期。

通过z变换($z = \exp(pT)$)得到

$$H(z) = \sum_{k=0}^{n-1} w_k z^{-k} = \frac{\sum_{k=0}^{n-1} w_k z^{n-1-k}}{z^{n-1}} \tag{6.30}$$

式(6.30)显示非递归型MTI在z平面有$n-1$个极点(相当于延迟环节个数$N = n-1$)。

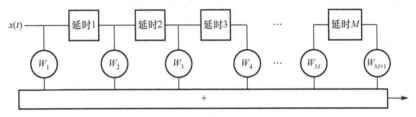

图6.16　MTI横向或非递归型滤波器[15]

最简单的横向滤波器就是一次对消器(见图2.18),具备单个延迟和减法功能,加权系数为$w = (1, -1)$,$n = 2$。根据式(6.30)可知,一次对消MTI的传递函数为

$$H(z) = \frac{z-1}{z} \tag{6.31}$$

式(6.31)得出原点为极点,单位圆内$z = 1$为零点,如图6.17所示。在图6.18中,当$N = n-1$个一次对消器构成级联时,传递函数为

$$H(z) = \left(\frac{z-1}{z}\right)^{n-1} \tag{6.32}$$

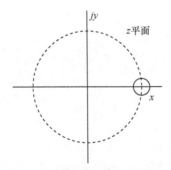

图6.17　一次对消零极点模型[4]

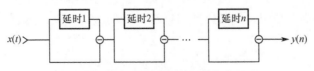

图6.18　N阶MTI对消器[15]

在原点处由 $n-1$ 个极点，在单位圆内 $z=1$ 是有 $n-1$ 个零点。将这种对消器称为二项式对消器，原因在于其加权系数为交替的二项式系数，即

$$w_k = (-1)^k \binom{n}{k} = \frac{(-1)^k n!}{k!(n-k)!} \tag{6.33}$$

通过 $|H(\mathrm{j}\omega)|$ 的位置关系，图 6.19 给出了一次对消 MTI 频率响应的极点 – 零点图。首先得到单位圆内零点矢量长度和单位圆上极点的乘积，然后除以从极点到单位圆上点的矢量长度积，这时一次对消器的传递函数为

$$|H(\mathrm{j}\omega)| = \sqrt{\sin^2(\omega T) + [1-\cos(\omega T)]^2} = 2\sin\left(\frac{\omega T}{2}\right) \tag{6.34}$$

而对于一般的 n 脉冲二项对消器

$$|H(\mathrm{j}\omega)| = \left|2\sin\left(\frac{\omega T}{2}\right)\right|^{n-1} \tag{6.35}$$

式中：n 为 MTI 处理的脉冲个数。

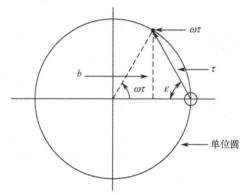

图 6.19 一次对消 MTI 频率响应的极点 – 零点图[4]

另外，非回归型 MTI 对消器采用最优权值比采用二项式权值好[4,16,17]。最优加权能够使 MTI 改善因子最大化，约束条件为所有目标的速率具有相同的事件概率（见第 5.1.3 节），此时改善因子为（见第 3.1 节）

$$I_f = \frac{\sum_{j=0}^{n-1} \omega_j}{\sum_{j=0}^{n-1}\sum_{k=0}^{n-1} \omega_j \omega_k \rho_c(j-k)} \tag{6.36}$$

式中：ω_j ——MTI 权值；

$\rho_c(\cdot)$ ——杂波相关系数，MTI 的处理增益表示为

$$\bar{G} = \sum_{j=0}^{n-1} \omega_j^2 \tag{6.37}$$

式（6.37）表示 MTI 对目标信号分量具有放大作用。

因此，当评估 MTI 的杂波衰减性能时，需要对其进行标准化。

首先，考虑一种简单情况，即两脉冲 MTI 对消器的最优权值，根据式（6.36）确定的改善因子可以表示为

$$I_{f1} = \frac{\omega_0^2 + \omega_1^2}{\omega_0^2 + \omega_1^2 + 2\rho_1 \omega_0 \omega_1} \tag{6.38}$$

式中:ρ_1 为一次滞后的相关系数。

当 MTI 增益 $\bar{G}$ 是恒定不变的约束条件下,通过对下式求解就能够实现 MTI 改善因子的最大化

$$J = \omega_0^2 + \omega_1^2 + \rho_1\omega_0\omega_1 - \lambda(\omega_0^2 + \omega_1^2) \tag{6.39}$$

式中:λ 为拉格朗日乘数[14]。

然后应用积分变换,找到不动点,$\partial J/\partial w_0 = 0$,$\partial J/\partial w_1 = 0$,得到下面的线性等式:

$$\begin{cases} \omega_0(1-\lambda) + \omega_1\rho_1 = 0 \\ \omega_1(1-\lambda) + \omega_0\rho_1 = 0 \end{cases} \tag{6.40}$$

消去 w_0 和 w_1 得到拉格朗日乘积方程为

$$\lambda^2 - 2\lambda + 1 - \rho_1^2 = 0 \tag{6.41}$$

解方程得

$$\lambda = 1 - \rho_1 \tag{6.42}$$

此时,λ 的取值即为改善因子的最大值。将 λ 值代入式(6.40)得到最优权值时,$w_0 = -w_1$,标准化后权值向量 $w = (1, -1)$,改善因子 $I_1 = 1/(1-\rho_1)$。上面的分析表明,当二项式 MTI 分别采用单延迟 MTI 时,性能可达到最佳。

对于高阶 MTI 最优权值的求解,也可以采用上述步骤,但是最优权值和二项式 MTI 是不同的,求解过程也更加复杂。第 5.1.3 节给出的求解步骤可以用来确定高阶 MTI 的最优权值,该步骤解算的矩阵方程为

$$(\boldsymbol{R}_n - \lambda_{\min}\boldsymbol{I})\boldsymbol{w} = 0 \tag{6.43}$$

由式(6.44)求得 $\lambda_{\min}$,然后代入式(6.43),求解权值 w。

$$|\boldsymbol{R}_n - \lambda_{\min}\boldsymbol{I}| = 0 \tag{6.44}$$

式中:$\boldsymbol{R}_n$——标准协方差矩阵;

$\boldsymbol{I}$——单位矩阵。

因此,当特征值最小时的特征向量即为最优权值。这时得到改善因子为

$$I_f = \frac{1}{\lambda_{\min}} \tag{6.45}$$

式中:特征值 $\lambda_{\min}$ 和微积分变换得到的拉格朗日乘积相等。

为了证明特征值方法的正确性,根据式(6.44)可得单延迟为

$$\begin{vmatrix} 1-\lambda & \rho_1 \\ \rho_1 & 1-\lambda \end{vmatrix} = 0 \tag{6.46}$$

式(6.46)等效为式(6.41),解算得到 $\lambda_{\min} = 1 - \rho_1$。当特征向量 $w = (1, -1)$,从式(6.40)可得最优权值。表格 5.1 给出了二次和三次延迟 MTI 对消的最优加权和改善因子。

当需要处理两个以上的脉冲时,最优加权 MTI 对消比二项式 MTI 对消器能够获得更大的改善因子。图 6.20 给出了最优加权和二项式加权下的改善因子。如果杂波谱的标准差是 PRF 的 0.01 倍,那么最优加权的二次对消器($n=3$)还能够获得额外的 2dB 改善因子,最优加权的三次对消器($n=4$)还能够获得 3.5dB 的额外改善因子,最优加权的四次对消器($n=5$)还能够获得 5dB 的额外改善因子。为了达到这种性能,必要的两个条件首先就是获得准确的权值,另外就是杂波谱宽相对于雷达的 PRF 要窄[15]。

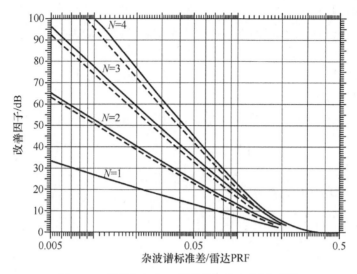

图 6.20 最优加权和二项式加权的改善因子[15]

式（6.30）给出了非递归型 MTI 的 Z 平面传递函数，若表示成零极点的形式可写为

$$H(z) = k \frac{(z-z_1)(z-z_1^*)\cdots}{z^{n-1}} \tag{6.47}$$

当延迟环节（或对消器）的个数为偶数时，可得

$$H(z) = k \frac{(z-z_0)(z-z_1)(z-z_1^*)\cdots}{z^{n-1}} \tag{6.48}$$

当延迟环节的个数为奇数，z_0、z_1 和 z_1^* 在 z 平面均是零点，极点在原点（$z=0$）。注意到偶数次延迟（如二次对消），除了二项式对消外，零点一般成共轭对出现，并且在 $z=1$ 处重合。对于奇数次延迟，除了二项式对消外，在 $z=1$ 处具有一个或多个零点（导致在零频和多重 PRF 位置出现零点），其他零点则是成共轭对出现。同样的，对于非递归型 MTI 对消器，零点和极点的个数和延迟环节的个数相等。

为了说明 z 平面非递归型 MTI 滤波器的设计，考虑一种两次延迟 MTI 对消（$n=3$）的情况，z 平面（$k=1$）的标准化传递函数为

$$H_2(z) = k \frac{z^2 - (z_1 + z_1^*)z + z_1 z_1^*}{z^2} \tag{6.49}$$

式中：z_1 和 z_1^* ——一对复共轭零点；

$|z_1|^2 = z_1 z_1^*$ ——从零点到原点的矢量长度。

对比于式（6.30），根据 $w_0 = 1$，$w_1 = -(z_1 + z_1^*) = 2\text{Re}\, z_1$，$w_2 = z_1 z_1^* = |z_1|^2$ 确定的零点位置，可以得到标准化权系数。根据矩阵方程 $(\boldsymbol{R}_n - \lambda_{\min}\boldsymbol{I})\boldsymbol{w} = 0$ 来求解最优权值（例如找到特征向量）可以得到这样的结论：对于单延迟对消器，$w_0 = -w_1$；二次对消器，$w_0 = w_2$；三次对消器 $w_0 = -w_3$ 且 $w_1 = -w_2$（见表 5.1）。该结论可以进一步归纳如下：对于偶数延迟，最佳滤波器的权值是对称的（例如二次对消），而对于奇数延迟是反对称的（例如单次和三次对消）。因此，从式（6.49）进一步推出，当权值标准化后 $w_0 = 1$，最大权值的绝对值 $|w_{n-1}| = 1$，这导致在 z 平面上，最优加权 MTI 对消器的零点都在单位圆上（例 $|w_{n-1}| = |z_{n-1}| = 1$），如图 6.21 中描述的二次延迟对消。

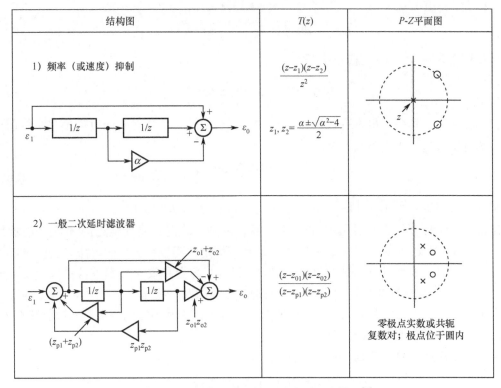

图 6.21　最优加权的二次对消器零极点模型[4]

另外的一个推论就是非递归型 MTI 对消器的传递函数可以由滤波器权值确定，N 为奇数（一次或三次对消）时，有

$$|H(\mathrm{j}\omega)| = \left|\sum_{i=0}^{(N-1)/2}(-1)^i 2|w_i|\sin\left(\frac{N}{2}-i\right)\omega T\right| \quad (6.50)$$

N 为偶数（例二次对消）时，有

$$|H(\mathrm{j}\omega)| = \left|(-1)^{N/2}|w_{N/2}| + \sum_{i=0}^{(N-1)/2}(-1)^i 2|w_i|\cos\left(\frac{N}{2}-i\right)\omega T\right| \quad (6.51)$$

式中：N 为 MTI 延迟环节的个数。

例如，根据式（6.46）可以得到一次对消器的传递函数为 $|H(\mathrm{j}\omega)| = |-|w_1| + 2|w_0|\cos\omega T|$。二项式二次对消的权值为 $w = (1, -2, 1)$，此时 $|H(\mathrm{j}\omega)| = 2(1-\cos\omega T) = 4\sin^2(\omega T)/2$。

从图 6.21 中看出，二次延迟最优加权的 MTI 传递函数可以表示为

$$H_2(z) = \frac{z^2 - 2\cos\phi z + 1}{z^2} \quad (6.52)$$

式中：$\phi = \omega T$。

MTI 权值可从式（6.30）推出为 $w = (1, -2\cos\phi, 1)$。改善因子变为

$$I_f = \frac{1 + 2\cos^2\phi}{1 + 2\cos^2\phi - 4\rho_1\cos\phi + \rho_2} \quad (6.53)$$

式中：ρ_1 和 ρ_2 分别为 $t = T$ 和 $t = 2T$ 时的相关系数。

如果令 $\cos\phi = x$，那么通过 $\mathrm{d}I_f/\mathrm{d}x = 0$ 可以确定 I_f 的最大值。这时

$$x = \cos\phi = \frac{\rho_2 + \sqrt{\rho_2^2 + 8\rho_1^2}}{4\rho_1} \tag{6.54}$$

最优权值为 $w = (1, w_1, 1)$，其中

$$w_1 = -\left(\frac{r}{2} + \sqrt{\frac{2+r^2}{4}}\right) \tag{6.55}$$

式中：$r = \rho_1/\rho_2$，其高斯相关系数 $r = \exp[-3(\sigma_c T)^2/2]$。三次延迟 MTI 对消最优权值可通过类似的方法得到，传递函数可表示为

$$H_3(z) = \frac{(z-1)(z - 2\cos\phi z + 1)}{z^3} \tag{6.56}$$

导致最优权值向量等于 $w = (1, -(1+2\cos\phi), (1+2\cos\phi), -1)$。

最优权值 MTI 对消器设计具有以下几个限制条件。首先，偶数延迟的 MTI 对消器设计（式（6.48）），零点不在零频点（$z=1$），这意味着固定的离散杂波可能无法完全被 MTI 滤波器消除。另外，当 MTI 处理的脉冲数量增加时，设计步骤会导致 MTI 滤波器的通带明显变化（见图 2.25），当前的 MTI 稳定性能难以保证获得更大的改善因子。文献 [4,19] 提出了一种二次规划算法，以确保在更大的速度区间获得的改善因子和固定的离散杂波性能基本一致。

例 21　传递函数和 MTI 改善因子

采用二项式加权的 MTI 功率传递函数表示如下

$$|H(\omega)| = \left|2\sin\left(\frac{\omega T}{2}\right)\right|^{2n}$$

式中：ω——辐射频率；

T——脉冲重复周期；

n——MTI 延迟环节个数。

MATLAB 程序 mti_canceler.m 画出了标准化 MTI 传递函数，坐标参数为 f_d/PRF，$n = 1 \sim 9$。可看出随着 MTI 滤波器通带随延迟环节数量的增加而变窄。这是二项对消器本身存在的问题，通常延迟环节数量限制在 $3 \sim 4$ 之间。图 EX-21.1 给出了传递函数。

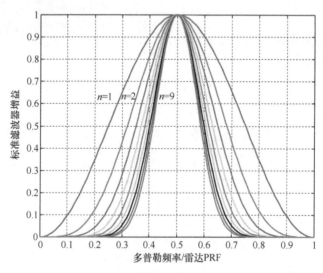

图 EX-21.1　二项式加权 MTI 对消器的功率传递函数

MTI 二项式权系数可表示为

$$w_k = (-1)^k \frac{N!}{k!(N-k)!}$$

式中：N——MTI 延迟环节的个数；

k——权值数 $0, 1, 2, \cdots, N$。

MTI 改善因子可写为

$$I = \frac{\boldsymbol{w}^{\mathrm{T}} \boldsymbol{M}_S \boldsymbol{w}^*}{\boldsymbol{w}^{\mathrm{T}} \boldsymbol{R}_N \boldsymbol{w}^*}$$

式中

$$\boldsymbol{w}^{\mathrm{T}} = [w_0, w_1, \ldots, w_n]; \boldsymbol{M}_S = \begin{bmatrix} 1 & 0 & 0 \\ 0 & 1 & 0 \\ 0 & 0 & 1 \end{bmatrix}; \boldsymbol{R}_N = \begin{bmatrix} 1 & \rho_1 & \rho_2 \\ \rho_1 & 1 & \rho_1 \\ \rho_2 & \rho_1 & 1 \end{bmatrix};$$

$$\rho(iT) = \exp\left(\frac{-i^2 \Omega^2}{2}\right)$$

$$\Omega = \frac{2\pi \sigma_f}{\mathrm{PRF}}$$

式中：$\boldsymbol{w}^{\mathrm{T}}$——为权值矢量的转置矩阵；

σ_f——高斯杂波谱的标准差；

PRF——雷达脉冲重复频率；

$\boldsymbol{M}_S$——信号的协方差矩阵；

$\boldsymbol{R}_N$——杂波协方差矩阵。

将 $x = f_d/\mathrm{PRF}$ 最为自变量，分别令 $N = 1 \sim 7$，MATLAB 程序 impfac_binary.m 画出了二项式加权 MTI 对消器的改善因子曲线，如图 EX-21.2 所示。

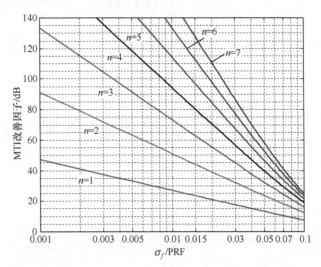

图 EX-21.2 二项式加权 MTI 对消器的改善因子

6.3.2 递归型 MTI 滤波器

大多数常见的 MTI 对消器是递归型的（见例 5），图 2.26 给出了典型递归型 MTI 对消器的组成框图。递归型 MTI 滤波器带有后向反馈回路和前馈结构,并可以级联非递归型滤波器。反馈回路使得该结构具有 MTI 速度响应,原则上能够实现任意频率响应函数的综合。然而,递归型滤波器容易受到瞬态响应的影响,使得 MTI 滤波器中在多个雷达脉冲重复间隔内循环工作,具体要看递归型滤波器的速度响应程度如何。MTI 中的瞬态响应可能是由大量杂波作为阶跃输入引起的,或是由天线波束的捷变扫描引起的(例如相控阵天线),或者是受到了有意或无意的异步电子干扰。因此,当采用递归型 MTI 滤波器时,必须采取一些瞬态保护方式[4,20]。

递归型 MTI 的传递函数在 z 平面表示为

$$H(z) = k \frac{z^{n-1} + a_0 z^{n-2} + \cdots + a_{n-1}}{z^{n-1} + b_0 z^{n-2} + \cdots + b_{n-1}} \tag{6.57}$$

式中:n——MTI 滤波器处理的脉冲数;
a_i($i = 0, 1, 2, \cdots, n-1$)——前馈系数;
b_i($i = 0, 1, 2, \cdots, n-1$)——反馈系数。

传递函数的零极点形式为

$$H(z) = k \frac{(z - z_{01})(z - z_{02}) \cdots (z - z_{0n-1})}{(z - z_{p1})(z - z_{p2}) \cdots (z - z_{pn-1})} \tag{6.58}$$

式中:z_{0i}($i = 0, 1, 2, \cdots, n-1$)——滤波器的零点;
z_{pi}($i = 0, 1, 2, \cdots, n-1$)——滤波器的极点。

实际上,大多数递归型 MTI 滤波器是通过级联进行综合的,而且每一级级联的延迟环节数量不超过两个。因此,对无反馈或前馈型路径进行扩展,至少需要两个以上的延迟环节。

在图 6.22 中描述了基本单延迟递归 MTI 滤波器的结构框图[4,21],这种滤波器的传递函数为

$$H(z) = k_f \frac{\left(z + \dfrac{1}{k_f}\right)}{z - k_b} \tag{6.59}$$

式中,零点位置为

$$z_0 = \frac{-1}{k_f} \tag{6.60}$$

极点位置为

$$z_p = k_b \tag{6.61}$$

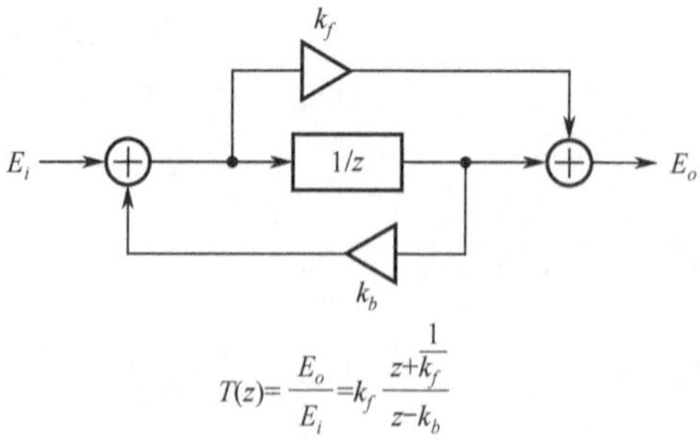

图 6.22 单延迟递归 MTI 滤波器零极点控制图[21]

为了满足固定式雷达在地杂波环境下的应用需求,希望其 MTI 滤波器的零点位置位于零

频处。通过在单延迟对消结构中设置 $k_f = -1$ 可以达到这个目的。

图 6.23 给出了双延迟线递归型 MTI 滤波器结构[4,21]。传递函数表示为

$$H(z) = k \frac{z^2 + \left(\dfrac{k_1}{k_2}\right)z + \dfrac{1}{k_2}}{z^2 - k_3 z - k_4} \tag{6.62}$$

其中，零点位置为

$$z_0 = \frac{1}{2k_2}(-k_1 \pm \sqrt{k_1^2 - 4k_2}) \tag{6.63}$$

极点位置为

$$z_p = \frac{1}{2}(k_3 \pm \sqrt{k_3^2 + 4k_4}) \tag{6.64}$$

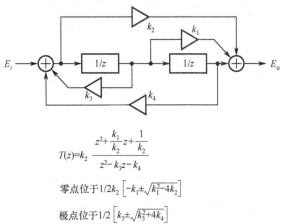

图 6.23 采用独立零点－极点控制的双延迟线递归型 MTI 滤波器结构

这种双延迟线结构是唯一一种反馈位于极点位置，但是却不影响零点位置的结构，反之亦然。极点位置单独由反馈回路控制，而两个前馈回路仅仅控制零点。如果在整个 MTI 滤波器的综合设计过程中，极点数量超过零点数，最后的极点可通过基本回路丢弃任意一个或两个零点得到。丢弃一个零点可以通过设置 k_1 或 $k_2 = 0$，两个零点都丢弃时设置 $k_1 = k_2 = 0$。

利用单延迟线结构和双延迟线结构设计三次对消 MTI 滤波器的结构框图如图 6.24 所示[22]。单延迟线环节中 $k_f = -1$，$k_b = \alpha_4$；双延迟线环节中 $k_1 = -2\alpha_1$，$k_2 = 1$，$k_3 = \alpha_2$，$k_4 = \alpha_3$。单延迟线结构的零点在 $z_0 = 1$ 处，极点在 $z_p = \alpha_4$（见式（6.60）和式（6.61））。双延迟线结构的零点位于 $z_0 = \alpha_1 \pm \sqrt{\alpha_1^2 - 1}$，极点位于 $z_p = (1/2)(\alpha_2 \pm \sqrt{\alpha_2^2 + 4\alpha_3})$（见式（6.63）和式（6.64））。

这时传递函数可表示为

$$H(z) = \frac{(z-1)(z^2 - 2\alpha_1 z + 1)}{(z - \alpha_4)(z^2 - \alpha_2 z - \alpha_3)} \tag{6.65}$$

在图 6.24 给出的零极点形式中，有三个零点位于单位圆上，且频点分别为 $\omega_0 T = 0$，$\pm \arccos\alpha_1$，一个极点位于 z 平面 $x = \alpha_4$ 处，共轭对极点在半径为 $\sqrt{\alpha_3}$，角度 $\theta = \pm \cos \alpha_2 / 2\sqrt{\alpha_3}$ 处。该图说明了如何通过调整滤波器参数以减少改善因子为代价，进而拓宽滤波器的速度响应范围。应注意到，通过借助零点极点图求解单位圆上不同位置点（如 $\theta = \cos \omega T$）的

零矢量项和极点矢量项的比值，可以建立滤波器的传递函数。根据 $I_f = \overline{G} \cdot CA$ 关系，改善因子可以表示为

$$I_f = \frac{|\overline{H(f)}|^2 \int_0^{PRF} S(f)df}{\int_0^{PRF} |H(f)|^2 S(f)df} \quad (6.66)$$

式中：$|H(f)|$ ——滤波器传递函数；

$S(f)$ ——杂波谱。

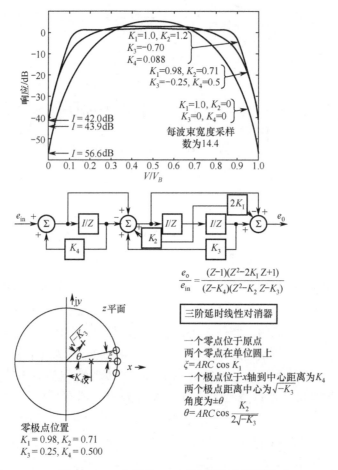

图 6.24 三次延迟 MTI 对消器设计例子[22]

从图 6.25 中可以看出，其他同类形式的递归型滤波器结构都是采用类似的对消器实现方式。除了采用反馈路径拓宽速度响应范围外，这和二项式二次对消器相似（见式（6.29）），并且能够在 z 平面内将极点从原点移动。这种结构在实现方式上的优势在于：即使单个滤波器环节发生频率漂移，使得 z 平面内的零点远离 $z=1$，但其他滤波器环节依然能够在零频处对消固定离散杂波分量。

双延迟线对消器的标准化传递函数为

$$H(z) = \frac{(z-1)^2}{z^2 + (\beta_1 + \beta_2)z + \beta_2} \quad (6.67)$$

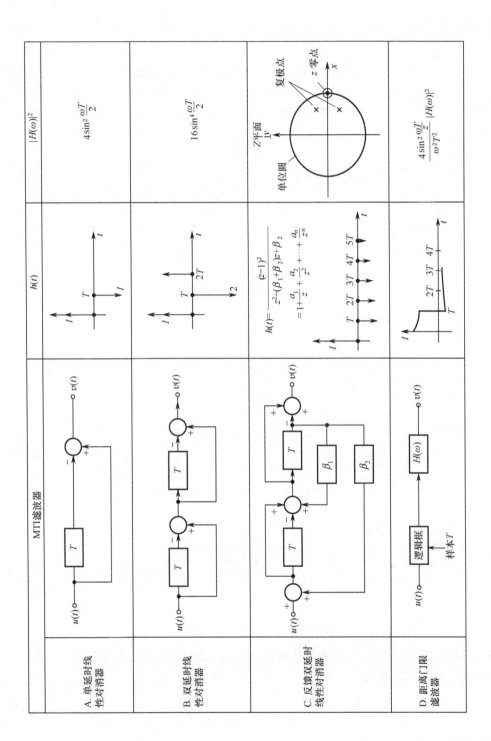

图6.25 二次对消MTI滤波器的结构[4]

式中：双零点位于 $z=1$ 轴，极点位于

$$z_p = \frac{1}{2}[(\beta_1+\beta_2) \pm \sqrt{(\beta_1+\beta_2)^2 - 4\beta_2}] \tag{6.68}$$

z 平面内的极点位于角度为 $\phi = \arccos[(\beta_1+\beta_2)/2\sqrt{\beta_2}]$，到原点距离为 $|z|=\sqrt{\beta_2}$ 的位置。

图 6.26 给出了一个双延迟线对消器设计，通过选择不同的变量值决定了对消器的不同结构，其中变量 β_1 的取值范围 $-0.6 \sim 0.6$，变量 β_2 的取值范围 $0 \sim 0.5$。对于一个双延迟线二项式加权对消器，$\beta_1 = \beta_2 = 0$，此时改善因子为 39.9dB。需要注意的是，通过选择合适的滤波器参数，可以拓宽或缩窄 MTI 对消器的速度响应范围，同时减小或提高改善因子。

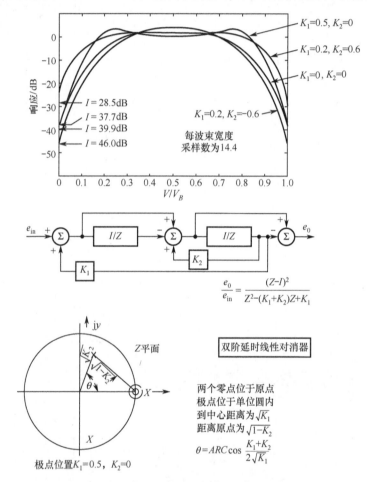

图 6.26　递归型双延迟线 MTI 设计举例[22]

在某些情况下，想要将图 6.25 中的滤波器在单位圆内提供两个独立明显的零点，图 6.27 给出了这种结构，其传递函数为

$$H(z) = \frac{z^2 - z(2-a_1) + 1}{z^2 - (\beta_1+\beta_2)z + \beta_2} \tag{6.69}$$

式中：单位圆内零点所在的角度为

$$\phi_0 = \arccos\left[\frac{(2-a_1)}{2}\right] \tag{6.70}$$

极点由式（6.64）给出。

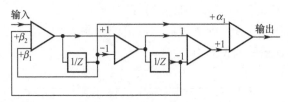

图 6.27　可调节零点的双延迟线 MTI 对消器[4,23]

6.3.2.1　递归型 MTI 滤波器合成

递归型滤波器的应用为系统设计者提供了很强的灵活性，可根据杂波环境的改变调整 MTI 滤波器的速度响应。这种能力满足了固定式空中搜索雷达的需求，该式雷达中的杂波谱展宽是由雷达天线扫描调制决定的（见第 6.2.1 节）。在某些雷达中，天线的扫描速率是可以调节的，主要是为了在天线扫掠目标的过程中获得尽可能多的回波信号，以保证对微弱目标的检测。图 6.28 描述了图 6.25 中双延迟线对消结构的四种速度响应。可以看出，对于给定的天线扫描速率（如 3.3~10r/min）[4,23]，滤波器的速度响应可为地杂波抑制提供 30dB 的改善因子。机载监视雷达也可以通过采用该结构设计获取同样的改善能力，这主要是因为其杂波谱展宽是由飞机速度和天线方位扫描位置决定（见第 6.2.2 节）。

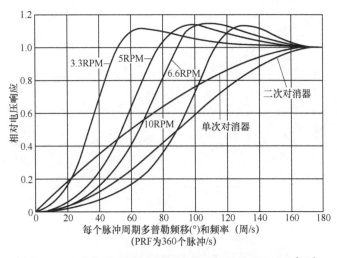

图 6.28　不同天线扫描速率下二次对消器的速度响应[4,23]

根据所需的 MTI 改善因子，选择合适的滤波器结构来保证覆盖最大的速度响应范围，是设计递归型 MTI 滤波器的重要内容。通过双线性变换可以把传统的滤波器综合理论转换成样本数据，进而将拉普拉斯变换域（p 平面）转换为 z 变换域（z 平面）。因此，传统的滤波器设计如 Butterworth、Chebyshev 或椭圆传递函数就转换为一个基于样本数据的 MTI 滤波器结构。一旦滤波器类型确定下来（如 Butterworth），滤波器的综合就相当于滤波器极点数选择和截止频率选择的过程。

为了更好地选取滤波器的极点和截止频率，有必要先考察滤波器的性能，其定义为

$$H_A(\omega)^2 = \begin{cases} \dfrac{\omega}{\omega_{co}}, & \omega \leqslant \omega_{co} \\ 1, & \omega > \omega_{co} \end{cases} \tag{6.71}$$

式中：n——滤波器的极点数；

ω_{co}——多普勒频率弧度除以截止频带和通带。

通过设计滤波器的极点数量，令滤波器在通带内是平坦的，而在截止频带是衰落的。高斯型杂波谱经过滤波器衰减后可表示为

$$CA = \frac{\sqrt{\pi \sigma_c^2/2}}{\int_0^{\omega_{co}} e^{-\omega^2/2\sigma_c^2} \left(\frac{\omega}{\omega_{co}}\right)^{2n} d\omega + \int_{\omega_{co}}^{\pi/T} e^{-\omega^2/2\sigma_c^2} d\omega} \qquad (6.72)$$

式中：σ_c——杂波谱标准差；

n——滤波器极点数；

ω_{co}——滤波器的截止频率。

根据上面的公式可画出图 6.29，图中的滤波器截止频率经过了杂波谱宽的标准化 ω_{co}/σ_c。例如，双延迟线滤波器设计（如双极点）为了达到 30dB 的杂波衰减性能，需要将滤波器的截止频率设计为 7 倍的杂波标准差谱宽。当延迟环节的数量趋于无穷时（$n \to \infty$）能够获得最佳的杂波衰减性能，此时滤波器的截止频率大约为 3 倍的杂波谱宽。注意到，MTI 改善因子和杂波衰减有关，即 $I = \bar{G} \cdot CA$，其中 $\bar{G}$ 为 MTI 增益。在表 3.1 中列出了不同二项式加权 MTI 对消器的 MTI 增益。

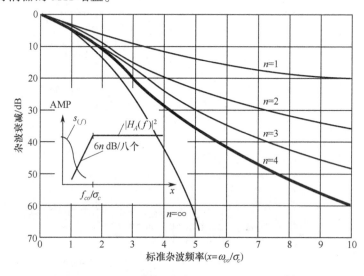

图 6.29 不同滤波器截止频率的杂波衰减[4]

滤波器类型取决于期望达到的速度响应特性。Butterworth 滤波器关于频率响应是单调变化的，而幅度响应在 PRF/2 间隔处是最大最平坦的，表现为梳状谱的结构形式（见图 1.6）。Chebyshev 滤波器采用相同的极点和零点数，并且允许通带范围内有脉动，能够获得尖锐的截止响应。在同样复杂的系统条件下，Elliptic（椭圆）滤波器比 Chebyshev 滤波器的幅频特性更加尖锐，但是通带和阻带内都会有波动。图 6.30 给出了多种参数条件下双延迟线 Butterworth 和 Chebyshev 滤波器的标准化幅频响应曲线，截止频率范围 $f_{co}/\text{PRF} = 0.05 \sim 0.25$。

通过双线性变换，将传统低通滤波器设计变换到 MTI 梳状滤波器响应，对于 MTI 对消器设计来说是非常有用的，变换形式可表示为

$$z = \frac{p + \Omega}{p - \Omega} \qquad (6.73)$$

式中：p——p 平面上的极点或零点的位置；
Ω——滤波器截止频率的比例因子；
z——z 平面上的极点或零点。z 平面到 p 平面的逆变换为

$$p = \Omega \frac{z+1}{z-1} \tag{6.74}$$

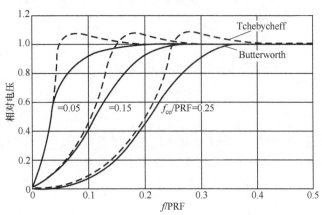

图 6.30 Butterworth 和 Chebyshev 型双延迟 MTI 滤波器幅度响应[4]

图 6.31 描述了 $z-p$ 平面之间的双线性变换，其中双延迟 Butterworth 滤波器零极点模型画在 p 平面上。根据 p 平面上 $+j$ 方向的虚线点和 z 平面上标注①处的点，可以确定比例因子。结合式（6.73），得到

$$p = +j = p = \Omega \frac{\cos\phi_0 - j\sin\phi_0 + 1}{\cos\phi_0 - j\sin\phi_0 - 1} \tag{6.75}$$

式中：$\phi_0 = \omega_{co} T$。

解式（6.71）得到比例因子为

$$\Omega = \tan\left(\frac{\phi_0}{2}\right) \tag{6.76}$$

式中：$\phi_0 = \omega_{co}/\text{PRF}$ 为 p 平面上截止频率变换到 z 平面后的相对角度。

式（6.76）的比例因子使得 p 平面上 $j\omega = \pm 1$ 的点变换到 z 平面的单位圆上，角度为 $\pm\phi_0$ 对应的频率为 $f_{co} = \phi_0/2\pi T$。

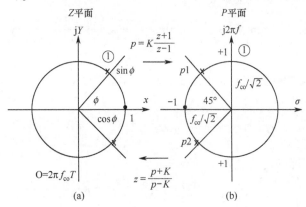

图 6.31 $p-z$ 平面之间双线性变换[2]

低通 Butterworth 滤波器的极点在 p 平面上位于

$$p_k = -\sin\frac{(2k-1)\pi}{2n} + j\cos\frac{(2k-1)\pi}{2n} \tag{6.77}$$

式中：n 为极点数（延迟环节个数），$k=1, 2, \cdots, n$。

将各极点关于截止频率 ω_{co} 进行标准化，使得 3dB 点位于 $j\omega = 1$。例如，$n=2$ 时，极点位于 $p_{12} = (-1 \pm j)/\sqrt{2}$，而 $n=3$ 时极点位于 $p_{13} = (-1 \pm j\sqrt{3})/2$，$p_2 = -1$。双延迟线对消器 Butterworth 滤波器的极点位于

$$z_{12} = \frac{1 - \sqrt{2}\tan\frac{\phi_0}{2} \mp 1}{\sqrt{2}\tan\frac{\phi_0}{2} + 1 \mp j} \tag{6.78}$$

式中：$\phi_0 = \omega_{co}T$。

例如，如果标准化截止频率 $f_o/\mathrm{PRF} = 0.1$，这时极点位于 $z_{12} = 0.5715 \pm 0.2936j$，大小为 $|z| = 0.6425$，参数 $\beta_2 = |z|^2 = 0.4128$，而参数 $\beta_1 = 2\mathrm{Re}\,z_1 - \beta_2 = 0.7302$。图 6.32 画出了双延迟线对消器 Butterworth 滤波极点的位置。

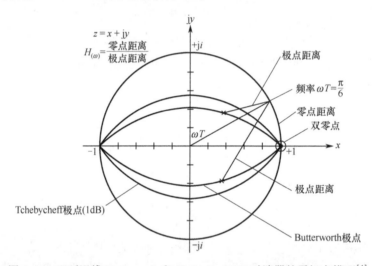

图 6.32　双延迟线 Butterworth 和 Chebyshev MTI 对消器的零极点模型[4]

另外，低通 Chebyshev 滤波器极点位于 p 平面一个椭圆上，即

$$p_k = -\sin\frac{(2k-1)\pi}{2n}\sinh\gamma + j\cos\frac{(2k-1)\pi}{2n}\cosh\gamma \tag{6.79}$$

式中：n 为极点数，$k=1, 2, \cdots, n$。

滤波器通频带波动的峰谷功率比等于 $1+\varepsilon^2$，幅度为

$$\delta = 1 - \frac{1}{\sqrt{1+\varepsilon^2}} \tag{6.80}$$

式中：ε 为滤波器参数。

波动幅度可用 dB 标度表示，表 6.1 给出 ε 值。

$$\sinh\gamma = \frac{(\alpha+\beta)^{1/n} - (\alpha-\beta)^{1/n}}{2} \tag{6.81}$$

$$\cosh\gamma = \frac{(\alpha+\beta)^{1/n} + (\alpha-\beta)^{1/n}}{2} \tag{6.82}$$

式中

$$\alpha = \frac{1}{\sqrt{1+\varepsilon^2}} \tag{6.83}$$

$$\cosh\gamma = \frac{(\alpha+\beta)^{1/n}+(\alpha-\beta)^{1/n}}{2} \tag{6.84}$$

式中

$$\alpha = \frac{1}{\sqrt{1+\varepsilon^2}} \tag{6.85}$$

$$\beta = \frac{1}{\varepsilon} \tag{6.86}$$

根据以上各式，就可以确定 Chebyshev 滤波器的极点值。在滤波器允许的波动范围内，滤波器响应在 $j\omega = 1$ 位置处迅速衰落，而 Butterworth 滤波器衰减为 3dB。图 6.32 给出了双延迟线 Butterworth 和 Chebyshev MTI 对消器的零极点位置。

以一个 Chebyshev 滤波器设计为例，考虑设计一个三极点 MTI 滤波器，具有 1dB 的通带波动，且标准化截止频率 $f_o/PRF = 0.125$ [4,23]。从表 6.1 中可知，当 $\varepsilon = 0.5088$ 时波动为 1dB，此时 $\alpha = 2.2051$，$\beta = 1.9654$。$\sinh\gamma = 0.4942$，$\cosh\gamma = 1.1154$，接着得出 $\rho_{1,3} = -0.2471 \pm j0.96592$，$\rho_2 = -0.4942$。双线性变换下，根据式（6.73）可得 $\gamma = \tan(45/2)° = 0.4142$，$z$ 平面极点等于 $z_{13} = 0.6000 \pm j0.5838$，大小 $|z| = 0.8375$ 角度为 44.2°，$z_2 = 0.0881$，如图 6.33 所示。图 6.33 还给出了低通 Chebyshev 滤波器的幅度响应。

表 6.1 Chebyshev 滤波器波动参数

$20\lg\delta/\mathrm{dB}$	ε	ε^2
1/2	0.3493	0.1220
1	0.5088	0.2589
2	0.7648	0.5848
3	0.9976	0.9953

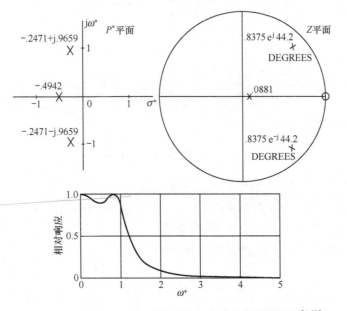

图 6.33 Chebyshev MTI 对消器的频率响应和零极点图[4,23]

将单延迟结构（见图6.22）和双延迟对消结构（见图6.25）进行级联，可以实现完全的对消形式。单延迟对消器参数 $k_B = 0.0881$ 和 $k_f = 0$。对于双延迟对消器，$\beta_2 = |z_1|^2 = 0.7012$，$\beta_1 = 2\mathrm{Re}\, z_1 - \beta_1 = 2\mathrm{Re}\, z_1 - \beta_2 = 0.4994$。双延迟对消器也可以通过图6.23中的规范形式进行设计。设 $k_2 = 1$，解式（6.63），得 $k_1 = -2$，这时两个零点在 $z = 1$ 处。从式（6.64）得 $k_3 = 2\mathrm{Re}\, z_1 = 1.2001$。解式（6.64）得 $k_4 = -0.7012$。图6.34画出了完全三次延迟对消器组成结构，其传递函数为

$$H(z) = \frac{(z-1)^2}{(z-0.0881)(z^2 - 1.2001z + 0.7012)} \tag{6.87}$$

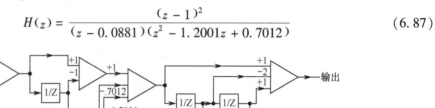

图6.34　三次延迟线 MTI 对消器的 Chebyshev 滤波器响应[4]

6.3.3　多普勒滤波器组——横向滤波器

在杂波和噪声中检测目标中，常用到多普勒滤波器组，既可以和 MTI 滤波器级联（见第5.2节），也可以单独工作。这些滤波器组采用了数字信号处理技术，例如，FFT 算法（见第2.3.3.2节和第2.3.3.3节）来保证系统有效运行。这种工作方式的核心就是 FFT 处理的运算细节，而不太关注滤波器的滤波方式。通过采用 FFT 处理的横向滤波器组表达式（见图6.35），可以更深入地分析多普勒处理的性能。

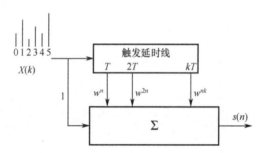

图6.35　FFT 处理的横向滤波器表示法

离散傅里叶变换的第 k 项为

$$F(k) = \sum_{i=0}^{n-1} f(i) e^{-j(2\pi/n)ik} \tag{6.88}$$

式中：$f(i)$——$i = 0, 1, \cdots n-1$ 时刻的信号采样；

n——采样点数（如雷达脉冲处理）；

$F(k)$——在 $k = 0, 1, \cdots n-1$ 点的输出变换。

变换的指数项相当于一个复数滤波加权值，即

$$w_{i,k} = e^{-j(2\pi/n)ik} \tag{6.89}$$

这时，式（6.88）为横向滤波器的形式（见式（5.1））。图6.35画出了这个表达式，滤波器的输出可表示为

$$F(i,k) = \sum_{i=0}^{n-1} f(i) w_{i,k} \tag{6.90}$$

式中:指数 k——滤波器个数;

i——延迟线节点个数。

注意到,为了得到完整的表达式,需要知道 $k = 0, 1, \cdots, n-1$ 定义的 n 个横向滤波器中每个带通滤波器的复加权系数,即

$$w_{i,k} = e^{-j(2\pi/n)ik} = \alpha_n^{ik} \tag{6.91}$$

式中: $\alpha_n = \exp[-j(2\pi/n)]$,横向滤波器传递函数的 z 变换为

$$H_k(z) = \left(\frac{z}{\alpha_n^k}\right)^{-(n-1)} \left[\left(\frac{z}{\alpha_n^k}\right)^{n-1} + \left(\frac{z}{\alpha_n^k}\right)^{n-2} + \cdots + \frac{z}{\alpha_n^k} + 1\right] \tag{6.92}$$

式中:第一项幅度为 1,代表一次延迟。表达式的第二项展开可以通过关系式 $1 + r + \cdots + r^{n-1} = (r^n - 1)/(r - 1)$ 进行简化,即

$$H_k(z) = \frac{(z/\alpha_n^k)^n - 1}{(z/\alpha_n^k) - 1} \tag{6.93}$$

然而,$\alpha_n^{-kn} = \exp(j2\pi k) = 1$,因此 FFT 处理的第 k 个滤波器的传递函数表达式为

$$|H_k(z)| = \frac{z^n - 1}{z - \alpha_n^k} \tag{6.94}$$

这时零极点模型有 n 个零点,并且均匀地分布在单位圆上,分别对应于第 n 个单位根和一个极点,极点位置为

$$z_p = \alpha_n^k = \exp\left(\frac{-j2\pi k}{n}\right) \tag{6.95}$$

位于单位圆上对应于零点同样的位置。特殊的极点位于其中一个分子零点处,该点是由滤波位置选择所决定的 (k 值)。例如,如果选择滤波位置 $k=0$,这时 $z_p = 1$,零极点模型有 n 个零点均等分布在单位圆上,如图 6.36 所示,则 $z_0 = 1$ 处的零点被极点所取代。

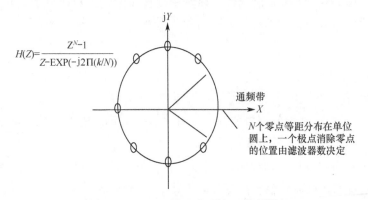

图 6.36 FFT 滤波器零极点模型[2]

基于离散傅里叶变换获得的滤波器的 n 个通带,是通过选择性的删除位于单位圆上 n 个复根的第 k 个零点所得到的。因此根据 n 个样本可以生成 n 个滤波器,阶数为 $n-1$。每种情况下的阻带是根据沿着单位圆周均匀分布的余下的 $n-1$ 个零点,也就是每个 PRF 谱线的相间的频带所确定的。

设 $z = \exp(j\omega T)$,则第 k 个 FFT 滤波器的传递函数可从式 (6.94) 估计出来,即

$$|H_k(j\omega)| = \frac{\sin(n\omega T/2)}{\sin\left(\frac{\omega T}{2} - \frac{k\pi}{n}\right)} \tag{6.96}$$

式中：n——FFT 点数（相当于延迟线的节点数）；
T——雷达脉冲重复周期。

当 $k = 0$ 时，FFT 滤波器的传递函数为固定目标提供的相参积累性能可以通过下式计算得到，即

$$|H_o(j\omega)| = \frac{\sin(n\omega T/2)}{\sin(\omega T/2)} \tag{6.97}$$

当 $f \to 0$ 时，取该函数的极限，得到 $H_o(0) = n\omega T/\omega T = n$，这说明了相参积累增益等于参与相参积累处理的脉冲个数 (n)。第 2 章的图 EX - 6.1（见图 5.20）给出了一个相参积累 FFT 滤波器中所有滤波器的标准功率传递函数（$|H(j\omega)|^2$），标准化的 FFT 响应函数可近似为

$$|H_o(j\omega)| = \left|\frac{\sin(n\omega_d T/2)}{(\omega_d T/2)}\right| \tag{6.98}$$

但式（6.98）会低估副瓣峰值（见表 5.2 和第 5.2 节）。

图 EX - 6.1 给出了采用矩形窗加权后的滤波器副瓣水平。可以看出，对数据窗口加权有助于降低副瓣水平，图 EX - 6.2（Chebyshev 权值）也给出了一个例子。正如 5.2 节描述的，既可以对输入数据加权，也可通过对相邻滤波器进行对称合并加权来获得。

在 z 平面上，对 FFT 横向滤波器的传递函数进行对称合并加权后，可得

$$H_k(z) = (r^n - 1)\left(\frac{1}{z - \alpha_n^k} \frac{\alpha}{z - \alpha_n^{k+1}} \frac{\alpha}{z - \alpha_n^{k-1}}\right) \tag{6.99}$$

式中：$\alpha = 0.5$ ——Hann 加权值；
$\alpha = 0.426$ ——Hanning 加权值。

例如，当采用四点 FFT 滤波器，图 6.36 中零极点模型零点分布在单位圆 $z_0 = \pm 1$ 和 $z_0 = \pm j$ 处，其中一个零点被极点所取代且该点由滤波位置选择所决定的（$k = 0, 1, 2, 3$）。对于第二个滤波器（$k = 1$），均匀加权后零点位置是在 $z_0 = \pm 1$ 和 $z_0 = \pm j$ 处。根据式（6.99）进行对称合并加权后可得到传递函数（$k = 1$）为

$$H_1(z) = (z - j) \cdot \left\{z^2 + \left[\frac{2\alpha j}{(1 + 2\alpha)}\right]z - \left[\frac{1}{(1 + 2\alpha)}\right]\right\} \tag{6.100}$$

式中：α 为加权函数。

无加权时（$\alpha = 0$）零点位于单位圆上。对于 Hanning 加权（$\alpha = 0.5$），零点位于实轴 $z_0 = \pm 1$ 到 $z_0 = (\pm\sqrt{3} - j)/4$ 的过渡区间上。

上述分析表明，加权 FFT 滤波器的传递函数在 z 平面的零点数依赖于样本处理数（如延迟环节个数）。通过加权仅能调整一些零点的位置。以 Hanning 加权为例，零点位于 z 平面实轴转移到 z 平面单位圆上半平面，在降低了滤波器副瓣的同时，滤波器的主瓣也相应展宽了。

6.4 PRF 参差

相对于固定 PRF 的二项式加权对消器，PRF 参差通过改变脉冲与脉冲之间的重复周期，可以为 MTI 滤波器提供更高的盲速，并更好地解决低重频遮挡效应。从第 3 章例 8 中看出，当 MTI 滤波器处理的目标不具备回波多普勒频移的先验信息时，PRF 参差可以减小速度损

耗。相比于脉冲间参差,脉组参差是在雷达发射一段时间的恒定 PRF 脉冲后,其 PRF 才发生改变。采用脉组参差方式,整体 MTI 的速度响应就变为各个固定 PRF 速度响应的平均值。

脉组参差的优势(见第 1.6 节的 MTD 处理器)就是通过相参 MTI 系统和系统稳定性(特别是发射机稳定性),可以消除多次反射杂波回波(Multiple - Time - Around Clutter)响应,并且比脉间参差更容易实现这个目标。采用两个不同 PRF 的脉组参差 MTI 系统,参差比为 5:4,其频率响应如图 6.37 所示。从图中可以看出,脉组参差 MTI 系统的盲速比单个固定重频工作时的要大好几倍,并且零速响应仅仅出现在每个 PRF 的盲速一致的时候(在图 6.38 中频率 $4/T_1 = 5/T_2$)。虽然第一盲速可通过多个 PRF 来扩展,但是在复合后的通带内灵敏度通常比较低。

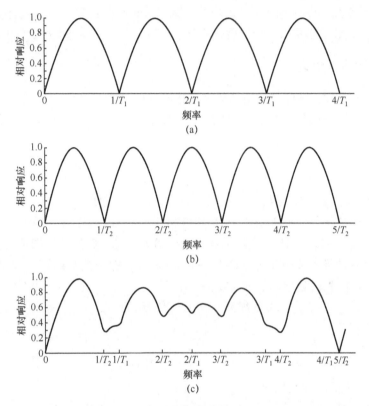

图 6.37 不同 PRF 单延迟线对消器的频率响应(比率为 5:4)和合成响应[25]

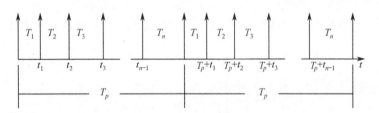

图 6.38 常规 PRF 参差形式

随之 $T_1:T_2$ 的比值越趋近于 1,第一盲速值越大,$f_d = 1/T_1$ 附近的第一零值更深。因此,T_1/T_2 的选择,需要折衷考虑滤波器通带内的第一盲速值和第一零值的深度。采用两种以上的脉冲重复周期,可以进一步减小零值深度和增大第一盲速。例如,采用四脉冲周期是一个不错的设计选择(见图 3.27),可兼容提供一个很低的通带响应波动范围(合适的零值)和合理的第一盲速[6]。

对于很多应用来说，相对于脉组重频参差，脉间重频参差对于改善速度响应是有利的，能够提供了一个合适的速度响应[6]。例如，在脉组重频参差和天线圆周扫描的情况下，无反馈的双延迟线对消器只有36%宽度的抑制凹口。假设所有的目标都是均匀分布在雷达所关心的多普勒速度区间，单次扫描过后就会丢失36%的目标，这是系统不能接受的[6]。然而，通过采用脉间重频参差，雷达可以在每个天线扫描周期内获得很好的速度响应。此外，由于目标的多普勒采样是非均匀采样，采样频率更接近于MTI对消器的最大速度响应，因此脉间重频参差的速度响应要比任何一种脉组重频参差的速度响应性能要好。虽然，有些时候脉间重频参差会降低系统可达到的MTI的改善因子，但是在很多系统中这种现象并不明显，并且可以通过对MTI对消器采用时变加权进行消除这种影响[6]。脉间重频参差的另一个有利优势是它不需要对MTI对消器的响应函数采用特殊设计，这就简化了对消器设计，并提供更优异的瞬态响应。

6.4.1 PRF 参差盲速

当讨论PRF参差时，首先可能想到的是雷达脉冲间的参差变化。然而，参差样式是多样的，也可以发射多个雷达脉冲之后再改变脉冲间隔（见图6.38）。由 n 个参差周期组成的一个完整参差周期表示为

$$T_p = \sum_{i=1}^{n} T_i \tag{6.101}$$

式中：T_i 为 n 个参差的脉冲重复间隔，它们共同构成了一个总周期。

例如，图3.24描述了二周期参差PRF的框图（$n=2$），两个脉冲重复周期表示为 $T_1 = T + T_s$，$T_2 = T - T_s$，其中，T_s 为递增的延迟形成参差序列，T 为平均周期（未参差），$T_p = 2T$ 为一个完整参差周期。对于三周期参差PRF（$n=3$），脉冲重复周期分别是 $T_1 = T + T_s$，$T_2 = T$，$T_3 = T - T_s$，完整参差周期为 $T_p = 3T$。

与第一盲速（v_{bs}）相关的参差周期（T_b）可表示为

$$T_b = \frac{1}{f_{bs}} \tag{6.102}$$

式中：$f_{bs} = 2v_s/\lambda$ 为与速度响应的第一零点相关的多普勒频率。

由参差周期决定的脉冲间隔表示为

$$T_i = n_i T_b \tag{6.103}$$

式中：n_i 为参差比，是一个整数。

例如，5:4 参差有脉冲间周期等于 $T_1 = 5T_b$，$T_2 = 4T_b$。n 周期参差的平均周期为

$$T = \frac{n_1 + n_2 + \cdots + n_n}{n} T_b \tag{6.104}$$

如果非参差第一盲速的多普勒频率表示为 $f_b = 1/T$，那么参差盲速的多普勒频率可由式（6.104）得

$$f_{bs} = \frac{n_1 + n_2 + \cdots + n_n}{n} f_b \tag{6.105}$$

例如，二周期（$n=2$）5:4参差比（$n_1=5$，$n_2=4$），参差时的盲速是非参差第一盲速的（5+4）/2=4.5倍。图3.24中描述的三周期参差的重复周期分别为 $T_1 = T + T_s$，$T_2 = T$，$T_3 = T - T_s$，是关于中心周期对称的，它的第一盲速等于非参差第一盲速的整数倍，即中心参

差比。因此5:4:3（$n_1 = 5$，$n_2 = 4$，$n_3 = 3$）参差比的第一盲速等于$f_{bs} = n_2 f_b = 4 f_b$。图3.27描述了四周期参差（25:30:27:31）速度响应，第一盲速为28.25倍的非参差第一盲速。

通过递增参差延迟线实现的二周期参差PRF和三周期参差PRF（见图3.24），如果用参差延迟的分数形式来描述参差的情况是非常方便的，即

$$e = \frac{T_s}{T} \quad (6.106)$$

式中：T_s——参差延迟周期；

T——平均脉冲重复周期。

二周期参差的参差周期可表示为$T_1 = T(1 + e)$，$T_2 = T(1 - e)$，参差比为

$$\gamma_2 = \frac{n_1}{n_2} = \frac{1+e}{1-e} \quad (6.107)$$

对于三周期参差PRF，参差周期这时变为$T_1 = T(1 + e)$，$T_2 = T$，$T_3 = T(1 - e)$，参差比为

$$\gamma_3 = \frac{n_1}{n_3} = \frac{1+e}{1-e} \quad (6.108)$$

根据参差比，参差周期参数可从式（6.107）或式（6.108）的分式得到

$$e = \frac{\gamma_{2,3} - 1}{\gamma_{2,3} + 1} \quad (6.109)$$

例如，二周期（$n = 2$）重频参差，参差比为5:4，通过式（6.109）解得$e = 1/9$，因此参差延迟等于$T_s = T/9$。对于三周期重频参差，参差比为5:4:3，$\gamma_3 = 5/3$，代入式（6.109）得到$e = 1/4$，$T_s = T/4$。

例22 PRF参差的传递函数和零点深度

采用n周期参差的一次对消器的功率传递函数为

$$|H(\omega)|^2 = 2\left[1 - \frac{1}{n}\sum_{i=1}^{n}\cos(\omega T_i)\right]$$

式中

$$T_i = \frac{1}{\text{PRF}_i}$$

此时，参差比为$n_1:n_2:\cdots:n_n$是递减的。下面关系描述了参差的情况：

$$n_1 \text{PRF}_1 = n_2 \text{PRF}_2 = n_3 \text{PRF}_3 = n_n \text{PRF}_4$$

交互式的MATLAB程序mtistag1.m计算了该PRF参差的传递函数。首先输入参差的周期数，接着递减输入参差比，最后输入最低的PRF，就可画出函数图。设三周期PRF参差的参差比为5:4:3，最低PRF为1000Hz，图EX-21.1给出了这种情况下一次对消器的传递函数。图EX-21.2类似的画出参差比为31:30:27:25。

采用n周期参差的二次对消器的功率传递函数为

$$|H(\omega)|^2 = \frac{1}{n}\{[6 - 4\cos(\omega T_1) - 4\cos(\omega T_n) + 2\cos(\omega(T_1 + T_2))]\cdots$$

$$+ \sum_{i=2}^{n}[6 - 4\cos(\omega T_i) - 4\cos(\omega T_{n-1}) + 2\cos(\omega(T_i + T_{i-1}))]$$

利用MATLAB程序mtistag2.m可以计算二次对消器n周期参差的传递函数。图EX-22.3画出了三周期参差（5:4:3）二次对消器的传递函数，用于和图EX-22.1中的一次对消器进行比较。图EX-22.4显示了四周期参差（33:32:29:27）二次对消器的传递函数。这种参差

采用文献［3］中的 fom 作为实例，用解析方法计算了第一零点的深度。

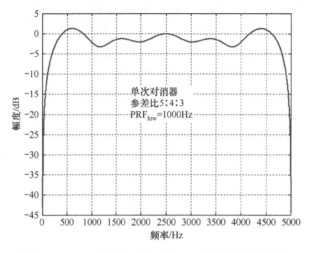

图 EX-22.1　三周期 PRF 参差一次对消器的传递函数

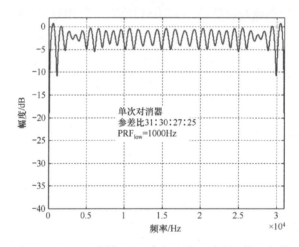

图 EX-22.2　四周期 PRF 参差一次对消器的传递函数

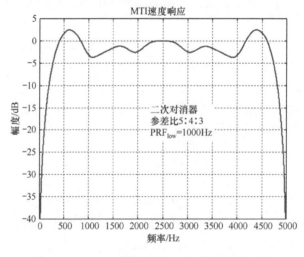

图 EX-22.3　三周期参差二次对消的传递函数

雷达系统的 PRF 参差设计包括参差比选择，主要用于在感兴趣的多普勒区间消除盲速，同时减小零值深度。文献［22］提出一个合理化的系统设计至少需要采用四周期参差，图 EX-22.4 中曲线可看出只有第一零点具有最深的零陷。文献［3］给出了一种估计重频参差第一零陷的解析方法和经验值方法。图 EX-22.4 给出了通过解析方法计算出的第一零点深度为 6dB，而实际上为 11dB。经验方法[22]利用最大周期和最小周期的比值 T_{max}/T_{min} 作为设计参数。

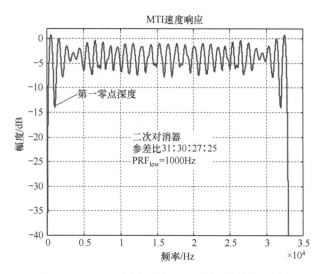

图 EX-22.4　四周期参差二次对消器的传递函数

根据经验方法，图 EX-22.5 给出了不同周期比下前三个零点深度的估计曲线。图 EX-22.2 和图 EX-22.4 中的第一零点为 4dB，而图 EX-22.5 中的第一零点为 5dB。图 EX-22.4 中第一零点约为 12dB，而经验方法估计值为 9dB。第二零点为 5dB，估计值大约为 6dB。

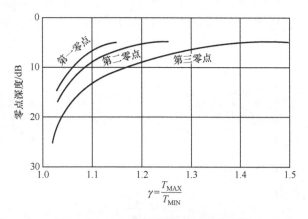

图 EX-22.5　PRF 参差的零点估计[22]

例23　MTI 的 PRF 参差速度损耗和改善因子损耗

采用脉间 PRF 参差可以减少 MTI 速度损耗（见第3章例8）。6.4 节讨论了一次和二次 MTI 对消器中的 PRF 参差设计。PRF 参差的性能可以表示为参差因子的函数，将参差因子定义为

$$e = \frac{T_s}{T}$$

式中：T_s——参差延迟周期（偏离平均周期的大小）；

T——平均脉冲重复周期（重频参差周期的平均值）。

二周期 PRF 参差的一次对消器的功率传递函数表示为

$$|H(\omega)|^2 = 2[1 - \cos(\omega T)\cos(\omega Te)]$$

可以解得第一盲速（$|H(\omega)| = 0$）为

$$f_{BS} = \frac{1}{2Te}$$

Swerling 1 型目标的检测概率为

$$P_d(s) = \exp\left(-\frac{y_b}{1+\bar{s}}\right)$$

式中：$\bar{s}$——平均信噪比；

y_b——检测门限。

将参差传递函数代入上式并化简可得

$$P_d = \frac{1}{\pi}\int_0^\pi \exp\left(-\frac{y_b}{1+\frac{\bar{x}}{G}2\left[1-\cos\left(\frac{\theta}{e}\right)\cos(\theta)\right]}\right)$$

通过求解上式中的 $\bar{x}$，就能够确定在期望检测概率条件下，二周期参差一次 MTI 对消器所需要的 S/N 信噪比。同理，二周期 PRF 参差的二次对消器的检测概率表达式为

$$P_d = \frac{1}{\pi}\int_0^\pi \exp\left(-\frac{y_b}{1+\frac{\bar{x}}{G}2\left[3-4\cos\left(\frac{\theta}{e}\right)\cos(\theta)+2\cos\left(\frac{2\theta}{e}\right)\right]}\right)$$

二周期参差的一次对消 MTI 和二次对消 MTI 系统的速度损耗可通过 MATLAB 程序 mti_velstagg.m 计算得到，该程序所调用的传递函数分别为 Homega_2a.m（一次对消）和 Homega_2_2a.m（二次对消），图 EX - 23.1 描述了速度损耗的变化情况。和例 8 中未采用 PRF 参差的相同系统比较，可看到 PRF 参差可以避免过多的速度损耗。例如，没有参差时一次对消 $P_d = 0.9$dB，速度损耗超过 8dB，而用 5:4 参差比时损耗减少大约 2dB。

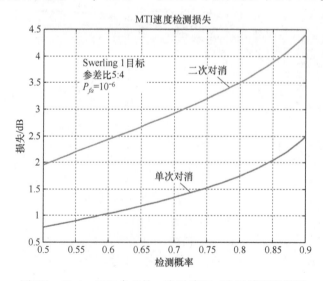

图 EX - 23.1　PRF 参差的一次对消和二次对消速度损耗

注意：如果读者要得到更高阶的对消器的速度损耗，可以根据第6.4节给出的公式修改函数程序 Homega 得到。

在相同的平均重复周期条件下，采用 PRF 参差的 MTI 系统比没有 PRF 参差的 MTI 系统的改善因子有所下降。二次对消 MTI 的改善因子表达式为

$$I_2 = \frac{1}{1 - \frac{4}{3}\exp\left(\frac{-x}{2}\right) + \frac{1}{3}\exp(-2x)}$$

式中

$$x = (\sigma_c T)^2$$

对于二周期 PRF 参差的二次对消 MTI，参差参数 $k = T_2/T_1$，其中，T_1 和 T_2 为参差周期，则

$$T = \frac{T_1(1 + k)}{2}$$

并且

$$x = \left(\sigma_c T_1 \frac{(1 + k)}{2}\right)^2$$

可以解得

$$\sigma_c T_1 = \sqrt{\frac{4}{(1 + k)^2}}$$

参差的改善因子可用 $\sigma_c T_1$ 的函数表示

$$I_{2S} = \frac{3}{3 - 2F_1 + F_2}$$

式中：F_1 —— T_1 和 T_2 的平均相关系数，即

$$F_1 = \exp\left(\frac{-(\sigma_c T_1)^2}{2}\right) + \exp\left(\frac{-(k\sigma_c T_1)^2}{2}\right)$$

F_2 —— $T_1 + T_2$ 的相关系数，即

$$F_2 = \exp\left(\frac{-[(k + 1)\sigma_c T_1]^2}{2}\right)$$

当 $k = 0.1, 0.2, 0.3, \cdots, 0.9$ 时，MATLAB 程序 stag_impb.m 通过解方程，求解了重频参差的改善因子损耗关于非重频参差的改善因子损耗的变化情况，坐标轴都是 dB。该程序首先利用 MATLAB 函数 fzero（'f', x, options, I2）解 I_2 方程，得到 x，然后找到 $\sigma_c T_1$ 并代入方程求出 I_{2S}。此时，改善因子损耗就等于 $I_2 - I_{2S}$（单位 dB）。下面给出函数'f'，图 EX-23.2 画出了样本点。

Function y = f(x, I2)
% Improvement Factor of Double Canceller
y = I2 - (1/(1 - (4/3) * exp(-x/2) + (1/3) * exp(-2 * x)));

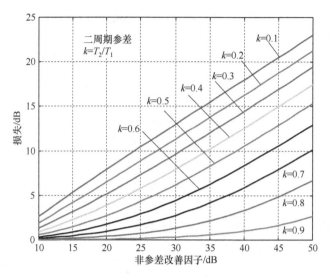

图 EX–23.2 参差的二次对消器改善因子损耗变化

6.4.2 一次对消器 MTI 的 PRF 参差

在图 3.24 给出的 PRF 参差和去参差的结构框图中，将去参差信号以重频参差周期的平均速率（如脉冲重复周期 T）送入 MTI 对消器，因此一次、二次或三次对消器（递归或非递归型）可以直接对去参差信号进行处理，而无须修改对消器结构。

在本节中，主要分析 n 周期 PRF 参差的一次对消器的速度响应，虽然这里所采用的方法也适用于任意阶数的递归型和非递归型 MTI 对消器[27,28]，但是下面仅就二项式加权和最优加权的非递归型 MTI 对消器展开讨论。

该方法的本质是将非周期的参差波形等效分解为 n 个周期波形，并作为 MTI 对消器的输入，然后将 MTI 对消器对这 n 个周期波形中的每个序列的响应分别求解输出响应，最后将各个响应进行综合，从而得到总的输出响应。例如，图 3.24 中的二周期参差波形，可以分解为两个等周期的波形，周期 $T_p = 2T$，在时间上分离节点为 $T_1 = T + T_s = T(1 + e)$。同样地，三周期参差波形也可以分解为三个独立波形，每个波形的周期 $T_p = 3T$，在时间上分离节点分别为 $T_1 = T + T_s = T(1 + e)$ 和 $T_2 = T$。最后，n 周期参差波形也可以分解为 n 个独立波形，每个波形的周期 $T_p = nT$，在时间上分离节点分别为 $T_1, T_2, T_3, \cdots, T_n$。图 6.39 给出了二周期和三周期的参差波形。

线性滤波器对输入波形的响应可用卷积积分表示为

$$g(t) = \int_{-\infty}^{t} r(\tau) b(t - \tau) \mathrm{d}\tau \tag{6.110}$$

式中：r_t——输入波形；

$b(t)$——滤波器冲击响应。

m 脉冲非递归型 MTI 冲击响应表示为（见第 2.3.2 节）

$$b(t) = \sum_{k=0}^{m-1} w_k \delta(t - kT_k) \tag{6.111}$$

式中：w_k——滤波器加权系数（如二项式加权对消器的二项式系数，交替变换正负号）；

T_k——对消器的延迟周期（见表 3.1 二项式权值和表 5.1 最优权值）。

例如，一次对消器 ($m = 2$) 冲击响应表示为 $b(t) = \delta(t) - \delta(t - T_k)$，其中 $w = (w_0, w_1) = (1, -1)$。MTI 滤波器权值的延迟周期通常为 $T_k = T$（非参差 MTI），但是为了消除固定目标，PRF 参差的 MTI 的延迟周期必须和实际的脉冲重复周期保持一致（$T_l = n_l T_b$），即"保持同步"。在 PRF 参差的 MTI 中，这种同步是通过参差和去参差运算自动完成的，如图 3.24 所示。

要获得 PRF 参差的 MTI 的速度响应，第一步就是计算出分解后的第一个等周期波形的对消器速度响应。首先考虑一个简单的情况，就是图 3.29 给出的二周期重频参差例子。根据式（6.110）的卷积积分，当输入为正弦信号 $r(t) = \exp(j\omega t)$ 时，MTI 滤波器输出响应是 MTI 滤波器先前产生的输入采样序列的加权和。对于一次对消器，两个输出采样是通过每一个输入采样得到的，而由于卷积积分中的时间项是反转的（$b(t - \tau)$），因此第二个采样样本为主要输出。此外，由于 PRF 参差过程中去参差处理，第二个采样样本必须和第二个分解的等周期波形初始样本一致。因此，一次对消器的第一个等周期波形的复频率响应可表示为

$$H_1(j\omega) = e^{j\omega k T_p}(1 - e^{-j\omega T_2}) \tag{6.112}$$

式中：T_p ——二周期 PRF 参差的参差周期，$T_p = 2T$；

T_2 ——用于分解两个周期波形的时间分离节点，$T_2 = T - T_s$，$k = 0, 1, 2, \cdots$。

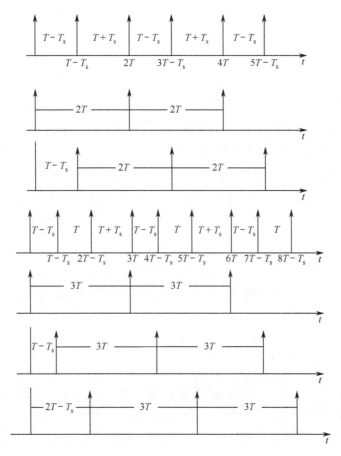

图 6.39 二周期和三周期 PRF 参差的波形分解[2]

以同样的处理方式，一次对消器的第二个等周期波形的复频率响应可表示为

$$H_2(j\omega) = e^{j\omega k(T_p+T_1)}(1 - e^{-j\omega T_1}) \tag{6.113}$$

式中：$T_1 = T + T_s$，是第二个等周期波形和第一个等周期波形，其允许第二波形连接第一波形排列组合后的周期，也就是整个二周期重频参差的工作周期。

由前可知，由正弦采样得到的两个分解后波形复频率响应表达式分别为式（6.112）和式（6.113），幅度可以表示为 $|H_I(j\omega)|$（其中 $I = 1, 2$）。因此，总的功率传递函数可由每个单独分量的功率和表示，即

$$|H(j\omega)|^2 = \frac{1}{2}\sum_{i=1}^{n}|H_I(j\omega)|^2 \tag{6.114}$$

式中：n 为参差周期数。

因此，二周期参差的一次对消器频率响应，其功率传递函数为

$$|H(j\omega)|^2 = \frac{1}{2}|1 - e^{-j\omega T_1}|^2 + \frac{1}{2}|1 - e^{-j\omega T_2}|^2 \tag{6.115}$$

式（6.115）还可写为

$$|H(j\omega)|^2 = 2 - \cos(\omega T_1) - \cos(\omega T_2) \tag{6.116}$$

进一步化简为

$$|H(j\omega)|^2 = 2[1 - \cos(\omega T)\cos(\omega Te)] \tag{6.117}$$

式中：T——平均参差周期；

e——参差延迟，$e = T_s/T$，表示为参差比的分式（见式（6.107））。

从式（6.117）得出，非 PRF 参差的一次对消器传递函数（$e = 0$）表示为 $|H(j\omega)|^2 = 4\sin^2(\omega T/2)$。

对式（6.117）进行扩展，可得到 n 周期 PRF 参差的一次对消器标准化功率传递函数，即

$$|H(j\omega)|^2 = 2\left[1 - \frac{1}{n}\sum_{i=1}^{n}\cos(\omega T_i)\right] \tag{6.118}$$

特别地，对于一个三周期 PRF 参差的一次对消器，取值 $T_1 = T(1+e)$、$T_2 = T$ 和 $T_3 = T(1-e)$，这时

$$|H(j\omega)|^2 = 2\left[1 - \frac{2\cos(\omega Te) + 1}{3}\cos(\omega T)\right] \tag{6.119}$$

可以看出，式（6.119）就简化为非参差情况下（$e = 0$）一次对消器的传递函数。图 6.40 描述了 PRF 参差比为 5:4:3 的一次对消器的标准频率传递函数，图中对参差响应和非参差响应在平均周期变化情况下的性能进行了比较。在通带中变化量大概是 3dB 量级，其中最大变化量出现在通带边缘处。

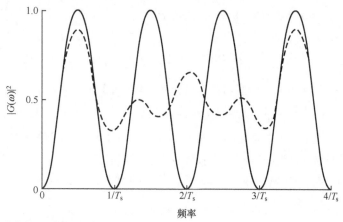

非递归MTI滤波器频率响应
—— 恒定样本周期T_s
---- 三个脉冲间周期为$0.75T_s, T_s, 1.25T_s$
$G(z)=(T-z^{-1})$

图 6.40　参差比 5:4:3 时一次对消 MTI 的功率传递函数[2]

6.4.3　PRF 参差的双延迟线对消器 MTI

当双延迟线 MTI 对消器采用 PRF 参差时，每个分解参差波形的输出响应取决于三个加权脉冲的共同作用。PRF 参差结构的双延迟线 MTI 对消器的冲击响应可以表示为

$$b(t) = w_0\delta(t) + w_1\delta(t - T_k) + w_2\delta(t - T_j) \quad (6.120)$$

式中：设二次对消器权值 $w = (w_0, w_1, w_2)$ 等于 $w = (1, -2, 1)$，最优权值由表 5.1 给出。

将二周期 PRF 参差的功率传递函数响应输入双延迟线 MTI 对消器，可得

$$|H(j\omega)|^2 = \frac{1}{2}|w_0 + w_1 e^{-j\omega T_2} + w_2 e^{-j\omega(T_1+T_2)}|^2 + \frac{1}{2}|w_0 + w_1 e^{-j\omega T_1} + w_2 e^{-j\omega(T_1+T_2)}|^2 \quad (6.121)$$

式中：$T_1 = T + T_s$，$T_2 = T - T_s$。

当二次对消器的加权系数取特值（$w_0 = 1, w_1 = -2, w_2 = 1$），式 (6.121) 可化简得出

$$|H(j\omega)|^2 = 6 - 4\cos\omega(T + T_s) - 4\cos\omega(T - T_s) + 2\cos\omega T \quad (6.122)$$

进一步简化为

$$|H(j\omega)|^2 = 6 - 8\cos\omega T\cos\omega Te + 2\cos 2\omega T \quad (6.123)$$

式中：$e = T/T_s$ 为参差延迟的分数形式，由参差比决定（见式 (6.109)）。

当采用非参差结构（$e = 0$）时，式 (6.123) 就简化为 $|H(j\omega)|^2 = 16\sin^4(\omega T/2)$，即传统双延迟线对消器的传递函数形式。图 6.41（a）画出了二周期 PRF 参差，参差比为 63:65 的双延迟线对消器的速度响应[6]。零陷位置在通带边缘，这是参差系统仅采用少量参差周期的特征。

将三周期参差用于双延迟线对消器，可得功率传递函数，即

$$|H(j\omega)|^2 = |1 - 2e^{-j\omega T_3} + e^{-j\omega(T_2+T_3)}|^2 + |1 - 2e^{-j\omega T_2} + e^{-j\omega(T_1+T_2)}|^2 + |1 - 2e^{-j\omega T_1} + e^{-j\omega(T_1+T_3)}|^2 \quad (6.124)$$

如果是对称参差 $T_1 = T + T_s$，$T_2 = T$，$T_3 = T - T_s$，这时式 (6.124) 化简为

$$|H(j\omega)|^2 = \frac{1}{3}[18 - 8\cos\omega(T - T_s) - 8\cos\omega(T + T_s) - 8\cos\omega T$$

$$+ 2\cos \omega (2T - T_s) + 2\cos \omega (2T + T_s) + 2\cos \omega T] \qquad (6.125)$$

如果采用参差延迟的分数形式表示，即 $T_1 = T(1+e)$，$T_2 = T$ 和 $T_3 = T(1-e)$，式（6.125）可以进一步化简。三周期 PRF 参差的二次对消器的功率传递函数为

$$|H(j\omega)|^2 = \frac{1}{3}[18 - 8(1 + 2\cos \omega Te)\cos \omega T + 2(1 + 2\cos \omega Te)\cos 2\omega T] \qquad (6.126)$$

式中：根据式（6.101）给出的参差比，可计算出 e。

从式（6.126）看出，该式简化为非参差情况下（$e=0$）二次对消器的传递函数。三周期 PRF 参差，参差比为 31:32:33 的二次对消器的速度响应如图 6.41（b）所示[6]。对比图中二周期 PRF 参差的结构，发现：通过增加 PRF 参差的周期，通带内的波动程度得到降低。

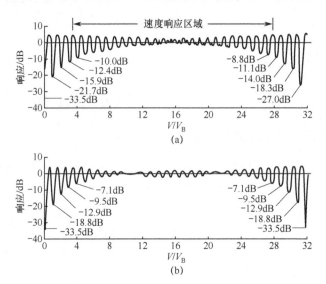

图 6.41 二次对消 MTI 功率传递函数
(a) 参差比 63:65；(b) 参差比 31:32:33[6]。

对于二次对消一般 n 周期 PRF 参差，功率传递函数表示为

$$|H(j\omega)|^2 = \frac{1}{2}|1 - 2e^{-j\omega T_1} + e^{-j\omega(T_1+T_n)}|^2 + \sum_{i=2}^{n}\frac{1}{2}|1 - 2e^{-j\omega T_i} + e^{-j\omega(T_i+T_{i-1})}|^2 \qquad (6.127)$$

式（6.127）可化简为

$$|H(j\omega)|^2 = \frac{1}{n}\{[6 - 4\cos \omega T_1 + 2\cos \omega(T_1+T_n) - 4\cos \omega T_n]$$

$$+ \sum_{i=2}^{n}[6 - 4\cos \omega T_i + 2\cos \omega(T_i+T_{i-1}) - 4\cos \omega T_{i-1}]\} \qquad (6.128)$$

式中：$T_i(i=1,2,\cdots,n)$ 为弥补全参差周期的周期（$T_p = \sum_{i=1}^{n} T_i$）。

参差比的最佳选择依赖于速度范围，在速度响应曲线上必须没有盲速，且第一零点在容许的深度。对于一些应用，四周期参差比被认为是好的选择[6]，其能顺次的改变长短参差周期来尽可能保持发射机占空因子一致。图 6.42 画出二次对消器 PRF 参差比为 51:62:53:61:58 的速度响应。发现图 6.41 中二周期和三周期参差减弱了通频带波纹，同样图 3.27 显示了四周期参差结果。

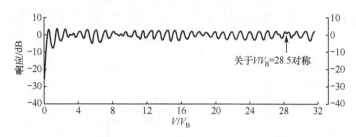

图 6.42　二次对消器 PRF 参差比为 51:62:53:61:58 的速度响应[22]

例 24　PRF 参差的 MTI 改善因子

在相同的平均重复周期条件下，采用 PRF 参差的 MTI 系统比没有 PRF 参差的 MTI 系统的改善因子有所下降。在本例中，将例 23 进行拓展，进而得到 PRF 参差的一次对消器的改善因子表达式，并且画出 PRF 参差的一次对消 MTI 和二次对消 MTI 的改善因子变化曲线，图中的非 PRF 参差的 MTI 改善因子曲线主要用作对比。

通常，计算改善因子有两种方法。第一种方法是例 23 给出的相关系数方法；一次对消的改善因子可以表示为

$$I_1 = \frac{1}{1 - \exp\left(\frac{-x}{2}\right)}$$

式中：$x = (\sigma_c T)^2$。

假设一次对消 MTI 采用了二周期 PRF 参差波形，且 $k = T_2/T_1$ 时（T_1 和 T_2 为参差周期），平均周期为

$$T = \frac{T_1(1 + k)}{2}$$

另外

$$x = \left(\sigma_c T_1 \frac{(1 + k)}{2}\right)^2$$

解得

$$\sigma_c T_1 = \sqrt{\frac{4x}{(1 + k)^2}}$$

参差改善因子可为

$$I_{1S} = \frac{2}{2 - F_1}$$

式中：F_1 为 T_1 和 T_2 均值的相关系数，即

$$F_1 = \exp\left(\frac{-(\sigma_c T_1)^2}{2}\right) + \exp\left(\frac{-(k\sigma_c T_1)^2}{2}\right)$$

图 EX-24.1 中给出的结果是用 MATLAB 程序 impfac_stagb.m 计算得到的。可以看出，二周期参差和非参差的一次对消器的改善因子差别不大，曲线几乎重合（实际上由 PRF 参差

导致的损耗只有 0.05dB)。而二次对消器的改善因子在采用 PRF 参差前后差别很大。

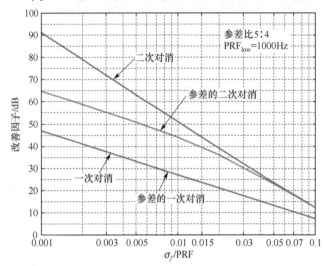

图 EX–24.1　二周期 PRF 参差的一次对消和二次对消的改善因子

第二种方法是通过数值积分来计算改善因子，即

$$I = G \cdot CA$$

式中：G——MTI 的功率增益；

CA——杂波衰减系数。

对于高斯型杂波，输入杂波功率为

$$P_c = \frac{1}{\sqrt{2\pi\sigma_f^2}} \int_0^{f_r/2} \exp(-f^2/2\sigma_f^2) \mathrm{d}f$$

式中：$f_r = \mathrm{PRF}$；σ_f 为杂波谱的标准差。

MTI 对消器的输出功率为

$$P_{co} = \frac{1}{\sqrt{2\pi\sigma_f^2}} \int_0^{f_{rbs}/2} |H_{\mathrm{MTI}}(f)| \cdot \exp(-f^2/2\sigma_f^2) \mathrm{d}f$$

功率增益为

$$G = \frac{\int_0^{f_r} |H_{\mathrm{MTI}}(f)|^2 \mathrm{d}f}{f_r}$$

式中：$|H_{\mathrm{MTI}}(f)|^2$——PRF 参差的 MTI 功率传递函数；

f_{rbs}——第一盲速。

这时改善因子为

$$I_S = \frac{GP_c}{P_{oc}}$$

利用 MATLAB 程序 mti_imp_staga.m 中的代码，可以计算出任意 PRF 参差周期的一次对消器或二次对消器的改善因子。程序首先计算了参差比为 5:4:3 的参差 MTI 传递函数，其他参差周期可以通过修改交互式计算机程序 mtistag1.m 和 mtistag2.m 来实现。通过 MATLAB 函数 trapz (a, b) 对本例中的方程进行数值积分，可以计算改善因子。对于更大的第一盲速,必须增加频率样本数量,以保证在杂波谱标准差 σ_f 范围内至少有 10 个样本。图 EX – 24.2 给出了 PRF 参差和非参差情况下一次和二次对消器的改善因子。

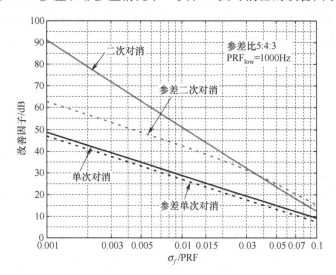

图 EX – 24.2　三周期 PRF 参差的 MTI 改善因子

上述结果和第一种相关系数方法得到的结果相似,均表明当采用二次对消器时具有大的损耗,而采用一次对消器时损耗可忽略。

6.4.4　参差 MTI 对消器的综合

前面几节叙述了不同 PRF 参差条件下简单非递归型 MTI 滤波器响应,并且给出了不同参差比和参差周期下的速度响应变化(见图 6.41,图 6.43,图 3.27)。通过调整 PRF 参差的参数,可以得到不同的滤波器通带结构,并在目标期望所在的速度范围消除盲速。

利用 PRF 参差的 MTI 对消器获取一个给定的传递函数,目前已经有许多方法[3,28-31]。但是,这些方法通常都很复杂,并且必须借助于计算机来完成给定参差的 MTI 滤波器设计。这与第 6.3.2.1 节中的递归型对消器设计形成了对比,即通过双线性变换可以把传统的滤波器综合理论转换成样本数据。和递归型对消器相比,PRF 参差结构的优势在于:由于采用了简单的滤波器(例如一次对消器或二次对消器),因此能够提供优越的瞬态响应。缺点就是很难消除多次反射杂波。

通过考察 z 平面内的零极点响应,可完成 PRF 参差的 MTI 对消滤波器综合[28]。第一,对于 PRF 设计的非均匀采样,必须重新定义 z 变换并使其与参差的周期分量保持一致,周期为 $T_b = 1/f_{bs}$,其中,f_{bs} 为第一盲速的多普勒频率。这时 z 变换定义为

$$z_b = e^{j\omega T_b} \tag{6.129}$$

第一盲速周期和平均周期(非参差周期)相关,表示为

$$T = \frac{n_1 + n_2 + \ldots + n_n}{n} T_b \tag{6.130}$$

式中:n_i——参差数;

n——参差周期数。

特别地,对称的三周期参差的平均周期为

$$T = n_2 T_b \tag{6.131}$$

因此,一次对消器($H(z) = 1 - z^{-1}$)的z_b变换可表示为

$$H(z_b) = (1 - e^{-j\omega n_2 T_b}) = 1 - z_b^{-n_2} \tag{6.132}$$

例如,当参差比为3:4:5,$H(z) = 1 - z_b^{-4}$,4个极点和零点分布在单位圆周围,零响应在$f_b = 1/T$。然后,考虑三周期PRF参差设计的一次对消器零极点模型。通过扩展式(6.115)可得

$$|H(z_b)|^2 = |1 - z_b^{-n_1}|^2 + |1 - z_b^{-n_2}|^2 + |1 - z_b^{-n_3}|^2 \tag{6.133}$$

当参差比为3:4:5时,可得

$$|H(z_b)|^2 = |1 - z_b^{-3}|^2 + |1 - z_b^{-4}|^2 + |1 - z_b^{-5}|^2 \tag{6.134}$$

通过解多项式,可求得函数零点为

$$|H(z_b)|^2 = H(z_b)H^*(z_b) = 0 \tag{6.135}$$

求解后可发现零点从单位圆上离开,使得盲速扩展,但在$z_b = 1$附近的杂波衰减退化(见第3.2.6节)[28]。

上述讨论表明,除了零点位于$z_b = 1$的情况以外,PRF参差后会将滤波器的零点从单位圆上移开。这种情况可通过对每个PRF参差周期进行时变加权来修正[6,28],加权后的参差PRF的传递函数表示为

$$|H(z_b)|^2 = |w_0 + w_1 z_b^{-n_1}|^2 + |w_0' + w_1' z_b^{-n_2}|^2 + |w_0'' + w_1'' z_b^{-n_3}|^2 \tag{6.136}$$

该方法的本质是将非周期的参差波形等效分解为n个周期波形,并作为MTI对消器的输入,然后将MTI对消器对这n个周期波形中的每个序列的响应分别求解输出响应,最后将各个响应进行综合,从而得到总的输出响应。

综合的下一步骤就是对每个分解后的周期波形调整加权系数(例如w_0,w_1;w_0',w_1';w_0'',w_1''),使得在$z_b = 1$处具有零点,即对固定式地杂波形成一个很深的零陷[28]。

当所有目标的速度近似相等时,我们可以利用PRF参差产生的多个零点,也可以通过调整加权系数来获得最优权值[28],进而得到最大的MTI改善因子。

参 考 文 献

[1] Barton, D. K., Modern Radar System Analysis, Norwood, MA: Artech House, 1988.

[2] Schleher, D. C., MTI and Pulsed Doppler Radar, Norwood, MA: Artech House, 1991.

[3] Skolnik, M., Introduction to Radar Systems, 3rd ed., New York: McGraw–Hill, 2001.

[4] Schleher, D. C., (ed.), MTI Radar, Dedham, MA: Artech House, 1978.

[5] Blackband, W., Radar Techniques for Detection Tracking and Navigation, New York: Gordon and Breach, New York: 1966.

[6] Skolnik, M., (ed.), MTI Radar, Chap. 17 in Radar Handbook, 1st ed., New York: McGraw–Hill, 1970.

[7] Nathanson, F., Radar Design Principles, 2nd ed., Mendham, NJ: SciTech, 1999.

[8] Schleher, D, C., Introduction to Electronic Warfare, Dedham, MA: Artech House, 1986.

[9] Ap Rhys, T., and G. Andrews, "AEW Radar Antennas," AGARD Conf. Preprint No. 139, Antennas for Avionics, 1974, pp. 12-1–12-16; also in D. C. Schleher, MTI Radar, Dedham, MA: Artech House, 1978.

[10] Andrews, G., Airborne Motion Compensation Techniques, Evaluation of TACCAR, Report 7404, Naval Research Laboratory, Washington, D. C., April 12, 1972.

[11] Andrews, G., Airborne Motion Copensation Techniques, Ecaluation of DPCA, Report 7426, Naval Research Laboratory, Washington, D. C., July 20, 1972.

[12] Hammerle, K., "Cascaded Mti and Coherent Integration Techniques with Motion Compensation," Proc. IEEE Int. Radar Conference, Washington, D. C., 1990, pp. 164–168.

[13] Sachs, H., and J. Krstansky, "Controlling RFI Susceptibility in Receivers," Electronic Industries, September 1960.

[14] Lemley, L., W. Gleason, and G. Gross, RF Receivers for Electronic Warfare, Report 8737, ADB105737, Naval Research Laboratory, Washington, D. C., May 1987.

[15] Andrews, G., Optimum Radar Doppler Processors, Report 7727, Naval Research Laboratory, Washington, D. C., May 1974.

[16] Emerson, R., Some Pulsed Doppler MTI and AMTI Techniques, Report R-274, Rand Corporation, March 1954, pp. 1-124; also in D. C. Schleher, MTI Radar, Dedham, MA. Artech House, 1978.

[17] Capon, J., "Optimum Weighting Functions for the Detection of Sampled Signals in Noise," IEEE Trans. On Information Theory, Vol. IT-10, April 1964, pp. 152-159; also in D. C. Schleher, MTI Radar, Dedham, MA: Artech House, 1978.

[18] Bellman, R., Introduction to Matrix Analysis, New York: McGraw-Hill, 1960.

[19] Schelher, D. C., and D. Schulkind, "Optimization of Nonrecursive MTI," Proc. IEE Int. Radar Conference, London, October 1977, pp. 182-185; also in D. C. Schleher, MTI Radar, Dedham, MA: Artech House, 1978.

[20] Fowler, C., A. Uzzo, and A. Ruvin, "Signal Processing Techniques for Surveillance Radar Sets," IEEE Trans. On Military Electronics, Vol. MIL-5, No. 2, April 1961, pp. 34-39; also in D. C. Schleher, MTI Radar, Dedham, MA: Artech House, 1978.

[21] Linden, D., and B. Steinberg, "Synthesis of Delay Line Networks," IEEE Trans. On Aeronautical and Navigational Electronics, Vol. ANE-4, No. 1, March 1957, pp. 34-39; also in D. C. Schleher, MTI Radar, Dedham, MA: Artech House, 1978.

[22] Skolnik, M., (ed.), "MTI Radar," Chap. 15 in Radar Handbook, 2nd ed., New York: McGraw-Hill, 1990.

[23] White, W., and A. Ruvin, "Recent Advances in the Synthesis of Comb Filters," IRE National Convention Redcord, 1957, pp. 186-209; also in D. C. Schleher, MTI Radar, Dedham, MA: Artech House, 1978.

[24] Bagley, G., A Survey of Cancellation versus Integration for Radar Clutter Rejection, Report 2880, Naval Research Laboratory, Washington, D. C., Augest 1974.

[25] Skolnik, M., Introduction to Radar Systens, 2nd ed., New York: McGraw-Hill, 1980

[26] Cleetus, G., "Properties of Staggered PRF Radar Spectral Components," IEEE Trans. On Aerospace and Electronic Systems, Vol. AES-12, November 1976, pp. 800-803c.

[27] Thomas, G., and N. Luttes, "Z-Transform Analysis of Nonuniformly Sampled Digital Filters," IEE Proc., Vol. 119, No. 11, November 1972, pp. 1559-1567.

[28] Thomas, H., N. Lutte, and M. Jelffs, "Design of MTI Detection of MTI Filters with Staggered PRF: A Pole-Zero Approach," IEE Proc., Vol. 121, No. 12, December 1974, pp. 1460-1466.

[29] Roy, R., and O. Lowenschuss, "Design of MTI Detection Filiters with Nonuniform Interpulse Periods," IEEE Trans. On Circuit Theory, Vol. CT-17, No. 4, November 1970, pp. 604-612.

[30] Prinsen, P., "Elimination of Blind Velocities of MTI Radar by Modulating the Interpulse Period," IEEE Trans. On Aerospace and Electronic Systems, Vol. AES-9, No. 5, September 1973, pp. 1147-1148; also in D. C. Schleher, MTI Radar, Dedham, MA: Artech House, 1978.

[31] Thomas, H., and T. Abram, "Stagger Period Selection for Moving Target Radars," IEE Proc., Vol. 123, March 1976, pp.

第7章 脉冲多普勒系统

根据定义可知多普勒雷达利用多普勒效应来提取具有特定径向速度的目标，多普勒效应与雷达和目标间相对速度的径向分量有关。采用了相参脉冲发射机的多普勒雷达被称为脉冲多普勒雷达。PD 雷达发射信号经目标反射后，回波信号会经过一组窄带滤波器进行相参积累，滤波器的带宽与信号的中心频率匹配。滤波器组分辨出并增强了特定速度区域的信号。在搜索雷达应用中，用一组相邻的滤波器覆盖所关心的速度区域，以提取目标速度信息，同时抑制速度区域以外的目标和杂波。一旦捕获目标，可能只需要一个滤波器进行跟踪。

PD 方法与 MTI（见第 6 章）不同。多普勒滤波器在一个窄谱带内对信号进行相参积累，而 MTI 是让目标通过宽响应带宽的梳状滤波器。理论观点认为，当目标的多普勒频率是先验知识（见第 5 章），PD 雷达高斯噪声和接收机噪声环境中检测回波信号的多普勒频移时，接近于最优处理器。与之形成对比的是，MTI 方法中所有目标速度被假定为等可能的。

根据多普勒频率模糊（低 PRF）、距离模糊（高 PRF）或多普勒频率、距离同时都模糊（中 PRF）（见第 2 章），可以将脉冲多普勒雷达分为低 PRF、中 PRF 及高 PRF 三种模式。高、中 PRF 雷达主要应用于机载雷达，这种场合下平台运动造成了杂波谱展宽，引起主瓣地杂波延伸数十节，同时由于飞行高度近程杂波影响已经减至最小。对于陆/海基雷达而言，由于存在近程杂波与远距离目标竞争，并且近程杂波相对远程目标以 n 次方的能量增加（即 $C/S = k(Rt/Rc)^n$，当 $n=3$ 时为分布式面杂波，当 $n=4$ 时为离散杂波），使其在能量上占有很大优势，这导致在陆/海基雷达采用距离模糊波形很困难。采用低 PRF 的 PD 雷达在杂波抑制上具有优势，并且能够降低现代数字处理器的成本，因此在地面监视中低 PRF PD 雷达承担了日益重要的角色[1]。第 1.6 节描述的动目标检测器就是低 PRF PD 雷达的一个例子。

机载场合下对 PD 波形的选择非常困难，由于不同特殊应用，高、低、中 PRF 模式都可能具有各自的优势。例如，在配备了大型天线（尺寸为 25～30ft）的机载预警系统中（如 E-2C 和 AWACS 雷达），低 PRF（E-2C）和高 PRF（AWACS）模式已经能成功地探测陆地或海上 RCS 较小的飞行目标[2]。高 PRF 设计在抑制由地面交通工具产生的低速目标方面具有优势，并拥有更高的角度分辨率（通过采用更高的发射频率），使其在电子反干扰和抑制箔条干扰时很有效。采用有源相控阵天线的中 PRF 机载预警系统（埃利眼）已完成研制[3]，这种机载预警系统尝试了安装纵向天线罩的天线（Nimrod 雷达）[2,4,5]，但显然是不太成功的。部分原因是采用了相对小的方位天线孔径（尺寸为 8ft），这增加了杂波能量和杂波谱的展宽（见 6.4 节），同时在解决不同的距离模糊和多普勒模糊时，增加了控制强杂波摄入的处理器的复杂性。

根据 PRF（单位：kHz）计算不模糊距离（单位：n mile）的公式如下：

$$R_u = \frac{80.91}{\text{PRF}_{\text{kHz}}} \tag{7.1}$$

从图 7.1 中的关系曲线可以看出随着 PRF 的增加，不模糊距离迅速减小。例如，PRF 为

200Hz 时对应的不模糊距离为 400n mile，PRF = 8kHz 时不模糊距离下降到 10n mile。不模糊速度（单位：kn）同样与 PRF（单位：kHz）相关：

$$v_u = 971\lambda PRF \tag{7.2}$$

式中：λ 为波长，单位为 m；由式（7.1）和式（7.2）可得

$$R_u v_u = \frac{2.3565 \times 10^4}{f_{GHz}} \tag{7.3}$$

式中：R_u 的单位为 n mile，v_u 的单位为 kn，雷达频率的单位为 kHz。式（7.3）可以表示为不等式 $R_u v_u \leqslant 2.3565 \times 10^4 / f_{GHz}$，它确定了任意波形的不模糊距离和不模糊速度的界线。

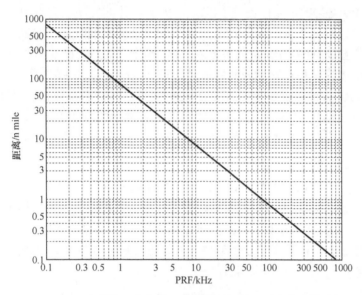

图 7.1　不模糊距离与第一盲速多普勒关系对应曲线[6]

例如，一个工作在 425MHz 的低 PRF 机载预警系统，方位孔径为 25ft。假设想要获得 300n mile 的不模糊距离，根据式（7.3）得到对应的第一盲速应为 185kn。速度在 3dB 的展宽为

$$\Delta v = v_{ac}\theta_B \cos\phi_0 \sin\theta_0 \tag{7.4}$$

式中：v_{ac}——飞机速度；

θ_B——方位波束宽度，单位为 rad；

ϕ_0——俯仰角；

θ_0——相对地面轨迹的方位指向角。在超高频且孔径为 25ft 时，方位波束宽度近似为 $\theta_B = \lambda/D = 1/10.8\,\mathrm{rad}$，使得最坏情况下（$\phi_0 = 0°$，$\theta_0 = 90°$），（译者注：原文错误，需将 θ_B 勘正为 θ_0）飞机速度为 300kn 时，速度展宽为 28kn。这说明存在 2×28/185 的速度阻塞或是 30% 的速度区域被雷达遮挡。平均看来，如果目标均匀分布在整个可能速度范围内（即飞机目标速度范围为 600kn），雷达仅能探测 70% 的目标。使用相位中心偏置天线可以改善上述情况，它可以补偿运动引起的频谱展宽（见第 3.2.7 节和第 6.2.2 节）。

再举一个例子，一部 X 频段的机载拦截（AI）雷达，方位孔径是 2.5ft。在低 PRF 模式下想要获得 30n mile 的不模糊距离。根据式（7.2），对应的第一盲速是 80 节。若拦截机的速度为 1500kn，则地杂波谱在速度上展宽（$\psi_0 = 0°$，$\theta_0 = 30°$）约 30 节（译者注：原文错误，需将 θ_B 勘正为 θ_0，ψ_0 勘正为 ϕ_0），这将阻塞 75% 的速度范围，从设计观点上是不可

行的。为了改善这种情况,通常会提高雷达的 PRF,在机载拦截系统中采用中 PRF 或高 PRF 波形。

上面的例子说明,在小孔径高速机载拦截(AI)雷达中应用低 PRF 多普勒设计会导致主瓣地杂波 PRF 谱线的过量展宽,从而阻塞大部分目标速度区域。低 PRF 设计的另一显著影响是地杂波引起的多普勒频移通过天线副瓣进入雷达系统中。这个副瓣杂波的速度分量扩展至飞机对地速度,并且与目标占据的速度区域混叠。低 PRF 多普勒雷达进行抑制杂波时的最大改进要素在于天线方向图主瓣和副瓣的收发双程功率比(见第 6.2.2 节)。这对于很多机载设备有重大意义,因为由于工作环境限制,很难达到低副瓣天线设计。

机载低 PRF PD 雷达的局限性促进了机载高 PRF 设计的发展,它在迫近目标工作时不依赖天线副瓣电平[7]。图 7.2 所示为高 PRF 设计中的地杂波回波频谱,杂波频谱扩展至由飞机对地速度产生的多普勒频率范围内:$f_d = \pm 2v_r/\lambda$。频谱中的主要响应是高度线杂波(飞机正下方)和主瓣杂波响应。根据脉冲波形的抽样定理,杂波频谱的 PRF 线是模糊的。从图 7.2 中可以看出,高 PRF 设计存在一个无杂波区,这个区域从杂波中心谱线频带的正方向最大位置(由于飞机向前运动)到杂波下一个模糊单元频带的负方向最大位置(由于天线背瓣)。在无杂波区,目标探测仅受接收机噪声的影响。那么,最小 PRF 为最快迫近目标的多普勒频率($f_{dt} = \pm 2\dot{R}/\lambda$)与最大副瓣杂波频率范围($f_{da} = \pm 2v_r/\lambda$)之和,其中最大副瓣杂波频率范围由雷达速度 v_r 决定。需要注意的是,如果迫近目标和远离目标都要被处理,副瓣同时向飞机前方和后方扩展,就必须将最小 PRF 增加至 $PRF_{min} > 2f_{dt} + f_{da}$。这样可以确保由迫近目标响应所确定的中心线($f_0$)和与下一个模糊单元中心线($f_0 + PRF$)相关的远离目标响应区分开。波长越短,杂波和目标的多普勒频率越高,需要的 PRF 就越高。典型的,在 X 频段的 AI(机载拦截)系统中,$PRF = 100 \sim 300kHz$。

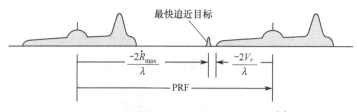

图 7.2 机载高 PRF PD 雷达地杂波频谱[8]

图 7.3 所示为杂波和目标速度矢量图,图中描述了不同的目标方向对各类型杂波(即主瓣杂波,高度线杂波,副瓣杂波)的影响。一架带有扫描天线的飞机按图示方向飞行,图中有两个目标,一个目标在飞机的正前方,另一个在 45°方位角位置。每个目标都位于圆形中心。标注有 1、2、3 的三个圆周,能够说明目标对地与拦截机对地速度之比。目标矢量起始于每个目标位置中心,表示速度比率和方向。矢量末端将表明目标是否被杂波遮挡。图 7.3 中,两个目标矢量表明目标都在杂波区外,如果两个目标都向反方向移动,飞机正前方目标将被副瓣杂波遮挡,而 45°方向上的目标由于其速度高将不会被杂波遮挡。

图 7.3 表明迫近目标或高速远离目标(运动速度为拦截机的 2 倍)可以在无杂波区内被探测出。在高 PRF 设计中,所有其他的目标为了被探到必须与杂波抗争。高 PRF 模式的波形设计产生了大量模糊区域,导致近程杂波与远程目标落入同一个模糊单元,因此这种模式下杂波强度通常很高,这一影响导致高 PRF 设计在尾随追击条件下失效,这在某些应用中可能成为主要难题。

第7章 脉冲多普勒系统

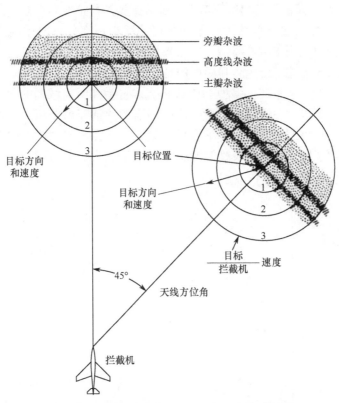

图 7.3 高 PRF 多普勒雷达杂波与目标矢量图[9]

中 PRF 机载 PD 雷达为了弥补战斗机系统中低、高 PRF 设计的某些缺陷而发展起来[7,8]。特别地，中 PRF 机载 PD 雷达主要用于尾随追击和迫近交战，因此提供了全向的良好覆盖。若工作在 X 频段，中 PRF 机载 PD 雷达范围为 8~16kHz。如果最大作用距离不是特别远，重频可设置足够高，从而在不引起非常严重的距离模糊情况下，为主瓣杂波的周期性重复提供足够的间隔。于是依据多普勒频率可以将主瓣杂波与大量目标回波分离开，同时可组合利用多普勒滤波措施、距离分辨鉴别措施和低副瓣特性从副瓣杂波中提取单个目标。但由于地面运动目标与主瓣杂波频率接近，也可能同主瓣杂波一样被抑制掉，而大量不需要的可能目标回波没有被抑制（见图 7.4）。

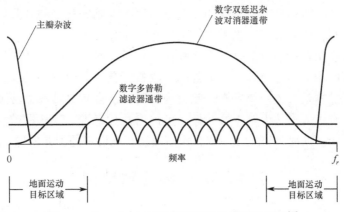

图 7.4 中 PRF PD 雷达对地面运动目标的抑制[8]

由于中 PRF 设计的模糊距离和速度响应,雷达在多普勒频谱和搜索间距中都必须解决盲区问题。中 PRF 的主瓣杂波只覆盖了多普勒频谱的很小一部分,因此其多普勒盲区没有低 PRF 严重。当目标回波被副瓣杂波压制,同时较近程目标回波被接收或被发射脉冲遮挡时会产生距离盲区。图 7.5 描述了当远程目标回波与因模糊距离产生的近程模糊副瓣杂波响应抗争时盲区是如何产生的。通过转换多种 PRF 以形成多普勒和距离域内的无杂波区,从而克服盲区。典型的,雷达可以在一组固定数量的间隔相当宽的重频内循环。例如,如果采用 8 个 PRF,且其中任意三个 PRF 都能使目标落在无杂波区,且回波超过检测门限,就认为目标被探测到,这样就解决了距离和速度模糊问题。中 PRF 雷达系统中不同 PRF 的优化选择是设计此类雷达时主要系统决策之一。

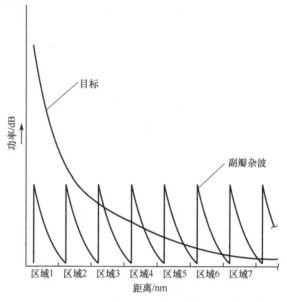

图 7.5 中 PRF 设计中目标和副瓣杂波响应变化[8]

对于中 PRF 机载 PD 雷达来说,从副瓣进入的源自雷达截面积较大(典型的为 20 ~ 60dBsm)的地面结构(例如,水塔,大型建筑)的回波处理起来比较棘手。尽管来自这些离散目标的回波通过双向天线后强度会有所降低,但仍可能与期望目标相当。在中 PRF 设计中,由于距离模糊,杂波目标强度被加强,使得近程离散目标与远程机载目标落入同一距离单元中。此外,雷达平台运动引起了这些离散目标的多普勒频移,使其落入目标多普勒滤波器的通带内,导致它们被当成雷达主瓣内的飞机被检测出来。

一种处理这种多余目标的方法是为雷达提供一条保护通道。在雷达天线上安装一个小型喇叭天线,将其接收到的信号送入一个单独的接收机,就可以建立一条保护通道。喇叭天线的主瓣宽度应能覆盖雷达天线主要副瓣所照射到的区域,且其主瓣增益必须高于雷达天线的任一副瓣增益。对于进入雷达天线副瓣的任一可探测目标来说,其从保护接收机产生的输出要高于雷达主接收机,此时,雷达主接收机没有输出,从而消除了非期望目标。

7.1 脉冲多普勒结构

根据不同的应用情况及低、中、高 PRF 波形的选择,PD 雷达存在多种不同实现方式。

在 6.1 节中讨论了低 PRF MTI 结构的实现，图 2.20 和图 2.21 也给出了主振式功率放大器（MOPA）框图和接收相参式雷达原理框图。本节中，主要介绍应用于机载和地/海面系统中的高 PRF 结构，以及中 PRF 结构。

图 7.6 描述了机载高 PRF 系统结构框图[10]。主振频率控制用于控制载波和 PRF，为接收机混频处理提供相参基准（见图 1.10）。混频处理与图 2.20 及 6.1 节描述的低 PRF 雷达 MOPA 结构处理方式一样，但由于发射机噪声边带也称为发射杂波（见第 3.3 节）的调制效果，会引起进入目标多普勒滤波器中近程杂波发生转移，使得高 PRF PD 对稳定性的要求更加严格。

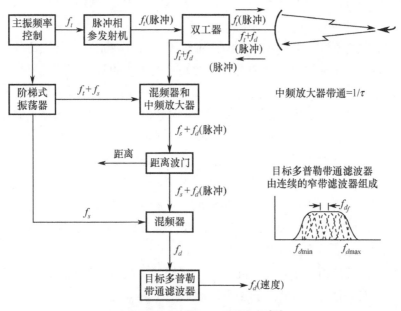

图 7.6 高 PRF PD 雷达框图[10]

主振频率控制（STALO）通常由一个高度稳定的晶体振荡器产生一个低的基频，然后经过多次倍频形成其工作频率。晶体振荡器也用来产生定时信号（如数字时钟）和相干振荡器（COHO）频率，因此雷达内所有信号都被锁定在单一稳定基准上。STALO 产生的低功率信号进入脉冲相参发射机中被放大至发射机需要的功率电平。功率放大器通常由螺旋聚焦网格行波管（TWT）或大功率速调管放大器组成，但是，时下流行的是采用固态有源模块设计。

相参脉冲发射机通过双工器与天线相连。双工器是一个具有双重功能的大功率转换开关：①在发射信号时，将大功率发射脉冲传送到天线，同时阻止它们传送到接收机；②在接收信号时，使低功率回波信号进入接收机，同时阻止它们进入发射机。双工器是高 PRF 雷达关键组成部分之一，因为它的恢复时间决定了高 PRF 波形的最大占空比。

在高 PRF 机载系统设计中，PRF 范围为 100~300kHz，但在中 PRF 机载雷达中，PRF 范围为 10~30kHz。发射机的占空比为雷达脉宽（τ）与脉冲间周期（T）之比，即

$$d_u = \frac{\tau}{T} = \tau \cdot \text{PRF} \tag{7.5}$$

在高 PRF 机载雷达中，占空比可达到 0.5，其上限的确定基于以下必要性：发射信号时，接收机必须是空闲的；接收信号时，有限恢复时间的双工器必须连通接收机。在低 PRF 设计

中，如果采用了较大的脉冲压缩系数，占空比为 0.001~0.2[8]。对于中 PRF 雷达，占空比范围为 0.01~0.03，这说明有时采用适度的脉冲压缩比可以获得更高的距离分辨率[11]。

雷达平均发射功率为峰值功率乘以占空比，即

$$P_A = P_p d_u \tag{7.6}$$

在高 PRF 设计中，接收机通常仅利用发射频谱中心线的雷达回波功率进行目标探测，它等于连续波雷达平均发射功率 P_{CW}，即

$$P_{CW} = P_p d_u = P_p d_u^2 \tag{7.7}$$

需要注意，这种方法对信噪比没有削减，因为当仅对中心谱线处理时接收机噪声功率与信号功率减少比例 d_u 相同。

图 7.6 所示机载高 PRF PD 雷达的接收机部分从混杂有杂波和不可避免的接收机噪声背景中提取多普勒频移目标回波信号。杂波（主要来自地面）可以由以下几部分组成：①主瓣杂波；②高度线杂波；③副瓣杂波（见图 2.9）。主瓣杂波由通过天线方向图主瓣进入接收机的杂波回波（即地/海面、云雨、箔条）形成。主瓣杂波幅度很大（例如，高于接收机噪声 60~90dB），但集中在相对较窄的频带内，与雷达接近那些落于天线主瓣内的散射体的速度相关。高度线杂波由飞行器正下方的地物反射形成，它的幅度大，而且频谱以零频率为中心。由天线主瓣和副瓣的响应之比可知，副瓣杂波比主瓣杂波有所削弱，但副瓣杂波频谱很宽，其范围与飞机迫近或远离（从天线背瓣）地面的速度相关。接收机和其相连的处理器在主瓣杂波整个动态范围内必须是线性的，这个范围需要比接收机噪声高 80~90dB，以避免主瓣杂波频谱展宽（见第 3.2.5 节和第 6.2.3 节）。

接收信号处理流程的第一步是将回波信号与和主基准振荡器相连的阶梯振荡器进行混频转换为中频信号。然后信号通过距离选通进入相应的距离单元，距离单元通常与雷达的距离分辨率一致（即雷达的有效脉宽）。距离选通阻止所有没进入期望目标所在距离单元的回波，以减少雷达的杂波摄入量（见图 1.18）。需要注意，在高 PRF 雷达设计中，距离是高度模糊的，会引入很多不同距离的杂波回波与目标回波产生竞争。

多距离波门可能分布于整个脉冲间隔内，这取决于雷达占空比。当占空比接近 0.5 时，只有一个距离波门，不能区分不同距离的回波信号。这种情况下，接收机消隐提供了一个单一距离波门功能。而如果占空比远远小于 0.5，在高 PRF 设计中可以利用多距离波门获得很大的收益。但需要注意，距离选通必须先于多普勒滤波，因此每加入一个距离波门就需要添加相当多的多普勒滤波器。这在高 PRF 设计中是非常重要的（相对于中 PRF 或低 PRF 设计来说），因为高 PRF 工作方式需要更多的多普勒滤波器才能提供与中 PRF 工作方式一样的多普勒滤波措施。

高 PRF 设计在完成距离选通后，接收流程的下一步是消除主瓣和高度线杂波回波。一种方法是在主瓣杂波和高度线杂波中心频率位置采用陷波滤波器[12]。可也许只想对多普勒无杂波区进行处理，即从 $f_d = 2v_r/\lambda$ 处延伸的多普勒区间，特别是如果雷达交替使用中、高 PRF 波形时（中 PRF 设计在副瓣杂波区内更有效）。在这种情况下，采用带通滤波器是有利的，它允许无杂波区中具有多普勒频率的信号通过，完成上述功能的模拟滤波器结构设计如图 7.7 所示[8]。

图 7.7 所示的模拟处理器中，距离选通中频信号通过移频，使最高中心线副瓣杂波频率正好低于滤波器设计的通带，这个频率可以从机载导航系统信息中获取，$f_d = 2v_r/\lambda$。第一个滤波器（无杂波区模拟滤波器）消除多普勒频谱中心频带以外的所有回波信号，因此其输出变为连续信号。由于滤波器通带仅仅覆盖了回波中心频带的无杂波区，所以这个连续信号主要包括湮没在接收机噪声中的目标回波和主瓣杂波残留。

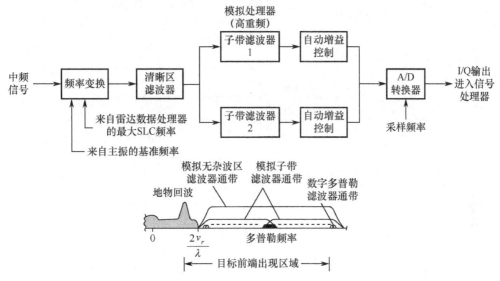

图 7.7　高 PRF、无杂波区多普勒带通滤波器[10]

两个子带滤波器进一步削弱了杂波信号，并将无杂波区划分为两个连续的频带。每个子带分别采用自动增益控制措施，可以防止任一子带会因其他子带中存在较强的回波信号（如杂波残留）而导致灵敏度的降低。滤波器输出信号从 AGC 输出后通过 A/D 转换器转换为数字信号，以进行后续的数字处理。滤波器必须提供高于 80dB 的衰减来抑制主瓣杂波，利用模拟处理降低对 A/D 转换器所需的动态范围可以完成这项功能。为了避免引起多普勒模糊，A/D 转换器的采样率必须至少等于目标所期望出现的多普勒无杂波区的宽度，这个宽度等于速度最快的预期目标对应的多普勒频率。

信号 AD 数字化后，回波的同相分量和正交分量就被送入如图 7.8 所示的数字信号处理器中。天线主瓣在目标上驻留时间 T_d 内接收的回波信号经幅度加权后送入多普勒滤波器组。每个多普勒滤波器的最优带宽为 $B_D = 1/T_d$，因此无杂波区滤波器组的数量为

$$n_f = \frac{f_{dt}}{B_D} = \frac{2v_t T_d}{\lambda} \tag{7.8}$$

式中：v_t 为最快期望目标的速度。

需要注意相参驻留时间常被分成多个相参处理间隔（CPI）。于是无杂波区的多普勒滤波器数量就减少为 $n_f = 2v_t \text{CPI}/\lambda$，而且一般对 $n' = T_d/\text{CPI}$ 样本进行检波后积累。加权降低了回波频谱的副瓣，从而为每个滤波器提供了附加的噪声和杂波抑制，同时也阻止了同一频率的强目标在相邻滤波器内被检测到。

多普勒滤波器组通常采用 FFT 算法完成滤波处理，然后对其输出信号进行包络检波，随后完成 CFAR 处理和门限检测，形成目标检测数据。上述处理过程中，目标检测在距离上是

高度模糊的，必须在完成探测过程中解决这个问题。图 7.8 中描述了一种调频测距处理过程（由于在一个脉冲间隔内少量可利用的距离波门），可以通过改变发射机频率解距离模糊问题（见第 7.3.2 节）。另外，距离模糊也可通过在天线主瓣照射目标期间发射多种 PRF 得到解决。

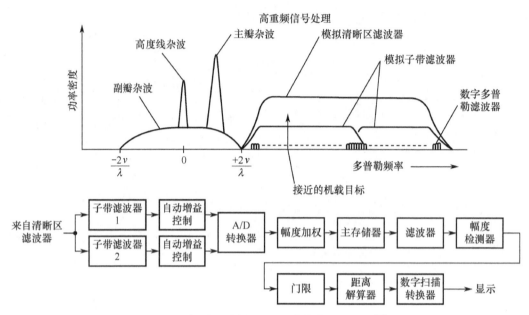

图 7.8　高 PRF，多普勒雷达数字信号处理器[8]

一部可选择的高 PRF 接收机（见图 7.9）利用全数字处理方法完成多普勒频移目标的探测。这个结构中，利用 MTI 对消（梳状）滤波器消除主波束杂波，而不是图 7.7 描述的模拟设计。设计中的 A/D 转换器必须在杂波信号的整个动态范围都能工作，因此需要 14 位带符号位。主波束杂波对消器也必须能在整个动态范围内工作，而 FFT 处理器只需要足够的动态范围以适应副瓣杂波和目标的动态范围。

图 7.10 所示为一部陆/海基 PD 雷达接收机框图[14]。这部接收机采用距离选通带通滤波器组成多普勒滤波器组。滤波器可以进行杂波抑制和多普勒频移目标回波探测。这个设计中，使用了检波前相参积累（带通滤波）和检波后积累，其检波前多普勒带宽为

$$B_e = B_{RF}^{1-\alpha}(2B_v)^{\alpha} \tag{7.9}$$

式中：B_{RF}——中频带通滤波器带宽；

B_v——检波前带宽；

α——根据 $B_{RF}/2B_v$ 之比得到一个参数，大多数情况下其范围通常为 0.6~0.7[13]。

当 $B_{RF}/2B_v$ 的值很大时，参数 $\alpha \approx 0.5$，多普勒带宽为

$$B_e = \sqrt{2B_{RF}B_v} \tag{7.10}$$

当图 7.10 中所示接收机采用的带通滤波器被调谐到一个确定的多普勒频率，其必须能在阻带提供高的衰减。通常，晶体滤波器可以满足此类要求，但它们在应用于这类设计的实践中具有局限性[14]。这些局限引起了距离选通零差（零中频）PD 接收机的应用。

第7章 脉冲多普勒系统

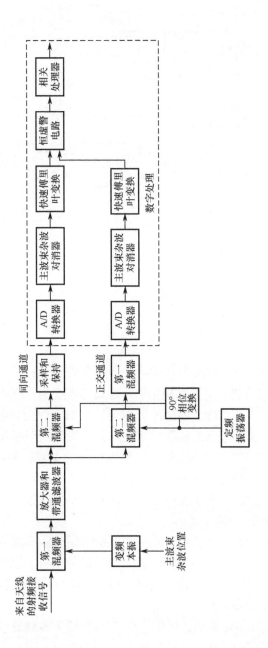

图7.9 高PRF雷达接收机框图[13]

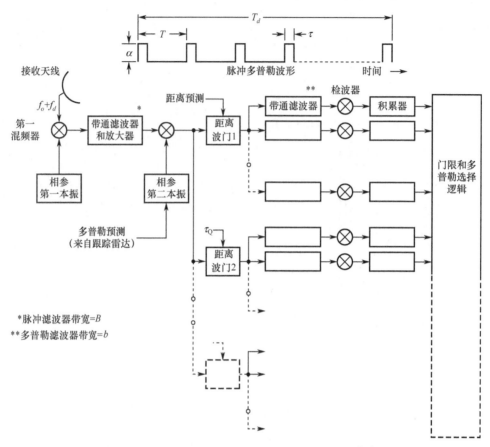

图 7.10 采用距离选通带通滤波器的 PD 接收机[14]

图 7.11 所示为零差 PD 接收机，它主要应用于跟踪雷达系统中。距离选通单边带（SSB）混频器将微波射频信号转换为单步基带（零频率）信号，同时为保留射频信号中的多普勒信息提供了所需的同向和正交通道。根据滤波器间期望的频率间隔利用射频基振对 SSB 混频器进行补偿，构成了多普勒滤波器组。当基振信号与射频信号的多普勒频移匹配时，SSB 混频器将输出一个单级视频信号。然后与 SSB 混频器相连的低通滤波器（视频积累器）完成多普勒频移目标回波的相参积累。对同向和正交通道的输出进行平方相加得到最终输出信号，零差接收机的带宽是低通滤波器的 2 倍（$B_D = 2B_v$）。

零差 PD 接收机提供了一个灵活的方法，可以同时控制滤波器间隔和多普勒滤波器组的带宽。注意，在这个处理过程中，视频积累器削弱了杂波回波信号。因此，低通滤波器必须有足够的极点来为杂波回波提供期望的衰减。通常，利用有源低通滤波器（即采用集成电路放大器的滤波器）实现这类滤波器。

零差 PD 接收机可以利用数字化实现，这需要综合大量的多普勒滤波器。在数字化实现中，每个发射脉冲的距离选通同向和正交回波被送入一个 A/D 转换器中，A/D 转换器的数字输出存放在数字存储器中。根据期望的相位状态对存储的回波信号进行顺序旋转可以构建数字滤波器，期望的相位状态来自一个特殊的多普勒滤波器（MTD 处理器）而不是应用于高 PRF 处理器中的多普勒滤波器。图 2.13 所示为中 PRF PD 雷达信号处理器框图。

中 PRF 处理器进行 FFT 运算时，通常在相参积累器后采用杂波对消器。为了避免 A/D 转换器饱和，需要额外的增益控制。同时结合低 PRF 处理器的经验，中 PRF 处理器需要更窄的多普勒滤波器以削弱更强的杂波。中 PRF 设计中必须要有解距离模糊和多普勒模糊的措施，这些通常利用多种 PRF 完成。

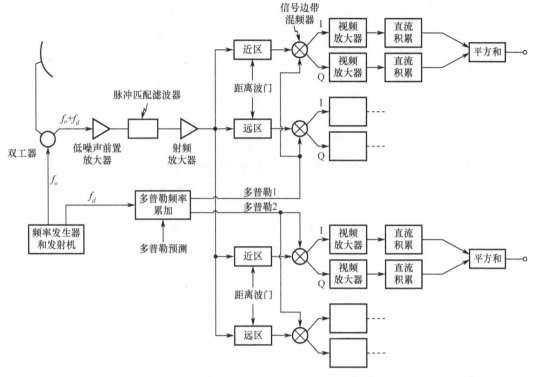

图 7.11　PD 零差接收机[14]

7.2　波形考虑[8,11,15-17]

在设计 PD 雷达时必须做出的一项基本决策是 PRF 的选择，低、中、高 PRF 应用各不相同（见第 2 章）。一般情况下，低 PRF（距离不模糊）设计主要应用于陆/海基系统及机载雷达的搜寻或用于杂波水平较高时。在机载系统中采用天线运动补偿技术（见第 3.2.7 节和第 6.2.2 节）和相对较大的天线孔径（如 E-2C 雷达）是一个例外。高 PRF（多普勒不模糊）结构主要用于机载雷达中，它可以俯视强杂波并探测迫近的目标。中 PRF（模糊距离和模糊多普勒）设计主要用于机载雷达在强地杂波背景中下视搜索尾随目标，并具有对迫近目标适当的探测能力。综合应用中 PRF 和高 PRF 模式对探测迫近目标和尾随目标提供了较好的全面性能。

图 7.12 描述的是应用于机载拦截雷达的距离—多普勒空间中的三重 PRF 类型[11]。一般情况下，脉冲间周期被划分为与雷达的发射带宽一致（$\tau_e = 1/BW$）的距离单元（距离波门），而多普勒空间则可以划分为多普勒单元（多普勒滤波器），其带宽与雷达天线的主波束在目标上的驻留时间成反比，当驻留期间使用多种 PRF 时与 CPI 成反比。对于低 PRF 雷达来说，距离波门的数量最大，而仅有很少的距离波门可用于高 PRF 雷达。相反，低 PRF 设计只采用少量的多普勒滤波器，而高 PRF 设计则需要大量的多普勒滤波器。尽管一般情况下所有类型的脉冲间周期内都充满了距离波门，但只有低 PRF 设计利用多普勒滤波器填充 PRF 线之间的频率区间。通常高 PRF 设计用多普勒滤波器仅填充多普勒无杂波区（$2v_r/\lambda < f_d <$ PRF

$-2v_r/\lambda$),而中 PRF 设计会将移动车载目标占据的区间排除在多普勒区域之外(见图7.4)。

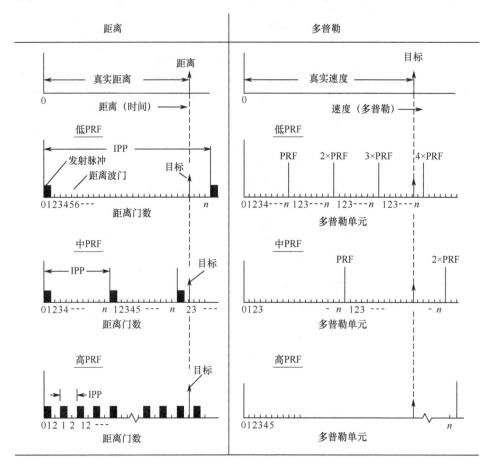

IPP 脉冲间周期

⊔⊔⊔⊔ 距离波门,频率单元

图 7.12 距离 – 多普勒空间中的 PD 雷达 PRF[11]

低 PRF 设计的主要优势是其能够限制目标所在距离单元的杂波摄入量。例如,相距数英里的雨区或箔条杂波区不会干扰不正好位于该区域的目标。而在中 PRF 和低 PRF 设计中,同一雨区会影响整个不模糊距离间隔。此外,副瓣和主瓣杂波可以通过提高雷达的距离分辨率来进行限制,同时它不会由于近程模糊杂波回波叠加到目标所在距离单元内而增强。

低 PRF 设计的其他特性包括能够利用灵敏度时间控制功能(STC),使雷达整个距离内的杂波回波归一化。此外,不用生成假目标就可以直接测量距离。灵敏度时间控制不能用于中 PRF 和高 PRF 设计,原因是它将削弱关注的远程目标和近程杂波。这就导致低 PRF 系统处理器需要较小的动态范围,这样能够较好地控制虚警。在中 PRF 和高 PRF 设计中,需要距离相关系统来解最终的模糊距离。当出现多个目标时,它们能够扰乱距离相关器并产生假目标,即"幻影"。

就负面性而言,在低 PRF 设计中,如果主瓣杂波没有从距离上与雷达遇到的目标分开,它只能根据多普勒频率的不同而被抑制。高度模糊的多普勒响应导致多普勒可见度的缺少如图 7.13 中所示。此时,主波束地杂波的频率变为零频率。主瓣杂波频谱扩展范围主要由飞机速度、方位天线波束宽度和方位视角决定。一般情况下，在方位角大幅偏离飞机的地面航迹（30°~90°）时，主瓣频谱占据了 PRF 线间的大部分频率区域。宽多普勒陷波使低 PRF PD 雷达发现不了许多关注的目标。

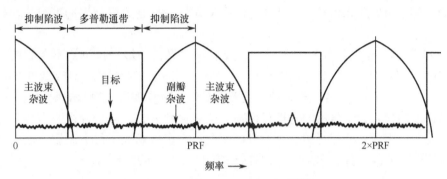

图 7.13　低 PRF PD 雷达频谱[11]

在机载搜索雷达中，确定多普勒抑制陷波的准则主要是需要抑制慢速移动的车载地面目标而不是抑制主波束杂波，原因是慢速移动目标抑制需要较宽的陷波。在工作于地面上的低 PRF 雷达设计中，由于模糊多普勒响应的混淆效应，低空飞行的目标会与地面目标相混淆。典型的地面抑制陷波的带宽为 ±55kn，转化为多普勒陷波带宽为：X 频段为 ±1870Hz，S 频段为 ±625Hz，L 频段为 ±225Hz，超高频则为 ±80Hz。可通过图 7.4 与主瓣杂波进行对比。例如，以 300 节的速度运动的超高频 AEW 雷达（孔径宽度为 25ft）的杂波展宽为 28kn，而以 600kn 的速度移动的 X 频段拦截雷达（孔径宽度等于 2.5ft）的杂波宽度为 32kn（见第 7 章引言）。一种可能的例外是前面中提到的 X 频段拦截雷达，以超声速（如 1500kn）的速度运动，产生了 80kn 的杂波展宽，其杂波扩展超出了地面目标陷波。需要注意的是，因平台移动产生的杂波展宽可以通过天线处理技术减小（见第 3.2.7 节和第 6.2.2 节），但抑制地面目标的多普勒陷波要求难以克服。然而，在某些应用中，地面目标可以通过使用 PRF 转换技术加以解决，因为它们一般出现在多普勒响应的第一模糊区（见图 7.14）。

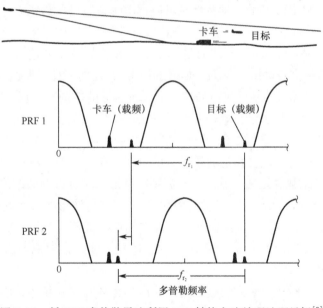

图 7.14　低 PRF 多普勒雷达利用 PRF 转换方法处理地面目标[8]

对于采用多普勒陷波宽度为±1870Hz（即±55kn）的X频段机载拦截雷达，在PRF线间多普勒频谱为3740Hz时就不能发现关注的目标。因为机载雷达的典型低PRF的范围为1000~4000Hz，根据关注的最大距离，基本没有留下可用多普勒频谱。总之，尽管低PRF系统能够提供精确且无幻影的距离信息，但杂波和陆基运动目标抑制后可利用的可视多普勒频谱对于机载下视应用非常有限。

如图7.15所示，在机载高PRF设计中，可以在限噪的环境中探测到不受副瓣杂波干扰的目标多普勒，图中所示的是简化的高PRF机载雷达频谱下变频样式。副瓣杂波在PRF线附近扩展至$\pm 2v_r/\lambda$，其中，v_r为飞机地速。主波束杂波中心频率随雷达视角的变化而变化，雷达视角与飞机速度向量有关。显示的迫近目标拥有全多普勒频移，即目标视距多普勒加视距主波束杂波多普勒。因此，任何时候，只要目标视距上的多普勒大于最大副瓣杂波多普勒，目标不会受到副瓣杂波的干扰，而且能够在接收机噪声背景中被探测到。

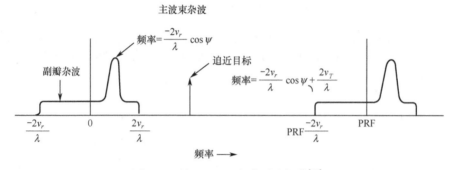

图7.15 高PRF PD机载雷达频谱[11]

这个条件可以用目标与雷达速度之比和天线视角的函数表示，如前面图7.3中所示。由于视角沿雷达速度矢量方向，任何具有朝向雷达方向的速度分量的目标都不会受到副瓣杂波的干扰。随着雷达扫描达到90°视角，目标速度沿视线分量必须大于雷达地速，才能不受副瓣杂波的干扰。

机载应用中，高PRF波形的一种特性是可以排除慢速运动的地面目标，因为这样一种宽多普勒频谱适用于目标处理。例如，在X频段高速拦截机雷达例子中（地速为1500节），副瓣杂波频谱将展宽至50kHz。如果预期的目标以最大600节的速度迫近拦截雷达，那么必须额外提供20kHz的清晰多普勒区。例如，如果选择150kHz的PRF，那么可以放弃80~100节的较低区以排除地面目标，其结果仅对高速迫近飞机目标的探测产生很小的影响。

高PRF机载雷达一般只用于初始探测的单一速度搜索探测模式。在这种模式中，不能解距离模糊问题，可以获得与连续波雷达等效的最大探测距离（平均功率$P_A = P_p d_u$）。当需要距离信息时，高PRF设计必须在雷达驻留目标的时间内通过射频载波调频（如线性调频或正弦调频）或多种PRF来解决距离问题。与不需要距离信息时所得到的结果相比，该要求可能会造成探测距离降低20%~25%[11]。机载应用中，高PRF波形的一个重要的局限是其在探测目标运动速度时会导致它们的多普勒频率出现在副瓣杂波区。如图7.3所示，无杂波探测区出现在目标的前方或迫近方，而对于后方或追赶方，目标必须能与大量的副瓣杂波回波（尤其是在低空）相抗衡。

关于高PRF波形，距离折叠致使近距离杂波同远距离目标相抗争。特别是，由于大量的距离模糊，所有的副瓣杂波折叠进一个较小的模糊距离间隔中。例如，当PRF为150kHz时，不模糊距离仅为0.5n mile，因为副瓣杂波超出接收机噪声的距离达10n mile，多于19个模糊杂波将折叠进PRF间隔中。因此，在低空时，副瓣杂波通常将遮蔽位于其速度域（$f_d = \pm 2v_r/\lambda$）内的目标。

总之，高PRF波形可以提供无幻影的目标多普勒、抑制慢速移动目标的能力以及通常易于探测迫近目标的无杂波目标探测区。然而，有限的全方位目标探测（尤其是在低空尾随情况下）一般会限制将该波形用于迫近的目标。此外，高PRF设计需要复杂的方法来解距离模糊，而且还可能会出现遮挡问题，从而造成目标回波全部或部分丢失，因为当目标被接收时，由于波形的高占空比，接收机会受到阻塞（见第7.2.1节）。

中PRF波形综合了高PRF和低PRF波形的一些特征，即在机载应用中，可以提供低速运动目标抑制、全方位目标覆盖、无副瓣杂波区以及精确的距离信息等。中PRF设计的距离模糊和多普勒模糊导致近程副瓣杂波的回波折叠进目标回波所在多普勒区。然而，中PRF波形设计的本质是通过在距离—多普勒空间精心布置多种中PRF来建立相对干净的区域。

中PRF设计的第一步是设置多普勒可见度，其定义是未被主瓣杂波占用的PRF线间隔的百分比（见图2.6）。如图7.16所示，在天线视角为30°、飞机的速度为400m/s时，PRF从2kHz增加到6kHz，速度无杂波区从13%提高到70%。对于10kHz的PRF来说，这一改善会更大，提供的无杂波区可能大约为83%。

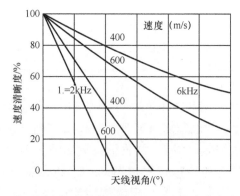

图7.16 2种不同飞机速度下不同PRF时速度清晰度变化曲线[16]

当使用6 kHz的PRF时，其最大不模糊距离约为25km。远程目标搜索会导致多时间周期回波，例如，150km处的目标要在发射6个脉冲后才能到达。模糊的最重要的结果是出现近程副瓣杂波，这些副瓣杂波会同较远距离的目标相抗争（见图2.12）。因为副瓣杂波区在最小时间延迟点时最强，优势回波一般由杂波区内的第一多普勒表面产生，如图7.17中机载应用所示。

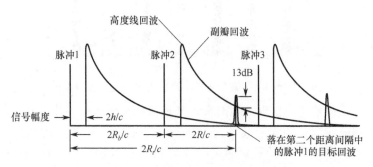

图7.17 中PRF PD雷达的副瓣回波[16]

在中 PRF 设计中，源自发射脉冲的副瓣杂波迅速领先于目标回波到达，并与目标信号抗衡。这一杂波来自于距飞机为固定距离 R_1 的地面圆环上（见图 2.11）。通常，

$$R_1 = R_t - (n-1)R_b \tag{7.11}$$

式中：n——模糊距离间隔；

R_b——不模糊距离间隔（$R_b = c/2\text{PRF}$）。

图 7.17 阐释了一种理想化的杂波剖面，在这种情况下，$n=2$ 且只考虑来自第一模糊间隔 R_1 的杂波，因为通过比对，所有其他间隔返回的能量可以忽略不计。随着距离的增加，第一间隔的杂波迅速衰减，开始时是高度信号（镜面回波），逐渐变化为扩散的副瓣回波。当目标在距离上位于多个模糊距离间隔外时，距离维会出现一个盲区，在此盲区，目标信号不足够大于副瓣回波，因此不能被探测到。图 7.18 对这一效应进行了描述，其中，初始发射脉冲的目标回波功率重叠到了模糊副瓣杂波响应中。随着目标继续远离（变得高度模糊），距离盲区进一步扩展直至目标完全湮没在地杂波中。

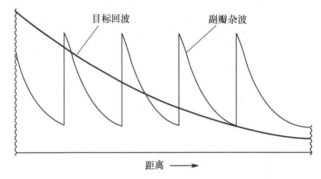

图 7.18　中 PRF 机载雷达的目标回波与副瓣杂波回波[8]

除了由较强的副瓣杂波造成的距离盲区外，其他盲区则是由遮挡造成的。雷达在发射信号时（以及随后的双工机恢复时间），接收机是关闭的。因此，如果在此期间接收到目标回波，则目标回波被消隐。如果雷达发射窄脉冲，那么接收机阻断可能无关紧要；然而，如果脉冲较长，如在一些中 PRF 雷达中（如脉冲压缩），那么由于遮挡引起的额外距离消隐可能会意义重大。图 7.19 所示的是典型中 PRF 雷达因副瓣杂波和遮挡造成的相对距离消隐。

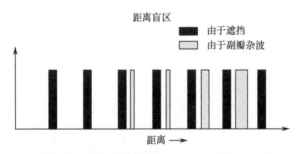

图 7.19　因遮挡与副瓣杂波导致的中 PRF 雷达的混合距离区[8]

为解决中 PRF 机载雷达中出现的距离盲区与多普勒盲区问题，当雷达主瓣驻留在目标上时，雷达 PRF 在间隔相当宽的固定数量的 PRF 间进行循环。例如，雷达可能在 8 个不同的 PRF 间循环。图 7.20 所示是由于副瓣杂波导致的 PRF 多普勒盲区。如果目标处于任意 3 个 PRF 的无杂波区中，并且其回波超过这 3 个 PRF 的探测门限，那么就认为探测到了目标。进

而就能解距离模糊以及所有的假目标距离。最优的 PRF 编码是作战态势（如必须针对每一部具体雷达确定的雷达高度、杂波电平和速度等）的一个函数。

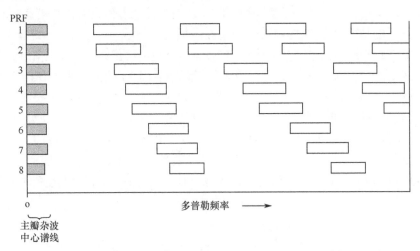

图 7.20　中 PRF PD 雷达中多重 PRF 多普勒盲区[8]

对于中 PRF 编码内一特定发射的 PRF 期间要探测的目标来说，它必须同时处于多普勒无杂波区（见图 7.20）和距离无杂波区（见图 7.19）。如果目标的多普勒频率落入多普勒盲区，其回波将不会通过多普勒滤波器被探测到，尽管事实上目标处于距离无杂波区。如果目标处于距离盲区，尽管其回波可能会通过多普勒滤波器，它依然不会被探测到，因为伴随通过滤波器的副瓣杂波会使探测门限大于目标响应。图 7.21 所示的是一个典型的中 PRF 雷达的距离多普勒矩阵，展示了在 8 个宽间隔 PRF 中至少 3 个 PRF 处雷达既是距离清晰又是多普勒清晰的区域。需要注意的是，对于跟踪雷达，PRF 可以进行适应性控制，从而使目标处于清晰的距离区和速度区内，因此，在此 PRF 中只有一个脉冲串需要发射，而不是搜索雷达所需要的多种长脉冲串。

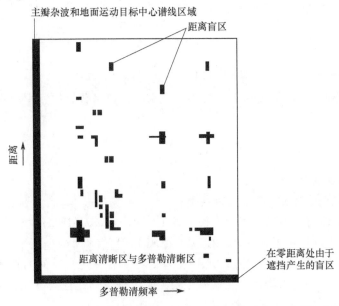

图 7.21　中 PRF 雷达的距离 – 多普勒区域（8 个 PRF 中至少 3 个 PRF 时此区域是清晰的）[8]

369

在中 PRF 设计中，天线驻留时间（天线扫描目标的时间）期间处理的 PRF 数量在可用的处理时间内偏高。如果时间过长，天线扫描率会低于可接受值。偏低时，每次驻留时间内的 PRF 的数量必须充足，不仅可以解决距离问题，而且还能确保良好的多普勒可视度。

图 7.22 阐述的是多 PRF 处理序列中产生虚假报告的问题[11]，三重 PRF 编码遵循 2/3 探测准则，图中三重 PRF 的脉冲重复周期对应 7、8 和 9 距离波门。对于 PRF 1，位于距离波门 4 的目标出现在距离波门 4、11、18、25 等。位于距离波门 26 的目标出现在距离波门 26，以 PRI 为模，因此对 PRF1 来说，该目标出现在距离波门 5、12、19、26 等。同理，对于 PRF 2，位于距离波门 4 的目标出现在距离波门 4、12、20、28 等。3 重 PRF 的相关处理如图 7.22 所示，可识别距离波门 4 和距离波门 26 内的正确目标，但在距离波门 12 和 18 产生了假目标（幻影）。在实际情况中，会使用更多的距离波门（更高的距离分辨率），因此会使幻影最小。然后必须仔细选择 PRF，不仅要解距离模糊问题，而且在处理多目标时还要使可能存在的交叉关联数量最小。

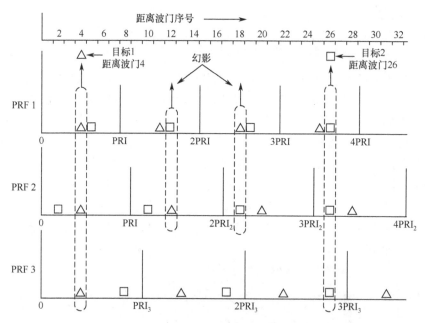

图 7.22　中 PRF 雷达中假目标的产生[11]

为分析中 PRF 设计中无杂波区的目标探测概率，距离多普勒空间中的可见度因子 F_a 可以定义为[18]

$$F_a = \left(1 - \frac{\Delta r}{R_u}\right)\left(1 - \frac{\Delta v}{v_b}\right) \tag{7.12}$$

式中：Δr——距离盲区范围；

Δv——1 个 PRF 间隔内的速度盲区范围；

R_u 和 v_b——雷达的不模糊距离和不模糊速度（$R_u = c/2\text{PRF}$，$v_u = \lambda\text{PRF}/2$）。

雷达在目标的驻留时间 T_d 内，发射 m 个不同 PRF 的脉冲串，其平均持续时间为 $T_f = T_d/m$。每个脉冲串的探测概率 P_1 为 $F_a P_d$，其中，P_d 是在完全可见的前提下时间 T_f 内每个脉冲串的探测概率。在一个观测间隔 $T_d = mT_f$ 内，假设进行的是独立试验，通过下式可以得出 m 次探测中至少有 n 次成功的累积概率：

$$P_c = 1 - \sum_{i=0}^{n-1} \binom{m}{i} P_1^i (1-P_1)^{m-i} \qquad (7.13)$$

例如，如果每次的观测概率 P_d 为 80%，可见度因子为 50%，采用 8 重 PRF 的脉冲串时至少完成 3 次探测的累积概率为 $P_c = 1 - 0.3 = 0.7$。式（7.13）说明，当 F_a 减少时，为获得较高的累积概率，必须增加脉冲串的 PRF 的数量（m）。然而，缩短每一个脉冲串会降低每次试验的 P_d，进一步还可能会减小距离和多普勒的可见度因子。波形的优化和最终的性能从根本上将取决于杂波的强度和雷达系统的稳定性。

相参脉冲串的持续时间依赖于 PRF 线和 PRF 间必须形成的多普勒单元的数量。而且，相参处理只能在收到主波束最大距离杂波的第一个回波后才能开始。这就限制了最小脉冲串周期（T_f），尤其是对于可能遇到远距离箔条或天气杂波的远程地面雷达和波束指向地平线时的机载雷达更是如此[18]。如果最大杂波时延为 $t_{dc} = 2R_c/c$，那么对已处理输出做出贡献的脉冲串部分的持续时间为

$$T_f' = T_f - t_{dc} \qquad (7.14)$$

同时多普勒滤波器带宽和相参积累增益将依赖于 T_f'，而不是 T_f。作为经验法则，使用大于 4 t_{dc} 的 T_f 通常比较理想[18]。

7.2.1 波形占空比方面的考虑事项[8,11]

一般情况下，必须在高峰值功率和低峰值功率发射机之间就每种波形选择（即低、中、高 PRF）做出权衡。因为平均发射机功率一般由雷达的探测要求确定，这一选择决定了其占空比（见式（7.5））。在高 PRF 和中 PRF 雷达中，由于目标遮挡，占空比影响距离可见度因子 $\Delta\gamma$，并最终影响雷达的探测概率（见式（7.13））。在需要混合模式的地方（如高 PRF 和中 PRF），通常根据高 PRF 模式中低峰值功率设计的要求决定波形选择，因为生产能同时支持高功率设计和低功率设计的相参发射机十分困难。当发生这种情况时，通常要进行脉冲压缩，这样可以在 PRF 模式下获得平均功率，同时保持预期的距离分辨率。

高 PRF 设计的一个优势是仅通过增加 PRF 就可以获得高平均发射功率。这就意味着要获得预期的平均功率通常不需要脉冲压缩。机载设计中最终占空比可能达到 0.3 ~ 0.5。当工作于这些高占空比时，由于遮挡，有相当一部分的目标回波丢失（当雷达正在发射而接收机消隐时，回波被部分或全部接收）。

充分遮挡会降低有效的信噪比，使雷达的距离覆盖中留有可感知大小的周期性盲区。信噪比的这一降低是由目标回波与接收机消隐之间的相对时间导致的阻断量决定。只有当回波的接收与接收机的消隐完全同时发生时，目标才会被完全遮挡。

图 7.23 描述的是由于逼近目标的遮挡引起的信噪比降低。快速逼近的目标不会在遮挡距离内停留太长时间。同时，距离的缩短会造成信号强度的增加，填补了距离范围中的缺口。对于扫描型高 PRF 雷达，在扫描期间，快速逼近的目标会从一个遮挡区移向另一个遮挡区，因此产生了"盲速"效应[19]。

在接近速度相对较低且需要更多的连续探测的应用中，减少任意被遮挡距离的时长可能会通过转换不同的 PRF 来实现，类似于中 PRF 设计中消除距离盲区的方法。在单一目标跟踪中，在适当的时间定期改变 PRF 一般会使目标处于无杂波区中，尽管距离覆盖中的频段缺口不易消除（尤其是近距离）。

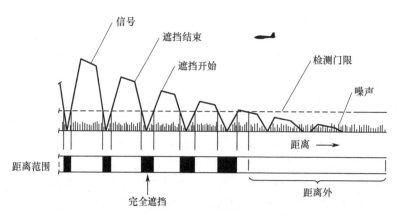

图 7.23 由于遮挡造成的高 PRF 雷达信噪比降低[8]

中 PRF 波形的占空比范围为 0.01~0.03,带有脉冲压缩的高峰值功率发射机或低峰值功率发射机都可以使用。在任一情况下,为了解距离模糊,同时也为了满足目标距离分辨率要求,中 PRF 波形需要较短的工作脉宽,因此,当发射长脉宽时,需要进行脉冲压缩。雷达工作在中 PRF 波形时,脉冲压缩和长发射脉冲都会对其性能产生不利影响。

目前绝大多数中 PRF 雷达都使用二相编码以实现脉冲压缩,由于这些波形都是多普勒敏感的,因而难以获得低值域副瓣。多普勒敏感性由目标多普勒引起的相位编码单位相移造成,因此,在极端情况下,如果最后一位移动了 180°,编码将不再匹配。造成这种相移的目标多普勒被称为临界速度($v_c = \lambda/4b_\tau$[ms])。此时,会产生大量的时间副瓣,而且造成压缩脉冲振幅失真。例如,在 X 频段,采用 1μs 位的 13 位巴克码,其临界速度为 1215 节。参考文献 [20] 提供了 MATLAB 程序 pcmissa.m,证明了输出脉冲失真超出 $f_d/B = 0.07$,其中,B 为压缩带宽。

压缩脉冲对时间副瓣要求大约为 30dB 并伴有 1dB 的处理损耗。然而,在遮挡期间,副瓣电平增加,这便产生了假目标源,从而造成了中 PRF 处理器距离相关部分的困难。多相编码可以减小多普勒灵敏度损耗和较高的副瓣电平,但难以实现。

在中 PRF 设计中使用长发射脉冲出现的其他问题是:近程目标遮挡和每一模糊距离附近目标的遮挡、距离可见度因子 $\Delta\gamma$ 的减小。近程目标问题可以通过在波形中交错使用短脉冲模式来缓解。可见度问题可以通过增加 PRF 分集编码中脉冲串的数量来解决,但这会使整个波长增长。

总之,可以利用脉冲压缩来实现中 PRF 波形中需要处理的短接收脉宽,但多普勒灵敏度、处理损耗、时间副瓣、盲距、复杂性等问题使其难以成为理想的选择。脉冲压缩最适合低 PRF 设计,其最根本的问题是近程目标的探测和由目标多普勒频移造成的滤波器不匹配。

7.2.2 天线副瓣要求[11,21,22]

制约机载 PD 雷达性能的一个重要因素是通过天线副瓣进入雷达的杂波。任一可能的波形选择对副瓣杂波的响应不同,因此,低、中和高 PRF 波形的对于天线副瓣性能要求不同。当全向天线副瓣照射时,由杂波散射回波的多普勒频移造成副瓣表面杂波在整个频域扩展了 $f_d = \pm 2v_r/\lambda$。在低 PRF 设计中,由于这一波形高度模糊的多普勒频移,副瓣杂波折叠进目标多普勒区。在高 PRF 设计中,由于波形距离高度模糊,近程 R_c 副瓣杂波同远距离目标回波 R_t

抗争时通过因子 $(R_t/R_c)^4$ 增强。在中 PRF 设计中，副瓣杂波折叠进目标多普勒区，近程杂波增强，但其强度要低于低 PRF 或高 PRF 设计。中 PRF 波形设计问题于是主要集中在对 PRF 的选择，以提供适宜距离和多普勒区，其副瓣杂波足以进行目标探测。

对于低 PRF 设计，副瓣杂波与目标出现在同一距离单元内。高度模糊的多普勒响应致使副瓣杂波 PSD 近似均匀地分布在 PRF 线间（见图 2.4 和图 2.5）。MTI 改善因子 I_f 是 MTI 对消器输入和输出信杂比的比值 $(I_f = (S/C)_o/(S/C)_{in})$，可以表示为 $I_f = \bar{G} \cdot CA$，其中，$\bar{G}$ 为 MTI 的功率增益（见表 3.1），CA 为杂波衰减。当出现副瓣表面杂波时，输入杂波是主瓣杂波 P_{MLC} 和副瓣杂波 P_{MLC}/CA 的总和，但副瓣杂波主要位于 MTI 的通带中，可以无衰减地通过。目标功率 P_t 因 MTI 功率增益而增强，使输出目标功率等于 $\bar{G}P_t$。因此最终的 MTI 改进因子为

$$I = \left[\frac{\bar{G}P_t}{P_{MLC}/(CA + P_{SLC})}\right] \Big/ \left[\frac{P_t}{(P_{MLC} + P_{SLC})}\right] \tag{7.15}$$

当 $CA \to \infty$ 且 $P_{MLC}/P_{SLC} \gg 1$ 可以简化为

$$I = \frac{\bar{G}P_{MLC}}{P_{SLC}} \tag{7.16}$$

此外，比率 $g^2 = P_{MLC}/P_{SLC}$ 与双向集成天线副瓣功率增益成正比，表示天线主瓣辐射和接收的功率与天线副瓣辐射和接收的功率之比。因此，最大 MTI 改善因子为

$$I_m = \bar{G}g^2 \tag{7.17}$$

式中：g 为关于全向天线的单程副瓣（rms）功率增益（例如，通常：$-5 \sim 0\text{dBi}$；低：$-20 \sim -5\text{dBi}$；超低：-20dBi；较低：$g = 1\sqrt{\bar{G}_{SL}}$）。

在低 PRF 的 PD 设计中，当将多普勒滤波器组和 MTI 对消器串联使用时，处理器的改善因子得到进一步提供，因为包含目标的多普勒滤波器抑制了一部分副瓣杂波。如果相参处理间隔为 T_c（$T_c \leq T_d$，目标驻留期），在 PRF 线间可形成 $nf = 1/\text{PRF} \cdot T_c$ 个多普勒滤波器。最终的最大改善因子可以表示为

$$I_m = \frac{\bar{G}g^2}{\text{PRF} \cdot T_c} \tag{7.18}$$

式中：$\bar{G}$——MTI 的功率增益；

g——集成向功率天线副瓣增益；

T_c——雷达的 CPI；

PRF——雷达的脉冲重复频率。

需要注意的是，改善因子决定了处理器 S／C 比的相对改进。不仅可以通过增大处理增益来提高雷达的探测概率，还可以增加处理器中的 S／C 功率比。在低 PRF 的 PD 雷达中，可以通过增加发射机带宽来实现，发射机带宽的增加可以提供更高的距离分辨率，从而使不模糊距离分成更多的距离单元（见式（4.8））。

当采用高 PRF 波形时，通常只对无副瓣杂波的多普勒频谱（见图 1.14）进行处理，此时，天线副瓣杂波电平是无关紧要的。在这种情况下，一些高 PRF 系统使用统一权重的天线孔径使天线增益达到最大，并在最终的高副瓣状态下工作。如果高 PRF 雷达工作在相对较高的海拔（空中预警任务），副瓣杂波可能会减少到足以在这一速度区内探测目标的水平。

高 PRF 机载 PD 雷达副瓣杂波的精确计算包括通常必须由计算机程序处理的复杂几何关

系[23-26]。计算程序一般包括对地面副瓣回波积累（利用雷达脉冲响应进行距离选通），这些副瓣杂波发生在与多普勒滤波器通带频率极点对应的等值线间（恒定多普勒响应的等值线）（见图 1.18 和第 1.3.4.1 节）。

对于高 PRF 设计，可以通过如下等值线区域的近似值来增强副瓣杂波[19]。图 7.24 采用扁平地球近似方法描述了高 PRF 机载雷达的几何关系。等值线间的区域近似于圆形区域间的差值（射向地面的天线波束），其直径从天线视轴与地面交接处（由天线俯角 ϕ 形成）开始延伸至两个仰角 ϕ_1 和 ϕ_2 处（表示两条等值线之间角度差）。近似方法中等值线间杂波范围可表示为

$$A_c = \frac{\pi h^2}{4\sin\phi}\left[\left(\cos\phi - \frac{\sin\phi}{\tan\phi_2}\right)^2 - \left(\cos\phi - \frac{\sin\phi}{\tan\phi_1}\right)^2\right] \quad (7.19)$$

式中：h——雷达的高度；
ϕ——雷达到目标的俯角；
ϕ_1——到一条等值线的仰角；
ϕ_2——到第二条等值线的仰角。

用 A_c 代表副瓣杂波的多普勒滤波器的平均多普勒频率为

$$f_{SLC} = \frac{2v_a \cos\phi_a}{\lambda} \quad (7.20)$$

式中：ϕ_a 为到杂波区域（$\phi_a = \phi_1 + \phi_2/2$）的平均仰角。

包含杂波区 A_c 的多普勒频率范围，通过下式可以得出：

$$\Delta f = f_1 - f_2 = \frac{2v_a}{\lambda}(\cos\phi_1 - \cos\phi_2) \quad (7.21)$$

将多普勒滤波器带宽 $\Delta f = 1/T_c$ 代入式（7.21），可以得到角度差 $\Delta\phi = \phi_2 - \phi_1$ 的表达式：

$$\Delta\phi = \frac{\lambda}{2v_a T_c \sin\phi_a} \quad (7.22)$$

式中：v_a——飞机的速度；
λ——雷达的波长；
T_c——相参处理间隔。

例如，某机载预警（AEW）雷达（$f = 1.3$GHz），飞行高度为 25000 ft，速度为 250 节，将要探测位于副瓣杂波区以 150n mile 的速度低空飞行的 $1m^2$ 目标。如图 7.24 所示，其俯角为 $\phi = \arcsin(h/R_t + R_t/2r_e) = 2.5°$（$r_e = 4587$n mile）。主波束杂波的多普勒频移为 $f_{MBC} = 2v_a\cos\phi/\lambda = 1113$Hz。假设目标的多普勒为 -500Hz，可能是以约 360 节的速度飞离机载预警雷达的飞机产生的。问题是要计算 S / C 比（为副瓣区中心频率为 -500Hz 的多普勒滤波器组天线副瓣电平的函数）。

近似计算的第一步是计算仰角 ϕ_a，根据式（7.20）得到 $\phi_a = 63.34°$。因为 $\phi_a = \phi_1 + \phi_2/2$，假设相参处理间隔为 30ms，可以根据式（7.22）来确定 ϕ_1 和 ϕ_2。计算得到，$\Delta\phi = \phi_2 - \phi_1 = 1.91°$，$\phi_1 = 62.4°$，$\phi_2 = 64.3°$。根据式（7.19）可以计算得到当中心频率为 500Hz，带宽为 33Hz（$B_D = 1/T_c$）时，多普勒滤波器内的杂波区为 $A_c = 3.7 \times 10^6 m^2$。对于农田地形（当 $\phi = 60$ 时 $\sigma^0 = -20$dB，见图 4.9），那么由 PD 雷达的占空比（d_u）修正的等效杂波截面积则为 $\sigma_c = 3.7 \times 10^4 m^2$，假设 $d_u = 0.1$，得到 $\sigma_c d_u = 3.7 \times 10^3 m^2$。到副瓣杂波

等值线的平均距离可以通过计算 $R_1 = h/\sin\phi_1$ 和 $R_2 = h/\sin\phi_2$ 的平均值得出，即 $\bar{R}_C = R_1 + R_2/2 = 4.6$ n mile。这就造成了额外的杂波增强，因为近程杂波（$\bar{R}_C = 4.6$ n mile）回波和远程目标（$R_t = 125$ n mile）回波都折叠进同一多普勒滤波器。杂波增强为 $(R_t/\bar{R}_c)^4 = 5.5\times 10^5$，因此多普勒滤波器中的杂波回波超出目标回波为 $C/S = \sigma_c/\sigma_t = 2\times 10^9 = 93$ dB，其中杂波和目标都被全向天线照射。为确定单向功率主瓣天线增益（G_{ML}）与单向功率副瓣天线增益（G_{SL}）之比 $\hat{g} = G_{ML}/G_{SL}$ 为 46.5dB 需要采用此增益时的副瓣。获得该区的副瓣需要使用超低副瓣天线（即 $G_{SL}/G_{ML} > -40$ dB）。

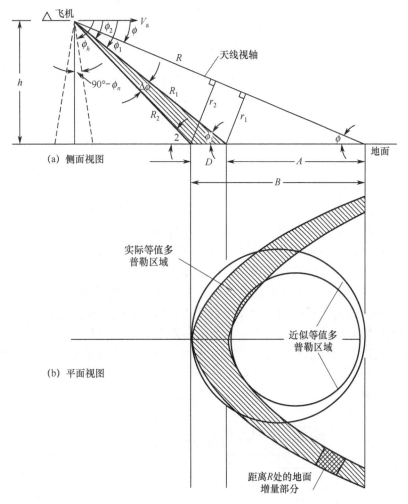

图 7.24 高 PRF PD 雷达近似副瓣杂波区[19]

在中 PRF 机载雷达设计中，副瓣电平非常重要，而且直接关联系统性能。通过考虑恒定天线副瓣电平时副瓣杂波的距离范围可以获得一些领悟。图 7.25 所示为典型中 PRF 系统的副瓣杂波范围与雷达高度的关系曲线，其中距离范围以 1μs 距离波门进行度量[11]。距离范围的定义是从高度线到副瓣杂波等于热噪声时的区域间的距离差。显然，如果我们认为机载拦截雷达（PRF = 10kHz）一个脉冲间周期内 1μs 距离波门平均数约为 90，当副瓣电平超过 45dB 时，不模糊距离间隔中有很大一部分被副瓣杂波覆盖。例如，高度 10000ft，副瓣电平 35dB，64 个距离波门，或不模糊距离间隔的 71%，其副瓣杂波大于热噪声。这将对那些具有最小 PRF 可见度的目标多普勒的探测性能产生严重影响。

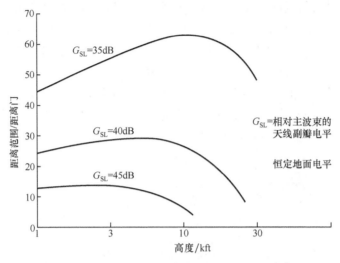

图 7.25 中 PRF PD 雷达中的副瓣杂波范围[11]

中 PRF 雷达的另一考虑事项是雷达副瓣中大型离散目标的探测。这些目标因飞机运动产生多普勒频率,由于中 PRF 设计的模糊多普勒响应多普勒频率被混叠进目标多普勒区。此外,中 PRF 波形的模糊距离致使近程副瓣目标折叠进与远程目标相同的距离波门中。在机载雷达中,这一情况因反射波瓣变得更为严重,当雷达主波束发射的信号经地面返弹后通过天线罩表面进入天线波束的副瓣区域就会引起这种反射瓣。

例如,如果中 PRF 机载雷达能够在 30n mile 处探测到 $1m^2$ 的目标,它也能在 2n mile 处探测到约 $200m^2$ 的副瓣目标,这里假设其相对副瓣单向功率增益为 $-35dB$。处理这些多余目标的一种方法是为雷达提供一个保护通道,如图 7.26 所示。如果保护通道的响应大于(保护天线响应大于主瓣天线的副瓣响应)主通道,保护通道接收机消隐副瓣目标[8],另一种抑制多余副瓣目标的方法是利用单一接收机通道的比幅方案[11]。在此种方法中,到副瓣目标的不模糊距离首先得以解决。由于天线副瓣的双向衰减特性,通常仅能探测到副瓣中的近程离散目标。然而,主瓣中近程真实目标一般提供较大的信号。因此,如果探测到的信号的分辨距离较小,而且其幅度小于近程最小尺寸目标(如 $1m^2$)所预期的幅度,那么目标则被认为是假副瓣离散目标。

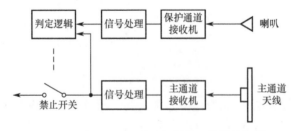

图 7.26 中 PRF PD 雷达的保护通道接收机[8]

例 25 等值线

等值线是从机载雷达上观测到的地面上的等多普勒频移线。地杂波频谱可以通过在等值线上叠加距离分辨率环进行确定。

以在高度 h 沿 X 轴以 v_{ac} 速度运动的机载雷达为例。指向地面上点 $x-y$ 的速度矢量如下:

$$v_{xy} = v_{ac}\cos\theta_{azo}\cos\phi_{elo}$$

式中：θ_{azo}——相对于当地垂直线的方位角；

ϕ_{elo}——对于当地垂直线俯角。

图 EX – 25.1 描述的是等值线几何关系，定义下列关系式：

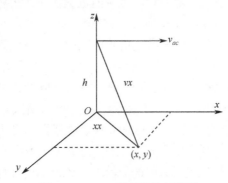

图 EX – 25.1 等值线几何关系

$$k = \frac{v_{sy}}{v_{ac}}; \cos(\theta_{azo}) = \frac{x}{xx}; \cos(\phi_{elo}) = \frac{xx}{vx}$$

式中

$$xx = \sqrt{x^2 + y^2}; vx = \sqrt{xx^2 + h^2}$$

那么，可以根据 x、k 和 h 求出 y：

$$y = \sqrt{x^2\left(\frac{1-k^2}{k^2}\right) - h^2}$$

MATLAB 程序 isodop.m 绘制出从 $x = x_{\min}$ 到 30000 英尺的等值线，其中，$k = 0.1, 0.2, \cdots 0.9$，$h = 10000\text{ ft}$，并且

$$x_{\min} = \frac{h}{\tan(\phi_E)}, \phi_E = \arccos(k)$$

图 EX – 25.2 所示的是等值线图。

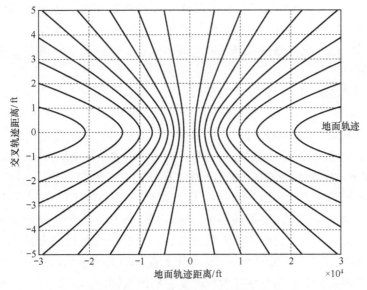

图 EX – 25.2 机载雷达多普勒等值线

7.3 现代机载拦截雷达

PD 雷达的主要应用之一是用于空中拦截飞机的机载雷达。这些飞机的任务是拦截并摧毁敌机和敌人的地面资源（如 SAM 导弹阵地）。一般通过防空作战中心或第 1 章中描述的机载告警与控制系统（AWACS）平台的安全数据链将它们引导到威胁附近。机载拦截武器控制雷达获取并锁定目标，然后发射一枚导弹将目标摧毁。空中目标利用主动或半主动雷达制导的空空导弹（如先进中程空空导弹或"麻雀"导弹）摧毁。或者，可以用红外导弹（如"响尾蛇"导弹）对敌机的热辐射进行寻的，对付近程飞机。可利用激光制导或 GPS 制导导弹或炸弹摧毁地面目标。空中生存能力要求，在交战中机载拦截雷达必须比对手具有更好的距离能力。在迎头交战中能够首先发射导弹的飞机一般情况下能够存活下来。鉴于小直径雷达天线决定的有限平均功率孔径积和飞机发电机有限的原动力，在最小化自身 RCS 同时，机载拦截雷达面临的挑战是最大化其探测距离。其他考虑事项有：小尺寸天线孔径和存在于下视/下射条件下的强面杂波，其中小尺寸天线决定了工作频率为 X 频段或 Ku 频段以提供合理的角分辨率。

高 PRF 的 PD 雷达在这种应用中具有多种优势。首先，它可以对迫近的目标提供较好的前向探测能力，此探测受接收机噪声而不是杂波的限制。可以在不采用复杂脉冲压缩的情况下提供较高的平均功率，脉冲压缩通过控制 PRF 以提供高占空比。可以在不抑制空中目标的同时对主瓣杂波、慢速运动地面目标、箔条和天气杂波造成抑制。局限性包括：由于副瓣杂波，对低速迫近和远离目标的探测距离的衰减，这一距离必须使用多 PRF 或发射机频率调频确定；必须利用多普勒滤波而不能用距离选通抑制高度线杂波。一般情况下，高 PD 的 PRF 在 X 频段的频率范围为 100 ~ 300kHz。当采用高占空比时，遮挡损耗会很大。

通过使用 X 频段 8 ~ 16kHz 的中 PRF 使高 PRF 的 PD 雷达的一些局限性得到了改善。中 PRF 的主要优势是它们具有探测尾随目标的能力，因为它们能够对抗主波束杂波和副瓣杂波。中 PRF 可以排除地面运动目标，因此它们不会同机载目标混淆，而且在中 PRF 技术中采用多 PRF 进行可以测量目标延迟从而确定目标的距离。

中 PRF PD 雷达的主要局限性是低速和高速目标必须在副瓣杂波被探测到，因而降低了高 PRF PD 雷达提供的最大探测距离，必须解决距离模糊和多普勒模糊问题，还必须提供专用的保护通道天线和接收机以消除极强的地面离散杂波，可能需要脉冲压缩来提高占空比以达到必需的探测概率。

通常机载拦截雷达使用光栅扫描天线搜索模式，其波束顺序扫描方位角范围，然后分步（通常 8 步）扫描俯仰角范围。为通过搜索量提供全方位覆盖，高 PRF 和中 PRF 模式在扫描中交错使用。X 频段 250 ~ 4000Hz 的低 PRF 应用于实波束和合成孔径地图测绘。

表 7.1 列出了大量的现役机载拦截雷达及它们所使用的 PRF 模式。图 7.27 所示为 F – 15 飞机所使用的 APG – 70 雷达，图中有多个天线，机械扫描 X 频段平板平面阵列天线发射并接收主雷达信号。平面阵列天线包括一个波导辐射器连续阵，其缝隙分布在平板表面。分布的功率通过阵列进行调整，使天线副瓣最小化，而且其 90% 以上的功率将绝大多数辐射功率集中在天线主瓣中。通常，天线辐射体部件间隔 $\lambda/2$，以最小化光栅和布拉格波瓣的影响。这样做之后，天线的 RCS 等于平板的 RCS，这对于先前一些应用中使用抛物面反射器天线是一重大改进。当带外照射能量射向平板或抛物面反射器的视轴时，它们的 RCS 相等。然而，对于地面搜索雷达，抛物面反射器在其视轴方向重新聚焦入射能量，而平板天线反射此能量，

因此入射角和反射角相等，这就使得平板天线 RCS 远远小于抛物面反射器天线的 RCS。图 7.27 中的另一副天线是分布在平板上的 IFF 短截线部件，该部件可以调谐到 L 频段和喇叭天线的固定保护频段，这就使得中 PRF 的 PD 雷达能够压制强地面目标回波。

表 7.1 现役机载拦截雷达

型号	平台	任务	天线	频率	发射机	PRF 模式
APG-63/70	F-15	空战优势	平面阵列	X 频段	行波管	高、中、低
APG-66/68	F-16	空战优势	平面	X 频段	行波管	高、中、低
APG-65/73	F-18	空战优势	平面阵列	X 频段	行波管	高、中、低
APG-164	B-1B	地面目标攻击/空中攻击	无源电子扫描阵列天线	X 频段	行波管	高、中、低
APG-181	B-2	地面目标攻击/空中攻击	无源电子扫描阵列天线	K_u 频段	行波管	低截获概率
APG-77	F-22	空战优势	有源电子扫描阵列天线	X 频段	固态	低截获概率
APG-81	F-35	地面目标攻击/空中攻击	有源电子扫描阵列天线	X 频段	固态	低截获概率

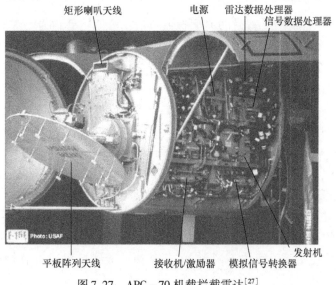

图 7.27　APG-70 机载拦截雷达[27]

F-16 和 F-18 飞机上使用的机载拦截雷达的性能和结构类似于 APG-70 雷达。它们都采用栅格化的耦合腔行波管发射机，其峰值功率为 1.5~15kW。表 7.2 中列举了 APG-70 雷达的工作模式。

APG-70 机载拦截雷达的基本功能是为导弹攻击定位空中和地面目标。高 PRF 速度扫描模式可以定位位于最大雷达距离的高迫近速度目标，这些目标给空中拦截飞机带来了最大的威胁，但是，这种模式并不能提供到目标的距离。边测距边扫描的交错模式一般能够对大多数空中目标进行探测和测距，但由于地杂波效应，探测距离缩短。TWS 模式最多可以同时跟踪 10 个目标。对于导弹控制，利用特定的 3°扫描，最多可跟踪两个目标。可以形成低分辨率地面地图以循飞机地面航迹寻找目标。可以在飞机地面航迹外部 ±8°扇形盲区使用高分辨率聚束 SAR 定位固定地面目标，采用 GMTI 模式可以定位地面运动目标。

工作于 X 频段的 APG-63 雷达的典型参数包括：峰值功率约为 3.5kW，最大占空比为 0.43，PRF=0.17~308 kHz，脉宽为 1~21μs，估计天线增益为 37dB。高 PRF 速度搜索模式下的 PRF 约为 310kHz，脉宽为 1.4μs。中 PRF 远程搜索模式下的 PRF=10~15kHz，脉宽为 13~20μs（用 13bit 脉冲压缩增强）。低 PRF 地面测绘模式下的 PRF=415~830 Hz，脉宽为

13~20μs（用13bit 的脉冲压缩增强）。

表7.2 APG-70 机载拦截雷达的工作模式[27]

模式	覆盖范围	PRF 模式	特殊技术
边测距边扫描	全方位	高/中	高重频边测距变扫描与中重频边测距边扫描交错使用
速度扫描	中、高空逼近的目标	高/中	不能用于低空目标或无逼近目标情况
距离选通高向量	最大尺寸为160n mile 的小 RCS 目标	高	单一 PRF/高度敏感的半扫描速率
边跟踪边扫描	±15°、±30°、±60°	高	最多可跟踪10个目标
单目标跟踪	跟踪单一目标	高/中	3°扫描/半主动导弹照射
双目标跟踪	跟踪两个目标	中	先进中程空空导弹控制
自动搜索	特定角度搜索	中	自动捕获并跟踪目标
真实波束地面测绘	前端搜索	低	低分辨率地面测绘激光制导导弹支援
高分辨率地面测绘	斜视 SAR	低	前方±8°盲区
地面动目标显示	地面运动目标	低	动目标行为

工作于 X 频段的 APG-65 雷达的典型参数包括：峰值功率约为1.7 kW，最大占空比为0.43，PRF=0.3~310kHz，脉宽为0.8~50μs，估计天线增益为34dB。高 PRF 速度搜索模式下的 PRF≈17 kHz，脉宽为1.8μs。中 PRF 远程搜索模式下的 PRF=4~17kHz，脉宽为13μs（用13bit 脉冲压缩增强）。低 PRF 地面测绘模式下的 PRF 为420~840Hz，脉宽为13~20μs（用13bit 的脉冲压缩增强）。雷达包含有 GMTI 模式，具有2400Hz 的低 PRF，脉宽为1.5μs（用13bit 的脉冲压缩增强）。多普勒波束锐化（DBS）模式使用的是1~2kHz 的低 PRF，其脉宽为0.12~1.35μs（用13bit 的脉冲压缩增强）。

F-16 和 F-18 飞机上的机载拦截雷达的模式与性能同 F-15 飞机上的雷达相似，APG-73 雷达在中 PRF 模式和 DBS 模式下包括13:1 巴克码的脉冲压缩。

这类雷达的首次技术变革发生在 B-1B 轰炸机中的 X 频段多模 APQ-64 雷达。这种低空地面攻击轰炸机的迎面 RCS 约为 $10m^2$，由包括雷达天线上的一些反射部件产生。通过使用相控阵天线，有可能使平面天线向下倾斜30°，从而使天线反射远离照射雷达。这种处理以及对其他部件的一些处理使迎面的 RCS 降低到大约 $1m^2$。44in×22in 的空馈相控阵（PESA）使用1526个移相器模块来控制天线波束。天线安装在滚动式万向支架上，该万向支架使天线可以固定于前方、侧面和垂直向下位置。波束位置可以在200ms 内转换，可以同时激活多种模式。相控阵的一个劣势是方位角和俯仰角上的天线增益减少，并且随着角的余弦偏离视轴，波束宽度变宽，这就意味着60°方位角、30°仰角这一极端扫描位置的最大双向增益损耗为 $L=\cos^2(60°)\cos^2(30°)=0.1875dB$ 或7.27dB。而且副瓣电平也会增加。其余使用的雷达部件同 APG-68 雷达上的类似。APQ-164 雷达所采用的特定模式包括自动地形追踪和规避和高分辨率 SAR。

B-2 隐身轰炸机的 Ku 频段多模 APQ-181 雷达采用的是类似于 B-1B 轰炸机所采用的无源电子扫描阵列天线（PESA）技术。位于蝙蝠翼两侧的两个低 RCS 雷达天线从两个维度进行电子扫描，而且是单脉冲馈电设计。SAR 模式工作期间采用捷联式惯性平台测量天线运动。发射机采用类似于 APG-70 和 APG-73 雷达所采用的液冷栅格式 TWT，并且包括脉冲压缩模式。在目标搜索和识别模式期间，雷达以可变分辨率 SAR 模式工作，从而精确定位并识别分配的目标。雷达拥有包括地形回避与追踪在内的21种不同的工作模式。ALQ-181 雷达的重要显著特点是使用了扩频 LPI 波形设计，旨在实现雷达辐射被电子支援接收机截获最小化[28]。

机载拦截雷达设计的一项最新创新是使用了砷化镓（GaAs）单片微波集成电路（MMIC）的有源电子扫描阵列天线（AESA）。这种 AESA 天线由分布于天线孔径周围的 1000 多个基础发射/接收（T/R）模块构成。每个模块包含：天线单元、T/R 开关、功率放大器、低噪声接收机、扫描波束并控制电路的数字移相器。将这些部件置于天线中可以实现发射与接收通道损耗的最小化。同时由于多达 10% 的模块在系统故障前就停止运转，雷达的可靠性也会增加维护保养也得到改进，因为 TWT 发射机中的高电压电路被移除，并替换为低电压砷化镓元件[44,45]。

图 7.28 所示的是 MMIC 模块的功率输出、噪声系数、增益和效率[29]。X 频段模块可用功率为 10W，效率为 45%，噪声系数为 1dB。X 频段 AESA 相控阵的 T/R 模块上报尺寸为长 7cm、宽 1cm、高 0.5cm。低效率和集中封装意味着必将大幅度降低模块的功率，而且必须用通过冷却板和热转换器泵浦的冷却液替换传统的强制通风冷却。AESA 相控阵天线的一个问题是其 T/R 模块的费用较高，目前每个模块价格为 2500 美元。大容量和高效率最终将降低这一成本，但最初确定的每个模块 100 美元的目标是不可能实现的。

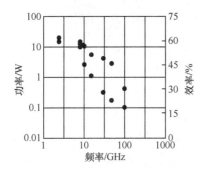
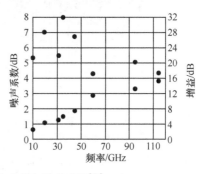

图 7.28　MMIC 模块的功率和噪声系数[29]

F-22 的 APG-77 雷达和 F-35 的 APG-81 雷达都采用了 AESA 相控阵天线。图 7.29 所示为 APG-77 雷达的 AESA 天线，该天线包含 2000 个单元。APG-77 是隐身多模 PD 雷达，其任务是夺取空中优势和进行精确地面攻击。该隐身设计内部采用了使用扩频技术的 LPI 波形、倾斜的低 RCS 天线、6 枚先进中程空空导弹、2 枚"响尾蛇"红外导弹，以及 1 门 22mm 加农炮，以保持飞机的隐身特征。

图 7.29　APG-77 雷达的 AESA 相控阵天线[1]

利用循环器中独立的 T/R 模块构成 T/R 对。发射模块包括：RF 功率放大器、发射时间控制器、数据传输器和电压校准设备。接收机模块包括：LNA、6bit 的数字移相器、射频后放大器和接收机保护设备。完整的 T/R 模块由 6 片 MMIC 芯片和 5 个特定用途集成电路（ASICs）以及一项研究项目的成果构成。该研究项目生产出了 2W 的混合模块。图 7.30 所示为 APG-77 的多种模式包括：空地搜索、多空中目标跟踪、天气探测、HPRF 速度搜索、ISAR 目标识别和导弹控制[30]。相控阵可以在几毫秒内移动其波束，允许多种模式同时工作或由航控计算机控制交错运行。APG-77 雷达利用 4 个保护天线。在视轴 30°倾角条件下，当主阵列扫描偏离视轴 60°方位时会造成大量损耗，飞机每一侧的侧板 AESA 用于补偿主阵列性能。

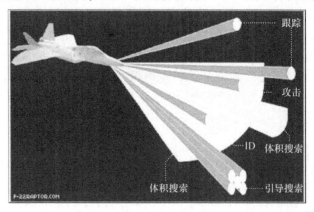

图 7.30　APG-77 雷达功能模式[31]

隐身联合攻击战斗机（JSF）采用的是 APG-81 多模 PD AESA 雷达。该雷达的空对空模式类似于 APG-77 所采用的模式，但空对地模式提供了类似于联合监视与目标攻击雷达系统（JSTARS）中的高分辨率测绘、GMTI 和跟踪功能。图 7.31 所示为安装在 BAC-111 试验台飞机上的圆形 AESA。天线使用了 1200~1500 个 T/R 模块，类似于 APG-77 雷达的设计。该天线可用于补充 F-35 飞机的隐身设计。T/R 模块天线分布间隔 2.5cm 是为了满足光栅和布拉格波瓣限制。图 7.32 所示的是 F-35 飞机中的各种空地模式。AESA 雷达可以通过能提供无源探测能力的分布式孔径光电传感器（EOTS）补充。

图 7.31　APG-81 雷达的 AESA 天线[32]

由于可使射频损耗达到最小化，AESA 雷达比机械扫描平面雷达的探测能力更强。AESA 雷达还可以修改孔径的分布功能以提供最大功率或较低的副瓣。与机械扫描平面阵列相比，相控阵的一个重要缺陷是偏离视轴工作时的大量扫描损耗。AESA 能够选择孔径分布，以适应选择的 PRF 模式。例如，当选择了高 PRF 时，孔径可以均匀分布，因此可以将发射的功率最大化，并将从副瓣进入的杂波抑制 -13dB 的水平。另一方面，中 PRF 和低 PRF 工作模式需要较低的天线副瓣（双向 -70~-50dB），因为杂波改善因子受限于总的双程副瓣。中

PRF 设计所要求的低副瓣损失可以通过应用于线性阵列的伴随系数进行评估。图 7.33（cheb_bw.m）所示的是当采用切比雪夫孔径分布提供低副瓣时发生的波束宽度展宽情况。图 7.34（pha_loss.m）所示的当天线波束的扫描偏离视轴时产生的天线扫描损耗。

图 7.32　F-35 分布式孔径系统的工作模式[33]

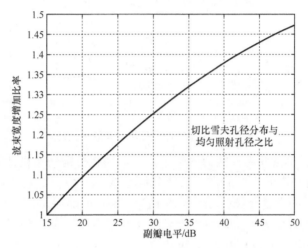

图 7.33　Chebyshev 孔径赋形引起的波束展宽

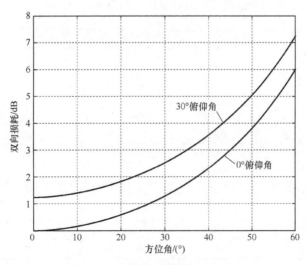

图 7.34　相控阵扫描损耗（双向）

383

本质上,可以采用两种方法控制双向副瓣。第一种方法在"埃利眼"设计(见第1.1节)中采用过,即在发射阵列中应用均匀照射并使用切比雪夫分布调整接收机阵列。这种方法的优点是可以发射最大功率,但高的发射机副瓣易于被拦截接收机探测到。并且接收孔径必须提供全部所需的副瓣控制。第二种方法是调整发射和接收阵列。这一选择最适合LPI设计,但外部T/R模块减少的功率会降低整个发射功率。图7.35(ant_beam_loss.m)所示为两种方法的天线增益和照射效率损耗。F-22为侧板AESA天线预先采取了措施以补偿60°扫描角时的高损耗,但由于成本较高而未能实现[30]。

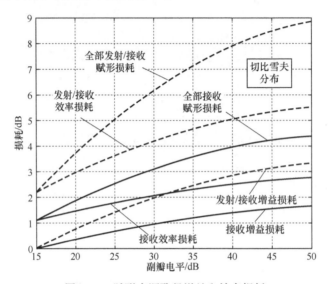

图7.35 赋形有源孔径增益和效率损耗

由于空中拦截飞机的战斗生存能力依赖于能与对手相抗衡的飞机性能,因此AESA雷达的使用越来越广。F-15C战斗机的雷达已经升级为APG-63(V)3/4雷达,F/A-18E/F"超级大黄蜂"战斗机的雷达升级为APG-79雷达,F-16 Block 60的升级为APG-80雷达。将B-2轰炸机的天线转换为X频段AESA天线而不是当前的Ku频段的工作正在进行之中。欧洲的研发工作正围绕欧洲战机和JAS-39"鹰狮"(Grippen)战斗机开展。表7.3列出了这些AESA雷达的估算参数,最大距离是针对$1m^2$的目标。

表7.3 现役与规划的AESA雷达的特征参数[35]

平台	型号	T/R模块	最大距离/km	方位跟踪角/(°)	边扫描边跟踪目标
F-15C	APG-63(V)3	1500	144-185	±60	20
F-22	APG-77	1500	200-230	±60	100
FA/18E/F	APG-79	1100	120-130	±60	20
F-16E/F	APG-80	1000	100-120	±60	20-50
F-35	APG-81	1200+	140-160	±60	—
B-2	省略	2000+	—	—	—
欧洲战斗机	省略	1400	165	±60	—
全球鹰	—	2000	—	—	—
联合星	—	13500	—	—	—
鹰狮	—	1000	100~120	±100	—

7.4 解距离模糊

中 PRF 和高 PRF 脉冲多普勒波形的特性是会产生高度模糊距离信息。当需要这些系统的精确距离信息时，必须解距离模糊。解距离模糊并不是一件容易的事，经该过程会导致探测距离降低 20%～25%，这通常涉及到发射信号频率或 PRF 的调制[11]。

解距离模糊通常采用以下两种方法之一。多 PRF 方法采用多个固定 PRF 组成的 PRF 编码。这种类型的测距涉及对每个 PRF 中的模糊距离的连续测量，然后对测量结果进行比较，以消除模糊。第二种方法涉及采用线性或正弦曲线波形的调频发射机。发射和接收之间的时滞被转换为频差。因此，通过测量频差、时滞，可以确定至目标的距离。当多个目标出现在同一多普勒滤波器中，这两种方法都易受假目标影响（即，幻影）。

多 PRF 测距方法通常提供了更精确的距离测量。然而，当采用高占空比波形（例如，机载高 PRF 设计）时，多 PRF 测距方法可能是不可行的，因为只有少数距离波门可以用来解模糊。在这种情况下，则采用 FM 测距法，FM 测距法通常没有直接脉冲延迟测距法精确。

解距离模糊一般应降低探测灵敏度（在没有测距情况下的灵敏度）。降低灵敏度的主要原因是因为测距需要将整体观测时间（雷达驻留在目标上的时间）划分为若干时间段。为了进行探测，通常必须在调制周期每个时间段独立探测目标，以解距离模糊，因此在总的有效观测时间中，目标上的时间会显著减少。此外，必须提高每个时间段的探测概率，以保证在至少两个不同的时间段探测到目标的概率。这两种效应均会导致总体探测概率的显著降低。另外，还可能会因测距时调制周期变化的瞬变期间内目标回波的丢失（如线性 FM 测距期间 FM 斜率的变化）而导致观测时间进一步减少。

7.4.1 多重高 PRF 测距[19,36]

在高 PRF 机载脉冲多普勒雷达中，使用高 PRF（100～300kHz），对于阻止杂波遮蔽目标多普勒回波来说是必要的，但会造成高度模糊的距离信息，图 7.36 描绘了这种情况，在图中画出了两个目标的雷达回波（模糊的、不模糊的），在距离上相隔很远。由于模糊距离，无法辨别出哪个发射脉冲导致哪个目标回波，因此，真实的目标距离是未知的。使用高 PRF 时会发生的另一种情况是后续发射的脉冲会造成目标回波的遮挡（见第 7.2 节）。

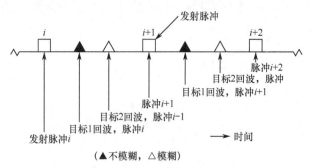

图 7.36 中 PRF 或高 PRF PD 雷达模糊目标回波[19]

为了克服这些难题，顺序采用多 PRF，通过观察每个 PRF 中的目标脉间位置，可以推导出真实的目标距离。此外，通过选择适当的 PRF 值，可以探测到遮挡的起点，同时 PRF 可以切换到一个值，使目标回波落入清晰距离区域内，从而阻止遮挡。

图 7.37 给出了 2 重 PRF 测距系统的原理。所选择的 PRF 拥有公约数频率 f_B，不模糊周期 $T_u = 1/f_B$。首先确定 PRF_1 中到目标的模糊距离，然后在 PRF_2 中再次确定。通过对这两个模糊距离的时间进行比较（通过 PRF 同步实现），可以得到一个重合脉冲，其为真实的距离指标。

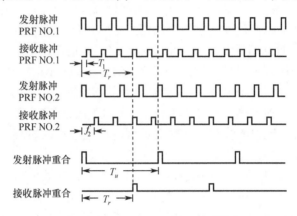

图 7.37　2 重 PRF 测距系统[36]

选择相同公约数 f_B 以使其脉冲间周期等于或大于预期的目标距离。选择 PRF 最小值的目的是获得一个无杂波的清晰多普勒区域，在此区域进行目标探测（$PRF \geqslant 2f_d + f_t$）。PRF 与测距频率的比设定为 $N + 1$ 倍的测距频率。第二个 PRF 可以选择其他的值，但这个值给出了最大的容许脉宽和最接近的 PRF 值。

发射脉宽有一个最大容许值，取决于 PRF 值和所需的可分辨距离，如图 7.38 所示，从图中可以看到：

$$(PRF_1)^{-1} = (PRF_2)^{-1} + \tau_2 \tag{7.23}$$

式中：τ_2 为雷达的脉宽。

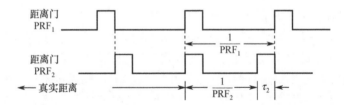

图 7.38　高 PRF 脉冲多普勒雷达中的最大允许脉宽[36]

① $\dfrac{1}{PRF_1} = \dfrac{1}{PRF_2} + \tau_2$；② 当 N 为整数时，公约数频率 $f_0 = \dfrac{PRF_1}{N} = \dfrac{PRF_2}{N+1}$；

③ 由①、②可得，$\tau \leqslant \dfrac{1}{N(N+1)f_0} = \dfrac{1}{(N+1)PRF_1}$。

公约数频率由下式给出：

$$f_B = \frac{PRF_1}{N} = \frac{PRF_2}{N+1} \tag{7.24}$$

式中：N 为整数。

通过解式（7.23）和式（7.24），可以确定最大容许脉宽为

$$\tau_{2\max} \leqslant \frac{1}{N(N+1)f_B} = \frac{1}{(N+1)PRF_1} \tag{7.25}$$

此脉宽值可以阻止因与真实重合脉冲相邻的脉冲交叉重叠而造成虚假重合。产生的最大

脉宽取决于待解的距离以及 PRF 与测距频率的比。

下面考虑一个最大作用距离 R_u 为 100 n mile 的中 PRF 雷达，作为 2 重 PRF 测距系统的一个例子[19]。公约数频率 f_B 可由下式得出：

$$f_B = \frac{c}{2R_u} \tag{7.26}$$

式中：$c = 3 \times 10^5 \mathrm{km/s}$，$R_u$（km）为期望的最大不模糊距离。

对于该例，基本 PRF 可以大致确定为 $f_B = 810 \mathrm{Hz}$。如果测距参数选择为 $N = 17$，则 $\mathrm{PRF}_1 = N f_B = 13.77 \mathrm{kHz}$，$\mathrm{PRF}_2 = (N+1) f_B = 14.58 \mathrm{kHz}$〔见式（7.24）〕。另外，第一个 PRF 的不模糊距离（R_{u_1}）为

$$R_{u_1} = \frac{c}{2 \mathrm{PRF}_1} \tag{7.27}$$

式中：$c = 3 \times 10^5 \mathrm{km/s}$，得到结果 $R_{u_1} = 10.893 \mathrm{km}$，$R_{u_2} = 10.288 \mathrm{km}$。

对于位于 60 km 处的目标，第一个 PRF 测量的模糊距离等于 $R_{a_1} = 5.535 \mathrm{km}(60 - 5 \times 10.893)$，而第二个 PRF 测量的模糊距离等于 $R_{a_2} = 8.560 \mathrm{km}$，如果定义比值：

$$x = \frac{R_{a_1}}{R_{u_1}} \tag{7.28}$$

式中：x 为代表第一个模糊测量值的分数距离，结果为 $x = 0.508$。

同样，$y = R_{a_2}/R_{u_2} = 0.832$。然后，通过这些测量结果，不模糊目标距离可以由下式确定：

$$R_t = (n_1 + x) R_{u_1} \tag{7.29}$$

$$R_t = (n_2 + y) R_{u_2} \tag{7.30}$$

式中：n_1 和 n_2 为通过试错法选择的整数，因此式（7.29）和式（7.30）提供了相同的距离 R_t。

在本例中，$n_1 = n_2 = 5$，测量距离结果为 $R_t = 5.508 \cdot 10.893 = 5.832 \cdot 10.288 = 60 \mathrm{km}$。

另一种方法是根据中国余数定理利用两个模糊的测量值来确定真实距离[12,37]。根据式（7.24）可得到不模糊测距周期 T_u 如下所示：

$$T_u = N T_1 = (N+1) T_2 \tag{7.31}$$

式中：T_1——与 PRF_1 相关的 PRI；

T_2——与 PRF_2 相关的 PRI。

式（7.31）除以公倍数 $N(N+1)$ 得到：

$$\frac{T_u}{N(N+1)} = \frac{T_1}{N+1} = \frac{T_2}{N} \tag{7.32}$$

选择 $m_1 = N+1$，$m_2 = N$ 意味着总不模糊距离被划分为 306 个距离单元，因此，对于 2 重 PRF 测距编码：

$$m_1 = \frac{T_u}{T_2} = N+1 \tag{7.33}$$

$$m_2 = \frac{T_u}{T_1} = N \tag{7.34}$$

根据中国余数定理，以距离为单位测量的不模糊目标距离为

$$\bar{R}_c = C_1 a_1 + C_2 a_2 \mid m_1 m_2 \mid \tag{7.35}$$

式中

$$a_1 = \text{INT}(m_1 x) \tag{7.36}$$

$$a_2 = \text{INT}(m_2 y) \tag{7.37}$$

常量 C_1 和 C_2 可由下式得到：

$$C_1 = b_1 m_2 = (1)|m_1| \tag{7.38}$$

$$C_2 = b_2 m_1 = (1)|m_2| \tag{7.39}$$

式中：b_1 为最小正整数，它被 m_2 乘后除以 m_1，得到的余数为 1。

因而，不模糊距离可由下式得到：

$$R_t = \frac{\bar{R}_c R_u}{m_1 m_2} \tag{7.40}$$

对于本例，$m_1 = N + 1 = 18$，$m_2 = N = 17$。由式（7.38）可得 $b_1 = 17$，由式（7.39）可得 $b_2 = 1$，因此 $C_1 = 289$，$C_2 = 18$。以距离为单位表示的不模糊目标距离则变为

$$\bar{R}_c = 289 \cdot a_1 + 18 \cdot a_2 |m_1 m_2| \tag{7.41}$$

在本例中得到 $\bar{R}_c = 99$。因此，目标距离为 $R_t = (99/306)185.2 = 60\text{km}$。

雷达的最大距离特性由发射平均功率决定。这意味着脉宽应尽可能宽，以最大程度地减少对过高峰值功率的要求。例如，一个高 PRF 机载脉冲多普勒系统，要求 PRF > 172kHz（X 频段，拦截机速度 1800kn，目标速度 1400kn），并假设对不模糊距离的要求是 50n mile[36]。这对应于 $f_B = 1.62$ kHz 和 $N = 172/1.62 = 106$。因此最大容许脉宽为 $\tau = 1/$（106）（107）（1，620）$= 0.05\mu\text{s}$。这需要相对较高的峰值功率，故导致采用 3 重 PRF 或多重 PRF 的想法。

3 重 PRF 测距系统组成两对 PRF，每对测量到不同子测距频率的距离。两个子测距频率反过来形成 2 重 PRF 测距系统，测量到最终测距频率的距离。选择那些特定 3 重 PRF 测距参数，以使测距实现相对简单的[36,43]，可以得到公约数测距频率如下：

$$f_B = \frac{\text{PRF}_1}{N(N+1)} = \frac{\text{PRF}_2}{N(N+2)} = \frac{\text{PRF}_3}{(N+1)(N+2)} \tag{7.42}$$

3 重 PRF 测距系统的不模糊距离大约是公约数频率的 N^2 倍，而 2 重 PRF 测距系统是公约数频率的 N 倍。从而可知 3 重 PRF 测距系统的 N 值，大约为相当 2 重 PRF 测距系统的值的平方根。

定理提供了在多信道搜索系统中的从几个模糊测量中解算出真实距离的一种简便方法[12,37]。在该方法中，通过将 PRF 发射周期分成若干连续距离单元，PRF 发射周期以这些脉宽单元为单位表示（距离单元）。每个单元被顺序编号为 $1, 2, 3, \cdots, m_i$，其中，$i = 1, 2, 3$。在 3 重 PRF 测距系统中，这将导致每个 PRI 被分成几个距离单元，被命名为 m_1、m_2 和 m_3（$m_1 > m_2 > m_3$），于是可以确定三个模糊距离单元数，被命名为 a_1、a_2、a_3，对应于每个 PRF 目标的测量距离。因此目标的不模糊距离单元数（$1 \leq \bar{R}_c \leq m_1, m_2, m_3$）为

$$\bar{R}_c = (C_1 a_1 + C_2 a_2 + C_3 a_3)|m_1 m_2 m_3| \tag{7.43}$$

式中

$$\begin{cases} C_1 = b_1 m_2 m_3 = (1)|m_1| \\ C_2 = b_2 m_1 m_3 = (1)|m_2| \\ C_3 = b_3 m_1 m_2 = (1)|m_3| \end{cases} \tag{7.44}$$

b_1 为最小正整数，它与 $m_2 m_3$ 相乘再除以 m_1 时，得到的余数为 1（b_2 和 b_3 通过相同的方法确定）。

中国余数定理的运算过程可以概括如下。一旦 m_1、m_2 和 m_3 选定计算期望的不模糊距离，常量 C_1、C_2 和 C_3 就可以确定〔见式（7.44）〕。通过对每个 PRF 以距离为单位测量目标距离来确定模糊距离单元数 a_1、a_2 和 a_3。然后，用每个常量乘以其模糊距离〔见式（7.43）〕，且尽可能多次除以 m_1、m_2、m_3，以确定余数（$\bar{R}_c$），$\bar{R}_c$ 等于以距离为单位的不模糊距离。在 3 重 PRF 测距系统中，最大容许脉宽由下式给出[36]：

$$\tau_{3\max} \leq \frac{1}{N(N+1)(N+2)f_B} = \frac{1}{(N+2)\text{PRF}_i} \tag{7.45}$$

式中：$f_r = (N)(N+1)(N+2)f_B$ 为三重 PRF 的最小公倍数。

对于前面所讨论的 2 重 PRF 系统的例子（$\text{PRF}_1 = Nf_B = 171.72\text{kHz}$，$\text{PRF}_2 = (N+1)f_B = 173.34\text{kHz}$），现在的 N 值为 10，因此得到 $\text{PRF}_1 = (N)(N+1)f_B = 178.2\text{kHz}$，$\text{PRF}_2 = (N)(N+2)f_B = 194.4\text{kHz}$，$\text{PRF}_3 = (N+1)(N+2)f_B = 213.84\text{kHz}$。不过，3 重 PRF 测距系统的主要优势是，最大容许脉宽 $\tau_{3\max} = 0.5\mu s$，而 2 重 PRF 测距系统为 $\tau_{2\max} = 0.05\mu s$。因此，在相同峰值下，用 3 重 PRF 代替 2 重 PRF，平均功率可以提供 10 倍。与重 2 PRF 系统需要两次探测相比，3 重 PRF 系统需要三次目标探测，成功概率较低，这抵消了它的一部分优势。此外，每次试用的概率被减小，因为在雷达驻留目标期间必须生成三个 PRF，而 2 重 PRF 测距方法中只产生两个 PRF。

图 7.39 给出了 3 重 PRF 测距系统的框图。公倍数频率 $f_r = (N)(N+1)(N+2)f_B$ 通过晶体控制振荡器产生。然后，用公倍数频率 f_r 除以 N、$N+1$ 和 $N+2$ 生成 3PRF。这将保证所有

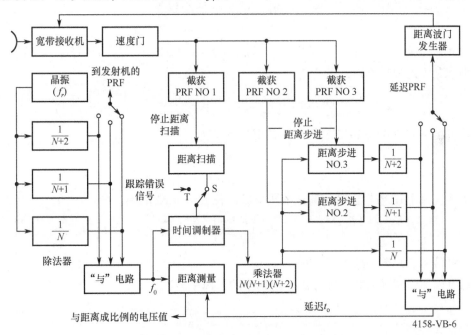

图 7.39　3 重 PRF 测距系统框图[36]

3 重 PRF 测距公式

① 公约数频率：$f_0 = \dfrac{\text{PRF}_1}{N(N+1)} = \dfrac{\text{PRF}_2}{N(N+2)} = \dfrac{\text{PRF}_3}{(N+1)(N+2)}$

② 最大脉宽：$\tau_3 = \dfrac{1}{N(N+1)(N+2)f_0} = \dfrac{1}{(N+2)\text{PRF}_1}$

③ 最小公倍数功率：$f_r = N(N+1)(N+2)f_0$

PRF均是相位锁定的（同步）。利用PRF选择器可用任意PRF锁定发射机。三重PRF在"与"电路中进行比较，输出将提供测距频率f_B脉冲。这被用于测距时间基准，类似于在低PRF雷达中利用发射机脉冲测距的方法。

实际距离测量通过如下步骤完成。发射首个PRF（PRF_1），并且通过距离扫描和时间调制器搜索距离波门。一旦探测到目标，距离扫描停止，时间调制器保持其延迟。发射下一个PRF（PRF_2），并且以f_r倒数为时间步长递增搜索距离波门。探测到目标时，停止搜索，计数器停留在相应的相位，以针对目标定位PRF_2距离波门。然后将同样的程序应用于PRF_3，以完成第三个模糊距离测量。此时，因为所有距离波门与目标一起排队，可以测量真实的距离。

例26 中国余数定理

在中PRF和高PRF脉冲多普勒雷达中，必须解决模糊距离问题，以确定真正的目标距离。使用的一种方法是采用中国剩余定理的2重PRF或3重PRF测距系统。本例中，将介绍中国余数定理，并利用MATLAB程序chi_rem.m给出几个应用实例。

在应用此方法时，依次发射多个PRF（通常为2个或3个）。每个脉冲间周期被划分为不同数量m_i的等间距距离波门。这些划分数量必须是为素数的（最大公分母为1）。通过观察目标回波在各脉冲间周期内的位置a_i，就能通过中国余数定理来推导出真实的距离。

利用期望的不模糊距离R_u确定基本测距频率如下式：

$$f_b = \frac{c}{R_u}$$

从而建立多个PRF，用于2重PRF和3重PRF测距系统：

$$PRF_1 = m_1 f_b ; PRF_2 = (m_1 + 1)f_b$$

$$PRF_1 = m_1(m_1 + 1)f_b ; PRF_2 = m_1(m_1 + 2)f_b ; PRF_3 = (m_1 + 1)(m_1 + 2)f_b$$

两种情况下的分辨率可以确定为

$$\Delta R_2 = \frac{R_u}{m_1 m_2} ; \Delta R_3 = \frac{R_u}{m_1 m_2 m_3}$$

两种情况下对应于每个PRF的不模糊距离为

$$R_{u_1} = m_1 \Delta R_2 ; R_{u_2} = m_2 \Delta R_2$$

$$R_{u_1} = m_1 \Delta R_3 ; R_{u_2} = m_2 \Delta R_3 ; R_{u_3} = m_3 \Delta R_3$$

每个不模糊PRF内目标指示的整数距离波门位置由下式给出：

$$a_1 = INT\left[\frac{R_t \bmod (R_{u_1})}{\Delta R_{2,3}}\right] ; a_1 = INT\left[\frac{R_t \bmod (R_{u_2})}{\Delta R_{2,3}}\right] ; a_1 = INT\left[\frac{R_t \bmod (R_{u_3})}{\Delta R_3}\right]$$

式中：R_t为目标的距离，R_{u_i}与R_t单位一致。

然后可以通过中国余数定理算法确定真正的目标距离：

$$M = \prod_{i=1}^{2,3} m_i ; t_i = \frac{M}{m_i}$$

$$C_i = t_i b_i = 1 \bmod (m_i) ; R_X = \left[\sum_{i=1}^{2,3} C_i b_i\right] \bmod (M)$$

式中：b_i值通过试错法获得，R_x为以距离波门为单位表示的真实距离。

从而可得真实距离为

$$\bar{R}_t = R_x \Delta R_{2,3}$$

作为第一个例子，来计算7.3.1节中描述的2重PRF测距系统的真实距离。这一问题的参数在表 EX-26.1 中给出。相应的 MATLAB 程序输出在表 EX-26.2 中给出。

表 EX-26.1　2 重 PRF 测距问题参数

m_1	m_2	a_1	a_2	ΔR/m	PRF_1/kHz	PRF_2/kHz	R_u/km	R_x	R_t/km
17	18	14	9	605.2	14.58	13.77	185.2	99	60

表 EX-26.2　2 重 PRF 测距问题 MATLAB 打印输出

```
Number of PRIs used in calculation (2 or 3)? 2
Number of resolution cells for PRI #1? 17
Number of resolution cells for PRI #2? 18
In which resolution cell does the target appear for PRI #1? 14
In which resolution cell does the target appear for PRI #2? 9
What is the length of a resolution cell (in meters)? 605.167
Max. unambiguous range without staggered PRF is for PRI #1 10287.839 m. or 5.555 n mile.
Max. unambiguous range without staggered PRF is for PRI #2 10893.006 m. or 5.8818 n mile.
Max. unambiguous range without staggered PRF is 185181.102 m. or 99.9898 n mile.
Number of range cells is 99 Actual range is 59911.533 m. or 32.3496 n mile.
```

接下来的两个例子均来自文献[36]，并说明了对高 PRFPD 雷达 3 重 PRF 测距系统的需求。条件是工作在 X 频段高 PRF 脉冲多普勒雷达，其 PRF 约为 172kHz，所在平台速度为 1800kn，要探测的拦截雷达速度为 1400kn。期望的不模糊距离为 50 n mile，导致测距频率为 1.62kHz，$m_1 = 172/1.62 = 106$（2 重 PRF 的情况下）。波门宽度分辨率 $\Delta R = 50 \cdot 1,852/106 \cdot 107 = 8.164$m。表 EX-26.3 给出了该设计的参数示，MATLAB 打印输出示于表 EX-26.4 中。

表 EX-26.3　高 PRF、2 重 PRF 测距系统参数

m_1	m_2	a_1	a_2	ΔR/m	PRF_1/kHz	PRF_2/kHz	R_u/km	R_x	R_t/km
106	107	35	73	8.164	171.72	173.34	92.6	7349	60

表 EX-26.4　高 PRF、2 重 PRF 测距系统 MATLAB 打印输出

```
Number of PRIs used in calculation (2 or 3)? 2
Number of resolution cells for PRI #1? 106
Number of resolution cells for PRI #2? 107
In which resolution cell does the target appear for PRI #1? 35
In which resolution cell does the target appear for PRI #2? 73
What is the length of a resolution cell (in meters)? 8.1643
Max. unambiguous range without staggered PRF is for PRI #1 865.4158 m. or 0.46729 n mile.
Max. unambiguous range without staggered PRF is for PRI #2 873.5801 m. or 0.4717 n mile.
Max. unambiguous range without staggered PRF is 92599.4906 m. or 49.9997 n mile.
Number of range cells is 7349 Actual range is 59999.4407 m or 32.3971 n mile.
```

这种设计的问题是，所发射的脉宽是 0.054 μs，平均占空比为 0.00986，其提供的平均发射功率不足。该解决方案采用 3 PRF 测距系统，使测距系数 $m_1 = 9$，$m_2 = 10$，$m_3 = 11$[36]。测距分辨率然后为 $\Delta R = 93.5$m。此 3 PRF 设计参数列于表 EX-26.5 中，表 EX-26.6 给出了 MATLAB 打印输出。

表 EX-26.5　高 PRF、3 重 PRF 测距系统参数

m_1	m_2	m_3	a_1	a_2	a_3	ΔR/m	PRF_1/kHz	PRF_2/kHz	PRF_3/kHz	R_u/km	R_x	R_t/km
9	10	11	2	1	3	93.5	178.253	160.428	145.843	92.6	641	60

表 EX-26.6　3 重 PRF 测距系统 MATLAB 打印输出

```
Number of PRIs used in calculation (2 or 3)? 3
Number of resolution cells for PRI #1? 9
Number of resolution cells for PRI #2? 10
Number of resolution cells for PRI #3? 11
In which resolution cell does the target appear for PRI #1? 2
In which resolution cell does the target appear for PRI #2? 1
In which resolution cell does the target appear for PRI #3? 3
What is the length of a resolution cell (in meters)? 93.5
Max. unambiguous range without staggered PRF is for PRI #1 841.5 m. or 0.45437 n mile.
Max. unambiguous range without staggered PRF is for PRI #2 935 m. or 0.50486 n mile.
Max. unambiguous range without staggered PRF is for PRI #3 1028.5 m. or 0.55535 n mile.
Max. unambiguous range with staggered PRF is 92565 m. or 49.9811 n mile.
Number of range cells is 641 Actual range is 59933.5 m. or 32.3615 n mile.
```

如表 EX-26.5 所示，3 重 PRF 测距系统提供了与 2 重 PRF 测距系统相当的 PRF，但脉宽为 0.623μs，它提供的平均占空比为 0.1，比另一种设计的平均功率大 10.94。

7.4.2　调频法测距[8,38]

随着 PRF 在高 PRF 脉冲多普勒雷达中的增加，最终会到达一个点，在该点距离会非常模糊，无法通过使用多重 PRF 测距系统来解决。如果需要某个距离，必须进行间接测量，如在连续波雷达中，通过调频雷达发射机。正弦和线性调频已被用于此目的[38]。不过，在此我们主要两种类型中更为常见的描述线性调频测距[8]。

最简单的线性调频测距只发射单一的高 PRF 波形，波形频率周期性地进行斜率调制，如图 7.40 所示，图中，由于目标的多普勒频移，接收的信号在时间上存在延迟，在频率上存在偏移。线性调制至少要持续几次，时间上与到最远处感兴趣的目标往返传输时间相同。在此

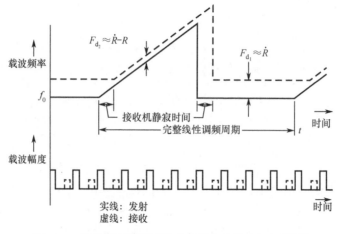

图 7.40　线性调频测距系统中发射机和接收机频率[38]

过程期间,对接收回波频率与发射机频率之间的瞬时差进行测量。在测距周期的后半周期,发射机频率保持固定,在短暂的接收机"静寂"之后,再次对发射信号和接收信号之间的差异进行测量。

在测距周期中的调频部分,信号频率是目标速度的函数,而在调频部分,信号频率与目标速度和距离的代数和成正比。已解调的高速目标回波频移更大,远程目标回波在调频模式下的频移稍低。可以得到的目标距离为

$$R_{FM} = \frac{c(f_{d_1} - f_{d_2})}{2k_{FM}} \quad (7.46)$$

式中:f_{d_1} ——在测距周期中非调频段测量的目标多普勒频移,单位为 Hz;

f_{d_2} ——在测距周期中调频段测量的频差,单位为 Hz;

k_{FM} ——线性调频变化率,单位为 Hz/s。

图 7.41 给出了采用线性调频测距的高 PRF 脉冲多普勒雷达框图。

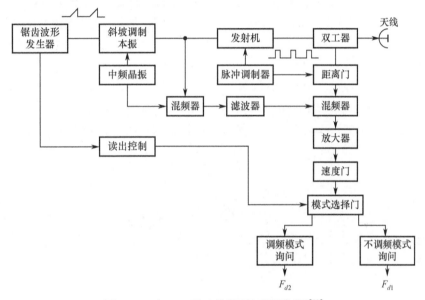

图 7.41　高 PRF 雷达线性调频测距框图[38]

图 7.42 给出了另一种用于线性调频测距的双斜率波形。该波形采用上升斜率和下降斜率相等的线性斜坡,其中倾斜幅度等于先前描述的波形的上升频率斜率(见图 7.40)。如果目标正在接近(具有正多普勒),在频率上升段($\Delta f_1 = k_{FM}t_r - f_d$),发射机频率和接收回波频率之间的差将下降 f_d,在频率下降段($\Delta f_2 = k_{FM}t_r + f_d$),将上升 f_d。因此,如果这两段的频差相加($\Delta f = \Delta f_1 + \Delta f_2 = 2k_{FM}t_r$),就消除了多普勒频移,只剩下因往返目标的传输时间产生的频差($2k_{FM}t_r$)。因此,可以根据计算目标距离:

$$t_r = \frac{\Delta f_1 + \Delta f_2}{2k_{FM}} \quad (7.47)$$

式中:t_r ——往返传输时间;

Δf_1 ——频率上升段发射机和回波之间的频差;

Δf_2 ——频率下降段发射机和回波的频差;

k_{FM} ——发射机频率变化率。

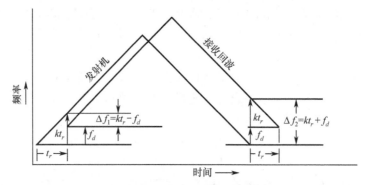

图 7.42 双斜率调频测距波形[8]

例如,假定没有多普勒频移,每个段测量的频差为 10kHz,发射机频率变化率等于 10Hz/μs。根据式(7.47),可知传输时间为 1000μs,因此目标距离等于 81n mile。现在假定目标有 3kHz 的多普勒频移,在上升段测得的频差为 7kHz,而在下降段为 13kHz。再次应用式(7.47),传输时间仍然是 1000μs,这说明了多普勒频移波形的独立性。需要注意的是,尽管本例考虑的是一个正多普勒频移的情况,波形同样适用于负多普勒频移的情况。

如果天线波束同时照射两个目标,在调制周期的第一段将有两个频差;在第二段也将有两个频差,如图 7.43 所示。还要注意的是,图 7.40 所示的锯齿状波形会发生同样的情况。如果没有更多的信息,就不能确定哪对差频测量值(A 和 x 或 A 和 y)是属于同一目标的。此问题可通过修改测距波形,发射一个三斜率测距波形来解决,如图 7.44 所示。

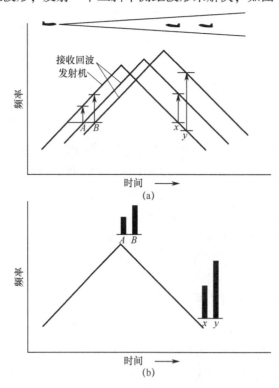

图 7.43 两个目标的调频测距[8]
(a)如果同时检测两个目标,将会在调制周期的每段时间内测量两个频差;
(b)所有雷达会看到每段末端的两个频差,雷达不知道 A 应与 x 还是 y 配对。

图7.44所示为基本的三斜率测距波形,它由二斜率波形组成(见图7.42)与一个恒定频率段组成(其可以确定目标的多普勒频率)。通过测距波形上升段和下降段间测量的频差相减,即 $\Delta f_2 - \Delta f_1 = (k_{FM}t_r + f_d) - (k_{FM}t_r - f_d) = 2f_d$,则可以确定目标的多普勒频率。因此,从 x(或 y)中减去 A(或 B),并将结果与测量的多普勒频率进行比较,就能对测量频差进行正确的配对。例如,如果 $(x-A)$ 是测量的多普勒频率的两倍,则配对会是 x 和 A 与 y 和 B,否则,会是 y 和 A 与 x 和 B。

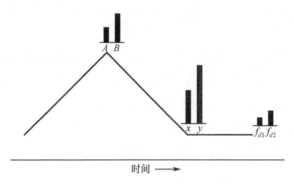

图7.44 三斜率调频测距波形[8]

在空对空应用中,由于测距时间($k_{FM}t_r$),多普勒频移可能大于频差。这是因为频率变化率 k_{FM} 仅仅是遇到的最高多普勒频率中的很小一部分。图7.45描述了这种情况,其中回波频率高于发射频率(正多普勒),而不是图7.42中所示的小于发射频率。

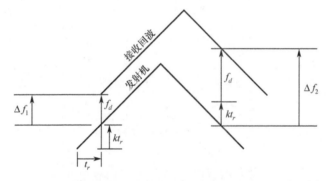

图7.45 多普勒频移大于测距频差的双斜率调频测距波形[8]

当每个斜率在单独的线上表示时,更容易说明同时探测两个或更多目标时测量的频差间的关系,如图7.46所示。调频测距波形上升段的差频($\Delta f_1 = k_{FM}t_r - f_d$; $f_d > k_{FM}t_r$)在图上显示为负频率(A 和 B),而波形下降段的差频(x 和 y)和假定的多普勒频率(f_{d1} 和 f_{d2})在图上显示为正频率。可以利用第三段测量的多普勒频率,用两倍的多普勒频率(f_{d1} 和 f_{d2})连接分离的频差值以进行配对(A 和 y,B 和 x)。

于是可以从图7.47中得到传输时间为 $t_{ra} = (f_{d2} - A)/k_{FM}$ 和 $t_{rb} = (f_{d1} - B/k_{FM})$。

当有三个或更多目标存在时,仍然可以根据图7.46描述的步骤对频率上升段和频率下降段上的相应目标进行配对。但是,距离和多普勒频率的某些组合可能引起多组配对,即幻影。幻影可以通过为波形编码增加更多的斜率来消除。与多个PRF一样,如果 N 是斜率数,$N-1$ 个同时探测的目标的所有可能组合可以被"去幻影"。与多PRF测距相比,调频测距幻影问题通常没有那么严重,因为距离和多普勒频率均不是模糊的,同时实际中,通常使用三斜率波形编码。

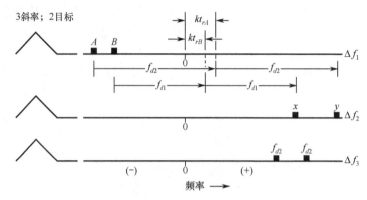

图 7.46 两个目标的调频测距频差图[8]

调频测距精度与多普勒滤波器组的频率分辨率和发射机频率变化率的比值 $k_{FM} = \dot{f}$ 成正比,如图 7.47 所示。调频测距的距离精度由下式给出:

$$R_{acc} = \frac{cB_D}{2k_{FM}} \tag{7.48}$$

式中:B_D——多普勒滤波器的 3dB 带宽;

k_{FM}——发射机频率的变化率。

例如,如果多普勒滤波器的带宽为 100Hz,$k_{FM} = 3\ MHz/s$,则由式(7.48)可得距离精度为 5km。

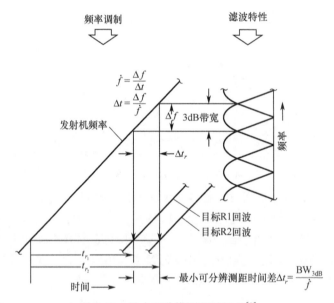

图 7.47 最小可分辨测距时间差[8]

从式(7.48)中可以看到,调频测距精度取决于多普勒滤波器带宽 B_D 以及发射机频率变化率 k_{FM}。k_{FM} 越大,给定传输时间产生的频差就越大,获得的距离精度就越高。同样,多普勒滤波器带宽 B_D 越小,距离精度就越高。然而,不能为了提高距离精度,而任意增大发射机频率调频斜率 k_{FM} 或减小多普勒带宽。

最小的多普勒滤波器带宽由雷达相参处理间隔决定,在搜索雷达中,这个间隔与雷达天线照射目标的时间相关（t_o 是雷达到 $t_o/3$ 的观察时间），反过来就是将最小多普勒滤波器带宽限制到 $B_D = 3/t_o$（Hz）。

在空对空应用中，发射机的调频变化率 k_{FM} 受到进入目标回波所在多普勒区域的地杂波回波的拖尾效应（其接收距离可大于 100 n mile）限制。这与由于发射机的不稳定性（见第 3.3 节）而制约高 PRF 脉冲多普勒雷达性能的影响效果相同。通常探测不到扩展杂波频谱占据的多普勒区域内的目标，因为这些目标回波会被杂波遮蔽。那么必须将发射机的频率变化率 k_{FM} 保持在最大目标多普勒频移的很小一部分，以提供足够宽的多普勒无杂波区，进行目标探测。

利用不同程度的发射机调频探测远程目标的杂波频谱情况如图 7.48 所示。图中有两个远程目标，一个 B 具有高多普勒频率，另一个 A 的多普勒频率仅比最高地杂波频率略高。第一个剖面图显示了高 PRF 机载 PD 雷达的常规地杂波频谱，图中两个目标落在多普勒无杂波区内。第二个剖面图显示了当对应于目标距离的频移与更高速迫近的目标的多普勒频移相当时 B 将会发生的情况。在这种情况下，主瓣杂波扩展到杂波清晰区，遮蔽两个目标。第三个剖面图中，目标距离的频移只是目标多普勒频移的一小部分。这种关系导致了杂波频谱宽度的有限扩展，对目标探测的影响很小。

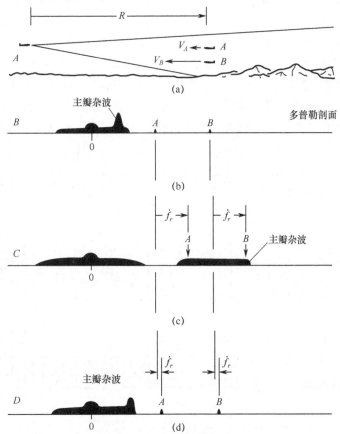

图 7.48　高 PRF 雷达中因发射机调频引起的地杂波频谱扩展[8]
(a) 从远距离逼近的两个目标，一个目标比另一个目标的逼近速度快得多；
(b) 多普勒剖面图，无调频测距，无杂波扩展；
(c) 多普勒剖面图，有调频测距，$\dot{f}$ 值较大，主瓣杂波产生频移，扩展到多普勒清晰区，遮蔽目标。

一般情况下，发射机频率变化率 k_{FM} 和多普勒滤波器带宽 B_D 面临的制约是：在典型的机载拦截系统中，距离精度约为几英里[8]。这比脉冲延迟测距获得的结果更差。如果期望获得高 PRF 脉冲多普勒雷达的最大探测距离，可以采用顺序探测模式。首先，采用速度搜索模式，期间并不测量距离；然后，激活调频测距模式，确定目标的距离。

7.5 主瓣杂波

决定 PD 雷达性能的一个主要因素是雷达抑制主瓣杂波（地杂波和海杂波）的能力。距离高度模糊的雷达波形（中 PRF 和高 PRF）会增强主波束杂波，因此，为达到这类型波形设计的性能水平，对杂波抑制提出了更高的要求。陆/海基中 PRF 和高 PRF 设计的性能通常受限于雷达基振（STALO）和发射机的相位和频率不稳定性，它们引起主瓣杂波扩展到目标多普勒滤波器所在的频率区域（见第 3.3 节）。除了由于振荡器的不稳定性导致的杂波频谱扩展外，雷达平台的运动、天线扫描以及信号幅度和相位的随机变化也会引起主瓣杂波扩展（见第 3.2 节）。后面的这些影响通常可以决定在低 PRF 和中 PRF 脉冲多普勒设计中用于动目标探测的多普勒无杂波区。在机载设计中，副瓣杂波可能成为低 PRF 和中 PRF 设计的制约因素（见第 7.2.2 节），而振荡器的不稳定性通常决定了高 PRF 设计在杂波抑制方面的性能。

另一个会制约脉冲多普勒雷达性能的因素是由于接收机的非线性导致主瓣杂波频谱扩展到目标所在的多普勒区域。此问题已在第 3.2.5 节和第 6.2.3 节关于 MTI 系统的讨论中涉及。然而，在高 PRF 脉冲多普勒设计中，由于距离模糊杂波折叠入目标距离单元，主瓣杂波可能大于接收机噪声 80~100dB。图 7.49 所示为使用软限幅接收机时（见图 6.14）高斯型主波束杂波频谱向下扩散到 −140dB。这使得在接收机非线性的情况下高 PRF 的 PD 雷达的探测性能取决于微弱目标。

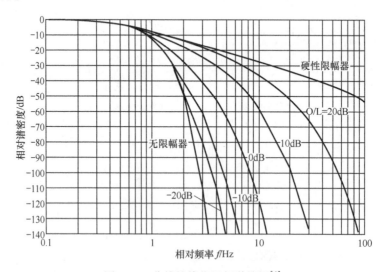

图 7.49 非线性接收机频谱扩展[6]

例 27 高度线回波

机载雷达会遇到从飞机正下方地面反射的强烈镜面回波，这种回波称为高度线回波，因为通常其距离等于雷达的绝对高度。高度线回波通过雷达的副瓣发射和接收，且通常比周围的副瓣杂波回波强，也能与主瓣杂波一样强或比主瓣杂波更强。高度线回波几何关系如图 EX-27.1 所示。

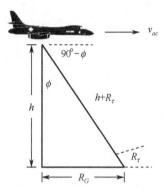

图 EX-27.1 高度线几何关系

可以用入射角 ϕ 定义带有脉宽的地面回波。入射角由下式给出：

$$\phi = \arccos\left(\frac{h}{h + R_\tau}\right)$$

式中：$R_\tau = c\tau/2$；h 为飞机的高度。

地面回波圆周半径可以通过下式进行计算：

$$R_G = h\tan\phi$$

得到地面范围：

$$A_G = \pi R_G^2$$

地面圆周边缘的最大高度线多普勒为

$$f_{dmax} = \frac{2v_{ac}\sin\phi}{\lambda}$$

式中：v_{ac} 为飞机的速度。

飞机正下方回波的平均多普勒频率为零。图 3.42 给出了高 PDF 脉冲多普勒杂波频谱图，其中包括高度线杂波。高度线杂波对于采用高 PRF 波形的脉冲多普勒雷达是一个主要问题，但对于中 PRF 和低 PRF 波形的脉冲多普勒雷达，则不是，因为如果采用合适的距离选通的话，可以在中 PRF 和低 PRF 脉冲多普勒雷达中消除高度线杂波。

MATLAB 程序 alt_lineb.m 计算了海杂波上的高度线回波功率。杂波的反射率是掠射角 ($90° - \phi$) 的函数，因此，随地面圆周而改变。图 EX-27.2 描绘了 TSC 镜面反射率 (σ^0) 模型 [调用 MATLAB 函数 tsc (angg, wl, SS)]，它是入射角、波长和海况的函数。然后，地面区域被划分为同心环，每个环拥有 ΔA 面积和适当的入射角。那么每个同心环回波功率可以用下式计算：

$$\Delta P_c = \frac{P_t G_{SL} \lambda^2 \sigma^0 \Delta A}{(4\pi)^3 R^4}$$

总功率则为增量功率之和，如图 EX-27.3 所示，图中 $P_t = 1500W$，$\lambda = 0.03m$，$G_{SL} = -5dB$，海况为 0。

与高度线相关的最大多普勒频率随雷达高度而变化。图 EX-27.4 所示为采用图 EX-27.3 使用的参数时最大多普勒频率随高度的变化（通过 MATLAB 程序 alt_lineb.m 计算）。

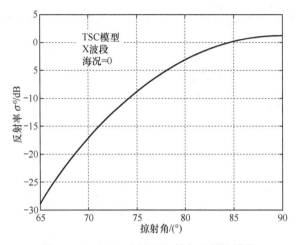

图 EX-27.2　TSC 镜面反射率海杂波模型

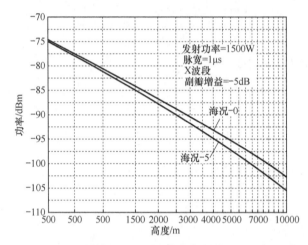

图 EX-27.3　高度线杂波

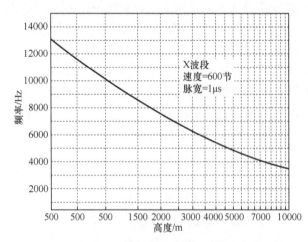

图 EX-27.4　高度线杂波最大多普勒频率

高度线回波频谱由 MATLAB 程序 alt_ linec.m 计算。为了计算该频谱，同心地面圆环被分成多个方位角单元。然后通过下式计算每个单元的多普勒频率，即

$$\Delta f_d = f_{ac}\sin(\Delta\phi)\cos(\theta_{az})$$

同时,根据方位角单元数量划分每个同心环的功率来进行功率计算,高度线频谱如图 EX-27.5 所示。

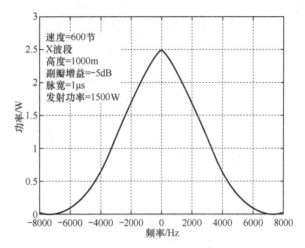

图 EX-27.5 高度线谱

为了计算那些受主瓣杂波限制的设计的性能,需要计算包含在那部分杂波谱中的杂波功率。从扁平地球一小块地面处(见图 7.50)接收的增量杂波功率为

$$dP_c = \frac{P_t G^2(\theta_{az},\phi_{el})\lambda^2 \sigma^0 ds d\theta}{(4\pi)^3 R_c^4 L_c} \tag{7.49}$$

式中:$G^2(\theta,\phi)$——杂波单元方向上的天线增益;

θ_{az}——方位角;

ϕ_{el}——俯角;

σ^0——单位面积归一化杂波反射系数;

R_c——到杂波单元的距离;

L_c——雷达系统的杂波损耗。

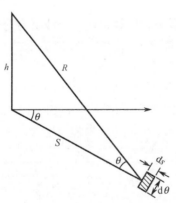

图 7.50 杂波单元几何关系[39]

对于低 PRF 雷达,主瓣杂波 RCS $(\sigma_{cx}) = \sigma^0 \int_s ds d\theta$ 可以表示为

$$\sigma_{cx} = \sigma^0 R_c \theta_{az} \left(\frac{c\tau_e}{2}\right) \sec \psi \tag{7.50}$$

式中：θ_{az} ——雷达的单向功率天线波束宽度；

τ_e ——雷达的有效脉宽。

将式（7.50）代入（7.49）并定义 $G^2(\theta_{az}, \phi_{el}) = G_t^2 F_c^4$，其中，$F_c^2$ 为杂波方向图传播因子，G_t 为峰值天线增益，并假设 ϕ_{el} 很小，可得

$$P_{cML} = \frac{P_t G_t^2 \lambda^2 F_c^4 \sigma^0 \theta_{az} \left(\frac{c\tau_e}{2}\right)}{(4\pi)^3 R_c^3 L_c} \tag{7.51}$$

对于距离模糊杂波，式（7.51）可以表示为

$$P_{cML} = \frac{P_t G_t^2 \lambda^2 \theta_{az} R_\tau}{(4\pi)^3 L_c} \sum_{i=1}^{\infty} \frac{\sigma_i^0 F_{ci}^4}{R_{ci}^3} \tag{7.52}$$

式中：σ_i^0、F_{ci}^4、R_{ci}^3 对应每个模糊杂波单元各自的值。

需要注意的是，对于距离模糊雷达，最靠近雷达的杂波单元对增量杂波功率贡献最大。在反射系数、传播因子和衰减保持相对恒定的情况下，式（7.53）表示有效杂波距离 R_{ce} 代入式（7.52）[40]，即

$$R_{ce}^3 = \frac{1}{\sum_{i=1}^{n} \left(\frac{1}{R_{ci}^3}\right)} \tag{7.53}$$

式（7.52）的求和部分中，杂波反射系数 σ_i^0 和方向图传播系数一般随到杂波单元的距离 R_{ci} 变化。利用常量 γ 反射模型（$\sigma^0 = \gamma \sin \psi$），可以从求和中去除杂波反射系数。对于较小的俯角，适用关系式 $\phi_{el} = h/R$，杂波功率可表示为

$$P_{cML} = \frac{P_t G_t^2 \lambda^2 \theta_{az} \left(\frac{c\tau_e}{2}\right) \gamma h_a}{(4\pi)^3 L_c} \sum_{i=1}^{\infty} \frac{F_{ci}^4}{R_{ci}^4} \tag{7.54}$$

式中：h_a ——天线高出地面的高度；

γ ——常量反射系数。

对于中 PRF 和高 PRF 脉冲多普勒机载雷达，天线具有足够的高度 h_a，在最初几个模糊距离间隔中，杂波不是由天线主瓣产生的。式（7.52）及式（7.54）求和部分，适合的情况下，在 $i=1$ 时 F_{ci} 将取值较小，并可能在距离为 $R_{ci} = R_{ci} + (i-1)R_a (i>1)$ 的连续若干个模糊距离，F_{ci} 也取较小值，这里对于固定重频 $R_a = c \cdot PRI/2$。

距离模糊雷达（中 PRF 和高 PRF）杂波放大特性可以通过计算 S/C 功率比来进行评估，方法是用标准雷达方程除以式（7.52），其结果为

$$\frac{S}{C} = \frac{\sigma_t}{\theta_{az} R_t \left(\frac{c\tau_e}{2}\right) L \sum_{i=1}^{\infty} \sigma_i^0 \left(\frac{R_t}{R_{ci}}\right)^3 F_{ci}^4} \tag{7.55}$$

式中：σ_t ——目标的 RCS；

R_t ——目标距离，且 $L = L_r/L_c$。

当杂波和目标距离在天线波束峰值处相等时（$F_c = 1$），$S/C = \sigma_t/\sigma_{cx}$，其中，$\sigma_{cx} = \sigma^0 \theta_{az} R_t (c\tau_e/2)$ 为不模糊杂波 RCS。对于模糊杂波距离 R_{ci}，每个模糊距离的杂波反射系数 σ_i^0

被放大 $(R_t/R_{ci})^3 F_{ci}^4$ 倍,为了获得有效的杂波 RCS,必须将所有可能的杂波模糊的杂波反射系数相加。

对于高 PRF 雷达,主瓣杂波功率可以利用返回到连续波雷达(发射机功率为 P_t)的杂波功率乘以雷达占空比($d_u = \tau/T$)计算。连续波雷达主瓣杂波功率可以用积分代替式(7.52)中的求和部分[40],如下所示:

$$P_{cML} = \frac{P_t G_t^2 \lambda^2 \theta_{az}}{(4\pi)^3 L_c} \int_0^\infty \frac{\sigma^0 F_c^4}{R^3} dR \tag{7.56}$$

式中:F_c^4 为包含俯仰电压增益天线方向图的双向(发射和接收)方向图传播因子。

对于水平指向的高斯型俯仰方向图,方向图的传播因子为

$$F_c^4 = \exp\left(-\frac{5.55\phi_{el}^2}{\sigma_B^2}\right) \tag{7.57}$$

式中:ϕ_B 为天线的单向功率俯仰波束宽度。

对于较小的俯视角,$\phi_{el} = h_a/R$,且

$$\int_0^\infty \frac{\exp(-5.55 h_a^2/\phi_{el}^2 R^2)}{R^3} dR = \frac{\phi_{el}^2}{(3.33 h_a)^2} \tag{7.58}$$

脉冲多普勒雷达(占空比为 d_u)的主瓣杂波功率可以通过式(7.56)(σ^0 为常量)获得:

$$P_{cML} = \frac{P_t d_u G_t^2 \lambda^2 \theta_{az} \phi_{el}^2 \sigma^0}{(4\pi)^3 L_c (3.33 h_a)^2} \tag{7.59}$$

式中:P_t——雷达的峰值功率;

d_u——占空比;

θ_{az}——方位波束宽度;

ϕ_{el}——俯仰波束宽度;

h_a——地面上方天线相位中心高度;

G_t——天线峰值增益;

L_c——杂波探测损耗。

利用天线增益波束宽度关系式 $G_t = 4\pi/\theta_{az}\phi_{el}L_n$,其中 $L_n = 1.2$ 为方位角天线方向图损耗因子,$\theta_{az} = 1.5\lambda/D_a$,$D_a$ 是方位角天线孔径(D_a 和 L_n 已针对低副瓣进行了调整),得到结果为

$$P_{cML} = \frac{P_t d_u \sigma^0 \lambda D_a}{6\pi L_c L_n^2 (3.33 h_a)^2} = \frac{P_t \sigma^0 \lambda D_a d_u}{400 h_a^2} \tag{7.60}$$

式中:方位天线波束形状损耗 $L_c = 1.33$ [40]。

例如,考虑一个陆基 X 频段脉冲多普勒雷达($\lambda = 3$cm),占空比为 0.1,采用 1.2 m 方位孔径,相位中心位于地面上方 2.4 m,反射系数为 $\sigma^0 = 0.004$,可以得到 $P_{cML}/P_t = 6.25 \times 10^{-9} = -82$dB。对于 10 kW 的发射机功率,主瓣杂波功率为 -12 dBm。

式(7.56)也可以利用常量 γ 反射模型($\sigma^0 = \gamma\sin\phi_{el}$)进行计算,对于较小的俯角($\phi_{el} = h/R$),积分结果为

$$\int_0^\infty \frac{\sigma^0 F_c^4}{R^3} dR = \int_0^\infty \frac{\gamma h_a}{R^4}\exp(-5.55 h_a^2/\phi_{el}^2 R^2) dR = \frac{\gamma \phi_{el}^3}{29.4 h_a^2} \tag{7.61}$$

对于脉冲多普勒雷达(占空比为 d_u),将式(7.61)代入式(7.56)中,可以得到

$$P_{cML} = \frac{P_t d_u G_t^2 \lambda^2 \theta_{az} \phi_{el}^3 \gamma}{29.4(4\pi)^3 L h_a^2} \quad (7.62)$$

将 $\phi_{el} = 1.5\lambda/D_e$ 代入式（7.56），其中，D_e 是俯仰方向孔径，并采用式（7.60）的简化替代关系，可以对式（7.62）进一步简化，得到

$$P_{cML} = \frac{P_t d_u \lambda^2 D_a \gamma}{533 D_e h_a^2} \quad (7.63)$$

注意，主瓣杂波功率与高度的平方成反比，这将导致对机载雷达的杂波抑制要求没有对地面雷达的要求那么严。例如，一部 X 频段陆基雷达，发射机功率为 10kW，占空比为 0.1，采用圆形孔径（$D_a = D_e$），工作在地面上 3m 处，地形反射率为 0.1 [18]。根据式（7.63），主瓣杂波功率 $P_{cML} = 1.9 \times 10^{-5}$W。假设多普勒滤波器带宽为 1kHz，系统噪声温度 T_s = 3000K，结果，滤波器噪声功率等于 4×10^{-17} W。在目标多普勒滤波器中的主瓣杂波必须衰减约 120 dB，以使探测是噪声受限的。

在机载系统下，对于圆形波束，杂波 RCS 可以近似为

$$\sigma_{cx} = \frac{\sigma^0 \pi (\theta_{3dB} R)^2}{4} \quad (7.64)$$

式中：θ_{az} 为单向功率天线波束宽度。

将这一结果代入雷达方程，则

$$P_{cML} = \frac{P_t d_u G_t^2 \theta_{3dB}^2 \sigma^0 \lambda}{(\sqrt{2} 16\pi)^2 R^2 L} \quad (7.65)$$

式中：d_u ——雷达占空比；

θ_{3dB} ——天线的单向功率波束宽度；

R ——到主瓣杂波单元的距离；

L ——系统损耗。

将 $G = \pi^2/\theta_{3dB}^2 = (\pi D/\lambda)^2$ 代入式（7.65），其中，D 为圆形天线孔径的直径，得到

$$P_{cML} = \frac{P_t d_u \sigma^0 D^2}{50 R^2 L} \quad (7.66)$$

如果假设 X 频段地面脉冲多普勒雷达也选用同样的参数（$P_t = 10$kW，$d_u = 0.1$，$\sigma^0 = 0.1$），$D = 0.7$m，$L = 1$，$R = 10$ km，则结果是主瓣杂波功率 $P_{cML} = 10^{-8}$W。1 kHz 多普勒滤波器中的噪声功率（$T_s = 3000$K）是 4×10^{-17} W，C/N $= 2.5 \times 10^8$，并需要主瓣杂波衰减 84 dB，以使多普勒滤波器中探测是噪声受限的。

例28 采用脉冲多普勒雷达进行导弹逼近告警

导弹逼近告警（MAW）是对抗战术飞机导弹攻击的必要功能。导弹逼近告警通常在飞机面临正在逼近导弹的攻击时而向其告警，并提供方向和命中时间等必要威胁信息，以通过投放诱饵或采用主动对抗措施来对抗攻击。导弹逼近告警是对雷达告警接收机的补充，以警示机组人员敌方火控雷达和带有有源雷达导引头的导弹的出现，但它们在对抗采用红外/光电（IR/EO）无源传感器的武器时非常重要。

导弹逼近告警可以是有源的也可以是无源的。前者采用脉冲多普勒雷达通过表面回波来探测和跟踪导弹，后者通过对红外或紫外（UV）导弹火箭发动机尾焰特征信号的响应来探测和跟踪导弹。可以将两种类型的传感器组合为一混合系统中，发挥最佳组合优势[41]。

雷达具有提供全天候距离和距离变化数据的优势，能够计算命中时间数据。它缺点包括难以从杂波中提取小型导弹 RCS 目标，而且不能提供全向精确到达角数据。另外有源雷达有可能会成为反辐射导弹的信标。此外，当雷达用于装备隐身飞机时，低截获概率（LPI）波形和天线屏蔽是必要的。导弹和快速迫近飞机之间的辨别是有源雷达导弹逼近告警面对的另一个难题。

利用热寻的导弹进行尾部攻击是战术飞机面临的最危险情景。B-52 和 B-1B 轰炸机均安装了尾部告警 PD 雷达，以防止这种情况的发生。图 EX-28.1 描绘了这种作战态势以及该态势下的高 PRF 杂波频谱和目标频谱。当导弹迫近飞机的速度小于飞机的前进速度时，导弹目标湮没在副瓣杂波中，要求后视天线在前视方向拥有较低的副瓣。

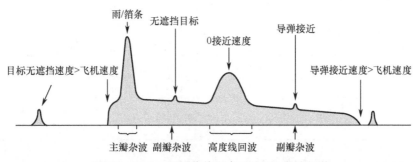

图 EX-28.1 尾随作战和高 PRF PD 杂波频谱

导弹逼近告警雷达具有提供目标距离和距离变化率输出的优势，使系统能够计算命中时间，因此可以优化对抗行动部署和飞机规避机动时间。雷达同时具有分辨逼近的导弹和飞机之间的潜力，以完成非合作目标的识别。在任何高度的全天候环境下，基于雷达的导弹逼近告警都是有效的，但其可能会成为信标[41,42]。

脉冲多普勒导弹逼近告警的设计面临小目标 RCS（0.01~0.1m²）所带来的两个主要挑战，即低空区遭遇的强地杂波，以及战术飞机天线有限的可用空间。脉冲多普勒导弹逼近告警的一个主要任务是在某一距离上实现高探测概率（0.9~0.95），并获得低虚警概率，以提供足够的拦截时间，有效部署诱饵，采取可能的规避机动。对这一任务的主要受平均发射机功率和所需的天线孔径的影响。另一个主要挑战是杂波下可见度（80~90dB），这对抑制强地杂波信号，特别是低空区那些可能掩盖期望目标或导致虚警产生的信号来说是必要的。

适用于噪声受限背景下的基本搜索雷达探测距离方程由下式给出[41]：

$$R = \left[\frac{P_A A_r t_s \sigma}{4\pi \Psi_s k T_s S_A L_s}\right]^{1/4}$$

式中：R——对立体角 Ψ_s 的探测距离；
P_A——平均发射功率，单位为 W；
A_r——有效天线接收机孔径，单位为 m²；

t_s ——到搜索立体角 Ψ_s 的时间，单位为 s；

σ ——平均雷达截面积，单位为 m²；

Ψ_s ——利用相同功率搜索的立体角，单位为球面度；

k ——波耳兹曼常数，$k = 1.38 \times 10^{-23}$ W/Hz – K；

T_s ——有效系统噪声温度，单位为 K；

S_A ——有效累积接收信号能量与噪声谱密度之比 E/N_0；

L_s ——包括方向图传播因子在内的总系统损耗。

除了一些参数（σ、T_s、L_s）随频率变化外，搜索雷达方程与频率基本无关。导弹逼近告警必须获得的距离信息依赖于执行必要保护行动所需的告警时间，约为 3～5 s。表 EX – 28.1 列出了在不同的导弹速度下提供 5s 告警时间所需的探测距离[41]。如高速导弹（5Ma），需要探测距离为 10.2 km，这是更常见的导弹（2.5Ma）所要求的探测距离的 1.7 倍。通过式（7.9），转换为功率孔径积，约是低速导弹的 9 倍。如果采用中速导弹（2.5Ma）5.9 km 设计要求，则对高速导弹告警时间减少到约 3s。这一告警时间在许多应用中可能足矣。

表 EX – 28.1 5s 告警探测距离需求

导弹速度		探测距离需求/km			
		0.95Ma 飞机		0.6Ma 飞机	
Ma	m/s	机头	机尾	机头	机尾
1.5	516	4.2	1.0	3.6	1.6
2.5	860	5.9	2.7	5.3	3.3
5.0	1720	10.2	7.1	9.6	7.6
(3s 告警)		(6.1)	(4.2)	(5.8)	(4.5)

威胁导弹的 RCS 随姿态角和频率的变化而变化。频率低于 2GHz 的良好设计值为 – 15～– 10dBsm。小直径导弹（3 英寸）的 RCS 对频率非常敏感，在 430 MHz 增加 10 dB，在 5 GHz 减少约 20 dB。较大直径导弹（大于 8 英寸）对频率没有那么敏感，在方位偏离导弹弹头方向的 30% 时，降至 – 15～– 10dBsm 范围内[41]。

文献 [42] 给出了一种典型导弹逼近告警脉冲多普勒雷达设计方法。设计参数列于表 EX – 28.2 中。该系统的性能参数（90% 累积探测概率，0.95Ma 的飞机）列于表 EX – 28.3 中。需要注意的是，对于所有进攻方向，反应时间通常超过 3s，对于最常见的导弹，反应时间通常超过 6s。多普勒滤波器带宽设定为 40 Hz，以适应加速度为 $16g$ 的导弹。

表 EX – 28.2 典型导弹逼近告警脉冲多普勒雷达

参数	值	参数	值
发射机频率	1.5 GHz	接收机动态范围	110 dB
发射机平均功率	500 W	杂波下可见度	70 dB
噪声系数	3 dB	多普勒滤波器带宽	40 Hz
系统总损耗	10 dB	脉冲重复频率	25 kHz
天线有效孔径	40 in	脉宽	10 μs
天线主瓣/背瓣比	35 dB	角度覆盖	全向

表 EX-28.3 导弹逼近告警脉冲多普勒雷达性能

导弹速度/Ma	机头探测/km	发动攻击时间/s	机尾探测/km	发动攻击时间/s
1.5	7.7	9.2	9.7	51.3
2.5	7.2	6.0	8.4	15.9
5.0	6.2	3.0	7.0	50

雷达杂波效应与飞机速度、高度、进攻导弹到达角有关。最常遇到的情况是攻击高速、低空飞机的尾随追击导弹。强地杂波回波从尾视导弹逼近告警天线主瓣、副瓣和背瓣进入。这些信号可以被表征为主瓣、副瓣和高度线杂波,每个都具有独特地特征,并以不同的方式影响设计。

由于天线主瓣的功率增益,主瓣杂波通常最强。对于后视天线,主瓣杂波似乎正在远离飞机,产生负的多普勒,可以通过多普勒滤波从导弹回波(朝向飞机移动,并产生正多普勒)中分离。对于安装在机头的天线,杂波产生正多普勒,但导弹和飞机的组合体会产生更大的正多普勒,从而可以通过多普勒识别来探测导弹。

水平飞行的飞机的高度线杂波的多普勒频移为零,因为它既不逼近也不后退,因此,可以将其从感兴趣的目标中分辨出来。高度线杂波通常从副瓣进入,具有相对较低的增益,但在水面上低空或会产生类似镜面反射的其他表面上,也可以非常强。

副瓣杂波通常比主瓣杂波或高度线杂波弱得多。然而,对于后视天线,背瓣杂波产生正多普勒,与正以小于飞机速度的相对速度接近飞机的导弹产生的正多普勒不分伯仲。因此,对于这种情况,必须提供低天线背瓣将杂波幅度衰减至导弹回波幅度以下。

通过估算杂波回波幅度可以计算出所需的杂波下可见度。低空地杂波单元的面积由 $A_c = \theta_{az} \cdot R \cdot R_\tau$ 给出,其中,θ_{az} 为方位天线波束宽度,R 为到杂波单元的距离,R_τ 为距离波门长度[41]。由表 EX-28.2 可知,在 6km 距离处,杂波地块面积为 $A_c = (20/7 \times 2.54) \times 6000 \times 1500 = 10^7 m^2$。那么杂波的等效 RCS 为 $\sigma_c = \sigma^0 \cdot A_c$,其中,$\sigma^0$ 为后向散射系数(山区和市区回波时等于 0.01)。信杂比 S/C $= \sigma_\tau/\sigma_c$,其中,σ_τ 为目标 RCS,$\sigma = 0.1 m^2$。计算所得的 S/C $= 10^{-5}$。

期望获得的低虚警率为每小时小于一次[41]。为了在 1s 内搜索 4π 球面度需要约 $4\pi/(\lambda/D)^2 = 10$ 波位/s。因为每个波位有 3 个距离波门,这会导致每秒 30 个距离波门虚警波位。每个距离波门多普勒滤波器组必须跨越 5Ma 的速度差(1720 m/s),以探测机头和机尾攻击导弹。每个多普勒滤波器速度范围为 $\nu = (\lambda \cdot B_d)/2 = 4m/s$,因此每个距离波门需要 $1720/4 = 430$ 个多普勒滤波器。所以,在 1s 中,有 12900 个可能的虚警。在 1h 内,虚警概率 $P_{fa} = 10^{-8}$ 时,约有 $10^7 \sim 10^8$ 个可能的虚警。探测 $P_d = 0.9$,$P_{fa} = 10^{-8}$ 的 Swerling 3 型目标所需的信杂比为 18 dB。因此,所需的由表 EX-28.2 中描述的导弹逼近告警系统要求的杂波下可见度为 50 + 18 = 68 dB,四舍五入后为 70 dB。

在导弹接近飞机的速度大于其接近地面速度时,可以通过多普勒滤波来获得 70 dB 的杂波下可见度。发射机的相位噪声(发射机杂波),以及导弹逼近告警接收机的稳定本振的相位噪声必须进行随机随机调制以避免杂波分量扩散到多普勒滤波器频带中[41]。相位噪声必须为 -120 dBc[41]。同时,距离波门和脉宽的时限在多普勒滤波器处理时间中内的皮秒区域具有稳定性。

在尾随追击情形下,天线背瓣会在杂波上产生正多普勒分量,最大可达到飞机的前进速度。当导弹以小于两倍飞机前进速度接近飞机时,其多普勒特征信号必定能立即与背瓣杂波相抗衡。这种情况下需要低天线背瓣以探测导弹。因为信号都是通过背瓣发射和接收的,相对于主波束增益,背瓣增益降低 SCV/2 = 35 dB,以提供必要的杂波衰减,进行导弹探测。

接收机的动态范围也非常重要,因为强大的主瓣杂波信号和高度线杂波信号在多普勒滤波之前就存在于接收机中。接收机中的任一非线性特性会在各杂波分量之间产生互调,使杂波频谱扩展到多普勒滤波器通带中[41]。在导弹逼近告警的设计中,需要约 110 dB 的动态范围,以进行低空飞行时的导弹探测。

导弹逼近告警系统的工作频率影响到其设计的多个方面。首先,较低的频率(UHF 频段)会受到影响,因为拥有足够孔径的天线,可以进行导弹探测,但却不能提供所需的主瓣与副瓣增益比,以满足杂波下可见度要求。另外,低频下获得的大型天线波束宽度不能提供对抗威胁所必需的到达角精度。较高的频率(X 或 Ka 频段)会产生一个合成天线,天线波束较窄,必须迅速扫描覆盖范围,探测威胁。此外,小直径导弹(3 ~ 5 英寸)在高频时 RCS 会减少。同时,在较高频率下,天气的影响是普遍存在的。考虑到以上及其他一些问题,权衡研究得出的结论是:L 频段(1 ~ 2GHz)是导弹逼近告警脉冲多普勒雷达最优工作频率[41]。

影响导弹逼近告警脉冲多普勒雷达设计的另一个问题是,飞机进入导弹逼近告警雷达的视场会产生虚警。虚警的产生是由于喷气式发动机对雷达回波的调制造成的,飞机发动机会产生与导弹多普勒分量相应的多普勒分量。比较多普勒速度与通过对距离测量值求导获得的速度,可以对控制虚警产生。如果它们提供的结果相同,那么目标就是导弹,否则,就是飞机。

典型导弹逼近告警脉冲多普勒雷达的参数由表 EX – 28.2 给出。利用这些参数,并假定目标为 Swerling 3 型目标,搜索帧时为 1s,探测概率为 0.98,孔径效率为 70%,天线直径为 1 ~ 12in,通过 MATLAB 程序 maw_ant_pd. m 计算得到探测距离。图 EX – 28.2 所示为导弹 RCS 为 0.1 m² 和 0.0316 m² 时的计算结果。

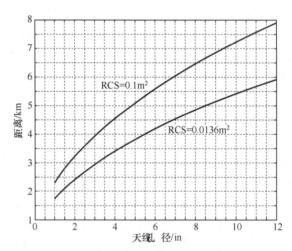

图 EX – 28.2　不同导弹探测距离时的导弹逼近告警天线孔径

参 考 文 献

[1] Stimson, G., Introduction to Airborne Radar, 2nd ed., Mendham, NJ: SciTech Publishing, 1998.

[2] Clarke, J., "Airborne Early Warning Radar," Proc. IEEE, Vol. 73, No. 2, February 1985, pp. 312 – 324; also in M.

第7章 脉冲多普勒系统

Skolnik, (ed.), Radar Applications, New York: IEEE Press, 1988.

[3] Kronhamn, T., "AEW Performance Improvement with the Erieye Phased Array Radar," Proc. IEEE National Radar Conference, Boston, MA, May 1993, pp. 34 – 39.

[4] Clarke, J., and C. Stewart, "Airborne Radar, Part 1: Air – to – Surface," Microwave J., Vol. 29, No. 1, January 1986, pp. 32 – 46.

[5] Clarke, J., and C. Stewart, "Airborne Radar, Part 2: Air – to – Surface," Microwave J., Vol. 29, No. 2, February 1986, pp. 44 – 54.

[6] Schleher, D. C., MTI and Pulsed Doppler Radar, Norwood, MA: Artech House, 1991.

[7] Perkins, L., H. Smith, and D. Mooney, "The Development of Airborne Pulse Doppler Radar," IEEE Trans. on Aerospace and Electronic Systems, Vol. AES – 20, No. 3, May 1984, pp. 292 – 303.

[8] Stimson, G., Introduction to Airborne Radar, Hughes Aircraft Co., El Segundo, CA, 1983.

[9] Goetz, L., and J. Albright, "Airborne Pulsed – Doppler Radar," IRE Trans. Military Electronics, Vol. MIL – 5, No. 2, April 1961, pp. 116 – 126; also in D. Barton, (ed.), CW and Doppler Radar, Vol. 7 of Radars, Dedham, MA: Artech House, 1978.

[10] Povejsil, D., R. Raven, and P. Waterman, Airborne Radar, New York: Van Nostrand, 1961.

[11] Long, W., and K. Harriger, "Medium PRF for the AN/APG – 66 Radar," Proc. IEEE, Vol. 73, No. 2, February 1985, pp. 301 – 311; also in M. Skolnik, (ed.), Radar Applications, New York: IEEE Press, 1988.

[12] Mooney, D., and W. Skillman, "Pulse – Doppler Radar," in M. I. Skolnik, Radar Handbook, 1st ed., New York: McGraw – Hill, 1970.

[13] Schleher, D. C., Introduction to Electronic Warfare, Dedham, MA: Artech House, 1986.

[14] Nathanson, F., Radar Design Principles, New York: McGraw – Hill, 1969.

[15] Aronoff, E., and N. Greenblatt, "Medium PRF Radar Design and Performance," Proc. 20th Tri – Service Radar Symposium, 1974, pp. 53 – 67; also in D. Barton, (ed.), CW and Doppler Radar, Vol. 7 of Radars, Dedham, MA: Artech House, 1978.

[16] Williams, F., and M. Radant, "Airborne Radar and the Three PRFs," Microwave J., July 1983, pp. 129 – 133; also in M. Skolnik, (ed.), Radar Applications, New York: IEEE Press, 1988.

[17] Hovanessian, S., "Medium PRF Performance Analysis," IEEE Trans. on Aerospace and Electronic Systems, Vol. AES – 18, No. 3, May 1982, pp. 286 – 296.

[18] Barton, D. K., Modern Radar System Analysis, Norwood, MA: Artech House, 1988.

[19] Hovanessian, S. I., Radar System Design and Analysis, Dedham, MA: Artech House, 1984.

[20] Schleher, D. C., Electronic Warfare in the Information Age, Norwood, MA: Artech House, 1999.

[21] Morchin, W., "Antenna Sidelobe Requirements for the Three PRFs of an AEW Radar," Microwave J., Vol. 31, No. 9, September 1988, pp. 83 – 87.

[22] Morris, G., "Antenna Sidelobe Requirements for the Medium PRF Mode of an Airborne Radar," Microwave J., Vol. 32, No. 9, September 1989, pp. 121 – 134.

[23] Farrell, J., and R. Taylor, "Doppler Radar Clutter," IEEE Trans. on Aerospace and Navigational Electronics, Vol. ANE – 11, September 1964, pp. 162 – 172; also in D. Barton, (ed.), CW and Doppler Radar, Vol. 7 of Radars, Dedham, MA: Artech House, 1978.

[24] Friedlander, A., and L. Greenstein, "A Generalized Clutter Computation Procedure for Airborne Pulse Doppler Radars," IEEE Trans. on Aerospace and Electronic Systems, Vol. AES – 6, No. 1, January 1970, pp. 51 – 61; also in D. Barton, (ed.), CW and Doppler Radar, Vol. 7 of Radars, Dedham, MA: Artech House, 1978.

[25] Ringel, M., "An Advanced Computer Calculation of Ground Clutter in an Airborne Pulse Doppler Radar," NAECON Record, 1977, pp. 921 – 928; also in D. Barton, (ed.), CW and Doppler Radar, Vol. 7 of Radars, Dedham, MA: Artech House, 1978.

[26] Jao, J., and W. Goggins, "Efficient, Closed – Form Computation of Airborne Pulse – Doppler Radar Clutter," Proc. IEEE Int. Radar Conference, Washington, D. C., May 1985, pp. 17 – 22.

[27] http://web.interware.hu/fl5e/techinfo/an_ apg – 70_ eng.htm.

[28] C. Smith, "The B-2 Radar," Proc. AUTOTESTCON '91, Anaheim, CA, September 1991, pp. 17–33.

[29] Brookner, E., "Phase Arrays and Radars—Past, Present and Future," Microwave J., January 2006, pp. 24–38.

[30] Malas, J., "F-22 Radar Development," NAECON 1997 Record, Dayton, OH, July 1997, pp. 831–839.

[31] http://f-22raptor.com/af_radar.php.

[32] http://kuku.sawf.org/Emerging+Technologies/2667.aspx.

[33] http://www.jsf.mil/f35/f35_technology_das.jpg.

[34] Hommel, H., and H. Feldie, "Current Status of Airborne Active Phased Array (AESA) Radar Systems and Future Trends," Proc. European Radar Conference 2004, Amsterdam, 2004, pp. 1517–1520.

[35] "Future DoD High Frequency Radar Needs Resources," Defense Science Board, April 2001.

[36] Skillman, W., and D. Mooney, "Multiple High-PRF Ranging," Proc. IRE 5th National Convention on Military Electronics, 1961, pp. 37–40; also in D. Barton, (ed.), CW and Doppler Radar, Vol. 7 of Radars, Dedham, MA: Artech House, 1978.

[37] Clarke, J., "The Chinese Remainder Theorem," Memorandum 3650, DTIC AD-A141 375, Royal Signals and Radar Establishment, February 1984.

[38] Hetrich, G., "Frequency Modulation Techniques as Applied to Pulse Doppler Radar," IRE Convention Record, Pt. 5, 1962, pp. 76–86; also in D. Barton, (ed.), CW and Doppler Radar, Vol. 7 of Radars, Dedham, MA: Artech House, 1978.

[39] Holbourne, P., and A. Kinghorn, "Performance Analysis of Airborne Pulse Doppler Radar," Proc. IEEE Int. Radar Conference, 1985, pp. 12–16.

[40] Barton, D. K., (ed.), CW and Doppler Radar, Vol. 7 of Radars, Dedham, MA: Artech House, 1978.

[41] Black, A., "Pulse Doppler for Missile Approach Warning," J. Electronic Defense, August 1991, pp. 44–56.

[42] Russell, W., "AN/ALQ-161 Tail Warning Function," J. Electronic Defense, August 1991, pp. 41–43.

[43] Tsui, J., Digital Techniques for Wideband Receivers, Norwood, MA: Artech House, 1995.

[44] Skolnik, M., (ed.), Radar Handbook, 2nd ed., New York: McGraw-Hill, 1990.

[45] Skolnik, M., Introduction to Radar Systems, 3rd ed., New York: McGraw-Hill, 2001.

[46] http://en.wikipedia.org/wki/Image: APG-70.jpg.

第8章 多普勒雷达系统专题

在本章,将讨论与雷达系统中的多普勒效应应用相关的几个专题。这些专题通常包括特殊多普勒信号处理技术的应用,这些应用不可替代的为雷达系统提供了一些优势。

多普勒波束锐化(Doppler Beam Sharpening,DBS)主要用于机载雷达以提供实时地表绘制的能力[1]。通常情况下地表地图的分辨率足以在强背景杂波下检测一些小的固定目标(比如汽车、坦克、舰船)。此模式的典型情况是,雷达前视天线在机身的一侧进行扫描,除了机体正前方的区域外,可以提供一个比实际天线波束更优的方位分辨率。其原理在于,飞机向前运动使得天线主波束内不同的反射源具有不同的多普勒频移。因此,位于同一个多普勒分辨单元(反比于天线在目标上的驻留时间)的反射源将会被单独分辨出来。

合成孔径雷达(Synthetic Aperture Radar,SAR)可以从机载或空间平台上在各种气象环境下对地面合成得到高分辨的图像。SAR利用平台运动来得到一个近似的侧视天线阵列,这个阵列的长度可以高达数千英尺。与实际的天线阵列所不同的是,SAR在平台运动时通过单个小天线按时间序贯地形成阵元,并不是用一个很长的天线来同时进行测量。高分辨SAR一般采用的聚焦阵列天线,这是因为SAR飞机的飞行轨迹一般是直线而不是圆形航迹,直行飞行时信号回波的相位不同,因此需要对天线阵列中的每个单元进行相位较正以补偿信号回波的相位差异。如果阵列没有聚焦的话,称为未聚焦阵列,这会导致雷达分辨率下降,在后面的例30中将对其进行说明。

当SAR雷达工作于聚束模式时,可以获得最佳的分辨率。此模式下,雷达在形成阵列的积累时间内实际天线始终指向感兴趣的区域。SAR成像需要很强的处理能力[2],所以早期的设计都是将接收到的数据通过数据链传给地面站,由地面站进行成像处理。最新的设计,如JSTARS和全球鹰(Global Hawk)[3],都是利用先进的数字处理技术以在平台上处理SAR数据。由于SAR需要很长的处理时间,所以运动目标可能会跑出成像范围。因此,在SAR成像过程中通常会使用GMTI技术。SAR图像上经常会标记出地面运动目标,有些还会给出目标的运动速度[2]。

干涉SAR[2,4,5](InSAR)能够测量地形的高度变化,测量精度可近似达到辐射波长的量级。结合高精度的SAR,可以获得三维地图。InSAR是通过每个分辨单元对应的视线俯仰角、雷达的高度和到该单元的斜距来获得俯仰数据的。

逆SAR(ISAR)是一种用来对转动目标成像的技术,可以对舰船、飞机和空间目标成像[6]。这种技术还用于目标特性测量雷达上,获得目标或目标模型的RCS。APS-137B(V)5雷达就是利用ISAR技术对雷达搜索到的舰船目标进行分类[7],其原理在于舰船在俯仰、横滚和偏航维的转动会产生不同的多普勒频率,如果利用FFT进行处理,可以得到舰船在相应维度的横向距离像。例如,舰船前后颠簸时,相对于转动中心,桅杆顶端的多普勒频移比桅杆底部或甲板上部结构要大。对多普勒一维像进行分辨后可以对桅杆成像。类似地,可以基于舰船在横滚和偏航维的转动进行成像,与舰船的前后颠簸一样,横滚和偏航维的转动ISAR成像可以得到沿舰船长轴、短轴和一维垂直切面,进而得到船船的水平面视图或者以上各视图的综合。然而，由于舰船的转动角速率是未知的，所以ISAR图像不一样代表了真实的横向尺寸。ISAR的图像质量还远不如照片，那些对图像解译的人有时被称为"Blobologists"。

联合监视和目标打击雷达系统（Joint Surveillance and Target Attack Radar System, JSTARS）指的是一种远距离、空对地监视系统，这种系统采用的X频段侧视APY-3雷达，这种雷达可以提供三种工作模式。

（1）高分辨SAR成像模式，主要用于检测固定目标并对其分类；
（2）大范围GMTI监视模式，主要用于态势感知；
（3）分段GMTI搜索模式，主要用于战场侦察。

GMTI检测到目标后，将目标显示到某数字存储的地图或SAR图像上。这个系统的主要创新在于干涉GMTI，该技术可以在强地杂波下检测到慢速移动的地面目标。利用DBS技术将天线孔径分成三段，主波束回波被分成多个多普勒单元，从而利用干涉将这些分辨单元的多普勒响应置零。当分辨单元中包括运动目标时，运动目标的多普勒响应与该分辨单元内的地面回波不同，所以干涉不会将动目标回波置零。这种技术主要受到杂波内部运动的限制，它所能检测到的地面运动目标的最小速度为4kn。

空时自适应处理（Space Time Adaptive Processing, STAP）是一种用于机载脉冲多普勒相控阵雷达的技术，它是一种采用自适应天线原理的广义DPCA处理。利用相控阵天线，可以对相控阵中每个阵元进行自适应加权。这些权值可以自适应地选取以使得处理器输出的信干比（干扰为杂波加噪声加人为干扰）最大。这种技术可以将天线的零点对准杂波和人为干扰信号，而将天线的主瓣波束瞄准目标。

完全的自适应STAP需要对时间-空间域一个维度巨大的协方差矩阵求逆，这往往超出了目前现有处理器的计算能力。本领域研究的焦点主要集中于发展计算效率更高的算法，以便更好地应用SATP原理[6,10]。STAP通常利用采样矩阵求逆（Sample Matrix Inversion, SMI）算法来得到自适应权值[11]。当在系统中实现STAP时，关键的问题就在于估计得到SMI算法所需的协方差矩阵。有限采样所带来的协方差矩阵估计误差会对系统的性能造成很大限制，使其无法达到最佳性能[12]。

通常MTI雷达提供的检测性能比雷达在噪声环境下工作时要差，这主要是因为当雷达在多样环境杂波中检测目标时伴随着各种损耗。基于MATLAB的互动MTI设计工具可以帮助用户分析不同强度的海杂波、地杂波、雨杂波和箔条杂波及其组合条件下，各类MTI和MTD处理器的性能。用户在MATLAB对话框中输入相应参数，输出结果将以柱状图的形式给出。

8.1 多普勒波束锐化

DBS是一种减小面杂波回波的方法，主要用于机载雷达，它利用多普勒滤波来等效地减小天线的波束宽度。飞机的运动使得地杂波的回波带有一定的多普勒频移，天线主波束方向图内每个角度方向的多普勒频移是唯一的（见第3.2.3节）。运动会带来杂波多普勒谱的展宽，展宽的程度取决于飞机的飞行速度、天线的方位向波束宽度和天线指向与飞机飞行速度方向的夹角。与杂波不同的是，目标具有唯一的多普勒频率，这个频率取决于它所在角度。若在目标多普勒处放置一个窄带多普勒滤波器（带宽反比于驻留时间），那么只有滤波器带宽对应的一个很小的角度范围的杂波会与目标对抗。在比较有利的情况下，对静止目标或低速运动目标可以得到较高的信杂比（SCR）改善。这种效果可认为是等效地减小了天线的波束宽度，因此才称其为多普勒波束锐化[1,13]。

前视机载雷达照射到地面上时，分辨单元（见图 3.16 和第 3.2.3 节）之内散射体的回波合成雷达回波。分辨单元的大小正比于辐射的有效脉冲宽度和天线的方位波束宽度，对于机载雷达，由于空间有限，天线孔径较小，方位波束宽度一般相对较大。

对一个小波束，地面后向散射的杂波 RCS 可以表示为

$$\sigma_{cx} = \sigma^0 R_c \theta_{az} \left(\frac{c\tau_e}{2}\right) \sec \psi \tag{8.1}$$

式中：σ^0——后向散射系数；

R_c——到杂波块的距离；

θ_{az}——方位向波束宽度；

τ_e——雷达的有效脉冲宽度；

ψ——从雷达到杂波单元的掠射角。

如果某目标位于该杂波单元内，则单脉冲 SCR 为

$$\frac{S}{C} = \frac{\sigma_t}{\sigma^0 R_c \theta_{az} \left(\frac{c\tau_e}{2}\right) \sec \psi L_c} \tag{8.2}$$

式中：σ_t——目标的 RCS；

L_c——代表杂波和目标损耗差异的损耗项。

注意到杂波和目标的波束形成损耗通常是相等的，所以在 L_c 中不包括该因素的影响。举例说明，假定某待检测的固定目标的 RCS 为 $5 m^2$（如小汽车），目标距雷达 10n mile，雷达为 Ku 频段的机载雷达（$\lambda = 1.85 cm$），雷达天线的孔径为 3 英尺（也就是说 $\theta_{az} = 1.5°$），有效脉冲宽度为 $0.2 \mu s$。低掠射角照射（$\psi = 2°$）农场时，后向散射系数为 $\sigma^0 = -30 dB$，得到 S/C = $-4.6 dB$。此情况下，MTI 无法发挥作用，因为在固定目标和地杂波之间不存在相对运动。因此，对这种类型的系统如果不采用 DBS 模式一般将无法检测到目标。

DBS 的一般几何关系如图 8.1 所示。距离切片中第 n 点的多普勒频移为

$$f_{dn} = \frac{2v_{ac}}{\lambda} \cos \alpha_n \tag{8.3}$$

式中：v_{ac}——飞机的速度；

α_n——第 n 点与雷达之间的连线与飞机速度矢量的夹角。

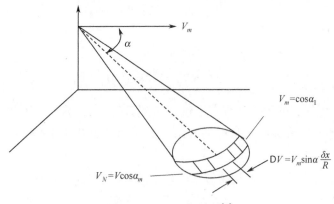

图 8.1　DBS 几何关系[1]

从式 (8.3) 可以看出，除非二者等多普勒 ($\alpha_n = k$)，表面上的每个点将产生唯一的多普勒频移。假定杂波分辨单元的方位向维度可以划分为多个小的单元，每一个单元内的角度相等，所以每个分辨单元内的频率差为

$$\Delta f_n = \frac{2v_{ac}}{\lambda}(\cos\alpha_{n1} - \cos\alpha_{n2}) \tag{8.4}$$

令 $\Delta\theta$ 表示每个子单元内的角度变化量，所以 $\alpha_{n1} = \alpha_m - \Delta\theta/2$ 和 $\alpha_{n2} = \alpha_m + \Delta\theta/2$，其中，$\alpha_m$ 为杂波单元的平均角度，进一步得到 $\cos\alpha_{n1} - \cos\alpha_{n2} = \Delta\theta\sin\alpha_m$。若多普勒带宽等于 $B_D = \Delta f_n$，那么经过多普勒波束锐化后，方位角可以解算为

$$\Delta\theta = \frac{\lambda B_D}{2v_{ac}\sin\alpha_m} \tag{8.5}$$

式 (8.5) 也可以表示为垂直航迹方向的距离分辨率为

$$\delta_{az} = \frac{R_c\lambda B_D}{2v_{ac}\sin\alpha_m} \tag{8.6}$$

从式 (8.5) 和式 (8.6) 可以看出，当飞机的飞行速度最大且波束指向垂直于飞机的地面航迹 (也就是 $\alpha_m = 90°$) 时，获得的分辨率最高。对于波束指向沿着飞机地面航迹的情况 (也就是 $\alpha_m = 0°$)，DBS 不会带来额外的分辨率改善。

对波束扫描的监视雷达，最小多普勒分辨率取决于雷达波束在目标上的驻留时间 ($B_D = 1/T_D$)。因此，角度分辨率 (单位 rad) 可以表示为

$$\Delta\theta = \frac{\lambda}{2v_{ac}T_d\sin\alpha_m} \tag{8.7}$$

式中：T_d 为在目标上的驻留时间。

式 (8.7) 的分母等于有效合成孔径，即

$$D_e = 2v_{ac}T_d\sin\alpha_m \tag{8.8}$$

所以，方位分辨率和等效 S/C 比的改善量可以表示为

$$I = \frac{D_e}{D_{az}} = \frac{2v_{ac}T_d\sin\alpha_m}{D_{az}} \tag{8.9}$$

式中：D_{az} 为天线的水平宽度。

假设 $v_{ac} = 400$ kn，雷达的扫描速度为 20(°)/s [13]。因此，当扫描角为 45° 时有效孔径 $D_e = 72$ ft，得到的改善因子为 $I = 14.6$ dB，$S/C = +10$ dB。或者，在式 (8.2) 中代入天线的合孔径孔波束宽度，得到

$$\frac{S}{C} = \frac{2\sigma_t v_{ac}T_d\sin\alpha_m}{\sigma^0 R_c\theta_{az}\left(\frac{c\tau_e}{2}\right)\sec\psi L_c} \tag{8.10}$$

根据式 (8.6) 可得，分辨单元垂直于航迹的宽度 $\delta_{az} = 53$ 英尺，因此，额外的波束锐化和更高的距离分辨率可以改善固定目标的 SCR。比如说，如果脉冲宽度缩小为 0.1μs (50 英尺)，S/C 将增大至 13 dB。

对如图 8.2 所示的情况，平台运动带来的地杂波频谱展宽可以表示为

$$\Delta f_{3dB} = \frac{2v_{ac}\Delta\theta_{3dB}\sin\alpha_m}{\lambda} \tag{8.11}$$

对前面的例子（v_{ac} = 400 节，α = 45°，D_{az} = 3 英尺），频谱展宽的预估值为 Δf_{3dB} = 400Hz，多普勒滤波器带宽等于 $B_D = 1/T_D$ = 13.33 Hz。为了完成 DBS，必须用一组毗邻的多普勒滤波器覆盖地杂波可能的多普勒范围。对本例所需的多普勒滤波器组如图 8.2 所示，由 30 个多普勒滤波器组成，这些多普勒滤波器均匀分布在中心频率 15kHz 上下 ±200 Hz 的范围内。中心多普勒频率可以表示为

$$\Delta f_m = \frac{2v_{ac}\sin\alpha_m}{\lambda} \qquad (8.12)$$

多普勒滤波器的带宽取决于在目标上的驻留时间，因此，若天线的方位扫描速度给定，则多普勒滤波器的带宽保持不变。但是，必须用多个滤波器来覆盖式（8.11）得到的频谱展宽范围，所以需要大量数目的多普勒滤波器才能覆盖飞机最大速度和扫描角下的频谱展宽范围。

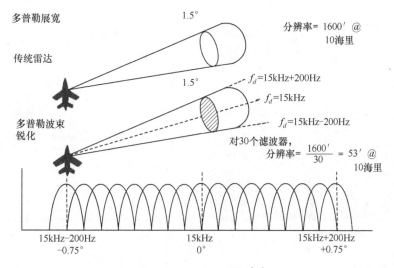

图 8.2 DBS 滤波器组[13]

以上分析一般还应包括其他杂波展宽效应，如天线扫描调制，杂波内部运动和发射机频率不稳定（见第 3.2 节）。这些效应都会在平台运动的基础上进一步展宽杂波频谱，但在典型情况下这些因素引起的展宽比平台运动要小很多，因此可以将其忽略不计。如果目标处于运动状态，将会带来多普勒频移，这个多普勒频移可能导致目标落入别的多普勒滤波器内，而这个滤波器内的杂波并非来自目标周围。

DBS 的分辨率取决于距离和扫描角，对前面的例子不同距离和不同扫描角下的分辨率如图 8.3 所示，从图中可以看出，距离较小，扫描角越大，分辨率越高。通过这些曲线，可以加深对 DBS 的多普勒滤波需求的认识。例如，当距离为 10 海里，扫描角为 45°时，需要 30 个多普勒滤波器（B_D = 13.33 Hz）才能占满平台运动时的杂波频谱。每个滤波器可以提供的等效方位向垂直于航迹的分辨率为 1600/30 = 53 英尺。对 10 海里处扫描角为 20.7°时，频谱宽度减少 1/2，只需 15 个滤波器就可覆盖杂波频谱。此情况下，垂直于航迹的方位向分辨率等于 1600/15 = 106 英尺。因此，即使对于恒定的时间窗 T_d，需要的多普勒滤波器数目也不同，该数目正比于飞机速度和天线方位扫描角度的正弦。

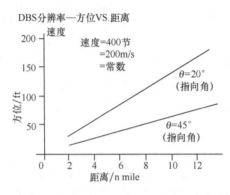

图 8.3 DBS 垂直于航迹的分辨率[13]

图 8.4 给出了某蒸汽厂的 DBS 图像，其中飞行高度为 10000 英尺，距离为 8 海里。方位斜视角为 13°，距离和横向的分辨率都是 100 英尺。在图的右边给出了该场景的航拍照片。

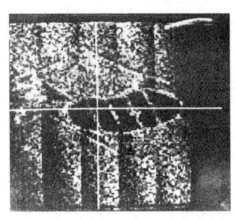

图 8.4 蒸汽厂的 DBS 图像及其照片[13]

例 29 DBS 设计

多普勒波束锐化是一种用于机载雷达的技术，它利用多普勒滤波来减小面杂波回波。其整体效果类似于减小了天线的波束宽度，从而增加了横向分辨率。飞机的运动和天线的扫描导致各个方向上的回波具有不同的多普勒频率。因此，杂波回波的多普勒频谱是展宽的，展宽的程度取决于飞机速度、天线波束宽度和天线指向相对于飞机速度矢量的夹角。

DBS 提供了实时地面绘图的能力，并且增大了对地面固定目标在杂波下可见度。DBS 模式适用于低重频和中重频前视雷达，有助于提高空对地的火力分配能力。DBS 还是干扰 GMTI 的基本原理之一，GMTI 将在 8.3.1.1 节介绍。

当前视机载雷达照射地表时，雷达分辨单元内的所有散射源的回波合成了雷达回波。单元的大小正比于有效发射脉宽和天线方位波束宽度，对于机载雷达，由于空间受限，天线孔径一般较小，方位波束宽度一般较大。

每个散射源的回波都包含了多普勒频移，多普勒频移的大小正比于该散射源相对于飞机的靠近速度。因为散射源分布于方位角单元内，每个散射源相对于飞机速度矢量的夹角不同，所以每个散射源的多普勒特征是不同的，取决于相对于分辨单元中心的相对角度偏移量。频谱展宽的程度取决于飞机速度，天线方位波束宽度、天线指向和飞机指向角之间的夹角。

在地面成像模式中，需要利用多普勒滤波器组对回波进行处理，多个滤波器的带宽反比于扫描天线在目标上的驻留时间。滤波器组中每个滤波器的输出只包括了很窄的一个角度片段的回波，这个角度片段和天线方位波束宽度相比非常小，这就是 DBS 的效果。同样，目标回波来自于很窄的角度区域，具有显著的多普勒特征，因此会位于滤波组中的某一个滤波器内。无论是固定目标还是慢速目标，滤波器输出的信杂比都比原有情况具有很大提高，因为原有情况相当于方位波束宽度内的所有杂波回波都位于滤波器内。这就是 DBS 模式下，可以改善杂波下可见度的原因。

假定飞机平行于地面飞行（相对于地面的高度恒定），速度为 v_{ac}，工作于前视模式的机载雷达对地面进行照射。图 8.2 给出了多普勒波束锐化的一般性几何关系。在图中可以看到，飞机的飞行速度为 v_{ac}，雷达天线指向右下方，天线指向与飞机速度矢量的夹角为 α。

地面回波的多普勒频移可以表示为

$$f_d = \frac{v_{ac}\cos\alpha}{\lambda}$$

式中：λ 为雷达的工作波长，

$$\cos\alpha = \cos\phi\cos\theta$$

式中：θ 为方位角；ϕ 为天线的俯角。

从而得到杂波频谱的 3dB 宽度为[11,14]

$$f_{3dB} = f_{ac}\cos\phi_o\left[\theta_B\sin\theta_o + \frac{\cos\theta_o}{2}\left(\theta_B^2 + \frac{R_\tau(\sin\phi_o)^3}{h(\cos\phi_o)^2}\right)\right]$$

式中：θ_B ——天线的 3dB 波束宽度；

ϕ_o ——俯角的均值；

θ_o ——方位角的均值；

$R_\tau = c\tau/2$；

h ——飞机高度。

DBS 改善因子可以表示为

$$I_{dbs} = f_{3dB}T_d$$

式中：T_d 为驻留时间，$T_d = \theta_B/\dot\theta$，$\dot\theta$ 为天线扫描速率。

如果多普勒滤波器带宽（B_D）等于 $1/T_d$，大于 f_{3dB}，则改善因子等于 1。基于此可以得到 DBS 的有效波束宽度为

$$\theta_{dbs} = \frac{\theta_B}{I_{dbs}}$$

基于上式，可进一步得到横向分辨率为

$$\delta_x = R\theta_{dbs}$$

有效孔径为

$$D_{eff} = DI_{dbs}$$

在 MATLAB 命令窗口中输入 dbs_proc 可以开启一个计算 DBS 参数的 MATLAB 设计工具。出现的对话框如图 EX-29.1 所示。然后，会出现一个 3dB 频谱宽度的绘图，如图 EX-29.2

所示。得到的 DBS 改善因子如图 EX-29.3 所示。

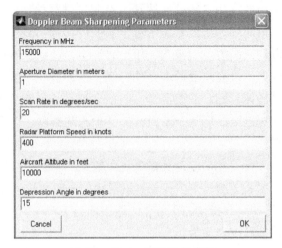

图 EX-29.1　DBS 设计参数

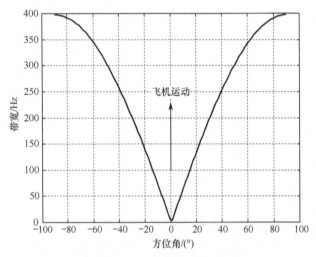

图 EX-29.2　DBS 杂波频谱带宽

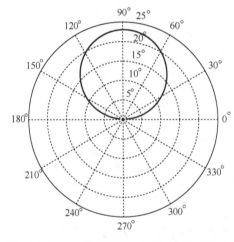

图 EX-29.3　DBS 改善因子（dB）随方位角的关系

注意到改善因子在90°时最大，在0°时为1。这说明沿飞机地面航迹方向DBS是无效的，在侧视雷达中性能最佳，比如JSTARS（即"联合监视目标攻击雷达系统）。接下来垂直于航迹方向的分辨率绘制于图EX-29.4中，单位为dB/m。不出所料，在90°时分辨率最佳，沿地面航迹方向的分辨率等于实际的波束分辨率。

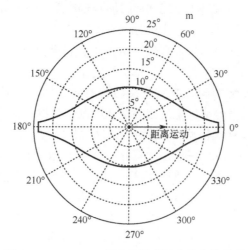

图 EX-29.4　DBS横向分辨率随方位角的关系

最后，DBS有效波束宽度绘制于图EX-29.5中。在沿地面航迹方向时波束宽度被削顶，这是因为此时杂波频谱并没有占据一个FFT滤波器的波束宽度，在20°时等效的波束宽度已明显小于实际的波束宽度。

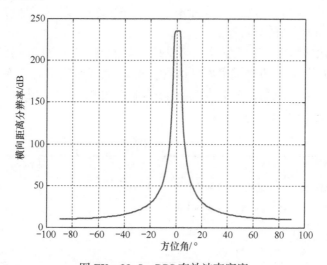

图 EX-29.5　DBS有效波束宽度

8.2　合成孔径雷达

合成孔径雷达可以提供横向距离维的高分辨率，它利用雷达载体的运动来合成一个大的天线孔径。SAR的基本特点是比传统雷达获得更高的方位角分辨率。就像合成孔径这个词所预示的一样，可以视为等效地产生了一个大的线形天线阵。或者，换个角度，可以将其看作将传统雷达的方位单元分隔成许多多普勒分辨单元，每个单元对应一个特定的方位片段（比如，DBS；见第 8.1 节）。这两种模型是等效的，基于任意一个都可以计算得到 SAR 的特性。

SAR 模式可以用于很多类型的机载、无人机载雷达和侦察雷达。SAR 可以提供地形和固定地面目标的类似于光学图片的高分辨图像，并且成像不受天气条件的影响，可以在很远的距离进行成像。此外，SAR 一般还提供了地面动目标指示（Ground Moving Target Indication，GMTI），可以对沿公路或在开阔地慢速移动的地面车辆进行检测和跟踪。

在战场雷达中，SAR 模式可以辅助成像、目标探测和火力分配。侦察雷达提供的 SAR 图像可以对移动导弹发射架以及固定目标等目标进行定位。

在机载平台上将火力分配到固定或慢速移动的地面目标，一般需要地面的高分辨图像。传统雷达在方位向很难达到高分辨，这是因为空间限制使得机载雷达的天线孔径一般都很小。SAR 技术在天线沿飞机飞行路线移动时得到连续的观测序列，通过观测序列的相参合成，等效地形成一个大的天线孔径，从而克服以上局限。此外，数字信号处理技术及其相关技术的快速发展使得在飞机上进行 SAR 成像处理成为可能。这种模式已应用于很多现代的机载雷达系统中，这些雷达系统在本书第 7.4 节中已有相关介绍。

SAR 模式主要用于侦察中，它可以产生感兴趣区域的高分辨条带像。在实际应用中，有各种不同的设计，从非相关实际波束孔径侧视机载雷达（如 AN/APS-94）到聚焦合成孔径处理器（AN/UPD-8）。现在的趋势是采用实时数字处理的全聚焦 SAR。很多合成孔径雷达设计是将未处理的数据通过一个大带宽的数据链发送到地面站，再由地面站对数据进行处理。

SAR 同样也可用于侧视或聚束模式。在侧视模式时，雷达天线朝向飞行方向的前方（和地面航迹的夹角为 15°~45°）而不是侧方，这种模式有点类似于 DBS。

聚束模式时，在飞机移动过程中，天线保持对目标区域的跟踪，通过对高度关心特定区域增加处理时间，达到更高的分辨率。

条带 SAR 可以达到的分辨率范围从较早系统（如 UPD-8）的 3m 到较新系统（如全球鹰）的 1m[3,6]，聚束式 SAR 的分辨率可以达到 0.3m。为了给出对比，表 8.1 中给出了对各种军事目标进行特征辨识所需的特征尺寸。对表 8.1 可以看出，现有的 SAR 可以在距离 200km 之外辨别出飞机和小型军用车辆。

表 8.1 特征识别所需的分辨率

特征	方形分辨单元的边长
海岸线，城市，大型孤立山峰的轮廓	300m
检测到铁路干线，田野的变化，和大型飞机场	40~50m
城市街道结构，铁路，建筑形状，小型飞机场，道路地图类型成像	15~30m
车辆，建筑和房屋细节	3~10m
飞机和车辆类型	0.5~3m

经典的 SAR 适用于对地面进行高分辨成像，但对于飞机和舰船等包含了转动的目标却难以成像，除非能够准确预计转动带来的多普勒频移变化并加以补偿，否则转动将会使阵列难以聚焦，成出的图像模糊不清。但对算法稍作改变，就可以借助于目标的转动而不是雷达本身的运动，提供成像所需的角度分辨率。这就是后面将要讨论的 ISAR 技术。

传统的条带式 SAR 的几何示意图如图 8.5 所示。若天线均匀激励，实际的孔径宽度为 D_{az}，波长为 λ 时，天线的方位波束宽度（rad）可以表示为 $\theta_{az} = \lambda/D_{az}$。类似地，如果合成

阵列的长度为 L_e，则其波束宽度为

$$\theta_s = \frac{\lambda}{2L_e} \tag{8.13}$$

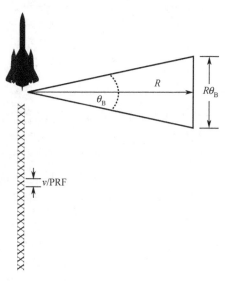

图 8.5 合成孔径雷达几何示意图[1]

式（8.13）分母中出现因子 2 的原因是[2,15]：实际阵列在接收过程中，当偏离天线的视轴时，各个阵元的相位将不再相同，邻近阵元之间的递进相移直接决定了天线的方向图。但是在合成阵列中，每个阵元既发射也接收，所以其相位变化是双程的，为实际阵列的 2 倍。根据其相位变化可以得到有效天线方向图。因此如果均匀激励实际阵列的天线电压方向图表示为 sinc (x) 函数，那么考虑到双倍的相位变化，合成阵列的方向图可以近似为 sinc ($2x$)。对合成阵列，天线阵元是在载体运动过程中连续不断地发射脉冲得到的，每个脉冲对应一个阵元，所以阵元的间隔为 v_pT，其中 v_p 为载体运动速度，T 为雷达脉冲重复间隔。SAR 能够达到的横向距离分辨率为

$$\delta_x = \theta_s R = \frac{\lambda R}{2L_e} \tag{8.14}$$

如果合成阵列包括 n 个阵元，每个阵元之间相隔 v_pT，所以得到总长度为 $L_e = nv_pT$。形成合成阵列的总积累时间为 $t_i = nT$，因此可以定义相应的多普勒带宽为 $B_D = 1/nT$，得到横向距离分辨率的表达式为

$$\delta_x = \frac{\lambda R B_D}{2v_p} \tag{8.15}$$

注意到式（8.15）与式（8.6）斜视角 $\alpha_m = \pi/2$ 的情况是相等的，这说明从合成阵列推导和从 DBS 的思路进行推导，得到的 SAR 关系式是一样的。

非聚焦阵列（每个阵元的二次相位变化未经校正）的阵列长度满足的条件是：如图 8.6 所示双程最小和最大距离相差波长的 1/4，根据此阵列长度得到合成阵列的波束宽度，进而得到横向距离分辨率[4]。根据几何关系，$R^2 + (L_e/2)^2 = (R + \lambda/8)^2$，可以求解得到未聚焦阵列长度为

$$L_{eu} = \sqrt{R\lambda} \tag{8.16}$$

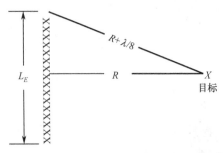

图 8.6　未聚焦合成孔径雷达的几何示意图[1]

将式（8.16）代入式（8.14）①得到非聚焦合成孔径阵列横向距离分辨率的表达式为

$$\delta_{xu} = \frac{\sqrt{\lambda R}}{2} \tag{8.17}$$

例如，对某 X 频段雷达（λ = 3cm），R = 100 km，横向距离分辨率为 27m。注意到横向距离分辨率（非聚焦）取决于目标的距离和雷达的频率，与实际天线的孔径无关。

合成孔径阵列可以通过以下方式进行聚焦：假定距离为 R，对阵元中的每个位置（也就是对 L_e 中的所有阵元）进行一个二次相位校正，校正的相位量等于 $\Delta\phi = 2\pi x^2/\lambda R$，其中，$x$ 为合成阵列中心到待校正阵元的距离。对每个不同的距离必须使用不同的校正，聚焦后，同一散射源的所有回波信号是同相的。得到的合成阵列在一个长度为 L_E 的条带内都是聚焦的（见图8.5），这个条带必须被阵列中的每个阵元都能照射到，得到实际波束宽度等于 θ = λ/D。将此代入式（8.14）中，对合成阵列得到 θ_s = $D/2R$，聚焦后的横向距离分辨率为

$$\delta_{xf} = R\theta_s = \frac{D}{2} \tag{8.18}$$

可以看出，聚焦后的横向距离分辨率与雷达的发射频率有关，与聚焦对应的目标距离无关，只取决于实际的阵列长度。

合成阵列的最基本的限制是阵元间距必须小于波长的 1/2，这样才能避免产生栅瓣。由于阵元的位置取决于载体速度 v_p 和雷达的脉冲重复间隔（T = 1/PRF），所以需满足 v_pT < $\lambda/2$，所以 PRF 需满足

$$\text{PRF} > \frac{2v_p}{\lambda} \tag{8.19}$$

式中：f_d = $2v_p/\lambda$ 为雷达载体的多普勒频移。

这个条件很少能够满足，实际阵元的间距通常会在阵列的视场内产生栅瓣[2]。

无论是未聚焦合成孔径还是聚焦合成孔径阵列，侧视天线的有效长度都会对限制这些系统的横向分辨能力。比如，对某 S 频段（λ = 0.1 cm）SAR，假定工作时与成像区域相距 100km，方位维的孔径宽度为 3.33m，飞机的飞行速度为 300m/s。对未聚焦的情况，阵列的长度为 L_{eu} = $\sqrt{\lambda R}$ = 100 m，其中，横向距离分辨率等于 δ_x = $\sqrt{\lambda R}$ = 50 m。由于载体的速度为 300m/s，那么合成阵列花费的时间为 t_i = 0.33 s。对聚焦的情况，阵列的长度为 L_e = $R\lambda/D$ = 3 km，所以积累时间为 t_i = 10 s。聚焦时的横向分辨率为 δ_x = $D/2$ = 1.67 m。横向距离分辨率反比于积累或处理时间，正如式（8.6）或式（8.15）中所推导的，可以表示为

$$\delta_x = \frac{\lambda R}{2v_p t_i \sin\alpha} \tag{8.20}$$

---

① 原文中为式（8.15），系引用错误，已改正。

式中：t_i——总体的积累时间；
α——载体速度矢量与天线视向的夹角（在侧视时 $\alpha = 90°$）。

上述例子说明，SAR 的横向距离分辨能力取决于形成合成阵列所需的积累或处理时间，而这个时间由雷达的参数、阵列的几何关系和采用的处理类型（聚焦还是非聚焦）决定。增加处理时间的方法之一是采用聚束模式的 SAR，此模式下连续不断地调整天线的指向，对特定的感兴趣的目标区域一直保持跟踪[16]。聚束式 SAR 的几何示意图如图 8.7 所示。理论上，此模式下可以达到优于 $D/2$ 的分辨率，唯一的要求是实际天线的波束宽度要足够大，才能对要成像的区域进行照射，照射的持续时间必须足够长以获得足够多的有效转动来达到所需的横向距离分辨率〔见式（8.20）〕。此模式的另一个优点在于对成像场景的观测是在一系列的入射角度下完成的，所以可以对斑点（特定视角下的特殊雷达回波）进行平均从而得到更平滑的图像。

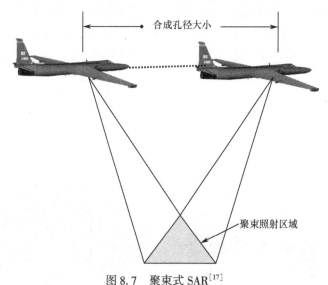

图 8.7　聚束式 SAR[17]

聚束式 SAR 可以理解为合成阵列雷达绕目标区域等效地沿一个圆形轨道飞行，如后面的图 8.21 所示。这说明一旦校正了直线飞行给合成孔径所带来的二次相位后，那么对于聚束照射区域上的固定散射源，它的所有信号回波都具有同样的相位。当 SAR 沿着圆形轨迹飞行，且相对于成像目标距离不变，如可以获得稳定的相位回波相位，进而提高对目标回波的相干积累时间。SAR 运动为了达到特定的横向距离分辨率所需的等效圆弧角 $\Delta\phi$ 可以这样计算得到：首先根据式（8.20）计算积累时间 t_i，然后将积累时间代入下式，即

$$\Delta\phi = \frac{v_p t_i}{R} \tag{8.21}$$

对于前面的例子（$v_p = 300\text{m/s}$，$t_i = 10\text{s}$，$R = 100\text{km}$），得到的角度为 $\Delta\phi = 3/100\text{rad} = 1.8°$。

SAR 系统可以不分昼夜、在任意气象条件下提供远程遥感信息，在军事和民用领域得到了广泛应用。SAR 系统可以对光学成像技术无法穿透的区域进行观测，军事应用包括了侦察、监视和目标瞄准。

X 频段 ASARS – 1 雷达可以得到距离飞机地面航迹 20～100 海里的 10 海里宽的条带成像，分辨率可以达到 3 英尺。当工作于聚束模式时，能够以 1 英尺的分辨率对 1×1/3 海里的范围进行成像，成像时 SR – 71 飞机高海拔飞行，成像区域距雷达 25～85 海里。这部雷达升级后称为 ASARS – 2，装于 U – 2 高空飞机上。改进之处包括：采用一维电扫阵列，从而提供

了方位向的波束捷变能力，可以实现在多目标跟踪时的快速波束切换，或者交替使用 SAR 的多种模式。在这些系统中，都是把 SAR 数据通过一个大带宽的数据链传给地面，由地面站进行处理，这是因为那个时期的硬件都非常笨重，难以在飞机上进行安装。这个雷达系统后来升级为 ASARS-2A，用于无人驾驶的全球鹰上。该系统采用的是一个孔径大小为 4.1ft × 1.2ft 的平面阵列天线，平均发射功率为 350W。它设计的初始目的是为了 SAR 成像，后来又加了有限的 GMTI 功能。通过在方位和距离的机械扫描，达到 GMTI 的目的，但它几乎连最基本的 GMTI 操作都没有。此外，该系统的功率-孔径积较小，使其对近距离 RCS 相对较大的目标难以获得高的灵敏度，限制了搜索模式下 GMTI 的重访时间。由于天线孔径有限，且只采用了两相位中心 GMTI 处理，所以该系统的杂波抑制能力和可检测地面目标的最小运动速度都很有限。在飞机上对数据进行了相关处理以减小 SAR 数据的带宽，从而使全球鹰可以通过卫星数据链远距离把数据传下来。产生的原始 SAR 数据的数据率为 274Mb/s，经过处理后的图像将数据率压缩至只有 45Mb/s，从而可以适用于机上的 Ku 频段卫星数据链。像第 7.3 节所讲的那样，针对该系统，计划有一个 AESA 来后续改进它的 SAR 和 GMTI 能力。

Ku 频段 APY-8（Lynx）SAR 系统[18]主要装配于捕食者无人机上。它的重量为 115 磅，在 4mm/h 的降雨条件下成像斜距可以达到 30km，气象条件较好时可以达到 60km。在聚束模式下可以达到 0.1m 的分辨率，在条带模式下可以达到 0.3m。对于 RCS 为 $10m^2$、径向运动速度为 6 节以上地面目标，可以在 25km 的距离上检测到。"捕食者"无人机和 APY-8 的天线如图 8.8 所示。

图 8.8 捕食者无人机和 APY-8 的天线[18]

在条带模式下，操作员可以在地面站或飞机上根据所成图像在 0.3～3m 的范围内调整雷达的分辨率。在聚束模式下可以在 3～25km 的距离范围内在 0.1～3m 的范围内调整雷达的分辨率。GMTI 模式下雷达可以对 10km 宽的地面条带在相距 4～25km 时进行 270°以上的方位角扫描。APY-8 雷达的相关参数列于表 8.2 中。在图 8.9 中给出了 Lynx SAR 雷达的条带图和 0.1m 的聚束成像图。

表 8.2 APY-8 Lynx SAR 的特征参数[18]

参　数	数　值	参　数	数　值
工作频率	15.2～18.5GHz	极化	垂直
发射机	TWT	方位波束宽度	3.2°
峰值功率	320（700）W	俯仰波束宽度	7°
平均功率	112（245）W	稳定装置	3 轴万向节
波形	线性 Chirp 信号	数据链	C 频段
天线	反射器/偏馈	重量	115 磅
屏蔽器	直径 48cm		

图 8.9 Lynx APY-8 高分辨条带和聚束图像[18]

例 30　SAR 设计准则

装在有人或无人平台，例如"全球鹰"、"捕食者"、JSTARS、U-2、Astort 等上的现代侧视机载雷达可以对地面进行侦察、监视、瞄准以及目标指示。这些雷达通常工作于 X 频段和 Ku 频段，一般采用主动天线，尽管 AESA 设计现在还处在发展阶段（见第 7.3 节）。这其中的某些系统是通过大带宽的数据链在地面站进行处理，如在 U-2 ASARS-2 中需要 274Mb/s 的数据率。在条带模式下，U-2 SAR 的分辨率为 3m，在聚束模式下分辨率为 1ft。

图 EX-30.1 给出了侧视 SAR 中条带成像示意图，在 RQ-4A"全球鹰"中就是采用这种侧视 SAR。HISAR 是 U-2 上面的 ASARS-2 雷达的变种。综合的 SAR-GMTI 条带成像模式对一个 37km 的条带，相距 20~100km 远可以达到 6m 的分辨率。它也包括了聚束模式，此模式可以对一个 10km² 的区域达到 1.8m 的分辨率。天线可以在 ±45° 的方位角范围进行机械扫描，天线的孔径相对较小，为方位向 1.25m 乘以俯仰向 0.37m，X 频段发射机的波形为脉压波形，发射峰值功率为 3500W，占空比为 10%。飞机上处理得到的图像可以通过卫星数据链传给地面站，卫星数据链的天线直径为 48 英寸，数据率为 50Mb/s。全球鹰飞机可以以 650km/h 的速度巡航，持续时间可以达到 36h，最大升限可以达到 20km。条带模式下最大覆盖面积为 24000km²/h。

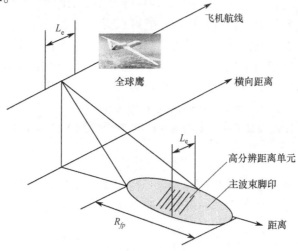

图 EX-30.1　侧视 SAR 几何示意图

通常合成孔径侧视雷达采用非聚焦、聚焦和聚束工作模式。利用 MATLAB 程序 sar_res.m，得到工作于某 X 频段的侧视雷达，天线方位向孔径为 10 英寸时，实孔径、未聚焦、聚焦三种情况下的横向距离分辨率如图 EX-30.2 所示。

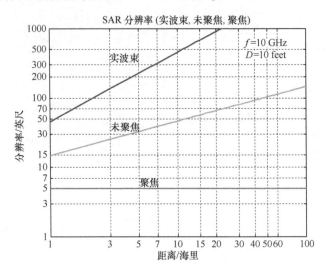

图 EX-30.2　SAR 横向距离分辨率

如第 8.2 节所讲的，未聚焦 SAR 的横向距离分辨率为

$$\delta_{xu} = \sqrt{\lambda R}$$

对聚焦 SAR，该值为

$$\delta_{xf} = \frac{D_{az}}{2}$$

这个值与距离无关，只取决于天线的孔径宽度。对未聚焦情况，主要受到二次相位变化的影响，这主要是因为飞机不是沿圆形轨道而是沿直线飞行。未聚焦时的相位误差可以表示为

$$\Delta\phi_n = \frac{2\pi d_n^2}{\lambda R}$$

式中：$d_n = |n v_{ac} T - L_e/2|$，为第 n 个阵元到合成阵列中心的距离。

在聚焦阵列中需要对这个相位进行校正，但可以看出每个分辨单元都需要校正，所以需要非常巨大的运算量。在某些情况下，可能会事先对邻近阵元的回波进行相加，这样做的目的是为了在不降低性能的前提下减少运算量。在聚焦阵列中，合成阵列的长度 L_e 受限于实际天线波束在地上的印迹大小，阵列长度比未聚焦时大很多。若以一个阵元为基数，则聚焦阵列处理器需要进行 N^2 次相位校正，其中，$N = L_e \text{PRF}/v_{ac}$。

PRF 是一个至关重要的设计参数。图 EX-30.1 中可以给出，为了避免模糊，最小 PRF 为

$$\text{PRF}_{\min} = \frac{c}{2R_{fp}}$$

例如，"全球鹰"成像条带的宽度为 37km，对应的 PRF 为 4000Hz。但是选择最小 PRF 时一般还要考虑到，PRF 一般要大小地面上主波束峰值和边缘之间的多普勒展宽，考虑了该制约条件后得到

$$\text{PRF}_{\min} = \frac{2v_{ac}\theta_B \cos\phi_e \sin\theta_{az}}{\lambda}$$

式中：θ_B——方位波束宽度，单位为弧度；
ϕ_e——俯角；
θ_{az}——天线指向相对于飞机机头方向的方位角。

对全球鹰，该值近似等于 PRF = $4v_{ac}/D_{az}$ = 552 Hz。对 PRF 更为严重的制约在于避免产生栅瓣，因此当飞机运动造成的阵元间距大于 $\lambda/2$ 时，在主瓣的两边会出现栅瓣。这个限制条件可以表示为

$$\text{PRF} > \frac{2v_{ac}}{\lambda}$$

其中，对于"全球鹰"，要求 PRF 大于 12Hz。这种问题的解决方案之一就是对不同回波进行加权来形成合成阵列，这样的话，PRF 的选取就仅受到去除距离模糊的制约[2]。

还有一个必须考虑的因素就是合成阵列的近场效应，可表示为

$$R_{nf} = \frac{2L_e^2}{\lambda}$$

对 $L_e = R\lambda/D_{az}$ 的聚焦阵列，回波通常位于近场，此时波束并非完全形成，所以会带来较高的旁瓣。

SAR 的基本假设是飞机匀速飞行。合成阵列的形成通常需要 1~10s 的积累时间，在此期间的任何加速都需要进行补偿。这种补偿通常依靠天线上的加速度计来实现。

SAR 的另外一个问题在于相干斑（Speckle）。这是因为 SAR 是一种相参成像技术，它不仅要测量后向散射的幅度还要测量相位。每个分辨单元的回波都包含了许多散射源，这些散射源相互作用，相互增强或相互抵消，产生类似于噪声的随机信号。这会在 SAR 图像上形成一个颗粒状的背景，必须通过滤波加以消除。很多系统选择牺牲可能的高分辨来降低相干斑的影响。一般通过对相邻像素检测到的回波功率求平均的方式来实现，而这会引起分辨率的下降[19]。

8.3 干涉合成孔径雷达

干涉合成孔径雷达（IFSAR）基于两幅高分辨 SAR 图像利用相位干涉来产生高质量的地形高度图，称为数字高程地图（DEM）。基本的思路是关于同一地形从非常类似的多个位置得到多幅 SAR 图像，保留相位信息，然后利用两次测量之间的差别合成得到一幅多维的图像。

比如说，如果两次采样是同时得到的，两次测量的天线位于同一飞机上，两幅天线的高度具有一定差异，那么来自于两个天线的各自回波之间的相位差，包含了与雷达回波接收角度相关的信息。将此信息与距离信息相结合，可以计算得到图像像素点的三维位置。因此，经过一次航过就有可能获得地形的高度和雷达反射系数，也就得到了 DEM。这种方法在航天飞机计划中用于得到大型地面区域的地形图，精度可以达到 5m。

IFSAR 通过得到 LOS 到每个分辨单元中心的俯仰角来获得 3D 绘图所需的高度数据。利用测量得到的俯仰角 θ_e，雷达的高度 H，到分辨单元的斜距 r，可以得到该单元的高度 z 以及到雷达的水平距离 y。俯仰角的获得方式与比相单脉冲跟踪雷达产生差信号所需的方式相同。得到 IFSAR 图像过程包含的一般性几何关系如图 8.10 所示[2]。来自于分辨单元中心点 P 的雷达回波被两个天线所接收，这两部天线并不位于同一位置，二者的连线 B 垂直于飞行轨

迹。θ_L 定义于到 P 点的 LOS 与基线 B 的法线方向的夹角。相参雷达两个回波之间的相位差可由干涉仪的输出得到

$$\phi = \frac{2\pi}{\lambda}(r_1 - r_2) \tag{8.22}$$

使用余弦定理后得到,

$$\phi = \frac{2\pi}{\lambda}(r_1 - (r_1^2 + B^2 + 2r_1 B \sin \theta_L)^{1/2}) \tag{8.23}$$

式中：$k = 1$ 为单航过成像；

$k = 2$ 为双航过成像。

求解 θ_L 得

$$\theta_L = \arcsin\left(\frac{\lambda^2 \phi^2}{4(k\pi)^2 r_1 B} - \frac{\lambda \phi}{2k\pi B} - \frac{B}{2r_1}\right) \tag{8.24}$$

然后

$$\theta_e = \theta_L + \theta_B \tag{8.25}$$

和

$$y = r_1 \sin \theta_e, z = H - r_1 \cos \theta_e \tag{8.26}$$

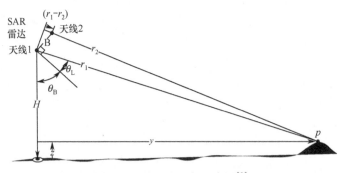

图 8.10 IFSAR 几何示意图[2]

雷达采集回波时，在成像条带的整个宽度内随着距离的连续增加，距离之差 $(r_1 - r_2)$ 以及相位差 ϕ 都在连续不断地增加。由于波长很短，所以使得相位 ϕ 的取值关于 2π 不停循环，因此相位是高度模糊的。

可以通过以下方法来解模糊，利用每个天线接收的相参回波得到传统的 SAR 图像，这两幅图像然后同时记录，然后合成干涉图。在干涉图中每遇到一个切变就在 ϕ 的取值上增加 2π（这个处理称为相位解缠绕），然后就去除了相位模糊。从而每个分辨单元的水平位置 y 和高度 z 可以精确计算得到，从而对 SAR 图像进行了地形重构。

地形的精确性很大程度取决于相位解缠绕的准确性。对于高信噪比且切变不是特别密集的情况，处理相对简单。但如果遇到陡坡或阴影时，情况将变得复杂。陡坡会带来切变所在的点被其他点所覆盖，而阴影会造成某些点的丢失。

可以证明，单元高度测量的灵敏度可以表示为[5]

$$|\delta_z| = \frac{\sin(\theta_L + \theta_B)}{\cos \theta_L}\left(\frac{r_1}{B}\right)|\delta(r_1 - r_2)| \tag{8.27}$$

式（8.27）说明：为了在较远的距离获得较好的高度测量精度，需要较长的基线和距离 r_1 和 r_2 的精确测量。光学成像系统，由于它们的分辨率非常高，所以可以用一个对立体相机

在较短基线的情况下只基于单航过就能获得较好的效果。基于传统 SAR 的立体成像系统必须利用具有显著差别的两次航迹，基于双航过来获得两个航迹间的对感兴趣地形的视线角变化，视线角变化的大小可以达到 10°~20°的量级。

来自于 DC-8 飞机的华盛顿市的 IFSAR 图像如图 8.11 所示。根据雷达测量的地形高度，用颜色来表示高度变化[20]。

图 8.11　华盛顿市的 IFSAR 图像[20]

对于空间 IFSAR 系统，典型基线的长度约为 100m 的量级，有些基线可能会长达 1~2km，距离地面的高度从近似 250（空间飞船）~800km（近地轨道卫星），从而得到 r_1/B 的取值位于 2500~7000 之间。对机载系统，距目标的距离在 10~20km 的量级，但典型基线的长度仅为几米至一英尺的量级，所以 r_1/B 的取值也在数千的量级。由于乘法因子 r_1/B 很大，所以要使高度测量误差在允许范围之内，就必须使得 $\delta(r_1 - r_2)$ 非常小。因此，需要测量散射源到两个天线距离之间的微小差异。

8.3.1　JSTARS[44]

APY-3 雷达是 JSTARS 系统的一部分，其中采用了一种较为复杂的 IFSAR。就像本章前面讲到的，JSTARS 是一种远距离的空对地监视系统，设计用途是战场监视[2,4]。该系统可以对距离不超过 250km 的敌方运动和静止目标进行检测、定位、分类和跟踪。该雷达系统和一个侧视平面缝隙阵列天线装配于改进型的波音 707E-8C 飞机上，该飞机如图 8.12 所示，在图中还给出了该雷达在沙漠风暴战争中获得的地面示意图，从图中也可以看出伊拉克军队正在向巴格达撤军。

JSTARS APY-3 雷达具有几种不同的工作模式，最主要的模式是带有 GMTI 的大范围地面监视模式（wide-area ground surveillance with GMTI，WAS-GMTI），可以跟踪 200×200 英里范围内的地面运动目标，既可以是以雷达为参照物（雷达随飞机在运动）也可以是以地面为参照物，也就是说可以对一系列的地面点在尽量长的时间让雷达保持凝视状态。这种模式可以从跟踪到的运动载体中识别出车辆目标，这是因为对于车辆目标，航迹的底部相对于地面是不动的，顶部的移动速度为载体速度的两倍。在此模式上，还可以检测到海运目标以及直升机。

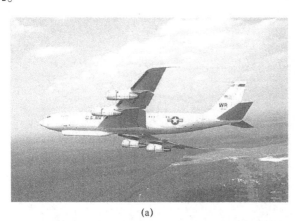 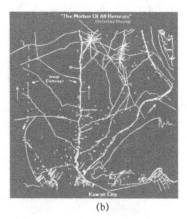

(a) (b)

图 8.12　JSTARS E-8C 飞机和地面示意图[21,22]

分段搜索模式时，雷达集中对 18×18 英里范围的目标区域进行仔细分析，相当于一种放大模式。高分辨攻击规划模式集中处理一个 7×7 英里范围内的运动目标，它主要用于最终的目标标定。

合成孔径和固定目标指示（Synthetic Aperture and Fixed Target Indicator, SAR-FTI）模式主要用于对战场区域得到一种和光学图像效果相当的图像。在 SAR-FTI 模式下，雷达在运行高度内可以对飞机任意一侧 110km 远的区域进行成像。连续工作 8h，可以对 50000km² 的区域进行成像。

APY-3 雷达是 JSTARS 的核心，它是 X 频段建造的最大的机载雷达。雷达的天线为多通道平面阵列天线，位于飞机前面机身下方的共形天线罩内。雷达侧视、转动稳定天线的大小为 24×2 英尺，可以对飞机的任意一侧进行机械扫描，并在 ±60° 的方位角范围内进行电子扫描[45,46]。APY-3 的结构如图 8.13 所示[3]。雷达天线被等分成三个孔径，形成一个多通道天线孔径，其中包括了一个发射通道和四个接收通道。和接收通道主要用于 SAR，三个干涉通道主要用于 GMTI。

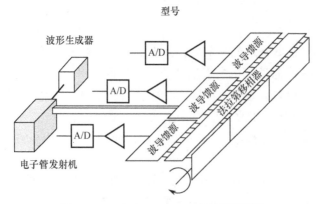

图 8.13　JSTARS APY-3 雷达配置图[3]

天线孔径形状为一个由直线围成的栅格，由 456×28 个水平极化缝隙组成，天线通过铁氧体移相器与 12 个波导双通道馈源相连接。设计的关键在于用干涉 GMTI 取代了经典的 TAC-CAR – DPCA 型运动补偿。

JSTARS 的 APY – 3 雷达特征参数如表 8.3 所列，其中以星号标记的参数是通过估计或推导得到的。

表 8.3　APY – 3 雷达参数表

参　　数	取　　值	参　　数	取　　值
频率	X 频段（9.3 ~ 9.8GHz）*	俯仰波束宽度	30°
发射机	耦合空腔行波管	极化	水平
峰值功率	50kW*	方位旁瓣	– 45dB*
平均功率	750W*	俯仰旁瓣	– 35dB*
波形	线性 Chirp 信号	电子方位扫描	±60°
带宽	42MHz*	方位扫描速率	180°/s
天线	平面阵（20×2ft）	系统损耗	12 ~ 15dB
和增益（发射/接收）	47dB	分辨率	12 ~ 14ft
GMTI 增益（接收机）	42dB	检测距离	10 ~ 134n mile
方位和波束宽度	0.3°	地面目标速度	1.5 ~ 58kn
干涉子孔径数	3	SAR 成像时间	30 ~ 60s
方位 GMTI 波束宽度	0.9°	*推测或估计结果	

8.3.2　干涉 GMTI[2,8,9]

JSTARS 最主要的功能就是在强杂波背景下检测地面上的慢速移动目标。如果采用第 3.2.7 节、第 6.2.2 节和第 6 章的例 6 中讲到的经典的 DPCA 和 TACCAR 方法，那么得到的 MTI 改善因子受到天线旁瓣双程积累的制约。即便是比较理想的情况，飞机的前向运动在两个脉冲保持不变，主瓣杂波频谱展宽仅考虑杂波内部运动。从例 3（见第 1 章）可以看出，三路延迟对消器必须要提供足够大的改善因子才能在强地杂波背景下检测到小 RCS 的地面慢速移动目标。这将会恶化 DPCA 的性能，使 4 个脉冲时无法对消，运动补偿过程中的任何非理想因素将会进一步限制其性能。在 JSTARS 中采用了与上述方法不同的方法，实践证明这种方法非常成功。该系统采用一种改进的 DBS 结合相位干涉仪来抑制主瓣杂波，这种方法可以昨用地面目标速度径向分量的稍小多普勒频移。

DBS（见第 8.1 节和例 29）的基本原则是，飞机的前向运动会在主瓣地杂波的每个成分上叠加唯一的多普勒频移。然后通过多普勒滤波器组来提取天线主瓣照射地面的高分辨图像。分布于天线主瓣上的多普勒频率的 3dB 多普勒带宽可以表示为

$$\Delta f_{3\mathrm{dB}} = \frac{2v_{ac}\Delta\theta_{3\mathrm{dB}}\cos\phi_{elo}\sin\theta_{azo}}{\lambda} \tag{8.28}$$

式中：f_{ac}——飞机前向运动带来的多普勒频率；

　　　$\Delta\theta_{3\mathrm{dB}}$——天线波束宽度；

　　　θ_{azo} 和 ϕ_{azo}——天线指向角。

在飞机速度取最大值且天线指向垂直于飞机速度矢量时，可以得到最佳的分辨率。DBS 图像的获取方法是在回波可能的多普勒范围内填补一组毗邻的多普勒滤波器组。每个滤波器的带宽由天线在每个感兴趣的地面片段的驻留时间的倒数决定（见图 8.1），即

$$B_{\text{dop}} = \frac{1}{T_d} \tag{8.29}$$

得到的效果就是将方位角波束宽度细分为多个小的方位分辨单元。当分辨单元内存在一个运动目标时,目标回波的多普勒与此单元内与之匹敌的地面回波的多普勒具有一定差别。这会使得运动目标的回波落入其他的多普勒滤波器内,该滤波器包含的地面杂波来自于其他的方法角范围。这种效果如图 8.14 所示,给出了金门大桥的 SAR 图像[8],其中运动车辆位于桥的两侧(因为车的运动方向有两个相反的方向),看上去就像这些车位于水面上。

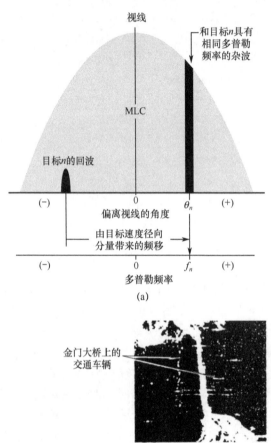

图 8.14 固定和运动目标的 DBS 图像[2,8]

在该过程中下一步就是去除地面固定目标。在每个距离单元内的每一个方向角内,在多普勒滤波器的相应位置形成零点,这样就形成一个干涉仪。干涉仪的形成办法如图 8.15 所示[2]。和 IFSAR 一样,相参雷达回波经干涉仪的输出可以表示为

$$\phi = \frac{2\pi}{\lambda}(\Delta d) = \frac{2\pi}{\lambda} W \sin \theta_n \tag{8.30}$$

式中:Δd——雷达回波到两个孔径相位中心 A 和 B 的距离之差;
θ_n——偏离波束视线的夹角。

相位调整量可由下式计算得到,即

$$\Delta \phi = \frac{\pi - \phi}{2} \tag{8.31}$$

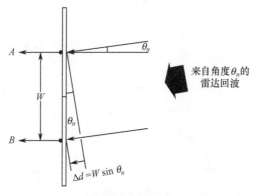

图 8.15 为了消除固定目标的两片段干涉仪[2]

将天线孔径 A 和 B 的输出分别往相反的方向进行相位调整，使得二者的相位差 ϕ 增大至 π，如图 8.16 所示。然后两个孔径 A' 和 B' 进行求和，输出值在角度 θ_n 处产生一个零点。以上置零处理必须在多普勒滤波器处理之后进行，以避免将目标和地杂波一起滤除掉。

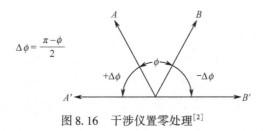

图 8.16 干涉仪置零处理[2]

完成零化处理的处理器的结构如图 8.17 所示。接收通道 A 和 B 的视频输出按不同的距离单元进行采集。对每个距离分辨单元形成一个多普勒滤波器。通道 A 内，滤波器 n 的输出相位转动 $+\Delta\phi$，通道 B 内，转动 $-\Delta\phi$。相位转动后，孔径 A 和 B 的输出求和，来角度 θ_n 处形成一个零点，零化处理的输出结果如图 8.18 所示，从中可以看出，尽管抑制了角度 θ_n 处的主波束地面回波，但来自角度 θ_n 的目标回波的出现角度与地杂波不同，取决于其径向速度。

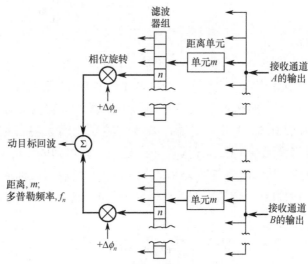

图 8.17 地杂波零化处理器[2]

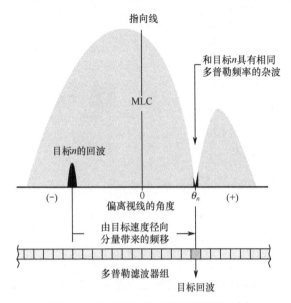

图 8.18 零点形成处理器的频谱输出[2]

为了对角度进行精确测量，需要将天线三等分成三个相等的水平片段，如图 8.13 所示，来增加一个第三孔径。分别利用前面和中心片段、尾部和中心片段可以分别形成一个干涉仪。对每一个干涉仪使用如图 8.19 所示的地杂波抑制系统。两个干涉仪在相应的多普勒滤波器内都会出现目标回波。对目标回波在两个干涉仪相应滤波器的输出进行比相单脉冲处理，进而得到目标角度的精确测量。

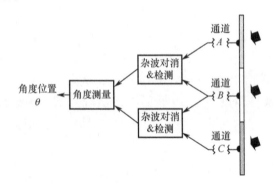

图 8.19 使用三个天线孔径进行目标角度估计[2]

根据式（8.28）计算得到对于飞机速度为 500 节、JSTARS 侧视时零俯角对应的 Δf_{3dB} 为 86Hz。假定 DBS 因子为 10，那么可以假定多普勒滤波器的带宽为 8Hz。假定采用 64 点的 FFT，那么雷达 PRF 为 512Hz。因此，主瓣地杂波（零点之间）将占据的频率范围为其中 172Hz，其余频率范围将为无杂波区。根据式（8.29）计算得到驻留时间为 0.125s，得到扫描速率为 2.4°/s。若多普勒滤波器带宽为 8Hz，那么可检测地面目标的最小速度为 0.3 节。但对于位置主瓣杂波内的目标，杂波内部运动将成为新的限制因素。内部运动地杂波的功率谱可以表示为

$$P(f) = \frac{\lambda \beta}{4} \exp\left(-\frac{\lambda \beta}{2}|f|\right) \tag{8.32}$$

式中：β 为指数形状因子（见例3），λ 为波长，MATLAB 程序 land_spec.m 绘制得到的频谱图

如图 8.20 所示。取决于不同的风速，双边杂波谱的频谱宽度可以达到：在 60Hz 处归一化频谱可以达到 -25dB，这个大小和多普勒滤波器旁瓣水平相当。此限制情况下，目标速度必须达到 2kn 才能在未对消地杂波中清楚看到目标。

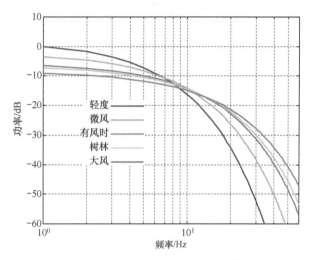

图 8.20　内部运动地杂波的频谱[24]

8.4　逆合成孔径雷达

经典 SAR 对运动目标，如舰船、地面车辆和飞机等具有转动运动的目标成像能力有限。运动目标会带来严重的散焦，从而偏离其真实位置。逆合成孔径雷达（ISAR）系统利用目标转动运动对目标进行成像。

无论是 SAR 还是 ISAR，都比依靠天线的实孔径成像可以提供更高的横向距离分辨率。在 SAR 系统中，雷达向前运动，这使得同时接收到的不同横向距离的多个点可以基于它们不同的多普勒频移将它们分开。在 ISAR 系统中，使用的原理相同，所不同的是，采集数据的平台不一样，带来多普勒差异的运动是被跟踪到的目标绕其横滚轴、俯仰轴和偏航轴的转动。在这两种系统中，距离维的高分辨率都是通过采用脉冲压缩技术来实现的。

最成功的 ISAR 应用来自于对舰船的成像。在这种应用中，舰船的上下颠簸使得桅杆比舰船的甲板结构在长度维上具有更大的速度，可以基于多普勒差异得到高度信息。基于舰船的左右摇摆也可以得到高度信息，但此时运动是位于一个包含舰船宽度的平面内，因此，多普勒差异比上下颠簸时要小。横滚转动可以提供舰船目标的平面图。通常情况，基于 ISAR 可以得到舰船目标的二维或三维透视图，可以基于此确定所成像舰船的类别。由于舰船上下颠簸、左右摇摆和横滚的角速率一般是未知的，所以 ISAR 图像中的横向距离维不一定代表了真实距离，而距离维则代表了目标的真实长度。

一般从如图 8.21 所示的 SAR 聚束模式开始解释 ISAR 成像的原理。

根据图 8.21 可看出，当雷达不动而目标区域转动时，得到的数据是相同的，此情况下，系统称为逆合成孔径雷达。ISAR 也可以在如图 8.22 所示的运动平台上工作。从图中可以看出，对 SAR，飞机驮着雷达在运动，该运动会带来多普勒频率的差异，基于此差异可以得到好的角度分辨率。对 ISAR，正好相反，多普勒差异的产生是由于雷达观测到的目标角度转动

（如横滚、偏航、俯仰维的转动）。在图 8.22 中雷达的速度比目标的速度稍大，所以位于目标尾部的 P_1 点具有一个较小的负的相对速度。由于目标正在转向远离，所以位于机鼻附近的 P_2 点具有一个正的速度。因此，来自于 P_2 点与 P_2 点与 P_1 点之间所有点的回波的多普勒频移是不同的，差值与该点到 P_1 点的距离成正比。

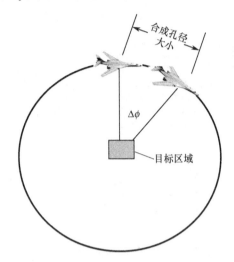

图 8.21　圆形飞形轨道时的聚束式 SAR[17]

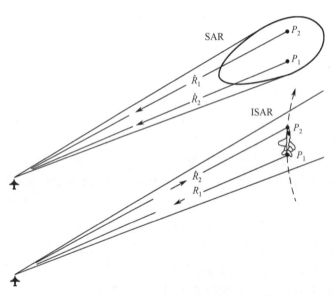

图 8.22　机载平台 SAR 和 ISAR 的对比[2]

为了对目标成像，首先要进行相位校正以进行运动补偿，目的是为了去除雷达和目标位置移动带来的相位变化；然后将来自于每个可分辨的距离增量的回波输入到一个单独的多普勒滤波器组中；最后就像传统 SAR 一样从滤波器的输出就得到一幅图像。图像的横向距离维不一定对应水平，而是垂直于目标此时刻恰好正在转动的转动轴。如果转动轴与雷达视线共线或者从雷达方向观测目标不存在转动的话，则无法得到目标的图像。

最基本的二维 ISAR 图像可以通过如图 8.23 所示的方法得到。当高距离分辨雷达观测某转动目标时，雷达得到一系列的距离像，距离像的采样速率等于雷达的 PRF。假定雷达具有

n 个距离单元,每个距离单元的分辨率为 $\Delta r_s = c\tau_e/2$($\tau_e = 1/B_R$,其中 B_R 为雷达的辐射带宽)。n 个距离单元中包括了 $N = 1/\text{PRF} \cdot t_i$ 个距离切面,其中,t_i 为当目标转动角度为 $\Delta\theta$ 为了达到指定的横向距离分辨率所需的积累时间。

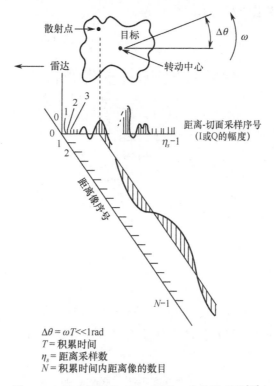

图 8.23 转动目标的 ISAR 距离 – 多普勒采样[17]

对每个分辨单元内的 N 个距离像采样值进行多普勒滤波,以得到横向距离图像数据。转动目标上的每一个目标散射源都对应一个多普勒特征信号,其多普勒频率正比于该散射源和目标转动中心之间的横向距离。每个散射源对应的多普勒特征信号的幅度正比于该散射源的反射系数,然后转动目标的散射系数被成像于由斜距和横向距离组成的正交坐标系内,其中横向距离的尺度因子取决于目标的角速率。转动轴相对于雷达视线的取向确定了距离 – 多普勒图的取向。

为了得到横向距离的高分辨率,需要获得多普勒频率的梯度,这个梯度是由物体相对于雷达的运动带来的。这种运动可以来源于多种方式,很多种方式都与图 8.24 所示的最简单的方式相关,图中单站雷达固定不动对转动目标进行照射。目标在 $x - y$ 平面内绕 z 轴匀速转动,图中目标被旋转于一个代表了距离 – 多普勒空间的坐标系里,图中给出了等多普勒和等距离线,其中,等距离线垂直于雷达到目标的视线,等多普勒线垂直于等距离线。x 轴代表了横向距离维,y 轴代表了斜距维。

假定某散射点位于点 (x_0, y_0) 处,以角速率 ω 匀速转动,初始时刻 $t = 0$ 位于图 8.24 坐标系中的角 θ_0 处。到该散射点的斜距可以表示为

$$r = R + v_r t + r_0 \cos(\omega t - \theta_0) \tag{8.33}$$

式中:R——到目标中心的距离;

v_r ——径向速度;

r_0 ——散射点到目标中心的距离;

ω ——散射点的转动角速率;

θ_0 ——散射点相对于横向距离轴的初始角度。

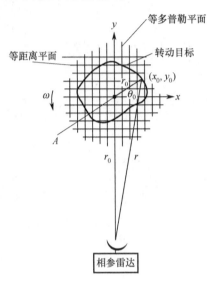

图 8.24　ISAR 目标距离 – 多普勒成像的几何示意图[25]

运动补偿后（也就是说，将目标的平动速度多普勒分量从雷达中移除），散射点的距离可以表示为

$$r = R + x_0 \sin \omega t + y_0 \cos \omega t \tag{8.34}$$

式中：$x = r_0 \sin \theta$；$y_0 = r_0 \cos \theta$。

回波信号的多普勒频率可以表示为

$$f_d = \frac{2}{\lambda} \frac{dr}{dt} \frac{2x_0\omega}{\lambda} \cos \omega t - \frac{2y_0\omega}{\lambda} \sin \omega t \tag{8.35}$$

若仅处理 $t = 0$ 处很小一段时间内的雷达数据，则目标的距离和多普勒可以表示为

$$r \approx R + y_0 \tag{8.36}$$

$$f_d \approx \frac{2x_0\omega}{\lambda} \tag{8.37}$$

因此，测量目标回波的斜距 ($r_s = R + y_0$) 和多普勒频率 f_d，基于多普勒频率得到横向距离 ($r_c = x_0 = \lambda f_d / 2\omega$)，进而，可以得到散射点源的位置 x_0, y_0。

ISAR 处理的结果是对转动目标包含的所有散射源在如图 8.23 所示的距离 – 多普勒坐标系内成像。在确定散射源的横向距离时，计算结果中出现了目标转动速率 ω，所以为了获得目标正确比例的图像，必须知道 ω 的大小。估计目标转动速率的技术大多是基于先验知识或者在信号层面进行周期性分析。

另一个内含的是雷达天线到目标中心的距离 R 保持恒定且是已知的，这也就意味着需要通过运动补偿技术去除所有的时变分量。

斜距维的高分辨可以通过很多方式得到，例如，采用窄脉冲，或者用长持续时间的编码脉冲，然后将其脉冲压缩成等效的窄脉冲。这个方面的关键参数是雷达的发射带宽 B_R，斜距

的分辨率由发射带宽决定

$$\Delta r_s = \frac{c}{2B_R} \tag{8.38}$$

为了达到较高的横向距离分辨率 Δr_s，所需的多普勒频率分辨率为

$$\Delta f_d = \frac{2\omega \Delta r_c}{\lambda} \tag{8.39}$$

由于达到多普勒分辨率 Δf_d（$\Delta f_d = B_D$）所需的相干处理时间近似等于 $t_i = 1/\Delta f_d$，也就是说雷达距离分辨率可以表示为

$$\Delta r_c = \frac{\lambda}{2\omega t_i} = \frac{\lambda}{2\Delta\theta} \tag{8.40}$$

式中：$\Delta\theta = \omega t_i$ 为相干处理时间内目标转过的角度。

式（8.38）~式（8.40）与聚束式 SAR 得到的是一致的。对聚束式 SAR，目标物体不动，雷达以速度 v_p 转过一定角度 $\Delta\theta = v_p t_i/R$，将其代入关系式 $\Delta r_c = \delta_x = \lambda R/2v_p t_i$，也就是 $\Delta r_c = \lambda/2\Delta\theta$。这说明，无论是 SAR 还是 ISAR，横向距离分辨率都取决于目标和雷达之间的相对转动。

目标相对于雷达的任何角度转动都会引起跨距离单元不同散射点的多普勒梯度。角度转动可能由目标的转动引起，也可以是沿 LOS 之外的任意方向上雷达和目标之间的目标平动引起。目标的转动通常可以分解为俯仰、偏航和横滚三个分量。飞机目标的以上转动分量如图 8.25 所示。当用地面雷达对飞机目标进行观测时，在 X 频段以下频率，转动主要来源于目标平动的切向分量，但是对于位于 10n mile 之外的舰船目标，目标的俯仰、偏航和横滚转动通常是最主要的转动成分[17]。

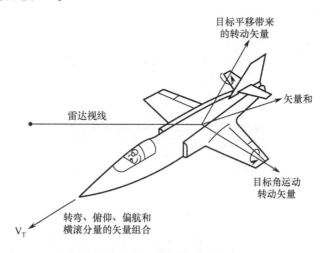

图 8.25 飞机目标的转动分量[17]

飞机目标的几何示意图如图 8.26 所示，图中，飞机的平动速度为 v_t，速度方向与 LOS 不共线。ISAR 成像平面（横向距离和斜距）为包含了雷达 LOS 矢量和包含了目标速度切向分量的正交矢量的平面。对于舰船目标，转动主要由舰船的俯仰、偏航、横滚带来（见图 8.27），ISAR 成像平面为包含了雷达 LOS 和转动分量的平面。比如，当舰船上下颠簸时，ISAR 成像平面如图 8.28 所示。

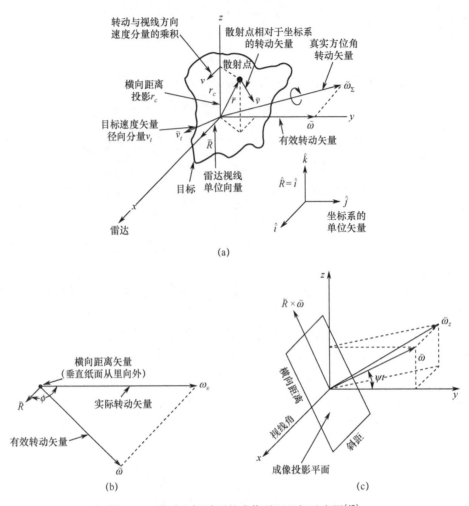

(a)

(b)

(c)

图 8.26 移动坐标系下的成像平面几何示意图[17]

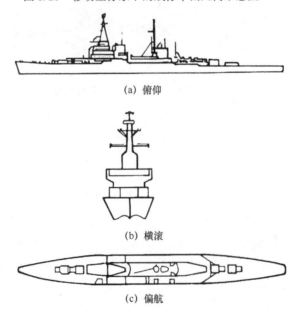

(a) 俯仰

(b) 横滚

(c) 偏航

图 8.27 由目标俯仰、偏航和横滚转动得到的 ISAR 成像平面[17]

尽管舰船俯仰、偏航、横滚转动时，舰船的所有部分具有相同的角速度，但是对空间中的固定雷达，雷达观测到的线速度取决于该部件到舰船质心的距离，从而观测到不同的线速度。不同的线速度使得固定雷达的回波中包含了不同的多普勒频率。以目标的上下颠簸为例，物体在舰船上面的位置越高，比如说舰船上的雷达天线结构，其回波的多普勒频移越大，如图8.28所示。

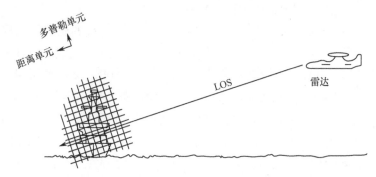

图 8.28 对左右摇摆舰船目标 ISAR 成像时的距离 – 多普勒分辨单元划分[17]

得到一维距离像的时间序列后，对每个距离分辨单元的数据进行 FFT 变换，进而得到 ISAR 图像。这种方法得到的目标多普勒成分即对应于目标的横向距离图。只有在对距离像的时间序列进行对齐后才能进行 FFT 处理。但成像过程中，目标的转动通常会使得散射源相对于雷达的位置发生改变（见图8.24）。这点从式（8.36）和式（8.36）也可以看出，积累时间 t_i 内，斜距和多普勒频率（正比于横向距离）随时间的变化对于成像是必需的。跨距离单元的运动会带来成像失常，导致同一横向距离上的像散，称为距离走动（Range Walk），以及同一斜距上横向距离聚焦误差，称为速度变化（Variable Range Rate）[26]。

要达到好的横向距离分辨率，意味着要在较大转角范围 $\Delta\theta$ 进行相干处理，也就是说斜距（见式（8.35））和多普勒（见式8.36）的变化也会相对较大。通常，为了获得想要的横向距离分辨率，需要足够长的处理时间，在处理间隔内转动物体上的点的运动可以超出好几个分辨单元。因此，如式（8.36）和式（8.37）所示的传统距离延时测量和多普勒频率分析，在处理时间间隔比较大的情况下，得到的图像质量会下降。

对简单的距离 – 多普勒处理，目标跨多距离单元徙动会带来图像质量下降，为了避免这种情况，必须限制相干处理时间 t_i 的长度。假定待成像目标的横向距离尺寸为 D_x，斜距尺寸为 D_y。那么，要使得目标上的点在相干处理时间 t_i 的距离走动不超过一个距离分辨单元 Δr_s，那么需满足

$$\Delta r_s > \frac{D_x \Delta\theta}{2} \tag{8.41}$$

横向距离〔见式（8.40）〕的表达式为 $\Delta r_c = \lambda/2\Delta\theta$，式（8.41）两边同乘以横向距离，得到

$$\Delta r_c \Delta r_s > \frac{\lambda D_x}{4} \tag{8.42}$$

式（8.42）说明横向距离和纵向距离分辨率的乘积受到待成像目标横向距离尺寸的制约。类似的，为了避免沿横向距离 Δr_c 单元的徙动，需满足

$$\Delta r > \frac{D_y \Delta\theta}{2} \tag{8.43}$$

进一步可以得到

$$(\Delta r_c)^2 > \frac{\lambda D_y}{4} \tag{8.44}$$

式 (8.44) 说明横向距离分辨率受到待成像目标斜距尺寸的限制。从式 (8.42) 和式 (8.44) 可以看出，为了避免散射点跨分辨单元的徙动，需要选择足够短的相干处理时间和较小的目标尺寸，但这会使得彻底无法对目标 ISAR 成像。

举例说明，假定用某 X 频段雷达（$\lambda = 0.03$m）对上下颠簸的舰船目标进行 ISAR 成像，则成像平面由距离维对应的舰船长度和横向距离维对应的舰船高度组成（见图 8.29）。假定舰船的长度 D_y 为 200m，舰船的高度 D_x 为 30m。因此简单处理能够得到的最大横向距离分辨率 Δr_c 可以表示为 $\Delta r_c > \sqrt{(0.03)200/4} = 1.5$ m，横向距离和斜距的乘积满足 $\Delta r_c \cdot \Delta r_s > (0.03)(30)/4 = 0.225$m。接下来，假定俯仰转动的角速率为 1°/s，得到达到横向分辨率极限所需的角度变化量为 $\Delta \theta = \lambda/2\Delta r_c = 0.01$rad 或者 0.6°，所需的相干处理时间为 $t_i = \Delta\theta/\omega = 0.6$s。表 8.4 给出了利用 S 频段（$\lambda = 0.1$m）雷达对舰船目标成像时横向距离分辨率的预估值[17]。

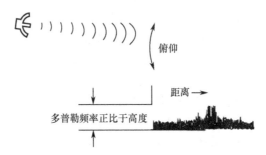

图 8.29 基于舰船目标的俯仰转动进行 ISAR 成像[27]

表 8.4 利用 S 频段雷达（$t_i = 1$s）在 5 级海况下对舰船目标成像时横向距离分辨率的预估值[17]

舰船类型	运动类型	平均角速度 ω /(°)/s	在 1s 内平均角度变化量 $\Delta\theta$/rad	平均横向距离分辨率 Δr_c /m
驱逐舰	俯仰	1.01	0.0177	2.82
	偏航	0.54	0.0093	5.35
	横滚	6.30	0.1100	0.46
运输船	俯仰	0.16	0.0028	17.83
	偏航	0.08	0.0014	35.54
	横滚	0.38	0.0066	7.56

式 (8.42) 和式 (8.44) 提出了单元徙动对分辨率的限制，通常想要的分辨率比这个限制要高。此情况下，物体发生了跨距离和多普勒单元徙动，若仍然使用距离 - 多普勒成像，则所成图像会模糊不清，因此，必须补偿跨分辨单元走动带来的影响。现有已经得到了跨单元运动的几种补偿技术，这些技术从相对较简单的运动分段线性近似到较为复杂的极坐标格式重排技术[25]。

极坐标格式重排是一种既适用于 SAR 也适用于 ISAR 的处理技术，最可行的实现方法是通过在雷达脉冲压缩处理时采用去斜（Stretch）处理[25]。采用这种脉冲压缩技术，接收机本振会在目标距离对应的时刻发出"唧唧"声,唧唧的速度等于发射波形的速率。因此,回波信号得到去斜,所以转动目标上每个散射点的回波相对于载频的多普勒频移是唯一的。在下面,将对极坐标格式重排的要点进行概要地介绍。

根据图 8.24,转动目标回波复信号可以表示为

$$f_r(t) = \int_s \sigma(s_0) u\left(t - \frac{2r}{c}\right) ds_0 \text{①} \tag{8.45}$$

式中:r——到散射表面微分的距离;
$\sigma(s_0)$——接收机观测到的表面 s_0 处的目标反射率;
$u(t)$——发射的脉冲压缩波形。

对接收回波进行傅里叶变换可以得到

$$F_r(\omega) = \int_{-\infty}^{\infty} f_r(t) e^{-j\omega t} dt \text{②} \tag{8.46}$$

将式 (8.45) 代入式 (8.46),得到

$$F_r(\omega) = \int_s \sigma(s_0) \int_{-\infty}^{\infty} e^{-j\omega t} u\left(t - \frac{2r}{c}\right) dt ds_0 \tag{8.47}$$

式 (8.47) 可以简化为

$$F_r(\omega) = \int_s \sigma(s_0) U(\omega) e^{-j(\omega r/2c)} ds_0 \tag{8.48}$$

式中:$U(\omega)$ 为 $u(t)$ 为傅里叶变换,在 ISAR 成像过程所需的处理时间内,r 随时间而变化,从而 $e^{-j(\omega r/2c)}$ 项带来压缩波形 $u(t)$ 的失真。

将接收信号乘以参考信号 $m(t) = e^{+j(\omega r/2c)}$,可以消除距离随时间变化带来的影响,而这就是极坐标格式重排运动补偿技术的基础步骤。

采用极坐标格式坐标的简化 ISAR 系统的框图如图 8.30 所示[25]。Stretch 处理主要体现在脉冲压缩波形产生器 (WFG) 不仅用于发射机还用于接收机的本振。在去斜后,信号的带宽为成像区域内散射体的多普勒频率差异形成的带宽 [见式 (8.35) 和式 (8.37)]。对 LFM 波形去斜处理后,脉冲间输出信号的频率和相位取决于散射体到场景中心的相对距离。此时就满足了进行频域距离 – 多普勒成像的条件。

图 8.31 给出了 ISAR 成像空间内以极坐标格式表示的采样数据的相对位置,采样点用黑色的点来表示。采样点沿不同角度 θ_i 的多条射线排列成阵,这些射线的角度即为每次雷达发射时,LOS 在参考平面的投影与雷达和场景中心连线之间的平角。雷达的 PRF 要足够高才能无模糊地对多普勒频谱进行采样,频谱宽度主要取决于照射场景的距离范围。

每条射线上的采样点数取决于脉冲压缩斜面的持续时间。这个持续时间与获得斜距分辨率采用的有效 RF 带宽成正比。

为了得到 ISAR 像,必须对图 8.31 所示的采样几何阵列进行二维傅里叶变换。为了进行变换,首先要把数据重采样成如图 8.31 所示的间隔为 T_x 和 T_y 的矩形栅格。在距离和方位维内插栅格采样的数目大小决定了所成图像中这两个维度的采样间隔。

---

① 原公式为 $f_r(t) = \int_s \sigma(s_0) u\left(t - \frac{r}{2c}\right) ds_0$;

② 原公式为 $F_r(\omega) = \int_{-\infty}^{\infty} f_r(t) e^{-j\omega t} d\omega$;——译者注。

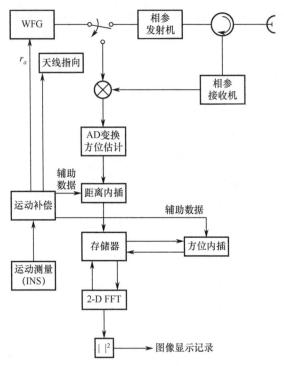

图 8.30 采用极坐标格式处理的简单 ISAR 系统的框图[25]

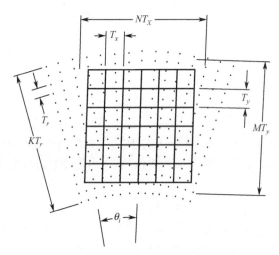

图 8.31 极坐标格式数字采集几何示意图[25]

可以通过两个独立的一维内插形成矩形栅格，第一步，如图 8.32 所示，对每个雷达脉冲重采样，重采样时使新采样点的位置落在构成矩形栅格的水平线上。如果输入函数为一系列均匀间隔采样点的话，可以通过数字方式实现，输出的重采样结果的采样率比原来要低一些，这些采样点相对于每个脉冲的第一个采样点的时延是特定的。

第二步，极坐标格式方位内插过程，如图 8.33 所示。基于距离内插的输出沿距离正交方向进行方位内插。这种内插可以通过数字方式实现，在每行数据的适当时间上输出重采样结果。但是，这种处理的输入数据并不是等间隔的，所采用的数字处理技术必须考虑到这一点。

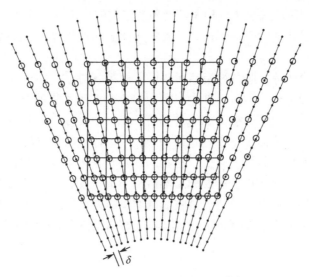

图 8.32　极坐标格式距离内插[25]

在二维内插得到矩形栅格后，通过进行二维 FFT 可以得到一幅复数图像，对这个复图像进行包络检波即得到 ISAR 图像。

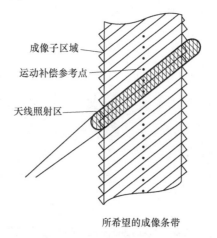

图 8.33　极坐标格式方位内插[25]

8.5　机载雷达空时自适应处理

STAP 是一种空间—多普勒域联合处理的技术，主要适用于采用相控阵天线的机载和空间载低、中重频 PD 雷达下视时遇到强杂波的情况。这种技术为机载平台提供了强杂波干扰背景下检测目标的能力。这些应用包括对高速运动平台（JSTARS 和空基雷达）检测低速（$v >$ 3 节）地面目标和 AEW 任务在干扰和杂波中检测目标。这项技术可以有效地补偿运动带来的地杂波多普勒频谱展宽（见第 3.2.3 节）。STAP 既有多普勒滤波处理（MTI 和 FFT）的优点，又兼具自适应阵列天线技术的优点（干扰旁瓣对消）。

由于 STAP 需要的运算量巨大，超过了当时处理器的运算能力，所以 STAP 在初始阶段的发展受到了一些制约。除此之外，STAP 还需要每个阵元有一个单独的 A/D 转换和接收装置，这点也只是最近才因为大规模集成电路技术的发展也变得可实现。采样矩阵求逆（Sample

Matrix Inversion,SMI)算法提供了一种调整处理器权值的快速收敛方法,从而使得 STAP 开始走向实用[2,10,11]。但是快速收敛的代价是巨大的运算量(近似 N^2 复数乘积运算,其中 N 为自适应权值的数目)。

SMI 算法利用的原理是:地面的相参回波可以用其复协方差矩阵完全表征。利用这个算法得到权值的过程可以划分为两步。首先,因为缺乏杂波和干扰的先验知识,所以要对接收回波的协方差矩阵进行最大似然或其他等效的统计估计。然后,对矩阵求逆,得到每个通道的加权值。最后,这个矩阵需要不断地进行更新(调整),以能够精确反映杂波和干扰的变化。每一次更新都是在原有数据基础上,在新的距离增量上对接收数据进行单独、独立的采样。这个算法的优点就是每次更新所需的采样数目不大,使得绝大部分精力可以放大如何滤除干扰上。滤波器的输出结果中保留了接收信号功率的大部分,因此得到的信噪比也较高[2]。

机载雷达杂波回波如图 8.34 所示。俯角为 ϕ_d 时,频谱中心的取值为

$$f_d = \frac{2v_{ac}}{\lambda}\sin\theta_o\cos\phi_d \tag{8.49}$$

式中:v_{ac}——平台速度;

λ——波长;

θ_o——测量得到的偏离飞机侧面的方位角。

当天线指向正侧方时,频谱的中心为零频,多普勒频率的变化范围为 $\pm 2v_{ac}/\lambda$。

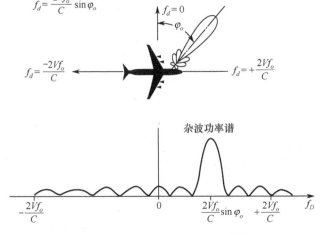

图 8.34 机载雷达的杂波频谱[29]

通常,平台运动可以分解为两部分:一个平行于天线孔径;另一个垂直于天线孔径。这两个分量都会展宽杂波回波的频谱宽度,并平移频谱的中心。

当天线孔径与速度矢量垂直时,最主要的影响是杂波频谱中心的平移。通常,多普勒频谱的均值取决于平台速度、雷达频率和到所分析杂波区域的角度。这种效应的运动补偿通常采用 TACCAR 完成,这种技术将雷达相参本振的频率锁定到平均杂波频率上。

DPCA 技术主要用来补偿平行于天线孔径的速度分量。这种技术是在与飞机速度分量相反的方向上通过物理或电子的方式将天线的相位中心偏移。如果偏移后的两个天线具有相同的方向图,那么通过 DPCA 处理,一路延迟对消器就几乎可以完全补偿。用更高阶 MTI 对消器进行补偿比较困难,因为其配置使得运动补偿的效果不理想[6]。

如果所采用的 TACCAR 和 DPCA 运动补偿技术非常有效,那么 AMTI 所能提供的整体改

善因子就只受到积累旁瓣水平和主瓣增益之比的限制。由于天线的旁瓣基本上在360°范围内都存在,从旁瓣接收到的回波多普勒频移从 $-v_{ac}$(v_{ac}为飞机速度)一直到 $+v_{ac}$。多普勒的变化范围会覆盖整个MTI的模糊频率带宽。因此,无法消除旁瓣的回波,MTI改善因子受制于从天线主瓣进入系统的能量和从旁瓣进入的能量之比。

另一种看待运动补偿问题的方式是,利用MATLAB程序stfil.m将机载雷达的杂波回波绘制于多普勒–方位空间,得到的结果如图8.35所示,从图中可以看出,所有的杂波主要分布于一个杂波脊线上。同时,当杂波脊线投影到多普勒平面时,位于MTI通带内的旁瓣会限制可获得的改善因子,这个限制主要取决于双程积累旁瓣的均方根值。但是,若MTI滤波器的响应能够在空间(角度)域和时间域同时进行调整,那么可以将MTI滤波器的零点置于杂波脊线上,这样就可以大大改善雷达的性能。这就是空–时处理的本质,所以空–时处理可以检测地面慢速移动目标,改善杂波和干扰环境下的性能[10]。此外,通过采取旁瓣对消(SLC)处理来调整天线方向图的零点可以显著抑制干扰回波。

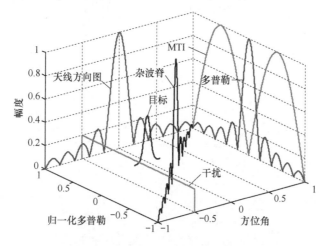

图8.35 多普勒–方位空间内的杂波分布

DPCA是最简单的综合利用空间和时间自由度的系统。参考文献[10,29]给出,若忽略所有的误差,将阵元间距调整为 $\Delta = 2v_{ac}/\mathrm{PRF}$,则可将滤波器的零点置于杂波脊线上。利用MATLAB程序dpcafil.m得到的结果如图8.36所示。但非自适应DPCA的问题在于,其敏

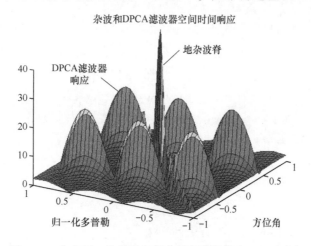

图8.36 在空间–多普勒空间内的杂波脊线和DPCA响应

感于天线误差和空时通道匹配,并且还需精确书籍平台速度,这样才能将脉冲重复间隔调整至 $T = \Delta/2v_{ac}$。通过采用自适应 STAP 系统可以较大程度克服以上困难。当雷达天线对准某特定方位角和多普勒频率的目标后,可以自适应地进行调整,从而使得系统的信干(杂波加干扰加噪声)比最大。但杂波内部运动(见例 3)和平台侧航(由于风速的影响,平台指向与水平运动速度方向不同)会带来杂波频谱的展宽,从而使得杂波的分布偏离如图 8.35 所示的脊线。

8.5.1 STAP[10,28-32,47]

普通 STAP 处理器的框图如图 8.37 所示。横向滤波器的配置(见第 5 章)如下,N 个天线通道,每个通道包括 M 个时延线,每个时延线的延迟为 T,对 M 个不同时延的信号通过加权求和进行自适应控制,使得 STAP 输出的信干比达到最大。N 个天线接收到的杂波信号分别为

$$x_1(t), x_2(t), x_3(t), \cdots, x_N(t) \tag{8.50}$$

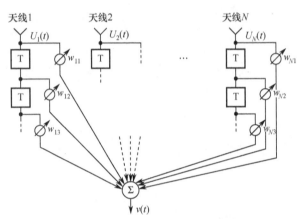

图 8.37 广义空时自适应处理器[29]

横向滤波器输出的信号可以表示为

$$\begin{aligned} v(t) = &w_{11}x_1(t) + w_{12}x_2(t) + \cdots + w_{1N}x_N(t) + \cdots \\ &+ w_{21}x_1(t-T) + w_{22}x_2(t-T) + \cdots + w_{2N}x_N(t-T) + \cdots \\ &\vdots \qquad\qquad \vdots \qquad\qquad \vdots \qquad\qquad \vdots \\ &+ w_{M1}x_1(t-(M-1)T) + w_{M2}x_2(t-(M-1)T) + \cdots + w_{MN}x_N(t-(M-1)T) \end{aligned} \tag{8.51}$$

$$\boldsymbol{v} = \boldsymbol{w}\boldsymbol{x}^{\mathrm{T}} \tag{8.52}$$

式中:

$$\boldsymbol{w} = [w_{11} \quad w_{12} \quad \cdots \quad w_{1N} \quad w_{21} \quad w_{22} \quad \cdots \quad w_{2N} \quad w_{31} \quad w_{32} \quad \cdots \quad w_{MN}] \tag{8.53}$$

$$\boldsymbol{x} = [x_1(t) \quad x_2(t) \quad \cdots \quad x_N(t) \quad x_1(t-T) \quad \cdots \quad x_N(t-(M-1)T)] \tag{8.54}$$

平均杂波功率可以表示为

$$C = E(|\boldsymbol{w}\boldsymbol{x}^{\mathrm{T}}|) = \boldsymbol{w}^{*}\boldsymbol{R}_C\boldsymbol{w}^{\mathrm{T}} \tag{8.55}$$

式中:协方差矩阵为

$$\boldsymbol{R}_c = E(\boldsymbol{x}^{\mathrm{T}}{}^{*}\boldsymbol{x}) \tag{8.56}$$

考虑通道噪声后,协方差矩阵可以表示为

$$R_{c+N} = R_c + \sigma^2 I \quad (8.57)$$

当在特定方位和距离上出现了某点目标后，目标的回波可以表示为

$$s = [s_1(t) \quad s_2(t) \quad s_3(t) \quad s_N(t-(M-1)T)] \quad (8.58)$$

式中：s 中包含了为减小天线旁瓣而引入的权值，相应的信号功率可以表示为

$$S = |ws^T|^2 \quad (8.59)$$

信杂比可以表示为

$$\frac{S}{C} = \frac{|ws^T|^2}{w^* R_{C+N} w^T} \quad (8.60)$$

根据文献［1］中的推导，使得 S/C 最大的权值为

$$w_{opt} = R_{C+N}^{-1} s^{T*} \quad (8.61)$$

最大的信号与噪声加杂波之比为

$$\left(\frac{S}{N+C}\right) = s R_{C+N}^{-1} s^{T*} \quad (8.62)$$

STAP 基本的数据结构可以看成一个三维的数据立方体，如图 8.38 所示。这些数据是在 M 个脉冲的相参处理时间内，每个脉冲进行 L 个距离采样，N 个天线阵元输出的总和。立方体内每个分辨单元对应一个复数。这个数据立方体由 $M \cdot N \cdot L$ 个复数采样得到，这些采样被集体存储和处理。像 MATLAB 之类的数据处理器只能处理二维数据，所处理的相关数据，称为快拍，包括了 $M \cdot N$ 乘以 1 的列向量。不同的数据帧堆在一起组成了这一批数据。

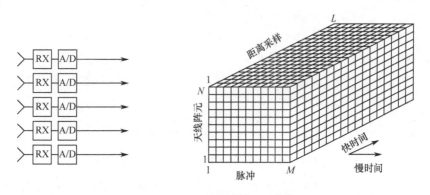

图 8.38　STAP 数据立方体[10]

现在只考虑来自单一距离波门采样快拍 $L = 1$ 的接收数据。我们的目的是为了在每个距离单元内自适应地确定权值以使得信号与干扰加噪声之比（SINR）最大，然后来检测目标的有无。对侧视雷达，位于同一距离分辨单元内的杂波分布于同中心圆环，如图 8.39 所示。分了进行后续计算，杂波需要划分成 N_o 个离散的方位单元。对每一个方位杂波单元，根据式（8.49）可知，其回波多普勒取决于其方位角，所以不同单元的多普勒是不同的。同样，来自于每个杂波单元的回波到达每个天线阵元的时间是不同的，这个时间取决于其方位角。如图 8.40 所示，天线阵元之间接收信号的相位差等于 $\phi = d\sin\theta/\lambda$，其中，$d$ 为阵元间距，θ 为方位角。若阵元间距等于 $\lambda/2$（为了防止在视场内出现栅瓣），则得到的空间取向矢量为

$$a_N(\theta) = [1, e^{-j\pi\sin\theta}, \cdots, e^{-j\pi(N-1)\sin\theta}]^T \quad (8.63)$$

如图 8.39 所示的每个杂波块的多普勒频率也是方位角的函数，因此得到时间取向矢量可

以表示为

$$\boldsymbol{b}_M(\theta,\bar{f}_d) = [1, e^{-j2\pi\bar{f}_d\sin\theta}, \cdots, e^{-j2\pi(M-1)\bar{f}_d\sin\theta}]^T \tag{8.64}$$

式中：$\bar{f}_d$ ——用 PRF 进行归一化后多普勒频率，可以表示为

$$\bar{f}_d = \frac{2v_{ac}\cos\phi_d T}{\lambda} \tag{8.65}$$

$v_{ac}\cos\phi_o$ ——在俯角为 ϕ_o 时的平台速度。

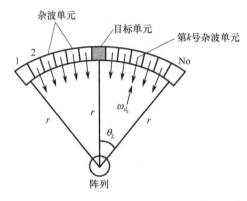

图 8.39 侧视雷达的杂波单元[31]

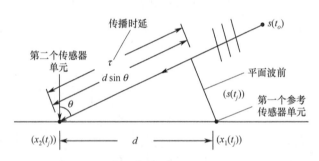

图 8.40 天线阵元之间的时间延迟差[31]

整个的 $M \cdot N$ 乘以 1 的空间－时间取向矢量为上述两个取向矢量的 Kronecker 矩阵积 $\otimes$ [MATLAB 函数表达式为 knon(a,b)]，即

$$\boldsymbol{a}(\theta,f_d) = \boldsymbol{b}_M(\theta,\bar{f}_d) \otimes \boldsymbol{a}_N(\theta) \tag{8.66}$$

使用 SMI 方法（见式(8.61)）需要估计干扰（杂波＋噪声＋干扰）的协方差。这个估计通常是在包含期望目标的待检测单元的周围选取数据，并且选择时应去掉有目标的单元。与单元平均 CFAR 系统类似，这种方法的缺点在于：缺少足够数目的样本，无法进行精确估计；在估计数据集中存在离散点；干扰的分布形式未知；杂波数据的非均匀。最佳的情况是当干扰服从高斯分布且杂波为均匀杂波（所谓的砂纸地杂波模型）[12]。所以，来自于距离为 r_j 的同一距离分辨圆环的阵列接收到的电压信号为

$$\boldsymbol{x}_c = \sum_{k=1}^{N_o} c_k \boldsymbol{a}(\theta_k, f_{d,k}) + \boldsymbol{n} \tag{8.67}$$

式中：c_k ——第 k 个杂波块的随机幅度值；

$\boldsymbol{a}(\theta_k, f_{d,k})$ ——取向矢量，该取向矢量代表了杂波反射信号的空—时调制特征；

$\boldsymbol{n}$ ——热噪声和干扰分量。

如果杂波采样值为均值为零方差为 σ_k^2 的随机变量，则杂波为广义平移的，杂波统计特性可以用协方差完全表征，即

$$\boldsymbol{R}_c = \sum_{k=1}^{N_o} \sigma_k^2 \boldsymbol{a}_k \boldsymbol{a}_k^{T*} + \sigma_n \boldsymbol{I} \tag{8.68}$$

式中：σ_n^2——感应器输入端的热噪声功率；

$\sigma_c^2 = \sum_{k=1}^{N_o} \sigma_k^2$——总的杂波功率。

杂波和噪声的功率比可以表示为 $F = \sigma_c^2/\sigma_n^2$。$\sin(\theta_{az})$-多普勒空间内沿对角线杂波脊分布的杂波功率谱可以表示为

$$P(\theta, f_d) = \boldsymbol{a}^{T*}(\theta, f_d)\boldsymbol{R}_c \boldsymbol{a}(\theta, f_d) \tag{8.69}$$

8.5.2 杂波内部运动对STAP的影响[24,33]

当风吹过地面植被时，会带来杂波内部运动（Internal Clutter Motion，ICM），从而引起图8.35中所示的对角线杂波脊的频谱展宽。这点可以用指数型地杂波模型（见例3）来描述。频谱展宽使得雷达难以检测那些多普勒位置靠近杂波脊的目标。直流和交流分量的比值可以表示为

$$r = 10^{[-15.5\log_{10}(w) - 12.1\log_{10}(f_c) + 63.2]/10} \tag{8.70}$$

式中：w——风速，单位为 mile/h；

f_c——发射频率，单位为 MHz。

例3中推导得到的ACF为

$$r_c = \frac{r}{r+1} + \frac{1}{r+1} \frac{(\beta\lambda)^2}{(\beta\lambda)^2 + (4\pi T)^2} \tag{8.71}$$

式中：β——由风速决定的尺度因子（见例3）；

λ——波长；

T——PRI。

可以基于此来锥削时间取向矢量〔见式（8.64）〕，其中，第 i 和第 k 个阵元之间的减小量可以表示为

$$T_{ik} = r_c((i-k)T) \tag{8.72}$$

得到的协方差矩阵锥可以表示为

$$\boldsymbol{T}_{ST} = \boldsymbol{T} \otimes \boldsymbol{1}_{N \times N} \tag{8.73}$$

式中：$\otimes$——矩阵的Kronecker积；

$\boldsymbol{1}_{N \times N}$——$N$ 乘 N 的全1矩阵。

修订后的杂波功方差矩阵可以表示为

$$\bar{\boldsymbol{R}}_c = \boldsymbol{T}_{ST} o \boldsymbol{R}_c \tag{8.74}$$

式中：o——Hadamard矩阵乘积（MATLAB函数A.*B）。

8.5.3 STAP检测

当包括目标时，协方差矩阵为

$$\boldsymbol{R} = P_t \boldsymbol{a}(\theta_t, f_{d,t}) \boldsymbol{a}^{T*}(\theta_t, f_{d,t}) + \boldsymbol{R}_c \tag{8.75}$$

式中：$\boldsymbol{a}(\theta_t, f_{d,t})$——目标取向矢量；

P_t —— 信号功率。

输入的信干比可以表示为 $P_t/(\sigma_c^2 + \sigma_n^2)$。

为了得到 STAP 处理器的 SINR，需要单独对目标信号和干扰信号进行分析。输入到 STAP 处理器第 j 个距离单元的目标信号

$$x_j = \alpha s_t + n \tag{8.76}$$

式中：$\alpha = \sqrt{P_t}$ 为实常数。

自适应 STAP 的信号输出为

$$v_j(t) = \boldsymbol{w}^{T*}\boldsymbol{x}_j(t) = \alpha \boldsymbol{w}^{T*} + \boldsymbol{w}^{T*}\boldsymbol{n} \tag{8.77}$$

式中：$\boldsymbol{w}$ —— 自适应权值。

最佳的 $M \cdot N$ 乘 1 自适应权值可以根据下式得到

$$\boldsymbol{w}_{opt} = \kappa \boldsymbol{R}_{c+n}^{-1} \boldsymbol{a}(\theta_t, \bar{f}_{d,t}) \tag{8.78}$$

式中：κ —— 任意的常数；

$\boldsymbol{a}(\theta_t, \bar{f}_{d,t})$ —— 目标的空间 - 时间取向矢量。

根据第 5.1.2 节可知，信号干扰功率比为

$$\text{SINR}_{out} = \frac{P_t |\boldsymbol{w}^{T*}\boldsymbol{s}_t|}{\boldsymbol{w}^{T*}\boldsymbol{R}_{c+n}\boldsymbol{w}} \tag{8.79}$$

式中：信噪比为

$$\text{SNR} = \frac{P_t |\boldsymbol{s}_t^{T*}\boldsymbol{s}_t|}{\boldsymbol{s}_t^{T*}(\sigma_n^2\boldsymbol{I})\boldsymbol{s}_t} = \frac{P_t NM}{\sigma_n^2} \tag{8.80}$$

衡量有干扰时和无干扰时 STAP 的性能差异可以用 SINR 损失来度量

$$\text{SINR}_{LOSS} = \frac{\text{SINR}}{\text{SNR}} \tag{8.81}$$

自适应得到的角度 - 多普勒方向图可以表示为

$$P_a(\theta, \bar{f}_d) = |\boldsymbol{w}^{T*}\boldsymbol{a}(\theta, \bar{f}_d)|^2 \tag{8.82}$$

这个方向图可用来评估自适应权值 $\boldsymbol{w}_{opt}$ 在抑制如图 8.35 所示的对角线脊线杂波时的性能。图 8.41 给出了 STAP 在抑制目标杂波脊的同时检测目标的能力。

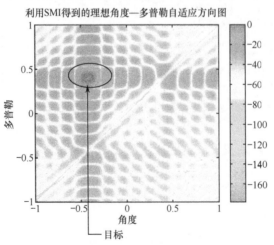

图 8.41 STAP 目标检测[31]

8.5.4 采样矩阵求逆

STAP 工作时,需要估计干扰协方差矩阵的估计值,这个估计值可以表示为

$$\hat{\boldsymbol{R}}_c = \frac{1}{K}\sum_{k=1}^{K}\boldsymbol{x}_i\boldsymbol{x}_i^{T*} = \frac{1}{K}\boldsymbol{Y}_K\boldsymbol{Y}_K^{T*} \quad (8.83)$$

式中:

$$\boldsymbol{Y}_K = [\boldsymbol{x}_1\ \boldsymbol{x}_2\ \cdots\ \boldsymbol{x}_K] \quad (8.84)$$

来自目标单元周围的多个距离单元的采样值如图 8.42 所示。波束形成器的功率谱可以表示为

$$\hat{P}_B(\theta, f_d) = \boldsymbol{a}(\theta, f_d)^{T*} \overline{\boldsymbol{R}} \boldsymbol{a}(\theta, f_d) \quad (8.85)$$

利用 SMI 方法得到的权值估计为

$$\boldsymbol{w}_{\text{SMI}} = \hat{\boldsymbol{R}}_c \boldsymbol{a}(\theta_t, f_{d,t}) = \left(\frac{1}{K}\boldsymbol{Y}_K\boldsymbol{Y}_K^{T*}\right)^{-1}\boldsymbol{a}(\theta_t, f_{d,t}) \quad (8.86)$$

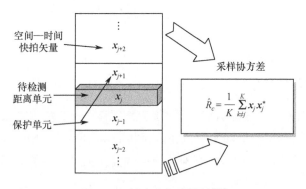

图 8.42 协方差矩阵估计[31]

例 31 自适应阵列和热杂波[34,48]

图 EX - 31.1 给出的线性自适应阵列,由 N 个天线阵元组成,这个阵元的输出可以单独加权然后进行求和。这些权值由一个自适应网络得到,使得阵列天线方向图指向目标,并最小化干扰源的回波。

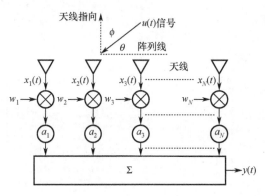

图 EX - 31.1 自适应阵列

第 i 个天线阵元的输出可以表示为

$$x_i(t) = u(t)\exp[-j(i-1)\pi\sin\phi] + n_i(t)$$

式中：阵元间距为 $d = \lambda/2$，$n(t)$ 为噪声矢量。

为了向目标辐射信号，将权值调整为

$$w_q^T = (a_1\ a_2\exp(-j\pi\sin\theta_s)\ a_3\exp(-j2\pi\sin\theta_s)\cdots a_N\exp(-j(N-1)\pi\sin\theta_s))$$

式中：θ_s 为目标的角度。

阵元的信噪比为

$$(\text{SNR})_1 = \frac{E[|u(t)|^2]}{E[|n_i(t)|^2]} = \frac{P_s}{\sigma_n^2}$$

如果阵元是均匀激励阵列（$a_i = 1$），则阵列的信噪比为阵元信噪比的 N 倍，即

$$(\text{SNR})_N = \frac{N^2 P_s}{N\sigma_n^2} = \frac{NP_s}{\sigma_n^2}$$

对均匀激励阵列，阵列的增益为

$$G(\phi) = \left[\frac{\sin\left(\dfrac{N\pi\sin\phi}{2}\right)}{N\sin\left(\dfrac{\pi\sin\phi}{2}\right)}\right]^2$$

两个第一零点之间的波束宽度为

$$\phi_0 = 2\arcsin\left(\frac{2}{N}\right)$$

可以采用对阵列加窗的方法来降低阵列的旁瓣。根据一定的方式比如 Chebyshev 函数来调整幅度函数 $a(i)$，以获得较低的旁瓣，在旁瓣和主瓣之间的过渡区有一个陡峭的过渡。可以使用 MATLAB 函数 chebvin（n，r）来对所需的幅度函数进行计算，其中，n 为阵列长度，r 为指定的旁瓣水平，（单位为 dB）。

在高占空比噪声干扰时，需要噪声和干扰一出现就完成阵列的优化，此时可利用 Applebaum 方法[34]来得到自适应阵列的天线方向图。这种方法得到一个静止波束和一个辅助波束，用静止波束减去辅助波束就可以在干扰源方向上产生波束零点。

为了采用此方法，首先需要得到 N 阵元阵列只有噪声时的协方差矩阵，即

$$M_p = P_n I_N$$

式中：I_N —— N 阶单位阵；

P_n ——噪声功率。

接下来生成一个对角矩阵

$$H = \begin{pmatrix} 1 & 0 & \cdots & 0 \\ 0 & \exp(j\beta_j) & 0 & 0 \\ \vdots & 0 & \ddots & \vdots \\ 0 & 0 & \cdots & \exp(j(N-1)\beta_j) \end{pmatrix}$$

式中

$$\beta_j = \pi\sin\theta_j$$

其中：θ_j 为干扰源的方向。

接下来，得到干扰的协方差矩阵

$$M_j = P_j H^* U H$$

式中：U——$N \times N$ 的全 1 矩阵；

P_j——干扰机的功率。

总的协方差矩阵为

$$M = M_q + M_j$$

可以证明，使得信干比最大的最优权值[1]可以表示为

$$w_{opt} = \alpha M^{-1} S^*$$

式中：S——阵列取向矢量；

M^{-1}——协方差矩阵 M 的逆。

总的阵列方向图为

$$G(\theta) = B^T w_{opt}$$

式中

$$B^T = (1 \; \exp(-j\pi\sin\theta) \; \exp(-j2\pi\sin\theta) \; \cdots \; \exp(-j(N-1)\pi\sin\theta))$$

将上述方向图可以分成两部分，即

$$G(\theta) = G_q(\beta) - \frac{1}{d+N} G_q(\beta_j) C(\beta - \beta_j)$$

其中

$$\beta = \pi\sin\theta \; ; \; d = \frac{P_n}{P_j}$$

和

$$C(x) = \exp\left(\frac{j(N-1)x}{2}\right) \frac{\sin(Nx/2)}{\sin(x/2)}$$

第一项为静止波束，第二项需要从第一项中将其减掉，为对准干扰的 $\sin(Nx)/\sin(x)$ 的波束。这一点如图 EX-31.2 所示，图中给出了自适应阵列如何对阵列旁瓣中的干扰进行对消。

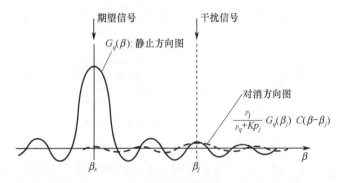

图 EX-31.2 自适应阵列的静止和对消天线方向图[34]

对窄带干扰，自适应阵列的对消系数为 P_j/P_n（见图 EX-31.3）。对宽带干扰机，文献[35]中给出了适用的关系式，如下所示

$$\frac{P_0}{P_n}(f) = 1 + \frac{\left\{1 - \cos\left[\pi\sin\theta_j\left(\frac{\Delta f}{f_0}\right)\right]\right\} P_j}{P_n}$$

式中：θ_j——干扰机偏离视轴的角度；

f_0——阵列的中心频率。

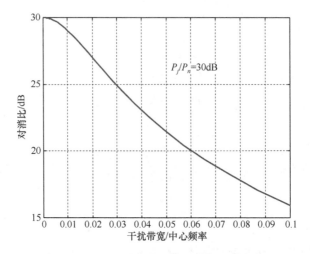

图 EX-31.3　对消率随干扰机带宽的变化曲线

MATLAB 程序 adap_apple2.m 中给出了一种对自适应阵列进行分析的工具。其对话框如图 EX-31.4 所示。

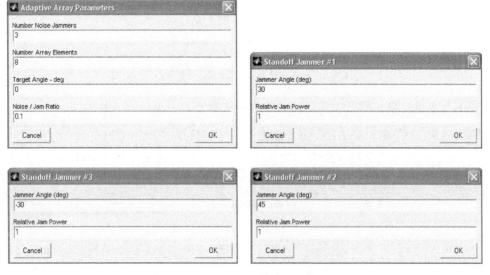

图 EX-31.4　自适应阵列设计对话框

这些输入参数对应的结果如图 EX-31.5 和图 EX-31.6 所示（单位为 dB）。从图中可以看出在干扰机方向 30°、45°和 -30°得到了较深的零点。如果用户试图将干扰机角度置于阵列的主波束之内或者超过阵列的自由度（$N-1$）时，程序会对以上错误输入报错并终止程序。

限制自适应阵列或 STAP 性能的一种方式是使用热杂波（Hot Clutter）。热杂波指的是，对杂波或箔条进行照射，使其反射的干扰信号对准阵列[12,36]。这种干扰信号是空间分散开的，所以会使得阵列的自由度不足以对其进行对消，从而引起自适应阵列失效。图 EX-31.7 给出了基于 Simulink 的一个仿真结果，从中可以看出，即使存在少量的分布式热杂波，也会对旁瓣对消性能产生很大的影响。例如，如果分布开的干扰机的功率比主干扰机的功率低 20dB（JDJR = 20dB），那么主干扰机的对消率将会下降 20dB。

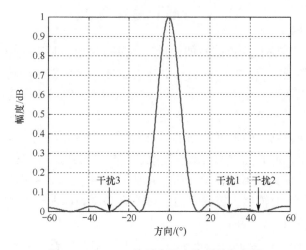

图 EX – 31.5　8 阵元自适应阵列的方向图

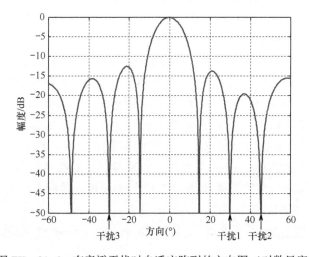

图 EX – 31.6　有旁瓣干扰时自适应阵列的方向图（对数尺度）

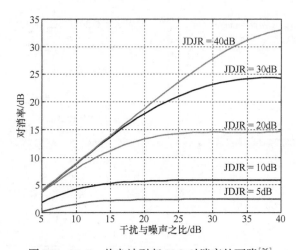

图 EX – 31.7　热杂波引起 SLC 对消率的下降[36]

8.6 MTI 设计工具

在本节,将会对一个基于 MATLAB 的设计工具进行讨论,基于这个工具可以计算不同环境情况下、采用不同类型处理器时,地面对空搜索 MTI 多普勒雷达的检测性能。该工具采用了 MATLAB 图形用户界面 (Graphical User Interface, GUI),使得用户无须必须进行计算机编程,就可修改默认情况下的输入数据。默认情况中的参数设置为 ASR-9 雷达的参数。这个设计工具中使用了前面各例子中得到的 MATLAB 程序。这种方法的优点在于,如果用户对于某个特定参数不太确定,那么可以使用或改变默认参数来得到适当的取值。

在程序中对很多 MTI 处理器进行了分析,包括 MTD 的类型。它们包括采用非相参积累的一阶、二阶、三阶、四阶对消器,级联双通道对消器 FFT 和横向滤波器组。对每个处理器都假定了适当的脉间和组间 PRF 参差。

MATLAB 命令窗内输入"mtirangehh. m"并按下回车键,就可以初始化设计工具。程序会打开一个雷达参数的对话框,其中,包括了发射机、接收机和天线的参数,如图 8.43 所示。用户可以接收这些参数或进行适当的调整,然后单击 OK 键。随后出现雷达参数设置的第二个页面,同样的,接受这些参数或进行调整。需要说明的是,FFT 或横向滤波器 (TF) 的点数这一参数,只有当需要分析这些类型处理器的性能时,才可以进行调整。一个很关键的参数是系统的稳定因子,它包括了对消率 (见第 3.1.2 节) 和相位噪声 (见第 3.3 节) 的综合影响[37,38],这些给出的参数通常是某雷达的设定值。对基于 FFT 和 TF 的 MTD 处理器,必须指定滤波器的旁瓣,其目的是为了避免抑制不含杂波主多普勒响应的多普勒滤波带宽,为了达到这个目的,程序提供了 Chebyshev 类型的窗函数。如果未采用 MTD 类型的处理器,那么用户可以选择均匀窗或 Chebyshev 类型的窗。在第二页的雷达参数设置对话框单击 OK 键后,会打开一下选择斯威林类型的菜单项,如图 8.44 所示。然后是窗类型选择菜单项,选择均匀窗还是 Chebyshev 类型的窗。

(a)　　　　　　　　　　　　　　(b)

图 8.43　雷达参数对话框

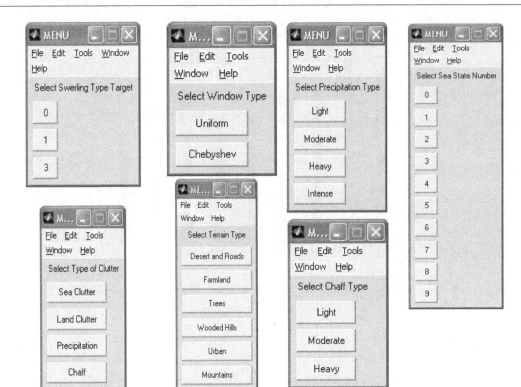

图 8.44 MTI 设计工具的菜单项

下一个菜单项提示从四个选项中选择要处理的杂波类型。如果选择海杂波，那么将会出现海况菜单项，具有 1~9 级的海况选择项。程序中假定实现了理想的运动补偿。如果选择了地杂波，那么将出现地表类型菜单项，提供了六种地形选择。对海杂波和地杂波，默认的是晴空条件（带有大气衰减），当然，通过改变程序也可以进行修改。如果选择了雨雪杂波，那么对 MTI 类型的处理器，将激活一个既包括地杂波又包括雨雪杂波的多杂波环境，对 MTI 对消器，不包括地杂波，并且假定 MTI 可以自适应地调谐到雨雪杂波的平均多普勒频率上。在选择地表类型后，会激活降雨类型菜单项，提供了从轻到极强四个选项。然后程序在计算检测距离时会考虑降雨带来的衰减。当选择箔条类型杂波时，程序的响应和降雨时类似，所不通的是提供给用户的选择是晴空环境下从轻到重的箔条类型选择项。

如图 8.43 所示参数下程序的输出为一个柱状统计图表，图表有一个图例的注释，详细给出了所选择的参数。第一个例子是带有植被的山岭型地杂波，均匀加窗 MTD 处理，如图 8.45 所示。前三个柱表示噪声环境下未进行多普勒处理时的检测距离。第一个为采用非相参积累，第二个和第三个分别为采用 8 脉冲和 9 脉冲的相参积累。后面的四个柱表示采用非相参积累时一阶到四阶对消器的检测距离。相比于其他阶的情况，二阶对消器的检测距离最大。一阶对消器的改善因子有限，更高阶对消器的性能受到速度损耗增大和 50dB 系统稳定因子的限制（见图 8.50），这些因素限制了其可获得的改善因子。横向滤向器 MTD 的多普勒处理能力最优，这主要是由于 9 极点杂波衰减和较低的速度损耗。MTI 和 FFT MTD 中具有双路延迟对消带来的速度损耗和杂波衰减，这使得其性能不如横向滤波器。需要说明的是，既然无参差时的速度损耗很大，所以在所有多普勒处理中都包括了脉间或组间的参差。

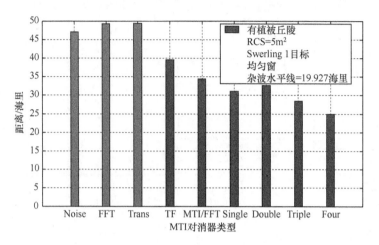

图 8.45 有植被地杂波情况下，加均匀窗时，MTD 和 MTI 处理器的检测距离

下面分析采用 Chebyshev 窗来减少 FFT 和横向滤波器中的交叉耦合。这种方法会增大多普勒滤波器的带宽（见第 2 章例 6），使得更多的噪声进入处理器，但是可以减小交叉损耗。得到的检测距离的结果如图 8.46 所示。由于噪声带宽增大，所有仅有噪声情况下 FFT 和横向滤波器的检测距离有所降低，同样 MTD 处理器的检测距离也有所下降。补充一点，杂波水平线约为 20 海里远，所以噪声时的检测距离主要适用于此距离之外的机载目标。

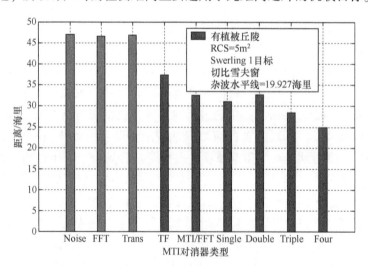

图 8.46 有植被地杂波情况下，加 chebyshev 窗时，MTD 和 MTI 处理器的检测距离

下一个例子将分析山峰类型的地杂波，其响应如图 8.47 所示。采用 Chebyshev 窗函数时，基于 MTD 的 FFT/MTI 和 TF 处理器得到的检测距离，与植被覆盖山岭杂波时有所下降，这是因为杂波的强度有所增大。所有 MTI 对消器的检测距离都有所下降。单次对消器无法提供足够大的改善因子。杂波地平线延伸至 41.5 海里，所有要求在雷达的整个工作距离范围内都要使用多普勒处理。

下面将分析同时包括地杂波和降雨杂波的多频谱杂波。在 TF/参差处理器中，为了发挥 MTD 设计的全部能力，使用了组间参差和 Chebyshev 窗。零多普勒的多普勒滤波器包含有残留地杂波，那些包含降雨杂波的滤波器对参差重频采用的两个 PRF 都不敏感，因此，造成相对较大的速度损耗。对消器设计中采用了脉间参差，其频率调谐于不考虑地杂波时，降雨杂波的频谱均值。对大雨的响应如图 8.48 所示，从图中可以看出，仅有 TF/参差处理器的检测性能还尚可。对 MTI 对消器，问题出在风速的切向分量（见第 4.2.1.2 节）会展宽杂波频谱，所以需要更宽的对消器凹口才能实现降雨杂波的衰减。但是，更宽的凹口会带来较大的速度损耗（见图 8.50），从而减小目标响应。

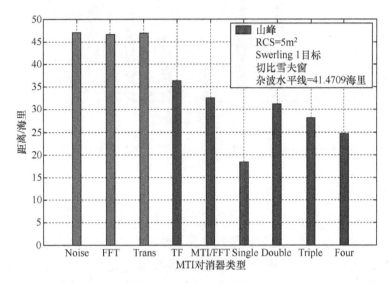

图 8.47　山峰类型地杂波情况下，加 chebyshev 窗时，MTD 和 MTI 处理器的检测距离

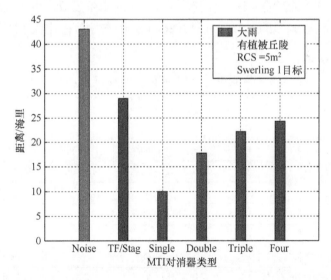

图 8.48　大雨杂波情况下，加 chebyshev 窗时，MTD 和 MTI 处理器的检测距离

图 8.49 给出了中等箔条时 MTD 和 MTI 处理器的响应。其响应与大雨时类似，不同之处在于箔条是根据雷达的工作频率切割成相应的长度，而雨的反射率正比于频率的 4 次方，从图中可以看出 MTI 还不足以有效对付箔条，要想对付箔条需要采用多普勒滤波器组的处理器。

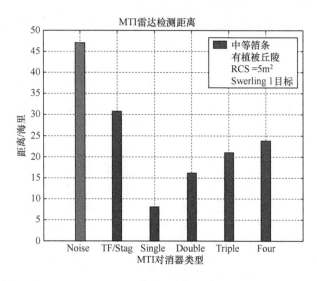

图 8.49　中等箔条杂波情况下，加 chebyshev 窗时，MTD 和 MTI 处理器的检测距离

8.6.1　程序讨论和注意事项

基于 MTI 设计工具可以计算得到采用非相参积累器和基于 MTD 的多普勒处理器的一到四阶 MTI 对消器的检测距离。系统稳定性是其中的重要参数之一。表 8.5 列出了许多雷达的系统稳定因子和处理器类型[39]，从中可以看出，大多数雷达使用的是 MTI 对消器类型的处理器。L 频段及更低频率的雷达可以通过采用圆极化天线（见第 4 章的图 EX - 13.3）来抑制雨杂波，而不是使用 MTD 类型的处理器，但是这种方法对箔条无效。由于程序的取模运算，使这些 MATLAB 程序无法兼容相干处理。通常情况下，固态发射机比电子管发射机的系统稳定因子更高。

表 8.5　搜索雷达的稳定因子和处理器类型[39]

雷达	频段	稳定因子/dB	处理器类型
APS - 145	UHF	66	3 脉冲 MTI/FFT（16）
APSR - 4	L	68	8、9 脉冲 MTI
ASR - 9	S	50	3 脉冲 MTI/FFT（8）
SPS - 48E	S	41	6 脉冲 MTI
SPS - 48（U）	S	95	固态发射机
SPS - 49（V）5	L	58	4 脉冲 FIR MTD
SPS - 49A（V）1	L	68	4 脉冲 FIR MTD
SPS - 49A（V）2	L	71	4 脉冲 FIR MTD
SPS - 40E	UHF	54	4 脉冲 MTI
SPQ - 9B	X	90	4 脉冲 MTI
SPY - 1D	S	—	2 ~ 7 脉冲 MTI
TPS - 59	L	53	3 ~ 6 脉冲 MTI
TPS - 70/75	S	50	4 脉冲 MTI

由于多普勒处理器为了滤除杂波,在其频率响应上形成了缝隙,所以带来了一定的速度损耗。在 MTI 类型的处理器中,目标的回波通常会发生频率模糊,从而混叠进零至第一盲速之间的区域。第 5 章的例 17 说明随着 MTI 对消器阶数的增大,频率的缝隙会显著增宽。由于目标折叠后的频率具有不确定性,所以通常假定目标的回波在第一 PRF 区域范围内服从均匀分布。第 3 章的例 8 表明,此情况下得到的速度损耗很大,第 6 章的例 23 表明,通过使用 PRF 参差可以显著降低速度损耗,这也使得任何成功的设计中几乎都包含有这项技术。

在例 23 中给出了一阶和二阶对消器的速度损耗,对于 MTI 设计工具中用到的更高阶的对消器在对现有结果进行一个外推。首先利用式(6.112)的展开推导参差对消器的频率响应,然后根据例 23 求解检测概率的非线性方程。两参差三阶对消器的功率转移函数可以表示为

$$|H_3(\omega)| = 10 - 15\cos(\omega T)\cos(\omega Te) + 6\cos(2\omega T) - \cos(3\omega T)\cos(\omega Te) \tag{8.87}$$

双参差四阶对消器的功率转移函数为

$$|H_4(\omega)| = 35 - 56\cos(\omega T)\cos(\omega Te) + 28\cos(2\omega T) \\ - 8\cos(3\omega T)\cos(\omega Te) + \cos(4\omega T) \tag{8.88}$$

对三阶对消器,功率增益为 20,对四阶对消器,功率增益为 70。一阶到四阶对消器得到的速度损耗如图 8.50 所示,这个结果是由 MATLAB 程序 mti_velstaggx.m 得到的,从中可以看出,高阶对消器的速度损耗较大。对二阶对消器/FFT 设计,检测概率越大,速度损耗越大。

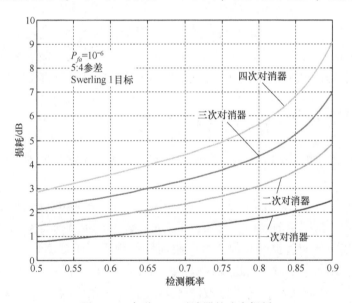

图 8.50 各种 MTI 对消器的速度损耗

在有地杂波的环境下,横向滤波器参差同样存在速度损耗。在本次计算中使用了 TF 的包络(见第 5 章的例 19),得到速度损耗如图 8.51 所示,这个结果是由 MATLAB 程序 trans_filt_pdc.m 得到。从中可以看出,速度损耗是杂波噪声比 F 的函数,这是因为 TF 在零频和第一盲速处的零点宽度是根据杂波强度进行调整的。在地杂波和雨杂波或箔条杂波组成的多杂波环境下,当采用 MTD TF/参差设计时,会带来额外的速度损耗,这是因为零频和第一盲速滤波器等滤波器之间的空白区域内包含有雨杂波或箔条杂波。对地杂波和海杂波,TF/参差的速度损耗利用 MATLAB 程序 tran_stag.m 在线计算得到的,对于地杂波和雨杂波或箔条杂波

混合的情况，利用 tran_stagb.m 进行计算。在这些程序中采用了 MATLAB 函数 fzero.m，而这造成在执行 MTI 设计工具时会存在数分钟的延迟。不幸运的是，MATLAB 等待条不能工作于 fzero，因为它不包含 for 循环。

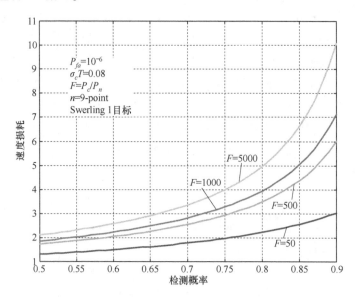

图 8.51 地杂波情况下横向滤波器的速度损耗

对于采用多普勒滤波器组的 MTD 设计，通常需要加窗以减小滤波器的旁瓣。MTI 设计工具采用的是 Chebyshev 窗，用户可以指定旁瓣深度，使用多普勒滤波器组会带来几种损耗。第一种是交叉损耗，这是因为目标可能位于相邻中心频率之间间隔的任何位置。这个损耗可以近似为[40]

$$L_{cx} = 1.25 P_d^{1.25} \left(\frac{1}{\text{bnd}x}\right)^2 \quad [\text{dB}] \tag{8.89}$$

式中：bndx 为滤波器的相对 3dB 带宽，对于均匀窗，该值为 0.89，对 50dB 旁瓣深度的 Chebyshev 窗，该值为 1.33。

在程序中包含了一个用于插值的表格，所以用户可以指定 50dB 以下的任意旁瓣深度。此外，随着旁瓣水平的增加，Cheybshev 窗还会带来滤波器噪声带宽的增大。对于 50dB 的旁瓣，窗口损耗为 3.35dB。与交叉损耗类似，程序中同样使用了一个插值表，所以用户可以指定 50dB 以下的任意旁瓣水平。对于使用视频积累的 MTI 对消器，还有一个损耗，因为 MTI 滤波器会带来接收机噪声的相关性，所以造成噪声环境下的积累增益下降。这个损耗的大小如表 5.4 所列，通常它随着 MTI 阶数的增大而增大。在例 18（见第 5 章）推导得到了 MTI 对消器级联非相干视频积累器的整体积累增益，该增益不仅取决于 MTI 改善因子，还取决了杂波噪声比（$F = \sigma_c^2/\sigma_n^2$）。干扰的功率可以表示为 $I = \sigma_n^2(1 + F/I_f)$，所以 F/I_f 很小时，积累增益与只有噪声时相同，当 F/I_f 很大时，积累增益等于 1。

利用 MATLAB 程序 det_facts（P_D，P_fa，hits）.m 可以计算得到不同斯威林类型目标和噪声积累增益时的检测因子。这个程序采用 Albersheim 算法（见第 3 章例 7）来计算检测因子。例 32 将这些检测因子与利用文献 [41] 中的算法计算得到 Marcum – Swerling 检测因子进行了比较。对固定目标，二者的差值不超过 0.3dB，对起伏目标不超过 0.6dB。

在 0.5~35GHz 的频率范围内，可以利用 [42] 中的 gammas 值来计算地杂波的反射率，在计算时用最小均方根算法进行了平滑。海杂波的 gamma 值来源于文献 [40]。使用 MAT-LAB 程序 rain_range.m 可以计算雨杂波下的检测距离，使用 chaff_range.m 可以计算箔条杂波下的检测距离。这两个程序采用的都是牛顿方法。利用 MATLAB 程序 range_atten.m 可以计算晴空和降雨时的衰减，程序中采用的同样是牛顿方法。

例 32 Marcum – Swerling 和 Albersheim 检测因子的比较

在 MTI 设计工具中，利用 Albersheim[4,43] 提出的近似方法来近似 Marcum – Swerling 检测因子。本例对 Swerling 固定、1、2、3、4 型目标，就这两种方法进行了比较。计算 M – S 检测因子的算法由文献 [41] 提供，Albersheim 方法在例 7 中已给出。首先利用 MATLAB 函数 threshold（P_{fa}, n）计算得到检测阈值 Y_b。然后 MATLAB 程序 mar_swerl_deta.m 利用牛顿方法来调整达到指定 P_d 所需的信噪比。然后利用 MATLAB 函数 det_facts（P_D, P_fa, hits）.m 计算得到 Albersheim 检测因子。Marcum – Swerling 检测因子如表 EX – 32.1 所列，Albersheim 检测因子如表 EX – 32.2 所列。

表 EX – 32.1 Marcum – Swerling 检测因子

$P_d = 0.9, P_{fa} = 10^{-6}$						
n	Yb	固定	Swerl_1	Swerl_2	Swerl_3	Swerl_4
1.0000	13.8155	13.1835	21.1436	21.1436	17.2961	17.2961
2.0000	16.6884	10.6539	18.6883	14.8259	14.8261	12.8652
3.0000	19.1292	9.2291	17.3107	12.1372	13.4395	10.7775
4.0000	21.3505	8.2452	16.3617	10.5064	12.4841	904489
5.0000	23.4315	7.4980	15.6422	9.3613	11.7596	8.4881
6.0000	25.4126	6.8981	15.0651	8.4897	11.1785	7.7421
7.0000	27.3177	6.3982	14.5847	7.7916	10.6947	7.1355
8.0000	29.1622	5.9707	14.1741	7.2125	10.2812	6.6264
9.0000	30.9571	5.5978	13.8161	6.7196	9.9207	6.1889
10.0000	32.7103	5.2675	13.4992	6.2918	9.6016	5.8063
11.0000	34.4279	4.9714	13.2151	5.9148	9.3155	5.4667
12.0000	36.1144	4.7033	12.9580	5.5783	9.0566	5.1620
13.0000	37.7737	4.4585	12.7232	5.2749	8.8202	4.8858
14.0000	39.4087	4.2334	12.5074	4.9991	8.6028	4.6336
15.0000	41.0221	4.0252	12.3078	4.7463	8.4018	4.4016
16.0000	42.6158	3.8315	12.1221	4.5134	8.2149	4.1870
17.0000	44.1916	3.6506	11.9487	4.2975	8.0403	3.9875
18.0000	45.7512	3.4810	11.7860	4.0964	7.8765	3.8011
19.0000	47.2958	3.3212	11.6328	3.9084	7.7224	3.6264
20.0000	48.8265	3.1704	11.4883	3.7319	7.5768	3.4619

表 EX – 32.2　Albersheim 检测因子

$P_d = 0.9, P_{fa} = 10^{-6}$					
n	固定	Swerl_1	Swerl_2	Swerl_3	Swerl_4
1.0000	13.1145	21.1436	21.1436	17.2961	17.2961
2.0000	10.4575	18.4866	14.4720	14.4720	12.4647
3.0000	8.9745	17.0036	11.6509	12.9891	10.3127
4.0000	7.9647	15.9938	9.9719	11.9792	8.9683
5.0000	7.2068	15.2359	8.8126	11.2213	8.0097
6.0000	6.6040	14.6331	7.9421	10.6185	7.2731
7.0000	6.1056	14.1347	7.2526	10.1201	6.6791
8.0000	5.6820	13.7111	6.6857	9.6966	6.1838
9.0000	5.3145	13.3436	6.2066	9.3290	5.7605
10.0000	4.9904	13.0195	5.7933	9.0049	5.3918
11.0000	4.7009	12.7300	5.4308	8.7155	5.0659
12.0000	4.4396	12.4687	5.1087	8.4542	4.7742
13.0000	4.2017	12.2308	4.8193	8.2162	4.5105
14.0000	3.9834	12.0125	4.5569	7.9980	4.2702
15.0000	3.7819	11.8110	4.3172	7.7965	4.0496
16.0000	3.5949	11.6240	4.0967	7.6094	3.8458
17.0000	3.4205	11.4496	3.8928	7.4350	3.6566
18.0000	3.2571	11.2862	3.7031	7.2716	3.4801
19.0000	3.1035	11.1326	3.5261	7.1180	3.3148
20.0000	2.9586	10.9877	3.3600	6.9731	3.1593

图 EX – 32.1 利用 MATLAB 程序 mar_swerl_detb.m 对 Marcum – Swerling 和 Albersheim 检测因子进行了比较。通常，采用 Albersheim 检测因子近似带来的误差，对全部目标不超过 0.6dB，对固定目标不超过 0.3dB。这个精度相比于 MTI 设计工具计算杂波后向散射所需的精度是远远足够的。

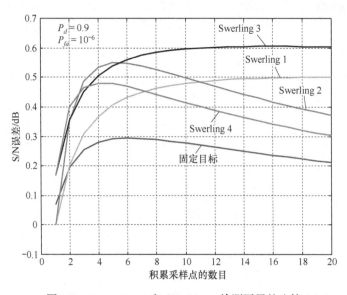

图 EX – 32.1　M – S 和 Albersheim 检测因子的比较

参 考 文 献

[1] Schleher, D. C., MTI and Pulsed Doppler Radar, Norwood, MA: Artech House, 1991.
[2] Stimson, G., Introduction to Airborne Radar, 2nd ed., Mendham, NJ: SciTech, 1998.
[3] Future DoD High Frequency Radar Needs Resources, AD A391893, Defense Science Board, April2001.
[4] Skolnik, M., Introduction to Radar Systems, 3rd ed., NewYork: McGraw-Hill, 2001.
[5] M. Richards, M., "A Beginners Guide to Interferometric SAR Concepts," IEEE AES Systems Magazine, Vol. 22, No. 9, September 2007, pp. 5-29.
[6] Schleher, D. C., Electronic Warfare in the Information Age, Norwood, MA: Artech House, 1999.
[7] Musman, S., D. Kerr, and C. Bachman, "Automatic Recognition of ISAR Ship Images," IEEE Trans. On Aerospace and Electronic Systems, Vol. AES-32, No. 4, October 1996, pp. 1392-1404.
[8] Greenspan, M., "Multiport Airborne Radar Techniques for Slow Speed Ground Moving Target Detection and Location," Proc. 37th Annual Tri-Service Radar Symposium, Colorado Springs, CO, June 1991, pp. 439-450.
[9] Stockburger, E., and D. Held, Interferometric Moving Ground Target Imaging, Proc. IEEE Int. Radar Conference, Washington, D. C., May 1995, pp. 438-443.
[10] Ward, J., Space-Time Adaptive Processing for Airborne Radar, Technical Report 1015, Lincoln Laboratories, Lexington, MA, December 1994, pp. 1-203.
[11] Schleher, D. C., (ed.), MTI Radar, Dedham, MA: Artech House, 1978.
[12] Griffiths, L., et al., "Space-Time Adaptive Processing in Airborne Radar Systems," Proc. IEEE Int. Radar Conference, 2004, pp. 711-716.
[13] Shohan, M., "Doppler Beam Sharpened Attack Radar Using Magnetron," Millitary Electronics/Countermeasures, Octorber 1979, pp. 58-66.
[14] Povejsil, D., R. Raven, and P. Waterman, Airborne Radar, NewYork: Van Nostrand, 1961.
[15] Skolnik, M., (ed.), "MTI Radar", and "Synthetic Aperture Radar," Chapter 15 and 21 in Radar Handbook, 2nd ed., New York: McGraw-Hill, 1990.
[16] Brookner, E., "Synthetic Aperture Radar Spotlight Mapper," in Radar Technology, Dedham, MA: Artech House, 1977.
[17] Wehner, D., High Resolution Radar, Norwood, MA: Artech House, 1987.
[18] Tsunoda, S., et al., "Lynx: A High Resolution Synthetic Aperture Radar," Proc. SPIE Aerosense, Vol. 3704, 1999, pp. 1-8.
[19] Kingsley, S., and S. Quagan, Understanding Radar Systems, Mendham, NJ: SciTech, 1999.
[20] FAS, Interferometric Synthetic Aperture Radar (IFSAR), http://www.fas.org/irp/imint/isfar.htm, January, 1997.
[21] http://www.gagand.org/Portals/0/JSTARS.jpg.
[22] Muehe, C., and M. Labitt, "Displaced-Phase-Center-Antenna Techniques," Lincoln Laboratory J., Vol. 12, No. 2, 2000, pp. 281-296.
[23] Wang, H., and C. Lee, "Adaptive Array Processing for Real-Time Airborne Radar Detection of Critical Mobile Targets," Proc. IEEE Adaptive Antenna Symposium, Melville, NY, November 1992, pp. 95-100.
[24] Billingsley, B., et al., "Impact of Experimentally Measured Doppler Spectrum of Ground Clutter on MTI and STAP," Proc Int. Radar Conference, Edinburgh, Scotland, October 1997, pp. 290-294
[25] Ausherman, D., et al., "Developments in Radar Imaging," IEEE Trans. on Aerospace and Eletronics Systems, Vol. AES-20, No 4, July 1984, pp. 363-400.
[26] Walker, J., "Range-Doppler Imaging of Rotating Objects," IEEE Trans. on Aerospace and Electronic Systems, Vol. AES-16, No. 1, January 1980, pp. 23-52.
[27] Aviation Week, September 7, 1987, p. 88.
[28] Melvin, W., "A STAP Overview," IEEE AES Systems Magazine, Vol. 19, No. 1, January, 2004, pp. 19-35.
[29] Barile, E., R. Fante, and J. Torres. "Some Limitations on the Effectiveness of Airborne Adaptive Radar," IEEE Trans. on Aerospace and Electronic Systems, Vol. AES-28, No. 4, October 1992, pp. 1015-1032.
[30] Richardson, P., "Analysis of the Adaptive Space Time Processing Technique for Airborne Radar," IEE Proc. on Radar, Sonar,

and Navigation, Vol. 141, No. 4, August 1994, pp. 187 – 195.

[31] Space Time Adaptive Processing, C&P Technology, Closter NJ, http：//www. cptnj. com.

[32] Richardson, P. , and S. Hayward, "Adaptive Space Time Processing for Forward Looking Radar," Proc. IEEE Int. Radar Conference, Washington, D. C. , May 1995, pp. 629 – 634.

[33] Tachau. P. , J. Bergin, and J. Guerci, "Effects of Internal Clutter Motion on STAP in Heterogeneous Environment," Proc. IEEE National Radar Conference, Atlanta, GA, May 2001, pp. 204 – 209.

[34] Applebaum, S. , "Adaptive Arrays," IEEE Trans. on Antenna and Propagation, Vol. AP – 24, No. 5, September 1976, pp. 585 – 597.

[35] Monzingo, R. , and T. Miller, Introduction to Adaptive Arrays, NewYork：Wiley, 1980.

[36] Gokton, S. , and E. Oruc, "Sidelobe Canceller Jamming Using Hot Clutter," Master's Thesis, Naval Postgraduate School, Monterey, CA, September 2004, pp. 1 – 111.

[37] Raven, R. , "Requirements on Master Oscillators for Coherent Radar," Proc. IEEE, Vol. 54, No. 2, 1966, pp. 237 – 243.

[38] Skolnik, M. , (ed.), Solid State Transmitters, Chapter 5 in Radar Handbook, 2nd ed. , NewYork：McGraw – Hill, 1990.

[39] Land Clutter Effects on Shipboard Radars, TAD – PEO, April 11, 1996.

[40] Barton, D. K. , and W. Barton, Modern Radar Systems Analysis Software, Version 2. 0, Norwood, MA：Artech House, 1993.

[41] Schleher, D. C. , Introduction to Eletronic Warfare, Dedham, MA：Artech House, 1986.

[42] Nathanson, F. , Radar Design Principles, New York：McGraw – Hill, 1969.

[43] Albersheim, W. , "A Closed Form Approximation to Robertson's Detection Characteristics," Proc. IEEE, Vol. 69, July 1981, p. 819.

[44] Wanstall, B. , "Joint Stars Fights to Stay on Target," Interavia, November 1988.

[45] Shmitkin, H. , "Joint Stars Phased Array Antenna," IEEE Systems Magazine, October 1994, pp. 34 – 40.

[46] Tang, C. , "Sensitivity of a Radar as Functions of Its Antenna Characteristics," IEEE National Radar Conference, 1993, pp. 250 – 255.

[47] Guerci, J. , Space – Time Adaptive Processing for Radar, Norwood, MA：Artech House, 2003.

[48] Skulnik, M. , (ed.), Radar Handbook, 2nd ed. , Chapter 9, "Electronic – Counter – Counter – measures", NewYork：McGraw – Hill, 1990.

内容简介

本书以信号处理技术为主线，阐述动目标显示（MTI）和多普勒处理的相关关键技术。书稿以作者编写的两本经典巨著《信息时代的电子战》、《动目标显示和脉冲多普勒雷达》为基础，融入了作者三十多年来的工作经验和科研成果，提供了大量动目标显示脉冲多普勒雷达设计中的新思想、新观点，包括波形设计原则和方法、多普勒处理的性能分析、杂波特性和实测数据分析、动目标显示和多普勒处理中的优化理论、动目标显示和多普勒处理系统总体设计技术。本书学术思想新颖，理论研究超前，启发性很强。每一章都包括深刻理解 MTI 和 PD 雷达原理所需要的数学内容和原理分析，还包含了专用于雷达系统设计、分析论证的 MATLAB 程序/函数，有助于提高理解和认识，并提供确定雷达系统设计要求的原始资料。是一本对我国国防科技和武器装备发展具有较大推动作用的专著，对我国地面、机载、舰载、星载脉冲多普勒（PD）雷达、合成孔径雷达、逆合成孔径雷达、反演高程信息的干涉合成孔径雷达、反隐身雷达的系统设计与研制有重要参考价值。

本书可作为雷达系统工程师和系统高级用户的参考书，也可作为雷达工程等相关专业的硕士、博士研究生的教材。

原作者介绍

  D. Curtis Schleher，硕士和博士毕业于布鲁克林工学院，现为加利福尼亚州蒙特里市美国海军研究院名誉退休教授，长期从事电子战装备的设计工作。他是多本国际经典专著的作者，其中《Electronic Warfare in the Information Age》《Moving Target Indication and Pulsed Doppler Radar》广为流传，堪称是国内雷达电子对抗专业人员的经典读本。